高等农业院校教材

现代食品分离技术

张海德　主编

中国农业大学出版社

主　编　张海德

副主编　钟秋平　张　宁　何金兰

编　者　张海德　钟秋平　张　宁　何金兰　刘石生
李国胜　杨劲松　何继芹

审稿人　张水华

内容简介

本教材的特色在于以教学为宗旨，精选食品工业中有重要地位的现代分离技术，强化了理论基础、过程与设备及应用等内容。本书共分12章，包括“绪论”、“膜分离技术”、“毛细管电泳分离技术”、“分子蒸馏分离技术”、“亲和层析分离技术”、“结晶分离技术”、“离子交换分离技术”、“双水相萃取技术”、“超临界流体萃取技术”、“超声波辅助萃取技术”、“微波辅助萃取”、“食品分离单元的集成技术”等。另外，本书还有一个关于实验内容的附录供教师参考。

本书可供从事食品科学、生物化工、制药及农产品贮藏加工等专业的高等学校教师、学生、科研机关及生产工厂的科技工作者、工程技术人员学习参考。

前　　言

尽管新兴产业不断涌现，食品工业仍然是世界制造业中的第一大产业。食品资源的深度开发和高效利用是维系21世纪经济与社会可持续发展的中心命题之一，世界各国都把农产品加工和食品工业作为关系到国计民生的战略大事来抓。深入研究食品资源的特性，食品原料的安全性评价，贮藏加工过程中有害因子的形成与转化规律，食品检测与安全控制技术等是现代食品工程学科领域的主要任务，而现代食品分离技术能促进食品工业的发展，并在这些研究领域中起着举足轻重的作用。

自然界是一个混合物的世界。食品的原辅料也是多种成分组成的混合物，生产中也要按人们的需要，对食品原辅料进行取舍、产品分级、中间产物分离等，进行这种处理的过程，就是食品分离过程。食品分离技术与食品重组技术相对应，是现代食品工业的重要内容之一。食品工业需要分离技术，没有分离过程，我们不可能在市场上见到如此多种多样的食品。在食品工业中，从混合物中分离出一个组分或多个组分，需要经过许多单元操作过程，食品分离所涉及的内容包含从大的颗粒物质到小分子物质的所有范围，涉及到有机化合物和无机化合物，涉及到有生命的物质和没有生命的物质。

随着食品工业的发展，化工单元操作不断向食品工业渗透并在食品加工领域内实践和提高，形成了适应食品加工特殊要求的新型分离技术。现代食品分离技术是以化工分离技术为基础和依托，根据化学分离过程的原理与方法，开发符合食品卫生与营养要求的新型分离技术。

本教材的特色在于以教学为宗旨，精选食品工业中有重要地位的现代分离技术，强化了理论基础、过程与设备及应用等内容。知识点突出，知识面较广，反映了近10多年来食品分离技术的进展和相关技术的前沿知识。

本书共分12章，分别介绍了膜分离技术、毛细管电泳分离技术、分子蒸馏分离技术、亲和层析分离技术、结晶分离技术、离子交换分离技术、双水相萃取技术、超临界流体萃取技术、超声波辅助萃取技术、微波辅助萃取技术等，还介绍了各种分离方法的集成化过程与进展。另外，各章还附有思考题供学生复习巩固所学内容用。本书还附了2个实验，供教师参考。

本书可供从事食品科学、生物化工、制药及农产品贮藏加工等专业的高等学校教师、学生、科研机关及生产工厂的科技工作者、工程技术人员学习参考。

本书由张海德任主编，钟秋平、张宁、何金兰任副主编，参加编写的有：华南热带农业大学张海德（第一、三、四、六章），钟秋平（第二章），李国胜、杨劲松（第五、九章），何继芹（第八章），何金兰（第十章），杨劲松（第十二章），暨南大学张宁（第十一章），海南大学刘石生（第七章）。全书由华南理工大学张水华教授主审。

本书的编写和出版，得到了海南省重点学科及华南热带农业大学重点学科建设经费的资助，得到了中国农业大学出版社编辑部工作人员的热情关怀和帮助。在此致以衷心的感谢！

由于编者的水平所限，书中难免有错漏不当之处，敬请同行专家、读者批评指正。

编　者

2006年12月

目　　录

第一章 绪 论

尽管新兴产业不断涌现，食品工业仍然是世界制造业中的第一大产业。食品工业对国民经济发展的贡献重大，目前，从世界发达国家经济发展情况看，法国食品工业对国民生产总值的贡献是汽车产业的2倍；日本的食品工业是日本主要产业之一，并且处于世界领先地位；美国的食品工业是各制造业中规模最大的行业，美国的加工食品市场占有率居世界之首。食品资源的深度开发和高效利用是维系21世纪经济与社会可持续发展的中心命题之一，世界各国都把农产品加工和食品工业作为关系到国计民生的战略大事来抓。

随着经济的发展，人民生活水平的提高，社会对农业的需求，由单纯对粮食的需求转变为对粮食、蔬菜、水果和肉、蛋、奶的多种需求，由单纯对原粮的需求转变为对经过精细加工的食品的需求，居民的消费需求以及市场的产品结构、规模和档次等都发生了深刻变化，人们不仅要吃饱，更要吃好，吃得营养，吃得健康、安全。这种消费结构与需求的变化，必然要求食品工业的产出结构也发生相应的变化，要求食品加工制成品的多样化和精细化，要求食品生产技术不断改进和发展。

我国农产品结构性过剩问题已经存在很久，食物质量和安全问题日趋突出，产后加工体系落后，法规法制不健全，危及我国农业的可持续发展和13多亿人口的食物安全与保障。因此，深入研究食品资源的特性，食品原料的安全性评价，贮藏加工过程中有害因子的形成与转化规律，食品检测与安全控制技术等是现代食品工程学科领域的主要任务，而现代食品分离技术能促进食品工业的发展，并在这些研究领域中起着举足轻重的作用。

食品为什么要分离？

分离过程近年来得到了快速发展，新型分离技术不断被开发出来，分离过程的应用领域也在不断拓宽，从石油化工到生物、环境、医药工业、食品、能源等领域，分离技术都在发挥重要的作用。

自然界是一个混合物的世界。食品的原辅料也是多种成分组成的混合物，生产中也要按人们的需要，对食品原辅料进行取舍，进行这种处理的过程，就是食品分离过程。食品分离技术与食品重组技术相对应，是现代食品工业的重要内容之一。食品工业需要分离技术，没有分离过程，我们不可能在市场上见到如此多种多样的食品。在食品工业中，从混合物中分离出一个组分或多个组分，需要经过许多单元操作过程，食品分离所涉及的内容包含从大的颗粒物质到小分子物质的所有范围，涉及到有机化合物和无机化合物，涉及到有生命的物质和没有生命的物质。分离的目的是在于排除某种特殊的组分，获得较高纯度的某组分，以便提升产品的价值。产品可能是分离过程的残留物，也可能是提取物，也可能是两者。所有的分离操作要依靠于物质中各组分的物理或化学性质的差异来进行，一些常见的有助于分离的性质是物质颗粒或分子大小、形状、密度、溶解性和电荷特征等。食品分离，通常来说，是因为要达到下列两个目的：

1. 获得需要的产品

食品是种特殊的商品，它的使用价值就是给人们提供生长发育维持正常的新陈代谢所必需的营养和能量，直接关系到人类的生存与发展。它的获得，也必须要经过一定的技术处理和分离过程。原因如下：一是从大田收获的农作物，往往含有泥沙、碎石、铁屑、编织物等非食用物质，把农作物制作成食品的过程中，需要对它们进行分离。二是随着人们生活水平的提高及现代生活节奏的加快，人们的生活习惯的改变，人们消费结构的升级要求食品生产要创造多层次、多样化的产品类型，比如饮用纯净水代替煮白开水，饮用无醇啤酒等，这些产品的开发需要现代食品分离技术。

2.食品安全性的要求

在食品生产过程中，有许多不安全的因素。一是在农产品生产过程中，农药对保护农作物、防治病虫草害和提高农作物的产量发挥了巨大作用，我国是农药生产和使用大国，农药使用量居世界第一，产量居世界第二。但在农业上作用农药后残留在生物体、食品和环境中的微量农药原体、有毒代谢产物、降解物和杂质会对环境和人体产生负面作用。二是工业“三废”也会对农作物生长的土壤、水及大气造成污染，有害物质进而在农牧渔林副产品中富集，并通过食物链而进入人体，危害人体健康。三是天然食品中因其在生长过程中次生代谢也会产生多种微量的有毒成分。上面提到的这些有害化学物会通过改变生物体内的生物化学过程甚至导致器官性病变而导致对机体的损伤。为了排除食品中含有的可能损害或威胁人体健康的有害物质，不产生危及消费者及其后代健康的隐患，在食品生产、加工过程中有必要采用现代分离技术，把食品中的有害组分分离出去，确保食品安全可靠。

第一节 食品工业中的分离技术

食品工业的生产实践是现代食品分离技术形成和发展的源泉，新型分离技术的出现又促进了食品工业的发展。

一、分离的概念

P. Fann在《分离科学》中写到“分离是逆着大自然的”。根据宇宙大爆炸理论，这大千宇宙原只像芥子般一点。在大爆炸之前的宇宙已超出了我们的想象，暂且不论，在大爆炸之后，宇宙不断地膨胀，它的熵不断地增加，混乱度不断增加，自然界在无序地扩张，正是热力学第二定律（熵的原理），揭示了事物走向无序状态的自然倾向。

在自然界，系统和环境之间可以发生能量和物质的传递，据此，可将自然界的热力学系统分为3类：

①敞开系统：系统与环境之间既有能量传递，也有物质传递；

②封闭系统：系统与环境之间只有能量传递，没有物质传递；

③孤立系统（或称为隔离系统）：系统与环境之间无能量、也没有物质传递。

自然界作为一个孤立系统，也是一个熵增过程，熵增过程是可自发进行的。一个孤立的系统，或一个在均匀环境里的系统，它的熵在增加，并且或快或慢地接近于最大值的熵的惰性状态。现在我们认识到，这个物理学的基本定律正是事物接近混乱状态的自然倾向。

（一）熵（dS）的概念

熵是一个状态函数，其值只决定于系统的状态，像温度、压力等一样，只与系统的状态有关，而与系统的过程无关。Clausius 根据可逆过程的热温商值决定于始、终态而与可逆过程无关这一事实，定义了"熵"(entropy)这个函数，用符号"S"表示，单位为:J/K，它的定义式可表示为式[1-1]。

$$dS=\frac{\delta Q_r}{T} \qquad [1\text{-}1]$$

式中，δQ_r——系统在温度为 T 时的微小可逆过程中，系统吸收或放出的无限小量的热。若系统从状态 A 变到状态 B，设其熵分别为 S_A 和 S_B，则有式[1-2]。

$$S_B - S_A = \Delta S = \int_A^B \left(\frac{\delta Q}{T}\right)_r \qquad [1\text{-}2]$$

热与温度的比值称为热温商，即熵的变化值可用可逆过程的热温商值来衡量，可逆过程中熵的变化等于热温商的线积分式[1-2]。注意：这里 Q 不是状态函数，只能用 δQ 来表示其无限小量，不能写成微分 dQ。

在温度处于绝对零度时（约为－273.15℃），任何一种物体的熵等于零。当你以缓慢的、可逆的、微小的变化使物体进入另一种状态时，熵增加的总数是这样计算的：在那个步骤中你必须供给的每一小部分热量，除以供给热量时的绝对温度，然后把所有这些求得的商数加起来。

(二)克劳修斯(Clausius)不等式

热力学第二定律的数学表达式即克劳修斯不等式[1-3]。

$$dS \geqslant \frac{\delta Q}{T} \qquad [1\text{-}3]$$

式中，对不可逆过程采用"＞"不等号，T 指环境温度；对可逆过程采用"＝"等号，T 为系统温度。Clausius 不等式引进的不等号，在热力学上可以作为变化方向与限度的判据。Clausius 不等式可如式[1-4]所示。

$$dS-\delta Q/T \geqslant 0 \qquad [1\text{-}4]$$

对于绝热过程，$Q=0$，由式[1-4]得到式[1-5]

$$dS \geqslant 0 \qquad [1\text{-}5]$$

上式中，"＞"为不可逆过程，"＝"为可逆过程。

在隔离体系（孤立系统）的条件下，系统为绝热过程，其 $Q=0$，由式[1-4]得到式[1-6]。

$$dS_{iso} \geqslant 0 \qquad [1\text{-}6]$$

上式中，"＞"号为自发过程，"＝"号为处于平衡状态。所以，隔离体系中一旦发生一个不可逆过程，则一定是自发过程。$\Delta S>0$ 时，不需要环境做功来推动过程的进行；如果要 $\Delta S<0$，就需要环境做功来推动过程的进行，所以，在孤立系统条件下，任何过程自发进行的方向都是熵值增大($\Delta S>0$)的方向。

有时把与体系密切相关的环境也包括在一起，用来判断过程的自发性，即：

$$\Delta S_{iso} = \Delta S(\text{体系}) + \Delta S(\text{环境}) \geqslant 0 \qquad [1\text{-}7]$$

式中，“＞”号为自发过程，“＝”号为可逆过程。

从系统观点看，熵为宏观系统内大量微观粒子混乱度(即无序程度)的量度。混乱度越大，系统的熵增越大。自发过程是系统从有序趋向无序的过程。

熵它所表示的无序，一部分是那种热运动的无序，另一部分是存在于随机混合的、不是清楚地分开的各种原子或分子中间的无序。例如，糖溶在水中，糖在水中逐渐地“分散”就增加了无序，从而增加了熵，这个过程可以自发进行。但要把糖从水中结晶出来，使糖分子在水中的无序状态变成结晶的有序的晶体状态，就必须要有某种外力作用下，才能达到这个目的。

(三)分离的概念

分离就是把具有不同性质的物质分开，这种不同的性质包括物理的、化学的及物理化学的性质。分离过程是一个从无序到有序的过程，是一个熵减过程，即 $\Delta S=S_2-S_1<0$，需要环境做功来推动过程的进行。这个环境做功，主要就是靠分离剂(物质和能量)来实现。分离过程的功能包括提取、澄清或净化、浓缩、干燥和回收等，其目的就是提纯、去杂。分离的过程也是一个物质和能量的平衡的过程，与化学平衡的反应相似，它需要解决的问题是：

①在指定的外界条件下，某一分离过程是否能够进行？若能进行而达平衡时，目标物的纯度或最高产率究竟有多大？前者属过程的方向性问题，后者就是过程的最大可能限度的问题。

②如果在给定条件下，某个过程根本不能发生或者可能发生的方向适得其反，那么能否通过调节外界条件如压力、浓度、化学电位等因素使过程朝着既定的方向进行呢？对能按指定方向进行的过程，改变压力、浓度、化学电位等因素对过程限度又有什么影响呢？实践证明，这两大问题的解决无疑对如何选择新的分离技术、提高产量等工艺设计、技术革新提供了科学根据，从而减少盲目性，达到增产节约的目的。

化学动力学和化学热力学都是物理化学两大重要分支学科，它们各有不同的研究内容。化学热力学的任务是讨论化学过程中能量转化的衡算，以及解决在一定条件下进行某一化学反应的方向和限度问题，它讨论体系的平衡性质，不考虑时间因素和过程细节。而化学动力学研究完成化学反应过程所需时间、影响条件以及实现这一过程的具体步骤(机理)。

对于过程的方向性，是热力学解决的问题，热力学能提供数据预示过程的自发方向并计算过程的最大平衡产量，但其最终答案仅仅指出：“有可能如此”，可能发生但未必真能付诸实现，因为，其中还有个速度问题。可见，热力学无法预示过程速度的快慢以及过程的历程，化学热力学只回答化学过程的可能性问题；而化学动力学才回答化学过程的现实性问题。

一般的化学反应过程包括动力学区和平衡区两个区间。动力学区间是反应体系趋向平衡的一个动态的区间，平衡区间是反应步骤已达到平衡的稳态区间。测定一个分离过程，也可同样地把过程分为动力学区和平衡区，如图 1-1 所示。对于一个分离过程，通过测定平衡区的量，可以反映分离过程的程度，但有时候测定其平衡区产物的量，可能无法定量地测定产物，这时，可采用动力学方法来评价此分离过程，通过测定过程的动力学数据来反映分离过程的有效性。

分离过程要实现，最基本的需要了解分离的基本原理、方法及其分离对象。

①分离过程的基本原则：分离过程的基本原则如图 1-2 所示。物质要分离，一般遵循下列

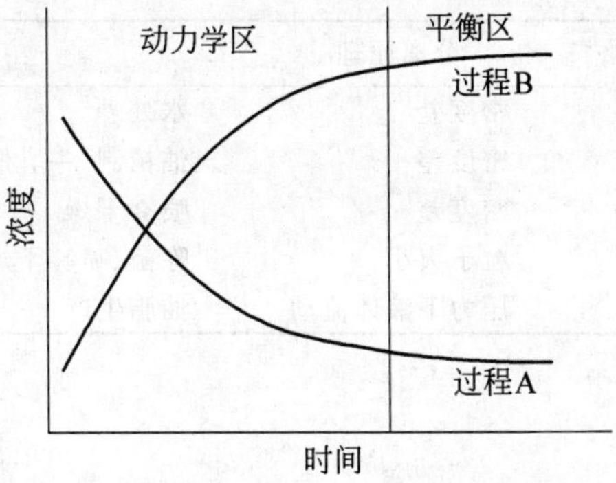

过程 A:代表分离去杂质过程过程　B:代表萃取浓缩等富集过程

图 1-1　分离过程中杂质(A)或产物(B)的浓度随时间的变化

原则:物质要通过分离设备,在分离剂(物质及能量)作用下,才能得到产物和残留物或者截留物和透过物。

对于混合物体系的分离,是一个熵减过程,外界必须对体系做功,而这种外界做功通常是以加入分离剂的形式来实现的。分离剂是分离过程的推动力或辅助物质,它包括能量分离剂和质量分离剂。能量分离剂包括机械能(重力、压力和离心力等)、热能、冷能、电能、磁能及超声波等;质量分离剂包括溶剂、吸附剂、表面活性剂、酸、碱、化学反应物、过滤介质、助滤剂和膜等。

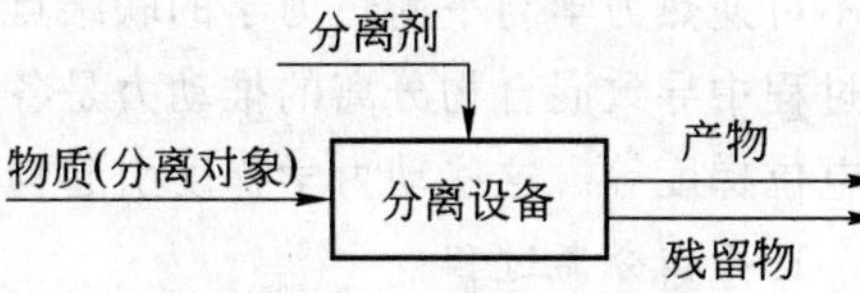

图 1-2　分离过程的基本原则

②分离方法:为达到把混合物中的物质分离的目的,通常采用的方法有物理方法、化学方法及物理化学方法。

③分离对象:食品分离的对象非常广泛,视生产的需要,食品生产过程中的原料、废弃物、中间产物、产物等,都可作为分离的对象。

二、分离技术的分类

随着社会的发展和技术的进步,工业上的分离技术的形式越来越多,但从本质上来说,所有的分离技术都可分为机械分离和传质分离两大类。

(一)机械分离

机械分离过程的分离对象是由两相或两相以上所组成的混合物,其目的是简单地将各相加以分离,过程中间不涉及传质过程。例如:过滤、沉降、离心分离、旋风分离和静电除尘等。常见的食品物理机械分离过程如表 1-1 所示。机械分离过程中有许多操作已经成为食品工程的单元操作,具体内容可参见《食品工程原理》,本书不作过多讨论。

表 1-1 食品的物理机械分离过程

机械分离名称	分离因子	分离原理	举例
沉降	重力	密度差	水处理
离心	离心力	密度差	油精制、牛乳脱脂
旋风分离	惯性流动力	密度差	喷雾干燥
过滤	过滤介质	粒子大小	除菌、喷雾干燥/果汁澄清、颗粒分离
压榨	机械力	压力下液体流动	油脂生产

(二)传质分离

食品的传质分离过程是指在分离过程中,有物质传递过程的发生。传质分离的原料,可以是均相体系,也可以是非均相体系,在多数情况下是均相体系,第二相是由于分离剂的加入而产生的。传质分离的特点是相间有质量传递现象发生,按照所依据的物理化学原理不同,传质分离又可分为两大类:平衡分离过程和速率控制分离过程。在平衡分离过程中,相平衡是个重要的概念,系统与热力学平衡状态的差距是平衡分离过程的推动力。速率控制分离过程为不可逆过程,一般发生在均相状态下并存在物流量,可用耗散函数来表达其推动力,而耗散函数是不可逆热力学与平衡热力学的联结点,所以,速率控制分离过程的基础也是平衡热力学。分离过程中导致混合物分离的推动力是各种动力学梯度,例如:压力梯度、浓度梯度、温度梯度以及电位梯度等。这些动力学梯度引起物质分子传递速率产生差异,而完成物质的分离过程。

1. 平衡分离过程

平衡分离过程为借助分离媒介(如热能、溶剂、吸附剂等)使均相混合物系统变为两相系统,再以混合物中各组分在处于相平衡的两相中不等同的分配为依据而实现分离。

分离媒介可以是能量媒介或物质媒介,有时也可以两种同时应用。根据两相状态不同,平衡分离过程可分为如下几类,其分离单元名称如表 1-2 所示。

表 1-2 平衡分离过程的分离单元操作

名称	原料相态	分离因子	分离原理	工业应用举例
蒸发	液体	热量	蒸汽压差	液体浓缩
蒸馏	液体	热量	蒸汽压差	芳香物质回收
结晶	液体	冷却或蒸发	利用过饱和度/熔点	糖精制、冻结产品
干燥	含湿的固体	热量、气体	水分蒸发	食品脱水
冷冻干燥	液体	热量、减压	冻结/升华	食品干燥
萃取	固体、液体	萃取剂	溶解度不同	脂肪萃取、天然产物萃取
浸提	固体	溶剂	溶解度	油提取、蔗糖抽提
吸附	液体、气体	固体吸附剂	吸附势	油脂脱色,水分吸附
离子交换	液体	固体树脂	离子亲和力/质量作用	乳清脱盐、水的软化

气液传质过程:如吸收、气体的增湿和减湿等。

汽液传质过程:如液体的蒸馏和精馏。

液液传质过程:如萃取。

液固传质过程:如结晶、浸取、吸附、离子交换、色层分离、参数泵分离等。

气固传质过程:如固体干燥、吸附等。

2.速率控制分离过程

速率控制分离过程是指借助某种推动力,如浓度差、压力差、温度差、电位差等的作用,某些情况下在选择性透过膜的配合下,利用各组分扩散速度的差异而实现混合物的分离操作。这类过程的特点是所处理的物料和产品通常属于同一相态,仅仅是在组成上存在差异。速率控制分离过程可分为膜分离和场分离两大类。

(1)膜分离:膜分离是利用液体中各组分对膜的渗透速率的差别而实现组分分离的单元操作。膜可以是固态或液态,所处理的流体可以是气体或液体,过程的推动力可以是压力差、浓度差或电位差。

膜的分离机理并非一种简单的筛分,它有许多因素在起作用,例如:膜材料,分子形状,溶质、溶剂分子与膜的吸引和排斥,水和溶液对膜的优先吸附,一些特殊物质的负分离等等。膜分离一般指的是对溶液中不同溶质的分离,每一种溶质是由不同的分子构成的,因此,膜分离是一种分子级的分离。常用的膜分离过程有超滤、反渗透、电渗析、液膜、纳膜等分离过程,如表 1-3 所示。

表 1-3 食品工业上的膜分离过程基本特征表

过程	简图	分离目的	推动力	透过组分	截留组分	传递机理	膜类型	原料物态
微滤	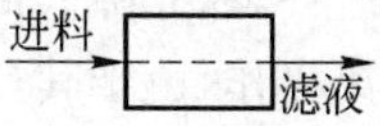	溶液(气体)脱离子	压力差 100 kPa	溶液、气体	0.02~10 μm 的粒子	筛分	均相膜	液体、气体
超滤	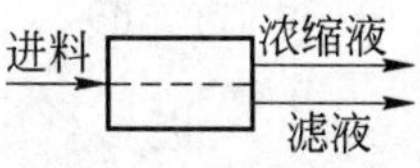	溶液脱小分子、大分子溶液脱小分子、大分子分级	压力差 0.1~1.0 MPa	小分子溶液	1~20 nm 的大分子溶质	筛分、选择性渗透	非对称膜	液体
反渗透	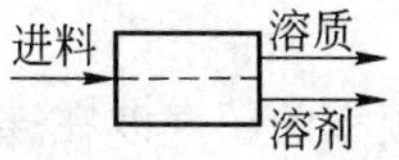	溶剂脱溶质、含小分子溶质溶液浓缩	压力差 1.0~10 MPa	溶剂、水	0.1~1 nm 小分子溶质、盐	优先吸附、毛细管流动溶解扩散	非对称膜或复合膜	液体
乳化液膜	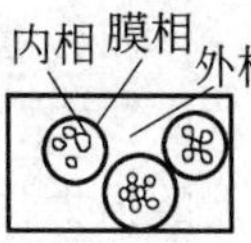	溶液(气体)混合物分离、富集、特殊组分脱除	浓度差、化学反应	在液膜中有高溶解度或能反应的组分	在液膜中难溶解组分	主动运输传递和溶解扩散传递	液膜	液体、气体
电渗析	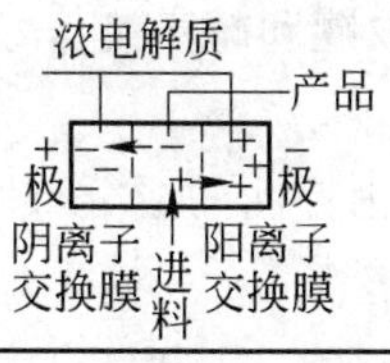	溶液脱小离子、小离子溶质的浓缩、分级	电化学势、电渗透	小离子组分	同名离子、大离子和水	反离子经离子交换膜的迁移	离子交换膜	液体

(2)场分离:场分离是利用电磁场、重力场、温度场等物理场作为推动力,对物质进行分离

的过程。

场分离包括电泳、热扩散、磁或静电分离、高压电场分离、高梯度磁力分离等。

热扩散也属场分离的一种，以温度梯度为推动力，在均匀的气体或液体混合物中出现分子量较小的分子(或离子)向热端漂移的现象，建立起浓度梯度，以达到组分分离的目的。该技术用于分离同位素、高黏度的润滑油，并预计在精细化工和药物生产中可得到应用。

速率控制分离过程在食品工业中占有重要的地位,食品工业中常用的速率控制分离技术如表 1-4 所示。

表 1-4 食品工业中的速率控制分离过程

名称	原料相态	分离因子	分离原理	举 例
反渗透	液体	压力/膜	膜渗透性	果汁浓缩、海水淡化
超滤	液体	压力/膜	膜渗透性	乳清粉生产、牛奶浓缩
液膜	液体、气体	浓度/膜	膜渗透与化学反应	污水处理、生化反应
电渗析	液体	电场/膜	电位差	氨基酸脱盐、葡萄糖精制
电泳	液体	电场力	带电离子扩散迁移	氨基酸、核酸、酶分离
色谱分离	气体、液体	固相载体	吸附浓度差	难分离物质的分离
分子蒸馏	液体	气体扩散	分子扩散	甘油单酯分离、从油中分离维生素 A、维生素 E

传质分离过程的能量消耗,常常是构成单位产品成本的主要因素之一,因此降低传质分离过程的能耗,受到全球性普遍重视。膜分离和场分离是一类新型的分离操作,由于其具有节约能耗，不破坏物料,不污染产品和环境等突出优点,在稀溶液、生化产品及其他热敏性物料分离方面,有着广阔的应用前景。

(三)其他物理场辅助分离技术

近年来,在食品分离技术领域新技术的应用越来越多,其中,在外加力场作用下,对食品原料进行有效物质的提取分离技术值得重视。例如,超声波萃取技术、微波萃取技术等。

1. 超声波萃取

超声波萃取是基于超声波的特殊物理性质。高于 20 kHz 声波频率的超声波在连续介质中传播时,根据惠更斯波动原理,在其传播的波阵面上将引起介质质点的运动,使介质质点运动获得巨大的加速度和动能。质点的加速度经计算一般可达重力加速度的二千倍以上。由于介质质点将超声波能量作用于物质成分质点上而使之获得巨大的加速度和动能,迅速逸出原料基体而游离于水中。其次,超声波在液体介质中传播产生特殊的“空化效应”,“空化效应”不断产生无数内部压力达到上千个大气压的微气穴并不断“爆破”产生微观上的强大冲击波作用在原料基体上,使其中的目标成分物质被“轰击”逸出,并使得原料基体被不断剥蚀,其中不属于植物结构的目标成分不断被分离出来。超声波萃取装置可分为萃取罐和超声波信号发生器二部分。超声波萃取具有如下突出特点。

①无需高温,不破坏食品原料中某些具有热不稳定,易水解或氧化特性的成分,超声波能促使植物细胞破壁,提高提取率;

②萃取充分,萃取量是传统工艺的 2 倍以上;

③萃取效率高,超声波强化萃取 20～40 min 即可获得最佳提取率,萃取时间仅为水煮、醇

沉方法的 1/3 或更少；

④具有广谱性，适用于绝大多数种类的原料提取；

⑤超声波具有一定的杀菌作用，保证萃取液不易变质；

⑥操作简单易行，设备维护、保养方便。

超声波萃取技术作为一项发展中的技术，在超声强化过程研究、超声频率跟踪技术、多频耦合超声提取技术、超声与超临界耦合技术以及相关工艺工程化研究及放大等方面还有待进一步研究。

2. 微波辅助萃取

微波萃取技术是食品和中药有效成分提取的一项新技术。世界上微波技术应用于有机化合物萃取的第一篇文章发表于 1986 年，国外有专家发现将样品放置于普通家用微波炉里只需短短的几分钟就可萃取传统加热需要几个小时甚至十几个小时的目标物质。通过十几年来的努力和发展，微波萃取技术现已应用到香料、调味品、天然色素、中草药、化妆品和土壤分析等领域。

微波萃取是高频电磁波穿透萃取媒质，到达被萃取物料的内部维管束和腺胞系统，微波能迅速转化为热能使细胞内部温度快速上升，当细胞内部压力超过细胞壁承受能力，细胞破裂，细胞内有效成分自由流出，在较低的温度下溶解于萃取媒质再通过进一步过滤和分离，便获得萃取物料。在微波辐射作用下，微波所产生的电磁场加速被萃取部分成分向萃取溶剂界面扩散速率，从而使萃取速率提高数倍，同时还降低了萃取温度，最大限度地保证萃取的质量。

传统热萃取是以热传导、热辐射等方式由外向里进行，而微波萃取是微波瞬间穿透物料，通过偶极子旋转、摩擦里外同时加热进行萃取。与传统热萃取相比，微波萃取的主要优点是：质量高，可有效地保护食品、药品以及其他化工物料中的功能成分；纯度高，萃取率高；对萃取物具有高选择性；速度快，省时，可节省 50%～90%以上的时间；溶剂用量少，污染少，属于绿色工程；低耗能；生产设备较简单，节省投资。

用于微波萃取的设备大致分两类：一类为微波萃取罐，另一类为连续微波萃取线。两者主要区别一个是分批处理物料，类似多功能提取罐；另一个是以连续方式工作的萃取设备。具体参数一般由生产厂家根据用户要求设计。使用的微波频率有两种：2450 MHz、915 MHz。

3. 超声微波协同萃取

在样品制备过程中，微波能和超声波振动能在萃取方面已得到了极为广泛的应用。在美国环保局(USEPA)等一些标准方法中，这两种技术已成为样品前处理的重要手段。然而，现有微波和超声波处理技术方法也存在着一些不足之处：对超声波萃取而言，目前实验室广泛使用的超声波萃取仪是将超声波换能器产生的超声波通过介质(通常是水)传递并作用于样品，这是一种间接的作用方式，声振效率较低，必须通过增加超声波发生器功率(＞300 W)来提高萃取效率。然而，较大超声波功率会发出令人感觉不适的噪声。

对于微波辅助萃取而言，也同样存在一些不足之外：

①当样品处理在密闭式萃取罐中进行时，高温高压条件对制作样品罐材料(如聚四氟乙烯)的强度、耐热性、耐腐蚀性及其密封性的要求很高，而且还需要高强度的聚砜外罐保护。溶剂易于外泄，难于清洗(聚四氟乙烯的孔隙会产生记忆效应)，提取效率受溶剂特性(如极性)的影响较大，样品处理量小，分析成本高(高压罐的老化及损坏)。此外，高温高压条件可能造成样品中某些有机组分结构的改变或破坏，而且在取出提取液之前还需要较长的冷却降压时间，

这在一定程度上间接地抵消了其提取速度快、效率高的优点；

②当微波提取在低温常压条件下的开放式萃取釜中进行时，尽管可从一定程度上克服高压密闭式微波提取的不足，样品用量也可大大增加，但受到微波穿透能力的限制，使样品萃取不均匀，萃取效率下降，萃取时间增加。目前，尽管有报道将开放式微波处理技术与机械搅拌相结合的方法，试图克服常规开放式微波处理之不足，但效率仍较低且不易操作。将直接超声振动与开放式微波两种作用方式相结合，充分利用了超声波振动的空化作用(同时具有萃取和机械搅拌作用)以及微波的高能作用。

超声-微波协同萃取技术采用微波功率和辐照时间连续可调，超声振动、微波加热方式和程度可任意组合和设定的方法，以取得最大的协同效率。根据不同样品处理目的和方式，选择不同溶剂或溶剂组合优化样品或有机组分的萃取条件，取得最优效果。超声-微波协同萃取克服了超声波萃取和微波萃取方法之不足，保留了超声波萃取或微波萃取方法的优点，如振动匀化使样品介质内各点受到的作用一致、可供选择的萃取溶剂种类多、目标萃取物范围广泛、降低目标物与样品基体的结合力，加速目标物从固相进入溶剂相的过程、处理样品量大等优点。

(四)传质设备

应用于平衡分离过程的设备，其功能是提供两相密切接触的条件，进行相际传质，从而达到组分分离的目的。性能优良的传质设备，一般应满足以下要求：

①单位体积中，两相的接触面积应尽可能大，两相分布均匀，避免或抑制短路及返混；

②流体的通量大，单位设备体积的处理量大；

③流动阻力小，运转时动力消耗低；

④操作弹性大，对物料的适应性强；

⑤结构简单，造价低廉，操作调节方便，运行可靠安全。

传质设备种类繁多，而且不断有新型设备问世，可按照不同方法进行分类。

按所处理物系的相态可分为：气(汽)液传质设备(用于蒸馏及吸收等)，液液传质设备(用于萃取等)，气固传质设备(用于干燥、吸附)，液固传质设备(用于吸附、浸取、离子交换等)。

按两相的接触方式可分为：分级接触设备(如各种板式塔，多级流化床吸附等)和微分接触设备(如填料塔、膜式塔、喷淋塔、移动床吸附柱等)。在分级接触设备中，两相组成呈阶梯式变化；而在微分接触设备中，两相组成沿设备高度连续变化。

此外，对于气固和液固传质设备，还可按固体的运动状态分为固定床、移动床、流化床和搅拌槽等。其中流化床传质设备采用流态化技术，将固体颗粒悬浮在流体中，使两相均匀接触，以实现强化传质的目的。传质设备在石油、化工、轻工、冶金、食品、医药、环保等工业部门的整个生产设备中占很大比例。因此，合理选择设备，完善设备设计，优化设备操作，对于节省投资，减少能耗，降低成本，提高经济效益，有着十分重要的意义。

三、食品分离技术与分离科学的关系

食品分离技术指各种分离技术在食品科学与食品工程中的应用，它依据某些理化原理将食品物料中的不同组分进行分离，是食品加工中的一个主要操作过程，是食品工业单元操作的深化和归属。

(一)分离过程与单元操作

食品分离技术与食品工程原理介绍的单元操作有着密切的关系。单元操作的概念由 Arthur Little 博士在 1915 年首先提出，他在给麻省理工学院校长的报告中认为：任何化工过程，不管其规模多大多小，都可以认为由一系列可以称为"单元操作"的过程所组成。这些"单元操作"包括干燥、结晶、过滤、蒸发和电解等等。单元操作的概念包括了分离混合物的一系列不同的方法，在化学工程科学的发展中具有重要贡献。随着科学技术的不断发展，最初的单元操作以及后继出现的单元操作逐步交叉、渗透和融合而形成了相对独立的分离过程领域[1]。

目前，分离过程逐渐形成了一个具有鲜明工程技术特点的相对独立的领域，在工业过程中得到越来越广泛的应用。欧美日和我国等许多国家高校的本科生和研究生培养方案中均设置了分离过程作为专业课。为满足科学研究成果交流的需要，创办了多种有关分离过程领域的专门学术期刊，如 Separation and Purification Methods；Separation and Purification Technology；Separation Science and Technology；Journal of Membrane Science；Journal of Chromatography；Adsorption，Solvent Extraction and Ion Exchange；Fluid Phase Equilibria；Journal of Supercritical Fluids；等等。20 世纪 60 年代，出版了几本较为综合性的分离过程专著，1967 年，Pratt 主编了第一本综合性论述分离过程原理的专著，对平衡分离过程和速率分离过程进行了详细比较，对于二元精馏进行了广泛和深入的分析。King 于 1971 年和 1980 年两次编写了《分离过程》(Separation Processes)一书，该书概括了各种常见的分离方法，解释了多级操作和逆流的依据，逆流过程、错流过程和并流过程的特点和处理能力，还介绍了固定床和洗脱色谱方法。Seader 于 1998 年编写了"separation process principles"，就工业过程中广泛应用的平衡级分离过程和速率分离过程的原理、特点以及应用进行了非常系统的描述，目前，该书在许多国家得到使用[2,5,7]。

单元操作是分离过程的基本单元，两者相互联系，也存在着不同的地方。分离过程与单元操作的主要区别在于：分离过程侧重分离方法的共性规律，而单元操作则侧重分离方法的个性规律；分离过程侧重多组分非理想物系，而单元操作则多侧重二元理想物系。

从哲学的观点来看，两者之间显然具有不可割裂的关系。把分离过程作为一个独立领域对于提高单元操作的能力和效率都有帮助，原因如下：

①用来分析和提高不同分离过程中达到的分离程度的方法是相似的。

②许多分离设备应用的分离原理相同，具有很强的通用性。

③以分离过程的知识为基础，把握分离过程的共性，对于从候选的分离方法中选择出完成特定分离任务需要的适宜方法，以及确定合理的分离程序是很有帮助的。

④把握分离过程的共性，对于分离过程可以帮助我们设计、筛选和制备出完成特定分离任务的质量分离剂。

⑤对于各种分离方法的分析比较，能帮助我们了解某一或某些分离过程的极限，从而选择确定出合适的分离方法，判断分离方法的可用性与否。

⑥对于分离过程的共性规律的认识，可以使我们把分离过程应用到不同的场合和规模，从分析性分离、制备性分离到大规模的工业分离，同时，有助于改善设计和操作条件，以获得更高的分离程度、节约能量、降低设备费等[1]。

(二)食品分离技术与化工分离技术的关系

化工分离技术是随着化学工业的发展而逐渐形成和发展的。化学工业具有悠久的历史，而现代化学工业是开始于18世纪产业革命以后的欧洲。当时，纯碱、硫酸等无机化学工业成为现代化学工业的开端。19世纪以煤为基础原料的有机化工在欧洲也发展起来。当时的煤化学工业规模不是很大，主要着眼于苯、甲苯、酚等各种化学品的开发。在这些化工生产中应用了吸收、蒸馏、过滤、干燥等分离操作。19世纪末20世纪初大规模的石油炼制业促进了化工分离技术的成熟与完善。进入20世纪70年代以后，化工分离技术更加高级化，应用也更加广泛。与时同时，化工分离技术与其他科学技术相互交叉渗透产生一些更新的边缘分离技术，如生物分离技术、膜分离技术、环境化学分离技术、纳米分离技术、超临界流体萃取技术等[3,4]。

展望21世纪，化工分离技术将对农业、食品和食品加工、城市交通和建设以及保健、提高和改善人们的生活水平方面做出贡献。现代食品分离技术是以化工分离技术为基础和依托，根据化学分离过程的原理与方法，开发符合食品卫生与营养要求的新型分离技术。

第二节 食品分离过程的特点及选择原则

一、食品分离技术的分类

食品分离技术按其分离规模可分为：实验室规模和工业生产规模。实验室规模的分离技术主要是用来进行食品成分及食品中限量指标的定量、定性分析和研发新产品时制备小量样品用。工业生产规模的应用是把实验室研发产品的技术进行工业放大和设计后，进行商业化生产。

食品分离技术按分离方法可分为：

①物理法。例如，离心，过滤，沉降等。

②化学法。例如，离子交换，沉淀反应等。

③物理化学法。例如，凝胶色谱分离，基于目标物物理化学性质差异的各种萃取分离等。

食品分离技术按分离性质可分为非传质分离和传质分离两大类。

二、食品分离过程的特点

食品分离过程因为分离对象的原因，与其他工业分离过程相比，有其自身鲜明的特点[6]。

①分离对象种类多，性质复杂。食品分离的对象是农、林、渔、牧、副食品等，要分离的物质比化学反应产物的分离复杂得多，要分离的物质有有机物、无机物；原料的相态有固态、液态和气体；要分离的物质可能是有生命的细胞、微生物；可能是具有生理活性物质；可能是热敏性及对碱、酸敏感的物质等。

②产品质量与分离过程密切相关。在食品生产过程中，采取的分离方法要注意防止高温、过酸、过碱、氧化、高压、重金属离子污染、原料自身酶解等问题。例如，在分离酶时，利用不同的分离过程，分离得到的酶活力单位可不同。在速溶茶的生产过程中，分离工艺的不同，可产生不同风味、色泽不同的产品。

③产品要求食用安全。这就要求采用的分离技术必须要符合卫生标准,对生产工艺要求严,生产过程中微生物、重金属等指标要符合标准。方法要效率高、选择性好,以便有效地分离去除有害有毒物质。另外,生产中,所采用的分离技术对原料不要产生新的污染。

④分离对象在分离过程的易腐败。食品分离的对象是食品,而腐败是食品原料的特点,这就要求在分离过程中必须控制分离条件,防止食品物料的氧化、污染微生物等,并尽量缩短分离周期。

三、食品分离技术的选择原则

随着科学技术的发展,分离方法越来越多,每种分离方法都有它的长处和不足。在开发过程中如果需要分离工序,首先应选择合适的方法,使之在技术上先进、经济上合理。选择一种食品分离技术,总的原则是先要确定分离的目的,了解待分离混合物中各组分的物理、化学、生物学方面的性质,并要充分关注分离的目标成分。对目标成分,要了解目标成分的性质,它的相对分子质量、化学结构、理化性质、电荷性、热敏性以及生物活性等基础性资料对确定分离方法的选择起决定性作用。

(1)在知道目标成分的性质后,可按下列步骤进行分离工作:

①选择和确定对目标成分的定性、定量方法,以便在分离过程中能对目标成分进行检测,对分离效果进行评价。

②了解物料的性质。例如,物料的黏度、目标成分在物料中存在的部位、含量等。

③确定分离方法并进行实验。是否可利用自然的能量进行分离?是否为超高纯度的分离?分离规模的大小?按这些要求选择合适的分离技术。

④确定分离方法的评价指标。一般来说,评价指标有:回收率、截留率、选择性、经济性等。

⑤中试或工业生产应用的放大设计。

(2)在分离方法的选择时,通常从确定产品纯度和回收率方面作为主要的考虑因素外,还要考虑下列因素:

①产品价格:产品价格常成为选择分离方法的主要因素。对廉价产物,常采用低能耗、廉价分离剂或无需分离剂,以及大规模的生产过程。对高附加值的产物,可采用中小生产规模,技术含量较高的分离技术。如果一个分离方法尽管可行,但其分离所得产品成本过高,就很难推广应用。因此,所选用的方法往往被要求能耗低、物耗低以保证产品的价格具有竞争能力。

②目标产物的特性:目标产物的特性是指产物的热敏性、吸湿性、氧化性、分解性等,这些特性是导致目标产物变质、降解、氧化等的根本原因,产品对工艺技术的一些特殊要求是选择分离方法的一个重要因素。例如,食物、饮料中含有热敏性物质,常会因受热而变质或失去营养成分,所以,对食品分离来说,应尽量选用速率控制分离过程。采用热分离时应慎重,尽量避免过热过冷对产品质量所造成的损害。

③混合物中的分子性质:分离效率的高低,关键在于原料中目标产物与共存杂质的性质差异大小。对于大多数分离过程来说,分离因子对分离方法的选择可起指导作用,分离因子是表征分离过程中混合物内各组分所能达到的分离程度。对于 i,j 两个被分离组分,组分 i 和组分 j 在产品 1 中的摩尔分数的比值除以在产品 2 中的比值表示为组分 i 和组分 j 的分离因子,如式[1-8]所示。分离因子越大,表示组分分离效果越好。

$$\alpha_{ij}=\frac{\chi_{i1}/\chi_{j1}}{\chi_{i2}/\chi_{j2}} \qquad [1\text{-}8]$$

但在分离过程中起作用的根本原因还在于分子的特性，包括分子的大小与形状、密度、沸点、溶解度、偶极矩、极化强度、电荷、临界点等物理、化学、电磁、光学、生物学等性质。例如，对于蒸馏操作，通常把分离的难易归结于宏观量相对挥发度即蒸气压的差别，但追其根本是取决于分子间作用力的强弱。同时，在不同的分离过程中，这些分子特性对分离因子也有影响，如表 1-5 所示。

表 1-5 不同的分子性质对分离因子的影响

分离方法	纯物质的性质					物质添加剂的性质		
	分子质量	分子体积	分子形状	偶极矩和极化强度	电荷	化学平衡	分子形状	偶极矩和极化强度
蒸馏	2	3	4	2	0	0	0	0
结晶	4	2	2	3	2	0	0	0
萃取	0	0	0	0	0	2	3	2
渗析	0	2	3	0	0	0	1	3
超滤	0	0	4	0	0	0	1	0
电渗析	0	0	0	0	1	0	2	0
离子交换	0	0	0	0	0	1	2	0

注：0-没有影响，1-决定性影响，2-主要影响，3-次要影响，4-影响很小。

④经济因素：分离过程能否商业化、工业化，取决于其经济性能否优于常规分离过程，而过程的经济性，在很大程度上又取决于目标产物的回收率和质量。事实上，经济上的可行性亦往往是取舍某一分离方法的一个决定因素。过程的经济性应包括工程设计和开发费用，设备的投资和操作费用等。工程设计和开发费用的大小一般与这一过程所采用的设备是否是标准设备有关。非标设备越多，花费越大。投资包括设备制造与安装费用，设备费用包括主设备和辅助设备全部费用。一般希望设备的几何形状，内部结构愈简单愈好。操作费用是操作人员工资、设备维修、折旧和质量控制等费用的总和。操作费用中原材料消耗和动力消耗往往占主要地位。在操作中最好避免少用非标机械、高速旋转的设备和易损坏、难保养的设备。此外，气态和液态的物料显然比固体或泥浆状物料有较低的操作费用和更好的操作性能。

⑤安全与环保：选择某一种分离方法时，还应考虑到它的工艺可行性和设备可靠性，一个有远见的工程技术人员必须在选定过程前定量地估计过程的安全性和由此可能带来的对生态环境的影响。例如，在选择超临界流体萃取技术时，要考虑到高压设备的安全性；在选择分子蒸馏时，过程在高真空下操作，要考虑到某些物质和氧气混合后，可能会出现燃烧爆炸等隐患。

四、食品分离技术的评价

评价一种食品分离技术的优良，可从下列几个方面来考虑。

1. 回收率和产品纯度

回收率取决于当时能实现的技术水平，分离过程的回收率越高越好。产品纯度的高低依据其使用目的来确定，例如，对于饲料用、食用、医用的产品，其纯度可不相同。

2. 产品质量

分离技术直接影响到食品的色、香、味、营养及感官等品质，合适的分离方法是产品质量的保证。例如，在生产茶饮料时，茶叶中多酚类物质是要保留下来的，而生物碱及茶蛋白可以想办法除去，以保证茶饮料中不产生沉淀物。

3.产品安全性

应用分离技术从食物中分离获得的产品，或者是对食品进行加工时，必须要保证符合食品卫生的要求，同时对于原有的食品原料不应造成污染，不产生有毒有害物质，并有利于原料综合利用。

4.简化生产工艺

一项好的先进的食品分离技术应该可以简化食品的生产工艺，缩短分离过程的周期，有利于提高生产效率和减少食品原料在生产过程中变质的可能性。例如，利用亲和双水相萃取木瓜蛋白酶时，原液中大量杂质蛋白能够与其他固体物质一起被除去，与其他提取分离方法相比，双水相萃取法可省去一到两步过程。

5.降低能耗、场地，节省成本

能源问题是当今世界非常关注的一个问题，所有工业过程都应考虑能耗问题，低能耗的技术往往是最有前途的技术。现代食品分离技术，大都是在常温下进行，过程中无相变，能较大地降低能耗，有助于节省成本。另外，由于新型分离技术简化了生产工艺，能节省生产设备和生产场地的投资，也能降低生产成本。

在具体选择一种分离技术时，应综合评价上述几点，对分离方法进行论证，做出综合性的评价。

第三节 食品分离技术的重要性及其进展

一、食品分离技术在食品工业中的地位与作用

分离过程是将混合物分成组成相互不相同的两种或几种产品的操作。食品工业生产通常都有一个提纯原料、产品分级、中间产物分离等过程，生产装置有中间产物和产品的多个分离设备以及机、泵等组件。随着食品工业的发展，化工单元操作不断向食品工业渗透并在食品加工领域内实践和提高，形成了适应食品加工特殊要求的新型分离技术。食品工业中广泛利用分离技术进行生产，例如：干燥过程在食品工业中的就有广泛应用，谷物的含水量从收获时30％～35％干燥到13％就可延长储存期一年。食品含水量低于5％，微生物就难以生存，酶难以作用，可长期保持香味和营养。以洁净空气和纯水生产为例，就包括了沉降、湿法洗净、过滤、电除尘、絮凝、泡沫分离、电渗析、超滤、反渗透以及离子交换等如此多的分离单元操作。食品的脱水、除去有毒或有害成分也离不开分离过程，从水中去除盐和有素物质的蒸馏、吸附、萃取、膜分离等分离技术，使人们能从取之不尽的大海中提取淡水，从工、农业污水中回收干净水和其他有用的东西。天然食品往往被认为是最为安全的食品，但天然食品中也含有对人体不利的成分，或对某些人群不利的成分，如鱼虾、大豆等中含有过敏源物质，鸡蛋中胆固醇含量过高，对某些人群来说，就不适宜过多进食这些物质；某些鱼贝中含有天然毒素（如河豚毒素、岩蛤毒素等），一些植物类食品中也含有天然毒素（如生氰糖苷、外源凝集素、生物碱糖苷、真菌毒素等），食品中的工业污染毒素和农药残留物也有一定的限量标准，这些食物中的物质都需要进行适当分离后，食物才能被人们食用。要采用高效、低廉、科学的工艺，生产出人们吃得更舒

心、更安全、更方便、更营养的食品，离不开食品分离技术。

食品分离技术已经在食品工业中占有相当重要的地位，这是因为：

①分离技术作为食品工业的基础，是重要的食品工艺过程之一。例如，在制糖业中，就要经过提取、澄清、蒸发、结晶、分离、干燥等分离过程。

②利用分离技术可以提高农作物综合利用程度，生产高附加值的产品。例如，利用超滤和反渗透技术，从干酪乳清中回收乳清蛋白。

③利用分离技术可以改进食品的营养与风味。常温与加热处理会对食品的风味及营养的产生较大的差异，而像膜分离等浓缩分离技术可在常温下操作，取代需要进行加热浓缩的食品生产过程，从而改善产品的营养和风味。

④使产品更加符合卫生、安全的要求。利用食品分离技术可以去除食品中的有毒成分，净化食品生产用水，去除原料中的杂质等。

⑤改变生产面貌。例如，可利用反渗透生产海盐，对比日晒盐，生产环境和卫生状况都要好。再例如，糖厂的蒸发车间往往噪声大、温度高，生产环境不利于工人的健康，如果糖汁先用超滤浓缩到一定浓度后，再输送到蒸发车间煮糖结晶，可大大缩短煮糖的时间。

研究分离技术在食品加工中的应用，对食品加工的科学化、现代化具有重要意义。分离操作一方面为食品工业提供符合质量要求的原料；另一方面对通过对食品原料、半成品进行分离提纯以得到合格的产品。此外，分离操作在食品企业的环境保护和充分利用食物资源方面也起着重要的作用。随着现代工业趋向大型化生产，食品工业所产生的大量废气、废水、废渣需集中排放。对各种形式的流出废物进行末端治理，使其达到有关的排放标准，不但涉及物料的综合利用，而且还关系到环境污染和生态平衡。因此，分离操作在食品工业生产中占有十分重要的地位，在提高生产过程的经济效益和产品质量中起举足轻重的作用。

当代工业的三大支柱是材料、能源和信息，这三大产业的发展都离不开新的分离技术。人类生活水平的进一步提高也有赖于新的分离技术。近年来，由于能源紧张，石油提价，对分离过程的能耗要求越来越苛刻，随之对设备性能要求也越来越高，分离技术的应用越来越得到人们的高度重视。在21世纪，分离技术必将日新月异，再创辉煌。

二、食品分离过程的开发

食品分离过程的开发，一般包括基础研究、过程研究及工程研究等3个方面的开发。

1.基础研究开发

针对项目的应用性基础研究和工艺特征研究。以实验室研究为主体。

2.过程研究

进行工艺、产品、设备等的工程放大试验，包括模型试验、微型中试、中间试验、原型装置试验及工业试验的全部过程或部分过程。

3.工程研究

包括技术经济评价、概念设计、数学模型、放大技术及基础设计等。

所以，食品分离新技术开发不外乎有3个关键环节：概念形成到课题的选定、技术与经济论证（可行性）和工业放大技术。其中，放大技术是研究开发的核心。放大技术可以采用数学模型方法、逐级经验放大、工程理论指导放大和参照类似工业装置放大等方法。对于一个缺乏参照系统的新的传质分离操作来说，前两种方法更为常用。

(一)逐级经验放大法

其基本步骤是:进行小试,确定操作条件和设备形式,以及可望达到的技术经济指标。确定的依据是最终产品质量、产量和成本,并不考虑过程的机理。小试之后进行规模稍大的中试,以确定设备尺寸放大后的影响(放大效应),然后才能放大到工业规模的大型装置。在处理物料复杂或对选用的分离方法缺少经验时,放大把握不大,则上述每级试验放大的倍数就小,往往需经多级中间试验。逐级经验放大有以下4个基本特点:

①着眼于外部的联系,即仅考虑变量与结果间关系,不研究过程的内部规律。

②着眼于综合研究,不试图进行复杂过程的分解。

③决策步骤是人为的,不是科学论证的结果。由于上述开发的基本步骤和每步的目的均忽略了结构变量、操作变量和几何变量间的有机联系和相互影响,因此小试中最优的条件往往到中试就不一定是最优,更不要说放大到工业规模了。但从现实性和经济性考虑,逐级经验放大的步骤又只能如此。这样便造成逐级经验放大既费事,又不十分可靠。

④放大过程是外推的,而外推往往是不可靠的,因此经验放大有一定的风险,问题越复杂,每次放大的倍数就越小。由于逐级经验放大需数次进行真实性的、仅规模小些的试验,必然耗资大,开发周期长,且因化工生产中变量很多,要全面寻优的实验工作量太大,实际上也做不到,所以,可靠的最优结果往往得不到。

(二)数学模型方法

此法基于对过程本质的深刻理解,将复杂过程分解为多个较简单的子过程,再根据研究的目的进行合理简化,得出物理模型;应用物理基本规律及过程本身的特征方程对物理模型进行数学描述,得到数学模型,如是微分方程,还需建立初始条件和边界条件;对数学模型进行分析解或数值解,得到设计计算方程。这些方程中包含有模型参数,需通过简化试验(即不一定是实际物系、实际操作条件)确定它们。接着,应用计算机进行复杂过程的综合研究和寻优,得到最优结果。最后,需进行中间试验检验结果的可靠性。

数学模型法尽管在方法的逻辑上合理,从方法论上说也很科学,与逐级经验放大方法相比,可以节省试验费用,缩短开发周期,结果比较可靠,但在化工中的实际应用至今仍然有限。主要原因在于化工过程太复杂,可靠又合理简化的数学模型难以建立。

分离过程开发应达到下列目的:

①合适的分离方法和流程;

②优化的工艺操作条件;

③分离设备的合理选型与几何尺寸的确定。

实际上,上述两种开发方法是从两个侧面去完成上述目的的。如果待开发的过程和设备极其复杂,对它们理解甚少,那么往往需沿袭逐级经验放大法,试验将主要寻求设备的放大效应,得到放大判据。如果过程与设备都很简单,或者对它的理解比较透彻,通过合理的分解和简化完全可能得到可靠的数学模型,则试验将主要是验证数学模型,修正模型参数。因而,针对开发项目的技术特征应采用与之相适应的开发方法。例如,从合成气中脱除二氧化碳,由原来的水洗流程改为碳酸丙烯脂代替水为吸收剂。在取得相平衡数据和理论当量高度值后,可由模型试验直接放大到千倍以上的工业装置。工程技术人员梦寐以求应用数学分析方法直接解决开发方法，但往往由于实际过程的复杂性而却步。一般来说，人们的认识多数介于上述两种开发方法之间，所以，成功的开发常常采用数学放大方法和逐级经验放大两者相结合的办法来实现。

三、食品分离技术的发展趋势

未来食品工业所关注的重点问题有：

①环境问题。减少温室气体的排放，消除水、土壤的污染。

②工艺改进。需要开发更好的食品工业分离技术。

③产品开发。产品多样化，新的及有高附加值的产品开发。

④能源问题。提高能源利用率，找到能替代高耗能的工艺。

⑤安全问题。有时这与新的分离技术关系密切。

食品分离技术是一种重要的食品加工技术，人们一直注重于对这种技术的研究与开发，今后的发展重点是难分离体系的分离技术研究，高技术的动态过滤技术研究以及新型的传质分离技术及装备的研究与开发，以提高分离过程的速率和效率。研究和开发新的分离方法和传质设备，优化传统传质分离设备的设计和操作，不同分离方法的集成化，化学反应和分离过程的有机结合，都是值得重视的发展方向。图 1-3 为不同分离过程的发展状况。

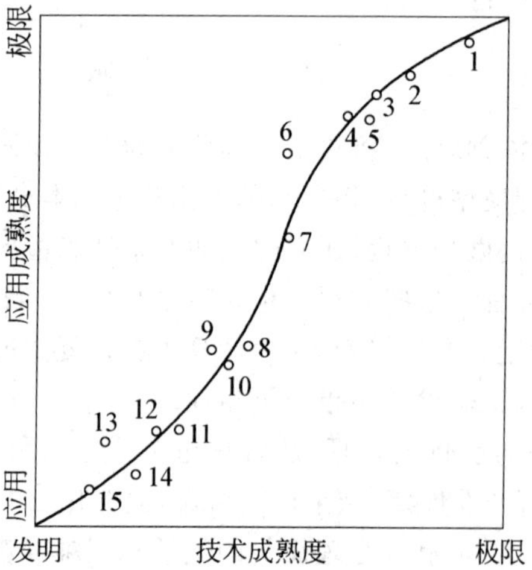

1. 精馏　2. 吸收　3. 结晶　4. 萃取　5. 共沸精馏　6. 离子交换　7. 吸附（气体进料）　8. 吸附（液体进料）　9. 膜分离（液体进料）　10. 膜分离（气体进料）　11. 层析分离　12. 超临界萃取　13. 液膜　14. 场感应分离　15. 亲和色谱分离

图 1-3　分离过程发展现状（陈欢林，2005）

科学技术的不断发展导致了对分离技术的要求越来越高，近几十年来发展起来的一些新型传质分离技术，已经引起了食品工业界的重视并已经崭露头角。

1. 传统分离技术得到发展

随着科技的进步，人们生活水平的提高，对分离技术的期望也越来越高，社会的发展与需求为传统分离技术的发展和更新提供了可能和途径和应用天地，促使其从实践到理论，再从理论到实践，不断地提高和完善。对传统分离过程或方法加以变革后，产生新的食品分离技术，在蒸馏、蒸发、吸附、结晶、萃取、沉淀等传统食品分离方法的基础上，发展了许多新型食品分离技术。例如，基于结晶机理的磁处理结晶法，基于萃取机理的超临界液体萃取技术，基于吸附平衡机理的色谱分离技术等。

2. 材料科学的发展形成了新型食品分离技术

例如，膜材料的改性及研制出各种功能的合成膜，使膜分离技术在近二十年来发展极其迅速，出现了膜接触器及以膜为关键技术的新型膜集成分离技术。这类技术正在开发和推广应用的有：膜吸收、膜萃取、膜蒸馏和结晶液膜等技术。

3. 食品分离技术的集成化与多级化

分离过程的集成化可实现物料与能量消耗的最小化、工艺过程效率的最大化，或者达到清洁生产的目的、或者实现混合物的最优分离和获得最佳的产物浓度。分离过程的集成化可通过多级或组合分离过程来实现。多级分离过程是用一种分离技术进行多级分离的操作；组合分离过程是采用不同种类的分离技术进行多级分离的操作。从实践和理论上知道，不同种类的分离技术在分离能力、分离不完全性、能耗、适应性等方面各有优缺点。对于某一生产中的分离任务，有时可用一种分离方法就能完成。但是，在绝大多数情况下，要用到两种或两种以上的分离方法。虽然有时用一种方法也能达到分离的质量要求，但投资、运行等费用会很高。如果用几种分离方法有机地组合起来，取长补短，可以组成一个最佳的分离过程，既能达到分离的质量要求，又能使费用降低到最低程度。这实际上是一个优化组合问题，亦即所谓工程问题。分离过程耦合化技术不仅会加强和改善溶液分离手段，而且对天然物质中高价值的有效物质提取和分离过程的改进也会有明显的指导意义和借鉴作用，因此，应该说，溶液分离过程耦合化具有明显的现实作用，潜在的发展前景是十分美好的。

4. 新型分离技术的出现

例如，化学反应与分离目的相结合而产生的反应分离过程。化学反应通常能将反应物转化为目的产物，如果这类可转化为目的产物的反应物存在于混合物中，那么，借助于化学反应就可将其从混合物中分离出来或直接把它除去。代表性的反应分离技术有：反应萃取、反应吸收、反应结晶等。

参考文献

[1] 姜忠义，吴洪，唐韶坤，等. 从单元操作到分离过程[J]. 化学工业与工程，2005，22(增刊)：56～59.

[2] 陈欢林. 新型分离技术[M]. 北京：化学工业出版社，2005.

[3] 邓修，吴俊生. 化工分离工程[M]. 北京：科学出版社，2000.

[4] 刘家祺. 分离过程[M]. 北京：化学工业出版社，2002.

[5] Grandison A S, Lewis M J. Separation Processes in the Food and Biotechnology Industries: Principles and Applications[M]. Cambridge: Woodhead Publishing Limited, 1996.

[6] 高孔荣，黄惠华，梁照为. 食品分离技术[M]. 广州：华南理工大学出版社，1998.

[7] Ian D Wilson, Edward R Adlard, Michael Cooke, et al. Encyclopedia of Separation Science[M]. New York: Academic Press, 2000.

思考题

1. 分离过程有哪些基本原则？
2. 简述分离技术的分类及其分离原理。
3. 选择食品分离技术的原则有哪些？
4. 食品分离过程有什么特点？
5. 简述食品分离技术的开发过程。
6. 简述食品分离技术在食品工业中的重要性。

第二章 膜分离技术

第一节 概 述

一、膜分离技术的发展简史

在自然界中，膜对物料的分离一直起着非常重要的作用，与其他分离过程相比，膜过程本身是一相对简单的过程，而且其分离条件温和，流程简单，能耗低，特别是在能源紧缺的今天备受工程技术人员的青睐。

借助于膜而实现分离的过程称为膜分离过程。膜从广义上可定义为两相之间的一个不连续区间，这个区间用以区别相界面。因此，膜可为气相、液相和固相的。它可分为2种，一是自然界里自然形成的膜；二是利用各种物理及化学手段人工制备得到的膜。自然界里存在的膜其应用相对有限。实际应用最多的膜主要通过人工制备得到的无生命的固相膜。膜一般很薄，厚度一般在几微米至几百微米之间，而长度和宽度要以米来计量。

膜技术(membrane technology)是用天然或人工合成的高分子薄膜，以外界能量或化学位差为推动力，对双组分或多组分的溶质和溶剂进行分离、分级、提纯和富集的方法。可用于液相和气相，对于液相的分离体系，可以是水溶液体系、水溶胶体系和非水溶液体系等。

膜分离技术经历了200多年的发展历史。人们对膜的发现可以追溯到1748年，法国学者Nollet发现水能自然地扩散到装有酒精溶液的猪膀胱内，首次揭示了膜分离现象。但是，直到19世纪中叶Graham发现了透析现象，人们才开始重视对膜的研究。

到了20世纪60年代中期，膜分离技术的发展进入了新时代。在这方面Sourirajan等人的工作起到了里程碑的作用。他们不仅制成了可实用的反渗透和超滤膜，而且还发展了相应的理论，随后又开发了不对称膜，从此膜分离技术真正走向工业化。20世纪80年代以来，膜技术进入高速发展阶段。制备膜的技术日益成熟，膜成本大大降低。工业上的应用相继开发，每年发表大量的研究成果，涉及食品、生物、制药、化工和石油等工业。由于膜分离过程是在一温和的操作条件进行的，不发生相变，特别适合于热敏性物质的处理，因而在食品、医药和生物制品工业中备受青睐。

我国膜技术的研究起步较慢，1958年以离子交换膜为起点。20世纪60年代是开创阶段。1965年着手反渗透的探索，1967年开始的全国海水淡化会战，大大促进了我国膜科技的发展。20世纪70年代进入开发阶段，如电渗析、反渗透、超滤和微滤等各种膜和组器件在这时期都相继研究开发出来。20世纪80年代跨入了推广应用阶段。20世纪90年代以来，膜技术的发展相对较为平稳。目前，国产超滤膜、微滤膜和反渗透膜在性能上已接近国外水平，电渗析膜的制备也相对成熟。纳滤膜、渗透气化膜、气体渗透膜的研究相对滞后，主要体现在应用的推广和设备的系列化。

二、膜种类

膜的种类很多，很难用一种方法进行分类。最常用的是按结构分类，其次是按作用机理分类。由于研究膜的传递过程需要精确的微观描述，因此，根据来源、形态和结构进行分类（图2-1）在工程上更有意义。

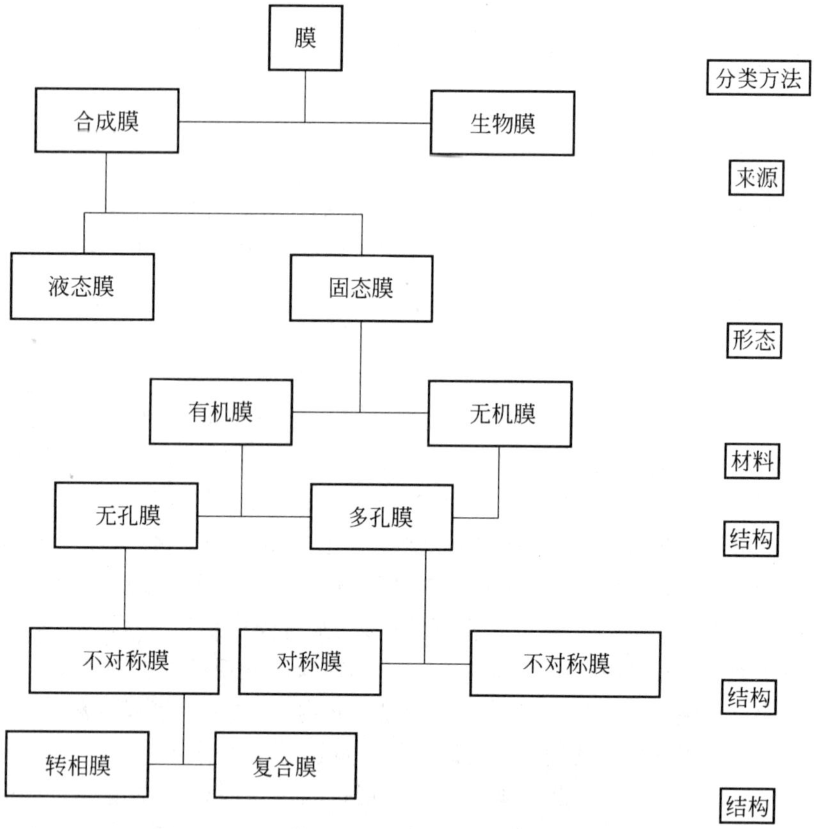

图 2-1 膜的分类

常用的分类方法有如下3种：

(1)按膜的性质分：天然膜和合成膜。

(2)按膜的结构分：多孔膜、致密膜和液膜。

(3)按膜的作用机理分：吸附性膜、扩散性膜、离子交换膜、选择渗透膜和非选择性膜等。

现介绍几种常见的膜：

1. 多孔膜(porous membranes)

多孔膜也称微孔膜，具有多孔性的结构，膜内的孔一般为0.05～20 μm，可以形成倾斜或弯曲的通道，从而形成类似于滤布的过滤介质。此膜的孔径一般是不均匀的。

2. 致密膜(dense membranes)

又称均质膜(homogenous membranes)，呈一层均匀的薄膜，无多孔性结构，类似于一团纤维。当物质通过均质膜时，其透过速率主要取决于扩散速率，因此其渗透通量一般较低。目前均质膜多用于气体分离、渗透汽化、电渗析等分离过程。

3. 不对称膜(asymmetric membranes)

不对称膜由一个很薄的，但比较致密的分离层和多孔支撑层组成。分离层为活性膜，孔径的大小和表皮的性质决定了分离特性，而厚度主要决定传递速度。多孔的支撑层起增加膜的强度的作用，而且常常通过附加纤维网使强度得到进一步提高。由于支撑层孔径(100～200 μm)比分离层(0.1～1 μm)大得多，故其本身无分离作用，对滤液流动的阻力也很小，一般可忽略不计。

不对称膜具有高传质速率和良好的机械强度，被截留的粒子大多停留在膜表面，易于清除等优点。在同样的压差下，其通量比同样厚度的对称膜高 10～100 倍。

4. 复合膜(composite membranes)

复合膜的结构与不对称膜相同，原则上它属于不对称膜的一种，但它又区别于不对称膜。这种膜的选择性膜层(活性膜层)沉积于具有微孔的支撑层表面上，就像非对称性膜的连续性表皮，只是表层与底层是不同的材料，而非对称膜是同一材料。复合膜的性能不仅取决于有选择性的表面薄层，而且受微孔支撑结构、孔径大小、孔分布和多孔率的影响。

5. 无机膜(inorganic membranes)

无机膜是一类较新的膜。在一些场合，与有机膜相比，无机膜具有一些突出的优点：

(1)化学稳定性好，能耐强酸、强碱、化学溶剂和强氧化剂。

(2)热稳定性好，耐高温。

(3)通量较大，污染少。

(4)机械强度高，使用周期长。

(5)允许使用条件苛刻的清洗操作(如蒸汽灭菌和高压反冲洗等)。

无机膜有致密膜、多孔膜和复合非对称修正膜 3 种。图 2-2 为无机多孔膜的 3 种结构[1]，其中(A)和(B)为无支撑体的均质多孔膜，膜孔从一侧直通另一侧，(A)的孔径近似不变，(B)呈锥形孔径；(C)为具有支撑层的非对称结构膜，膜内孔径相互贯穿，孔形状不规则，或呈海绵状。

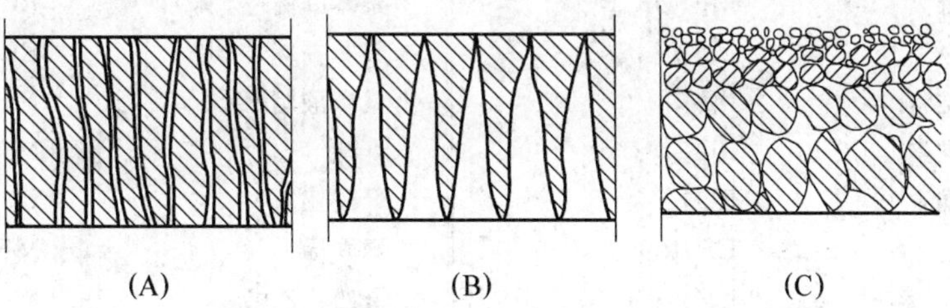

图 2-2　无机多孔膜的结构

三、膜材料

膜可分为有机膜和无机膜两大类，有机膜多由高分子聚合物制备，无机膜主要是金属、金属化合物、陶瓷、玻璃以及沸石等无机材料和一些热固性聚合物材料。

(一)常见的有机膜材料有如下几种

1. 醋酸纤维素

它是开发较早的一类膜材料,主要有如下一些特点:

(1)同时兼有滤液流量高和截留性能好两大优点。

(2)原料来源丰富,价格低廉,可生物降解。

(3)不耐高温,耐游离氯低于 1 mg/kg,耐 pH 值为 2~8。

(4)易被细菌和酶所降解。

(5)压力长时间作用下膜结构会变得紧密而使截留量下降。

除了醋酸纤维素外,还有许多其他的纤维素衍生材料如硝酸纤维素、醋酸硝酸纤维素、醋酸丁酸纤维素、醋酸磷酸纤维素等。

2. 聚砜

聚砜是一种性能优于纤维素的膜材料,聚砜膜有如下特点:

(1)有较高的滤液流量和较好的截留性能。

(2)能耐 75℃的高温;耐 pH 值范围宽,达 pH 值为 1~13。

(3)耐氯性强,耐游离氯高达 50 mg/kg。

(4)耐压不高,一般低于 0.17 MPa。

3. 其他高分子材料

除聚砜外,许多有机高分子材料如芳香族聚酰胺、聚苯并咪唑、聚偏氟乙烯等,都已成功制成了分离膜。它们有较高的机械强度,耐 pH 值范围宽及较耐高温。表 2-1 列出了有机高分子聚合物已制成的膜类型。

表 2-1 有机高分子聚合物制成的膜类型

材料	膜类型	材料	膜类型
二醋酸纤维素	MF、UF、RO	聚砜酰胺	MF、UF、RO
三醋酸纤维素	MF、UF、RO	聚醚砜	UF、RO
混合醋酸纤维素	MF、UF、RO	聚苯并咪唑	RO
硝酸纤维素	MF	聚苯并咪唑酮	RO
醋酸硝酸纤维素	MF	聚碳酸腈	MF
醋酸丁酸纤维素	RO	聚酯	MF
醋酸磷酸纤维素	RO	聚酰亚胺	UF、RO
氰乙基纤维素	UF、RO	聚丙烯	MF
聚丙烯腈	UF	聚四氟乙烯	MF
聚氯乙烯	MF	聚偏氟乙烯	MF、UF
芳香酰胺	MF、UF、RO	异氰酸酯	RO
芳香族聚酰胺酰肼	RO	尼龙 66	UF、RO
聚砜	MF、UF	聚乙烯醇聚醛	UF、RO

(二)无机膜材料

在无机膜中,陶瓷膜最常用。常用的陶瓷材料主要有氧化硅、氧化铝、氧化锆等。

四、膜的制备方法

膜制备的方法很多，其中许多方法已成功应用于工业化生产。现介绍一些常用的方法。

1. 铸造法

首先将聚合物、溶剂、膨胀剂和其他添加剂混合成均匀的胶状液，然后铸造成型，最后退火成膜。这种制备方法主要用于制备致密膜。

2. 喷丝法

将上法中的胶状液通过一环形的喷丝头喷出，形成中空的纤维。喷出的纤维可直接进入凝胶浴，也可使溶剂挥发或使纤维冷却后再进入凝胶浴。在凝胶浴中纤维被漂洗，再经退火处理，即得成品。这是制备中空纤维膜的主要方法之一。

3. 核径迹法

这种方法分如下 2 步进行：第一步是将厚为 5～15 μm 薄膜用放射性粒子（如 α 粒子或中子）照射，使高分子主干的化学键断裂形成径迹。孔的密度由照射时间加以控制。第二步是将照射的膜用酸碱液进行腐蚀，使辐照受损的材料形成垂直孔道。孔径由刻蚀的时间和腐蚀液的温度控制。这种方法制得的膜表面光滑，孔径直且大小均匀，适宜于聚碳酸酯和聚乙酯作微孔膜。

4. 转相法（沉淀法）

转相法是制膜最重要的方法，不仅能制备对称性反渗透膜和超滤膜，也能制备微孔膜，基本过程如下：

(1)制备有适当黏度的均相聚合物浇铸液。

(2)在适宜的支持物上将聚合物溶液流延成膜。

(3)蒸发一部分溶剂。

(4)使聚合物沉淀。

(5)热处理（退火）。

在聚合物沉淀过程中，形成液膜的聚合物溶液分成两相，富含聚合物的固相形成膜的骨架，富含的液相形成膜孔。当沉淀过程非常迅速时，形成孔的液滴较为细小，这样就形成不对称结构；当沉淀速度非常慢时，可得到对称的膜结构。

5. 浸渍法

将支撑层浸入聚合物溶液中或将聚合物溶液均匀喷涂到支撑层上，然后置一定温度下慢慢蒸发溶剂，这样在支撑物表面就形成了一极薄的致密的表皮层。

6. 界面聚合法

将作为多孔支撑层的微滤和超滤膜浸入亲水单体的含水溶液中，使它完全润湿。再将润湿的膜浸入某疏水单体的有机溶液中，然后进行短时间加热。在两种液体的相界面即发生聚合反应，形成活性层。最后在一定温度下使形成的凝胶层进行交联，改善与多孔支撑层的联结。

7. 等离子聚合法

在高真空条件下，在载体膜上涂一层致密的、高交联的高选择性膜层。引入 He、Ar 等惰性气体后，用高频电场产生等离子体，然后将单体蒸汽引入反应器。等离子体是非聚合的、活跃的、离子态的气体，它可使单体离子化和激化，以三维交联网络形式聚合。当聚合物达到一定相对分子质量时，沉降在膜上，并与其他分子及多孔载体层进行聚合反应，从而形成等离子聚合膜。

8. 无机膜的制备方法

方法1：将石墨膏挤成管式膜，再使精细微粒沉积在膜上，形成活性层。

方法2：利用碳纤维制成的管材，再使精细的碳微粒沉积，形成活性层。

方法3：用陶瓷管挤出法，干粉等压挤出法或胶状悬浮液浇铸法加工成坯体。干燥后在高温下煅烧，制成载体。将载体浸入含有精细分散微粒的胶态或聚合态悬浮液中，可在载体上涂复一层凝胶层。先干燥，再煅烧成氧化物层，就制成无机复合膜。

方法4：由纤维素、酚醛树脂、聚偏氯乙烯之类聚合物制备的膜，在高温下分解可制成碳分子筛膜。其制备过程为：首先将聚合物膜在惰性气体或真空保护下加热至500～800℃，使聚合链断裂，释放出小分子气体，使聚合物膜形成高度多孔膜，但这些孔多为非贯通的封闭孔。然后在氧化气氛下进行活化或氧化燃烧，以得到贯通膜二侧的开孔。

五、表征膜性能的参数

表征膜的性能包括两个方面内容：一是指膜的物化稳定性，即膜的强度、允许使用的压力、温度、pH值以及对有机溶剂和化学药品的耐受力，是决定膜使用寿命的主要因素。二是指膜的分离性能，主要包括分离效率、渗透通量和通量衰减系数3个方面。

1. 分离效率

一般地膜将料液分为两部分：不能透过膜而被浓缩的截留液和能透过膜的透过液（几乎不含所需浓缩的溶质）。对于不同膜分离过程和分离对象可以用不同的表示方法来表征分离效率。对于溶液脱盐或微粒和某些高分子物质的脱除等可以用脱除率或截留率 R 表示，脱除比以 D 表示，分别定义为式[2-1]、式[2-2]所示。

$$R=\frac{1-c_p}{c_w}\times 100\% \qquad [2\text{-}1]$$

$$D=\frac{1}{1-R}\times 100\% \qquad [2\text{-}2]$$

通常实际测定的是溶质的表观截留率 R_e，定义为式[2-3]所示。

$$R_e=\frac{1-c_p}{c_b}\times 100\% \qquad [2\text{-}3]$$

式中：c_b——原始料液浓度；c_p——透过液浓度；c_w——在高压侧膜与溶液的界面浓度。

脱除率和脱除比反映了膜和膜系统对溶液中待分离组分的截留能力。R 和 R_e 可通过传质系数法加以换算。

2. 渗透通量

定义为单位时间内通过单位膜面积的透过物量，以 J_w 表示。

$$J_w=V/St \qquad [2\text{-}4]$$

式中：V——透过液的体积，L；S——膜的有效面积，m^2；t——运转时间，h；J_w——渗透通量，$L/(m^2 \cdot h)$。

3. 通量衰减系数

膜的渗透通量衰减是由于分离过程中发生的浓差极化、膜的压密以及膜孔的堵塞等原因造成的，将随时间的延长而衰减，可用下式表示。

$$J_t = J_1 t^n \qquad [2\text{-}5]$$

式中：J_t——膜运转 t h 的透过速度，L/m²；J_1——膜运转 1 h 的透过速度，L/m²；t——运转时间，h；n——通量衰减系数。

式[2-5]两边取对数，得到以下线性方程。

$$\lg J_t = \lg J_1 + n\lg t \qquad [2\text{-}6]$$

由式[2-6]可求得衰减系数 n。

六、膜分离技术的原理

用天然的或人工合成的膜，以外加压力或化学位差为推动力，对双组分或多组分的溶质和溶剂进行分离、分级、提纯或富集的方法，统称膜分离法。目前，膜分离主要包括渗透、反渗透、超滤、透析、电渗析、液膜技术、气体渗透和渗透蒸发等。表 2-2 列出了这些方法的基本情况。

表 2-2　主要的膜分离方法

膜分离方法	推动力	分离机理	透过物	截留物	膜的类型
微滤 (MF)	压力差 0.01～0.2 MPa	根据颗粒大小、形状进行分离	水、溶剂和溶解物	0.02～10 μm 粒子	多孔膜
超滤 (UF)	压力差 0.1～0.5 MPa	根据分子特性、大小、形状进行分离	溶剂、离子和相对分子质量低于 1 000 的小分子	生物制品、胶体和相对分子质量为 1 000～300 000 的大分子	非对称膜
反渗透 (RO)	压力差 1.0～10 MPa	优先吸附 毛细管流动 溶解—扩散	水、溶剂	溶质或悬浮物质	非对称膜或复合膜
纳滤 (NF)	压力差 0.5～2.5 MPa	根据离子大小、电荷进行分离	水、溶剂（相对分子质量低于 200）	溶质、二价盐和糖（相对分子质量 200～1 000）	复合膜
电渗析 (ED)	电位差	反离子经离子交换膜的迁移	电解质离子	非电解质大分子	离子交换膜
膜蒸馏 (MD)	膜两侧蒸汽压差	根据组分的挥发性差异进行分离	挥发性大的组分	挥发性小的组分	疏水性膜
液膜分离 (LM)	化学反应和浓度差	根据反应促进传递和扩散传递进行分离	电解质离子	非电解质离子	乳状液膜、支撑液膜

七、膜分离的特点

与其他分离法相比，膜分离具有以下显著特点。

(1)膜分离过程不发生相变，与有相变的分离法或其他分离法相比能耗要低。

(2)膜分离过程一般在常温下操作,不需要加热,特别适用于热敏性物质,如果汁、酶和药品等的分离、分级、浓缩和富集。

(3)膜分离技术应用范围广,不仅能分离有机和无机物,而且还能分离许多特殊溶液体系的中大分子与无机盐、一些共沸物或近沸点物质等。

(4)分离以压力作为推动力,具有装置简单、体积小、操作容易、易于控制和维修等优点,且在闭合回路中运转,减少了空气中氧的影响。

(5)分离实验易扩大,从小试到大规模生产易实现。

八、膜分离技术在食品加工领域中的应用概况

目前,膜分离技术已经在食品工业中的许多领域得到应用,如饮料工业、乳品加工业、粮油加工业、添加剂工业、酒类酿造业、调味品工业及酶制剂工业等。据美国的统计资料表明,膜分离技术在食品工业中的应用占各工业应用总数的 68%,其中乳制品业占 37%,果蔬汁加工业占 18%,盐水淡化占 8%。

(一)膜分离技术在饮料工业的应用

膜分离技术在饮料工业的应用已非常普遍。该领域传统的分离和灭菌方法是深度吸附介质(如硅藻土和纤维素)过滤和巴氏消毒。虽然深度过滤法是初始澄清最经济的方法,但以膜过滤作为终端过滤手段日益成为饮料过滤澄清技术发展的方向。因为膜过滤不使用化学药剂,一步就可以达到对料液中沉淀物的分离和实现对微生物有效去除,即改善了产品的外观又延长了货架期。膜技术在苹果汁提纯中的用量最大。从苹果中榨取新鲜果汁,由于含有单宁、果胶和酚类物质等而呈现浑浊,使用超滤或微滤来澄清果汁,只需要先部分脱除果胶(可减少酶的用量),省去硅藻土和明胶,节约了原材料,并且果汁的回收率也有所提高,达到 98%～99%,此外,由于膜过滤是在无热情况下除去菌体,苹果汁的保质期大大延长。目前反渗透工艺应用于果汁的浓缩已在国外实现了工业化,用以反渗透膜浓缩苹果汁,可以得到高质量、25 °Bx的浓缩苹果汁,其维生素 C,氨基酸及香气成分的损失比真空蒸馏浓缩要少得多。采用多级浓缩工艺流程,则可获得 40～45°Bx 的高浓度苹果汁;Bottino 等用微滤和反渗透联合浓缩番茄汁,小分子物质在微滤过程几乎没有被截留,浓缩两倍后通量仍可达到 135 L/(m^2 · h)。另外,在饮料用水的生产方面,近几年国内已出现相应的纳滤膜,它对二价离子的脱除率可达到 98%左右,比用反渗透、电渗析、离子交换树脂软化等方法更经济合理[2]。

(二)膜分离技术在乳品工业中的应用

膜分离技术广泛用于各国的乳品工业中。采用膜分离可以获得多种乳制品,也可以提高产品质量。在乳品工业中多采用无机膜用于牛乳除菌、浓缩和乳清蛋白回收。采用孔径 1～1.5 μm 的微滤膜脱除低脂牛奶中的细菌,效率可达 99.6%,通量 500～750 L/(m^2 · h),产品的低温保质期由从前的 6～8 d 延长至 16～21 d。目前超滤法已作为乳清蛋白回收的标准技术,超滤透过液经过浓缩可得到乳糖,用作动物饲料,浓缩液经过干燥可生产乳清粉,据统计,仅美国每年就有奶酪生产过程中产生的乳清 2.5×10^7 m^3。

(三)膜技术在大豆蛋白分离中的应用

大豆蛋白的浓缩和回收是无机膜在食品工业的另一主要应用领域。我国盛产大豆,大豆

中富含蛋白质和较完全的氨基酸，广泛用于肉制品、奶制品、面制品、饮料等食品中。大豆蛋白分离的传统生产方法是酸碱法，这种方法的缺点是蛋白质得率较低，产品的纯度和溶解度较差，废水污染严重，这也是目前我国大豆蛋白生产企业采用最多的生产方法。国外从20世纪70年代初开始了膜技术用于蛋白分离的研究，目前已有工业化生产应用的报道，它不但可以有效地改善产品质量，使蛋白质纯度由传统方法的90%提高到93%，而且提高蛋白质得率，蛋白截留率大于95%，蛋白回收率大于93%，比酸沉淀法提高10%，该方法还能够从排放的废水中回收大豆低聚糖，变废为宝，对实现大豆蛋白洁净生产具有十分重要的意义。超滤分离大豆蛋白pH值控制在8～9，操作温度50℃左右，浓缩大豆分离蛋白的浓度为13%左右。

(四)膜分离技术在食品色素精制生产中的应用

在天然色素的生产工艺中，需要脱除萃取过程中产生的不纯物和杂菌，即便是生产合成色素，最后的除菌工序也是必不可少的。通常使用的方法是硅藻土过滤，但硅藻土过滤不可完全除菌，还需另外添加除菌过滤装置。使用板式微滤分离装置，不仅可得到与硅藻土相同的透过通量，而且具有硅藻土所不具备的除菌功能，因此，在食用色素的精制工艺中，微滤膜分离装置广泛取代了硅藻土过滤。

(五)膜分离技术在酒类酿造工业中的应用

啤酒是在发酵领域里较早使用膜技术的行业之一，在啤酒生产中利用膜技术改进的主要生产环节有：无菌过滤、无醇啤酒生产、高浓度酒稀释用水的脱氧、空气制氮取代二氧化碳等方面。啤酒过滤目的是除去浑浊悬浮物，主要包括酒花树脂、单宁、蛋白质等，还要去除酒液中的酵母、乳酸菌等微生物。传统的啤酒澄清过程为：发酵液—离心分离—硅藻土平板过滤—终端过滤—灭菌过滤，而采用陶瓷膜则仅需两步过程即可完成：发酵液—离心分离—陶瓷膜错流微滤。由于使用膜技术在常温下即可把啤酒中残留的酵母和污染菌除去，因此在啤酒生产的下游处理上可用来代替高温瞬时杀菌或巴氏灭菌，很好地保持了啤酒原有的风味，采用陶瓷膜澄清啤酒不仅可以减少操作过程，而且可大大延长生啤酒的保质期。

无醇啤酒是指酒精度低于0.5%的啤酒。随着人们生活水平的不断提高和对自身保健意识的加强，无醇啤酒的需求量也越来越大。目前多数无醇啤酒是通过控制发酵进程或以热处理的方法除去正常发酵啤酒中酒精的方法得到的，前者发酵出来的啤酒有麦芽汁的味道，后者得到的啤酒风味损失较大。采用反渗透技术生产无醇啤酒，水和酒精克服渗透压穿过渗透膜，所有大分子的口味和风味物质仍保留在啤酒中，使无醇啤酒的质感得到提升。

啤酒在夏秋两季需求量特大，许多啤酒厂采用高浓度发酵液后稀释的办法来扩大产量。该工艺的关键是采用先进的脱氧水处理系统，严格控制生产中稀释用水的溶解氧含量，保证啤酒口味的纯正，增加啤酒的稳定性，提高啤酒在保存期内的质量。传统的脱氧水系统投资大，安装复杂，运行费用高，成为高浓稀释工艺难以推广的主要原因。液体除气膜法技术用于高浓稀释过程中水除氧的工艺流程为：自来水—微滤—液体除气膜—脱氧水，除气膜的另一侧用真空泵抽真空。它具有体积小，系统简单，操作方便，运行费用低，无污染等特点。

啤酒行业采用氮气取代空气或二氧化碳是一种经济有效的防止啤酒氧化、改善泡沫性能、提高啤酒口味的新方法。由于膜分离制氮原料来自空气，所以成本也低。中空纤维膜分离制氮工艺具有能耗低、可靠性好、使用寿命长等优点，而且对空气中的湿气具有极强脱除能力，露点一般小于－55℃，氮气纯度达到95%～99.9%。有专家指出，氮气代替二氧化碳防氧化是今后啤酒行业发展的趋势[2]。

在我国，白酒降低酒度已是大势所趋，但降度的同时也带来了酒体混浊的问题，这主要是由于酒体中醇溶性的高分子物质因酒精度降低而析出造成的。目前常用的除浊方法有冷冻过滤、吸附剂吸附、添加助滤剂等，这些方法不仅影响到产品的口味，而且会给酒液中带入不需要的物质。以中空纤维超滤膜做实验，经过超滤的清香型白酒，乙酸乙酯和乳酸乙酯都有所增加，使过滤后的酒清香更突出，口感更柔和，减轻了原酒的燥辣感和邪杂味，而且超滤后的酒任意加水稀释都不再变混浊。

（六）膜分离技术在酱油、食醋生产中的应用

膜分离技术在酱油和食醋生产中的应用主要是解决除菌、改善酱油的风味与食醋的除浊问题。酱油、食醋目前常用的灭菌方法是加热，酱油灭菌温度一般是85℃左右，并保持一定的时间，食醋的灭菌温度相对低一些，但仍然解决不了混浊的问题，靠沉淀方法使醋澄清不仅时间长，还要占用大量容器。由于酱油、食醋指标微生物的菌体粒径一般大于0.4 μm，因此选择膜的孔径必须小于0.4 μm。就酱油而言，其成分的差异是影响超滤效果的一个主要因素，氨基氮与全氮的比值越大，其平均分子量就越小，也就越有利于采用超滤除菌的方法，酱油超滤在常温下进行，保留了发酵过程中产生的各种呈香物质，这是热灭菌法所无法比拟的。与酱油相比，食醋中所含大分子物质要少得多，更适合采用超滤除菌的方法，食醋超滤除菌截留率在99%以上，成品醋外观清澈透明，给人以清新洁净的感觉[3～5]。

（七）膜分离技术在酶制剂工业中的应用

酶是一种生物催化剂，在发酵、食品、医药、环保、化工等行业有着重要的用途。工业上提取酶制剂，过去多采用真空浓缩、盐析沉淀、溶剂萃取、吸附分离法等方法来进行酶液的浓缩和纯化。超滤技术发展起来后，由于具有酶活收率高、对环境污染少、生产能耗低等特点，很快便作为浓缩、纯化酶制剂的方法而在生产中得到了应用。目前，酶制剂工业已成为膜技术在我国食品行业中应用较多的领域之一。

第二节　反渗透分离技术

一、反渗透基本概念

如图2-3所示，用半透膜将一个容器分隔成两部分，一边是水（纯溶剂），一边是溶液。溶剂分子从纯溶剂侧经半透膜渗透到溶液侧，这种现象称为渗透。由于溶质分子不能通过半透膜向溶剂侧渗透，故溶液侧的压强上升。渗透一直进行到溶液侧的压强高到足以使溶剂分子不再渗透为止，此时即达平衡。平衡时膜两侧的压差称为渗透压。若在溶液侧施加的压强大于渗透压，则溶剂分子将从溶液侧向溶剂侧渗透，这一过程的传质方向与浓差扩散的方向相反，故称为反渗透。反渗透的结果会使溶液中的水分与溶质分离，溶液不断增浓。利用反渗透原理就可将溶液的不同组分分离。因此，要进行反渗透分离，必须选择一种高选择性和高透水率的选择性膜，同时操作压强必须大于溶液的渗透压。反渗透是在常温和大气压下收集透过

膜的产物。产物中富集了待分离物中一种或多种组分，而在高压侧留下其他组分的浓缩溶液。反渗透方法适用于无机或有机物质的水溶液或非水溶液的分离。

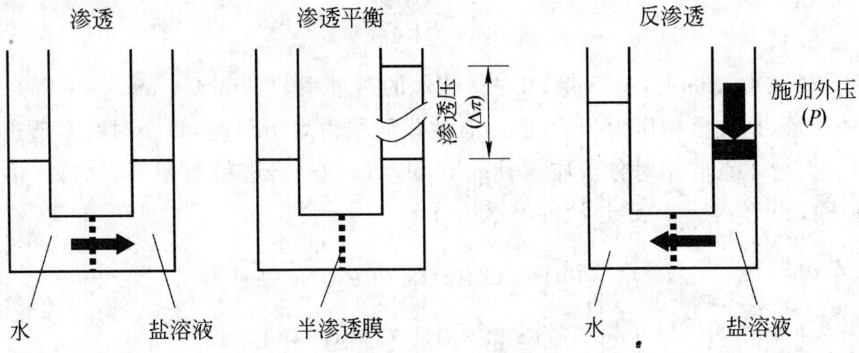

图 2-3　反渗透的原理

二、反渗透膜的透过机理

反渗透膜大体可以分为非荷电膜和荷电膜两种，它们的分离机理各异。20 世纪 50 年代以来，相继有人提出了多种非对称反渗透膜和离子反渗透膜的透过机理和模型，解释了膜的透过现象。其分离机理主要有氢键和结合水—空穴有序扩散模型、毛细管流模型、溶解－扩散和孔隙开闭模型等。

(一)氢键和结合水—孔穴有序扩散模型

此模型是 Reid 针对醋酸纤维素膜提出的。由于在醋酸纤维素膜中存在氢键和范德华力的作用，大分子之间牢固结合形成晶相区域和非晶相区域。在非晶相区，水与醋酸纤维素羰基上的氧原子形成氢键而构成结合水，这种结合水的结合强度取决于膜内的孔径，孔径越小，结合越牢。由于牢固的结合水占满孔径，与醋酸纤维素不能形成氢键的分子或离子不能透过结合水区域，而能与膜产生氢键结合的离子或分子（如水、酸等）可以进入结合水区域，并进行迁移而通过膜。在压力作用下，溶液中的水分子与醋酸纤维素羰基上的原子形成氢键，而原来水分子间形成的氢键被断开，水分子解离出来和羰基上的原子形成新的氢键。这样连续的氢键形成与断开，使水分子进入膜的多孔层，由于多孔层存在大量的毛细管水，水分子能畅通流出膜外。这种分子或离子的迁移称为孔穴扩散[6]。

(二)优先吸附毛细管流模型

此理论由 Sourirajan 提出，其模型如图 2-4 所示。当水溶液与亲水的膜接触时，因膜吸附水而排斥溶质，故在膜表面形成一层纯水层；这层水在外加压力作用下进入膜表面的毛细孔，并通过毛细孔而流出。根据这种理论，当膜表面有效孔径等于或小于纯水层厚度 t 的 2 倍时透过的是纯水，大于 2 倍则溶质也将通过膜。因此，当膜的毛细孔径为 2 t 时，具有最大的纯水渗透率，这一孔径称为临界孔径。因为水流经毛细孔可以认为是黏滞性流动，所以膜的透水率可表示为：

$$J_w = A(P_1 - P_2) - K[\pi(x_1) - \pi(x_2)]$$
$$= A(\Delta P - \Delta\pi) \quad [2\text{-}7]$$

$$A = \frac{PWP}{SPM_w} \quad [2\text{-}8]$$

式中：J_w——透水率，kmol/(m^2·s)；A——纯水的透过系数，kmol/(m^2·s·Pa)；PWP——纯水小时透过量，是在操作压力为 P(Pa)，有效膜面积为 S(m^2)时，每小时纯水透过数量的实测值，kg/h；M_w——水的相对分子质量，kg/kmol；$\pi(x_1)$——进料液侧膜表面处(溶质组成为 x_1)的渗透压，Pa；$\pi(x_2)$——透过液的渗透压，Pa。

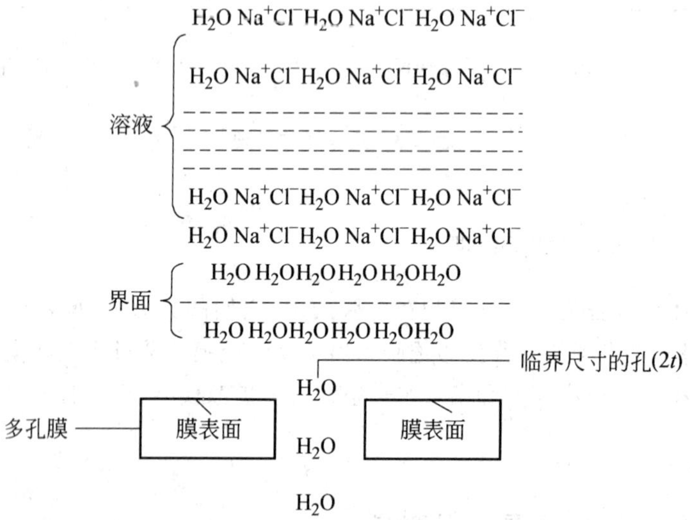

图 2-4　优先吸附毛细管流模型

纯水透过系数 A 反映纯水透过膜的特性，它与膜材料、膜的结构形态、操作温度与压强有关，可用纯水进行实验测得。

实际上在反渗透过程中会有少量的溶质透过膜，溶质透过膜可看作是分子扩散过程，因此，溶质的透过率用通过膜的分子扩散方程来表示。

$$J_a = \frac{D_{ma}}{d}(c_{m1}X_{ma1} - c_{m2}X_{ma2}) \quad [2\text{-}9]$$

式中：J_a——溶质 a 的透过速率，kmol/(m^2·s)；D_{ma}——溶质 a 在膜中的有效扩散系数，m^2/s；d——膜的厚度，m；c_{m1}——进料液侧表面处膜中的总浓度，kmol/m^3；c_{m2}——透过液侧表面处膜中溶质的总浓度，kmol/m^3；X_{ma1}——进料液侧表面处膜中溶质 a 的摩尔分率；X_{ma2}——透过液侧表面处膜中溶质 a 的摩尔分率。

X_{ma1} 和 X_{ma2} 分别与膜两侧表面处的溶液呈平衡。设溶质在溶液与膜间的平衡呈线性关系，则有：

$$cX_a = Kc_mX_{ma} \quad [2\text{-}10]$$

式中：c——溶液溶质的总浓度，kmol/m^3；X_a——溶液中溶质的摩尔分率；K——相平衡常数。

将式[2-10]代入式[2-9]得

$$J_d=\frac{D_{ma}}{Kd}(c_1X_{a1}-c_2X_{a2})$$
$$=\frac{D_{ma}}{Kd}(c_{a1}-c_{a2}) \qquad [2\text{-}11]$$

式中：c_{a1}——进料液侧膜表面处溶液中溶质 a 的摩尔浓度，$kmol/m^3$；c_{a2}——透过液侧溶质 a 的摩尔浓度，$kmol/m^3$。

$\frac{D_{ma}}{Kd}$反映溶质透过膜的特性，其数值小表明溶质透过膜的速率小，膜对溶质的分离效率高。$\frac{D_{ma}}{Kd}$与溶质、膜材料的物化性质、膜的结构形态以及操作压力、温度等因素有关，可由实验测定。

优先吸附毛细管流模型在一定程度上能够反映膜分离过程，为膜材料的选择与膜的制备提供了理论依据，要求膜材料对水有选择性吸附，对溶质能选择性排斥，膜的活性层含有尽可能多的有效孔径为 2 t 的细孔。

（三）溶解－扩散模型

此模型认为膜是一种完全致密的中性界面，是非多孔性的。溶剂和溶质通过膜可分为 3 个阶段完成。第一阶段是渗透物在膜的料液侧表面处吸附和溶解，第二阶段是渗透物在化学位差的推动下靠分子扩散通过膜，第三阶段是渗透物在膜的透过液侧解吸。

假设第一和第三阶段很快完成，则第二阶段决定了膜的透过速率。根据 Fick 定律，水透过膜的透过速率为：

$$J_W=D_{mW}\frac{dc_{mW}}{dx} \qquad [2\text{-}12]$$

式中：D_{mW}——水在膜中的扩散系数，m^2/s；c_{mW}——水在膜中的摩尔浓度，$kmol/m^3$。

设水在膜中的溶解服从亨利定律：

$$J_{mW}=-RT\mathrm{d}\ln c_{mW}=-RT\frac{dc_{mW}}{c_{mW}} \qquad [2\text{-}13]$$

将式[2－13]代入式[2－12]得式[2－14]。

$$J_W=-\frac{D_{mW}c_{mW}d\mu_W}{RTd_x}=-\frac{D_{mW}c_{mW}\Delta\mu_W}{RT\Delta_x}=\frac{D_{mW}c_{mW}\Delta\mu_W}{RT\delta} \qquad [2\text{-}14]$$

在等温条件下，有：

$$\Delta\mu_W=RTD\ln a_W+V_W\Delta P=-V\Delta\pi+V_W\Delta P \qquad [2\text{-}15]$$

故：

$$J_W=\frac{D_{mW}c_{mW}V_W}{TR\delta}(\Delta P-\Delta\pi)$$
$$=\frac{Q_W}{d}(\Delta P-\Delta\pi)$$
$$=A(\Delta P-\Delta\pi) \qquad [2\text{-}16]$$

式中：μ_W——膜中水的化学位；V_W——膜中水的摩尔比容；Q_W——水在膜中的可透度。

可见，由溶解扩散模型得出与优先吸附毛细管流模型相同的溶剂渗透率关系式。式[2-16]中的 A 称为渗透常数，它只与膜的特性和温度有关。这个公式的数学形式为：速率＝推动力/阻力，其中的$(\Delta P-\Delta\pi)$可视作有效压差。此公式在反渗透中被广泛应用。

对于溶质可得到类似的关系式，如式[2-17]所示。

$$J_a=\frac{D_{ma}k}{d}(c_{a1}-c_{a2})=\frac{Q_s}{d}(c_{a1}-c_{a2}) \qquad [2\text{-}17]$$

式中：k——相平衡常数，为式[2-10]中 K 的倒数。

（四）孔隙开闭机理

该机理认为，在膜里没有固定的连续孔道，所谓的渗透性只不过是指由于聚合物的链经常振动而在不同的时间和空间内渗透的平均值而已。聚合物的链在未受压力时只是做无序的布朗运动，一旦受压就产生振动，这是由于通过膜的流动所损失的一部分机械能转化为聚合物链的热运动的缘故，从而变成有序的振动。随着压力的增高，吸收的能量增加，聚合物链的振动次数就增多，聚合物链之间的距离缩小，使得离子难以通过膜，从而达到与水分离的目的。

三、反渗透分离溶质的化学准则

（一）溶质、溶剂和膜材料的相互作用

膜—溶液界面上的优先吸附性是溶质、溶剂和膜材料三者相互作用的函数。溶质和溶剂可以是极性的，也可以是非极性的。它们相互作用的结果决定了膜—溶液界面上优先吸附的是溶剂还是溶质，或者两者都不吸附。在反渗透过程中，当膜对溶剂的吸附大于对溶质的吸附时，溶剂和溶质得到分离；当膜对两者的吸附相等时，为零分离；当膜对溶质的吸附大于对溶剂的吸附时，为负分离。因此，利用溶质的极性状况、分子结构和离子特性等参数可判断膜的分离情况[7]。

（二）分离有机溶质的物理化学准则

溶质的极性参数、分子结构和离子特性参数可预测反渗透的分离结果。

1.极性参数

极性参数反映出有关分子的酸性（给予质子的特性）或碱性（接受质子的特性）在膜分离中所起的作用。

（1）酸性和碱性值：酸性值表示的是一种酸给予质子能力的相对量度，也就是氢键键合能力大小的量度。碱性值表示的是一种碱接受质子能力大小的相对量度。

质子的给予能力与质子的接受能力呈相反的趋势，故在反渗透中组分酸性的增加值等于碱性的减少值。

需要说明的是，一般羧酸的极性不采用酸性值表示，只有醇和酚才采用酸性值表示。

（2）pK_a 值：此值为溶质的解离常数。利用解离常数可以计算酸碱在水溶液中的离解度。

解离常数是水溶液中两性电解质的一个极性参数。羧酸、胺和氨基酸是两性电解质。解离常数是溶质分子的酸性或碱性的定量量度。

(3) Hammett 数(σ 或 $\sum\sigma$)和 Taft 数(σ^* 或 $\sum\sigma^*$):σ 表示的是极性取代基常数,σ 值衡量的是芳香族化合物的间位或对位取代基反应中反应成分极性效应的定量量度。它的计算式如式[2-18]所示。

$$\sigma=\frac{1}{\rho}\lg\frac{K}{K_0} \qquad [2\text{-}18]$$

式中:K、K_0 分别表示给定反应和标准反应的平衡常数;ρ——与 σ 有关的比例常数。在标准反应中,其值为 1。

σ^* 值为极性取代基常数,在芳香族化合物的邻位以及脂肪族化合物和酚的取代基反应中,取代基接近于反应中心,其取代效应可用式[2-19]的 Taft 方程表示。

$$\sigma^*\rho^*=\lg\frac{K}{K_0} \qquad [2\text{-}19]$$

式中:K、K_0 分别为 R-COOR 和 CH_3COOR 的水解速率常数;ρ^*——与 σ^* 相关的比例常数;σ^*——反应中极性取代效应的能力。

在取代反应中,σ 和 σ^* 值越低,其电子回收能力就越小。对一给定的官能团,σ 和 σ^* 值较低,则表示分子的酸性较低。这些参数对于应用不同的膜分离技术具有一定的参考价值。

2. 空间参数

Taft 用 σ^* 和 E_s 表示分子取代基的极性和空间效应,E_s 称为位阻参数,它们之间的关系为:

$$\lg\frac{K}{K_0}=\sigma^*\rho^*+\delta^*E_s \qquad [2\text{-}20]$$

式中:δ^*——与 E_s 有关的比例常数。

式[2-20]表明取代基的极性效应与空间位阻效应对分子解离能力的影响。当取代基的极性效应很小时,$\rho^*\sigma^*$ 可以忽略不计,则 Taft 方程简化成:

$$\lg\frac{K}{K_0}=\delta^*E_s \qquad [2\text{-}21]$$

分子空间位阻参数 $\sum E_s$ 为各取代基 E_s 的总和。不同化合物的空间位阻参数不同,如丙醛的 $\sum E_s$ 为-0.07,丙酮的为 0,苯甲醚的为-0.06。分子空间位阻参数值的差异,也是各成分在膜分离过程中具有不同分离效果的原因之一。

3. 非极性参数

烃类化合物溶质具有疏水性或非极性性质,碳氢分子的疏水性可由其在水中的摩尔溶解度直接量度,由溶解度数据以及 Small 数(摩尔吸引常数)引申得到的非极性参数称为修正 Small 数,以此来定量表示碳氢分子的相对疏水性。

修正 Small 数是有机分子间相互吸引的定量量度。修正 Small 数的增减意味着其非极性或疏水性的增减。修正 Small 数与摩尔溶解度有关,随着摩尔溶解度的增加而减少。烃类化合物的修正 Small 数可通过其化学结构分析及其在水中的溶解度获得。摩尔吸引常数可表示有机分子之间相互吸引的定量量度，是分子间力的作用结果，据此可以对不同组分之间的分离难易作出判断[7]。

(三)分离无机溶质的物理化学准则

分离无机溶质主要考虑的是离子排斥自由能参数$\left(-\frac{\Delta GG}{RT}\right)$，它是表示溶液和膜界面之间的离子与溶剂相互作用的自由能变化值。Matsuura 等人用醋酸纤维素(CA)和聚芳香酰胺(AP)膜对一些离子的自由能参数作了计算。若此值为正，说明把离子从主体溶液带到膜表面需要能量。反之，若此参数为负，说明把离子从主体溶液带到膜表面放出能量，即离子被吸附。一些离子的自由能参数见表 2-3。

表 2-3 一些离子的自由能参数

离子	CA 膜	AP 膜	离子	CA 膜	AP 膜
Li^+	5.77	−1.77	Sr^{2+}	5.25	
Na^+	5.79	−2.08	Ba^{2+}	5.23	
K^+	5.91	−2.11	F^-	−4.91	1.03
Rb^+	5.86	−2.08	Cl^-	−4.42	1.35
NH^+	5.97		Br^-	−4.25	1.35
Cs^+	5.72	−2.04	I^-	−3.98	1.33
Mg^{2+}	4.73		CH_3COO^-	−4.89	
Ca^{2+}	5.22		NO_3^-	−4.25	

四、影响反渗透操作的因素

(一)浓度差极化

浓差极化是一种边界层现象，它由被膜阻留的溶质积聚在膜表面而引起的。在膜分离过程中，溶剂和溶质都向膜表面转移。当溶剂与可渗透的溶质透过膜时，膜表面被阻留的溶质浓度逐渐增大，至临界浓度时就在膜面周围建立了一种相对稳定的状态。在这种情况下，溶质对流转移至膜表面的速率等于溶质从边界层扩散返回溶液的速率。如图 2-5 所示，一种完全发展的浓差极化边界层，假定溶液是以错流方式通过膜，溶质在主流区域的浓度恒定为 c_b，毗邻膜表面存在一厚度为 δ 的层流边界层。在垂直于膜表面的压强梯度作用下，水和溶质将被迫通过这一边界层，只有这样才能通过膜。如果膜完全阻留了溶质，则在水分不断透过膜的同时靠近膜表面的溶质浓度不断增大。这样在边界层附近形成一种浓度梯度，紧靠于膜表面的溶质浓度最大，这种浓度梯度就称为浓差极化，它在反渗透过程中经常出现。

浓差极化边界层的形成带来了两个不利影响，即降低了透水速率和膜系统的分离能力。边界层阻力要比膜阻力大得多，而且还会逐渐成为阻止渗透的主要阻力，因此会严重影响流体的透过速率。随着膜表面被阻留溶质浓度的不断增大，所需的渗透推动力也要不断增大；同时由于边界层的存在也增加了对溶剂及小分子溶质渗透的阻力，因此整个膜系统的分离能力受

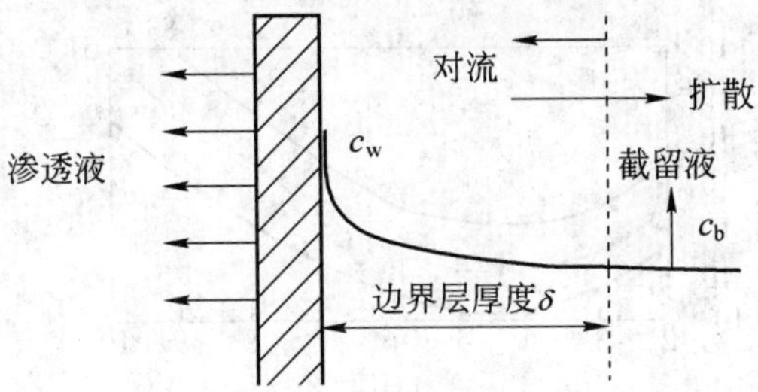

图 2-5　膜浓差极化模型

到很大的影响。

浓差极化现象主要由界面－溶液的边界层厚度来控制。影响浓差极化的主要因素有：

1. 透水速率

透水速率越大，溶质被带到界面处的数量越多，极化现象就越明显。

2. 溶液黏度

溶液黏度越大，被带到界面处的溶质越难反扩散回到主流中，因而极化现象越厉害。

3. 溶质在溶液中的扩散系数

这也是关系溶质向主流反扩散和浓差极化的一个因素。

4. 表面溶液的流动情况

这是关系扩散速率的流体动力学条件的问题。

进入膜处理前的预过滤能去除微粒状物质，降低待阻留溶质的浓度，故可有效控制浓差极化现象。另一种方法采用逆洗(back washing)，即让逆洗液以进料液相反的方向间歇地流入膜系统，冲散膜表面的溶质并带出膜系统。其他方法包括超声波振动、设置湍流促进物、震动和脉冲喂料等。用超声波处理膜或进料液可有效地促进溶质的均匀扩散，在进料通道口设置静态搅拌器、金属管或流化床等均可增加液体的湍流程度，被称为是湍流促进物。此外，还有研究通过膜、膜系统或膜表面的旋转而达到控制浓差极化的目的。

(二)膜的压实

当反渗透压力较高时，会使膜产生变形，不透过物在膜表面沉积而被压实，影响透过的通量。改进的方法为提高膜的机械强度，减少膜的变形。同时定期对膜进行反冲洗，恢复膜原有的孔隙。

(三)膜的降解

膜的降解包括化学降解和生物降解两种。化学降解是由于膜在碱性及强酸性液体影响下所造成膜材料的水解。为了尽可能地降低水解程度，可将液体的 pH 值调节到膜最小水解点时的 pH 值或附近(图 2-6)。最佳的办法是通过选用化学性能稳定的膜材料来避免降解。生物降解是微生物在膜上繁殖的结果，可用清洗或消毒的方法进行处理，如用甲醛溶液对膜进行消毒可有效抑制微生物的生长。

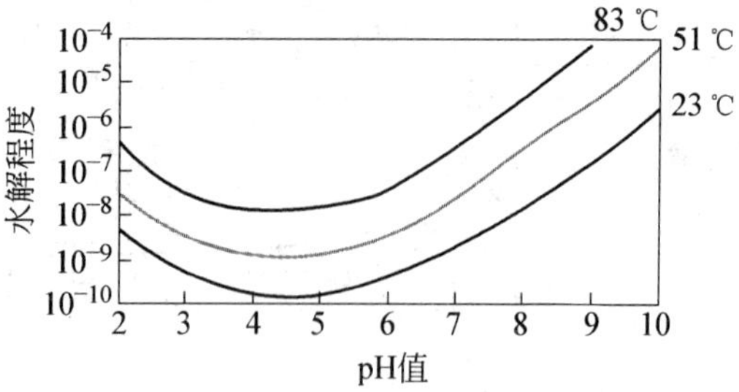

图 2-6 醋酸纤维素膜的水解

(四)膜的结垢

膜垢主要是由悬浮物、离子化合物或盐类物质构成。悬浮物可通过预处理除去,离子化合物、盐类物质可通过螯合法除去。

五、反渗透所用的膜

自 Loeb 和 Sourirajan 开发第一张非对称醋酸纤维素反渗透膜以来,反渗透膜取得很大进展。

对反渗透膜的基本要求是透水率大,脱除率高;膜耐压性能高,致密性好,化学稳定性好,能在较高温度下使用以及抗污染性能好等。以纤维素、聚酰胺等为材料制备的非对称膜,以及近十几年来开发的复合膜,在不同程度上能符合一般反渗透的应用需要。

(一)纤维素膜

纤维素是开发最早的膜材料,具备高透水率、高脱盐率和良好的成膜性能。

醋酸纤维素对水具有很好的亲和性,膜表面优先吸附水;醋酸纤维素可被许多霉菌和细菌所降解,尤其是膜中无定形部分更易受生物降解,使膜老化而降低强度。

除醋酸纤维素外,在纤维素分子中引入不同酯基后得到的具有不同亲水性官能团的纤维素衍生物,如三醋酸纤维素(CTA)、醋酸丙酸纤维(CAP)和醋酸丁酸纤维(CAB)等都是很有潜力的纤维素类材料。

醋酸纤维素膜对溶质的脱除具有以下一般规律:

(1)离子电荷越大,脱除就越容易。对大多数含二价离子的盐而言,基本上能被 80℃热处理过的非均相 CA 膜脱除。

(2)对碱金属的卤化物,元素位置越在周期表下方,脱出越不容易,对无机酸则趋势相反。

(3)硝酸盐、高氯酸盐、氰化物、硫化氰酸盐不如氯化物好。

(4)许多低分子质量非电解质,包括某些气体溶液(如氨、氯、二氧化碳和硫化氢)及硼酸之类的弱酸和有机分子不易脱除。

(5)对有机物的脱除作用由强到弱的次序为:醛—醇—胺—酸,对异构体则是:叔—异—仲—伯。

(6)相对分子质量大于 150 的大多数组分,不管是电解质还是非电解质,都能很好脱除。

(7)对钠盐的脱除效果好,对苯基化合物的脱除率很差。

(8)温度升高可使渗透通量增加,25℃时每升高1℃,渗透通量增加3%,但醋酸纤维素膜能耐受的温度不高。

(二)聚酰胺膜

20世纪70年代以前研究的聚酰胺膜主要为脂肪族聚酰胺,如尼龙-66、环氧乙烷接枝尼龙等,这些聚合物的透水性能较差。目前,在反渗透过程中广泛采用的是芳香族聚酰胺膜,它具有良好的透水性,较高的脱除率,优良的机械性能,较好的耐高温稳定性和耐压实性,能在pH值3～11的宽范围内应用,对游离氯敏感,仅0.1 mg/kg。

聚酰胺是含酰胺链段—CO—NH—的一系列聚合物,在反渗透中用作膜材料的主要有:聚对(间)氨基苯甲酰肼间(对)苯二甲酰胺(聚酰胺-酰肼)、聚间苯二甲酰间苯二胺和聚N,N-间苯撑双(间氨基苯甲酰胺)对苯二甲酰胺。

除此之外,还有链上接有—SO_2—基的聚砜酰胺膜,它抗氧化、抗酸碱及耐腐性能良好;聚呱嗪酰胺膜具有透水性好,耐水解和化学药物腐蚀,在100℃的高温下稳定性好。其他反渗透膜还有聚苯并咪唑、聚苯并咪唑酮及聚酰亚胺等。

(三)复合膜

1965年Riley等人在硝酸纤维素微孔膜表面复合了厚约100 nm CA层首次制备复合膜,从此以后,人们相继开发许多性能优良的复合膜。目前在世界上主要的复合膜产品有:美国北星研究所实验型NS-100、NS-200和NS-300聚脲复合膜系列,美国UOP公司商业型PA-100和PA-300聚酰胺复合膜系列,日本日东电气公司NTR-7100和NTR-7250,日本东丽公司PEC-1000,美国膜技术合作公司FT-30等。这些复合膜脱盐率高、透水率大。如三醋酸纤维复合膜在6.86 MPa运转压力下,脱盐率高达99%以上,透水率也比较大。NS-200复合膜处理3.5%的NaCl水溶液,在6.86 MPa压力下运转1 000 h后,其脱盐率始终保持在99%以上,透水率高达3.1～3.4 $cm^3/(cm^2 \cdot h)$。PA-300复合膜在5.5 MPa压力下运转850 h,脱盐率高达98.5%,透水率为3.2 $cm^3/(cm^2 \cdot h)$。

表2-4和表2-5列出了国内外一些重要的反渗透膜[8]。

表2-4　国内一些重要的反渗透膜

单　位	材料	型式	压强/MPa	水通量/(L/(m² · h))	脱盐率/%
海洋二所	CA	板式	4	73.3	88.8
海洋二所	CAB	板式	10	15～18	99以上
海洋二所	CAT	中空纤维	1.3	3.1	90.5
海洋二所	磺化PS	板式	4～5		90～95
海洋二所	HC复合	板式	5		85～90
甘肃苦盐水所	CA	管式	2	18.8～20.8	93以上
甘肃苦盐水所	复合	板式	5		90以上
大连化物所	DP-1	板式	7	13.8～17.1	98.5以上
大连化物所	DP-1	板式	2	12.9	90以上
大连化物所	NS-200	板式	7		98.5以上
北京工业大学	PSA	管式	5	41.7	98
天津纺织工学院	DP-1	中空纤维	3	7	85以上

表 2-5 国外一些重要的反渗透膜[8]

厂商	型式	型号	脱盐率/%	水通量/(L/(m² · h))	压强/MPa	pH 值	温度/℃
Ulval Service	板式	RM97	97		6	3～7	40
日东电工	管式	NRT1597	97	29.2	5	3～7	30
日东电工	管式	NRT1595	95	33.3	5	3～7	30
日东电工	管式	NRT1590	90	41.7	5	3～7	30
日东电工	管式	NRT1570	70	33.3	4	3～7	30
日东电工	管式	NRT1550	50	41.7	4	3～7	30
日东电工	管式	NRT1530	30	50.0	4	3～7	30
日东电工	管式	NRT1510	10	87.5	4	3～7	30
Daicel	管式	DRS97	96～98	29	10	3～7	50
Daicel	管式	DRS96	94～96	42	10	3～7	50
Daicel	管式	DRS92	90～94	58	10	3～7	50
Daicel	管式	DRS70	60～80	225	10	3～7	50
Daicel	管式	DRS50	40～60	62.5	3	3～7	50
Daicel	管式	DRS0	小于 5	104.2	1.5	3～7	50
东丽	螺旋式	SC5100	94～96	2.0～2.4	7	4～7	30
东丽	螺旋式	SC5200	94～96	8.0～9.6	7	4～7	30
东丽	螺旋式	SP110	99.5	1.9～2.3	6.3	1～12	40
东丽	螺旋式	SP120	99.5	1.9～2.3	7	1～12	35
东洋纺织	中空纤维	HR5230	90	9	4	3～8	35
东洋纺织	中空纤维	HR5330	90	15	4	3～8	35
东洋纺织	中空纤维	HR8330	90	40	4	3～8	35
东洋纺织	中空纤维	HR8630	90	80	4	3～8	35
东洋纺织	中空纤维	HR8350	99	10	6	3～8	40
东洋纺织	中空纤维	HR8650	99	20	6	3～8	40

六、反渗透膜组件

膜组件是指膜以某种形式组装在一个单元设备内，它将料液在外界压力作用下实现对溶质和溶剂的分离。膜组件与泵构成膜分离装置，其中，膜组件是核心。在工业分离装置中，根据生产需要，通常可设置数个至数千个膜组件。在连续系统中，料液不断地在各个单元中循环，逐级浓缩直至达到要求。而透过液则在各个单元中收集，进入中心容器排出。在处理小批量料液时，也可用批处理操作，用一个中间贮存容器来进行循环。

反渗透膜组件的结构有管式、平板式、中空纤维式和螺旋式 4 种。由于中空纤维式和螺旋式膜组件单位面积较大，而反渗透的通透量一般较低，常常需要较大的膜面积，采用这两种膜组件可缩小设备的体积，因此目前这两种膜组件应用最为广泛。而管式和板式组件已逐渐退出市场。四种膜组件用于反渗透时的操作性能见表 2-6 所示[1]。

表 2-6　4 种膜组件用于反渗透时的操作性能

操作特性	板式	管式	螺旋式	中空纤维式
堆积密度/(m^2/m^3)	150	21	245	1 830
需要料液流速/($m^3/(m^2 \cdot d)$)	0.25～0.5	1～5	0.25～0.5	0.005
料液侧压降/MPa	0.3～0.6	0.2～0.3	0.3～0.6	0.01～0.03
易堵塞程度	中等	难	易	易
清洗难易	好	很好	差	差
预过滤脱除组分/μm	10～25	不需要	10～25	5～10
相对价格	高	高	低	低

(一)板式膜组件

板式膜组件是最早开发的一种反渗透膜组件,其结构类似于板框过滤机(图 2-7)[9]。与其他膜组件相比,平板式的最大特点是制造、组装比较简单,膜的清洗、更换与维护比较容易。在同一设备内可视需要组装不同数量的膜,因此不仅可以作为生产性装置,也可以进行实验性研究。从结构形式上可分为如下两种。

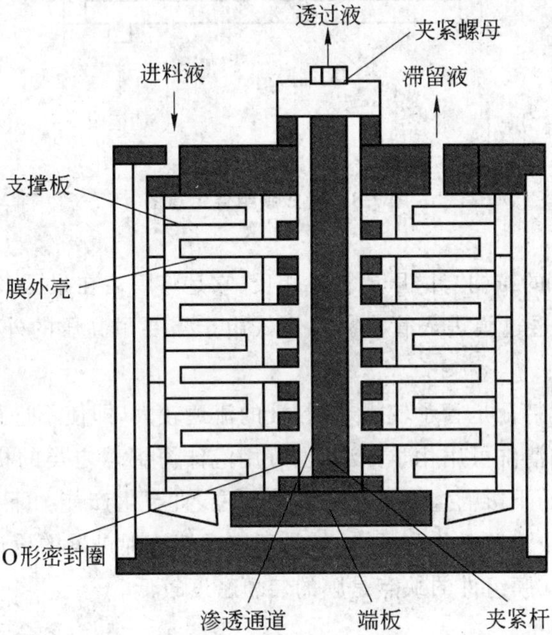

图 2-7　板式膜组件示意图

1. 螺栓紧固式

螺栓紧固式平板反渗透膜组件,首先是将圆形承压板、多孔支撑板与膜黏结成脱盐板,然后将一定数量的脱盐板堆积起来,并用 O 形环密封,最后用上、下头盖以紧固螺栓固定而成。料液由头盖进口流经脱盐板的分配孔在膜面上曲折流动,再从头盖的另一出口流出。透过液透过膜流经多孔支撑板，经渗透通道汇集后引出。

2.耐压容器式

组件是将多层脱盐板堆积组装在一起并放入耐压容器中而成的。料液从容器的一端进入，透过液在容器的另一端排出。容器内大量的脱盐板按要求进行串并联，其板数从进口到出口依次递减，目的是保持料液流速变化不大，并减轻浓差极化。

(二)管式膜组件

管式膜组件的外形类似于管式热交换器(图 2-8)，有内压式、外压式、单管式和管束式等几种。内压式管状膜裹以尼龙布、滤纸之类的支撑材料，并镶入耐压管内，膜管的末端做成喇叭状，然后以橡皮垫圈密封。进料液由管式膜组件的一端流入，于另一端流出；透过液透过膜后，在支撑体中汇集，再从耐压管上的细孔中流出。为提高膜的装填密度，可采用同心套管组装方式。

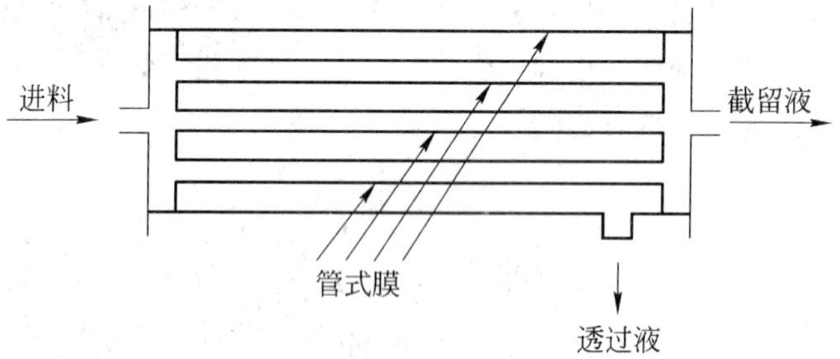

图 2-8 管式膜组件示意图

外压单管式膜组件的结构与内压单管式相反，它是将膜装在耐压多孔管外，或将铸膜液涂在耐压管外，水从管外透过膜进入管内。外压式由于需要耐高压的外壳，且进水流动状况较差，一般少用。

管式膜组件的基本特征是管子较粗、进料液的流道较大，即使不进行十分严格的须处理也不易造成堵塞。膜面的清洗可用化学方法，也可用泡沫海绵球之类的机械清洗。如果某一根管子坏了，可将其抽掉而不影响整个系统的其他部位，直至生产能力下降很大时再给予更换。为了改进水流状态、防止浓差极化和污染，较易于实现湍流促进器的设计与安装。与螺旋卷式及中空纤维式相比，管式膜组件的缺点是膜的装填密度较低。

(三)螺旋式(卷式)膜组件

将两片平板膜叠合，中间夹一层多孔网状织品，形成一个膜袋。然后将膜袋绕一多孔中心轴卷成螺旋，中心轴即为滤液收集管，就形成了螺旋式膜组件，类似于螺旋换热器。原料液从端面进入，沿轴向流过组件，滤液则按螺旋形流入收集管(图 2-9 和图 2-10)[9]。

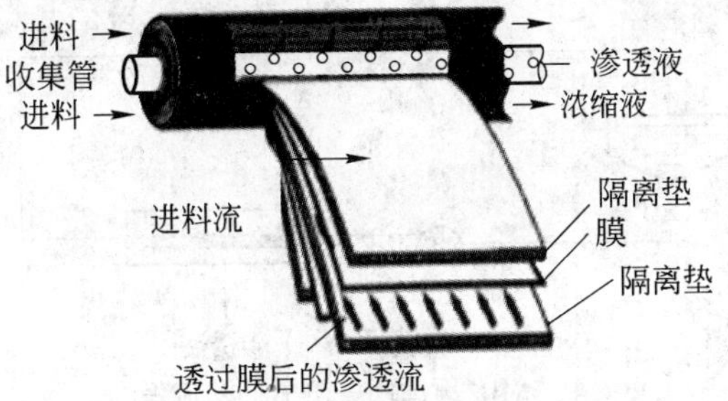

图 2-9　螺旋式膜组件示意图

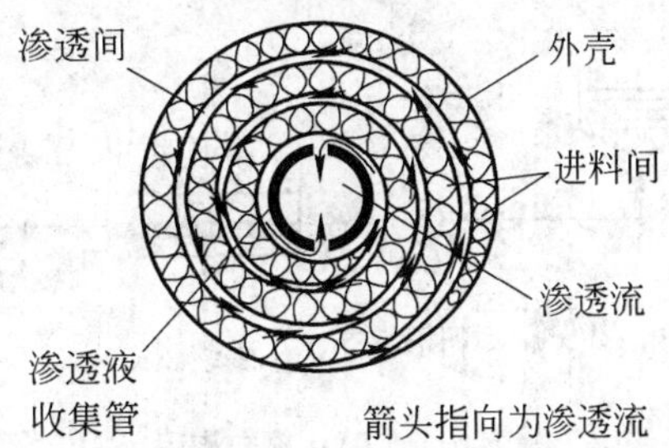

图 2-10　螺旋卷式膜组件的模切面示意图

(四)中空纤维膜组件

中空纤维膜组件(图 2-11)的特点是强度高,在高压作用下不容易发生形变。中空纤维管子很细,一般外径为 50～100 μm,内径为 15～45 μm。

中空纤维式膜组件的组装方法是将几十万(或更多)根中空纤维弯成 U 形并装入圆柱形耐压容器内,纤维束的开口端密封在环氧树脂的管板中。在纤维束的中心轴处安装一个原水分配管,使原水径向流过纤维束。纤维束外面包以网布,以使形状固定,并能使原水形成湍流状态。淡水透过纤维管壁后,沿纤维的中空内腔流经管板而引出,浓原水在容器的另一端流出。

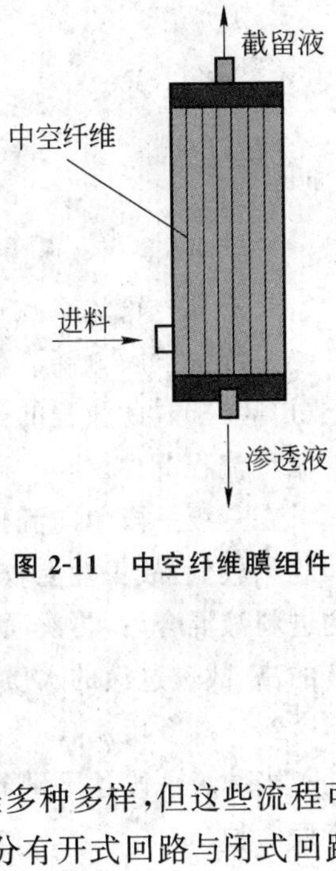

图 2-11　中空纤维膜组件

中空纤维式膜组件的主要优点:单位体积内有效膜面积比率高,故可采用透水率较低,而物化稳定性好的尼龙中空纤维;该膜是自承式的,不需要支撑材料;寿命长,可达 5 年;效率高、成本低、体积小、重量轻。缺点是中空纤维膜的制作技术复杂,管板制作也较困难,不能处理含悬浮固体的原水,此外不能单独更换单根管子,只能更换整个膜组件。

七、反渗透系统的工艺流程

由膜组件与泵共同组成的反渗透系统,虽然工业上具体工艺流程多种多样,但这些流程可归结成 2 种基本形式:即单向流程与再循环流程,其中再循环流程又分有开式回路与闭式回路 2 种,如图 2-12 所示。

在单向流程中,浓缩液直接排出而不作循环。而在再循环流程中,将部分浓缩液返回进行循环。再循环流程的闭式回路可减少泵的能耗,因为膜组件所需的背压主要由料泵提供,而循环泵只提供迫使液流流过膜组件所需的压力,其流量大于料泵,所以能耗较低。反渗透系统要有高压泵,可用往复泵或其他正位移泵,也可用多级离心泵。在食品工业上,反渗透还常装有热交换器以加热料液,避免微生物繁殖,保证产品卫生。

由上述 2 种基本流程,再通过组件的不同配置,即可组合成各式各样的反渗透系统。具体的分离流程,通常可分成若干级若干段。所谓一级就是指进料液经过一次加压反渗透分离;二级是指进料液必须经过二次加压反渗透分离。在同一级中,排列方式相同的组件称为一个段。

反渗透常见的基本流程有如下几种。

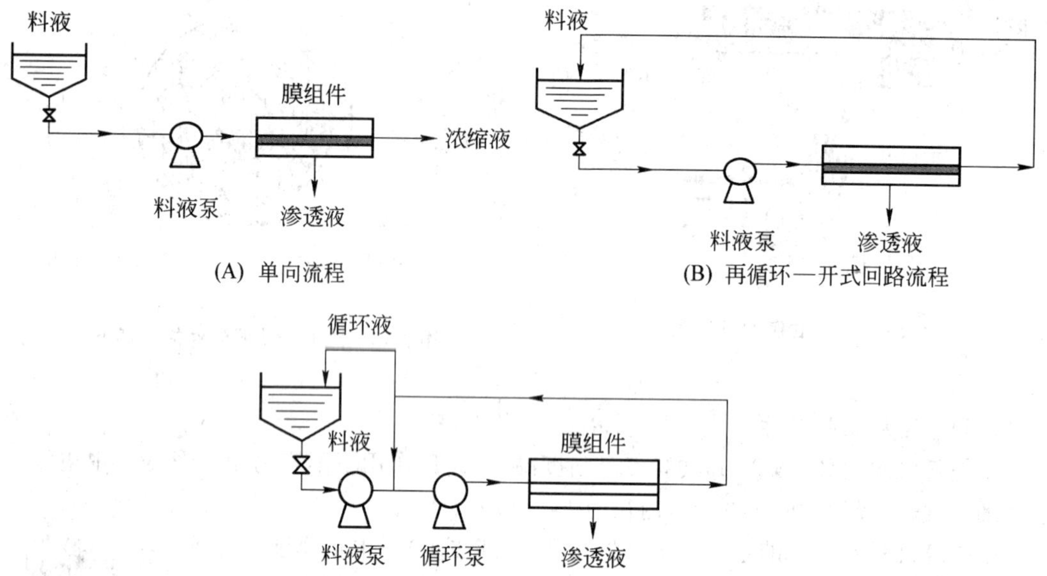

(A) 单向流程　(B) 再循环—开式回路流程　(C) 再循环闭式流程

图 2-12　反渗透系统的基本流程

1. 一级一段流程

一级一段膜分离流程，是指在有效横断面保持不变前提下，进料液一次通过膜组件便能达到分离要求。此流程的操作简单，能耗最少。如图 2-13 所示，一级一段流程又有单向流程与再循环流程 2 种。

在一级一段单向流程中，经膜分离的透过液与浓缩液被连续引出系统，由于这种方式的水回收率较低，故工业上较少采用。为提高水的回收率，可将部分浓缩液返回进料液储槽与原有的进料液混合后，再次通过组件进行分离，如图 2-13(B)所示。因为浓缩液中溶质浓度比进料液的高，故透过液的水质有所下降。

2. 一级多段流程

当一级一段达不到分离要求时，便可采用此流程。一级多段流程也有单向流程与再循环流程 2 种。

一级多段流程处理量大，水回收率高。最简单的一级多段单向流程如图 2-14(A)所示，它是将第一段的浓缩液作为第二段的进料流，再将第二段的浓缩液作为下一段的进料液，而各段的透过液连续排出。这种方式水的回收率高，浓缩液的数量减少，但溶质浓度提高。

一级多段再循环流程如图 2-14(B)所示，它是将第二段的透过液重新返回第一段作进料液再进行分离，以获得高浓度的浓缩液。因为第二段的进料液浓度较第一段高，因此第二段的透过液水质比第一段差。浓缩液经多段分离后，浓度得以大大提高，因此这种流程适合于以浓缩为主要目的的分离操作。

单向流程在各段组件膜表面的流速不同，流速随着段数的增加而下降，浓差极化现象越来越严重。为了保持高的回收率，同时又减少浓差极化，可将多个组件配置成段，随着段数的增加组件的个数可减少，整个系统趋于锥形排列。这种方式的浓缩液由于经过多段流动压强损

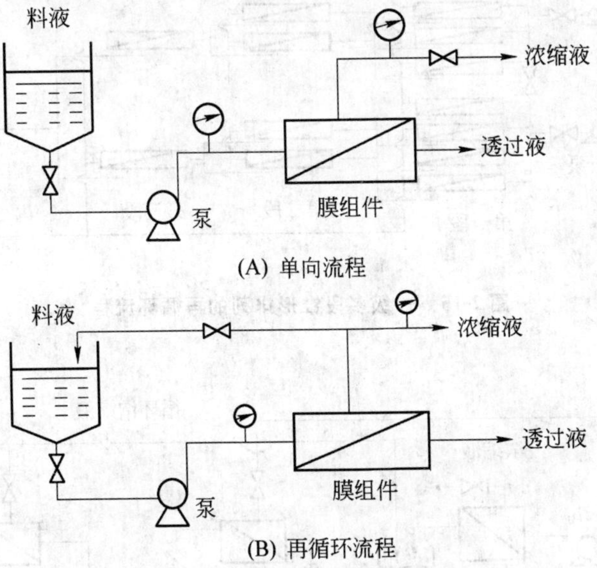

图 2-13　一级一段膜分离流程

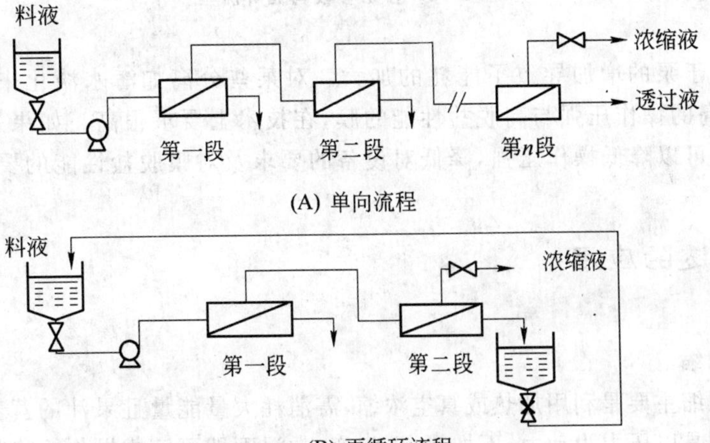

图 2-14　一级多段流程

失较大，导致生产效率下降，可增设高压泵克服之，如图 2-15 所示。

3. 多级多段流程

在分离过程中，一般要求达到很高的分离程度，如海水淡化，要求产品水的净化程度越高越好，在这种情况下，就需要采用多级多段流程。这种流程也有单向流程与再循环流程之分，图 2-16 所示为多级多段的再循环流程。它是将第一级的透过液作为下一级的进料液再次进行膜分离，如此延续直至将最后一级的透过液引出系统，而浓缩液则是从后一级返回至前一级，并与进料液混合后再进行分离。这种流程既可提高水的回收率又可提高透过

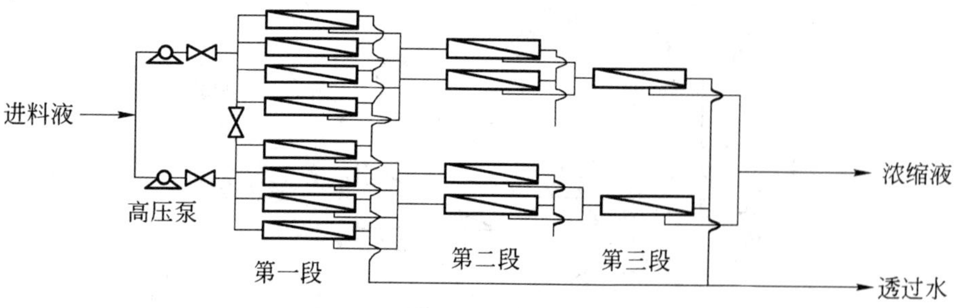

图 2-15 一级多段锥形排列的再循环流程

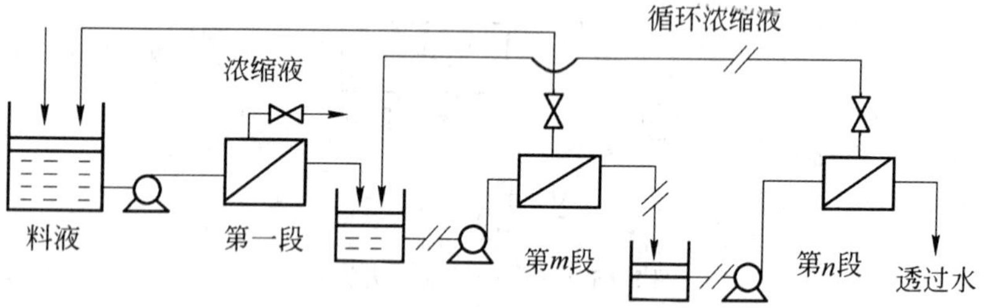

图 2-16 多级多段再循环流程

液的水质，但由于泵的增加导致了能耗的加大。对某些分离如海水淡化来说，由于一级脱盐淡化需要很高的操作压强与高脱盐性能的膜，在技术上要求很高。如果采用上述多级多段再循环流程，可以降低操作压强，降低对设备的要求及对膜脱盐性能的要求，因而有较高的实用价值[6]。

八、反渗透的应用

(一)果汁浓缩

传统果汁浓缩主要是利用加热或真空浓缩，需消耗大量能量且果汁的营养及风味大受影响。由于反渗透是以压力为动力，不加热，无相变，常温下即可完成操作。将其用于果汁的浓缩，不仅可降低能耗，而且也可使维生素、色素等热敏性物质得到保护，特别可使果汁中芳香成分及色泽得到较好地保持[10,11]。

1. 浓缩苹果汁

苹果汁的反渗透浓缩研究主要见于国外报道。Merson 等人对苹果汁的研究表明醋酸纤维素膜对糖有很好的截留，但浓缩液的品质较低。因为构成苹果汁风味物质的小分子(C_2-C_6)的酚、酯、醛透过了膜，而它们是构成苹果风味的主要成分。由于果胶的污染及黏度对浓缩产生影响，因此苹果汁在浓缩之前，通常需去除果胶。聚酰胺反渗透膜比醋酸纤维素膜可保持较多的风味成分(乙醛、乙酸丁酯、2-甲基-丁酸乙酯和乙酸己酯)以及较高的通量。

2. 浓缩橙汁

橙汁是商业果汁中生产与销售量最大的一个品种，橙汁及其他柑橘汁的浓缩目前大多采用多效蒸发浓缩，橙汁的大部分香精在第一效蒸发器被回收，在以后的过程中，余留的香精成分一般会被破坏或转化为对果汁有害的物质（如糠醛）。

膜技术应用于橙汁的研究国外始于 20 世纪 70 年代。用醋酸纤维素膜、聚酰胺 RO 膜对经离心分离的橙汁进行浓缩，研究了膜对营养成分、香气、灰分及浓缩度的影响。研究发现膜对糖、酸、酚类、氮化物和灰分有较好的截留，但挥发性香气成分的保持仅为 30%左右。由于渗透压的影响，在 3～7 MPa 的条件下只能将橙汁浓缩至 25°Bx，Watanabe 等还研究了 RO 在浓缩橙汁过程中膜的污染问题及解决方法。发现橙汁主要污染物为果胶及类似于纤维素的不溶物，间歇对膜表面进行冲洗，可使膜通量恢复到原通量的 90%，然而它有时会造成透过液的污染[12]。

第一个浓缩橙汁的 RO 商业化设备装配了 PCI，SAFC-99 膜，橙汁的可溶性固形物为10～12°Bx，pH 值 3.2～3.7，果浆成分为 2%～7.5%，原料经过巴氏杀菌后进行浓缩。进料量为 4 200～9 200 L/h，水的透过量为 2 000 L/h，膜需要每 4～6 h 用碱液快速清洗，以便去除膜的污染物（橙皮苷）。

3. 浓缩西番莲汁和番茄汁

Yud、张利奋等研究了西番莲果汁，发现西番莲果汁中的维生素 C 及芳香成分在蒸发浓缩过程中绝大部分都损失掉了，而在反渗透浓缩过程中损失较少。番茄汁由于它的高果肉含量（25%粗纤维）和高黏度，膜浓缩时管式组件最适合。1984 年第一家浓缩番茄汁的反渗透管式工业装置投入使用，番茄汁由 4.5°Bx 浓缩至 8°Bx，每小时的处理量为 250 t。

4. 浓缩菠萝汁

采用中试规模的管式和平板 RO 装置，分别装备 ZF99 和 HR98/HR95 膜，其透过液平均通量为 20 L/(m^2 · h)。操作条件为：压力 6 MPa，温度 40℃，流量 3 m/s，可溶性固形物从 13°Bx 浓缩到 25°Bx，透过液中可溶性固形物的损失极少。

(二)脱除葡萄酒中的酒石

葡萄酒中的酒石酸钾盐称为酒石。葡萄酒虽经过过滤，在贮存过程中仍会析出酒石，影响葡萄酒的感官品质。在工厂中，目前对酒石的去除大多采用冷处理的方法，但耗能大，成本高。采用反渗透的方法可有效去除葡萄酒中的酒石，工艺流程如图 2-17 所示。

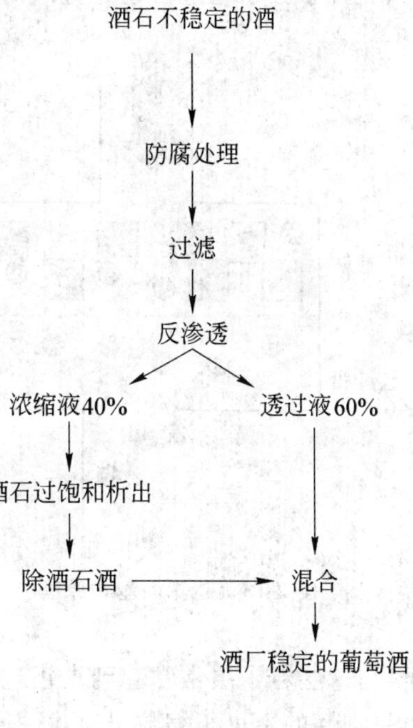

图 2-17　脱除酒石的工艺流程

一般而言，浓缩液的产率为 40%左右，若此值过低，酒石会在膜装置中沉淀析出而堵塞膜，使得透水率严重下降。

第三节　超滤分离技术

超滤是以压差为推动力作用下进行的筛孔分离过程。对超滤系统的研究始于20世纪20年代的德国,1918年森格蒙得(Zsigmondy)等人首先提出以商品规模生产硝化纤维滤膜的方法,1921年获得专利。1933年埃尔福德(Eiford)研制出了不同孔径的超滤膜,此后的30年间超滤技术发展相对缓慢,仅限于实验室应用。1960年Loeb-Sourirajan研制出非对称醋酸纤维素反渗透膜,促进了超滤技术的发展。1963年Michaels制备了截留各种相对分子质量的膜,从此超滤膜开始进入商业化生产,并很快从一种实验规模的分离手段发展成为重要的工业单元操作技术。它日益广泛地被应用于食品、化工、医药、环境保护及新兴的生物技术等领域[13~16]。

一、基本原理与操作特点

(一)基本原理

与反渗透一样,超滤也是以压力差为推动力的膜分离过程。两者的区别在于分离溶质分子大小的不同,通常认为超滤截留溶质相对分子质量大于500,而反渗透可以将所有的溶质截留,只允许水分子通过。超滤分离的溶质是大分子物质,可不考虑渗透压的影响。

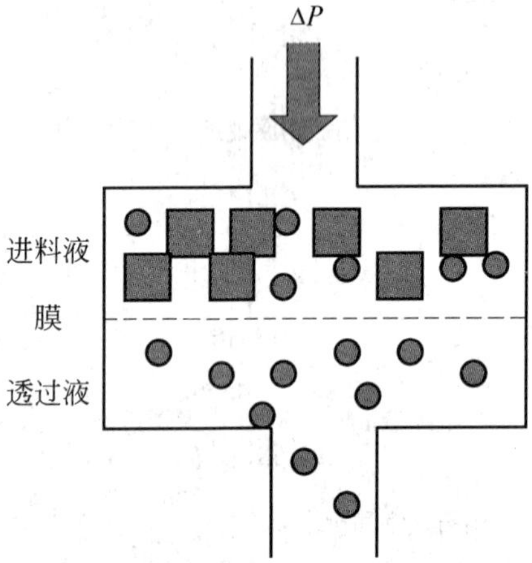

图2-18　超滤的基本原理

一般认为超滤是一种筛孔分离过程,如图2-18所示。在静压差的推动下,原料液中的溶剂及小分子溶质从高压进料液侧透过膜进入低压侧,而大分子组分则被膜所阻留而增浓。根据这种理论,超滤膜具有选择性表面层的主要因素是要形成具有一定大小和形状的微细孔,而膜的化学性质对其分离特性影响不大。但有人认为情况并不这么简单,除膜孔结构外,膜表面的化学性质对超滤过程也有重要影响,并认为可借助反渗透理论来研究超滤过程。

(二)超滤的操作特点

在传统过滤中,在过滤介质上形成的粒子层称为滤饼层。在膜过滤操作中,在膜表面也形成粒子层,这层粒子层常常起到真正过滤介质的作用,然而它也是造成较大的过滤阻力。当粒子不再呈刚性的不可压缩粒子时,这一阻力就显得特别重要。因此,超滤操作中常采用切向过滤的方式。

通常情况下,超滤的滤液流量较小,若要维持一定的流速,必须使料液切向循环通过膜。切向过滤时,膜表面会形成厚度具有一定限度的粒子层。多数情况下,膜两侧的压差撤除后粒子层也随之消失,它是可逆的。但有时形成的粒子层是不可逆的,主要是由于膜孔被逐渐堵塞,此时必须停止操作,膜清洗后才能继续过滤。

二、国内外超滤所用的膜和组件简介

超滤所用的膜以多孔膜为主，大多是不对称膜或复合膜。膜的孔径分布并不是均匀的，在正常情况下呈正态分布。大多数的超滤膜都是聚合物或共聚物的合成膜，其截留相对分子质量范围为1 000～500 000。早期的超滤膜以纤维酯为材料，它的价格低廉，成膜特性好，至今仍有重要用途。第一代的非纤维素超滤膜是以聚电解质络合物、改性丙烯酸聚合物、丙烯腈共聚物及聚酰胺为材料制得。由于聚砜和聚偏二氟乙烯膜具有较好的耐热性能（<90℃）、酸碱稳定性以及较高的抗氧化性能，目前已优先用于超滤。

国内外主要超滤膜及其组件性能分别见表2-7和表2-8。

表2-7 国产主要超滤膜和组件性能[17]

单　位	类型	膜材料	截留相对分子质量(10^3)
国家海洋局杭州水处理中心	卷式、平版	CA，CAT，PAN，PS，PSA，PES，PVDF	5～10
天津纺织工学院	中空	PS	6～50
中国科学院大连化物所	中空、平板	PS，PSA	10～100
中国科学院生态环境研究中心	中空、平板、管式	PS，PSA	10～100
上海纺织科学研究院	中空	PS	6～25
常州能源设备厂	中空	PS	6～50
辽源膜分离设备厂	卷式、中空、平板、管式	PS，CA，PAN，PSA	3～10
湖州水处理设备厂	卷式、中空、平板	PS，CA	6～100
武汉仪表厂	中空	PS	6～1 000
山东招远膜分离设备厂	中空	PS	6～100
余姚膜分离设备厂	平板		
中科院上海原子核研究所	卷式、平板、圆盒	PEK，SPS，PS，PAN	4～70
无锡超滤设备厂	平板、管式	CA，PAN，PVC，PS，PSA	3～150
沙市水处理设备厂	管式	CA，PS，PSA	10～100

表2-8 国外主要超滤膜和组件性能[18]

单　位	类型	膜材料	截留相对分子质量(10^3)
Alcoa/Membralox	管式	γ-Al_2O_3-α- Al_2O_3	
Amicon	盘式、中空、卷式	PS，PVDF，PAV	1～100
Asahi	中空	PAN	6～7
Daicel	平版、管式	PAN，PES	5～40
DDS	平板	CA，PS，TFC	6～30
Desalination SystemsINC/DSI	卷式	PS，TFC	35～500
Fluid Systems	卷式	PES	6～10
Koch Membrane Systems	卷式、管式	PES，PVDF	1～600

续表 2-8

单　　位	类型	膜材料	截留相对分子质量(10^3)
Nitto/Hydranautics	卷式、管式、中空	PS,PO,PI	8～100
Osmonics/Sepa	卷式	CA,PS,PF	1～100
Rhone-Poulenc/Iris	平板	PAN,PVDF,SPS	10～25
Romicon	中空	PS	1～100

三、浓差极化与膜污染

浓差极化和膜污染对以压力为推动力的超滤过程的分离效果和过程可靠性影响极大。由于膜的选择透过性，被截留组分在膜料液侧表面积累，其浓度往往比料液主体浓度高得多。

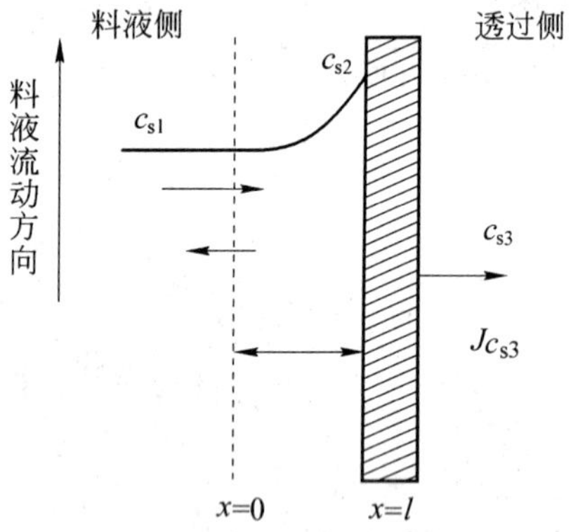

图 2-19　边界层中的传质和浓差极化

组分在边界层和膜内形成如图 2-19 所示的浓度分布，组分在料液主体中的浓度 $c_{s1}(c_B)$、膜表面浓度 c_{s2} 和透过侧浓度 $c_{s3}(c_p)$之间存在如式[2-22]的关系。

$$J=\frac{D}{l}\ln\left(\frac{c_{s2}-c_{s3}}{c_{s1}-c_{s3}}\right)=k\ln\left(\frac{c_{s2}-c_{s3}}{c_{s1}-c_{s3}}\right) \qquad [2\text{-}22]$$

式中：$k=D/l$ 定义为传质系数。

在超滤中膜表面浓度 c_{s2} 常达到截留组分的饱和浓度 c_G，若组分在透过液中的浓度很低，即 $c_{s3}\rightarrow 0$，则式[2-22]可变换为式[2-23]。此时，膜渗透流率与操作压力无关，主要决定于边界层内的传质情况，即产生了浓差极化。

$$J=k\ln\left(\frac{c_G}{c_B}\right) \qquad [2\text{-}23]$$

膜污染是指料液中的某些组分在膜表面或膜孔中沉积导致膜渗透流率下降的现象。组分在膜表面沉积形成的污染层将产生额外的阻力，该阻力可能远大于膜本身的阻力而使渗透流率与膜本身的渗透性无关；组分在膜孔中沉积，将造成膜孔减小甚至堵塞，实际上减小了膜的有效面积。

浓差极化和膜污染将使膜渗透流率下降，导致超滤无法在进行较长时间的稳定操作，从而使该技术在实际应用过程中不能充分发挥作用。对它的控制措施有：

①预先过滤除去料液中的大颗粒；

②增加流速，减薄边界层厚度，提高传质系数；

③选择适当的操作压力和料液黏度，避免增加沉淀层的厚度与密度；

④采用具有抗污染性的修饰膜；

⑤定期对膜进行清洗和反冲。

四、超滤操作

工业上，超滤操作有以下几种。

1. 单级间歇操作

单级间歇操作时，料液一次性加入到料液槽中，滤液排出，浓缩液则全部循环。由于料液流过膜组件时有压力损失，导致料液温度升高。为维持恒温，减少对热敏性物质的破坏，可以在循环回路中加一换热器。为了减轻浓差极化的不良影响，在膜组件内保持较高的料液流速。这样，料液在组件内的停留时间缩短，一次通过达不到要求的滤液量，所以料液要经过多次的循环。

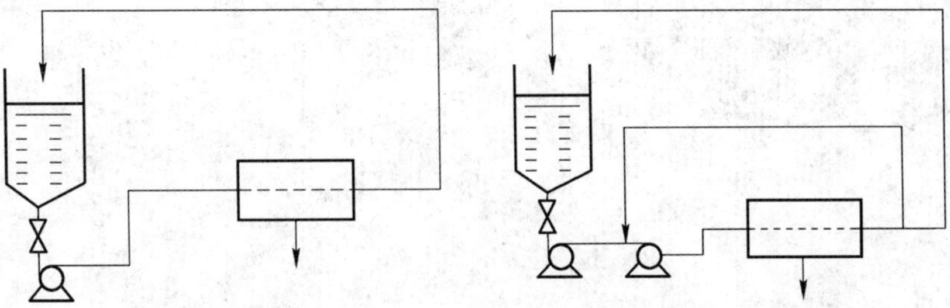

(A) 截流液全部循环　　(B) 截流液部分循环

图 2-20　间歇式超滤操作

处理量不大时，多采用间歇式操作，因此实验室中常用。泵既能提供料液流动所需的能量，又能提供透过液流动的压差。这是一种非稳定态操作，随着过滤的进行，料液浓度逐渐增高，滤液量逐渐减少，浓缩比逐渐增加。对给定的料液而言，这是一种浓缩最快、所需的膜面积最小的的操作方式。其平均通量的计算可用式[2-24]进行计算。

$$J_{av}=J_f+0.33(J_i-J_f) \qquad [2\text{-}24]$$

式中：J_{av}——膜平均通量；J_i、J_f——起始和终了时的通量。

2. 单级连续操作

单级连续操作是在单级间歇操作的基础上发展而来的。有两种操作方式：一种是过滤时将一部分浓缩液作为产品排出，同时连续进料与回流混合，进行循环。此操作一般配备 2 台泵。一台采用离心泵，作为循环泵，提供浓缩液循环流动所需要的能量，其流量较大。另一台采用正位移泵，为料液提供压差，其流量较小，与滤液流量相对应。由于料液流速高，摩擦损失大，在循环回路中常设一换热器以恒定料液的温度(图 2-21A)。另一种是过滤时透过液无循环的操作方式(图 2-21B)，但这种操作方式在超滤中应用不多。

单级连续操作的特点是组件内料液的浓度等于浓缩液的浓度，因此过滤始终是在高浓度下进行，因而滤液通量较低，所需要的膜面积较大。因此，此操作适用于量较大而膜的堵塞又不严重的场合。

3. 多级连续操作

为了克服单级连续操作的缺点，可以采用将若干个单级串联起来的多级连续操作(图 2-22)。过滤时只有最后一级在高浓度下进行，前面的几级则在较低的浓度下进行，故平均滤液通量较高，所需的膜面积低于单级连续操作而高于间歇操作。这种操作方式在大批量的工业化生产中普遍使用，特别是在食品工业领域。

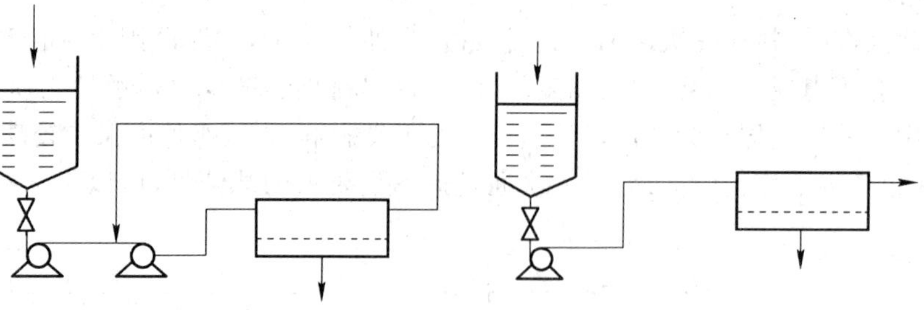

图 2-21 单级连续操作

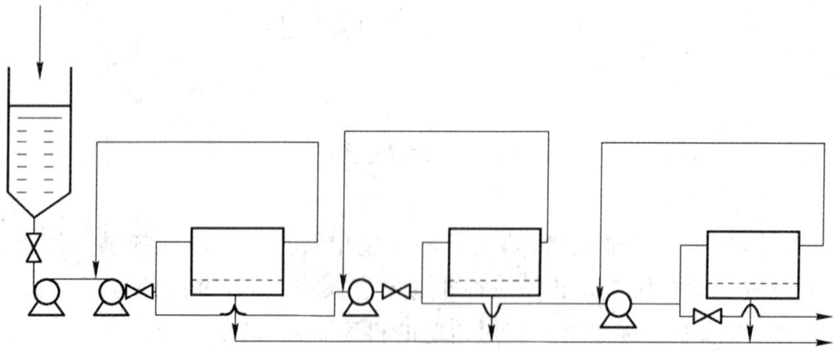

图 2-22 多级连续操作

五、超滤在食品工业中的应用

(一)乳品工业中的应用

乳清作为奶酪生产的副产物,多年来一直作为饲料或排入下水池,其利用价值低,对环境污染严重。一般而言,奶酪生产时乳清的产生量占牛奶用量的80%~90%,由于其蛋白质与乳糖比例太低,BOD含量高达30 000~50 000 g/m^3,使它难以处理。

对乳清的利用,传统工艺是将乳清加热干燥制成乳清粉或乳清蛋白粉以回收蛋白质。干燥仅能除去水分而使这种乳清粉中的乳糖含量高达73%、矿物质达12%、蛋白质达12%。由于这种乳清粉的营养搭配比例极不协调,限制了它在食品中的进一步应用。通过超滤技术(图2-23),可得到蛋白质10%的浓缩液,若将其通过喷雾干燥,可得到蛋白质65%的乳清粉,在面包食品中可代替脱脂奶粉。若将其进一步脱盐,则可得到蛋白质含量高于80%的产品,可用于婴儿奶粉。而含乳糖的渗透液经浓缩干燥后可用作动物饲料[1]。

在乳清超滤中,各种不同形式的组件均被采用,其中最大者含膜面积1 800 m^2,通常在50℃条件下,膜渗透通量最初大于1 000 L/(m^2·d),当乳清浓缩10倍后黏度大于0.002 Pa·s,膜渗透流率降低至500 L/(m^2·d),因而其浓缩极限在很大程度上取决于膜污染和乳清浓缩

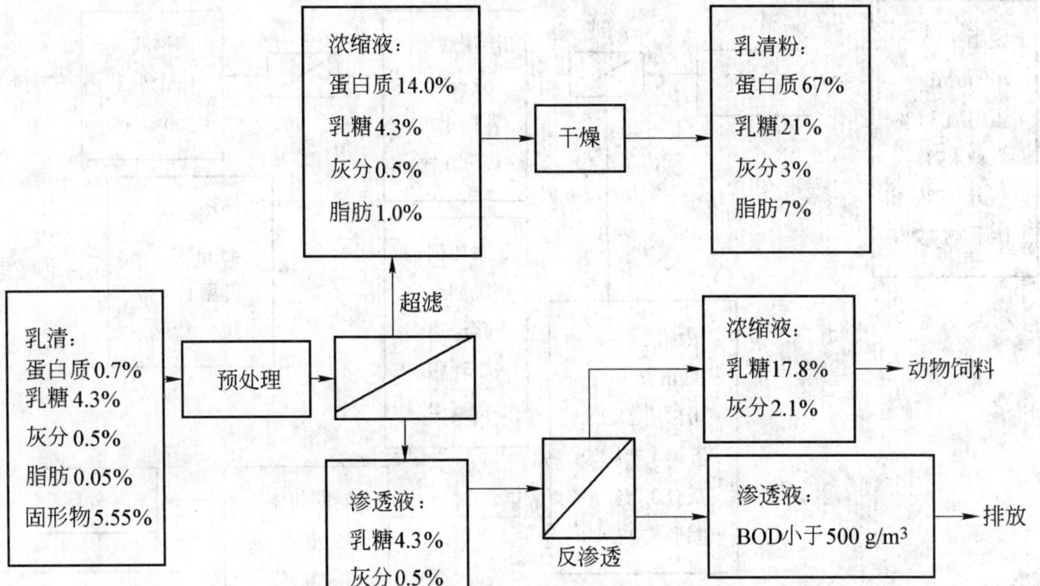

图 2-23　超滤处理乳清工艺

液黏度的增加。

一种以脱脂牛奶为原料，超滤法生产奶酪的新工艺是先将脱脂牛奶用超滤浓缩 3～4 倍，然后再将其浓缩液用于发酵生产奶酪（图 2-24）。此工艺的最大优点在于用处理过的浓缩液生产奶酪，其得率可提高 20%以上，据保守估计可节约 6%的牛奶；此外因乳糖从牛奶中去除而使奶酪的味道更加鲜美；减少了乳清的处理量。

（二）在果汁澄清中的应用

刚榨取的果汁，由于含有单宁、果胶和酚类等化合物而呈现混浊。传统的方法采用果胶酶、皂土和明胶使其沉淀，然后取上清液过滤而使果汁澄清（图 2-25A）。通过超滤来澄清果汁，只需要先部分脱除果胶，可减少酶的用量，省去皂土和明胶，节约了原材料，简化了工艺操作（图 2-25B）。同时果汁的回收率也有所提高，达 98%～99%。另外经超滤处理的果汁质量也有所提高，浊度降低。超滤可除去菌体，因而使得果汁的保质期延长。

（三）在制备大豆分离蛋白中的应用

大豆是重要的油料、蛋白资源，其中用于制油的大豆占总量的 40%以上，油脂加工副产品——大豆粕是最大的可开发的植物蛋白资源。以低变性脱脂大豆粕为原料生产的大豆分离蛋白（SPI），由于其具有良好的功能特性，主要用于食品添加剂，可显著改善食品品质，提高出品率，降低生产成本。

美国杜邦公司预计，全球食品添加剂市场大约为 200 亿美元，并以每年 3%～5%的速度增长；保健食品添加剂市场每年的增长速度是 15%，全年的总销售额为 20 亿～30 亿美元。据

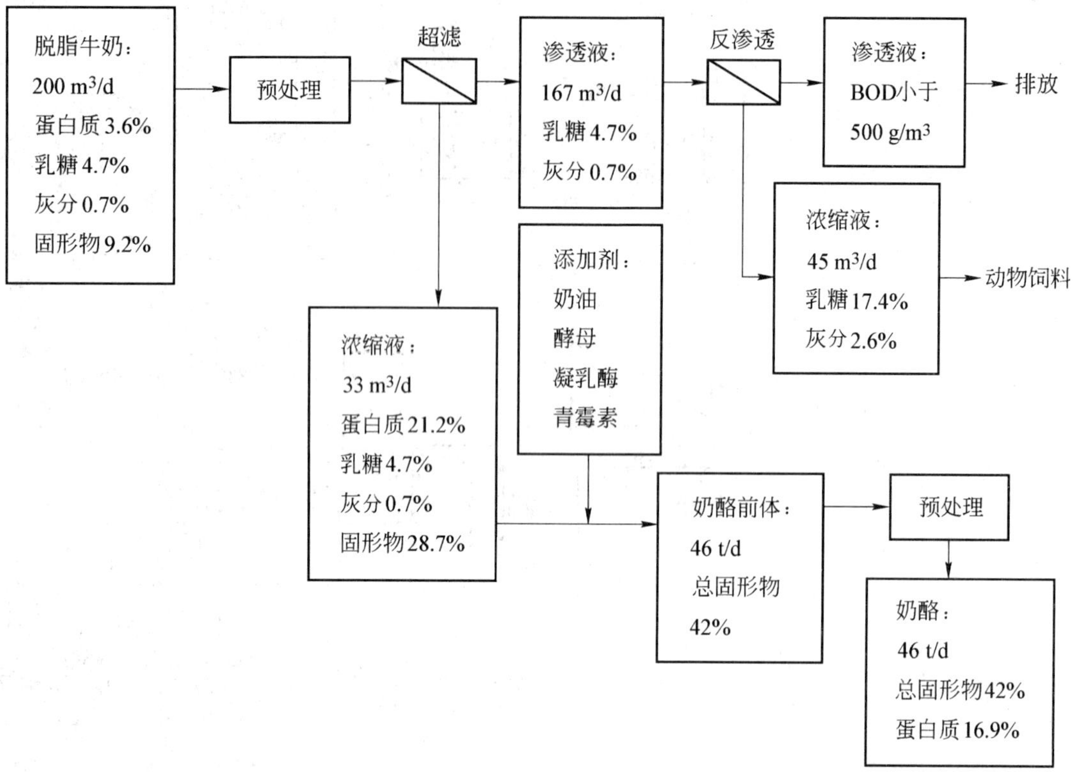

图 2-24 超滤脱脂奶生产奶酪工艺流程

不完全统计，目前添加大豆分离蛋白的食品品种在 14 000 种以上。美国年产大豆分离蛋白约 30 万 t，日本年产量约 411 万 t，我国大豆分离蛋白年产量为 3 万 t。大豆分离蛋白作为食品添加剂有广阔的发展前景。

多年来，科技工作者在把超滤膜应用到制备大豆分离蛋白工艺方面进行了大量的研究。高安全研究了切割分子质量为 13 000 u 的超滤膜制备浓缩大豆蛋白的方法，郭宏探讨利用平板超滤工业化制备大豆分离蛋白，崔岸研究指出切割分子质量为 20 000～30 000 u 的聚砜酰胺膜制备大豆分离蛋白的蛋白截留率为 95%，蛋白质回收率为 93.9%。周伯川用中空纤维聚砜膜制得的大豆分离蛋白质量比碱溶酸沉好，蛋白质含量高、灰分少。习文社根据大豆蛋白分子质量分布选择大于 10 000 u 的高分子膜制取高溶解性的大豆分离蛋白。

刘大川等[19]从大豆蛋白分子质量大小以及膜与大豆蛋白的适应性考虑，选择切割分子质量为 60 000～80 000 u 的聚丙烯腈中空纤维膜对大豆蛋白预过滤液超滤分离，制备大豆分离蛋白（图 2-26）。并对超滤膜系统清洗方法进行了探讨，具体实验结果如下。

1. 超滤条件条件对膜通量的影响

①超滤时间对膜通量和蛋白质含量的影响。由图 2-27 可见，当超滤时间为 10 min 时，膜通量有较大程度的降低，但在 10 min 后，膜通量变化已经相对很小。透过液中蛋白质的含量，在 5～10 min 有一个显著的下降过程，在 10～15 min 蛋白质含量的变化速率开始减慢。当超滤到达 15 min 时，蛋白质含量已经达到一个很低的水平，并且随着时间的延长，蛋白质的含量

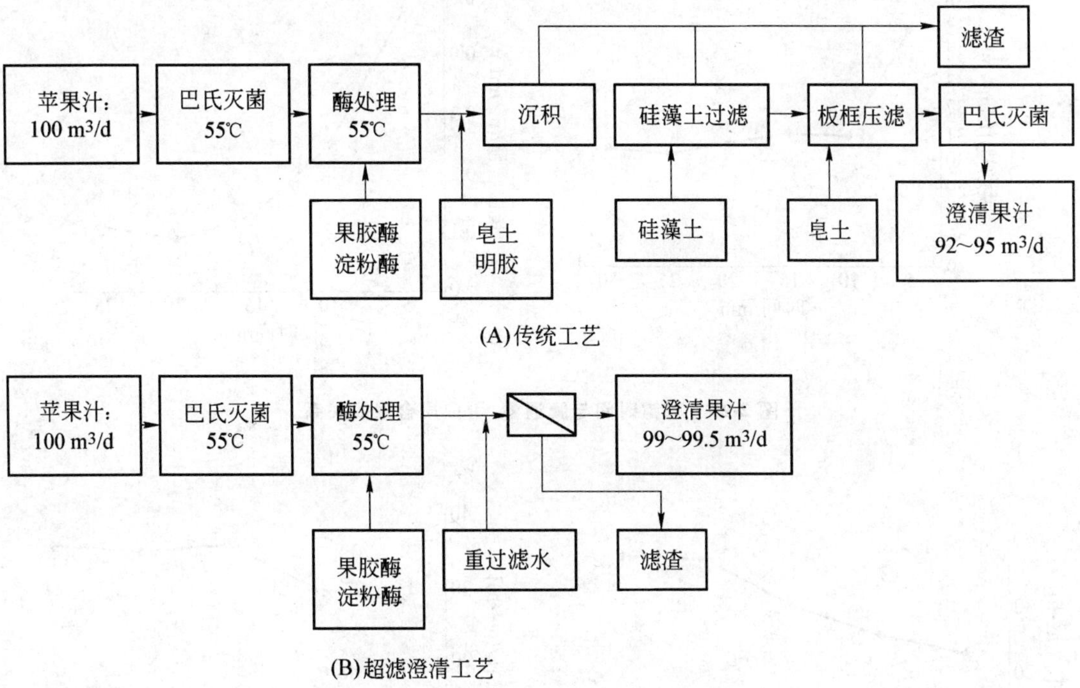

图 2-25 果汁澄清新旧工艺的比较

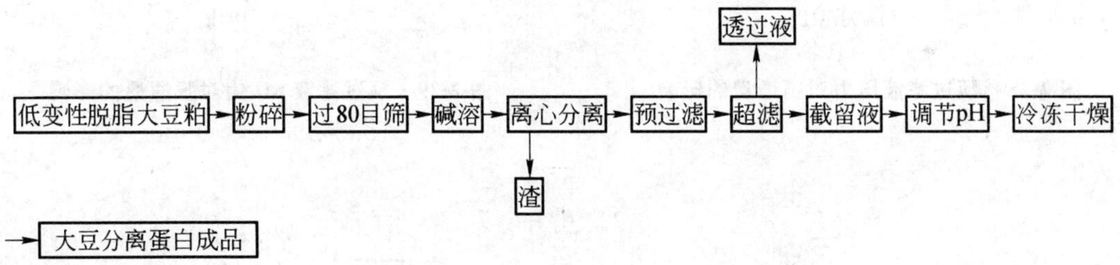

图 2-26 超滤法制备大豆分离蛋白的工艺流程

基本上趋于稳定,此时即可以判定超滤已经到达终点。

②预过滤液压力对膜通量的影响。压力与膜通量的关系,见图 2-28。从图 2-28 可见,大豆蛋白预过滤液随着压力的升高,膜通量呈现一个上升的趋势,压力越大,膜通量越大。

③预过滤液 pH 值对膜通量的影响。pH 值与膜通量关系见图 2-29。由图 2-29 可见,随着 pH 值的增加,膜通量也随着增加,当 pH 值为 8.0 时,膜通量达到最大值,当 pH 值继续增加时,膜通量又略有下降。

④预过滤液温度对膜通量的影响。预过滤液温度与膜通量关系,见图 2-30。从图 2-30 可见,预过滤液温度越高,膜通量越大,当温度达到 35℃以上,膜通量随温度的变化逐渐增大,特别是从 40～45℃时,膜通量基本上已经趋于稳定。

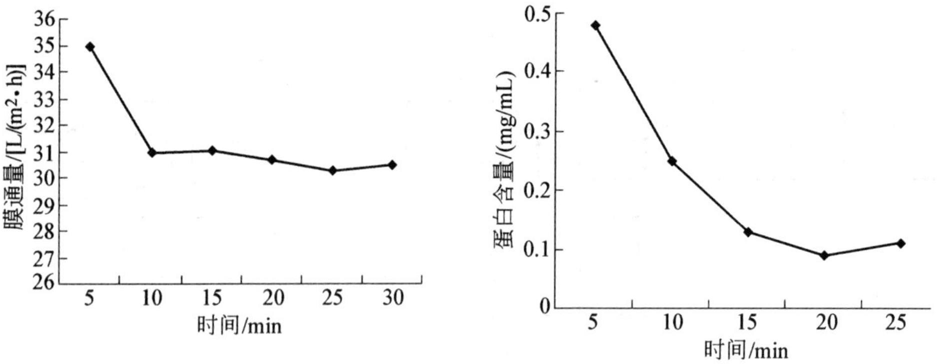

图 2-27 超滤时间与膜通量、蛋白质含量的关系

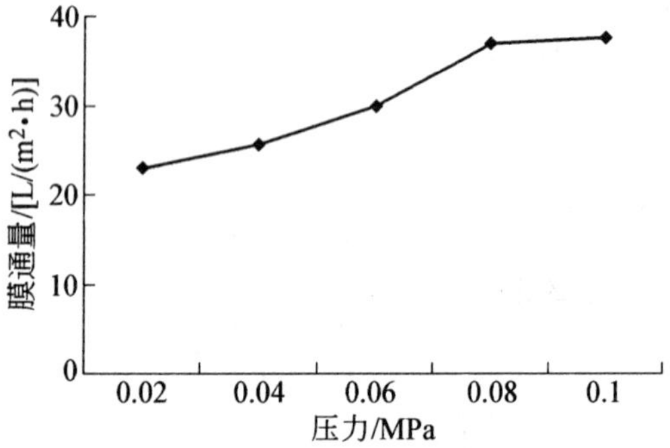

图 2-28 预过滤液压力对膜通量的影响

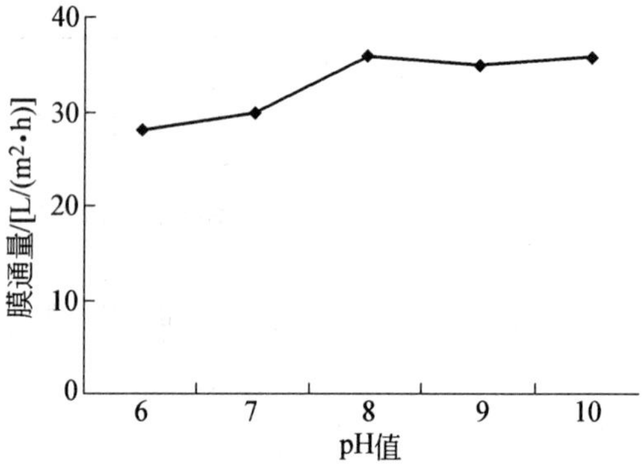

图 2-29 预过滤液 pH 值对膜通量的影响

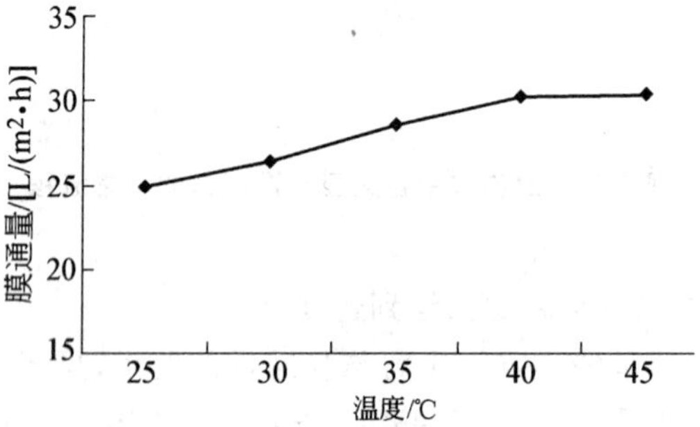

图 2-30 预过滤液温度对膜通量的影响

2. 超滤膜的清洗

超滤膜在使用过程中，膜通量会逐渐降低，这是膜污染所引起的。在超滤膜使用过程中，由于使用时间过长或操作不当会造成严重的膜污染现象，使其有效使用期缩短，增加了超滤操

作的成本。引起膜污染的主要原因有:操作压力、溶质浓度、溶液温度、pH 值和离子强度等 。因此,预防超滤膜的污染和清洗就成了超滤过程中不容忽视的问题。

刘大川等主要采用氧化剂清洗法来清洗超滤膜,其原理是利用氧化剂的氧化分解作用破坏膜表面凝胶层中的大分子物质相互之间结合,使膜面的凝胶层松散脱落并为清洗液带走。常用的氧化剂有 H_2O_2,$KMnO_4$,NaClO,他们采用的是 $KMnO_4$ 氧化剂清洗法。超滤完成后,测得水的膜通量 35.29 L/(m^2 · h),先用蒸馏水反冲 10 min,接着用 $KMnO_4$ 反冲 20 min,然后用草酸洗 20 min(目的是脱除 $KMnO_4$ 污垢),此时水的膜通量 133.3 L/(m^2 · h)。为了进一步恢复膜的颜色,再用 H_2O_2 洗 30 min。此时,膜通量恢复到了 136.4 L/(m^2 · h),重复上述操作一次,膜通量可恢复到原来的水平[160 L/(m^2 · h)]。

3. 碱溶酸沉法与超滤膜法所得大豆分离蛋白的比较

碱溶酸沉法与超滤膜法所得大豆分离蛋白对比结果见表 2-9。由表 2-9 可看出,超滤膜法分离出的大豆分离蛋白灰分较少,蛋白质含量较高,氮溶解指数高。适用于添加在饮料和婴儿食品中。

表 2-9 碱溶酸沉法与超滤膜法大豆分离蛋白的比较

成 分	碱溶酸沉法 SPI/%	超滤膜法 SPI/%
水分	6.4	6.8
灰分	4.55	3.10
粗蛋白(N×6.25,干基)	89	91
氮溶解指数	90	96

4. 在酱油酿造中的应用

以往生产酱油是把成熟的酱醪压榨后加热杀菌,这样做的主要目的是灭菌和让酶失活,但同时会使酱油的颜色加深,美拉德反应会令酱油的风味在一定程度上失去其原有的鲜味,增加些焦煳的感觉,这就是加热给酱油质量带来的负面效应。但如果不加热,使用超滤装置进行过滤和澄清,可以得到不损害原有风味的味道丰满圆润的酱油。

一般情况下,对酱油的加热温度是:日本采用 65～85℃,我国一般是采取高温的 90℃以上的加热方式。特别是 90℃以上的加热,无论对酱油的风味和颜色来说都是很不利的。采用超滤装置可以代替加热,可以除菌,除混浊。除菌时可以除去用加热杀菌很难除掉的耐热菌,能够使酱油在保持原有风味的前提下不腐败,还能省去以往用硅藻土过滤的工序(图 2-31)。

酱油主体成分为氨基酸态氮、肽、还原糖、色素、盐和脂类等相对分子质量范围在 100～10 000 的物质,用超滤完全可以把酱油中的混浊物和细菌等微生物分离出来。实验证明,采用酱油专用超滤膜,既能除去酱油中的各种微生物、致病菌、大分子沉淀性物质和胶体,又能较好地保留酱油中的各项主体成分,如氨基酸态氮、还原糖和香味物质。经超滤的酱油,瓶装置于室温下保存,存放时间可达一年以上,且瓶内酱油仍然澄清,瓶底无沉淀,细菌数稳定。酱油超滤前后理化指标和卫生指标的变化见表 2-10。

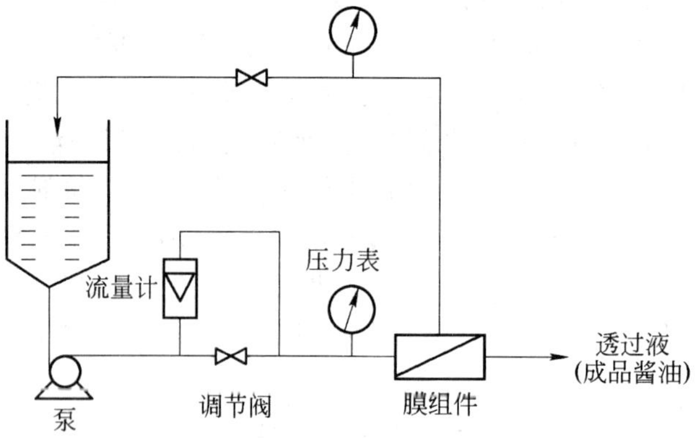

图 2-31 酱油超滤工艺流程

表 2-10 酱油超滤前后理化指标和卫生指标的变化[20]

编号	超滤前					超滤后				
	氨基酸态氮/(g/100 mL)	全氮/(g/100 mL)	无盐固形物/(g/100 mL)	氯化钠/(g/100 mL)	细菌总数/(个/mL)	氨基酸态氮/(g/100 mL)	全氮/(g/100 mL)	无盐固形物/(g/100 mL)	氯化钠/(g/100 mL)	细菌总数/(个/mL)
1	0.52	1.02	17.94	15.46	23 万	0.48	0.90	16.50	14.30	2 100
2	0.64	1.46	18.45	18.55	210 万	0.62	1.19	18.41	17.19	330
3	0.64	1.44	17.25	18.45	100 万	0.60	1.30	15.01	18.57	500
4	0.45	0.97	11.50	16.00	410 万	0.43	0.86	10.16	16.00	50

由表 2-10 可见，超滤处理除菌率达 99.5%以上，并且经超滤处理的酱油经长期存放后细菌总数未发现增加。超滤后酱油的澄清度很好，但理化指标稍有下降。酱油的风味纯正，但酱油酯香不如超滤前浓郁。

第四节 液膜分离技术

液膜(liquid membrane)作为一项分离技术被广泛研究始于 20 世纪 60 年代，而有关液膜的早期报道则可追溯到 20 世纪初生物学家们所从事的工作。早在 20 世纪 30 年代，Osterbout 用一种弱有机酸(quiacol)作载体，发现了钠与钾透过含有该载体的“油性桥”的现象。根据溶质与“流动载体”(mobile carrier)之间的可逆化学反应，提出了促进传递(facilitated transport)概念。进入 20 世纪 50 年代后，这一传递现象被许多实验研究进一步证实，例如，对于膜相中仅含 10^{-6} mol/L 氨霉素(valinomycin)的液膜，可使钾的传质通量提高 5 个数量级，生物学家们在液膜促进传递方面取得的成就引起了化学工程师们的注意。20 世纪 60 年代中期，Bloch 等采用支撑液膜(supported liquid membrane，SLM)研究了金属提取过程，Ward 与 Robb 研究了 CO_2 与 O_2 的液膜分离，他们将支撑液膜称为固定化液膜(immobilized liquid membrane，ILM)。黎念之在用 du Nuoy 环法测定含表面活性剂水溶液与油溶液之间的界面张力时，观察到了相当稳定的界面膜，由此开创了研究液体表面活性剂膜(liquid surfactant membrane)或乳化液膜(emulsion liquid membrane，ELM)的历史。黎念之对于乳化液膜的发明，引起了全世界范围内膜学界人士的高度兴趣，由此推演出了促进传递膜(facilitated transportmembranes)的新概念，并导致了后来各种新型液膜的发明。由于黎念之在膜科学等领域的卓越贡献，美国化学会和美国化学工程师学会于1987年、1989年和2000年先后授予他"分离科学与技术奖"、"最高工程研究奖"和"珀金奖"(Perkin Medal)。在过去的30多年里，液膜技术在工业化过程的应用性基础研究首先在金属离子的分离、浓缩等方面活跃起来，而后在冶金、医药、环保、原子能、石油化工、生物技术领域也蓬勃开展起来，如在生物医学的应用上，防止用药过度和药物的释出[21]。在生物分离技术上，如氨基酸、有机酸、抗生素、脂肪酸、酶等蛋白质、生物活性物质等分离方面的研究都很活跃[22~26]。

一、液膜的分类

液膜按其构型和操作方式的不同，主要分为支持液膜和乳化液膜。进行工业性应用研究的主要是乳化液膜，其次是支持液膜，如图2-32和图2-33所示。

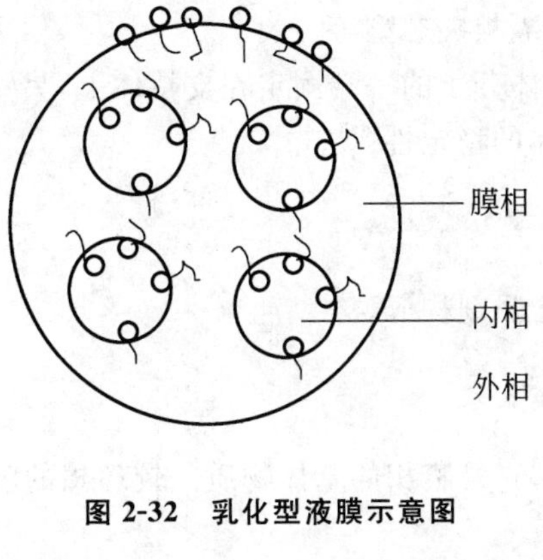

图2-32　乳化型液膜示意图

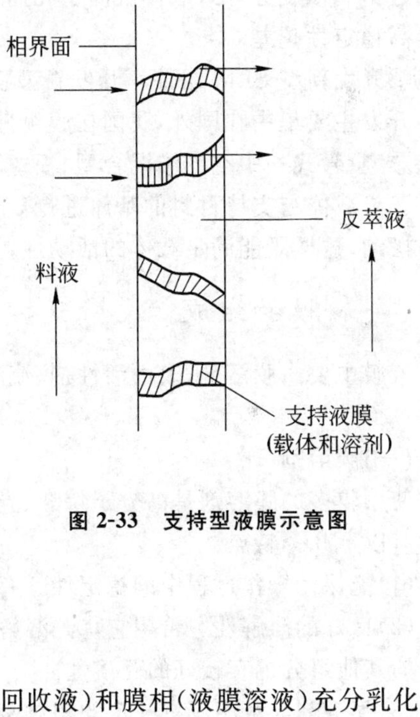

图2-33　支持型液膜示意图

1. 乳化液膜

乳化液膜的制备是首先将两个不互溶相即内相(回收液)和膜相(液膜溶液)充分乳化制成乳液，再将此乳液在搅拌条件下分散在第三相(即外相)中而成。通常内相与外相互溶，而膜相既不溶于内相也不溶于外相。在液膜分离过程中，在膜的原料一侧(外相侧)界面上，欲提取的目标物质进入膜相，而在膜的接收相一侧(内相侧)同时释放出该物质，达到与原料中其他成分相分离的目的。因此液膜分离法是膜的两侧同时进行萃取和反萃取(或吸收与解吸)的操作。萃取结束后，先分离乳液和外相，收集乳液后在进行破乳回收内相，而膜相可以循环制乳。上述的多重乳状液有两种类型即油包水包油型(O/W/O)和水包油包水型(W/O/W)，前者为水膜，用于分离碳氢化合物，而后者为油膜，适用于处理水溶液。

2. 支持液膜

支持液膜是由溶解了载体的液膜，在表面张力的作用下，依靠聚合物凝胶层中的化学反应或带电荷材料的静电作用，浸没在多孔支持体的微孔内而制成的。由于液膜分布在多孔支持体上，能承受较大的压力，且具有更高的选择性，因此，它可以承担合成聚合物膜所不能胜任的分离要求。支持液膜的分离性能与支持体材质、膜厚度及微孔直径的大小有关。一般而言，支持体孔径越小液膜越稳定，但孔径过小将使孔隙率下降，从而将降低透过速度。

制约支持液膜发展和应用的关键因素是液膜的不稳定性，最初人们制成的 SLM 寿命只有几小时至几个月，为了提高 SLM 的稳定性，可以采用以下措施来提高：

①选择适宜的膜材料和操作条件。膜材料包括有机溶剂、载体和支撑体。有机溶剂应尽可能与水不混溶，而且要求有机相—水相界面张力高、有机溶剂的沸点高。载体应具有优良的亲油性，而且要求载体的表面活性小及在膜溶剂中有良好的溶解性。在选择支撑体时，主要考虑膜材料的溶胀性和膜孔径的大小，选择溶胀性较低、孔径较小的膜为支撑体，可提高 SLM 的稳定性，但此时要提高孔隙率才能得到满意的通量。操作条件包括膜厚度、搅拌速度、载体浓度、水相溶质浓度和操作温度。膜厚度越大稳定性越好；搅拌速度越大稳定性越差；载体浓度超过饱和浓度会导致载体沉淀于孔内，稳定性降低；水相溶质浓度越小稳定性越差；操作温度越高稳定性越差。

②开发新型 SLM 组件。开发新型膜组件是提高 SLM 稳定性的一个重要手段，目前新组件的开发主要集中在国外，我国在膜组件方面尚有待研究。新的支撑液膜组件主要有：中空纤维夹芯型、管式－中空纤维混合型、板式夹芯型、框式隔板夹芯型等。

③将载体与支持材料的基体进行化学键合，使载体分子的一端固定在支持体上，另一端可自由摆动，这样既能满足载体的活动性，又能满足载体的稳定性[27]。

二、液膜的组成

液膜主要由膜溶剂、表面活性剂、流动载体和膜增强剂构成。

(一)膜溶剂

使用较多的膜溶剂是高分子烷烃、异烷烃类物质，它是膜相的基体物质。较理想的膜溶剂通常有以下几个特点：

(1)能保持操作过程中的稳定性。有一定的黏度，又不溶解于内外水相。

(2)良好的溶解性。希望它优先溶解欲提取的物质，而对杂质的溶解越少越好，同时对膜相中的其他组分也有较好的互溶性。

(3)膜溶剂与水相应有一定的相对密度差，以利于操作后期膜相与料液的分离。

(二)表面活性剂

它是液膜技术中稳定油水分界面的最重要的组分，对液膜的稳定性、渗透速度、分离效率和膜相与内水相分离后的循环使用有直接关系，表面活性剂的选择是个重要问题。

表面活性剂有阴离子型、阳离子型和非离子型等，应根据待分离物质的性质来选择。

阴离子型表面活性剂有：

①羧酸类：脂肪酸、松香酸、支链烷酸等；

②硫酸酯类：乙酸硫酸酯、烯烃硫酸酯等；

③烷基苯磺酸类：烷基苯磺酸盐、烷基萘磺酸盐等；

④磷酸酯类：烷基磷酸酯、二烷基磷酸酯等。

阳离子型表面活性剂主要有各种胺盐，如十八(烷基)胺、十二(烷基)胺等。

非离子型表面活性剂有：烷基酚的聚乙烯醚衍生物、烷基硫醇、醇类等。醇类包括了山梨醇、季戊四醇等。其中，山梨醇是较好的表面活性剂。

(三)流动载体

合适的载体是液膜分离技术的关键之一。它能对欲提取的物质进行选择性搬运迁移，因此对选择性和膜的通量(或分离速度)起决定性作用。事实上它常常是某种萃取剂。为了避免载体向水相中溶解而造成损失，载体分子中通常含有较长的亲油性烷烃链，因而具有一定的表面活性。载体可根据其螯合性分为两大类，即螯合物载体和非螯合物载体。

螯合物类载体主要有：羟基肟(Hydroxyoxme; N,O 配位)，商品名为 LIX63、PI、SME529 和 LIX65N；8-羟基喹啉(Hydroxychinoline; N,O 配位)，商品名 Kelex100；磺胺喹啉(Sulfonamidochinoline; N,N 配位)，商品名为 LIX34；β-二酮(Diketone; O,O 配位)，商品名为 LIX51。

非螯合物类载体主要有：酸性磷酸酯，商品名为 D-EHPA；酸性膦酸酯，商品名为 PC88A；三元胺，商品名为 TOA 和 Alamine336；四级铵盐，商品名为 Aliquat336。

螯合物载体在金属离子分离中用得较多，而在生物物质的分离上较多地使用非螯合物载体[28]。

(四)膜增强剂

起增加膜的稳定性作用。在液膜的分离操作时要求膜不过早破裂；而在破乳工序中液膜层又容易破碎，以利于膜相与内水相的分离。

一般而言，膜相中表面活性剂占有1%～5%，流动载体占1%～5%，90%左右是膜溶剂。

三、液膜分离机理

液膜的分离机制可分为两大类：无载体扩散迁移和载体促进传递机制。

(一)无载体扩散迁移

1. 单纯扩散迁移

属于这种分离机制的液膜中不含流动载体，内、外水相中也无与待分离物质发生化学反应的试剂。仅靠待分离组分在膜中的溶解度和扩散系数的差异，导致透过膜的速度不同而实现的一种液膜分离过程。如图 2-34 所示，被包裹在液膜内相中有 A、B 两种溶质，若要二者分离，必然有其中一种溶质如 A 透过液膜的速度大于 B，而这种透过速度正比于该溶质在膜相中分配系数和在膜相中的扩散系数。事实上，大多数溶质在膜相中的扩散系数几乎相同，所以溶质透过液膜的速度实际上取决于分配系数 K。如分配系数 $K_A > K_B$，A 从内水相透过膜到达外水相的速度就大于 B，经过一定的时间，A、B 就得到了一定程度的分离。分离机理如图 2-34 所示。

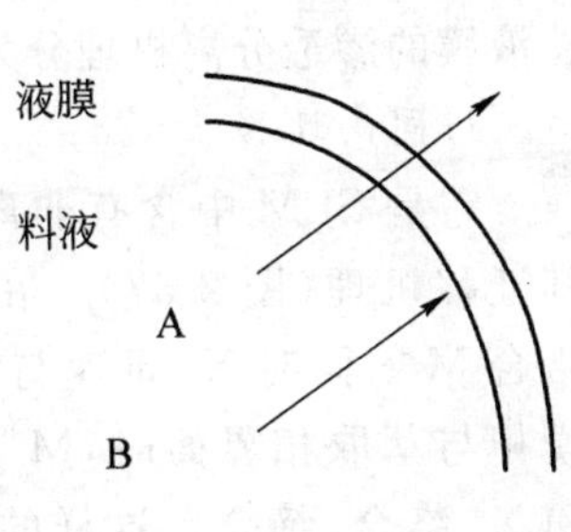

图 2-34　单纯扩散迁移机理

2. Ⅰ型促进迁移

在接受相内添加与溶质发生不可逆化学反应的试剂(R),使待迁移的溶质(A)与其生成不能逆扩散透过膜的产物(P),而使渗透物在内相中的浓度为零,直至R被反应为止,从而保持渗透物在膜相两侧的最大浓度差,以促进溶质A的迁移。相反,溶质B不能与R反应,即使它也能渗透入内相,但很快就达到使其渗透停止的浓度,从而强化了A和B的分离。分离机理如图2-35。

3. Ⅱ型促进迁移

在制乳时加入流动载体,载体分子(R_1)先在外相选择性地与某种溶质(A)发生化学反应,生成中间产物(AR_1),然后这种中间产物扩散到膜的另一侧,与液膜内相中的试剂(R_2)作用,并把该溶质(A)释放到内相,而流动载体又扩散到外相侧,重复上述过程,如图2-36所示。整个过程中,流动载体没有被消耗,只起了搬移溶质的作用,被消耗的只是内相中的试剂。这种含流动载体的液膜在选择性、渗透性和定向性三方面更类似于生物细胞膜的功能,使分离和浓缩同时完成。

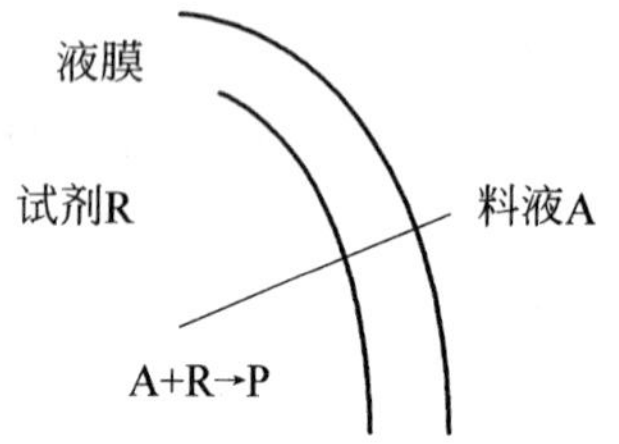

图2-35 Ⅰ型促进迁移分离机理

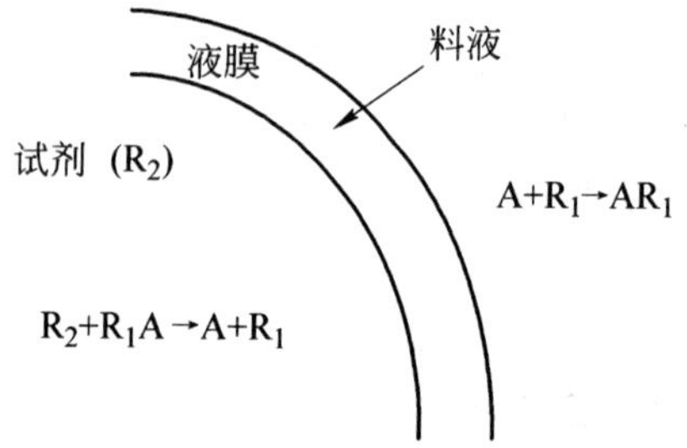

图2-36 Ⅱ型促进迁移分离机理

4. 萃取与吸附机理

这种液膜分离具有萃取和吸附的性质,它能把有机化合物萃取和吸附到液膜中,也能吸附各种悬浮的油滴及悬浮固体等,达到分离的目的。

(二)有载体扩散迁移

有载体的液膜分离过程主要取决于载体的性质。根据载体是离子型和非离子型,可将支持液膜的渗透分离机理分为同向迁移和逆向迁移两种。

1. 同向迁移

它是SLM中含有非离子型载体时溶质的迁移过程。以分离金属离子M^+为例,说明其迁移机理(图2-37)。在料液与SLM的界面上,非离子型载体(如冠醚)首先选择性地络合M^+,同时X^-迅速与络合物缔合成离子对;然后络合物离子对在膜内扩散,当扩散到膜相与萃取相界面时,M^+和X^-被释放出来,解络后的E重新返向料液相侧,继续与M^+和X^-络合、缔合。这样的过程不断重复进行,就可以达到从混合物溶液中分离某种物质的目的。

2. 逆向迁移

它是溶液中含有离子型载体时溶质的迁移过程。仍以分离去除金属离子 M^+ 为例，说明逆向迁移机理(图 2-38)。在料液与支撑液膜的界面上，载体首先在膜内一侧与欲分离的溶质离子络合，生成的络合物(MX)从膜的料液侧向反萃取相侧扩散，并与同性离子进行交换；当到达膜与萃取相侧界面时，发生解络反应；解络反应后生成的 M^+ 进入萃取相侧。而载体 HX 则反扩散到料液侧，继续与欲分离的金属离子络合。只要在反萃取相侧有 H^+ 存在，这样的循环就一直进行下去。因此，M 就不断地从低浓度向高浓度迁移，从而达到了分离或浓缩的目的[28]。

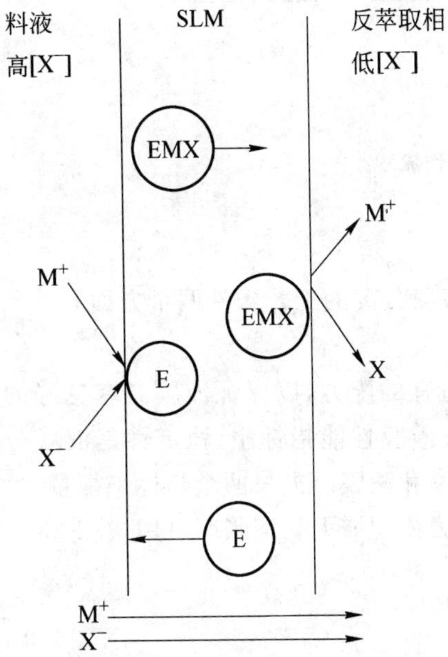

图 2-37　同向迁移机理

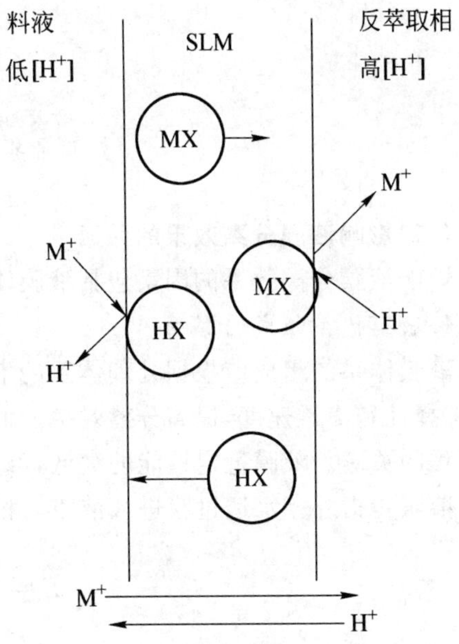

图 2-38　逆向迁移机理

四、液膜分离技术的工艺流程及影响因素

(一)液膜分离技术的工艺流程

液膜分离工艺流程一般由 3 个部分组成，即乳化液制备、分离浓缩和解乳化 3 部分。

含有表面活性剂、膜溶剂、载体及添加剂的液膜相和内水相(反萃取相)通过一激烈搅拌的装置，制成稳定的 W/O 乳化液，内水相为分散相，膜相为连续相。然后将 W/O 乳化液和外水相(原料相)置于一带有温和搅拌的反应器(萃取器)中，W/O 乳化液在外水相中形成一个个乳化小球，构成 W/O/W 型液膜系统。当外水相中待分离物质进入内水相后，经过一澄清分离器将废外水相(萃余相)除去。因被产品饱和的内水相分散包裹在膜相中，还要经过破乳工序(解乳化)，再将内水相和膜相分开，最终从内水相中获得产物，膜相返回再制乳后循环使用(图 2-39)。

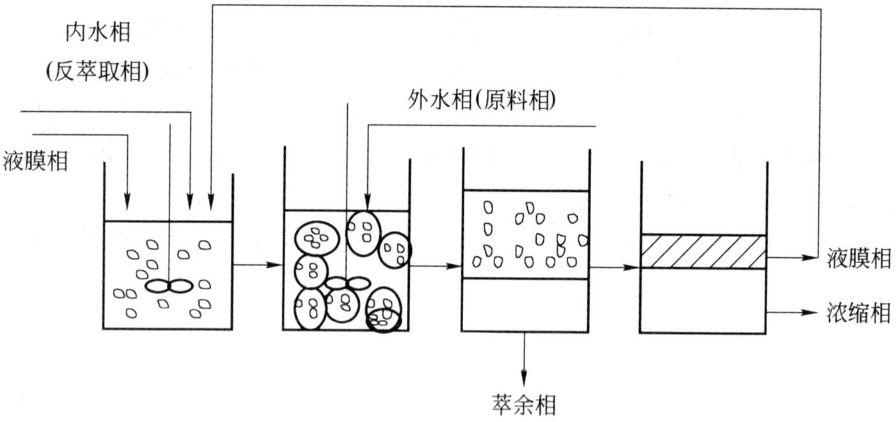

图 2-39 液膜分离操作流程

(二)影响液膜分离效果的因素

影响液膜分离效果的因素包括液膜体系组成和液膜分离的工艺条件两个方面。

1.液膜体系组成的影响

液膜体系的组成应根据处理体系的不同来选择适宜的配方,以保证液膜具有良好的稳定性、选择性和渗透速度,提高分离效率。上述3个有关液膜性能指标中,稳定性是液膜分离分离过程的关键。液膜稳定性能的高低,可用液膜溶胀率和液膜破损率两个指标来衡量。

溶胀是指外相水透过膜进入液膜内相,从而使液膜体积增大。溶胀率可用式[2-25]计算。

$$E_a=\frac{V_1-V_0}{V_0}\times100\% \qquad [2-25]$$

式中:V_1——增大后的乳液相体积;V_0——乳液相初始体积。

破裂是由于液膜被破坏,使内相水溶液泄露到外相,可用破损率 E_b 表示,其计算方法见式[2-26]。

$$E_b=\frac{c_1V_1}{c_0V_0}\times100\% \qquad [2-26]$$

式中:c_1——外水相中示踪剂的浓度;V_1——外水相水的体积;c_0——内水相原有的示踪剂的浓度;V_0——内水相原有的体积。

影响溶胀的因素主要体现在外界对膜相物性的影响、内外水相化学位的影响和膜相与水结合的加溶作用,其中表面活性剂和载体起重要作用。此外,搅拌强度、温度和膜溶剂对膜溶胀也有显著影响,具体表现为:搅拌速度增大,渗透溶胀增加;温度升高,将导致水在膜相中扩散系数增加,并使表面活性剂在非水溶剂中对水的加溶能力明显增大,最后使渗透溶胀加剧;膜溶剂具有黏度大,扩散系数小,溶水率低等特点,加入膜溶剂可减少膜相含量,因而能减小内外水相间的化学位梯度,使渗透溶胀减小。

液膜的破裂可能来源于多种原因:搅拌产生的剪切力,过大的内相尺度,不适宜的膜相组成等。膜破裂带来的有害影响主要是内相包含的内容物释放进入外相。它把已分离进入内相的溶质又送回了外相，这些溶质必须依赖于尚未破裂的乳化液膜重新分离，从而降低了分离的效率。另外，内相中通常含有某些试剂，这些试剂随着膜的破裂进入外相后，可能改变外相的条件，严重时使得进一步分离不能进行，破裂也可能造成外相的污染。膜破裂可通过膜的合适配方来避免。改变膜配方，如增加膜的黏度，增加表面活性剂浓度或改变类型，改变乳化相比都有利于乳化液膜的稳定[28]。

因此，合理选择表面活性剂、载体、膜溶剂、外相电解质的种类和浓度，降低搅拌强度、乳水比和传质时间，有效控制温度，尽可能地减少渗透溶胀对膜强度的影响，降低破损率，以保证液膜的分离效果。

2. 液膜分离工艺条件的影响

适宜的工艺条件有利于保持液膜的稳定性，保证分离效率。

①搅拌速度的影响：制乳时的搅拌速度一般控制在 2 000～3 000 r/min，这样形成的乳液滴直径小，但当连续相与乳液接触时，搅拌速度应控制在 100～600 r/min。搅拌速度过高，会使液膜破裂，而搅拌速度过低，导致料液和乳液混合不均匀，二者都会降低液膜的稳定性，降低分离效果；

②料液与乳液接触时间的影响：由于液膜的表面积大，渗透速度快，料液与乳液在最初接触的一段时间内，溶质会迅速渗透过膜而进入内相。若继续延长接触时间，连续相（料液）中的溶质浓度由于乳液滴的破裂又会回升。因此要控制好料液与乳液的接触时间；

③料液浓度和 pH 值的影响：液膜分离特别适用于低浓度物质的分离提取。若料液中目的产物的浓度较高，可采用多级处理，也可根据被处理料液排放浓度的要求，决定进料时的浓度。料液的 pH 值会影响渗透物的存在状态，只有在一定 pH 值条件下，渗透物才能与液膜中的载体形成络合物而进入膜相而达到分离目的，反之分离效果差，甚至起不到分离的作用；

④乳水比的影响：液膜乳化体积与料液体积之比称为乳水比。乳水比越大，渗透过程的接触面就越大，分离效果就越好。

⑤操作温度的影响：提高温度虽可加快传质速率，但却降低了液膜的稳定性，反而不利于分离提取。因此，液膜分离一般是在常温或料液温度下进行分离操作[28]。

综上所述，应选择适宜的液膜体系组成，优化操作工艺条件，提高分离效果。

五、液膜分离技术的应用

液膜分离技术由于具有高选择性和定向性、高通量、在分离过程中液膜两侧浓度差很小、低投资费用和运转费用、装置紧凑、操作连续化、容易放大、几乎无需预处理、分离和浓缩同时进行，可在常温常压下运行以及适宜于提取低浓度、热敏物质等优点，分离效率高。因此，广泛应用于化工、食品、制药、环保和生物制品等领域。

（一）液膜分离柠檬酸

柠檬酸是利用微生物代谢生产的一种重要的有机酸，广泛应用于食品工业。对于柠檬酸的提取，传统的方法采用钙沉淀法，存在工艺流程复杂、产品收率低、原材料消耗大、容易污染环境等缺点。液膜分离技术可用于分批和连续提取柠檬酸，工艺分别见图 2-40 和图 2-41，提取机理见图 2-42。

提取柠檬酸的液膜体系组成：萃取剂为 Alamine336；稀释剂为正庚烷；反萃取剂为碳酸

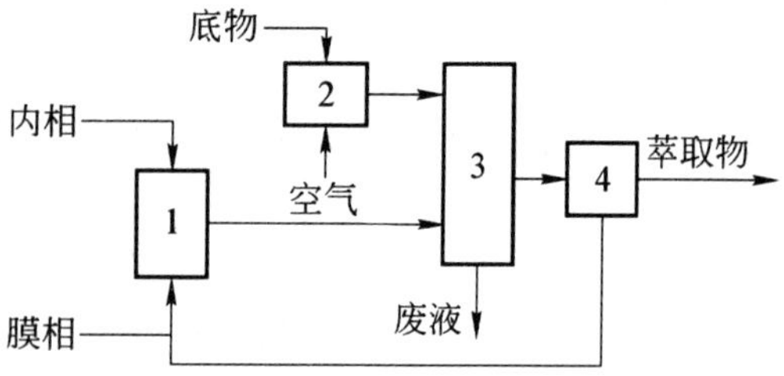

1.乳化装置 2.发酵罐

3.混合-分离装置 4.破乳装置

图 2-40 液膜分批提取柠檬酸工艺流程

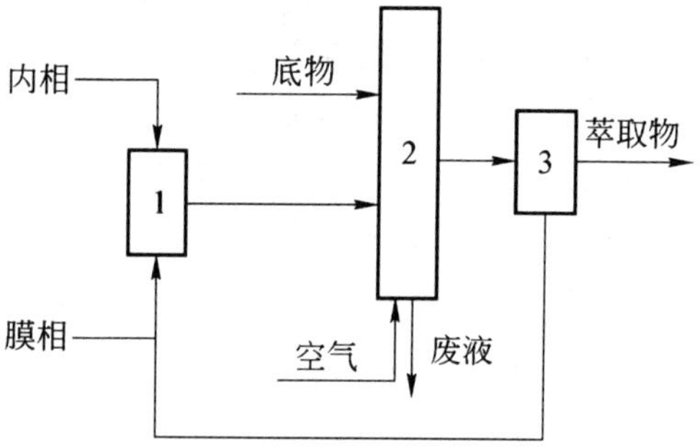

1.乳化装置 2.发酵-分离装置 3.破乳装置

图 2-41 液膜提取连续分离柠檬酸工艺流程

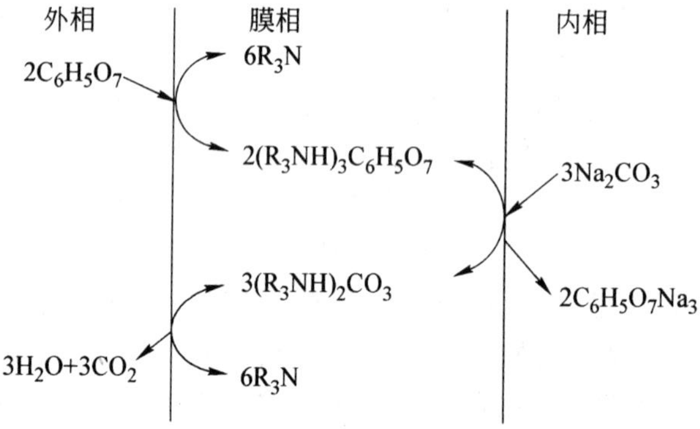

图 2-42 液膜提取分离柠檬酸机理

钠;乳化剂为 Span80。提取分 3 个步骤进行。

①在外相和膜相的界面上,三元胺与柠檬酸反应形成胺盐。

②生成的胺盐在膜相内转移,然后在膜相与内相界面间被碳酸钠反萃取,形成柠檬酸钠。

③反应过程中形成的碳酸胺盐在膜相与外相界面转移并释放出二氧化碳,胺得到再生。

(二)液膜分离乳酸

提取乳酸的液膜参数见表 2-11,其机理如图 2-43 所示。提取分 3 步进行,首先是载体仲胺的活化,在发酵液(相Ⅲ)和膜(相Ⅱ)之间的界面上载体仲胺 $B_{Ⅱ}$ 同质子 $H^+_{Ⅲ}$ 反应:

$$H^+_{Ⅲ}+B_{Ⅱ}\rightarrow HB^+_{界面} \qquad [2\text{-}27]$$

其化学平衡表示为:

$$K_B=\frac{c_H c_B}{c_{HB}} \qquad [2\text{-}28]$$

然后质子化的载体仲胺立即同乳酸阴离子 $A^-_{Ⅲ}$ 反应形成可溶于有机膜相(Ⅱ)的络合物 AHB:

$$A^-_{Ⅲ} + HB^+_{界面} \rightarrow AHB_{Ⅱ} \quad [2\text{-}29]$$

其化学平衡表示为：

$$K_{水,乳酸} = \frac{c_{AHB}}{c_A c_{HB}} \quad [2\text{-}30]$$

最后络合物穿过膜相Ⅱ扩散并在膜相Ⅱ和接受相Ⅰ之间的界面上分离。利用相Ⅲ和相Ⅰ之间的 H^+ 梯度，通过 H^+ 共迁移可将乳酸浓缩于相Ⅰ。

用仲胺做载体的乳状液膜分离乳酸受许多参数影响，主要有外相Ⅲ（发酵液）的 $pH_{Ⅲ}$ 值、载体、浓度、搅拌速度等因素。

乳酸发酵液的 $pH_{Ⅲ}$ 值愈低，即用于活化载体的质子愈多，在渗透开始时发酵液中乳酸浓度降低愈快。但 $pH_{Ⅲ}$ 值愈低，回收终止时乳酸浓度愈高。对于 $pH_{Ⅲ}$ 值必须在快速回收和充分回收之间求得一种折中。对于乳酸而言，这一折中值是 $pH_{Ⅲ}=4.5$。载体浓度对回收乳酸的影响规律几乎与 $pH_{Ⅲ}$ 的情况相同。载体用得愈多，渗透初始的乳酸回收愈快，但回收终止愈早。搅拌速度对回收乳酸的影响规律类似，搅拌速度加速到 250 r/min 以上就不再促进分离。

增加反离子的数量导致较高的回收率，但回收乳酸的浓度下降。使用太多的 ECA 表面活性剂也对回收的乳酸浓度产生负面效应。对于稳定的乳状液膜来说，所需的 ECA 最低浓度为质量分数 2%，但 ECA 愈多导致水的共迁移愈大[29]。

表 2-11　乳酸液膜渗透的标准参数

项目	条件
外相Ⅲ（发酵液起始浓度）	0.20 mol/L（乳酸）
pH 值	4.5
pH 调节剂	H_2SO_4
膜相 Ⅱ（质量分数表示）	
载体	2% Amberlite LA-2（仲胺）
表面活性剂	2% ECA 11522
稀释剂	96% Shellsol T
内相Ⅰ	
pH 值	11.9
反离子	2 mol/L Na_2CO_3
相 Ⅲ∶Ⅱ∶Ⅰ的体积比	8∶3∶1
渗透时间/min	15

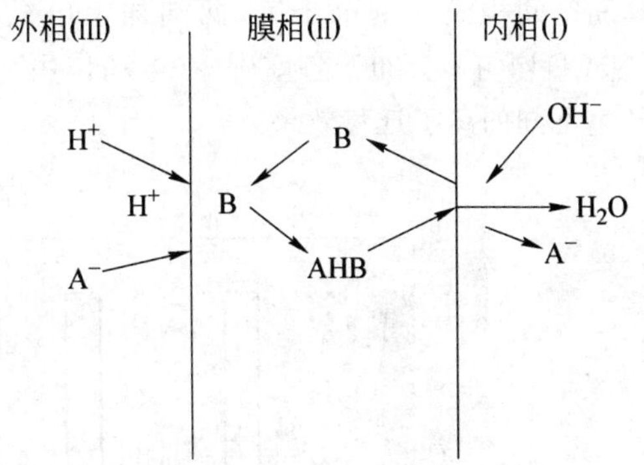

A. 乳酸阴离子　B. 仲胺

图 2-43　液膜提取分离乳酸酸机理

第五节　电渗析分离技术

一、电渗析技术的发展史

电渗析的研究始于德国，1903 年，Morse 和 Pierce 把两根电极分别置于透析袋内部和外部的溶液中发现带电杂质能更迅速地从凝胶中除去；1924 年，Pauli 采用化工设计的原理，改进了 Morse 的试验装置，力图减轻极化，增加传质速率；1940 年 Meyer 和 Strauss 提出了有实用意义的多隔室电渗析装置的概念。直到 1950 年 Juda 首次试制成功了具有高选择性的离子交换膜后，电渗析技术才进入实用阶段。1952 年美国 Ionics 公司制成首台电渗析装置，用于苦咸水的淡化。其中经历了三大革新：具有选择性离子交换膜的应用；设计出多隔室电渗析组件；采用频繁倒极的操作模式。目前许多国家从事电渗析技术的研究和开发，技术上以美国、日本为领先，日本产的膜几乎占国际市场(不计我国)的 80%。

我国从 20 世纪 60 年代起从事电渗析技术的研究和开发，目前膜产量占世界产量的 1/3，且已制定电渗析技术的国家标准，以有助于电渗析技术的应用和推广。

二、电渗析基础理论

(一)电渗析过程的原理

电渗析是在直流电场作用下，电解质溶液中的离子选择性地通过离子交换膜，从而得到分离的过程。它是一种特殊的膜分离操作。电渗析所使用的膜只允许一种电荷的离子通过而将另一种带相反电荷的离子截留，称为离子交换膜。由于电荷有正、负两种，离子交换膜也有阳离子交换膜(简称阳膜)和阴离子交换膜(简称阴膜)两种。阳膜显示强烈的负电场，溶液中的阴离子被排斥，阳离子被膜吸引，并在外电场作用下向负极方向传递交换而透过阳膜。相反，阴膜显示强烈的正电荷，溶液中的阳离子受排斥，阴离子被该膜吸引，并在外电场作用下向正极方向传递交换而透过阴膜。在常规的电渗析器内，两种膜成对平行排列，如图 2-44 所示。膜间空间构成一个个小室，两端加上电极，施加电场，电场方向与膜平面垂直。含盐料液($NaCl$)均匀地分布于各室中，在电场作用下，溶液中的离子发生迁移。有两种隔室，它们分别产生不同的离子迁移效果。

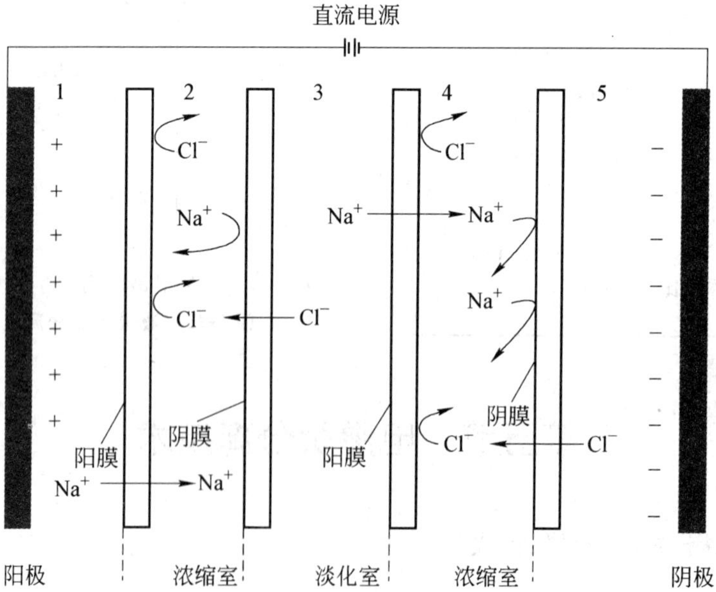

图 2-44 电渗析过程示意图

一种隔室(室 2)是左边为阳膜,右边为阴膜。设电场方向从左向右,在此情况下,此隔室内的阳离子便向阴极移动,遇到右边有阴膜,被截留。阴离子往阳极移动,遇到左边的阳膜也被截留。而相邻两侧室中,左室内阳离子可以通过阳膜进入此室。右室内阴离子也可以通过阴膜进入此室。这样,此室的离子浓度增加,故称为浓缩室。

另一种隔室(室 3)左边为阴膜,右边为阳膜。在此室的阴、阳离子都可以分别通过阴、阳膜进入相邻的室,而相邻室内的离子则不能进入此室。这样,室内离子浓度降低,故称为淡化室。

由于两种膜交替排列,浓室和淡室也是交替存在的。若将两股物流分别引出,就可得到电渗析分离的两股产品。

电渗析膜是荷电膜。与膜带的电荷性相同的离子称为同名离子,与膜带的电荷性相反的离子称为反离子。电渗析中的主要传递过程是反离子的迁移。除此之外,电渗析中还可能同时存在其他传递过程(图 2-45)。

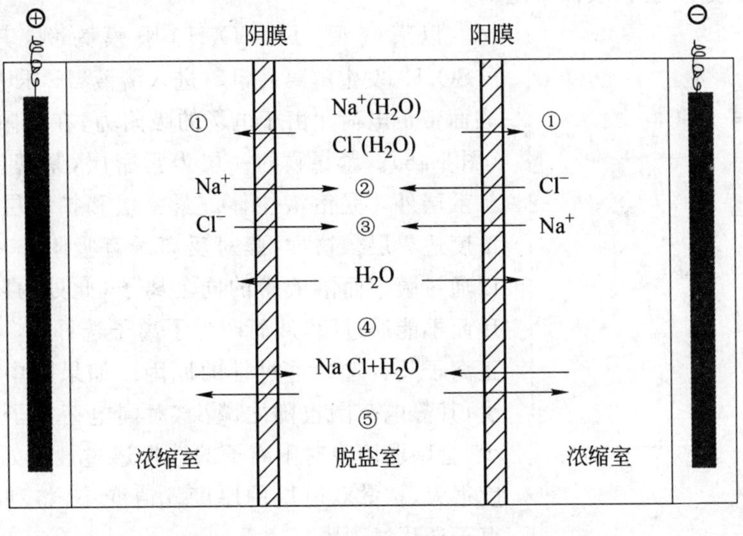

①水的电渗透 ②同名离子迁移 ③电解质渗析 ④水的渗透 ⑤压差渗漏

图 2-45 电渗析的各种传递过程

1. 同名离子的迁移

由于离子交换膜的选择性未达 100%,再加上膜外溶液浓度过高的影响,阳离子会通过阴膜,阴离子也会通过阳膜,从而进行同名离子的迁移。它降低了电渗析的分离效率,但与反离子的迁移相比,其迁移量一般很小。

2. 电解质的浓差扩散

由于浓缩室和淡化室存在着溶液浓度差,受浓度差的推动作用,电解质由浓缩室向淡化室的渗透,其扩散速度随两室浓度差的增加而增加。

3. 水的渗透

其原理与浓差扩散相似,但扩散推动力为渗透压差,因而是水由淡化室向浓缩室的渗透。

4. 水的电渗透

反离子和同名离子都是水合离子，由于离子的水合作用，在反离子和同名离子迁移时都带了一定量的水一同迁移，从而降低了浓缩的浓度。

5. 压差渗漏

这是由于膜两侧存在压差而引起的溶液渗漏。在实际操作中，应使膜两侧的压力趋向平衡，以减少压差渗漏损失。

（二）离子交换膜的选择透过机理

关于膜的选择性透过机理，一般用双电层理论和 Donnan 膜平衡理论来解释。

1. 双电层理论

双电层理论是由 Sollner 于 1949 年提出的，通常用于解释电极置于溶液中时所发生的现象。它认为当离子交换膜浸没于电解质溶液中后，在溶剂—水的作用下，其活性基团发生解离，离子进入溶液中，使膜表面带电荷。

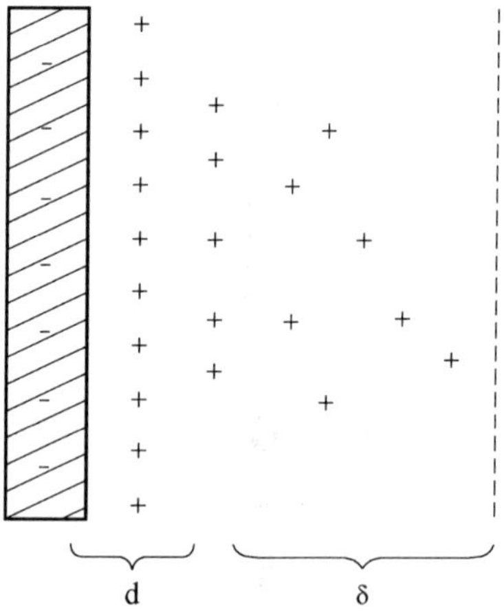

d. 阳膜表面紧密部分　δ. 分散部分

图 2-46　阳离子交换膜扩散双电层

以磺酸型（$R—SO_3H$）阳膜为例，其活性基团为$—SO_3H$。发生解离后，H^+ 进入溶液，H^+ 即为反离子，使膜表面带负电荷。由于电场的吸附力，在膜附近形成双电层（图 2-46）。紧靠膜的一层为紧密层，紧密层外为扩散层，扩散层外才是溶液主体。紧密层和扩散层实际上相当于浓度边界层。这样，膜对反离子有吸附作用，反离子就可以通过膜。而溶液中的同名离子（此处为阴离子）则被排斥而不能通过膜，从而产生了离子选择性。这就是阳膜对正离子具有选择透过性的原因。如果膜中的活性基团很少，其静电范围也随之减少，对同电荷离子的排斥作用减少，会削弱阳膜对阳离子的选择透过性。如果膜外溶液浓度很大，扩散双电层的厚度 δ 值变小，将利于带负电荷的离子迁移过阳膜。

类似地，对季铵型[$R—N(CH_3)_3OH$]阴膜，其活性基团为$—N(CH_3)_3OH$，进入溶液的离子为 OH^-，膜表面带正电，溶液中的阴离子被吸引而透过阴膜，带正电荷的离子受到排斥而不能透过阴膜。

总之，膜中活性基团数越多，膜对反离子的吸引力就越强，膜的选择性就越高。

2. Donnan 膜平衡理论

膜平衡理论是由 Donnan 提出的，早期用于描述离子交换树脂与电解质溶液间的平衡，借用此理论同样可以解释离子交换膜与溶液间的离子平衡。

根据 Donnan 膜平衡理论，当达到平衡时，某离子在膜内的化学位与它在溶液中的化学势相等，这一平衡即 Donnan 膜平衡。

由于活性基团的解离，使膜内活性基团带电，吸引了溶液中的反离子，这些离子在膜内的浓度大于它在溶液中的浓度。而同名离子在膜内的浓度则小于它在溶液中的浓度，这就产生了选择性。

仍以钠型阳膜与 NaCl 溶液形成的体系为例。RSO_3^- 是固定的，则膜上 Na^+ 和溶液中

Na^+,Cl^-都可以移动,达到平衡时化学势相等。

根据质量作用定律,膜内外扩散离子浓度之积相等,即:

$$[Na^+]_{膜内} \cdot [Cl^-]_{膜内} = [Na^+]_{溶液} \cdot [Cl^-]_{溶液} \quad [2\text{-}31]$$

由膜和溶液的电中性条件,有:

$$[Na^+]_{膜内} = [Cl^-]_{膜内} + [RSO_3^-]_{膜中} \quad [2\text{-}32]$$

$$[Na^+]_{溶液} = [Cl^-]_{溶液} \quad [2\text{-}33]$$

比较式[2-31]和式[2-33],得:

$$[Na^+]_{膜内} \cdot [Cl^-]_{膜内} = [Na^+]^2_{溶液} = [Cl^-]^2_{溶液} \quad [2\text{-}34]$$

由式[2-32]、式[2-34]可得:

$$[Cl^-]^2_{溶液} = [Cl^-]^2_{膜内} + [RSO_3^-]_{膜中} \cdot [Cl^-]_{膜内} \quad [2\text{-}35]$$

$$[Na^+]^2_{膜内} = [Na^+]^2_{溶液} + [Na^+]_{膜内} \cdot [RSO_3^-]_{膜中} \quad [2\text{-}36]$$

由此可知,

$$[Na^+]_{膜内} > [Na^+]_{溶液} \quad [2\text{-}37]$$

$$[Cl^-]_{膜内} < [Cl^-]_{溶液} \quad [2\text{-}38]$$

式[2-37]和式[2-38]表明平衡时膜内、外电解质离子浓度的分配是不相等的。对于阴膜的情形,式中的不等号应相反。

由 Donnan 膜平衡可得:

(1)平衡时膜内反离子浓度大于溶液中反离子浓度,同名离子浓度小于溶液中同名离子浓度。这说明阳膜对阳离子、阴膜对阴离子有选择透过性。

(2)当膜内固定基团浓度足够大时,膜内的同性离子浓度很低,即平衡态下膜具有很好的选择透过性,几乎达100%。但任何膜都不可以达到100%的选择透过性,因为总有一部分同名离子渗透入膜内。

(3)膜的选择透过性随膜外溶液浓度的下降而提高,因此,离子交换膜不宜在高浓度溶液中使用,否则容易发生泄漏现象。

(三)电渗析基本传质方程——能斯特-普朗克离子渗透流率方程

电渗析中的主要传递过程是反离子的迁移。此外,电渗析中还存在着其他传递过程,如同名离子迁移、浓差扩散、水的渗透、水的电渗透、机械渗漏等。除了渗漏外,电渗析中的迁移过程可归三类:对流扩散、分子扩散和电迁移,共同组成了电渗析隔室中的物质传递过程,可分别写出描述这三类迁移的方程。

一维情况下,离子 i 在 x 方向上的对流传质速率为:

$$J_{ic} = c_i v_x \quad [2\text{-}39]$$

式中:J_{ic}——i 离子的对流扩散通量,$kmol/m^2s$;c_i——溶液中 i 离子的浓度,$kmol/m^3$;v_x——在 x 方向上的流体的流速,m/s。

在化学势梯度作用下，离子 i 在 x 方向上的分子扩散传质速率为：

$$J_{id}=-c_i m'_i \mathrm{d}\mu_i/\mathrm{d}x \quad [2\text{-}40]$$

式中：m'_i——扩散淌度，$m^2 \cdot mol/(J \cdot s)$；$\mu_i$——化学势，J/mol。

对实际溶液，化学势可表为：

$$\mu_i=\mu_i^0+RT\ln a_i=\mu_i^0+RT(\ln c_i+\ln f_i) \quad [2\text{-}41]$$

式中：f_i——活度因子。

将式[2-41]微分： $$\mathrm{d}\mu_i/\mathrm{d}x=-RT(\mathrm{d}c_i/\mathrm{d}xc_i+\mathrm{d}\ln f_i/\mathrm{d}x) \quad [2\text{-}42]$$

因扩散淌度： $$m'_i=D/RT \quad [2\text{-}43]$$

从而有： $$J_{id}=-D_i(\mathrm{d}c_i/\mathrm{d}x+c_i\mathrm{d}\ln f_i/\mathrm{d}x) \quad [2\text{-}44]$$

对理想溶液，$f_i=1$，上式变为：

$$J_{id}=-D_i\mathrm{d}c_i/\mathrm{d}x \quad [2\text{-}45]$$

正负离子的电迁移传质速率分别为：

$$J_+=-c_+m_+\mathrm{d}E/\mathrm{d}x \quad [2\text{-}46]$$

$$J_-=-c_-m_-\mathrm{d}E/\mathrm{d}x \quad [2\text{-}47]$$

对理想溶液，由式 $$m_i=D_iFZ_i/(RT) \quad [2\text{-}48]$$

可得 $$m_+=D_+FZ_+/(RT) \quad [2\text{-}49]$$

和 $$m_-=D_-FZ_-/(RT) \quad [2\text{-}50]$$

故有： $$J_+=-[c_+D_+FZ_+/(RT)]\mathrm{d}E/\mathrm{d}x \quad [2\text{-}51]$$

$$J_-=-[c_-D_-FZ_-/(RT)]\mathrm{d}E/\mathrm{d}x \quad [2\text{-}52]$$

或： $$J_{ie}=-[c_iD_iFZ_i/(RT)]\mathrm{d}E/\mathrm{d}x \quad [2\text{-}53]$$

在 3 种作用下，i 离子总传质速率为：

$$\begin{aligned}J&=J_{ic}+J_{id}+J_{ie}\\&=c_i\mu_i-D_i[\mathrm{d}c_i/\mathrm{d}x+c_i\mathrm{d}\ln f_i/\mathrm{d}x+[c_iFZ_i/(RT)]\mathrm{d}E/\mathrm{d}x]\end{aligned} \quad [2\text{-}54]$$

理想溶液： $$J=c_i\mu_i-D_i[\mathrm{d}c_i/\mathrm{d}x+[c_iFZ_i/(RT)]\mathrm{d}E/\mathrm{d}x] \quad [2\text{-}55]$$

上述各式中，m——离子淌度，$m^2 \cdot mol/(J \cdot s)$；$E$——电位，V；$D_i$——离子 i 的扩散系数，$m^2/s$；$Z_i$——离子的价数；$F$——法拉第常数，F＝96 500 A·s/mol；R——气体常数，R＝8.314 3 J/(mol·K)；T——溶液热力学温度，K。

式[2-54]和式[2-55]即为一维的能斯特-普朗克渗透流率方程，结合电中性条件和稳态条件联立求解，就可以求出传质速率。

三、电渗析过程中的浓差极化和极限电流密度

1. 电渗析过程中的浓差极化

电渗析过程中浓差极化是电流密度超过在界面上进行稳定传质的电流密度时，在界面上发生的，产生的条件是迁移离子在膜表面上的浓度接近耗竭，故称耗竭极化，也称初级极化。

设电解质 A^+B^- 溶液流经用阳膜隔开的电渗析器两室，A^+ 由于电性迁移通过溶液边界层

的透过量为：

$$J_{+e}=\frac{it_+}{FZ_+} \tag{2-56}$$

式中：t——离子迁移数(某离子传递的电流与总电流之比)；i——电流密度。

在膜内的电迁移通量为：

$$\overline{J}_{+e}=\frac{i\,\overline{t_+}}{FZ_+} \tag{2-57}$$

对于阳离子交换膜，由于$\overline{t_+}>t_+$，所以作为电性迁移的结果，阳离子通过溶液到达或离开阳离子交换膜的透过量，小于阳离子通过交换膜的透过量。因此，在阳离子进入交换膜的一侧，离子被稀散，于是就在边界层内建立起浓度梯度，使之借扩散作用提供通过阳离子交换膜稳定传递所必需的离子数。

扩散层中离子的扩散通量，根据 Fick 定律有：

$$J_{+\mathrm{d}}=-D\mathrm{d}c_+/\mathrm{d}x \tag{2-58}$$

在稳定情况下，溶液内由于电迁移作用通过边界层的离子通量与由于浓度梯度通过边界层的扩散通量之和应等于离子通过膜的通量，亦即总的离子通量，故：

$$\overline{t_+}\frac{i}{ZF}=\left(t_+\frac{i}{ZF}-D\frac{\mathrm{d}c_+}{\mathrm{d}x}\right) \tag{2-59}$$

设溶液中 A^+B^- 浓度为 c_0，膜表面上浓度为 c_1，边界扩散层厚 δ，由于浓度分布为线性，故有：

$$\frac{\mathrm{d}c_+}{\mathrm{d}x}=\frac{c_0-c_1}{\mathrm{d}x} \tag{2-60}$$

代入式[2-59]，得

$$c_1=c_0-(\overline{t_+}-t_+)\frac{id}{ZFD} \tag{2-61}$$

从式[2-61]看出，i 越大，c_1 就越小。当电流很大时，c_1 将趋于零。此时将没有足够的离子来传递电流，于是在膜界面处靠水分子解离产生的 H^+ 和 OH^- 代替反离子来传递电流，使膜两侧 pH 值发生很大变化，这是一种极端情况，称为“极化”，它不同于超滤和反渗透中的“浓差极化”。极化时脱盐室膜表面上电解质离子的浓度比主体溶液浓度低得多，引起很高的极化电位；而浓缩室膜表面浓度比主体溶液高很多，使溶液中易形成沉淀的离子在膜面上产生沉淀，这一现象对电渗析不利，表现在：

(1)OH^- 将通过阴膜进入浓缩室，另一侧 H^+ 也将通过阳膜进入浓缩室，结果浓缩室被冲淡，分离效率降低。

(2)若阴膜先极化，在脱盐室阳膜处将有 OH^- 积累，使膜表面呈碱性。当溶液中存在 Ca^{2+}、Mg^{2+} 等时将形成沉淀。

(3)若阳膜先极化，在脱盐室阴膜处将有 SO_4^{2-}、HCO_3^- 等阴离子积累，结果在阴膜表面形成 $MgCO_3$、$CaCO_3$、$CaSO_4$ 等沉淀。

(4)极化时,膜电阻、溶液电阻将大大增加,使操作电压增加或电流下降,从而降低了分离效率。

(5)溶液 pH 值将发生很大变化,使膜受到腐蚀而缩短使用寿命。

为避免极化现象的发生,可采取的措施有:

严格控制操作电流,使电渗析在低于极限电流密度($c_1=0$ 时的电流密度称为极限电流密度)条件下运行,一般取操作电流密度为极限电流密度的 80%左右。

采用湍流效果好的格网及提高渗析温度等措施来强化电渗析隔室中的传质过程。

对膜定期进行酸洗,加入防垢剂,对料液进行预处理等来消除极化沉淀。

2. 极限电流密度

在式[2-61]中令 $c_1=0$,得极限电流密度 $I_{\lim}$ 计算式[2-62]:

$$I_{\lim}=Z_+FD_ic_0/(\overline{t_+}-t_+)d \qquad [2\text{-}62]$$

由式[2-62]可知:

(1)淡化室内的主体溶液浓度 c_0 越高,$I_{\lim}$就越高。由于达不到 100%的脱盐率,若工艺上要求很高的脱盐率,宜用多级操作。

(2)扩散系数 D_i 较高时,$I_{\lim}$也较高。提高操作温度有利于提高扩散系数,还使黏度下降,使湍流程度增加,同时使溶液的电阻下降,这些都对电渗析有利。

(3)边界层厚度 δ 减少,$I_{\lim}$增加。增加湍流程度,可减少 δ,但同时应考虑到湍流程度增加后摩擦阻力也会大大增加。

四、离子交换膜的种类及性能指标

(一)离子交换膜的种类

离子交换膜是一种具有离子交换性能的高分子材料制成的薄膜。当前市场上离子交换膜种类繁多,也没有统一的分类方法。一般按膜的宏观结构分为 3 大类:

1. 均相离子交换膜

均相离子交换膜系将活性基团直接引入高分子基膜上,或用含活性基团的高分子树脂溶液直接制得的。因其离子交换活性基团分布均匀,膜的整体结构均一,故称均相膜。此膜孔隙小,膜电阻小,不易渗漏,电化学性能优良,在生产中应用广泛。

2. 非均相离子交换膜

由粉末状的离子交换树脂(250 目)加黏合剂混炼、拉片、加网热压而制得的。因为黏合剂的存在,其所含的离子交换活性基团与所形成的膜状结构的化学组成不同,活性基团的分布也不均匀,故称非均相膜。由于黏合剂是绝缘材料,因此它的膜电阻大一些,选择透过性也差一些,但制作容易,机械强度较高,价格也较便宜。

3. 半均相离子交换膜

将离子交换树脂与黏合剂同溶于溶剂中再成膜,其外观、性能介于均相离子交换膜和非均相离子交换膜之间。

均相和非均相离子交换膜的主要性能比较表 2-12。

表 2-12　均相和非均相离子交换膜的主要性能比较[30]

性能	均相膜	非均相膜
各部分性质	相同(都是由树脂组成)	不同(除树脂外还有黏合剂)
孔隙率	小	大(易渗漏)
厚度	0.15～0.30 mm	0.4～0.8 mm
膜电阻	小	大
耐温性	好(可达 50～65℃)	差(低于 40℃)
机械强度	小(改进后大为提高)	大(有网隔)
制成难易程度	较复杂	简单
制作成本	低	高

此外,还有一些特殊的离子交换膜,如:

两性离子交换膜:同一张膜内既含有阴离子交换基团,又含有阳离子交换基团,且以无规则的方式混杂。这种膜有去极化作用,极限电流密度可成倍提高,但电流效率和脱盐率不高。

两极离子交换膜:一面为阳膜,另一面为阴膜,它具有特殊的用途。

镶嵌膜:为两性膜,但两种基团有序地相同排列,主要用于海水淡化。

表面涂层膜:为两性膜,但另一种基团是以表面涂层形式引入骨架的。

螯合膜:指含有螯合基团的膜。可络合金属离子,故多用于金属元素的分离。

对离子交换膜的要求是:

有良好的选择透过性。实际上此项性能不可能达到 100%,通常在 90%以上,最高可达 99%。

膜电阻低。膜电阻应小于溶液电阻。若膜电阻太大,则由膜本身引起的电压降相当大,减少了电流密度,对分离不利。

有足够的化学稳定性和机械强度。

有适当的孔隙度,一般要求孔隙度为 50～100 nm。

(二)离子交换膜的性能指标

1. 膜电阻

膜电阻直接影响电渗析器工作时的电压与电能消耗,要求其在不影响其他性能的前提下越小越好。膜电阻常用单位面积的电阻来表示,单位为 Ω/cm^2。

2. 交换容量

指每克干膜所含活性基团的毫克当量数,单位为 mmol/g。交换容量高的膜选择透过性好,导电能力也强。因活性基团一般具有亲水性,当活性基团含量高时膜内水分与溶胀度会随之增大,从而影响膜的强度,一般膜的交换容量为 2～3 mmol/g。

3. 含水量

膜内与活性基团结合的内在水,以每克干膜的含水克数来表示(%)。膜的含水量与其交换容量和交联度有关,交换容量高的膜含水量也大,交联度大的膜由于结构紧密其含水量相应较低。一般而言,膜的含水量为 20%～40%。

4. 反离子迁移数和选择透过度

离子交换膜对离子选择透过性的优劣用反离子迁移数及选择透过度来表示。离子迁移数是指一种离子在膜内的迁移量与全部离子在膜内迁移量的比值，可用离子迁移所携带的带电量之比来表示。选择透过度为反离子在膜内迁移的实际增值与理想增值之比。

一种实用的离子交换膜，选择透过度应大于85%，反离子迁移数大于90%，并希望在高浓度电解质中仍能保持良好的选择透过性。

表2-13和表2-14分别列出了国内、外商品电渗析膜。

表2-13 国内商用电渗析膜[8]

生产单位	名称	选择透过率/%	膜电阻	交换容量	含水量
嘉定封浜化工厂	聚乙烯均相膜	>95	>5	2.0	35
江阴化工一厂	PVDF均相阳膜	95～97	<10	1.6～1.8	25～35
晨光研究院	过氯乙烯均相膜	>85	6	0.8～1.2	25～45
上海化工厂	聚乙烯异相膜	>90	8～12	>2.8	>40
	聚乙烯半均相膜	>95	8～10	2.5	32～35
湖州化工厂	聚乙烯均相膜	>96	3～10	1.8～2.4	35～40
	聚苯醚均相阳膜	88	<10	1.5～1.8	28～35
江阴山观机电厂	过氯乙烯均相阴膜		<80	1.25	37～40
北京维尼龙厂	聚乙烯醇异相膜	>90	10	2.0～2.6	47～53

注：膜电阻单位为Ω/cm²，交换容量单位为mmol/g。

表2-14 国外商用电渗析膜[8]

生产厂家	商品名	类型	电阻	交换容量	含水率
Toku Yama	CMS	阳膜	1.5～2.5	2.0～3.5	25～35
	ACM	阴膜	4～5	1.5	15
	AMH	阴膜	11～13	1.4	19
Asahi	CMV	阳膜	2.0～3.5	3.0～4.0	55～66
	AMV	阴膜	2.0～3.5	2.6～3.1	32～43
	ASV	阴膜	2.1～4.5	1.9	19
Ionics	61CZL386	阳膜	～9	2.7	40
	103 BZL386	阴膜	～21	1.6	43
Soda	ACS	阴膜	2.0～2.5	1.4～2.0	20～30
	AMX	阴膜	2.5～3.5	1.4～1.7	25～30
Rhone-	CRP	阳膜	5.9～6.6	2.6	40
Poulenc	ARP	阴膜	6.9	1.8	34

注：膜电阻单位为Ω/cm²，交换容量单位为mmol/g，含水率/%。

五、电渗析装置与操作方式

(一)电渗析器的构造

电渗析器主要由离子交换膜、隔板、电极和夹紧装置组成，整体结构类似于板式换热器[31]（图2-47），电渗析器两端为端框，框上固定有电极、极水孔道和进料、浓缩和淡液孔道。端框较厚、较坚固，便于加压以夹紧元件。电极内表面成凹形，与膜贴紧时即形成电极冲洗室。相邻两膜之间有隔板，隔板边缘有垫片。当膜与隔板夹紧时即形成浓室或淡室。隔板、膜、垫片及端框上的孔对齐后即能形成不同溶液的供料或出料孔道。

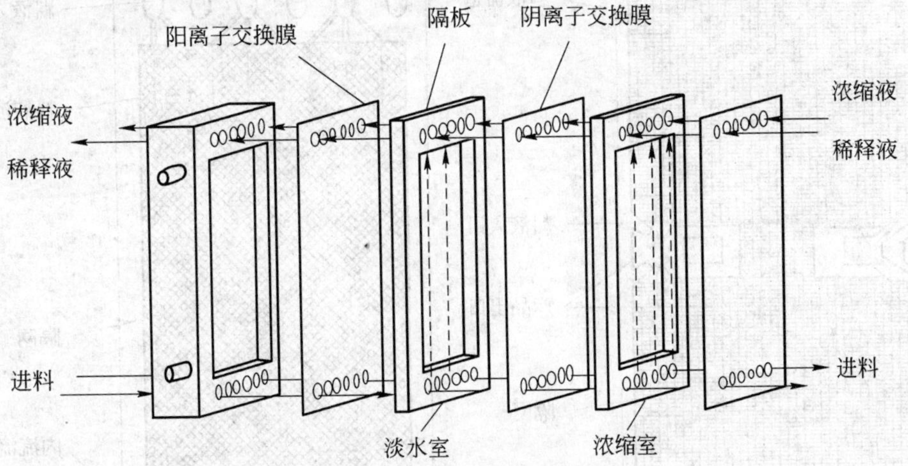

图 2-47　电渗析器的构造

1. 隔板和隔网

隔板是支撑和形成水流通道的构件，是电渗析器不可缺少的组成部分。隔网一般附在隔板上，其作用是增加湍流，还可减小流动阻力。也有用无网隔板的。对隔板的要求是：

(1)用绝缘、非吸湿材料制成，具化学稳定性，耐酸、碱，且较经济。目前一般用硬聚氯乙烯或聚丙烯塑料板。

(2)厚度应尽量小，以减少水层厚度、降低水层电阻。一般厚度为 1～2 mm。隔板厚度要求厚薄均匀，便于组装。

(3)在隔板上开有的流槽应使水在流动时能形成良好的湍流。

(4)在隔板设计上应尽量加大膜的有效面积。

隔板有回流式和直流式两种[6](图 2-48)。回流式隔板又称长流程隔板，优点是液体流速大水，湍流程度高，脱盐率高，但流动阻力也大。直流式隔板也称短流程隔板，特点是液体流速较小，阻力也小。隔板中常加各种形式的隔网，以增加湍流程度。

2. 电极

电极质量的好坏直接影响到电渗析效果，应具备下列条件：

有良好的化学和电化学稳定性；

导电性能好，电阻小；

机械强度高，不易破裂；

对电极反应的过电位低，以降低能耗；

轻便，价格低廉。

目前常用的电极材料有以下几种：

(1)石墨：价格低廉，但易磨损。石墨的磨损由电化学和机械两方面的原因引起。在使用前浸渍石蜡或糠醛树脂可大大延长其使用寿命。石墨电极一般用作阳极。

(2)二氧化钌：又称钛涂钌，是在钛的表面上涂一层二氧化钌、二氧化铱或二氧化钛制成，

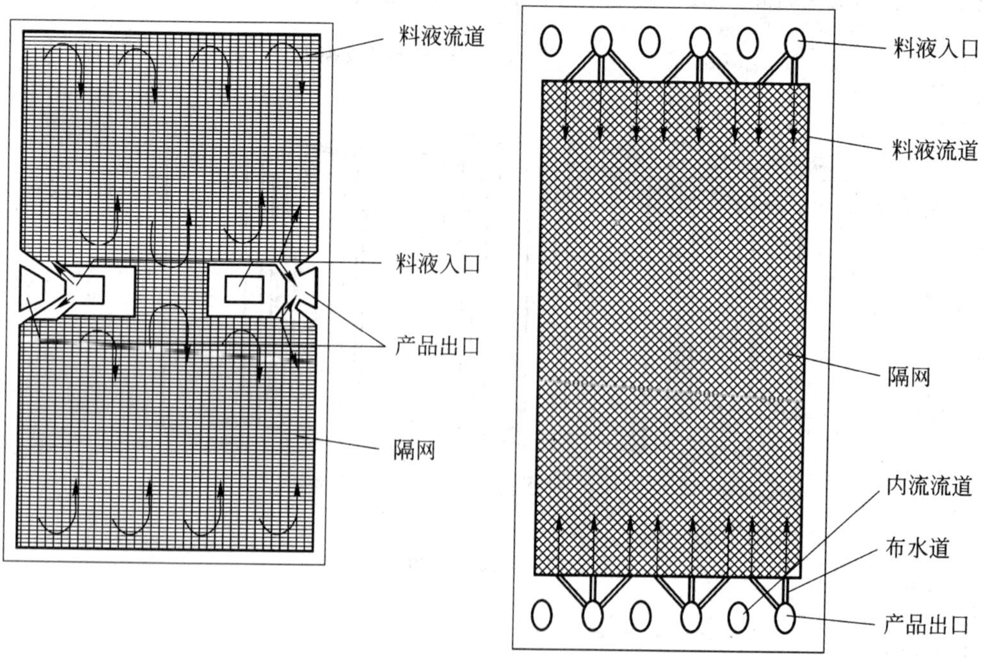

图 2-48 回流式隔板(左)和直流式隔板(右)

适用于酸性和中性溶液,不适用于碱溶液,可用作阳极和阴极。

(3)不锈钢:一般用作阴极,在重碳酸盐、硝酸盐或硫酸盐溶液中也可用作阳极。在酸性溶液中只用作阴极。它的价格低,加工方便,是较好的电极材料。

(4)钛镀铂:可用作阳极和阴极,是目前最好的电极材料。

(5)二氧化铝:是很好的阳极材料,但不能用作阴极。

3. 夹紧装置

由型钢铁夹板、螺杆和螺母等组成,整个电渗析器组装后要求密封不漏水。

4. 辅助设备

必要的辅助设备有:直流电源、泵、流量剂、压力表、电压表、电导仪和 pH 计等。

(二)电渗析器的组装

一个电渗析器由 200~1 000 张阳离子和阴离子交换膜组成,膜对之间的组合方式有串联、并联等。

由一张阳膜、一张阴膜和相应的隔板组成的一个浓缩室和一个淡化室是一个最基本的单元,称为一对膜。若干对膜组装在一起,称为一个膜堆。

一对电极之间的膜堆称为一级。一个装置可以有若干极,电极对数称为级数。

浓缩室、淡化室流向一致的膜堆称为一段。水流方向每改变一次,段数就增加 1。

为了提高脱盐率,可以采用段与段、级与级及台与台串联,如图 2-49 所示。

图 2-49 中的一级一段并联,是基本形式,特点是其产量与膜对数成正比,脱盐率取决于一块隔板的流程长度;二级一段并联的中间电极共用,分离程度和产量同一级一段,但总电阻大

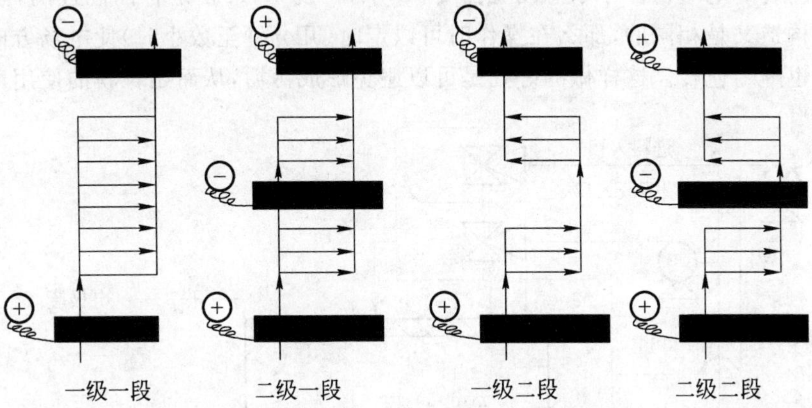

图 2-49　电渗析器的组装方

为降低，操作电压也大为降低；一级二段串联的产量比一级一段减半，分离流程加倍。用于处理量较小、单段脱盐又达不到要求的一次脱盐过程；二级二段串联的脱盐率高，适用于单台电渗析器一次脱盐。

(三)电渗析的操作方式

在给定的应用条件下，电渗析的效率很大程度上依据于操作方式的设计及其操作过程。目前，常使用的操作方式有两种：一种是单向电渗析，另一种是带极性反转的电渗析。

典型的单向操作方式见图 2-50 所示[31]。进料液泵入膜堆，经过电渗析后转化成稀释液和浓缩液，当浓缩程度达到要求后转到贮存罐。为了避免阴极氧化形成游离氯，电极室单独浸渍在不含氯离子的溶液中。单向电渗析的缺点是膜很容易被堵塞而达饱和，因此要求对进料液进行预处理，并定期对膜堆进行清洗。

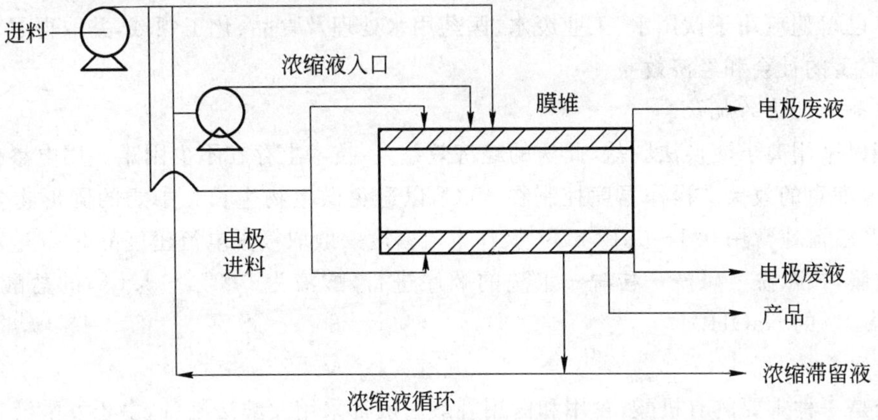

图 2-50　单向电渗析操作方式图

带极性反转的电渗析操作示意图见图 2-51 所示[31]。如果膜是各向同性的，浓缩室、淡化室和电极的构造又是相同的，那么在操作时可以定时(几分钟至数小时)使电场方向反转，浓缩室和淡化室也随之逆转。这样做的好处是可以避免形成污垢，从而延长膜的使用寿命。

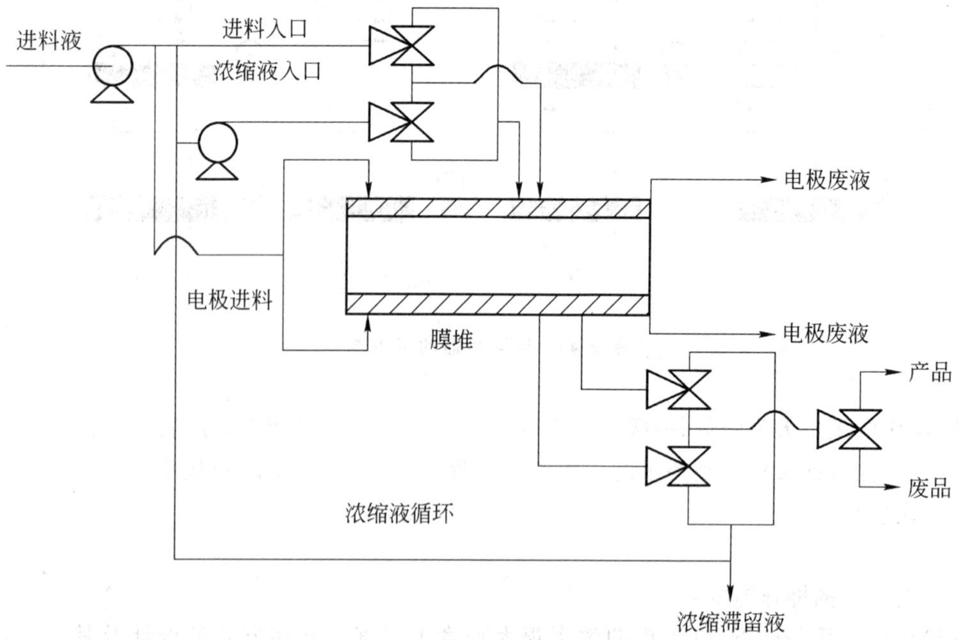

图 2-51　带极性反转的电渗析操作方式图

六、电渗析的应用

电渗析技术早在 20 世纪 50 年代就广泛应用于苦咸水脱盐。随着新型离子交换膜的出现和交换树脂填充床电渗析技术的推出，电渗析技术将再次呈现广阔的应用前景[32]。目前，电渗析技术已普遍应用于饮用水、工业废水、医药用水处理及食品、化工领域，并取得了较好的成绩，具有显著的社会和经济效益。

1. 牛奶和乳清的脱盐

长期以来用离子交换法脱盐，此法的经济效益差，技术上存在不少困难。用电渗析进行脱盐，可取得满意的效果。操作温度控制在 45℃，以避免微生物生长。牛奶的固形物含量宜在 20%～28%，流速常用 0.1～0.12 m/s，操作电流密度一般取极限电流密度的 50%～75%。应定期清洗膜，按水洗—碱洗—酸洗—水洗的顺序进行，酸液为 0.2%～1.0%的盐酸，碱液为 0.2%～1.0%的 NaOH。

2. 提取乳酸

乳酸是一种重要的有机酸，食用和医用乳酸一般都采用发酵法制备，由于发酵液组分比较复杂，从发酵液中提取含量较低的产品相当困难。目前，采用乳酸钙结晶—硫酸酸化工艺，其工艺流程长，消耗化工原料多，污染环境，产率低(一般 40%左右)。而四室电渗析器提取乳酸工艺是利用离子交换膜和电场力的作用，将乳酸等电解质离子和发酵液中其他大分子糖以及中性物质等分开，节约原材料，降低成本，改善劳动条件，提高产率(一般 80%以上)。该技术还被用于柠檬酸、苹果酸等其他有机酸分离。

3. 果汁脱酸

在柠檬酸的脱酸工艺中可使用由阴离子交换膜装备的叠式膜组件装置，用 KOH 溶液来对果汁进行电渗析处理，柠檬酸根离子被氢氧根离子所取代，从而实现脱酸目的。

4. 制备纯水

由含盐浓度为几百 mg/L 的原水制取纯水传统的方法是采用离子交换法。其原水中盐的浓度越低越适于用离子交换法，而原水盐浓度高时离子交换树脂再生频繁，这样不但要消耗大量酸碱，还会形成大量酸、碱再生废液污染环境。若采用电渗析法作离子交换的前处理，可脱除原水中大部分盐分，因而可大大减轻后面离子交换的负荷，延长使用周期。把两者的优点结合起来，就产生了很好的技术效果和经济效果。常见的方式有：原水—预处理—电渗析系统；原水—预处理—电渗析—离子交换系统。我国电子工业也开始研究用填充床电渗析制取高纯水，首先用电渗析把含盐量为 500 mg/L 的原水降至蒸馏水的水平，再用电渗析制取高纯水，这种方法比原来用离子交换法简单，而且水质纯度高，前景很好。

5. 味精提纯

用发酵生产味精时，发酵液含菌体和 NH_4Cl，可以用电渗析除去 NH_4Cl。母液先除去菌体，然后调 pH 值至 3.0。用电渗析除去 NH_4Cl 后，再用离子交换法提取 α-谷氨酸钠，若先除去 66%的 NH_4Cl，再离子交换，可节省 50%的酸和碱，若除去全部 NH_4Cl，则可节约 80%的酸和碱。

第六节 膜分离技术在食品工业中的应用前景及展望

膜分离技术经过几十年的发展，在食品工业中的应用范围越来越广，但膜固有的局限性也愈来愈明显地暴露出来，如渗透率低、选择性较差、膜使用寿命较短等。特别是在食品功能因子开发方面，由于需要从许多结构相似的混合物中分离出纯度高、复杂的分子，仅依靠膜分离往往不尽如人意。要解决这些问题，一是要改进膜的结构，提高膜的性能；二是要将膜分离技术与其他分离技术相结合。纵观膜分离技术的发展现状，在今后的科研工作与生产实践中，膜技术的发展将在以下几个方面取得进展。

一、新型膜材料和膜结构

新型膜材料的开发决定膜技术的应用发展前景，各种新型膜的研究将推动膜技术向纵深发展。从 20 世纪 60 年代初研制成醋酸纤维素非对称膜至今，醋酸纤维素类膜仍在反渗透、超滤、气体分离中占有重要地位。由于随着对膜性能的要求越来越高，很多新型的分离膜得到开发，如抗污染膜、等孔型超滤膜、耐氧化膜等。膜材将由最初的醋酸纤维素向高性能的合成材料，如聚砜、聚丙烯腈、聚酰胺等发展，今后更多的改性纤维、耐污染、易清洗的高分子合成膜将出现。今后将更加注重对无机材料的研究，使无机材料和有机材料的差距逐渐缩小。

二、新颖的膜分离技术和集成膜技术

膜分离技术与传统的分离技术或反应过程集成联用，可充分发挥各自的优势，比任何单一

的过程既经济又高效，这是当今膜发展过程中一个崭新而富有前景的又一新领域。膜萃取、膜亲和过滤技术等新技术和膜分离与化学反应相结合、膜分离与蒸发单元操作相结合、膜分离与冷冻单元操作相结合等集成膜分离技术不断发展与完善，使膜分离技术在实际应用中发挥更大的作用。

三、膜分离的强化方法

膜使用一段时间后容易出现浓差极化和膜表面污染，使膜通量和截留率降低，从而降低膜分离的功效。对此，可采用相应的强化措施来减少浓差极化，清除膜污染，恢复膜通量，如高流速冲洗法、高频反冲洗法、压力脉动法、入料不稳定喷射法、流量脉动法、膜面改性法、附加电场法等。同时对物料进行预处理，尽量减轻膜在使用过程中的污染。

四、膜分离技术在食品工业中的应用有待加强

膜技术在我国食品工业中主要是在饮用水处理、酶制剂和部分果汁的生产上应用较普遍，其他领域则较少。分析原因，可能与对膜技术、设备及其应用领域的研究不够和食品企业缺乏足够的了解有关。因此，从事膜技术和食品技术的科技人员应加强合作，共同努力，以促进这一高新技术在食品工业中的应用，推动我国食品工业的发展。

参考文献

[1] 刘茉娥. 膜分离技术[M]. 北京：化学工业出版社，2000.

[2] 李丕武，赵祥颖，刘建军，等. 膜分离及其技术在食品发酵工业中的应用[A]. 山东微生物学会第六次会员代表大会暨2004年学术年会会议论文.

[3] 宋钢. 采用超滤膜处理生酱油的技术[J]. 中国酿造，2004，2：25-26.

[4] 梁姚顺，梁世中，朱明军. 膜分离技术在酱油过滤中的应用研究[J]，中国调味品，2005(5)：48-51.

[5] 袁天才. 膜技术在酿造食醋过滤除浊除菌工艺中的应用[J]. 水处理技术，2002(4)：247-248.

[6] 高福成. 食品分离重组工程技术[M]. 北京：轻工业出版社，1998.

[7] 高孔荣，黄惠华，梁照为. 食品分离技术[M]. 广州：华南理工大学出版社，1998.

[8] 冯彪. 新型工业分离技术[M]. 无锡轻工大学校内教材，2000.

[9] Baker R W. Membrane separation // Ⅰ/Membrane Separation[M]. Academic Press, 2000.

[10] Kane L, Braddock R J, Sims C A, et al. Lemon juice aroma contraction by reverse osmosis[J]. Journal of Food Science, 1995, 60(1): 190-193.

[11] Braddock R J, Sadler G D, Chen C S. Reverse osmosis concentration of aqueous phase citrus juices[J]. Essence, 1991, 60(1): 190-193.

[12] 袁列江. 膜分离技术在柑橘果汁加工中的应用[D]. 中南林学院硕士论文，2002.

[13] Andrew L Z. Protein separations using membrane filtration: New opportunities for whey fractionation[J]. Int Dairy Journal, 1998(8): 243-250.

[14] Cheryyan M. Ultrafiltration // Ⅱ/Membrane Separation [M]. Academic Press, 2000.

[15] Zydney A L. Membrane Bioseparations // Ⅱ/Membrane Separation[M]. Academic Press, 2000.
[16] Novak A. Application of membrane filtration in the production of milk protein concentrates[J]. Bulletin of the International Dairy Federation, 1996, 311: 26 -27.
[17] 郑领英. 水处理技术, 1995, 21(1): 1-6.
[18] Kulkarni SS, Funk E W, Li N N. Ultrafiltration // Membrane Handbook[M]. Winston Ho W S, Sirkar K K. Van Nostrand Reinhold, 1992.
[19] 刘大川, 杨国燕, 翁利荣, 等. 超滤膜法制备大豆分离蛋白工艺研究[J]. 中国油脂, 2003, 28(11): 30-35.
[20] 陈少洲, 陈芳. 膜分离技术与食品加工[M]. 北京: 化学工业出版社, 2005.
[21] 顾忠茂. 液膜分离技术进展[J]. 膜科学与技术, 2003, 23(4): 214-233.
[22] 杜军, 陶长元. 支撑液膜研究及应用进展[J]. 化学研究与应用, 2004, 16(2): 160-165.
[23] 吕宏凌, 王保国. 液膜分离技术在生化产品提取中的应用进展[J]. 化工进展, 2004, 23(7): 696-700.
[24] Boyadzhiev L. Liquid Membranes // Ⅱ/Membrane Separation[M]. Academic Press, 2000.
[25] Bartsch R A, Way J D. Chemical separations with liquid membranes, ACS Symposium Series [M]. 642, New York: American Chem Soc, 1996.
[26] Cussler E L, Evans D F. Liquid membranes for separation and reactions[J]. J Membrane Sci, 1980, 6: 113 -121.
[27] 毛忠贵. 生物工业下游技术[M]. 北京: 中国轻工业出版社, 1999.
[28] 严希康. 生化分离工程[M]. 北京: 化学工业出版社, 2001.
[29] 张瑞华, 徐志伟, 洪勇健, 等. 乳状液膜提取有机酸的工艺状况[J]. 膜科学与技术, 2000, 20(3): 44-49.
[30] 王学松. 膜分离技术及其应用[M]. 北京: 科学出版社, 1994.
[31] Strathmann H. Electrodialysis // Ⅱ/Membrane Separation[M]. Academic Press, 2000.
[32] 黄万抚, 罗凯, 李新冬. 电渗析技术应用研究进展[J]. 中国资源综合利用, 2003, 11: 15-19.

思考题

1. 试述膜分离的原理。
2. 什么是膜的浓差极化？影响浓差极化的因素有哪些？
3. 什么是膜污染？如何减轻膜的污染？
4. 比较液膜分离技术与普通的溶剂萃取技术的异同点。
5. 请设计一个用于制备高纯水的电渗析分离技术方案。
6. 试述超滤分离技术在酶制剂工业中的应用。
7. 举一例说明反渗透技术在果汁加工中的应用。

第三章 毛细管电泳分离技术

第一节 概 述

早在1807年，Ferdinand Frederic Reuss 就观察到了荷电物质在电场力作用下会发生运动的现象。电泳这个术语，是在1909年，由 Michaelıs 对此现象的描述中提出的，它来源于希腊文字 elektron 和 pbore，分别代表电和搬运者的意思。然而，一直到20世纪30年代，通过 Tiselius 的研究，电泳技术才得到有实际意义的发展，Tiseluis 也因此获得了1948年度的诺贝尔奖。到20世纪50年代，电泳已经是一种与纸和薄层的平面色谱技术一样的实验室常用技术。然而，20世纪70年代在 HPLC 的推动下，电泳分离技术成为了一种"灰姑娘"式的技术，只是在生化和临床实验中仍然采用电泳的技术来定性的分离像蛋白质和 DNA 等大分子。但是，1981年后随着毛细管电泳技术的发展，电泳又重新成为电分离的一个有实际价值的科学主题。目前，至少一半的生物分子分离都是通过电泳来完成的。

与色谱法不同，IUPAC(International Union of Pure and Applied Chemistry)没有对电泳下过正式的定义，电泳的定义在书面上一直在改进，现在比较认可的定义为：

电泳是基于两种或多种带电粒子或微粒，它们所在的介质受到外加直流电场的作用下，其迁移速率不同而得到分离的一类方法。

色谱法的定义是首先要分离的两种或两种以上组分的混合物，它们在固定相和流动相中的分配行为不同而分离。因此，电泳不同于色谱法。另一点不同就是，色谱法中分离模型要解决的问题是复杂的、困难的、不精确的。而有相对简单的理论背景的电泳却不同。电泳是指带电粒子在电场作用下发生差速迁移的电动现象，利用这种现象对某些化学或生物化学组分进行分离和分析的技术称之为电泳技术。按有无固体支持物分类，电泳分为自由电泳和支持物电泳两大类，自由电泳又称自由界面电泳(Free Boundary Electrophoresis)。由于电泳过程中产生的焦耳热会引起溶液对流、区带扰乱，使电泳的分辨率降低所以才出现了支持物电泳，用纸、醋酸纤维素、聚丙烯酰胺等稳定介质作为支持物，这些支持物不仅能起到很好的抗对流作用，而且还能起到筛分作用，因此，支持物电泳具有很高的分辨率。毛细管电泳(Capillary Electrophoresis，CE)是自由溶液电泳的一种改进形式，是电泳技术和色谱技术相结合的产物。与 HPLC 相比，毛细管电泳(CE)具有操作简单，试样需要量少，分离效率高，运行成本低等优点。目前，毛细管电泳已广泛应用于氨基酸、肽、蛋白质和核酸等离子型生物大分子的分离分析，加入表面活性剂还可以扩大到中性粒子，甚至应用到细胞和病毒等的分离。同时，在小分子化合物的分离分析方面也取得了重大进展。

1981年，Jorgenson 等[1]介绍了毛细管区带电泳技术(Capillary Zone Electrophoresis，CZE)，在80 μm 内径的毛细管内用30 kV 的高压进行分离，创立了现代毛细管电泳。1984年 Terabe 等提出的胶束电动毛细管色谱(Micellar Electrokinetic Chromatography，MEKC)，这种电泳技术不仅能分离测定离子，而且还能测定中性分子、手性对映体等。1987年，Hjerten

建立了毛细管等电聚焦(Capillary Isoelectric Focusing,CIEF),毛细管等电聚焦(CIEF)用两性电解质在毛细管内建立 pH 梯度,使各种不同等电点的蛋白质在电场作用下迁移到等电点的位置,形成一非常窄的聚焦区带,可用于测定蛋白质的等电点,以及分离异构体和用其他方法难以分离的蛋白质。1987 年,由 Chohen 等提出了毛细管凝胶电泳(Capillary Gel Electrophoresis,CGE)。由于凝胶具有黏度大、抗对流的特点,能减少溶质的扩散,所得峰型尖锐,柱效极高,是毛细管电泳的理想介质,但制备困难,寿命偏短,使用时易产生空泡。后来发展起来的无胶筛分,用黏度低的线性聚合物溶液代替高黏度的聚丙烯酰胺,同样起到使不同体积的溶质分子在充当"分子筛"的介质中电泳分离的目的,每次分离均用新胶,可避免空泡的产生,且比凝胶柱便宜、简单、寿命长,但分离能力稍差。CGE 现已广泛用于 DNA 片段的分离。

1991 年,Monnig 等[2]首次提出了高速毛细管电泳(High-Speed Capillary Electrophoresis 或 Fast Capillary Electrophoresis,HSCE 或 fast-CE)技术,即采用细内径和较短的毛细管来实现高速分离。高速毛细管电泳可以实现真正的高效、高速,除了保持 CE 原有优点外,其分析时间缩短至几秒到几分钟,因此是一种能满足现代分析要求,具有发展潜力的分析技术。HSCE 自诞生以来,经过各国学者的努力,已经在各个领域,特别是生命科学领域,得到了飞跃的发展。与传统的分离方法相比,毛细管电泳的显著特点是简单、高效、快速和微量。此外,毛细管电泳还具备了经济、清洁、易于自动化、一机多用和环境污染少等优点。所有这些特点使得毛细管电泳迅速成为一种极为有效的分离技术,广泛应用于分离多种化合物,如氨基酸、糖类、维生素、杀虫剂、有机酸、无机离子、染料、表面活性剂、药物、多肽和蛋白质、神经递质、低聚核苷酸、RNA 和 DNA 片段等。近年来,毛细管电泳在手性化合物分离、药物分析、DNA 分析和环境分析等领域得到越来越广泛的应用。随着时代的不断进步,各项研究的日益发展,也向毛细管电泳的分离模式、检测技术以及仪器小型化、集成化的发展提出了新的要求。可以预见在新的世纪里,毛细管电泳-质谱技术的联用(CE-MS)和微型、集成毛细管电泳(ICEC)以及毛细管阵列电泳(CAE)的应用,正是符合这些发展的要求。

近几年来芯片毛细管电泳技术是毛细管电泳的一大热点。芯片毛细管电泳技术实质上是将 HSCE 的仪器微型化,HSCE 的理论同样适用于芯片技术,可以将芯片技术当作 HSCE 的一个分支来讨论,已有关于芯片毛细管电泳及其在生命科学中的应用方面的综述[3]。但芯片毛细管的加工需要采用蚀刻技术,一般的实验室不具备此条件,而采用细内径和较短的毛细管来提高 CE 分析速度的 HSCE 方法较之简单易行,无论是采用商品或自组装的 CE 仪都可以实现。

第二节 毛细管电泳基本原理

一、毛细管电泳的理论基础

在毛细管电泳(CE)中带电粒子所受的驱动力有两种:电泳力和电渗力。电泳和电渗是毛细管电泳分离理论中最基本的概念。

(一)电泳和电渗

电泳(Electrophoresis)是指溶液中带电粒子(离子、胶团)在电场中定向移动的现象。它是驱动电解质运动的第一种动力，如此形成的粒子移动简称为泳流。电解质的电泳迁移速度 v_e 如式[3-1]所示。

$$v_e = \mu_e E = \mu_e V/L \qquad [3\text{-}1]$$

式中：μ_e——电泳迁移率(电泳淌度)(Electrophoresis Mobility)；E——电场强度；V——毛细管柱两端施加的电压；L——毛细管柱的长度。电泳迁移率的单位为 $m^2/(V \cdot s)$。被分离组分在毛细管中的运行时间 t（从进样端到检测窗口)表示为式[3-2]。

$$t = \frac{l}{v_e} = \frac{L_l}{\mu_e v} \qquad [3\text{-}2]$$

式中：l——为毛细管柱从进样端至检测窗口的距离(有效长度)。电泳迁移率 μ_e 可以由式[3-2]计算出。另外，由式[3-1]还可以得到式[3-3]。

$$\mu_e = v_e/E = Q/f \qquad [3\text{-}3]$$

式中：Q——离子所带的净电荷；f——Stokes 阻力系数。对于球形离子，$f = 6\pi\eta R_s$，其中 η 是缓冲溶液的黏度(动力学的)，R_s 是离子的有效半径(包括溶剂化层)，所以式[3-1]可表示为式[3-4]。

$$v_e = \frac{Q}{f} \cdot \frac{V}{L} = \frac{QV}{6\pi\eta R_s L} \qquad [3\text{-}4]$$

由式[3-4]可以看出，当毛细管长度一定时，带电离子的迁移速度与溶质离子的电荷、施加的电压、缓冲溶液的黏度及带电离子的大小有关。

电渗(Electro Osmosis)是驱动电解质运动的第二种作用力，它使毛细管中的溶剂在直流电场作用下发生定向运动。

电渗流是如何引起的呢？

石英或玻璃毛细管内壁表面上的硅醇基在 pH 值>3 的水溶液中，可电离而产生 SiO^- 负离子，使毛细管内壁带上负电荷，因此，溶液中的一部分正离子(如 H^+)就靠静电作用而吸附于毛细管内壁上，形成一个双电层(Electric Double Layer)。其中一层是带负电的内壁，一层是带正电的溶液离子吸附层。但溶液中的其余大部分正离子则是离内壁越远，越呈自由状态，于是在吸附层之外又存在着一个扩散层，如图 3-1 所示。

固、液两相之间的相对运动发生在吸附层与扩散层之间的滑动面上，此处的电动势称为界面电动势，也称 ζ 电位(Zeta Potential)。由于处在扩散层中的正离子的溶剂化作用，它在电场中发生迁移时，将带动整个溶液向阴极移动，所以就形成电渗流(Electro Osmotic Flow，EOF)。电渗流的大小与 ζ 电位成正比，见式[3-5]。

$$\mu_{eo} = \frac{\varepsilon}{4\pi\eta} \qquad [3\text{-}5]$$

式中：μ_{eo}——电渗迁移率；ε——介质的介电常数；η——介质的黏度。

假设溶剂流(即电渗流)的迁移速度为 v_{eo}，则有式[3-6]。

$$v_{eo} = \mu_{eo} E = \frac{\varepsilon \zeta E}{4\pi\eta} \qquad [3\text{-}6]$$

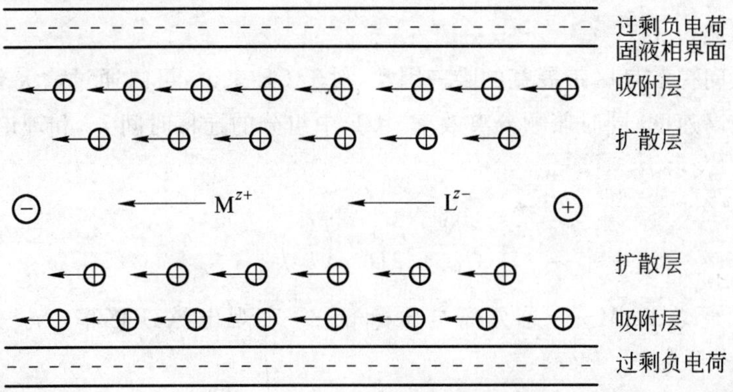

M^{z+}溶质正离子；L^{z-}溶质负离子

图 3-1　电渗流示意图

由式[3-6]可见，电渗流速度 v_{eo} 与 ζ 电位、ε、E 成正比，而与介质的黏度 η 成反比。与 HPLC 柱不同，毛细管中的电渗流呈平面流型，它不存在径向梯度。

实际上，毛细管中电解质区带的移动速度(v_i)等于电解质区带的电泳迁移速度(v_e)与溶剂流速度(v_{eo})之和。如式[3-7]所示。

$$v_i = v_e + v_{eo} \tag{3-7}$$

电解质在毛细管中的总流速如图 3-2 所示。

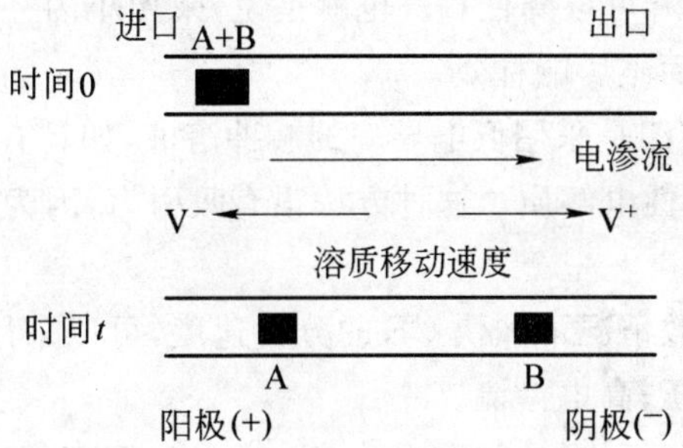

图 3-2　毛细管中电解质的总流速

当把样品从阳极端注入毛细管时，假设 A 物质为负离子，B 物质为正离子，则带不同电荷的离子将按下面的速度迁移到阴极，到时间 t 时，A、B 物质已经分离了。

正离子：$v_t = v_{eo} + v^+$

中性分子：$v_t = v_{eo}$

负离子：$v_t = v_{eo} - v^-$

电渗流的速度为泳流的若干倍，且受 pH 值等条件的影响很大，在分离过程中很容易发生变化，因而必须加以控制，使其在一定范围内保持恒定。抑制毛细管中的电渗流有几种办法：消除固液界面间的 ζ 电位或提高溶液的黏度；在毛细管的内壁涂上聚合物，如聚丙烯酰胺涂层。

(二)分离速率

如果溶质纵向扩散是区带展宽的唯一因素,对于 CE 来说,可以通过增大分离电压和缩短毛细管长度来提高速度,同时兼顾分离效率。CE 中组分的迁移时间 t_{mig} 和理论塔板数 N 的关系可以用式[3-8]表示。

$$\frac{N}{t_{mig}}=\frac{\mu_{app}^2}{2D}\cdot\left(\frac{V}{L}\right)^2 \qquad [3\text{-}8]$$

式中:L——毛细管总长;V——总分离电压;μ_{app}——表观电泳迁移率;N——理论塔板数;D——溶质的扩散系数。

由式[3-8]可以看出,在任何给定的时间内要获得最高的理论塔板数,分离电压与毛细管长度的比例应该最大,也就是说在只考虑溶质纵向扩散的前提下,采用尽可能高的分离电压和短的毛细管,可以实现高柱效和快速分离。高的电渗流同样可以提高分析速度和柱效。

但实际上,分离电压增大和毛细管长度缩短时,除了扩散外,还有诸多因素影响柱效,其中最严重的是温度效应,即毛细管的焦耳热问题,这是 HSCE 中不可忽略的问题。

毛细管在高电压场下产生的焦耳热 G(单位:W/m),可以表示为式[3-9]。

$$G=\kappa\cdot(V/L)^2\cdot\pi r^2 \qquad [3\text{-}9]$$

式中:κ——电导率;r——毛细管内径。式[3-9]表明,焦耳热随着分离电压增大和毛细管的缩短而增大。焦耳热过大会造成峰扩展、变形。

理论上,当 G 小于 1 W/m 时,焦耳热造成的峰扩展可以忽略不计。由式[3-9]可以看出,在 V、L 一定情况下,减少 r、κ 可以降低 G。也就是说,采用小内径毛细管可以降低焦耳热,可施加高电压,实现快速分离而不影响柱效。

另一种减少焦耳热的方法是采用低电导率的缓冲溶液,如具有高的相对分子质量、小电荷的溶液或窄 pH 值范围的两性电解质。这种方法很有吸引力,因为它对仪器没有特殊要求,可以应用于商品 CE 仪上。

综上所述,要在维持高效情况下加快 CE 的分析速度,可以采用以下几种方法:短而窄内径的分离毛细管;高分离电压;高电渗流。

另外,对于带负电荷的分析物,通常在缓冲溶液中加入阳离子表面活性剂,通过改变 EOF 的方向来提高分析速度。

(三)分离效率和分辨率

毛细管电泳具有极高的分离能力。在有电渗流存在的情况下,用表观电泳迁移率 μ_{app} 表示的分离速度如式[3-10]所示。

$$\mu_{app}=\mu_e+\mu_{eo} \qquad [3\text{-}10]$$

式中:μ_e——电泳迁移率。

毛细管电泳的分离柱效率按 Giddings 的色谱柱效理论(理论塔板数)可表示为式[3-11]。

$$N=l^2/\sigma^2 \qquad [3\text{-}11]$$

式中：σ^2——以标准偏差表示的区带展宽，l^2——区带移动的距离。

假设纵向分子扩散是造成区带展宽的唯一因素，根据 Einstein 扩散定律，区带展宽可表示为式[3-12]。

$$\sigma^2 = 2Dt \qquad [3\text{-}12]$$

式中：D——扩散系数，t——分离时间。

$$t = Ll/(\mu_{app}V) \qquad [3\text{-}13]$$

将式[3-12]代入式[3-11]，再结合式[3-13]得到毛细管电泳分离柱效方程式[3-14]。

$$N = \frac{l^2}{2Dt} = \frac{\mu_{app}V}{2D} \cdot \frac{l}{L} = \frac{(\mu_e + \mu_{eo})V}{2D} \cdot \frac{l}{L} \qquad [3\text{-}14]$$

式中：N——理论塔板数。

由式[3-14]可以看出，提高分离电压是增加分离效率的主要途径，在相同的操作电压下，$l/L=1$，分离效率最高。此外，N 与溶质的扩散系数 D 成反比，所以用毛细管电泳分离大分子时，可得到高的柱效。在理想条件下，理论塔板数可达 100×10^4。在通常的操作条件下，柱效 N 达到$(10\sim20)\times10^4$。

按照 Giddings 的定义，以不同线速度迁移的两种组分的分辨率可用式[3-15]来表示。

$$R = 0.25N^{0.5}\Delta v/\bar{v} \qquad [3\text{-}15]$$

式中：N——理论塔板数；Δv——相邻两区带的迁移速度之差；$\Delta v/\bar{v}$——两种组分的相对速度差，它表示分离的选择性；$\bar{v}$——平均速度；毛细管电泳中 $\Delta v/\bar{v}$可由式[3-16]表示。

$$\Delta v/\bar{v} = (\mu_1 - \mu_2)/(\bar{\mu} + \mu_{eo}) \qquad [3\text{-}16]$$

式中：μ_1、μ_2——分别为相邻两区带的电泳迁移率，$\bar{\mu}$——μ_1、μ_2 的平均电泳迁移率。这样，毛细管电泳的分辨率可由式[3-17]表示。

$$R_i = \frac{1}{4}\left(\frac{V}{2D}\right)^{0.5} \frac{\mu_1 - \mu_2}{(\bar{\mu} + \mu_{eo})^{0.5}} \qquad [3\text{-}17]$$

由式[3-17]可以看出，提高毛细管电泳的分辨率有两条途径：一是通过增大分离电压来提高柱效；二是控制电渗流，当电渗流移动方向与分离组分的迁移方向相反，而速度大小相等时，分辨率将趋于无穷大。

（四）影响分辨率的因素

影响溶质迁移率和分辨率的因素，包括电渗流、工作电压、pH 值、缓冲溶液的类型和浓度、离子强度以及缓冲溶液改性剂和毛细管的内壁处理等因素。这些因素不仅影响分离的质量，而且也影响分离的速度。尤其是石英毛细管内壁对蛋白质、多肽等大分子的吸附会造成样品组分分离效率大大降低。

1. 毛细管电泳中的电解效应及缓冲溶液的选择

在毛细管电泳中，阳、阴两极最有可能发生的电极反应分别为：

阳极：$4OH^- \rightarrow 2H_2O + O_2\uparrow + 4e$

阴极：$2H^{+}+2e \rightarrow H_2 \uparrow$

其结果是阳极端因 OH^- 被消耗而 H^+ 量相对增加，阴极端则因消耗 H^+ 而使 OH^- 量相对增加。通电时间越长，电流越大，H^+ 或 OH^- 的增量就越大，两极溶液的 pH 值差距也就越大。如前所述，试样组分的泳流速度受电渗流影响很大，而电渗流则受溶液的 pH 值影响很大。因此，进行毛细管电泳时，必须使用均一的，具有 pH 值缓冲能力的溶液为分离介质，这种介质称为电泳缓冲溶液。它由缓冲试剂、pH 调节剂、溶剂和添加剂组成。表 3-1 为不同实验条件下的 ζ 电位及电泳、电渗流速度的比值。

表 3-1 不同实验条件下 ζ 电位及电泳、电渗流的比值

实验条件	黏度/(mPa·s)	Zeta 电位/mV	v_e/v_{eo}
t= 15℃ pH= 5.00			
c=0.001	1.144	−22.2	3.55
0.005	1.151	−21.9	3.62
0.010	1.155	−17.7	4.50
0.050	1.173	−12.1	6.61
t=15℃ c=0.010 mol/L			
pH=4.56	1.154	−15.7	5.05
5.00	1.155	−17.7	4.50
5.50	1.158	−22.5	3.55
6.00	1.167	−35.2	2.28
6.50	1.174	−39.2	2.06
c=0.010 mol/L pH=6.00			
t=5.0℃	1.536	−16.0	6.17
10℃	1.326	−16.6	5.38
15℃	1.167	−35.2	2.28

如前所述，电渗流与毛细管内表面/电解质溶液形成双电层有关，当缓冲液浓度（或离子强度）增加时，双电层的厚度降低，Zeta 电位减小，溶液的黏度增大，由式[3-6]可见，电渗流速度将减小。从表 3-1 看出，当缓冲溶液浓度由 0.001 mol/L 增加到 0.050 mol/L 时，Zeta 电位由 −22.2 mV 减到 −12.1 mV，黏度由 1.144×10^{-3} Pa·s 增加到 1.173×10^{-3} Pa·s，而电泳速度与电渗流速度之比，则由 3.55 增加到 6.61，可见随着缓冲溶液浓度增加，电渗效应减小。再由式[3-17]可以看出，减小电渗流会增加分辨率。不过，使用过高浓度的电解质容易导致溶液过热，会引起电泳区带展宽，使分辨率降低。

所用缓冲溶液的种类也会影响电渗流，对同一种阴离子，用不同种阳离子缓冲溶液，或对同一种阳离子，用不同种阴离子缓冲溶液，对电渗流都有不同影响。毛细管电泳最常用的缓冲溶液是磷酸盐溶液。

2. 电压的影响

由式[3-17]可见，施加的分离电压越高，分辨率越大。根据欧姆定律，电压与电流呈线性关系，在熔凝毛细管中产生的热量与电流的平方成正比，如果产生的焦耳热不能及时通过管壁向周围环境散去，将会引起区带展宽，使柱效、分辨率降低。此外，电流的产生与缓冲溶液的阴离子种类有关，为了尽量减小焦耳热效应，应选用相同电压下电流小的阴离子制备缓冲溶液。

3.黏度

在凝胶电泳中温度的增加可改变媒介的黏度。由于这个在电泳泳动期间发生，结果的解释会变得复杂。

4.区域的畸变

在一个电泳泳动期间，特别在凝胶柱上，如冷却不充分，凝胶较暖部分的迁移带的移动速度会比那些较冷的部分快。这个迁移速度的差异产生了弯曲带。这个可以导致相邻区的重叠和差的分辨率。

(五)影响电泳淌度的因素

若干因素对带电分子或离子的电泳淌度有确切的影响。

1.带电分子的本质

微粒的净电荷、大小、形状和相对质量对它们的电泳淌度有相当大的影响。分子的带电量与大小的比例是一个重要的参数。电量与大小的比例(e/r)越大，分子在给定条件下，迁移得越快。

2.电泳系统的性质

除了将被分离的物质的特性外，还有若干个与电泳系统本身有关的因素。它们对分子或离子的电泳淌度有显著的影响。这些因素为以下几个：电泳缓冲液的离子构成、温度、电泳缓冲液的 pH 值、操作电压、载体介质的选择，等等。

(1)电泳缓冲液的离子构成　由于带电分子表面的可电离层和电泳缓冲液中离子间的相互作用，一个带电分子被反电荷的离子团所包围。结果，它的净电荷和电泳淌度都下降了。由于不同蛋白质有不同的氨基酸侧链(它可与使用的缓冲溶液中的离子产生不同程度的相互作用)，这种影响在蛋白质的电泳分离中相当明显。为了将抗衡离子(counterion)作用减到最小，建议使用带有尽可能低的离子强度的电泳缓冲液，尽管如此，在一些情况下，比如溶液中有多肽和多核苷酸时，电泳必须在高离子强度的溶液中执行，否则，这些大分子将不能被溶解。因此，选择一个合适的盐浓度显得很必要。

(2)温度　温度对电泳有显著的影响。在一个电泳泳动期间，热量(焦耳热)会产生并且在很多途径上影响着电泳扩散。温度增加引起带电分子迁移带的扩散增加，如果电泳持续时间长(数小时)扩散作用变得更显著。

温度引起蒸发作用　人们习惯在封闭体系中操作电泳以避免水分的蒸发损失，这个损失会随着温度而增大。这个蒸发导致了载体介质的干燥并且同样导致在分析期间缓冲液离子强度的上升。

温度引起对流现象　在电泳泳动期间，装置中的温度较高的溶液比装置壁上温度较低的溶液的密度更低。这个密度梯度导致了溶液中的对流。由于水在 4℃时有最大密度，在这个温度附近可观察到水溶液密度有最小变化，所以建议在尽可能靠近 4℃的温度下操作电泳法。但是，水溶液的黏度随着温度的下降而上升，这种现象会导致带电分子迁移的摩擦阻抗的上升。如果温度维持在 4℃左右，带电分子的电泳淌度将会相对较低。因此，为一次电泳泳动选择一个最佳温度并在整个分析过程中都维持着是必要的。

(3)电泳缓冲液的 pH 值　pH 值对一个蛋白质分子上的净电荷有明显的作用。在一个确定的 pH 值时(如等电点)，分子上的净电荷为 0。分子在 pH 值低于它们等电点时，获得一个净正电荷。在pH值高于等电点时，它们获得一个净负电荷。因而不同的分子（如蛋白质）在特定pH值下会有不同的净电荷。为了优化（蛋白质）分子混合物的分离，pH值的选择应以净分子电荷为基础。例如，在一个电泳泳动期间，两个或更多的蛋白质一起迁移而只形成一条区带。如果我们在不同的pH值下进行分析，将导致多余蛋白质带的出现，促使样品中其他蛋白质的分离。

(4)操作电压　在电泳中操作电压起到一个重要的作用。一个分子的迁移速率和媒介两边的场强是成比例的。操作电压越高，媒介从一边到另一边的场强就越大，分子迁移就越快。因此，带电分子随着电压的增大而迁移得更快。这样既节约了时间又减少了迁移分子的扩散。但是，随着电压的增大对流也上升，导致更强大功率的产生（功率以对流平方的方式增加），这样一些功率以热量形式消散。依照先前的讨论，热（焦耳热）量的产生对电泳分析有严重的影响。因此，选择一个确切的操作电压值是必要的。电压（或对流）应该要足够大以允许带电分子的快速迁移，但也不能太大以产生过量的热。

(5)载体介质　在区带电泳中使用各种不同类型的载体介质。为区域电泳分析选择最合适的载体介质以下面几点为依据：样品质量、分子的大小、如果不得不使用筛分凝胶时，它的毛孔大小（集中性）也应该要选择以适合所研究的分子大小、分析所需时间。

二、毛细管电泳的分离模式

毛细管电泳按分离介质和分离原理不同，存在多种操作模式，各种模式的分离机理是不相同的。如今的毛细管电泳不再仅仅局限于分离荷电的大分子粒子，也适合分离阳离子、阴离子以及中性分子。

常见的毛细管电泳的分离模式包括毛细管区带电泳（CZE）、胶束电动毛细管电泳（MECC）、毛细管凝胶电泳（CGE）、毛细管等电聚焦（CIEF）、毛细管等速电泳（CITP）、毛细管离子电泳（CIE）、毛细管阵列电泳（CAE）和亲和毛细管电泳（ACE）等。

毛细管区带电泳（CZE）。又称毛细管自由电泳，毛细管自由电泳是一种基于一种离子按照自己的特征速度朝向阳极或阴极移动的电泳，毛细管内只充入缓冲溶液，在直流高压电场力驱动下，溶质以不同的速率在区带内进行迁移而被分离，如果毛细管内壁有涂层，不存在电渗流，则中性分子完全不移动。如果采用没有涂层的毛细管，由于电渗流（EOF）的存在，离子的迁移速度由电泳速度和电渗流速度组成，通常电渗流速度大于电泳速度，而且电渗流的移动方向朝向阴极，因此，不管溶质是阳离子还是阴离子，所有的分子都朝向阴极移动，随EOF一起流出毛细管。但阳离子的表观流速比电渗流速度快，阴离子的表观流速比电渗流速度慢，而中性分子的表观流速与电渗流速度相同。

毛细管自由电泳由于操作简单，多样化，它是目前CE中最基本、应用最广泛的一种方式。CZE的应用范围很宽，包括对氨基酸、多肽、离子、对映体等物质的分析。

胶束电动毛细管电泳（MECC）。是在缓冲液中加入浓度高于临界胶束浓度（CMC）的表面活性剂胶束溶液，可以用离子性的表面活性剂，也可以用非离子性的，但最常用的是十二烷基磺酸钠（SDS-Na）。当其浓度超过临界胶束浓度后，就形成有一疏水内核、外部带负电的胶束。溶质在水相和胶束相（准固定相）之间产生分配，中性粒子因其本身疏水性不同，在两相中分配存在差异，因而导致被分离组分的流出时间不同而得以分离。

MECC中是使溶质在胶束相与水相之间进行分配，与色谱中溶质在固定相和流动相之间分配相似。但色谱的固定相是固体或液体，而 MECC 的固定相则是流动的胶束相，故称其为准固定相。在 MECC 中两相都是流动的，水相流动的速度等于电渗流的速度，而胶束相的流动速度与溶液的电渗流速度及胶束的电泳速度的协同作用有关。在 MECC 中，样品中各组分的分离是基于溶质的疏水性的差别，疏水性大的溶质在胶束相中的保留时间较长，而疏水性小的溶质在胶束相中的保留时间较短。

MECC 最常用的表面活性剂是 SDS，它是一种阴离子表面活性剂。当 SDS 的浓度超过其临界胶束浓度时，即缔合成球形胶束，在酸性或碱性水溶液中胶束的外表面呈负电性，而烷基藏于内部，在直流电场中胶束向着阳极方向移动。胶束具有增溶作用，电中性的溶质分子能在其中溶解，因此，即使样品内含有中性分子也可以用 MECC 分离。

在 MECC 中欲获得最佳的分辨率和，需要考虑以下一些影响因素：表面活性剂、有机添加剂的类型及其浓度、缓冲溶液的类型及其浓度、操作电压、温度、缓冲溶液的 pH 值等，这些因素都与容量因子 k（溶质在胶束相中的物质的量与溶质在水相中的物质的量之比）有关。MECC 使 CE 能用于分离电中性、离子性的有机化合物，拓宽了 CE 的应用范围，是对 CE 的极大贡献。

毛细管凝胶电泳（CGE）。是将板上的凝胶移到毛细管中作支持物而进行的电泳。凝胶具有多孔性，起类似分子筛的作用，溶质按分子大小进行分离。凝胶能减小溶质的扩散，所得峰型尖锐，能达到 CE 中的高柱效。常用聚丙烯酰胺在毛细管内交联制成凝胶柱，可用于分离测定蛋白质和 DNA 等，但制备烦琐，使用寿命短。

毛细管等电聚焦（CIEF）。是将普通等电聚焦电泳转移到毛细管中进行，通过管壁涂层使电渗流减小到最小，以防止蛋白质吸附及破坏稳定的聚焦区带。在毛细管中放入两性电解质载体（它是一种人工合成的、具有不同等电点的复杂混合物），通以直流电后，即形成从阳极到阴极逐步增加的 pH 梯度。而被分离物质进入此体系后，在电场作用下，迁移至其等电点的 pH 区域时，便停止移动，各组分被分别聚焦于相当其等电点 pH 值的位置上，形成位置明显不同的区带，再通过检测器分别加以确认。毛细管等电聚焦电泳，是一种非常重要的分离技术，主要用于分离两性化合物，分辨率很高。

毛细管等速电泳（Capillary Isotachophoresis，CITP）。是一种较早的分离模式，可用较大内径的毛细管，采用先导电解质和后继电解质，使溶质按其电泳淌度不同得以分离，在微制备中很有用处，可作为柱前浓缩方法用于富集样品。毛细管等速电泳它使用在持续电流中用不同迁移速率的缓冲液来产生电压梯度的方法，因此是一种不连续系统。常用于分离离子型物质，但因其要采用不连续缓冲体系，分辨率差，目前应用不多。

毛细管离子电泳（Capillary Ion Electrophoresis，CIE）。是 20 世纪 90 年代以来发展起来的电泳技术。由于离子色谱的选择性受色谱柱及固定相类型的限制，样品组成复杂时需用梯度淋洗才能完成分离。而毛细管离子电泳的选择性由离子当量电导决定，大多数阴离子的当量电导有足够大的差别，可一次完成分离；而尽管阳离子间的当量电导差别较小，但通过二次络合反应也可以一次完成分离。

用 CIE 分离和分析阴离子时，需要在载体电解质溶液中加入电渗流改性剂，使电渗流降低。通常电渗流方向是由阳极移向阴极，而阴离子的电迁移方向则是由阴极移向阳极，正好与电渗流方向相反，许多小相对分子质量阴离子，特别是无机阴离子的迁移速度与电渗流相当，结果导致分离时间很长，加入电渗流改性剂使毛细管壁带正电，可使电渗流反转为自阴极指向阳极。因而,可采用阴极进样、阳极检测的方式,在极短时间内检测到阴离子。电渗流改性剂通常采用脂肪族季铵盐或胺类等阳离子表面活性剂,如十六烷基三甲基溴化铵、十四烷基三甲基溴化铵等。电渗流改性剂的浓度、pH 值、共存离子以及一些阳离子(如 Pb^{2+},Ca^{2+})的络合作用可以改变一些离子的迁移率和分离度。

游离金属阳离子的当量电导很接近,仅凭游离金属离子的迁移率差别很难将其分离,当往载体电解质溶液中加入能与金属离子络合的配位体时,根据各种金属离子所形成的络合物的稳定性差别,可使金属离子的表观迁移率发生变化。当络合物的稳定常数较小时,则该种金属离子的迁移率降低较小,而当络合物的稳定常数较大时,则该种金属离子的迁移率降低较大,由此,可以达到分离金属离子的目的。调控载体电解质溶液的 pH 值或配位体的浓度,能够改变不同金属离子间的分辨率。最常用的络合剂是 α-羟基异丁酸(α-hydroxyisobutyric acid, HIBA),其他如柠檬酸、酒石酸、邻苯二甲酸也有应用。

毛细管离子电泳已成功地用于无机离子及其他低分子量离子的分离与分析。与经典的离子色谱比较,CIE 的进样量从 10～50 μL 降到 100 nL,分析时间从 10～20 min 缩短到 5～10 min。

目前,CIE 已用于测定无机阴离子、有机弱酸、脂肪族羧酸盐、脂肪族磺酸盐、脂肪族硫酸盐、脂肪族磷酸盐等阴离子及脂肪胺、碱金属、碱土金属、过渡金属、镧系元素、脂肪族三甲基季铵盐等阳离子。

毛细管电泳的其他几种分离模式还有如下几种:

毛细管电色谱(capillary electrophoresis chromatography, CEC)。是将 HPLC 发展起来的众多固定相填充到毛细管中或涂敷在毛细管壁上,使之如同色谱固定相一样参与分离。可以说 CEC 是 CE 与 HPLC 的有机结合,既有 CE 的高柱效,又有 HPLC 的高选择性,利用涂层还可有效减少生物大分子如蛋白分子在毛细管壁的吸附,改善峰形,提高选择性,是一种很有发展前景的模式。

为了满足大批量样品的分离要求,特别是在人类基因组和蛋白组计划中的应用,出现了毛细管阵列电泳(Capillary Array Electrophoresis, CAE)的分离模式,并且渐渐呈现出广阔的应用前景和发展趋势[4]。

此外,还有在这些 CE 基本分离模式基础上利用各种技术建立起来的特殊的分离模式,如亲和毛细管电泳(利用生物分子或其他受体分子与其相应的专一分子可逆亲和特性来进行电泳分离),毛细管矩阵电泳(大量毛细管平行分离),微毛细管电泳(将微系统技术应用于 CE,把化学反应的产物引入毛细管进行电泳分离。微反应器各有不同,可通过在玻璃板上蚀刻形成的网来实现,进行一系列毛细管的平行操作。也可将反应器通过针式阀与毛细管相连,在 70℃下进样对 DNA 测序。微毛细管电泳装置柱短、场强大,因此速度快、效率高、检测限低,在当今纳米技术快速发展的情况下会显示出更大的发展前景)等。

第三节　毛细管电泳装置

毛细管电泳装置主要包括直流高压电源、毛细管、进样装置、检测器和记录仪等主要部件。高压电源可对毛细管施加 5～50 kV 电压,操作电压一般控制在 5～30 kV 范围。CE 通常使用内径 10～100 μm、长 12～120 cm (内涂聚酰亚胺)弹性融凝石英毛细管,毛细管的两端分别浸泡在含有缓冲溶液的贮液槽中,毛细管内也充满同样的缓冲溶液。在毛细管的出口端装有在线检测器,如果采用光学检测方式,就将毛细管一端的聚酰亚胺涂层烧去一小段(0.5 cm 左右)作为检测窗口。被分析试样可以采用重力法、抽真空法或电迁移法等多种进样方式由毛细管一端进入。CE 的装置示意图见图 3-3。

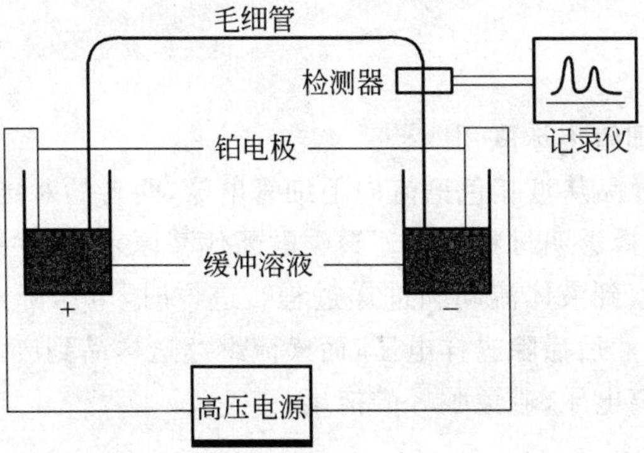

图 3-3　毛细管电泳装置示意图

一、毛细管电泳的进样技术

CE 分离效率高,但受到诸多因素的影响,进样是很重要的因素之一,同时,进样还影响初始样品区带的宽度和分析的重现性。CE 常用的定量进样技术有:电迁移进样、压差进样、进样阀进样、电分流进样、扩散进样等。下面介绍几种较新的进样技术[5]。

(一)直接在线进样

传统的电迁移进样要把毛细管入口端从缓冲池移到样品池而不适于封闭体系。Evans[6]设计的在线进样毛细管电泳很好地解决了这个问题。在线进样由取样毛细管和分离毛细管在一个交叉的组件中通过高压转换来实现。样品在取样毛细管电渗流的作用下进入取样毛细管,通过进样毛细管中电流的大小来控制进样量。在线进样排除了外界干扰,可用于封闭体系,且可作为联用分析用。

(二)近端进样及双向进样

Altria 等[7]利用负压力和操作电压实现了由距检测器较近的一端进样,从而改善了毛细管电泳的性能。近端进样减少了分析时间,提高了灵敏度。使用电压较低而允许使用较高浓度的电解质,提高了分辨率,减少了峰的拖尾现象。Kuban 等[8]运用了简单巧妙的双向进样方法,先后从毛细管两端进样,解决了在一次运行中以单一检测器同时检测阳离子和阴离子的问题,并研究了两次进样时间间隔的变化对分离效率的影响。

(三)流动注射与毛细管电泳联用(FI-CE)

利用流动注射快速、密闭、自动化等特点,Kuban 等[9]设计了流动注射与毛细管电泳的连接。进样时，在恒高压的作用下，注入 FI 的样品在电解质的作用下流向接口，一小部分样品进入毛细管得到分离。用这种接口可以在一次不间断的电泳分离中多次连续进样。方肇伦等[10]设计了带有锥形入口的流通池作为流动注射与毛细管电泳入口的接口。用来传输样品的溶液也用作毛细管电泳分离的缓冲液，通过进样器回转阀控制，由电迁移实现样品的分流进样。这种装置样品的引入是在不断流动的非均相溶液中进行的，可连续进样，与传统的手动进样相比提高了精确度。

(四)液相色谱与毛细管电泳联用

在 LC-CE 联用中，样品从液相色谱流向毛细管电泳，两者的对接中毛细管的放置很重要。因此，Thomas 等[11]人选择透明材料如热塑聚碳酸酯代替原来的钢材料，由它制作的接口部件通过溶液着色可直接观察到液体流动和进样过程。进样时，电压降到 0 V，通过转换气动阀来停止横流、电动进样。然后撤除进样电压，而横流继续送样品到废液口，通入一阵缓冲液，把多余样品清除后再加分离电压，避免了峰的拖尾。

(五)光学门进样

光学门进样装置如图 3-4 所示。荧光标记后的样品在高压的驱动下进入分离毛细管，当样品到达毛细管的“前门”(entrance)时，用第一束激光(gating beam)来减灭大部分荧光标记的样品，只允许很窄宽度的样品塞通过，实现分离后用激光诱导荧光检测器(LIFD)检测。由于样品引入是采用光学形式而不是机械控制的，样品塞宽度很小，同时可以在维持高压状态下进样。用这种方法进样，四种荧光标记的氨基酸可以在 140 ms 内实现分离[12]。由于进样量只有几个皮升，可获得高达 350 000 塔板数的高分离效率，塔板高为 10^{-9} m[13]。光学门进样的缺点在于：

(1)这也是一种电动进样，因此存在进样偏向；

(2)荧光减灭的效率较低，只有 80%左右。

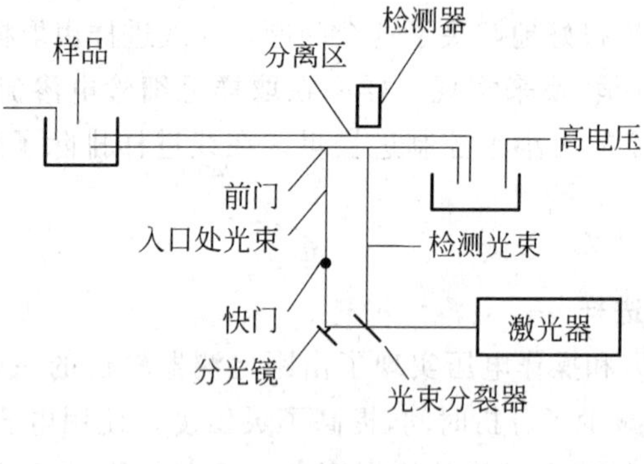

图 3-4 光学门进样装置示意图

(六)流动门进样

流动门进样装置如图 3-5 所示。装载样品的毛细管与分离毛细管距离的间隙约 75 μm；

开启流动泵时，样品毛细管出口处的样品被流动的缓冲溶液带走，无法进入分离毛细管；当流动泵关闭时，样品由于电动力学效应而被引入分离毛细管中。此法的标准偏差小于4%，流动相流速控制在79 nL/min～1 μL/min，特别适用于超微分析。用此法进样，四种荧光标记的氨基酸可以在35 s内实现分离，塔板数为480 000[14]。流动门进样不如光学门进样更适用于HSCE中，因为流动泵的开闭需要消耗一定时间，使总分析时间增加。但它的装置简单、低廉，而且可以在维持高压状态下进样。

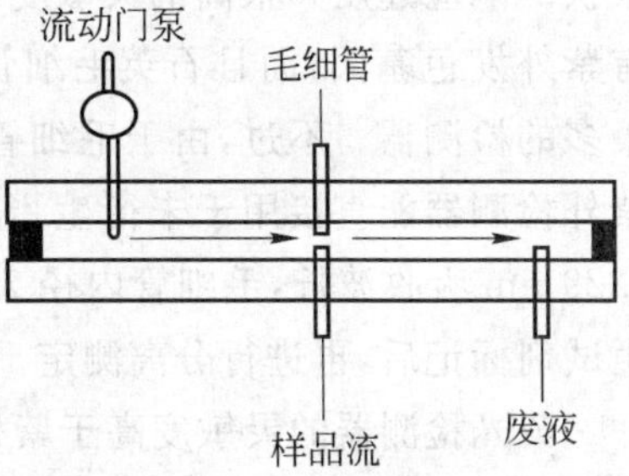

图3-5 流动门进样装置示意图

以上介绍的几种进样技术，从机理上说，这些方法依然是电迁移、电分流或压差进样，但对传统操作做了改进，在多种分析方法联用中妥善处理接口和样品引入的问题，提高了柱效。

二、毛细管电泳检测器

就毛细管电泳而言，极细的毛细管内径带来了很高的分离效能，但同时也给样品组分的检测带来困难，对检测技术相应提出了较高的要求，如何增加检测器的灵敏度，同时又不造成明显的区带展宽，一直是CE技术发展中的一个至关重要的问题，迄今为止，已有许多检测技术与CE联用，在不同的实际应用领域中发挥作用。

由于CE中溶质区带超小体积的特性，对检测器灵敏度要求很高，可以说检测是CE中的关键问题。现有的检测器可分为光学检测器、电化学检测器、质谱检测器、核磁共振检测器等。

CE中应用最广泛的是紫外/可见检测器(UV)，其灵敏度较低，但通用性好，适用于小分子如药物类分析。激光诱导荧光检测器(LIFD)灵敏度可比UV高1 000倍，但造价昂贵，大多数样品需要衍生，当然这也增加了选择性。DNA序列的分析必须用LIFD，特殊的LIF可做到单分子水平检测，已达到光谱分析方法的极限。现已有大量相对廉价的激光光源可供选用，解决了LIFD中激发波长较少及价格问题。

电化学检测器(ECD)中的安培检测器是CE中最灵敏的检测器，可用于单细胞分析。它可分为离柱安培检测和柱后安培检测。前者首先由Ewing等提出[15]，由于在毛细管两端加了30 kV左右的高压，在毛细管中的电流比电化学电流大6个数量级以上，为防止电流信号被电泳信号覆盖，必须将毛细管分离系统和检测系统进行电隔离，用接口联结。由于接口不规则或有间隙，不可避免造成区带变宽。Huang等[16]设计了柱后安培检测装置，Baldwin等[17]用直径大于100 μm圆盘电极进行射壁式安培检测，将工作电极正对着毛细管出口端，这时电干扰很小，无需用接口将分离部分与检测部分分开，这种无接口设计大大简化了装置，且对电极直径并不苛求，拓宽了电极材料的选择。当然，工作电极相对位置对分离效率和灵敏度有很大影响。

将现今分离能力最强的CE和能提供组分结构信息的MS联用，是令人兴奋的技术。CE/MS联用在肽链测序及蛋白结构、分子量测定、单细胞分析等方面有卓越表现[18]。

迄今为止，除了ICP和IR未作为CE的检测器外，其他检测方法均已和CE联用，但已商品化的只有UV、LIFD和MS。

由于样品区带在高压电场作用下，迁移速度较快，因此，CE要求所用的检测器必须具有很快的响应速度和很高的灵敏度。包括蛋白质等生物大分子在内的有机化合物，大多数都含有紫外发色基团，而且石英毛细管柱有良好的紫外透过性，所以，紫外检测器是目前CE应用最多的检测器。不过，由于毛细管内径很小、检测光程短等原因，检测灵敏度受到一定限制。紫外检测器能直接用于未衍生蛋白质的测定。例如，溶菌酶的检测限大约为 20×10^{-15} mol（229 nm 吸收波长，毛细管内径 75 μm）。如果样品组分不含有紫外发色基团，可以用紫外衍生试剂标记后，再进行分离测定。

荧光检测器的灵敏度高于紫外检测器，不过仅有少数化合物呈现固有荧光，需要进行衍生反应，所以，在使用上受到一定限制。荧光检测器可以直接测定含色氨酸蛋白质，例如，使用内径 75 μm 毛细管，胰蛋白酶原的检测限可达到 4×10^{-15} mol。如果使用激光器增强激发光的强度，可以进一步增加灵敏度。使用氩离子激光器，对于氨基酸的异硫氢酸荧光素的检测限可以低至 10^{-21} mol。此外，关于电活性物质的电化学检测器（电导、安培）和放射性物质的放射性检测器及质谱检测器等也有报道[19]。表 3-2 为几种 CE 的检测模式及其检测限。

表 3-2 几种 CE 的检测模式及其检测限（罗国安等，1995）

检测器类型	检测限/(mol/L)	检测器类型	检测限/(mol/L)
紫外检测		电化学检测	
普通	$10^{-6}\sim10^{-4}$	电导	$10^{-8}\sim10^{-7}$
轴向照射	$10^{-8}\sim10^{-6}$	安培	$10^{-9}\sim10^{-7}$
二极管阵列或多波长扫描	$10^{-6}\sim10^{-4}$	激光类检测	
荧光检测		激光热透镜	$10^{-8}\sim10^{-5}$
普通灯	$10^{-8}\sim10^{-5}$	激光诱导毛细管振动	10^{-7}
激光诱导荧光	$10^{-9}\sim10^{-7}$	激光拉曼	$10^{-7}\sim10^{-5}$
二极管陈列	$10^{-7}\sim10^{-5}$	其他	
电荷耦合器件	$10^{-12}\sim10^{-9}$	化学发光检测	10^{-9}
质谱检测	$10^{-9}\sim10^{-5}$	折射率检测	$10^{-7}\sim10^{-5}$
		同位素检测	$10^{-9}\sim10^{-7}$

第四节 毛细管电泳技术的应用研究进展

一、毛细管电泳技术的应用

电泳是潜在的工业分离提纯酶等蛋白质最好的方法，其中无载体电泳可能是最有效的方法，膜电泳法也有望应用于大规模工业分离上，适用于从混合物中分离一种目标产物，例如，某一料液含目标产物蛋白质和另外的多种蛋白质，可在某 pH 值下分离除去某几种蛋白质，然后在另一 pH 值下分离除去另外的数种，这样就可获得较纯的目标产物蛋白质。毛细管电泳技术在生物分子的分离分析方面应用较为广泛，它具有表 3-3 中的优势。

表 3-3　毛细管电泳技术的特点

类别	特　点
速度	快速,可于几分钟内完成复杂成分的分离
分辨率	带展宽有限,分辨率高
灵敏性	检测下限低,灵敏性高
进样体积	进样体积小,毫微升
检测方式	可使用多种检测器
自动化方面	自动化程度高,进样、分析及数据处理自动化

毛细管的小孔径、高电阻、抗对流、大比表面积等特性使毛细管电泳可在高电场、小电流下工作,实现高效、快速的分析。如今,CE 已像 GC 和 HPLC 一样,通过多种模式在分析的各个领域成为重要分析手段。下面介绍毛细管电泳在一些领域的应用进展。

(一)糖类的分离与分析

近年来,毛细管电泳已成为分析单糖、寡糖、糖肽、糖蛋白等糖类化合物的有力武器,在糖型分析方面也取得了较大的成功,单糖的 pK_a 值一般大于 11,故需选用强碱性的缓冲溶液(pH 大于 11),使糖基上的羟基去质子而带负电荷,直接进行电泳分离,用紫外检测器(195 nm) 检测。也可以选用硼酸盐缓冲液,硼酸盐与糖基络合形成带负电荷的络合物以进行电泳分离,用紫外检测器检测。简单单糖的分析方法也适于简单寡糖的分析。多糖一般利用酸解或酶解的方法将其转化为寡糖后进行分析。糖蛋白经蛋白酶酶解后生成糖肽,糖肽的图谱被认为是糖蛋白的指纹图谱。糖肽的分离主要是基于其 pK_a 值的不同而进行 CE 分离,并不是基于糖链结构的不同,因此,所选用的缓冲液的组成及其 pH 值的选择尤为重要,其检测也是基于蛋白质的检测。糖脂既可以直接用 CE 分离,也可以用神经酰胺聚糖酶将糖链释放出来后进行分析。糖胺聚糖类糖基的聚糖部分有透明质酸、硫酸软骨素、硫酸角质素和肝素等,一般都含有重复的二糖单元,而且可用裂解酶降解成糖醛酸寡糖,这些寡糖既带电荷又有紫外吸收(232 nm),因此,很适合用 CE 进行分析。在糖的检测方面,紫外分析是最早用于 CE 进行糖类检测的,但它的灵敏度相对不高,检出限一般只有 10^{-6} mol 数量级。利用激光诱导荧光检测,对糖类进行柱前高效荧光标记,可使检出限达到 10^{-9} mol 水平。在改进检测系统的同时,中性糖类的极性标记也在不断改进与完善。其中一种极性标记物为 8-氨基-萘-1,3,6-三磺酸,利用其可以快速高效地对均一寡糖和复杂多糖进行分离分析,具有很高的分辨率。

(二)在天然中草药分析领域中的应用

天然产物中提取物的小分子常常包括一些有机酸、维生素、矿物离子等。这些物质从原理上说,都可以用 CE 进行分离。

目前,CE 在天然中草药分析领域中的应用,主要集中在生物碱和黄酮及其苷类物质,香豆素及酚酸的分析也有报道。生物碱是一类含氮的有机化合物,有似碱的性质,在低 pH 值下正电,所以生物碱常常能在 pH 值小于 7 的缓冲溶液中得到分离分析,多采用 CZE 模式。对黄酮类化合物的 CE 分离,主要采用了 MECC 及 CZE 两种方法,而其中以 MECC 为多。对于酚酸类化合物,一般也用 CZE 和 MECC 两种模式,在高 pH 值下,不但酚酸上的羧基能离解,而且酚羟基也能部分离解,在电场的作用下实现分离。MECC 是在背景电解质中加入超过临界胶束浓度(CMC)的离子表面活性剂使之形成胶束,在电泳过程中,依据其电泳淌度和分配行为的不同而进行分离。

(三)在基因工程研究方面的应用

毛细管电泳是以生命科学为依托发展起来的一项新技术。CE用于DNA分析始于1988年,包括碱基、核苷、核苷酸、寡核苷酸、引物、探针、单链DNA、双链DNA(DNA片断、PCR产物)分析。通常用CGE或MECC来进行基因的分离分析。广泛用于基因突变、法医检验、遗传、临床诊断、DNA测序等研究。

CE与传统的平板凝胶电泳相比省时、省力且自动化。而高灵敏的安培检测器、LIF检测器的使用,极大地拓展了这方面的应用。如LIF用于DNA分析,复杂的LIF检测器可测定染色的DNA单个分子。对现在规模浩大的人类基因组计划而言,关键在于提高测序的速度。测序的报道很多,如用短寡核苷酸引物库测DNA序列、高速DNA序列、毛细管阵列、毛细板阵列等,测序的速度有了很大提高,现已有商品CE仪器测DNA序列。

在基因治疗和基因疾病诊断中需要进行DNA基因突变测定,运用CE进行SSCP(单链构象多态性分析),RFLP(限制片断长度多态性分析)等方法都可用于基因治疗。如Kuypers等[20]用毛细管电泳法对14号和18号染色体进行RFLP分析,检测出基因的突变(二染色体DNA交换)并且用于诊断淋巴瘤。

DNA分析对刑事工作也提供了一种可靠的方法。从罪犯在现场遗留的毛发、唾液及其他体液或组织中提取DNA样品,对某些基因进行STR或RFLP分析,然后与嫌疑犯DNA图谱进行比较,就有可能找到罪犯,这是传统的血型或指纹分析不能比拟的。

(四)单细胞分析

对作为一个相对独立生物功能体的单细胞中的一些重要组分进行高效、灵敏的检测,将有助于阐明一些重要的细胞生理过程。单个细胞的分析化学已成为分析化学前沿领域的热门课题。对单细胞的分析有超位电极伏安法,液相色谱—电化学检测法,微型玻管电极法,微型薄层色谱法等,但由于灵敏度或选择性方面的问题,均得不到较准确的定量结果。CE检测限低,分离效率高,已广泛用于单细胞多组分定量检测。

CE在单细胞分析中的应用主要集中在神经科学领域。早期主要以蜗牛的巨大神经细胞为分析对象,随着技术的不断完善,逐步向哺乳类动物单细胞分析过渡,分析物的种类也逐渐扩大。单细胞内组分含量极低,发展高灵敏度检测器是关键。质谱检测器是能为亚微克级样品提供结构信息的一种工具,通用性好,已有常压电离(API),快原子轰击(FAB),电子喷雾等多种接口方式用于CE-MS检测。对某些生物活性肽的检测限达几个fmol。CE-LIFD单细胞分析的优势尚未完全展开,选择合适的衍生化试剂,发展高效的柱前、柱后微量衍生化手段有助于提高CE-LIFD检测灵敏度,尤其对细胞内多肽、蛋白质的检测。间接安培法和还原电化学检测法用于分析一些氨基酸、肽和糖类,检测限可达几个fmol。进样器进一步微型化也至关重要,极少量的取样对细胞损伤小,可测定单细胞中待测物的空间分布,进一步还能检测细胞亚微结构功能体内的组分和进行细胞膜结构分析,如神经细胞内囊泡或突触中神经递质的含量。另外随着分析对象的不断扩大,对分离的要求越来越高,寻求多种分离模式,柱前预浓集或CE与其他分离手段联用将有效提高分离效率,实现单细胞中更多组分的分析。

(五)手性分离

手性药物的立体选择性差异已被证实,但长期以来多数手性药物以消旋体供药,这显然会给治疗带来严重影响,因此,手性对映体分离有巨大的实用价值。这本是 HPLC 的强项,但其耗费较大,需使用昂贵的特殊固定相并将大量手性试剂加入流动相。而 CE 所使用的毛细管价格较低,使用溶剂只需要几毫升。

手性分离分为间接拆分和直接拆分,用 CE 直接拆分是发展方向。在机理上已提出手性对映体分离模型[21]。目前对定量分析方法(包括准确度、精密度、检测限、线性范围等)的研究取得了很大进展,测定对映异构体杂质的含量已可低至 0.1%,已有用分子模型软件研究手性拆分剂选择的报道[22],但由于方法限制,还没有用于手性制备的报道。

(六)小分子离子分析

毛细管电泳在发展初期主要用于生物大分子的分离分析,但随着生物技术向各领域的渗透,小分子离子的 CE 在 20 世纪 90 年代发展起来了。无机离子可采用分光光度计检测,但许多离子在可见光区无明显吸收,因此电化学方法也被较多地用于无机离子的测定。

对阳离子分析,一般在缓冲溶液中加入络合剂来改变离子电泳迁移率,提高分离选择性并增加灵敏度。对阴离子分析要加入阳离子表面活性剂作为电渗流改性剂,使阴离子迁移方向与电渗流方向相同,且因电迁移速率不同而得以分离。这种改性剂对分离影响颇大。CE 还可分析离子色谱(IC)无法分离的强氧化性离子($S_2O_8^{2-}$)和强还原性离子(S^{2-}),解决了用原子吸收光谱和离子色谱法均无法解决的难题[23]。

小分子的检测,如环境分析中经常碰到的污染物多环芳烃(PAHs)。对研究污染物的消除、吸收和传播这些与元素形态密切相关的问题有很大帮助。CE 在小分子离子分析方面的独到之处已被广泛用于环境、地质及食品分析行业。

二、毛细管电泳技术的发展方向

毛细管电泳今后发展方向仍是继续提高分辨率、速度和检测器的选择性。同时,增加自动进样装置和使之微机化、商品化。另外,将它与质谱仪更好地结合,可对生物分子特性做出更快、更准确的分析,以进一步拓宽毛细管电泳在生物领域的应用范围。

除了毛细管区带电泳(CZE)外,高速毛细管电泳同样适用于其他分离模式,如胶束电动毛细管色谱(MECC)、亲和毛细管电泳(ACE)、毛细管等电聚焦(CIEF)等。但这方面的应用较少。目前,HSCE 已成功地应用于寿命短暂物质的检测、小分子离子分析、免疫分析、体内化学物质的监测和多维分析等领域。随着各种新的缓冲试剂的合成、新的进样方法和检测方法的不断完善,HSCE 将不断扩大其应用领域,具有更广阔的研究前景。

集成毛细管电泳芯片(ICEC)近年来的蓬勃发展即顺应这一趋势。该项技术以晶体硅、玻璃、塑料(指有机玻璃)、陶瓷和硅橡胶为基体材料,借助毛细管电泳技术,将样品进样、反应、分离、检测等过程集成到一起的多功能化的高效、快速、试样用量少的微型实验室技术。该项工作与分析仪器的微型化、小型化和集成化紧密相连,使得其能符合现代化学、制药工业的低成本和高产出的需求。1992 年,Manz 等[24]首次研制出芯片毛细管电泳装置。在电子工业中一般使用的芯片材质是硅,但是这种材料对于微型分离装置来说,并不是很合适,因为对于通常的 CE 电压应用来说，它的导电率过高，电击穿限太低。因此，也有许多人转而采用玻璃、石英、塑料或是硅橡胶作为基体材料[25]。不同的材料，其制作方法也不同，硅、玻璃基体多采用微加工蚀刻方法；塑料则用注塑、印模或是激光烧蚀 3 种方法。

集成毛细管电泳芯片相对于传统 CE 的优点主要是电渗流泵的扩展应用、良好的散热性能和设计多样性，文献已有报道[26]。

但是，每一种新兴技术总是在发展的过程中存在着一些问题，有待人们的解决。ICEC 技术也是如此。首先，它的芯片材质的使用还在不断的挑选、试用中，每一种都有各自的优缺点，还需进一步的摸索和完善。尽快找到一些在技术手段上可行，价格上能接受的材料是当务之急。其次，ICEC 的进样常常采用电动进样，但检测手段常见的是 LIF，这样的检测器无法集成到芯片上，使得仅仅是进样分离集中化，而分析检测却还是常规尺度，导致了芯片虽小，检测器却很大，显然不符合微型化的要求。因此，也可以考虑使用电化学检测器，实现真正的集成化。

当然，对痕量物质的检测十分有效的质谱检测也是一种方向，同样，接口技术还是关键。再次，要从单纯、单一的成分分析检测过渡到在线检测、复杂试样前处理和单分子、单细胞分析，也有很多工作要做。

另外，市场开发阶段和商品化阶段也是当前所面临的巨大挑战，在产业化的同时，以期带动基础研究，为进一步的发展打下坚实基础。

总之，CE 是一门发展中的分离科学前沿学科，从客观角度来看，CE 的纳升级进样使得在定量的再现性上需要改进，制备电泳尚未形成规模，但我们相信凭借其高效、灵敏、快速、设备简单、广泛适用性等特点，必然会有更为广泛的应用前景。

参考文献

[1] Jorgenson J W, Phillips M. New Directions in Electrophoretic Method[M]. Washington, D C: American Chemical Society. 1987.

[2] Monnig C A, Jorgenson J W Nanoscale separations: Capillary liquid chromatography-mass spectrometry and capillary zone electrophoresis-mass spectrometry for the determination of peptides and proteins[J]. Journal of Chromatography A, 1991, 554(1-2): 73-82.

[3] 甘尉棠. 现代化工分离技术讲座-毛细管电泳[J]. 精细石油化工, 2001, (4-6): 35-38.

[4] 高乐怡，方禹之. 21 世纪毛细管电泳技术及应用发展趋势[J]. 理化检验-化学分册, 2002, 38(1): 1-6.

[5] 毛煜，徐建明. 毛细管电泳技术和应用新进展[J]. 化学研究与应用, 2001, 13(1): 4-7.

[6] Christine E Evans, James A Davis. Effect of pressure-induced ionization, partitioning, and complement on solute retention in reversed-phase liquid chromatography [J]. Analytica Chimica Acta, 1999, 397(1-3): 163-172.

[7] Kelly M A, Altria K D, Clark B J. Quantitative analysis of sodium dodecyl sulphate by capillary electrophoresis[J]. Journal of Chromatography A, 1998, 798(1-2): 297-306.

[8] Kuban P, Karlberg B. Interfacing of flow injection pre-treatment systems with capillary electrophoresis [J]. TrAC Trends in Analytical Chemistry, 1998, 17(1): 34-41.

[9] Kuban P, Engström A, Karlberg B. New interface for coupling flow-injection and capillary electrophoresis [J]. Analytica Chimica Acta, 1997, 337(2): 117-124.

[10] Fang Zhao-Lun, Liu Zhi-Song, Shen Qi. Combination of flow injection with capillary electrophoresis. Part I. The basic system[J]. Analytica Chimica Acta, 1997, 346(2): 135-143.

[11] Hooker Thomas F, Jorgenson J W. Comprehensive on-line RPLC-CZE-MS of peptides [J]. Journal of the American Society for Mass Spectrometry, 1997, 8(5): 495-500.

[12] Moore A W, Jorgenson J W. Two-dimensional liquid chromatography-capillary electrophoresis techniques for analysis of proteins and peptides [J]. Methods in Enzymology, 1996, 270: 401-419.

[13] Tao L, Kennedy R T, Thompson J E. Laser-induced fluorescence detection in microcolumn separations [J]. Trends in Analytical Chemistry, 1998, 17(8-9): 484-491.

[14] Hooker T F, Jorgenson J W. Comprehensive Two-Dimensional High-Performance Liquid Chromatography for the Isolation of Over-expressed Proteins and Proteome Mapping [J]. Analytical Biochemistry, 1998, 258(2): 349-361.

[15] Bullard K M, Gavin P F, Ewing A G. Electrophoretic separation schemes in ultrathin channels with capillary sample introduction[J]. Trends in Analytical Chemistry, 1998, 17(7): 401-410.

[16] Huang X, Zare R N. [J]. Anal. Chem., 1991, 63: 189.

[17] Ye J, Baldwin R P. [J]. Anal. Chem., 1993, 65: 3525.

[18] Kelly J F, Locke S J, Thibault P. Rapid and sensitive gas chromatographic determination of estazolam [J]. Journal of Chromatography: Biomedical Applications, 1993, 621 (1): 102-104.

[19] 罗国安,王义明.毛细管电泳的原理与应用[J].色谱,1995,13(6):437-410.

[20] Kuypers A, Meijerink J, Smetsers T, et al. Quantitative analysis of DNA aberrations amplified by competitive polymerase chain reaction using capillary electrophoresis [J]. Journal of Chromatography B: Biomedical Sciences and Applications, 1994, 660(2): 271-277.

[21] Wren S A C. Theory of chiral separation in capillary electrophoresis [J]. Journal of Chromatography A, 1993, 636(1): 57-62.

[22] Copper C L, Sepaniak M J. The use of fluorescent probe molecules for detection in capillary electrokinetic separations [J]. Talanta, 1994, 41(9): 1499-1505.

[23] 胡平,罗国安,王如骥. Determination of Inorganic Selenium in KSC by Electrophoretic Capillary Ion Analysis[J].清华大学学报:自然科学版英文版,1996,1(4):425-428.

[24] Harrison D J, Fluri K, Seiler K, et al. Rapid separation of fluorescein derivatives using a micromachined capillary eletrophoresis system [J]. Analytica Chimica Acta, 1993, 283 (1): 361-366.

[25] 吴友谊,吴明嘉.集成毛细管电泳芯片及其制作技术的进展[J].分析测试技术与仪器,1999,5(3):135-138.

[26] 金亚,罗国安,王如骥.集成毛细管电泳芯片研究进展[J].色谱,2000,18(4):313-136.

思考题

1. 理解电泳、电渗、电渗流、电泳淌度等几个基本概念。
2. 简述影响电泳分辨率的因素有哪些?
3. 简述影响电泳淌度的因素有哪些?
4. 简述常见的毛细管电泳的几种分离模型及各自的特点。
5. 简述毛细管电泳装置的主要部件及其发展情况。
6. 简述毛细管电泳技术在生化领域的应用进展。

第四章 分子蒸馏分离技术

第一节 概 述

分子蒸馏(molecular distillation)是一种在高真空度条件下进行非平衡分离操作的连续蒸馏过程,它是以液相中逸出的气相分子依靠气体扩散为主体的分离过程,因此,属于速率分离过程。在高真空条件下,液体分子受热从液面逸出,利用不同分子平均自由程差异导致其表面蒸发速率不同而达到分离的目的。由于冷凝和蒸发表面距离一般小于或等于蒸发分子的平均自由程,逸出分子可以不经过分子碰撞而直接到达冷凝面冷凝,因此,分子蒸馏也可被称为短程蒸馏(short path distillation),短程蒸馏一般泛指分子蒸馏和无阻行程蒸馏(unobstructed distillation)。无阻行程蒸馏一般在2.7～66.7 Pa压力下操作,板间距较大,分子蒸馏一般在0.1～40 Pa压力下操作,板间距较小[1,2]。由于在分子蒸馏过程中操作系统的压力很低,混合物可以在远低于常压沸点的温度下挥发,另外,组分在受热情况下停留时间很短(0.1～10 s),因此,该过程已成为分离目的产物最温和的蒸馏方法。分子蒸馏特别适合于分离低挥发度、高沸点、热敏性和具有生物活性的物料。

一、分子蒸馏的历史

分子蒸馏技术,作为一种对高沸点和热敏性物质进行有效的分离手段,自20世纪30年代出现以来,得到了世界各国的重视。

Bronsted和Hevest在1922年设计了一套进行水银同位素分离的分子蒸馏装置,被认为是世界上最早的实验用分子蒸馏装置。到1930年时,世界上有代表性的关于分子蒸馏技术的研究小组有3个,负责人分别为Burch、Waterman和Hickman。而Hickman领导的小组在分子蒸馏的工业化开发方面起了非常重要的作用。1935年,Hickman领导的小组设计出了世界上第一台离心式分子蒸馏器,利用离心力的作用使物料在旋转的蒸发器上形成一层很薄的液膜。这种形式的分子蒸馏器由于液薄膜,停留时间短,有利于提高分馏效率。1943年,Qnackenbush和Steenbock对刮膜式分子蒸馏器进行了研究,刮膜式分子蒸馏器的蒸发面是静止的,克服了离心式蒸发器高速旋转所带来的许多问题;而与降膜式相比,刮膜式则降低了液膜厚度及传质传热阻力,大大提高了分离效率。

在过去的几十年中,世界各国都在不断扩大和完善分子蒸馏技术在工业化中的应用,分子蒸馏是一项国内外正在工业化开发应用的高新技术,并逐步向大规模的工业化应用方面发展。从20世纪60年代至今的40多年来,各国研究者均十分重视这一领域的研究,不断有新的专利和文献出现[3～5];同时,也出现了一些专业的技术公司专门从事分子蒸馏器的开发制造,如德国GEA公司、美国POPE公司、日本的神岗公司等。在应用方面,分子蒸馏技术已成功地应用于从浓缩鱼肝油中提炼维生素A的工业化应用中,日、英、美、德、法及苏联均有多套大型工业化装置投入工业应用,相继利用分子蒸馏技术解决了许多分离领域中的难题。

近年来，随着人们对天然物质的青睐，回归自然的潮流兴起，分子蒸馏技术得到了迅速的发展。对分子蒸馏的设备，各国研制的形式多种多样。发展至今，大部分已被淘汰，目前应用较广的为离心薄膜式及转子刮膜式。该两种形式的分离装置，也一直在不断改进和完善，特别是针对不同的产品，其装置结构与配套设备要有不同的特点，因此，就分子蒸馏装置本身来说，其开发研究的内容十分丰富。

我国对分子蒸馏技术的应用研究起步较晚，20 世纪 60 年代的报道非常少，到 80 年代末期，国内引进了几套分子蒸馏生产线用于硬脂酸单甘酯等的生产，目前，该项技术在我国工业化应用方面处于起步阶段。由于分子蒸馏技术的先进性和独特性以及广阔的应用前景，极大地激发了国内科研人员的兴趣，一些科研单位和大专院校对此都做了大量的实验研究工作和分子蒸馏设备的研制和改进，并且有些成果陆续进行了工业化生产，取得了良好的经济效益和社会效益。像鱼油的 DHA（二十二碳六烯酸）和 EPA（二十碳五烯酸）的提取、天然维生素 E、亚麻酸、高纯度二聚酸、角鲨烯、脂肪酸及其甲酯等的工业化生产，均填补了国内空白，产品质量与国外同类产品相比均处于先进水平。目前，已逐步探索出一套工业化应用的成功经验，并建立了具有自主知识产权的工艺及设备设计软件包，可设计、制造处理量从 1～2 000 L/h 的全套系列化装置[6]。

二、分子蒸馏技术与传统精馏的区别

分子蒸馏技术与传统精馏的区别主要在于下列几点。

①分子蒸馏的蒸发面与冷凝面距离很小，被蒸发的分子从蒸发面向冷凝面飞射的过程中，蒸气分子之间发生碰撞的几率很小，整个系统可在很高的真空度下工作；而对普通减压精馏过程来说，不论是板式塔还是填料塔，蒸气分子要经过很长的距离才能冷凝为液体，在整个过程中，蒸气分子要不断地与塔板（或填料）上的液体以及与其他蒸气分子发生碰撞，整个操作系统存在一定的压差，因此整个过程的真空度远低于分子蒸馏过程。

②普通减压精馏是蒸发与冷凝的可逆过程，液相和气相间可以形成相平衡状态；在分子蒸馏过程中，蒸气分子从蒸发表面逸出后直接飞射到冷凝面上，几乎不与其他分子发生碰撞，理论上没有返回蒸发面的可能性，因而，分子蒸馏过程是不可逆的。

③普通蒸馏的分离能力只与分离系统各组分间的相对挥发度有关，而分子蒸馏的分离能力不但与各组分间的相对挥发度有关，而且与各组分的分子量有关。

④普通蒸馏有鼓泡、沸腾现象，而分子蒸馏是液膜表面的自由蒸发过程，没有鼓泡、沸腾现象。

第二节　分子蒸馏的原理

一、分子蒸馏分离的基本过程

图 4-1 为分子蒸馏原理示意图，由图 4-1 可以看出，当液体混合物沿加热器表面自上向下流动时，被加热后分子运动加剧，部分能量足够大的分子就从液面逸出成为气相分子，物系中轻分子的平均自由程大，重分子的平均自由程小，此时，若在离液面小于轻分子的平均自由程而大于重分子平均自由程处设置一冷凝面，使得气相中的轻分子就能到达冷凝面，且不断被冷

凝，从而破坏了物系中的动态平衡，使混合液中的轻分子不断逸出；但是气相中重分子却不能到达冷凝面，并很快与液相中重分子趋于平衡，表观上重分子不再从加热面逸出，据此，液体混合物便在这个装置中实现了轻重物质分离的目的。

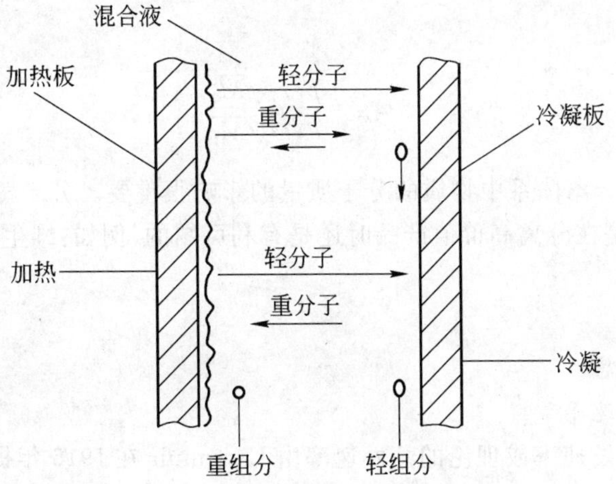

图 4-1　分子蒸馏原理示意图(冯武文等,2002)

归纳起来，分子蒸馏过程依次按以下四步进行。

①物料分子从液相主体向蒸发表面扩散。物料分子在液相中的扩散速度是控制分子蒸馏速度的主要因素，应尽量减薄液层厚度及强化液层的流动。

②物料分子在液层上自由蒸发。蒸发速度随温度升高而增大，但是，分离因素却随温度升高而降低。所以，应以被加工物质的热稳定性为前提，选择经济合理的蒸馏温度。

③分子从蒸发面向冷凝面飞射。在飞射过程中可能与残存的空气分子碰撞，也有可能相互碰撞，由于蒸发分子远重于空气分子，且大都具有相同的运动方向，所以它们自身碰撞对飞射方向和蒸发速度影响不大。而残气分子在两面间呈杂乱无章的热运动状态，故残气分子数目的多少是影响飞射方向和蒸发速度的主要因素。所以，分子蒸馏要有高的真空度，但是，只要真空度合适，使蒸发分子的平均自由程大于或等于蒸发面与冷凝面之间的距离即可，过分提高真空度在工程上是毫无必要的。

④轻分子在冷凝面上冷凝。只要保证冷热两面间有足够的温度差(一般为 70～100℃)，冷凝表面的形式合理且光滑则认为冷凝步骤可以在瞬间完成，所以，选择合理冷凝器的形式相当重要。

二、分子蒸馏基本理论

分子蒸馏可以认为是一种特殊形式的蒸发蒸馏。在这里液体的蒸发没有经过沸腾，但是在这种情况下经蒸发的分子到达冷凝器表面过程中没有受到阻碍。对于分子蒸馏需要具备下列 3 个条件。

(1)压力必须低，为 0.1～40 Pa。这个低压要求确保了分子之间不会发生碰撞。

(2)蒸发面和冷凝面之间的距离要与分子运动平均自由程的大小在同一个数量级，自由移动的分子要没有机械阻碍。

(3)冷凝器表面的温度应低于蒸发表面温度 50～100℃,防止冷凝器表面分子的再次蒸发。

两种物质的相对挥发度可用式[4-1]表示。当两物质的蒸气分压的活度系数差别不大时,可用式 4-1 表示。

$$\alpha_{1,2}=\frac{p_1^0}{p_2^0}\frac{r_1\sqrt{M_2}}{r_2\sqrt{M_1}} \qquad [4-1]$$

从式[4-1]来看,分离体系中物质的分子质量的影响很重要。分子蒸馏设备和真空度的要求使得成本很高,但是在分离高价值产品时还是有利可图的,例如:维生素、脂肪、必需脂肪酸、激素等[4]。

(一)几个基本概念

1. 理论分子蒸发速率

分子蒸馏最大蒸发速率或理论的蒸发速率由 Langmuir 在 1916 年提出,Langmuir 研究了高真空下纯物质的蒸发现象,他从分子动力学出发,推导出纯物质理论分子蒸发速率只是表面温度和分子种类的函数,如式[4-2]所示,此方程式为分子蒸馏的研究奠定了理论基础。

$$G=P^0\cdot\sqrt{\frac{M}{2\pi R_g T_s}} \qquad [4-2]$$

把摩尔气体常数 R_g 代入式[4-2],可得到它的简化式,如式[4-3]所示。

$$G=0.0138\ P^0\cdot\sqrt{\frac{M}{T_s}} \qquad [4-3]$$

式中:G——蒸发速度,$g/(m^2 \cdot s)$;P^0——温度 T_s 时的饱和蒸气压,Pa;M——分子摩尔质量,kg/mol;T_s——蒸发液面的绝对温度,K。

2. 分离因数

分子蒸馏是一非平衡分离过程,其分离因数为不同组分的分子蒸馏摩尔速率之比,如式[4-4]所示。

$$\alpha_0=\frac{y_A x_B}{y_B x_A}=\frac{G_A M_B}{G_B M_A} \qquad [4-4]$$

把式[4-2]代入式[4-4]可得到分子蒸馏理论分离因数,如式[4-5]所示。

$$\alpha_0=\frac{P_A^0}{P_B^0}\cdot\sqrt{\frac{M_B}{M_A}} \qquad [4-5]$$

式中:M_A——轻分子相对分子质量;M_B——重分子相对分子质量;P_A^0——轻分子饱和蒸气压,Pa;P_B^0——重分子饱和蒸气压,Pa;α_0——相对挥发度。

常规蒸馏的相对挥发度如式[4-6]所示。

$$\alpha_0=p_A^0/p_B^0 \qquad [4-6]$$

与普通蒸馏相比，分子蒸馏理论分离因数增加了$(M_B/M_A)^{1/2}$倍，因此，分子蒸馏可以用来分离挥发度相近但分子量不同的混合物系。同时，分子蒸馏由于处于非平衡状态下操作及其设备的内部结构特点，使得分离效率远高于常规蒸馏，从而可使产品的收率大大提高，降低生产成本。在实际过程中，对于双组分体系，真空相对挥发度如式[4-7]所示。

$$\alpha_2=\frac{Y(1-X)}{X(1-Y)} \quad [4\text{-}7]$$

式中：Y——在气相中的摩尔分率；X——在液相中的摩尔分率。

(二)分子运动平均自由程

传统的液体混合物的分离，一般都是利用物质系统的沸点差通过蒸馏或精馏来实现的。而分子蒸馏技术却不同于常规蒸馏，它是依靠不同物质分子运动平均自由程的差别实现物质分离的。下面介绍分子运动的几个概念。

1.分子碰撞

分子与分子之间存在着相互作用力。当两分子离得较远时，分子之间的作用力表现为吸引力，但当两分子接近到一定程度后，分子之间的作用力会改变为排斥力，并随其接近到一定程度，排斥力迅速增加。当两分子接近到一定程度，排斥力的作用使两分子分开，这种由接近而至排斥分离的过程就是分子的碰撞过程。

2.分子有效直径

分子在碰撞过程中，两个分子质心的最短距离，即发生斥离的质心距离，称为分子有效直径。

3.分子运动自由程

一个分子相邻两次分子碰撞之间所走的路程，称为分子运动自由程。

4.分子运动平均自由程

某一种分子在某时间间隔内自由程的平均值称为分子运动平均自由程。

设v_m为任一分子运动的平均速度，f为分子间的碰撞频率，λ_m为分子运动平均自由程，则：

$$\lambda_m=v_m/f \quad [4\text{-}8]$$

对于球形分子，由热力学原理可知：

$$f=\sqrt{2}v_m\cdot\pi d^2 p/(KT) \quad [4\text{-}9]$$

式[4-9]代入式[4-8]，得到式[4-10]。

$$\lambda_m=KT/(\sqrt{2}\pi d^2 p) \quad [4\text{-}10]$$

式中：d——分子的有效直径；p——分子所处空间的压强；T——分子所处环境的温度；k——波尔兹曼常数。

对理想气体，分子运动平均自由程可由气体热力学理论导出，如式[4-11]所示。

$$\lambda_m=\frac{KT}{\sqrt{2}\pi d^2 p}=\frac{RT}{\sqrt{2}\pi d^2 Np} \quad [4\text{-}11]$$

式中：λ_m——分子运动平均自由程；d——分子有效直径；K——波尔兹曼常数；N——阿伏加德罗常数；p——压力；R——摩尔气体常数。

可见，压力、温度及分子有效直径是影响分子运动平均自由程的3个主要因素。λ与压力成反比而与温度成正比，当压力一定时，特定物质的分子运动平均自由程随空间温度增加而增大；当温度一定时，平均自由程λ与空间压力P成反比，真空度越高(空间压力越小)λ越大，分子之间碰撞几率越小。例如，当系统中的压力为13.3 Pa时，空气分子的平均自由程只有0.056 cm，而当系统中的压力为0.133 Pa时，空气分子的平均自由程可以达到5.62 cm。

当然，即使物系空间的压力和温度相同，对于不同的物质由于分子有效直径不同，其分子平均自由程也存在差异。分子蒸馏的分离作用正是依据分子平均自由程不同这一性质来实现的。

赵国志[8]通过实验测得，在分子蒸馏中，分子质量为800 u左右的物质，其平均自由程和真空度如表4-1所示。

表4-1 平均自由程和真空度对照表(赵国志,2000)

真空度/mmHg	平均自由程/mm
8×10^{-3}	7
3×10^{-3}	25
1×10^{-3}	50
0.3×10^{-3}	250
0.1×10^{-3}	3 000

5. *分子运动自由程的分布规律*

分子运动自由程的分布规律可表示为式[4-12]。

$$F = 1 - e^{-\lambda/\lambda_m} \qquad [4\text{-}12]$$

式中：F——自由程不大于λ的概率；λ_m——平均自由程；λ——分子运动自由程，由式[4-12]可以得出，对于一群相同状态下的运动分子，其自由程不小于平均自由程λ_m的概率为：$1-F=e^{-\lambda_m/\lambda_m}=e^{-1}=0.368$。

(三)分子蒸馏需具备的条件

1. *蒸发面与冷凝面之间应保证较高的温度差*

要保证分子单向流动，就要使涂布液体均匀的蒸发面尽可能快速地使大量分子逸出，遇冷凝面立即被捕集。要使得分子从液相转入气相的速度较大，必须保证的条件之一便是蒸发面和冷凝面之间的温度差必须尽可能地大。一般理论上要求温差在70～100℃之间，但实际中还应尽可能地增大温度差为好，为此，应结合实际情况而定。对于热敏性物料分离，若为了提高温度差而使蒸发面温度过高，则物料成分便会被破坏；相反地，对于一些在低温度下黏度过大的物料，冷凝面的温度如果过低，则会使物料黏附于冷凝面上，严重阻碍了分离。比如，分子蒸馏分离单甘酯时，就要求冷凝面温度约为72℃，以保证单甘酯有较好的流动性。因此，实际生产中应根据原料的情况而定。

2. *蒸发面与冷凝面应保持较短的距离*

基于分子蒸馏的原理，蒸发面与冷凝面之间的距离应保持在轻质分子平均自由程和重质分子平均自由程之间，方能实现良好的分离效果。这样不仅满足了分子蒸馏的先决条件，并且有助于缩短物料汽化分子处于沸腾状态的时间，仅数秒钟即达到快速分离。

在实际中，其蒸发面与冷凝面的距离应根据系统内的真空度而定，因为一定的真空度下就对应着该混合液中轻重分子的平均自由程的大小。一般蒸发面与冷凝面的距离范围为20～

30 mm 为佳。然而，在冷凝面与蒸发面相距如此近的情况下，要保持其温度差在 100℃左右，在常压下几乎难以实现。但在高真空度下，两面间几乎没有气体分子，因而冷热面间就几乎没有对流传热介质和导热传热介质，有的只是辐射传热，所以，在高真空度下保证如此高的温度差也较易实现。

从理论上讲，分子蒸馏时，蒸发面和冷凝面的间距应小于或等于被分离物质蒸气分子平均自由程，这样，由蒸发表面逸出的分子可以毫无阻碍地奔射并凝集在冷凝器表面上，而 Lutiiant 等[9]通过分析研究指出即使蒸发面和冷凝面间距达到 50 mm 对分子蒸馏速率及蒸馏过程也无明显影响。

3. 分子蒸馏分离系统中应保持较高的真空度

系统中真空度高，不仅可以增大轻重分子的平均自由程，使设备中蒸发面与冷凝面间距设计更易于保证其分子蒸馏条件。而且，高真空度下，气相与液相表面的蒸气压差大，能够保证在低温度下液体分子向气相中的良好的传递过程，使分离速率大大提高。此外，高真空度下，分离体系中几乎无氧气存在，这就保证了分离在绝氧条件下完成，这对分离食品中的易氧化物质非常有利。当其他条件恒定时，真空度决定了混合液体中不同成分分子的平均自由程。由分子蒸馏原理可知，只要选择不同的真空度及冷热面温度，便可达到不同成分分离的目的。也就是说，分子蒸馏可以通过多级蒸馏过程而达到几种成分的分离。

关于分子蒸馏的压力，并没有一定的明确界限，有人认为将压力低于 0.013 Pa 的蒸馏过程称为分子蒸馏，把压力为 1.33～0.013 Pa 的蒸馏过程称为准分子蒸馏。实际中，随着设备工艺制作的进步，在 0.01～100 Pa 的压力下，都有可能实现分子蒸馏操作。

4. 蒸发面上的液体膜应尽可能的薄

在高真空的条件下，液体能够在不产生气泡的情况下实现相变，也就是说相变发生在被蒸发的液体物料表面，使之就地蒸发。要实现这样的过程，必须尽可能地扩大蒸发表面和不断地更新蒸发表面，以提高传质速率。采用机械式刮板薄膜蒸发装置和离心式薄膜蒸发装置，可不断更新蒸发表面又能减少停留在蒸发表面的物料量，从而缩短了物料的受热时间，避免或减少了产品受热分解或聚合的可能性。

实际中，一般薄膜厚度为 0.05～0.5 mm 比较适宜。如果过薄，则不但技术上难以实现，而且单位时间蒸发量也要减少。

5. 分子蒸馏装置应有必要的设备系统

分子蒸馏装置包括缸体、刮膜器、变速器、接收瓶等；抽真空系统包括真空泵、扩散泵等；加热温控系统包括热油泵、导热油炉、控温仪表、油路等；冷却系统包括冷阱、降温水泵、冷却水管路等。

此外，必须具有优良的密封结构，以保证分离中不会出现真空泄漏等现象。在混合液体进入缸体成膜之前，至关重要的是先要进行脱水、脱溶剂和脱氧处理。

脱水、脱溶剂处理原因有两个：一是由于在分子蒸馏过程中，处理量本身就相对较少，若不提前脱掉容易脱除的水和有机溶剂，会给蒸馏造成过大的负担，而且有机溶剂还可能腐蚀其中的一些设备部件；二是由于水和有机溶剂均易于挥发，若不提前除去，则缸体中的真空度会大幅度下降，极不利于蒸馏。

提前脱除氧气处理主要原因是：在蒸馏时，虽然体系内处于真空度较高状态，但若由混合液携带氧气进入缸体，在高温下，即使有少量氧气存在也很容易使某些易氧化成分发生氧化，这样就大大影响了产品的质量。同时，提前脱除氧气及一些易挥发组分，还可以避免其进入分子蒸馏器内由于高真空而导致的物料暴沸，保证蒸馏过程顺利进行。因而，在分子蒸馏前，对原料的脱水、脱溶剂、脱氧气处理是十分必要的[10]。

三、分子蒸馏技术的特点

(一)分子蒸馏技术的特点

由分子蒸馏的基本原理可以看出，分子蒸馏是一种区别于常规蒸馏的非平衡状态下的特殊蒸馏。与常规蒸馏相比，分子蒸馏有如下无法比拟的特点[11]：

1. 操作温度低，可大大节省能耗

常规蒸馏是依靠物料混合物中不同物质的沸点差进行分离的，而分子蒸馏是靠不同物质的分子运动平均自由程的差别来进行分离的，并不要求物料一定要达到沸腾状态，只要分子从液相中挥发逸出，就可以实现分离。正因为分子蒸馏是在远离沸点下进行操作，因此，产品生产的能耗较小。

2. 蒸馏压强低，要求在高真空度下操作

由式[4-10]可知，分子运动平均自由程与系统压力成反比，只有加大真空度，才能获得足够大的平均自由程。研究指出，分子蒸馏的真空度一般都高达 0.1～40 Pa。

3. 受热时间短，降低热敏性物质的热损伤

由于分子蒸馏是利用不同物质分子运动平均自由程的差别而实现分离的，其基本要求是加热面与冷凝面的距离必须小于轻分子的分子运动平均自由程，这个距离通常很小，因此，轻分子由液面逸出后几乎未发生碰撞即射向冷凝面，受热时间极短。研究指出，分子蒸馏受热时间仅为几秒或几十秒，从而在很大程度上避免了物质的热分解或聚合。

4. 分离效率高

轻重分子相对分子质量相差愈大，它们的分子蒸馏较常规蒸馏就越易分离，而且往往用常规蒸馏不易分开的物质用分子蒸馏便可分开，这就是用分子蒸馏可以分离共沸液的原因。

(二)分子蒸馏技术的优势

从分子蒸馏技术以上的特点可知，它在实际工业化的应用中比常规蒸馏技术具有以下明显的优势[12]：

(1)对于高沸点、热敏及易氧化物料的分离，分子蒸馏提供了最佳分离方法。因为分子蒸馏在远低于物料沸点的温度下操作，而且物料停留时间短，分子蒸馏分离可有效避免易氧化物质的氧化分解。

(2)对于混合液中的低分子物质(如有机溶剂、臭味物等)的脱除，分子蒸馏要较常规蒸馏有效得多，这对于采用溶剂萃取后液体的脱溶剂是非常有效的方法。

(3)分子蒸馏可以通过真空度的调节，有选择地蒸出目的产物，去除其他杂质，通过多级分离可同时分离多种物质，而常规蒸馏则不能。这就避免了因受热时间长造成混合物内某些组分分解或聚合的可能。假定真空蒸馏受热时间为 1 h，则分子蒸馏仅用十几秒钟即可完成。

(4)分子蒸馏的分馏过程是物理过程，因而可很好地保护被分离物质不受污染和侵害。

(三)分子蒸馏的缺点

分子蒸馏因为下面的几点原因,它并非一种万能的分离技术。

(1)由于分子蒸馏的加热面积受设备结构的限制,生产能力不大。且分子蒸馏是在低于沸点情况下操作,其汽化量相对于在沸腾下操作的常规蒸馏要小得多。

(2)若混合物内各组分的分子平均自由程相近时,则可能分离不开。因此,其主要用于不同组分分子平均自由程相差较大的混合物的分离。

(3)由分子蒸馏的工作条件决定了其需要高真空排气装置、高真空动静密封结构等辅助系统,这就导致生产技术难度大、整体机组设备费用较高、维修费用较高,生产成本随着相应增加。因此,选择两种分离设备,应根据分离对象的情况而定。对于一些热敏感、高沸点、生产量小、价值高的物料选用分子蒸馏为宜;而对于那些产量极大、价值极低、热稳定性较好、沸点较低的物料,则以常规蒸馏为宜。

第三节　分子蒸馏过程与设备

一、分子蒸馏过程研究

在分子蒸馏过程中,由于液相主体传递阻力、汽液界面传递阻力、蒸馏区惰性气体和冷凝液膜表面分子返蒸发对分子蒸馏造成的阻力等影响,使液膜表面温度和组成较液相主体发生很大变化。因此,分子蒸馏速率与分离因数的计算极为困难,分子蒸馏研究的主要内容是对各种阻力对分子蒸馏速率影响的研究。

过去几十年来,人们采用两种方法对分子蒸馏过程进行了研究。一种是蒸发系数法,即把各种阻力对分子蒸馏速率的影响归纳于参数蒸发系数,蒸发系数可用 E 表示,E 被认为是物质的一种特性。另一种研究分子蒸馏过程的方法是数学模型化法,即对分子蒸馏过程的各个阶段产生的阻力进行研究,分别建立其数学模型,再结合式[4-1]来计算分子蒸馏速率。

(一)蒸发系数法

蒸发系数法是早期分子蒸馏研究中被广泛运用的一种实验研究方法[13,14]。这种方法不能揭示分子蒸馏过程中各种阻力的来源及其大小,而只关心阻力对分子蒸馏的影响结果。分子蒸馏速率表达式相应被修正为式[4-13]所示。

$$G=EP^0\cdot\sqrt{\frac{M}{2\pi R_g T}} \qquad [4\text{-}13]$$

由于无法知道液膜表面温度和组成,式[4-13]中采用主体温度和组成。实际上由于液膜表面分子蒸发时吸收热量,液膜表面温度低于主体温度,同时,混合物中各组分的表面蒸发速率的差异,导致液相主体和其表面组成也不相同。

式[4-13]中 E 值的大小包含了结构参数(设备结构形式和尺寸)和操作参数(操作温度及压力)等因素的综合影响。在不同的设备和操作条件下,各种阻力影响大小不同,相应得到的 E 值也发生相应变化。

所以，有文献报道同一种物质不同研究者得到的结果相差较大。但部分研究者对一些常见纯物质 E 值的研究结果是：所有物质的 E 都小于 1。

由于运用蒸发系数法在某种条件下得到的 E 值，并不能用于另一种条件下分子蒸馏速率的预测，所以，采用该方法研究分子蒸馏并无现实意义。

(二)数学模型化法

Hickman 等[15]认为，在分子蒸馏条件下，纯物质的表面分子蒸发是一种理想行为。有文献报道[16]的蒸发系数远低于 1，主要是由于液相主体传热阻力以及表面分子蒸发吸热，使液膜表面温度下降，从而导致以液相主体温度计算得到的理论蒸发速率偏高。

可见当操作压力很低时，分子表面蒸发速率可以用式[4-2]来计算，但需要知道液体表面的温度和组成分布。因此，必须对分子蒸馏过程中每个阶段产生的阻力进行研究，建立起能准确描述该过程的数学模型，再结合式[4-2]和式[4-4]计算蒸发速率和分离因子。

由于液膜表面温度和组成无法直接测量，通过分析液膜流动和其内部热量和质量传递，建立起描述主体和表面温度及组成关系的数学模型是目前主要的研究手段。几十年来，许多学者对各种分子蒸馏设备建立了相应的数学模型。常用的数学模型有一维模型及二维模型等[17]。

由于影响分子蒸馏过程的因素较多，如蒸馏器的形式、蒸发面和冷凝面上液膜的流动状态、分子蒸馏器内惰性气体的含量、进料温度、进料流速等，因此建立起的数学模型通常较为复杂；而且不同的研究者由于简化方法的不同，建立起的模型往往也不相同。

为了进一步推动分子蒸馏技术的发展和在工业上的规模化应用，迫切需要对分子蒸馏过程进行基础理论研究，对分子蒸馏过程进行模拟，建立相应的数学模型，为工业设计和优化生产提供理论依据。

二、分子蒸馏设备

一套完整的分子蒸馏设备主要包括：物料输入系统、分子蒸发器(蒸发系统)、脱气系统、进料系统、加热系统、冷却系统、真空系统和控制系统。如图 4-2 所示。

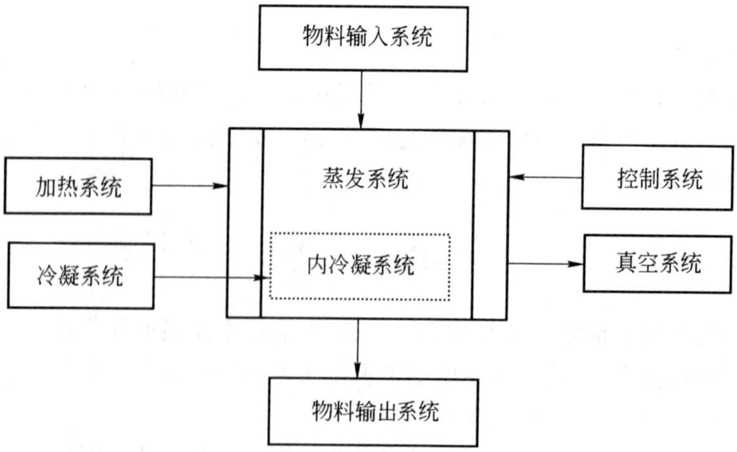

图 4-2 分子蒸馏系统示意图

(一)分子蒸馏系统

1.物料输入、输出系统

以计量泵、输料泵和物料输出泵等组成，主要完成系统的连续进料与排料功能。进料需连续，出料可以是连续或间隙。待处理物料通常含有溶解的气体和少量低沸物成分，在中、高真空条件下，它们不会被通常温度的冷却水所冷凝，而影响真空度。为了保证在进入蒸发器前，真空泵的负荷尽可能低，因此，物料输入系统中应该有一个脱气装置，预先将低沸物成分去除。

2.蒸发系统

以分子蒸馏蒸发器为核心，可以是单级，也可以是两级或多级。该系统中除蒸发器外，往往还设置一级或多级冷阱。

3.加热和冷凝系统

根据热源不同而设置不同的加热系统，目前有水蒸气和热水加热、电炉加热、电感加热、载体加热及微波加热等。冷凝系统含冷却设备及冷却剂等，冷凝器一般采用盘管、U形管或管束，固定在蒸馏器的底部。冷凝器的形状及与加热面的间隙合理与否直接影响到产品的分离纯度、得率及蒸馏器内的真空度。

4.真空系统

分子蒸馏是在极高真空下操作，因此，该系统也是全套装置的关键之一。真空系统的组合方式多种多样，具体的选择需要根据物料特点确定。选择合适的真空装置是非常重要的，通常使用机械泵或机械泵和蒸气喷射泵组合。当绝对压力在0.1～1 Pa范围时，还须使用扩散泵。另外，为使向外的分压保持尽可能低，在蒸馏器和真空泵之间须设置冷阱，冷阱用低温水或冷冻液作冷煤。

5.控制系统

通过电子设备进行自动控制或结合操作软件通过电脑控制。

(二)分子蒸发器

分子蒸馏装置的核心部分是分子蒸发器，分子蒸发器有简单蒸馏型与精密蒸馏型之分，目前采用的装置多为简单蒸馏型。分子蒸馏过程研究与分子蒸馏器结构形式的发展密不可分，根据分子蒸馏器的结构形式和操作特点，主要分为以下几类：静止式蒸发器、降膜式蒸发器、刮膜式蒸发器和离心式蒸发器。

1.静止式分子蒸馏器

该设备出现最早，结构简单，具有一个静止不动的水平蒸发表面，如图4-3所示，其分离能力低，分离效果差，物料停留时间长，热分解危险性大，只适用于实验室及小批量生产。

2.降膜分子蒸馏器

该装置是采取重力使蒸发面上的物料变为液膜降下的方式，将物料加热，蒸发物就可在相对方向的冷凝面上凝缩。流体靠重力在加热壁面流动时形成一层薄膜，但其液膜厚度不均匀，容易形成热点使组分分解；液膜流动一般呈层流，传质和传热阻力大。流体靠重力在蒸发壁面流动时形成一层薄膜，但液膜厚度不均匀，且液膜流动一般为层流，传质、传热阻力大。

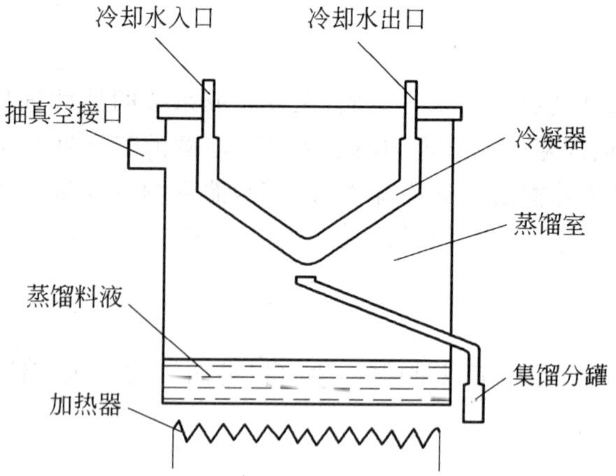

图 4-3 静止式分子蒸馏器示意图

降膜式装置为早期形式，结构简单，图 4-4 为实验室用的降膜式分子蒸馏装置。降膜式装置其优点是液膜厚度小，蒸馏物料可沿蒸发表面流动，停留时间短，热分解的危险性较小，蒸馏过程可以连续进行，生产能力大。缺点是很难保证所有的蒸发表面都被液膜均匀覆盖，在蒸发面上形成的液膜较厚，液体流动时常发生翻滚现象，产生的雾沫也常溅到冷凝面上，影响分离效果效率差，现在各国很少采用。

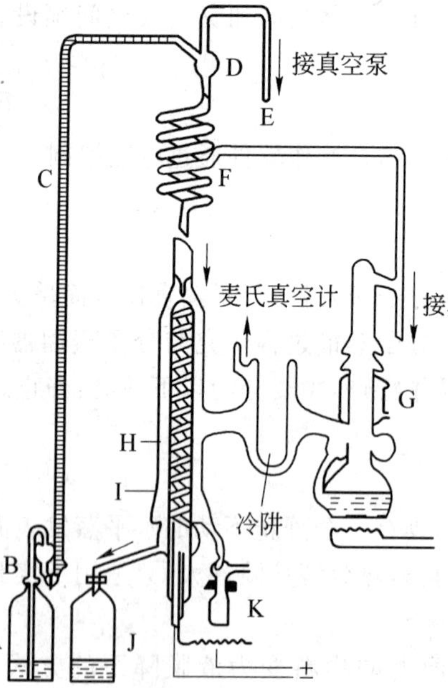

A. 进料贮油器　B. 滴液速率计数器　C. 进料液加热管　D. 油气分离球　E. 真空管
F. 脱气盘管　G. 扩散泵　H. 蒸发器　I. 冷凝器　J. 蒸余物接受器　K. 蒸出物接受器

图 4-4 内加热、外冷凝降膜式分子蒸馏实验装置(杨村等，分子蒸馏技术，2003)

3.刮膜分子蒸馏器

在降膜蒸馏器内部设置个转动的刮膜器，使物料均匀覆盖在加热表面上，液层得到充分搅动，强化了传热和传质。物料停留时间短且液膜厚度均匀，热分解可能性小，生产能力大，在工业上应用较广。

刮膜分子蒸馏器是在降膜式的基础上发展起来的，如图4-5所示。蒸发筒体(一般为圆柱形)内设置转子，转子主要由旋转主轴、布料器、刮膜器(常称为刮板)组成，主轴旋转时带动布料器及刮板一起转动，薄液膜均匀分布在壁面上，且因刮板转动使液膜高度湍动、不断更新，强化了传热、传质过程。可见，刮膜式分子蒸馏器同离心式分子蒸馏器相比，因采用机械搅拌刮膜，克服了布膜不均及较高的温度梯度；而同离心式相比，结构较为简单，更容易受热与控制。因而，刮膜式是分子蒸馏设备中很有发展前景的一种。

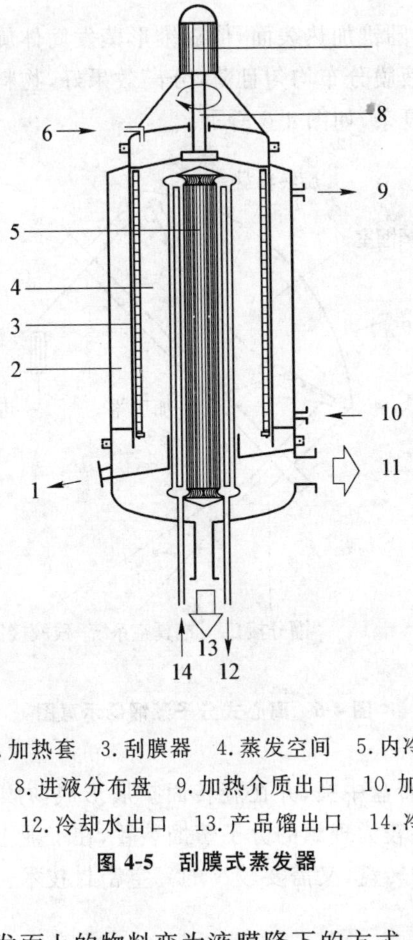

1.残留液出口　2.加热套　3.刮膜器　4.蒸发空间　5.内冷凝器　6.进料口
7.转动电机　8.进液分布盘　9.加热介质出口　10.加热介质入口
11.真空口　12.冷却水出口　13.产品馏出口　14.冷却水入口

图4-5　刮膜式蒸发器

该装置是采取重力使蒸发面上的物料变为液膜降下的方式，但为了使蒸发面上的液膜厚度小且分布均匀，在蒸馏器中设置了一硬碳或聚四氟乙烯制的转动刮板。该刮板不但可以使下流液层得到充分搅拌，还可以加快蒸发面液层的更新，从而强化了物料的传热和传质过程。其优点是：液膜厚度小，并且沿蒸发表面流动；被蒸馏物料在操作温度下停留时间短，热分解的危险性较小，蒸馏过程可以连续进行，生产能力大。

进料以一定的速率进入到旋转分布板上，在一定的离心力作用下被抛向加热蒸发面，在重力作用下沿蒸发面向下流动的同时在刮膜器的作用下在径向上得到均匀分布。低沸点组分首先从薄膜中挥发，径直飞向中间冷凝面，并冷凝成液相，冷凝液流向蒸发器的底部，经馏出口流出；不挥发组分从残留口流出；不凝性气体从真空口排出。因此，目的产物既可以是易挥发组分，也可以是难挥发组分。

缺点是：液体分配装置难以完善，这种设备成膜性相对较差，液膜不均匀，且相对较厚，蒸馏效率较低；液体流动时常发生翻滚现象，所产生的雾沫也常溅到冷凝面上；从塔顶至塔底的压力损失相当大，所以有加热温度变高的缺点，这样就会对热不稳定物质的适用范围产生一定的局限性。

但由于该装置结构相对简单，价格相对低廉，现在的实验室及工业生产中，大部分都采用该装置。

4. 离心式分子蒸馏器

该设备具有一个旋转的圆锥加热表面，依靠锥形蒸发筒体旋转，使物料在离心力作用下呈液膜状均匀分布在壁面上，液膜分布均匀且薄，分离效果好，物料停留时间很短，可分离热稳定性很差的混合物，但结构较复杂，如图 4-6 所示。

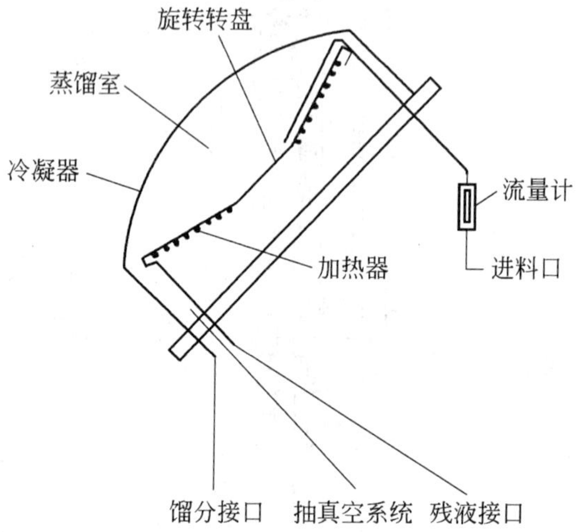

图 4-6 离心式分子蒸馏器示意图

将物料送到高速旋转的转盘中央，并在旋转面扩展形成薄膜，同时加热蒸发，使之与对面的冷凝面凝缩，该装置是目前较为理想的分子蒸馏装置，在工业上应用也较广。但与其他两种装置相比，要求有高速旋转的转盘，又需要较高的真空密封技术。

(三)各种蒸发器的优缺点比较

不同的蒸发器具有不同的性能差异。

离心式分子蒸馏器与刮膜式分子蒸馏器相比具有以下优点：由于转盘高速旋转，可得到极薄的液膜且液膜分布更均匀，离效率很高，且几乎没有压力损失，蒸发速率和分离效率更好；料液紧贴着蒸发面，产生气泡的可能性较小。物料在蒸发面上的受热时间更短，降低了热敏物质热分解的危险；物料的处理量更大，更适合工业上的连续生产。同时，料液薄膜在离心力作用下沿蒸发面自由向外移动，使蒸发面得到不断的更新，因而传质速率较高，料液受热时间较短，这就克服了转子刮膜式结构的一些缺点。

目前，国外的大多数公司及国内的几家大型企业都已使用该设备结构。然而，离心薄膜式结构复杂，有较高速的机械运转机构，需要高真空密封技术，因而加工制造较难，相对投资较大。蒸发面积小，处理能力不够大，并且由于没有刮片构件，对于易结焦的物料不太适合。

综上所述，降膜式分子蒸馏蒸发器由于液膜厚、效率差，除一些特殊过程外，已不适宜于工业应用。刮膜式和离心式分子蒸馏蒸发器是将来工业应用中的两种重要类型，而且随着更多的应用发展，该两种类型还会派生出许多适合不同物料的不同内部结构的型式。

不论采用上述何种分子蒸馏器，如图 4-7 所示，蒸馏过程一般都包括以下 4 个步骤：

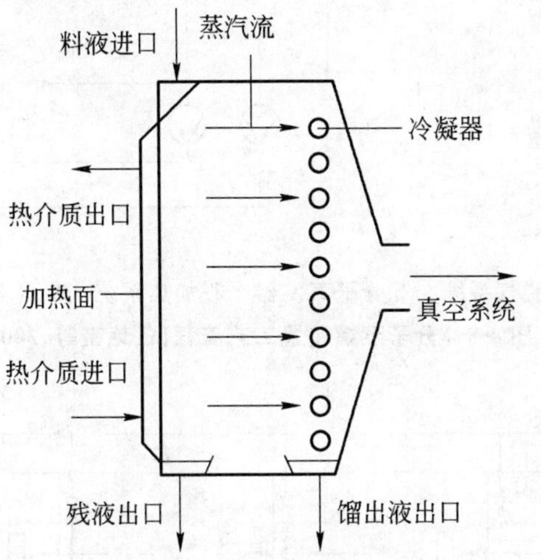

图 4-7　分子蒸馏系统示意图(邢红丽等，2005)

①物料在加热表面上形成液膜；
②液体在液膜表面上自由蒸发；
③逸出分子向冷凝面运动；
④蒸发分子在冷凝面上冷凝。

三、分子蒸馏的流程

分子蒸馏流程有单级、多级分子蒸馏流程，图 4-8 为一个简单的分子蒸馏流程示意图。

在实际的工业应用中，由于所生产的产品质量通常有多方面的要求，或因为混合物中含有两种以上的组分要分离出来，这样，通过单级的分离装置就难以达到要求，往往需要设计多级分子蒸馏装置。图 4-9 为一个四级刮膜式分子蒸馏装置流程示意图。

图 4-10 为离心式分子蒸馏工业化流程。该流程中主要由大型离心式分子蒸馏器及全套旋转泵与扩散泵组合的高真空系统组成。为提高真空系统效率，在真空泵前设置冷阱。生产中，原料通过进料泵打入原料罐，再由泵将物料经预热器后打入分子蒸馏器，分离后蒸出物分别进入馏出物罐及蒸余物罐，蒸余物可以循环再分离。

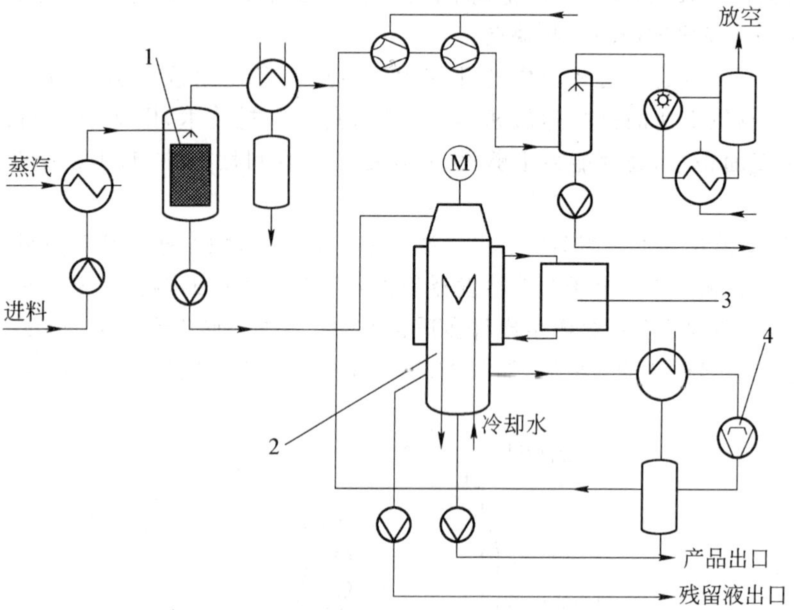

1. 脱气系统 2. 分子蒸发器 3. 加热系统 4. 真空系统

图 4-8 分子蒸馏装置工艺流程(任艳奎等,2005)

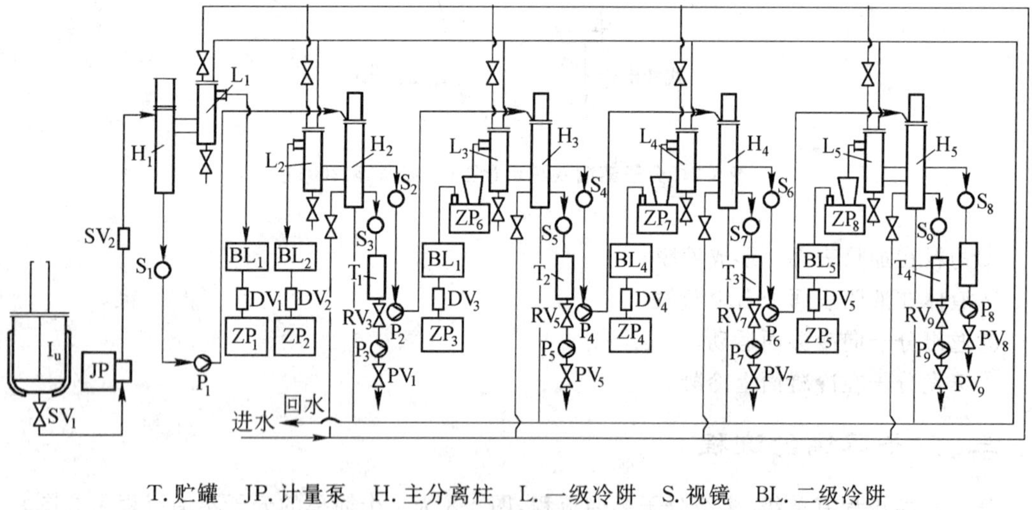

T. 贮罐 JP. 计量泵 H. 主分离柱 L. 一级冷阱 S. 视镜 BL. 二级冷阱

ZP. 真空泵 P. 物料输送泵 SV,DV,RV,PV. 阀门

图 4-9 四级刮膜式分子蒸馏工业化装置流程图(杨村等. 2005)

完成产品蒸馏和蒸发需要一套完整的装置,如果有多种馏分需要从混合液中分离,一般还需要多套设备。图 4-11 为一种一级分子蒸馏的成套装置。

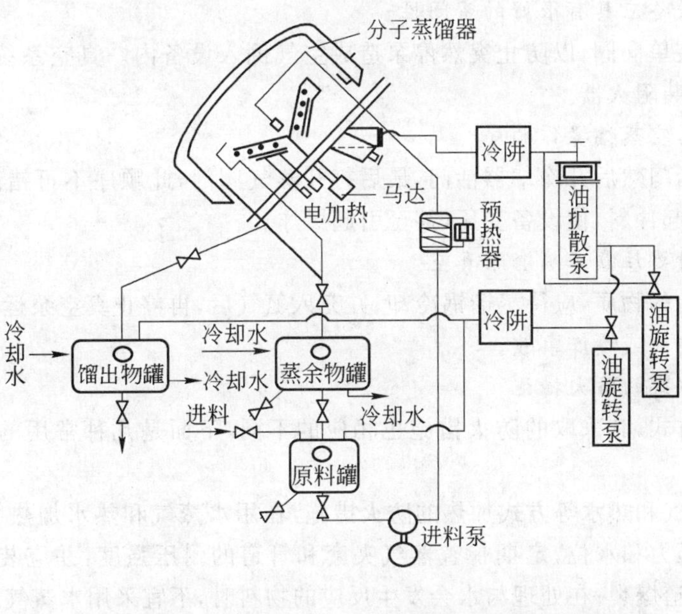

图 4-10　离心式分子蒸馏工业化流程图(杨村等. 2005)

图 4-11　分子蒸馏成套设备

四、分子蒸馏操作过程中防火措施

由于分子蒸馏过程需要高真空、加热、冷却等操作,过程中存在火灾危险。分子蒸馏设备采用真空操作,其内部压力低于常压,一旦设备出现腐蚀问题或密封部位产生缝隙,吸入空气后形成爆炸性混气在热源作用下极易发生爆炸事故。在分子蒸馏的操作过程中要对物料进行加热。如果加热速度过快,液体升温速度也过快,或者物料受热不均都可能造成液体局部过热,引起易燃液体和蒸气着火爆炸烧坏设备。分子蒸馏过程中的冷却操作也存在安全问题,由于冷却过程出现问题而引发火灾事故的例子很多,通常表现为制冷速率不足时引起液体蒸气扩散而发生的火灾爆炸。所以,分子蒸馏过程需要采取防火措施[18]。

1. 真空蒸馏设备应具有很好的密闭性

真空泵应安装单向阀，以防止突然停泵造成空气倒入设备内。真空系统的排气管应通至厂房外，管上应安装阻火器。

2. 严格遵守真空蒸馏操作顺序

先打开真空活门然后开冷却器活门，最后打开蒸气阀门，此顺序不可错乱，否则物料会被吸入真空泵，并引起冲料，使设备受压，甚至引起爆炸。

3. 蒸馏完毕时要注意正确消除真空

对于特别危险的物质，应待蒸馏锅冷却、并充入氮气后，再停止真空泵运转，以防空气进入热的蒸馏锅引起着火或爆炸事故。

4. 不同加热方式的防火措施

不同的加热方式，其采取的防火措施也相应的不同，下面是几种常用的加热方式的防火措施。

(1)采用水蒸气和热水等方式加热的防火措施：在用水蒸气和热水加热物料操作时，应注意严格设计额定压力和水位，定期检查蒸气夹套和管道的耐压强度，并应装设压力计和安全阀，以免容器或管道爆裂；在处理与水会发生反应的物料时，不宜采用水蒸气或热水加热；高压水蒸气(过热)加热的设备或管道应很好保温，避免烤着可燃物以及发生烫伤。

(2)用载体方式加热的防火措施：载体加热中所用的载热体种类很多，通常应用的有油类、联苯、二苯醚、无机盐等。使用这些载热体加热可使加热均匀，并能获得较高的温度。由于载热体的不同，其火灾危险也不同，故防火措施亦有区别。

①用油载热体加热的防火措施：隔绝加热炉门与反应设备或将加热炉设于加热车间之外而将热油输送到需要加热的设备内循环使用；油循环系统应严格密闭，热油不得泄漏；载热用油要选择闪点较高的矿物油，定期检查和清除油锅、油管上的沉积物。

②用无机载热体加热的防火措施：无机载热体加热可分为盐浴(如亚硝酸钠和亚硝酸钾的混合物)和金属浴(如铅、锡、锑等低熔点的金属)两种，其加热温度可达 350～500℃。无机载热体加热的火灾危险性是在熔融的硝酸盐浴中，若加热温度过高，或硝酸盐漏入加热炉燃烧室中，或有机物落入硝酸盐浴内，均可发生着火或爆炸；水及酸类流入高温盐浴或金属浴中，同样会有爆炸危险；其次还应注意金属浴加热过程中蒸气的毒害。

(3)采用电炉加热方式的防火措施：用电炉加热易燃物质时，应采用封闭式电炉，电炉丝与被加热的器壁应有良好的绝缘，以防短路击穿器壁，使设备内易燃物质漏出产生气体或蒸气而发生着火、爆炸。对于处于高温、高压条件下使用电炉加热触媒或其他原料的生产，为防止因电炉绝缘下降而导致电弧光短路爆炸事故，应注意采取以下措施：

①改进绝缘结构，提高绝缘强度。

②对绝缘件严格进行质量检查，对热稳定性差、绝缘强度低的不可使用。

③在绝缘部位增设绝缘检测仪，一旦发现绝缘下降，及时采取措施。

④严禁超温、超压、超负荷运行。

(4)采用电感加热方式的防火措施：由于电感加热不用灼热的电阻丝，所以比电炉加热要安全，但若电感线圈绝缘破坏、受潮，发生漏电、短路，产生电火花、电弧或接触不良发热等，均可引起可燃物料的着火或爆炸。因此，应该提高电感加热设备的安全可靠程度。如采用较大截面积的导线，以防过负荷；采用防潮、防腐蚀、耐高温的绝缘材料，增加绝缘层厚度，添加绝缘保护层;接线部分加大接触面积,增加跨接条,以防产生接触电阻等。

5.冷却操作的防火措施

严格注意冷却设备的密闭性,严禁物料窜入冷却剂中。冷却设备所用的冷却水不能中断。冷却水中断后大量液体蒸气将直接向外扩散,遇空气后发生着火或爆炸。开车前,首先应清除冷凝器中的积液,再打开冷却水,最后通入高温物料,避免积液突然受热发生爆炸事故。

从消防安全角度讲,由于所分离的物料多为易燃易爆有机可燃物,一旦泄露在空气中易形成爆炸性混合气体引发火灾事故。且分子蒸馏需要在较高的真空条件下进行,若设备发生故障或操作不当,很容易发生爆炸事故,具有较大的火灾危险性。目前有关分子蒸馏技术安全评估的工作尚未见报道,建议今后结合具体工艺流程加强分子蒸馏过程的安全分析和评估工作。

第四节 分子蒸馏技术在食品工业中的应用

分子蒸馏技术是一项全新的现代化高新分离技术,它克服了传统分离提取方法的种种缺陷,避免了传统分离提取方法易引起环境污染的潜在危险。在传统的加工过程中,天然食品原料往往受到高温的作用或由于添加物的加入而引起化学反应,导致热敏性营养物质受到破坏或残留的有害化学物质,导致食品天然性的丧失。

在提倡崇尚自然、回归自然,天然绿色食品越来越受青睐的当今社会,分子蒸馏技术在食品工业上的应用也不断会拓宽和发展,特别是食品油脂、食品添加剂、保健食品方面的应用也将有更广阔的发展前景。分子蒸馏技术的最大特点就是尽量保持食品的纯天然性,加工温度不高、无毒、无害、无残留物、无污染、分离效率高。分子蒸馏适用于热敏性天然成分的提取、分离和精制[19,20]。

分子蒸馏技术的应用十分广阔,尽管目前由于技术上存在一定的难度尚未得以广泛推广,但是到目前为止,仍然在许多领域得到了开发和应用,如表 4-2 所示。

表 4-2 分子蒸馏的应用(祝顺琴等,2004)

食品工业		精细化工			医药工业	分子生物学领域
脂肪酸	油脂	有机合成品	碳氢化合物	芳香油		
油酸、硬脂酸、二聚酸、三聚酸、脂肪酸甲酯、脂肪酸酰胺、毛油脱酸、EPA、DHA、高碳醇等的纯化	橄榄油、大豆油、精油、棉籽油、椰子油、米糠油、菜籽油、亚麻油、棕榈油、甘油、单甘酯、胆甾醇、甾醇的浓缩或分离	聚乙二醇、环氧树脂、乙烯聚合物、紫罗酮、聚酰胺、酚醛、聚氨酯等精制	石蜡、石油馏分、沥青、辣椒红色素等的精制;羊毛衍生物的脱臭、脱色等	玫瑰油、桂皮油、香根油、香毛油等精制	玫瑰油、桂皮油、香根油、香毛油等精制	保持原有组织的生物活性和制备生物样品等

一、天然维生素的提取

维生素 E 具有许多生理功能,是治疗和辅助治疗一系列疾病的有效药物。随着近代医学和营养学的发展,一系列动物试验业已证实,天然维生素 E 无论在生理活性还是在安全性上均优于合成维生素 E。天然维生素 E 主要存在于富含维生素 E 的动植物组织中,如小麦胚芽油、大豆油及油脂加工业的副产物脱臭馏分和油渣中，因维生素E具有热敏性，它的沸点很高，用普通的真空精馏很容易使其分解；而用萃取法，需要的步骤繁杂，收率较低，同时会有部分有机物残留在产品中。而用离心型分子蒸馏器中在240℃以下和0.53 Pa压力下蒸馏经碱精制的豆油（含0.19%（质量分数）维生素E），维生素E馏分则可收集得到。在-10℃从丙酮中通过结晶尽可能地除去胆固醇，并通过皂化作用除去甘油酯后，在不皂化的物质中存在的维生素E用分子蒸馏法进一步浓缩得到质量分数为61%的维生素E混合物。

油脂脱臭馏出物是油脂加工的副产品，约占原料的0.15%～0.45%，其维生素E含量高达15%～20%，利用价值相当高[21]。采用分子蒸馏法可从大豆油、小麦胚芽油等油脂及其脱臭物中提取高纯度维生素A、维生素E。在0.133～1.33 Pa压力的高真空环境中，用分子蒸馏法可得纯度达到60%以上的维生素E，最高纯度可达98%，回收率在50%～60%之间[22]。其中有机农药的残留量很低，对食品加工应用的安全性和氧化稳定性相当高，成品附加值很高。

王宝刚[23]介绍了多级分子蒸馏连续生产工艺在大豆油馏出物天然维生素E浓缩生产中的应用，采用的工艺流程为一级薄膜蒸发和二级分子蒸馏。生产的维生素E产品为棕红色黏性液体，经二级分子蒸馏提纯后天然维生素E浓度可达50%，副产品脂肪酸甲酯含量85%以上。把维生素D_3和原维生素D_3的含量由30%提高到75%以上只需经过一次蒸馏。

二、天然色素的提取和精制

随着人们生活水平的提高，天然食用色素以其安全、无毒和有营养的特点，越来越受到人们的青睐。类胡萝卜素等天然食用色素是人们必需的维生素来源，具有抗菌和防治疾病的作用。传统的类胡萝卜素提取方法有皂化萃取、吸附、酯基转移等，但由于溶剂残留等问题的存在，使产品质量受到影响。利用分子蒸馏技术，Batistella等[24]从棕榈油中提取得到类胡萝卜素；钟耕等从脱蜡的甜橙油中进一步提取得到类胡萝卜素，产品不含外来的有机溶剂，产品的色价很高。

辣椒红色素是从辣椒果皮中提取的一种优良的天然色素，由于具有良好的耐受性和强的着色能力，广泛应用于食品、医药、化妆品等行业。传统上采用溶剂浸提，经过普通真空蒸馏脱溶剂处理后，辣椒红色素中仍然残留1%～2%的溶剂，不能满足产品的卫生标准，采用分子蒸馏对辣椒红色素进行处理后1 kg产品中残留的溶剂小于500 mg，产品指标达到和超过了FAO/WHO和我国的国家标准。

三、天然抗氧化剂的生产

天然抗氧化剂主要存在于一些植物如辣椒、生姜、丁香当中，广泛应用于食品、化妆品，制药等工业。天然抗氧化剂要求活性高、稳定性强、无色无害。传统的分离方法直接在原料中加入有机溶剂、植物油或动物油来对原料进行萃取，在这些过程中包含对昂贵的危险性溶剂的处理。这些溶剂很难从抗氧化剂中清除干净，从而污染了得到的天然抗氧化剂。另外用有机溶剂或油萃取也会把植物中的叶绿素、芳香类化合物等有色物质萃取出来，这就需要增加脱色、除臭处理，从而降低了天然抗氧化剂的收率，导致了生产成本的增加。利用分子蒸馏技术可以直接从原料中提取天然抗氧化剂，降低生产成本[25]。

四、在单脂肪酸甘油酯的分离提纯

单甘酯是一种高效的食品乳化剂和表面活性剂，添加到各种食品中所起的作用不一样，可起到乳化、起泡、分散、消泡、抗淀粉老化等作用。其可应用于食品中的方便面、糕点、焙烤食品、糖果和巧克力、冰淇淋、饮料、食用油脂、乳制品中。

纯度为35%～48%的普通单甘酯已不能满足工业发展的要求，因此研究者采用分子蒸馏的手段，使高温酯化物中的单甘酯得到富集而制得单甘酯纯度为90%～96%[26]。

目前国际上50%是使用高纯度单甘酯。由于油脂的沸点很高，高纯度的单甘酯必须采用分子蒸馏技术才能进行分离得到。其工艺过程为：氢化动植物油脂与甘油进行酯交换，经过滤后反应混合物被送入分子蒸馏装置；第一级140℃，500 Pa真空条件下进行脱水、脱气，除去部分甘油；第二级175℃，75 Pa真空条件下除去剩余甘油和游离脂肪酸；第三级200～210℃，0.5 Pa真空的条件下蒸馏出单甘酯除去双酯和三酯；最后液态蒸馏单酯进入喷雾系统进行制粉[27]。

五、不饱和脂肪酸的分离和除臭

深海鱼油中富含多不饱和脂肪酸，典型的代表物是ω-3型不饱和脂肪酸中的二十碳五烯酸(EPA)和二十二碳六烯酸(DHA)。现代医学证明，EPA和DHA具有很高的药用和营养价值，在治疗和防止动脉硬化、老年性痴呆症以及抑制肿瘤等方面都有较好疗效，特别是最近发现二十二碳六烯酸对大脑和视网膜有特殊的疗效。鱼油中DHA含量为5%～36%(质量分数)，EPA含量为2%～16%。由于DHA和EPA是分别含5、6个不饱和双键的脂肪酸。对其进行分离提纯难度很大，因在高温下会导致鱼油中不饱和脂肪酸分解、聚合或异构化。国内外已对EPA和DHA进行了广泛的研究，为了获取高纯度的EPA和DHA，采用的方法有低温溶剂区分法、酶解浓缩法、真空精馏法、分子蒸馏法、尿素沉淀法、超临界萃取法、硝酸银法等。我国实际应用的工业大规模精制方法有真空精馏法和分子蒸馏法，相比较而言，分子蒸馏法具有经济性和易工业化连续生产的特点。在用分子蒸馏技术分离前，仍需要用乙醇将其酯化，然后才可以安全地将其分离到所需要的纯度。

傅红等[28]研究了多级分子蒸馏法提取深海鱼油中多不饱和脂肪酸的工艺方法，通过对压力和温度的控制得到不同多不饱和脂肪酸含量的各级鱼油产品，当蒸馏温度为110℃以上，蒸馏压力为20 Pa以下时，经过三级串联分子蒸馏，得到高碳链不饱和脂肪酸质量分数为90.96%的鱼油产品。Lucy等[29]采用分子蒸馏技术从尿素预处理的鱿鱼内脏油乙酯中进一步提取EPA和DHA，EPA的含量从28.2%提高到39.0%，DHA的含量从35.6%提高到65.6%。Steven等[30]还将分子蒸馏技术用于不饱和脂肪酸的脱色，处理后的不饱和脂肪酸的色价很低。α-亚麻酸是十八碳三烯酸，为多不饱和脂肪酸，医学研究表明α-亚麻酸对人体具有多种生理调节功能。许松林等[31]采用刮膜式分子蒸馏装置对α-亚麻酸的提纯进行了研究，采用多级操作方式，蒸馏温度90～105℃，操作压力0.3～1.8 Pa，进料温度60℃，进料速率90～110 mL/h；刮膜器转速150 r/min。经过四级分子蒸馏，将原料中的α-亚麻酸由原来的67.5%提高到82.3%。

用分子蒸馏法从鱼油中提取不饱和脂肪酸时，饱和脂肪酸和单不饱和脂肪酸首先蒸出，而双键较多的不饱和脂肪酸最后蒸出，产品中EPA与DHA总量可达70%以上[32]。Hiroaki

Konishi 等[33]还把分子蒸馏技术用于不饱和脂肪酸的除臭，处理后的不饱和脂肪酸完全没有臭味。

六、高碳脂肪醇的精制

高碳脂肪醇是指二十碳以上的直链饱和脂肪醇。它们一般常与高级脂肪酸结合成酯存在于虫蜡或植物蜡中。如米糠蜡、蜂蜡、蔗蜡、棉子蜡等，是米糠油工业的深加工高附加值的产品。目前，国外科学家进行了大量的生理及应用研究，发现高碳脂肪醇对人体及动物具有很强的生理活性，并开发了一系列的产品。国内以天然蜡为原料提取高碳脂肪醇的工艺过程大致如下：

醇相皂化→溶剂萃取→有机溶剂精制

这种工艺除步骤繁多、劳动量大、欠安全外，其产品残留有机溶剂，作为保健品或药品难以获得通过。若应用分子蒸馏精制，不但避免了有机溶剂对环境的污染和对人体健康的损害，而且对前工序的残留溶剂也可进行极有效的脱除，使产品达到应用于食品和药品的要求。其工艺操作安全可靠，自动化程度高，产品色泽浅，完全可与国外产品相媲美[34,35]。

七、植物有效成分的提取

张守尧等[36]采用超临界 CO_2 萃取当归中亲脂性成分，用分子蒸馏对提取物进行分离，超临界 CO_2 萃取物得率 2.2%，从中鉴定出了 31 种成分，萃取物经分子蒸馏的得率为 15.8%，从中鉴定出 35 种成分。

现代研究表明大蒜具有抗菌消炎、抗病毒、降血脂、抑制血小板聚集、减少冠状动脉粥样硬化、抗癌防癌等作用。张忠义等[37]采用超临界 CO_2 流体萃取技术和分子蒸馏对大蒜化学成分进行了萃取与分离，从超临界 CO_2 萃取中鉴定出 16 种成分，经分子蒸馏后，得到 4 种主要成分：二烯丙基二硫、3-乙烯基-1,2-二硫代环己-5-烯、2-乙烯基-1,3-二硫代环己-5-烯，二烯丙基三硫。

八、芳香油的精制

随着日用化工、轻工、制药工业等行业及对外贸易的飞速发展，天然芳香油具有很大的需求量，对天然精油的需求量不断增加。从芳香植物中提取精油的传统方法有：水蒸气蒸馏法、浸提法、压榨法或吸附法。芳香油的主要成分是醛、酮、醇类，且大部分为萜类。这些化合物沸点高，属热敏性物质。在传统的蒸馏加工过程中常常因长时间受热，而引起分子重排、氧化、水解，甚至发生聚合等反应，使芳香成分遭到破坏，从而失去原来的芳香气味；在传统的加工过程中，一些非芳香成分与芳香成分一起被提取出来，致使香气不纯；此外，这些方法提取的芳香油往往含有有色杂质，使加香产品在应用上受到限制。相比之下，分子蒸馏的提纯方法就充分显示了该技术的优越性。试验表明，分子蒸馏技术在不同真空度条件下，可以将芳香油中不同组分提纯，并可除去异臭和带色杂质，使天然香料的品位大大提高。

分子蒸馏技术在提纯其他芳香油，如桂皮油、玫瑰油、香根油、广藿香油、香茅油和山苍油等产品过程中具有传统技术难以达到的效果。利用分子蒸馏在不同真空度下，可将不同的组分提纯并除去带色杂质和异臭，保证了芳香油的质量和品位[38]。另外，通过分子蒸馏制备的无论是茉莉精油还是大花茉莉精油，其香气均非常浓郁、新鲜，其特征香尤为突出[39]。表4-3是部分天然香料的分子蒸馏操作条件，表4-4是离心式短程蒸馏器提取芳香油的一些实验结果。

表4-3　部分天然香料的分子蒸馏(刘华等，1999)

原料	目的	蒸馏温度/℃	操作压力/Pa
玫瑰油	精制分离	120～170	0.1
藿香油	精制分离	130～190	0.1
茶树油	精制分离	100～150	0.1
桉叶油	精制分离	75～110	0.1
山苍子油	精制分离	120～150	0.1
菠萝酮	提纯	130～160	0.1
紫罗兰酮	提纯	120～170	0.1

表4-4　离心式短程蒸馏器提取芳香油情况表(陆韩涛等，1992)

原料油名	原料油性状	产物性状	蒸馏条件			得率/%
			温度/℃	压力/Pa	处理量/(g/min)	
山苍子油	浅黄色液体含柠檬醛80.6%	淡黄色液体含柠檬醛91.5%	45	33.3	1.0～1.5	80～82
姜樟油	黄色液体含柠檬醛65.39%	浅黄色液体含柠檬醛83.0%	30	33.3	1.5～2.0	68～70
广霍香油	棕褐色液体有焦味	浅黄色液体无焦味和异臭	130	26.6	3.5～4.0	85～90
岩兰草油	黑色液体有焦味	浅黄色液体无焦味和异臭	150	33.3	3.0～3.5	60～65
粗香叶醇	橙色混浊液有焦味	无色液体无焦味和异臭	100	33.3	2.5～3.0	82～85
柏木油	棕红色透明液体有焦味	浅黄色液体无焦味和异臭	80	31.9	1.8～2.0	80～82

任艳奎等[40]应用刮膜式分子蒸馏装置对玫瑰精油的提纯进行了研究。考察了进料速率、进料温度、蒸发温度和刮膜器转速等因素对玫瑰精油分离效果的影响。通过试验，初步得到了工艺参数的范围：进料速率为50～70 mL/h，进料温度为53～60℃，蒸发温度Ⅰ为100～108℃，蒸发温度Ⅱ为120～130℃，操作压力1.5 Pa，刮膜器转速150～160 r/min，得到的玫瑰精油产品的纯度在86%以上，分离过程总收率大于60%，并为今后工艺参数优化奠定了基础。

九、食品工业中胆固醇的脱除

胆固醇的含量是一个人是否患心血管疾病的标志。人体血液中含少量的胆固醇对人的健康非常重要，它用于人体形成细胞膜、激素和其他一些人体必需的组织。胆固醇广泛存在于猪油等动物脂肪当中，而猪油等动物脂肪是人们的日常食物，如果摄入过多，易导致人们患上冠心病。Lanzani等[41]应用分子蒸馏技术，不但成功地脱除了动物脂肪中的胆固醇，使其达到食用标准，而且没有破坏脂肪中对人体有益的三酸甘油酯等热敏性物质。

十、毛油脱酸

在油脂加工过程中，由于从油料中提取的毛油中含有一定量游离脂肪酸，影响油脂色泽和风味，及其保质期。传统的方法是对毛油加碱进行中和，即化学碱炼法脱酸，近年来也应用物理炼法，但对于像花椒籽油、米糠油、小麦胚芽油等高酸值油脂，若采用目前工业生产中化学碱炼或物理蒸馏的脱酸方法则有一定的局限性。化学碱炼法由于油脂的酸值高，工艺中为保证精炼效果所添加的超量碱用量大，碱在与游离脂肪酸的中和过程中，也皂化大量中性油，使炼耗量增大；物理精炼水蒸气气提脱酸，油脂需要在较长时间高温处理，影响油脂品质，降低保健营养价值。马传国等[42]曾利用分子蒸馏对高酸价花椒籽油进行脱酸应用进行较全面的探讨。通过中试型分子蒸馏装置对高酸价花椒籽油进行脱酸实验，结果显示当花椒籽油酸值高达41.2 mg KOH/g时，一次分子蒸馏所得到油脂酸值为3.8 mg KOH/g，油脂得率为6%，中性油脂基本没有损失，达到国标二级油酸值标准；对酸值为21.7 mg KOH/g花椒籽油，可使其酸值降低至0.28 mg KOH/g，达到国标高级烹调油酸值标准。同时还得到色泽良好的高浓缩脂肪酸产品，可用于油脂化工和制皂业。因此，分子蒸馏技术在高酸值油脂脱酸过程中有广阔的应用前景。

十一、其他应用

石勇等[43]采用超临界CO_2-分子蒸馏对螺旋藻成分进行了萃取与分离，从蒸馏液中得到13种化学成分，主要成分为dihydro-actinidiolide、十六酸乙酯、4-oxo-7，8-dihydro-β-ionol和8，11，14-二十碳三烯酸等。许松林等[44]采用分子蒸馏方法对*L*-乳酸精制，粗乳酸不需要进行其他脱水及脱色方法处理，只需通过2次分子蒸馏即可得到高纯度的*L*-乳酸。在操作系统压力为0.1 Pa，蒸馏温度为55～85℃，产品纯度大于95%。

第五节　分子蒸馏理论研究展望

任何一种新型分离技术都既有其优势和非常广泛的发展前景，同时也存在一定的局限性。分子蒸馏技术作为一种新型的分离技术，同样也存在局限性，需要不断完善。分子蒸馏技术在操作过程对真空系统有特殊要求，因此对该系统需要特殊的维护；另外，分子蒸馏过程的蒸发量比传统蒸馏过程要小，单级蒸发器只具有一级理论塔板数，不适用于对分离纯度有很高要求的物系过程。

分子蒸馏作为一种新型高效的分离技术在工业上得到了较广泛的应用，在分子蒸馏理论研究方面也取得了一些进展。为了更好地为工业设计和优化生产提供理论依据，对分子蒸馏的研究还需要不断完善和深入。

（1）目前，分子蒸馏研究主要是围绕单组分或双组分理想混合物展开的，今后需要加强多组分混合物分子蒸馏的研究，尤其是混合物非理想性质以及内部传递过程对蒸馏速率和分离效率的影响。

（2）湍流可以强化分子蒸馏器内传质和传热，深入研究湍流传递过程对液膜表面温度和浓度的影响，建立起能准确描述该过程的数学模型，为优化蒸馏操作以及对其进行预测提供理论依据。

（3）刮膜蒸馏器作为一种应用较广的分子蒸馏设备，其内部液膜流动、质量和热量传递过程和机械操作相互之间影响以及对分子蒸馏的影响非常复杂，有关这方面的研究工作进行得不够深入。因此，需要加强对刮膜分子蒸馏过程的研究，并建立其数学模型是分子蒸馏研究面临的一个重大课题。

（4）尽管惰性气体压力对分子蒸馏的影响研究取得了一些进展，但如何在数学模型中定量反映其影响大小还有待进一步深入研究。

参考文献

[1] 吴鹏,张东明,张庆波. 短程蒸馏原理及其应用[J]. 化工进展,2000(1):49-52.

[2] Greenberg D B. A theoretical and experimental study of the centrifugal molecular distillation [J]. AIChEJ,1972,18(2):269-270.

[3] 冯武文,杨村,于宏奇. 蒸馏技术及其应用[J]. 见:特用化学品分离技术研讨会论文集. 台湾,1998.1.

[4] 杨村,于宏奇,冯武文编著. 分子蒸馏技术[M]. 北京:化学工业出版社,2003.

[5] 陈立军,陈焕钦. 分子蒸馏技术及其应用的研究进展[J]. 香料香精化妆品,2004,5:22-27.

[6] 冯武文,杨村,于宏奇. 分子蒸馏技术与日用化工(Ⅰ)分子蒸馏技术的原理及特点[J]. 日用化学工业,2002,32(5):74-76.

[7] 卓震,许进文,张晶. 分子蒸馏技术分析[J]. 化工装备技术,2005,25(6):29-32.

[8] 赵国志. 分子蒸馏技术在油脂精细化工中的应用(二)[J]. 粮油食品科技,2000,8(5):13-16.

[9] Lutíian J, Cvengroí J. Mean Free Path of Molecules on Molecular Distillation [J]. The Chemical Engineering Journal,1995,56:39-50.

[10] 闫雪梅,张勇,马海乐. 分子蒸馏技术应用[J]. 农机化研究,2004,6:206-210.

[11] 卓震,许进文,张晶. 分子蒸馏技术分析[J]. 化工装备技术,2005,25(6):29-32.

[12] 冯武文,杨村,于宏奇. 分子蒸馏技术及其应用[J],化工进展,1998,17(6):26-29.

[13] Nabavian K, Bromley L A. Condensation coefficient of water [J]. Chem. Eng. Sci., 1963,18: 65-66.

[14] Burrows G. Molecular Distillation [M]. Oxford: Oxford University Press,1960,78-81.

[15] Hickman K, Trevoy D. Studies in high vacuum evaporation [J]. Ind. Eng. Chem., 1952,44: 1882-1888.

[16] Nabavian K, Bromley L A. Condensation coefficient of water [J]. Chem. Eng. Sci., 1963,18:651- 660.

[17] 李国兵,许松林,许春建,等. 分子蒸馏过程模型化研究进展[J]. 化学工程,2002,30(3):65-68.

[18] 李晓燕,金鑫,陈伟红,等. 分子蒸馏技术原理与火险分析[J]. 消防技术与产品信息,2005,5:13-17.

[19] 郑渊月,高荫榆,孙志芳. 分子蒸馏在食品工业中的应用[J]. 江西食品工业,2004,18-20.

[20] 祝顺琴,谈锋. 分子蒸馏技术在天然产物分离中的应用[J]. 精细化工,2004,21(1):47.

[21] 江和源,段文华. 分子蒸馏技术及其应用[J]. 西部粮油科技,2003,6:41-43.

[22] 韩丽. 实用中药制剂新技术[M]. 北京:化学工业出版社,2002,217-227.

[23] 王宝刚. 分子蒸馏提纯天然维生素 E 工艺实践[J]. 中国油脂,2005,30(10):80-83.

[24] Batistella C B, Moraes E B, Maciel F R, et al. Molecular distillation process for recov-

ering biodiesel and carotenoids from plam oil[J]. Applied biochemistry and biotechnology,2002, 98-100(spring):1149-1159.

[25] 李巧玲,张朝珍.分子蒸馏技术及在食品工业中的应用[J].中国食品添加剂,2004,4:96-99.

[26] 罗志刚,胡乐孙.分子蒸馏单甘酯在食品工业中的发展前景[J].粮油食品,2003,2:40-42.

[27] 龚春晖.分子蒸馏技术及其在油脂工业中的应用[J].西部粮油科技,2000,25(6):23-25.

[28] 傅红,裘爱咏.分子蒸馏法制备鱼油多不饱和脂肪酸[J].无锡轻工大学学报,2002,21(6):617-621.

[29] Lucy Sun Hwang, Jer Hour Liang. Fractionation of urea pretreated squid visceral oil ethyl esters[J]. JAOCS,2001,78(5):473-476.

[30] Steven C, Cermak L, Terry A, et al. Pilot-plant distillation of meadow foam fatty acids[J]. Industrial crops and products,2002,15(2):145-154.

[31] 许松林.分子蒸馏提纯 α-亚麻酸的研究[J].化学工业与工程,2004,21(1):25-28.

[32] 黄惠琴,鲍时翔.多价不饱和脂肪酸分离与纯化技术进展[J].中国油脂,1999,24(2):32-34.

[33] Hiroaki Konishi, Kawagoe, Kiyoshi Tatsumi, et al. Fish oil having decreased fish odor and a method for preparing the same [P]. US 5693835,1997.

[34] 龚春晖.分子蒸馏技术及其在油脂工业中的应用[J].西部粮油科技,2000,25(6):23-25.

[35] 张相年,沈鸿刚,李贤文,等.含二十八烷醇的高碳醇少量制备[J].国医药工业杂志,2002, 33(3):112-113.

[36] 张守尧,王鹏.超临界 CO_2 萃取-分子蒸馏对当归的提取分离[J].解放军药学学报,2003,19(5):375-377.

[37] 张忠义,雷正杰.超临界 CO_2 萃取-分子蒸馏对大蒜化学成分的提取与分离[J].分析测试学报,2002,21(1):65-67.

[38] 陆韩涛,程玉镜.利用分子蒸馏精制芳香油[J].广东化工,1992(2):39-41.

[39] 卢国藩,张彦东,李军.分子蒸馏及其在香精香料工业中的应用[J].香料香精化妆品,2003(2):30-32.

[40] 任艳奎,许松林,栾礼侠.应用分子蒸馏技术分离提纯玫瑰精油[J].应用化工,2005, 34(8):509-512.

[41] Armando Lanzani. Journal of the American Oil Chemists Society,1994,71(6):609-614.

[42] 马传国,王兴国,张根旺等.分子蒸馏对高酸值花椒籽油脱酸的初步探讨[J].中国油脂,2001,26(3):50-52.

[43] 石勇,古维新.超临界 CO_2-分子蒸馏对螺旋藻有效成分的萃取与分离[J].广东药学,2003, 13(1):10-11.

[44] 许松林,徐世民.分子蒸馏精制 *L*-乳酸的研究[J].食品与发酵工业,2003,29(10):33-36.

思考题

1.分子蒸馏的原理是什么?

2.分子蒸馏与传统精馏有什么区别?

3.简述分子蒸馏过程的数学模型研究进展。

4.分子蒸馏器有哪些?各有什么特点?

5.简述几种分子蒸馏的流程。

6.分子蒸馏过程中需要注意哪些安全生产措施?

7.简述分子蒸馏在食品工业中的应用。

第五章　亲和层析分离技术

第一节　亲和层析概述

早在 1910 年就有人用不溶性淀粉选择吸附、提纯淀粉酶，这是最早的基于生物特异性进行分离纯化的实例。事实上几乎所有的生物活性物质都存在类似于淀粉酶与淀粉间的亲和作用，如酶与底物（包括酶的竞争性抑制剂和辅助因子）、抗原与抗体、激素与受体、核酸中的互补链、多糖与蛋白复合体等。

亲和层析（Affinity Chromatography）是利用生物分子间专一的亲和力而进行分离的一种层析技术。人们很早就认识到蛋白质、酶等生物大分子物质能和某些相对应的分子专一而可逆的结合，可以用于对生物分子的分离纯化。但由于技术上的限制，主要是没有合适的固定配体的方法，所以在实验中没有广泛的应用。直到 20 世纪 60 年代末，溴化氰活化多糖凝胶并偶联蛋白质技术的出现，解决了配体固定化的问题，使得亲和层析技术得到了快速的发展。亲和层析是分离纯化蛋白质、酶等生物大分子最为特异而有效的层析技术，分离过程简单、快速，具有很高的分辨率，在生物分离中有广泛的应用[1]。同时它也可以用于某些生物大分子结构和功能的研究。

第二节　亲和层析基本原理及理论基础

一、亲和层析基本原理

生物分子间存在很多特异性的相互作用，如我们熟悉的抗原－抗体、酶－底物或抑制剂、激素－受体等，它们之间都能够专一而可逆的结合，这种结合力就称为亲和力。亲和层析的分离原理简单地说就是通过将具有亲和力的两个分子中一个固定在不溶性基质上，利用分子间亲和力的特异性和可逆性，对另一个分子进行分离纯化。被固定在基质上的分子称为配体，配体和基质是共价结合的，构成亲和层析的固定相，称为亲和吸附剂。亲和层析时首先选择与待分离的生物大分子有亲和力物质作为配体，例如分离酶可以选择其底物类似物或竞争性抑制剂为配体，分离抗体可以选择抗原作为配体等。并将配体共价结合在适当的不溶性基质上，如常用的 Sepharose-4B 等。将制备的亲和吸附剂装柱平衡，当样品溶液通过亲和层析柱的时候，待分离的生物分子就与配体发生特异性的结合，从而留在固定相上；而其他杂质不能与配体结合，仍在流动相中，并随洗脱液流出，这样层析柱中就只有待分离的生物分子。通过适当的洗脱液将其从配体上洗脱下来，就得到了纯化的待分离物质（图 5-1）。

吸附层析、凝胶过滤层析、离子交换层析等都是利用各种分子间的理化特性的差异，如分子的吸附性质、分子大小、分子的带电性质等等进行分离。由于很多生物大分子之间的这种差异较小，所以这些方法的分辨率往往不高。要分离纯化一种物质通常需要多种方法结合使用，

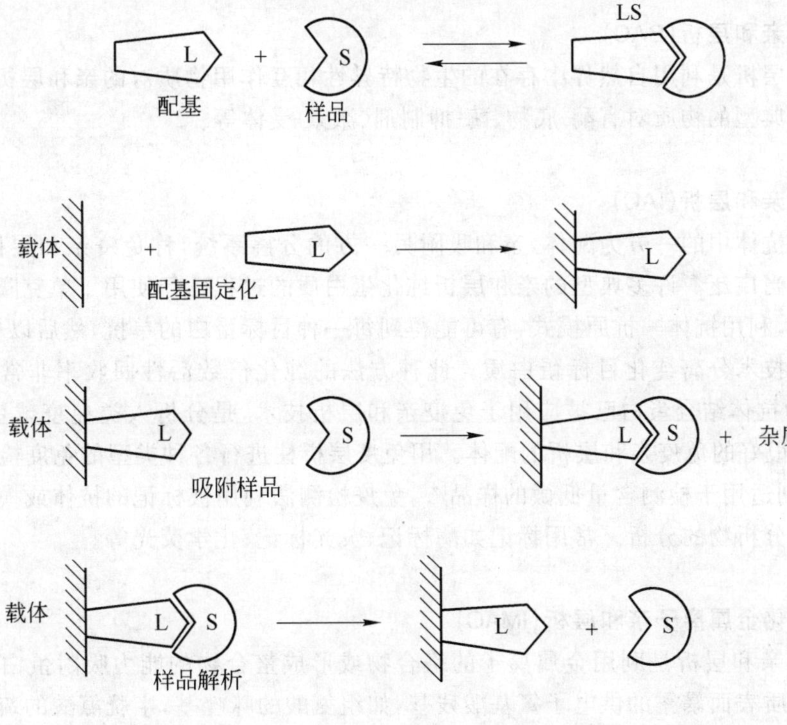

图 5-1　亲和层析的原理(吴梧桐,生物制药工艺学,2001)

这不仅使分离需要较多的操作步骤、较长的时间,而且使待分离物的回收率降低,也会影响待分离物质的活性。亲和层析是利用生物分子所具有的特异的生物学性质—亲和力来进行分离纯化的。由于亲和力具有高度的专一性,使得亲和层析的分辨率很高,是分离生物大分子的一种理想的层析方法。

二、亲和层析的特点

亲和层析技术的最大优点在于,利用它从粗提液中经过一次简单的处理便可得到所需的高纯度活性物质。例如以胰岛素为配基,珠状琼脂糖为载体制得亲和吸附剂,从肝脏匀浆中成功地提取得到胰岛素受体,该受体经过一步处理就被纯化了 8 000 倍。这种技术不但能用来分离一些在生物材料中含量极微的物质,而且可以分离那些性质十分相似的生化物质。此外亲和层析法还有对设备要求不高、操作简便、适用范围广、特异性强、分离速度快、分离效果好、分离条件温和等优点;其主要缺点是亲和吸附剂通用性较差,故要分离一种物质差不多都得重新制备专用的吸附剂。另外由于洗脱条件较苛刻,需很好地控制洗脱条件,以避免生物活性物质的变性失活。

三、亲和层析的类型

亲和层析柱中被固定的配体是决定亲和层析成功的关键因素。根据配体与生物大分子之间相互作用体系不同,可以把亲和层析分为以下 4 种类型[2]。

(一)生物亲和层析(BAC)

生物亲和层析是利用自然界中存在的生物特异性相互作用物质对的亲和层析。通常具有高的选择性。典型的物质对有酶-底物、酶-抑制剂、激素-受体等。

(二)免疫亲和层析(IAC)

利用抗原抗体中的一方为配体,亲和吸附另一方的分离系统,称免疫亲和层析[3],免疫亲和层析应用相当广泛。许多典型的亲和层析纯化蛋白质的过程已经使用了单克隆抗体作为亲和配体。目前,利用抗体一抗原模式,有可能得到每一种目标蛋白的单抗,然后以单抗为配基,通过亲和层析技术分离纯化目标蛋白质。此种方法的纯化倍数活性回收率非常高。蛋白 A 和蛋白 G 作为抗体结合蛋白已被应用于免疫亲和层析技术,是分析人类免疫球蛋白,特别是 lgG-类抗体的很好的免疫亲和层析的配体。用免疫层析柱进行各种类型的免疫检测被称为免疫检测法,特别适用于检测含量低微的样品[4],免疫检测法利用被标记的抗体或模拟分析物来进行间接地被分析物的分析。常用标记如酶标记、荧光标记、化学荧光等。

(三)固定化金属离子亲和层析(IMAC)

金属离子亲和层析是利用金属离子的络合物或形成螯合物的能力吸附蛋白质的分离系统。目的蛋白质表面暴露的供电子氨基酸残基,如组氨酸的咪唑基,半胱氨酸的巯基和色氨酸的吲哚基,十分有利于蛋白质与固定化金属离子结合,这是 IMAC 用于蛋白质分离纯化的根据[5,6]。金属离子如锌和铜,已发现能很好地与组氨酸的咪唑基及半胱氨酸的巯基结合。含有不同数量的这些基团的蛋白质可以通过金属离子亲和层析得到分离。

(四)拟生物亲和层析(Bionmimetic AC)

拟生物亲和层析是利用部分分子相互作用,模拟生物分子结构或某特定部位。以人工合成的配基为固定相吸附目的蛋白质的亲和层析,如以染料亲和层析(DAFC)和氨基酸(包括多肽)亲和层析(AALA)[7]。染料配基,例如三嗪(triazine)或三苯甲烷化合物[8],能通过共价键牢固地结合到亲和载体上。染料配体与很多蛋白以及酶的活性位点相互作用,以模仿这些生物分子的底物、辅助因子或结合剂的形式进行。

四、亲和层析载体

(一)亲和层析对载体的要求

载体在亲和层析中的作用是使配基固定化,同时提供了亲和对两物质特异性结合的空间环境。配基与亲和配体的结合势必受到载体的影响。所以载体的性质与亲和层析的效果有密切的关系。理想的载体应符合以下 4 个条件。

①载体必须能充分功能化,也就是说载体要具有足够数量的功能基因,或能方便地引入足量的化学活性基团,以供与配基进行共价连接之用。

②载体必须有较好的理化稳定性和生物惰性,尽量减少非专一性吸附。这样的载体就能耐受亲和、洗涤、洗脱等各种条件下的处理而不改变其膨胀度、网孔结构和硬度等性质。此外,

载体还应不易为酶破坏，也不能为微生物所利用，这样可使亲和固定相便于使用和保存。

③载体必须具有高度的水不溶性和亲水性。载体的亲水性往往是保证被吸附生物分子稳定性的重要因素之一。同时，亲水性还有助于亲和对达到亲和平衡，并减少因疏水力造成的非特异性吸附。

④载体应具有多孔的立体网状结构，能使被亲和吸附的大分子自由通过。高度的多孔性对大分子自由流动是必需的，同时也为提高配基及配体的亲和有效浓度提供了条件，使之接近溶液中的状态，这种状态十分有利于亲和对的两种成分在自由溶液中发生的相互作用。

(二)常用载体

1. 纤维素

它是自然界中数量最大的大分子生物材料，取材十分方便。但由于纤维素结构紧密、均一性差，不利于大分子的渗入。活化后因带有电荷，非特异性吸附力较强，加上空间位阻等原因，其应用不如凝胶载体广泛。目前主要用于分离与核酸有关的物质，如用寡聚脱氧胸腺核苷酸纤维素作固定相分离细胞提取液中的 mRNA。市售纤维素商品为无定形微纤维、微晶纤维素以及珠状纤维素。

2. 琼脂糖凝胶

它是由 *D*-半乳糖和 3,6-脱水-*L*-半乳糖相互结合的链状多糖，用于亲和层析的主要为交联珠状凝胶。其琼脂糖浓度有 2%、4%、6%几种，相应的商品称为 Sephaxose2B、4B 和 6B (Pharmacia)和 Ultrogels A-2，A-4，A-6(LKB)。这类载体能使吸附物质保持活性，能迅速活化并接上各种功能基团，结构疏松孔径大，流速快。例如，Sephaxose 4B 的分子量排阻极限达上百万，便于大分子通过；载体几乎没有带电基团，非专一性吸附少。Sepharose CL 是用 1,3-二溴丙烷处理的交联琼脂糖，它的稳定性明显增加，能在 pH 值 3～14 中应用，Sepharose CL 凝胶的这种稳定性，扩大了亲和柱制备时化学反应选用的范围，并能经受比较剧烈的洗脱条件。

3. 聚丙烯酰胺凝胶

它是由丙烯酰胺与甲叉双丙烯酰胺经催化聚合形成的人工合成载体，是具有网状三维空间结构的凝胶型高聚物，商品名为 Biogel P。与葡聚糖凝胶一样，它也是一种干胶，遇水后溶胀成多孔凝胶。它具有稳定的理化性能，适用于稀盐溶液、洗涤剂、盐酸胍等溶液和许多有机溶剂，不受酶或微生物代谢产物的影响；有较多的可供化学反应的酰胺基，能制得配基含量较高的亲和柱，适用于亲和势比较低的系统。但是 pH 值过高或过低的溶液中酰胺基易水解，还应避免接触强氧化剂。此外，配基偶联后会使它的网格缩小，在一定程度上限制了它的应用。

4. 葡聚糖凝胶

它是经环氧氯丙烷交联，具有立体网格的多糖类物质，其物理及化学性能比较稳定。亲和柱的不可逆吸附杂质(如变性蛋白、脂类等)可用强碱处理除去。与琼脂糖凝胶相比较，葡聚糖凝胶孔径太小，特别是经配基偶联后，凝胶膨胀度会进一步变小，所以它的应用也受到一定限制。

5. 多孔玻璃珠(商品为 Bio-Glass)

它的化学与物理稳定性较好，机械强度高，不但能抵御酶及微生物的作用，还能耐受高温灭菌和较剧烈的反应条件。缺点是亲水性不强，对蛋白质尤其是碱性蛋白质有非特异性吸附，而且可供连接的化学活性基团也少。为了克服这个缺点，作载体用的市售 Bio-Glass 的商品都已事先连接了氨烷基(烷基胺)。用葡聚糖包被玻璃珠则可改善其亲水性,并增加化学活性基团。用抗原涂布的玻璃珠已成功地分离了免疫淋巴细胞,在 DNA 连接的玻璃珠上纯化了大肠杆菌的 DNA 和 RNA 聚合酶。

一些载体材料的适宜 pH 值范围见表 5-1。

表 5-1 常用载体及其 pH 值适用范围(苗奕,国外医学药学分册,1999)

载 体	pH 值范围
交联琼脂糖	2～14
纤维素	1～14
葡聚糖	2～14
硅胶	<8
玻璃	<8
聚丙烯酰胺	3～10
羟乙基异丁烯酸	2～12
环氧乙烷-丙烯酸聚合物	0～12
苯乙烯-二乙烯苯聚合物	1～13
聚丙烯醇	1～14
N-丙烯酰基-2-氨基-2-羟甲基-1,3-丙二醇	1～11
聚四氟乙烯	不受 pH 值影响

五、亲和配基

(一)配基的选择

亲和层析是利用配基和待分离物质的亲和力而进行分离纯化的,所以选择合适的配基对于亲和层析的分离效果是非常重要的。理想的配基应具有以下一些性质:

(1)配基与待分离的物质有适当的亲和力。亲和力太弱,待分离物质不易与配基结合,造成亲和层析吸附效率很低。而且吸附洗脱过程中易受非特异性吸附的影响,引起分辨率下降。但如果亲和力太强,待分离物质很难与配基分离,这又会造成洗脱的困难。总之,配基和待分离物质的亲和力过弱或过强都不利于亲和层析的分离。应根据实验要求尽量选择与待分离物质具有适当的亲和力的配基。

(2)配基与待分离的物质之间的亲和力要有较强的特异性,也就是说配基与待分离物质有适当的亲和力,而与样品中其他组分没有明显的亲和力,对其他组分没有非特异性吸附作用。这是保证亲和层析具有高分辨率的重要因素。

(3)配基要能够与基质稳定的共价结合,在实验过程中不易脱落,并且配基与基质偶联后,对其结构没有明显改变,尤其是偶联过程不涉及配基中与待分离物质有亲和力的部分,对二者的结合没有明显影响。

(4)配基自身应具有较好的稳定性,在实验中能够耐受偶联以及洗脱时可能的较剧烈的条件,可以多次重复使用。

完全满足上述条件的配基实际上很难找到,在实验中应根据具体的条件来选择尽量满足上述条件的最适宜的配体。

(二)配基的浓度[9]

对亲和势比较低的时候($K_L \geqslant 10^{-4}$ mol/L),增加配基浓度有利于吸附。例如,将 N-(6-氨基己烷)-AMP-Sepharose 用无配基的 Sepharose 稀释 200 倍,使甘油激酶、乳酸脱氢酶的吸附能力降低;同样的 NAD^+ 亲和柱用无配基的 Sepharose 稀释 21 倍,使乳酸脱氢酶吸附能力下降。与此相反,如果将上柱的酶稀释 200 倍,则 N-(6-氨基己烷)-AMP-Sepharose 亲和柱吸附甘油激酶和乳酸脱氢酶的能力不变;将上柱酶稀释 21 倍,则 NAD 亲和柱对乳酸脱氢酶的吸附能力不变。

当增加配基浓度有困难,而亲和势又比较低时,可用增加亲和柱的长度来提高吸附率。配基浓度太高容易使大分子配基上的活性中心互相遮盖,反而使亲和柱吸附力降低。这种现象在抗原、抗体、酶等大分子配基的亲和层析时更加明显。配基浓度太高又会使吸附力太强,造成洗脱上的困难;另外,随着配基浓度的增加,非专一性吸附也增加,而专一性吸附却降低。作为一个有效的吸附剂,理想的配基浓度为 1～10 μmol/L,并以 2 μmol/L 的凝胶为最好。

(三)配基偶联的位置

在一般情况下,亲和结合时配体分子与配基分子仅有一部分发生相互作用。为了保证亲和吸附剂有足够大的亲和能力,我们希望配基固定化时,其不参与亲和结合的部位与载体进行偶联。图 5-2 表示某一配基可通过 a,b,c,d,e 五个结合点偶联到载体上,但只有通过 e 结合的亲和柱才是有效的,因为它不参加与大分子的相互作用。例如 N-(6-氨基己烷)-AMP-Sepharose 亲和柱,由于配基通过腺嘌呤 N^6-氨基接到载体上,所以它对醇脱氢酶和甘油激酶有吸附力,但对甘油醛-3-磷酸脱氢酶无吸附力。如果配基通过磷酸基接到载体上,则对甘油醛-3-磷酸脱氢酶就有吸附力。然而,上述两种连接法对己糖激酶都无亲和吸附作用。这说明这几个酶与 AMP 之间的互相作用的位置是有区别的。

(四)配基分子的大小[9]

制备亲和柱时,应首先选用大分子配基,因为小分子配基可供识别、互补的特殊结构较少,一旦偶联到载体上后,这种识别的结构更少。例如,某些酶对甘氨酸的识别主要是根据其电荷情况和甲基碳链的长短,如以甘氨酸作配基偶联到载体上,要不损害酶对它的识别,这种偶联点就难以找到。反之,用 AMP 作配基,可供偶联点多、能制备具有各种亲和力的亲和柱。有时候用小分子物质(如酶的辅因子)作为配基直接偶联至琼脂糖凝胶珠粒上制备亲和层析介质时,尽管配基和酶间的亲和力在合适的范围内,但其吸附容量往往是低的。这是由于酶的活性中心常是埋藏在结构的内部,它们与介质的空间障碍影响其与亲和配基的结合作用。为了改变这种情况可在载体和配基间插入一个"手臂"(图 5-3)以消除空间障碍,手臂的长度是有限的,不可太短也不可太长,太短不能起消除空间障碍的作用。太长往往使非特异性的作用如疏水作用增强。

(五)配基的类型

根据配基对待分离物质的亲和性的不同,可以将其分为两类:特异性配基(specific ligand)和通用性配基(general ligand)。特异性配基一般是指只与单一或很少种类的蛋白质等生物大

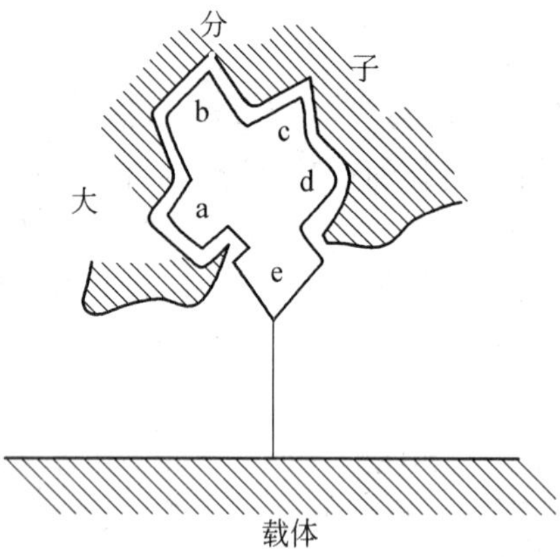

图 5-2　配基与载体结合位置的重要性
（吴梧桐，生物制药工艺学，2001）

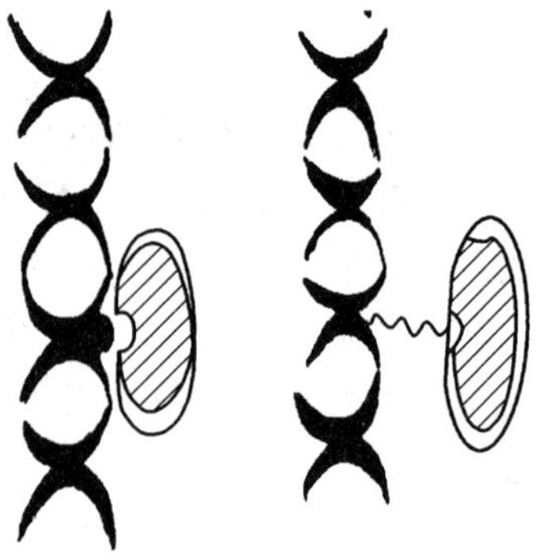

图 5-3　应用“手臂”的原理
（吴梧桐，生物制药工艺学，2001）

分子结合的配体。如生物素和亲和素、抗原和抗体、酶和它的抑制剂、激素－受体等，它们结合都具有很高的特异性，用这些物质作为配体都属于特异性配基。配基的特异性是保证亲和层析高分辨率的重要因素，但寻找特异性配基一般是比较困难的，尤其对于一些性质不很了解的生物大分子，要找到合适的特异性配基通常需要大量的实验。解决这一问题的方法是使用通用性的配基。通用性配基一般是指特异性不是很强，能和某一类的蛋白质等生物大分子结合的配基，如各种凝集素(lectine)可以结合各种糖蛋白，核酸可以结合 RNA、结合 RNA 的蛋白质等。通用性配体对生物大分子的专一性虽然不如特异性配基，但通过选择合适的洗脱条件也可以得到很高的分辨率。而且这些配基还具有结构稳定、偶联率高、吸附容量高、易于洗脱、价格便宜等优点，所以在实验中得到了广泛的应用。

第三节　亲和层析的操作过程

一、基质的活化

基质的活化是指通过对基质进行一定的化学处理，使基质表面上的一些化学基团转变为易于和特定配体结合的活性基团。配体和基质的偶联，通常首先要进行基质的活化。

(一)多糖基质的活化

前面已经介绍了，多糖基质尤其是琼脂糖是一种常用的基质。琼脂糖通常含有大量的羟基，通过一定的处理可以引入各种适宜的活性基团。琼脂糖的活化方法很多，下面介绍一些常用的活性基团及活化方法。

1. 溴化氰活化

溴化氰活化法是最常用的活化方法之一，活化过程主要是生成亚胺碳酸活性基团，它可以和伯氨基(NH_2)反应，主要生成异脲衍生物。反应如下：

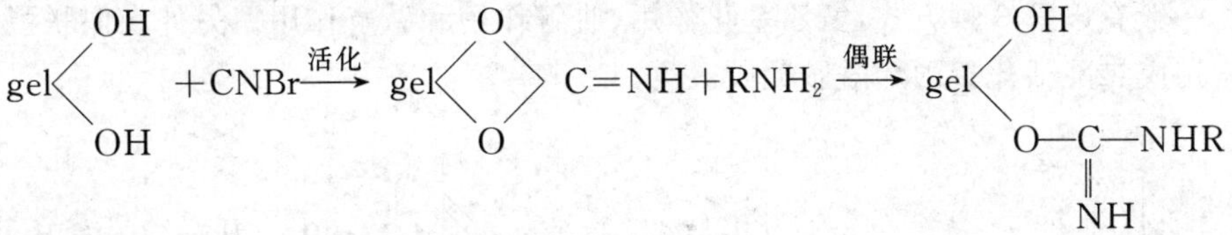

含有伯氨基的配体，如氨基酸、蛋白质都可以结合在基质上，对于蛋白质而言，最可能发生反应的基团是N-末端的α-氨基和赖氨酸残基上的ω-氨基。

溴化氰活化的基质可以在温和的条件下与配体结合，结合的配体量大。利用溴化氰活化的基质通过进一步处理还可以得到很多其他的衍生物。这种方法的缺点是溴化氰活化法的基质和配体偶联后生成的异脲衍生物中氨基的$pK_a=10.4$，所以通常会带一定的正电荷，从而使基质可能有阴离子离子交换作用，增大了非特异性吸附，影响亲和层析的分辨率。另外溴化氰活化的基质与配体结合不够稳定，尤其是当与小配体结合时，可能会出现配体脱落现象。另外溴化氰有剧毒、易挥发，所以操作不便。通过实验条件的不断改进，这些缺点可以得到一定程度的控制。

2. 环氧乙烷基活化

这类方法活化后的基质都含有环氧乙烷基。如在含有$NaBH_4$的碱性条件下，1,4-丁二醇-双缩水甘油醚的一个环氧乙烷基可以与羟基反应，而将另一个环氧乙烷基结合在基质上。另外也可以用环氧氯丙烷活化，将环氧乙烷基结合在基质上。由于活化后的基质都含有环氧乙基，可以结合含有伯氨基(NH_2)、羟基(OH)和硫醇基(SH)等基团的配体，反应如下：

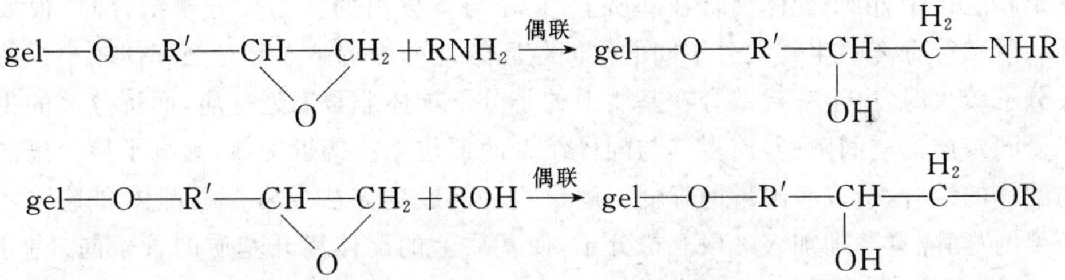

这种活化方法的优点是活化后不引入电荷基团，而且基质与配体形成的N—C、O—C和S—C键都很稳定，所以配体与基质结合紧密，亲和吸附剂使用寿命长，而且便于在亲和层析中使用较强烈的洗脱手段，另外这种处理方法没有溴化氰的毒性。它的缺点是用环氧乙基活化的基质在与配体偶联时需要碱性条件，pH值为9～13，温度为20～40℃。这样的条件对于一些比较敏感的配体可能不适用。

上面两种方法是比较常用的方法，另外还有很多种活化方法如N-羟基琥珀酰亚胺(NHS)活化、三嗪(triazine)活化、高碘酸盐(periodate)活化、羰酰二咪唑(carbonyldiimidazole)活化、2,4,6-三氟-5-氯吡啶(FCP)活化、乙二酸酰肼(adipic acid dihydrazide)活化、二乙烯砜(divinylsulfone)活化等，总之，目前对基质的活化方法很多，各有其特点，应根据实际需要选择适当的活化方法。

(二)聚丙烯酰胺的活化

聚丙烯酰胺凝胶有大量的甲酰胺基，可以通过对甲酰胺基的修饰而对聚丙烯酰胺凝胶进行活化。一般有以下3种方式:氨乙基化作用、肼解作用和碱解作用。另外在偶联蛋白质配体时也通常用戊二醛活化聚丙烯酰胺凝胶。

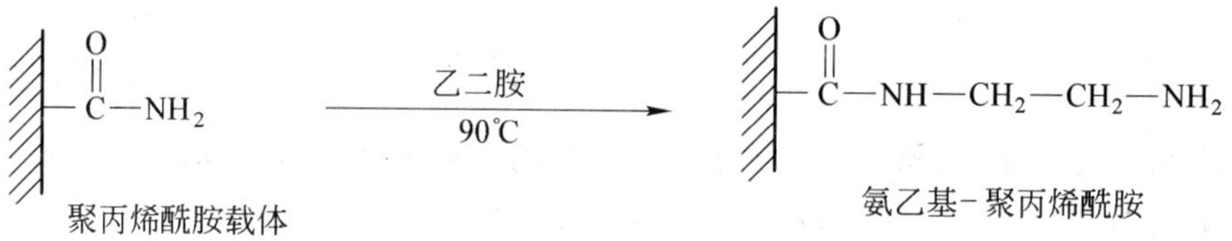

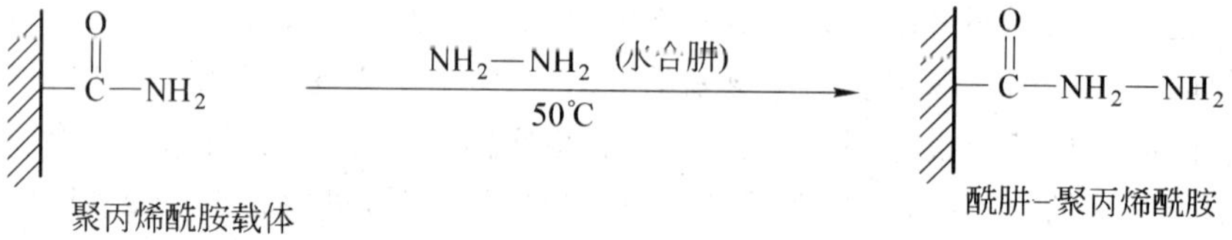

(三)多孔玻璃珠的活化

对于多孔玻璃珠等无机凝胶的活化通常采用硅烷化试剂与玻璃反应生成烷基胺-玻璃,在多孔玻璃上引进氨基,再通过这些氨基进一步反应引入活性基团,与适当的配体偶联。

二、间隔臂分子

在亲和层析中,由于配体结合在基质上,它在与待分离的生物大分子结合时,很大程度上要受到基质和待分离的生物大分子间的空间位阻效应的影响。尤其是当配体较小或待分离的生物大分子较大时,由于直接结合在基质上的小分子配体非常靠近基质,而待分离的生物大分子由于受到基质的空间障碍,使得其与配体结合的部位无法接近配体,影响了待分离的生物大分子与配体的结合,造成吸附量的降低。解决这一问题的方法通常是在配体和基质之间引入适当长度的"间隔臂",即加入一段有机分子,使基质上的配体离开基质的骨架向外扩展伸长,这样就可以减少空间位阻效应,大大增加配体对待分离的生物大分子的吸附效率。加入手臂的长度要恰当,太短则效果不明显;太长则容易造成弯曲,反而降低吸附效率。

引入间隔臂分子常用的方法是将适当长度的氨基化合物 $NH_2(CH_2)_nR$ 共价结合到活化的基质上,R 通常是氨基或羧基,n 一般为 2~12。例如 Pharmacia 公司生产的 AH-Sepharose 4B 和 CH-Sepharose 4B 就是分别将 1,6-乙二胺,6-氨基乙酸与 CNBr 活化的琼脂糖反应引入间隔臂分子。二者的末端分别为氨基或羧基,通过碳二亚胺的缩合作用可以分别与含羧基或氨基的配体偶联,反应如下:

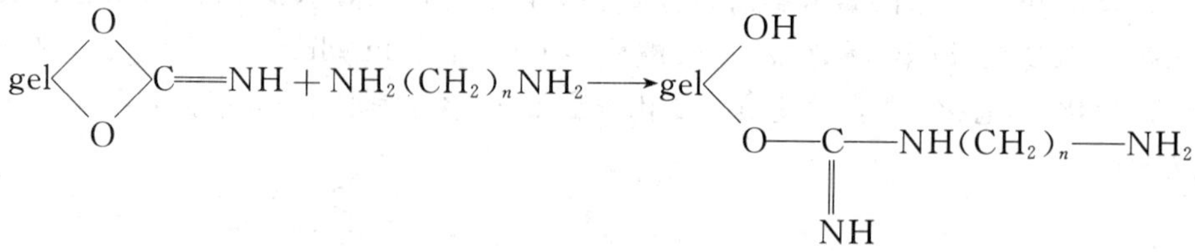

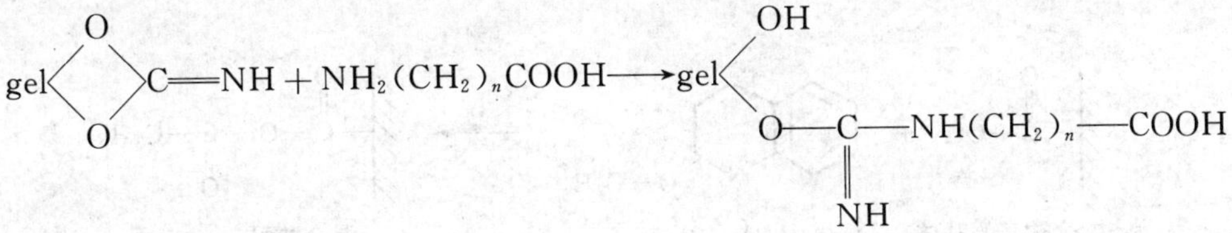

另外也可以通过进一步的活化处理，生成 N-羟基琥珀酰亚胺酯、环氧基等活性基团直接与各种配体偶联。引入间隔臂的基质与配体结合时，配体就可以离开基质一定的空间，从而可以减少空间位阻效应，易于与待分离物质结合。

三、配基偶联的方法[9]

(一)碳二亚胺缩合法

碳二亚胺为羧基活化剂。羧基活化后有两条反应路线：一是在亲核试剂进攻下，产生酰基化亲核产物和脲衍生物；二是进行分子内酰基转移，产生 N-酰脲衍生物。常用羧基活化剂有好几种，常用的环二己基碳二亚胺(DCC)不溶于水，但可溶于吡啶水溶液。反应中的脲衍生物可用有机溶剂(如乙醇、丁醇)洗涤除去。

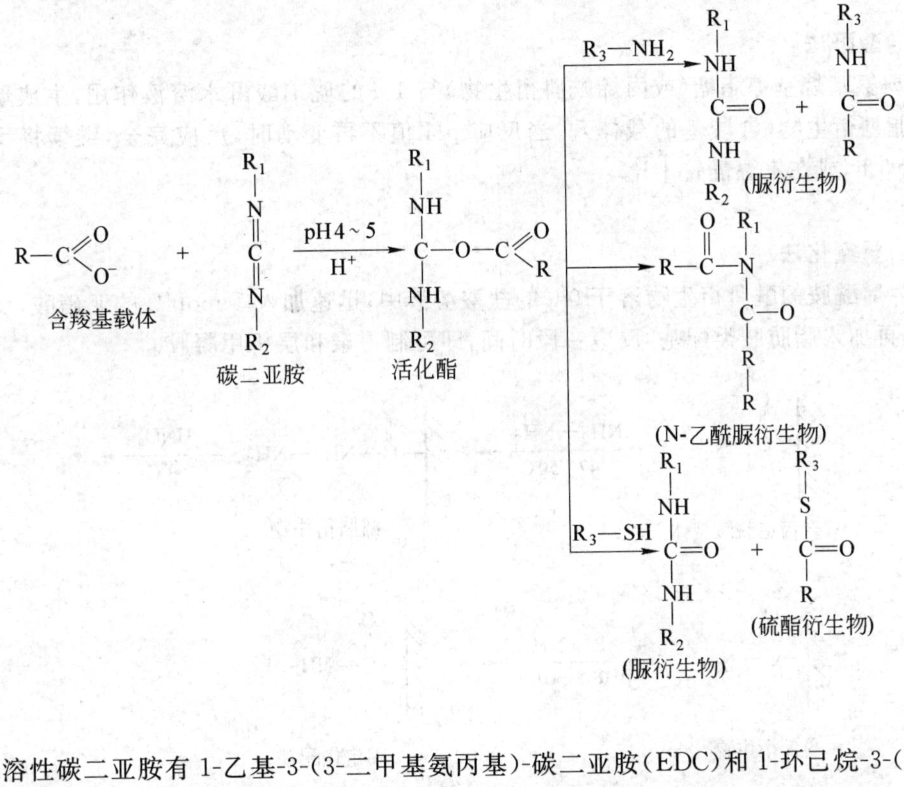

水溶性碳二亚胺有 1-乙基-3-(3-二甲基氨丙基)-碳二亚胺(EDC)和 1-环已烷-3-(2-乙基吗啡啉)-碳二亚胺-3 对甲苯磺酸盐(CMC)。除了用 DCC 缩合法外，还常用 N-乙氧羰基-2-乙氧基-1,2-二氢喹啉(EEDQ)于多肽合成。它先与羧基形成混合酸酐，接着再与配基反应：

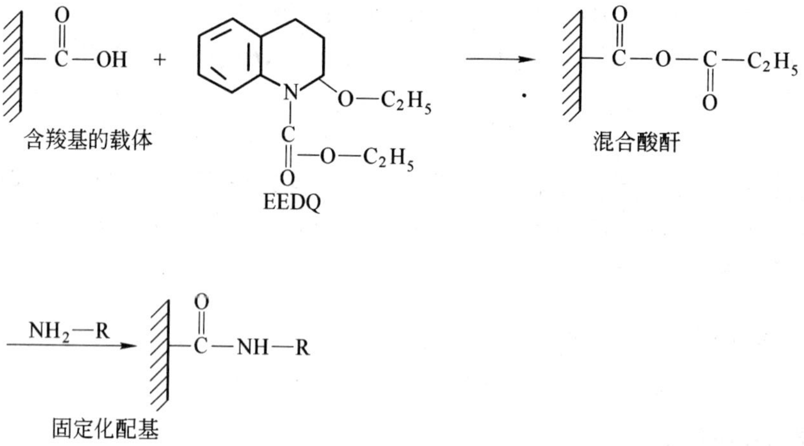

此法的优点是 EEDQ 稳定无毒，溶剂为水-乙醇溶液，适用于溶解度较低的配基，反应产物便于分离纯化，反应液 pH 值稳定，反应时间较短。

（二）酸酐法

用 ω-氨基烷基琼脂糖（或丙烯酰肼衍生物）与 1% 的琥珀酸酐水溶液作用，生成琥珀酰胺烷基琼脂糖衍生物（含羧基的载体）。当反应 pH 值不再变动时，反应完全，继续将反应液在 4℃ 静置 5 h，或在室温静置 1 h。

（三）叠氮化法

聚丙烯酰胺的酰肼衍生物溶于 0℃ 的盐酸溶液中，迅速加入 1 mol/L 的亚硝酸，反应液搅拌 90 s，再加入脂肪胺类配基，反应一段时间，即可制得亲和层析用凝胶。

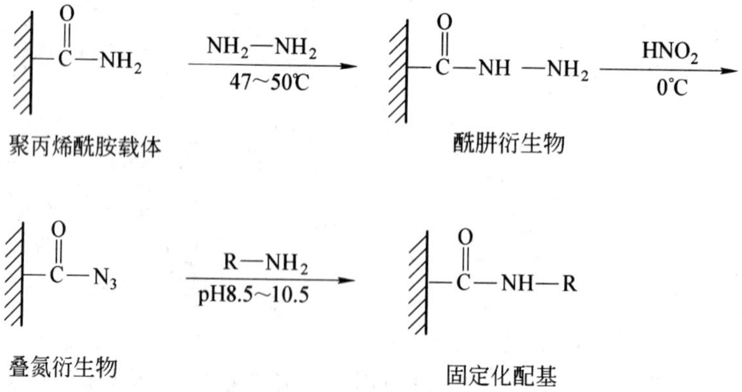

(四)重氮化法

ω-氨基烷基琼脂糖衍生物，在 pH 值 9.3 的硼酸钠(或三乙胺)和 40%(*V*/*V*)N,N-二甲基甲酰胺(DMF)溶液中，与对硝基苯叠氮化合物在室温反应 1 h，制得对硝基苯甲酰胺烷基琼脂糖衍生物。产品先依次用 50%DMF、25%DMF 和水充分洗涤，接着用 0.1 mol/L 连二亚硫酸钠在 40～50℃还原 40 min，最后在 0℃、0.5 mol/L HCl 溶液中用 0.1 mol/L 亚硝酸钠处理 7 min，制得重氮盐衍生物。将所需配基与该琼脂糖重氮衍生物偶联反应，便可制得亲和层析柱。

四、用于固定化配基的凝胶衍生物

(一)CNBr 活化的 Sepharose 4B

它是 Sepharose 4B 经 CNBr 活化，并在不破坏珠状结构前提下，经冷冻干燥而制成。1 g 冻干凝胶溶胀后的体积约为 3.5 mL。CNBr 活化的 Sepharose 4B 可偶联蛋白和核酸类配基。例如，人血红蛋白偶联到活化 Sepharose 4B 上，制备成吸附血红蛋白抗体的亲和柱，用醋酸进行梯度洗脱。CNBr 活化 Sepharose 4B 经同位素标记后还可用于免疫测定。

(二)AH-Sepharose 4B 和 CH-Sepharose 4B

AH-Sepharose4B[Sepharose-NH-$(CH_2)_6$-NH_2]和 CH-Sepharose4B [Sepharose-NH-$(CH_2)_5$-COOH]为含有 6 个碳原子的“手臂”的琼脂糖衍生物，前者末端为氨基，后者末端为羧基。AH-Sepharose 4B 用于含有羧基的一类配基。例如，UDP-葡萄糖醛酸偶联到 AH-Sepharose 4B 上，其亲和柱一步就能纯化鸡胚中的胶原转葡萄糖基酶达 3 000 倍。CH-Sepharose 4B 能与含有一级氨基的配基偶联。例如，甘露糖胺固定在 CH-Sepharose 4B 上能吸附 α-*D*-甘露糖苷酶，而直接固定在活化琼脂糖上，则没有吸附作用。

(三)环氧活化型 Sepharose 6B

它是由 Sepharose 6B 与 1,4-双-(2,3-环氧丙氧基)丁烷活化而成：

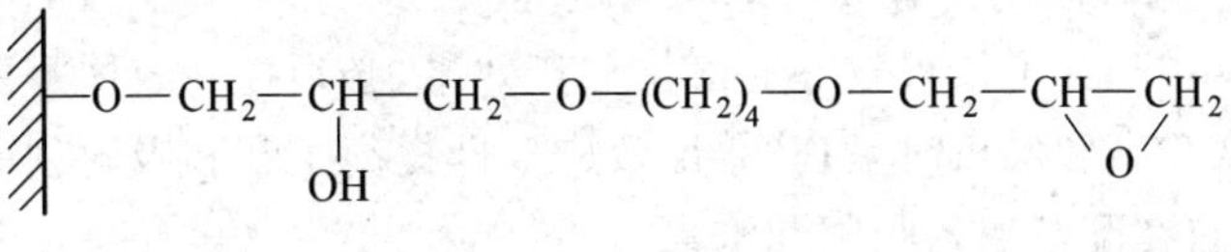

它是由亲水“手臂”与多糖载体通过醚链形成的衍生物，可与含有氨基的配基形成烷基胺；与含有硫醇基形成的硫醚；也能与羟基作用。每毫升溶胀型环氧活性型 Sepharose 6B 含环氧基 15～20 μmol。这类衍生物适用于小分子配基的固定化(如胆碱、乙醇胺、糖类等)。它能偶联对凝集素有专一性的糖，用于纯化凝集素，也能用于偶联脂多糖、蛋白等大分子配基。

五、影响吸附剂亲和力的几个因素

为了提高亲和层析的效果，通常希望固定相的配基与流动相的配体具有较强的亲和力。

其亲和力大小除由亲和对本身的解离常数决定外，还受许多因素的影响，其中包括亲和吸附剂的微环境、载体空间位阻、配基结构以及配基和配体的浓度、载体孔径等。

(一)微环境的影响

所谓微环境在这里主要指化学方面的，包括载体及“手臂”的电性、极性，甚至于次级化学键对配基亲和力的影响。载体和“手臂”的存在会引起离子交换作用的发生，影响亲和吸附剂的吸附特异性。在选择载体“手臂”以及进行连接反应时，都应当避免引入含离子键的基团。

极性很低或无极性的基团则由于疏水作用的存在，也会引起非特异性吸附作用。有时则有助于亲和力的提高，加强了亲和层析的效果；但在另外的场合下，却有碍于亲和配基与配体的结合，大大降低亲和层析效果。

配基与载体和“手臂”氢键的相互作用可能会使其强烈缔合，从而妨碍了与配体的亲和结合。如 AMP 衍生物借助含肽键和羟基的亲水“手臂”与 Sepharose 4B 连接制成的吸附剂完全不能与依赖于 NAD^+ 的脱氢酶亲和结合。

(二)空间障碍的影响

有的亲和对两物质间原有很高的亲和力，但当其一方制成亲和吸附剂时，与相应配体的亲和力可能完全丧失。除了配基与载体不适当偶联时可能发生分子结构变化外，很可能是空间位阻造成的。这种现象对于亲和力低的或分子量特大的亲和对以及小分子配基更明显。所以在制备该类吸附剂时需要在载体与配基之间插入一段适当长度的“手臂”，以增加与载体相连的配基的活动度并减轻载体的立体障碍。常用的“手臂”多为烃链。

(三)配基浓度对亲和力的影响

亲和力是亲和层析的基础，合适的亲和吸附剂必须与配体有足够的亲的结合力。为了将亲和配体与其他物质分开，在实际亲和层析时，通常需要阻留值≥10。假设有效配基浓度为 10^{-3} mol/L，则亲和对解离常数应≤10^{-4}。也就是说，若解离常数>10^{-4}时不能使配体得到良好的分离，由此阻留值将小于 10。事实上，尽管配基以最适方式与载体偶联，亲和力的下降还是很明显的。配基固定化后其亲和力一般要下降 2～3 个数量级。所以如游离配基的亲和对解离常数大于 10^{-5}，就难以制得有效的亲和吸附剂。

对于低亲和力系统，为了取得较好的配体分离效果，必须提高载体上配基的有效浓度。此外，较高的配体浓度在亲和层析时呈现“累增效应”，即提高了亲和吸附剂的吸附能力。因为高的配体浓度有利于它在配基上的吸附和浓集。

(四)配基与载体的结合位点的影响

在多肽或蛋白质等大分子作配基时，由于它们具有数个可供偶联的功能基团，必须控制偶联反应的条件，使它以最少的键与载体连接，这样有利于保持蛋白质原有的高级结构，从而使亲和吸附剂具有较大的亲和能力。

蛋白质分子中的游离氨基常与溴化氰活化的琼脂糖，或者与其他载体的重氮衍生物、叠氮衍生物等发生反应而偶联。大多数蛋白质含有较多的 ε-NH_2，而且暴露在整个分子的表面，所以当偶联反应在 pH≥9.5 时，蛋白质分子便会通过很多氨基与载体相连；若在较低的 pH 值条件下进行偶联，就能减少蛋白质分子与载体的连接点，从而提高了亲和吸附力。

(五)载体孔径的影响

载体的孔隙是配体向配基接近的运动通道。所以载体的孔径大小对吸附剂的亲和能力有决定性影响。例如，对分子量较小的葡萄球菌核酸酶，用 Sepharose 4B 制得的吸附剂，比用 Bio-Gel P-300 制得的有高得多的亲和力；而对分子量大的 β-半乳糖苷酶，用琼脂糖作载体吸附剂是有效的，用生物胶作载体却无效。这是因为配基多位于凝胶环内，Bio-Gel 的孔径不够大，阻碍了配体的进入。

当配基和大分子对象的亲和力十分高(如抗原与抗体)，或是配体是很大的颗粒(如细胞器和完整细胞)，载体的多孔性就显得不很重要了，那是因为配体与配基的作用仅发生在凝胶表面，如用半抗原 BioGel P-6 分离产生相应抗体的细胞，以及用胰岛素-琼脂糖分离含有胰岛素受体的脂肪细胞膜时，即是如此。

六、亲和层析的基本操作

亲和吸附剂选择制备后，亲和层析的其他操作与一般的柱层析基本类似。下面主要介绍亲和层析过程中的一些注意事项。

(一)上样

亲和层析纯化生物大分子通常采用柱层析的方法。亲和层析柱一般很短，通常 10 cm 左右。上样时应注意选择适当的条件，包括上样流速、缓冲液种类、pH 值、离子强度、温度等，以使待分离的物质能够充分结合在亲和吸附剂上。

一般生物大分子和配体之间达到平衡的速度很慢，所以样品液的浓度不易过高，上样时流速应比较慢，以保证样品和亲和吸附剂有充分的接触时间进行吸附。特别是当配体和待分离的生物大分子的亲和力比较小或样品浓度较高、杂质较多时，可以在上样后停止流动，让样品在层析柱中反应一段时间，或者将上样后流出液进行二次上样，以增加吸附量。样品缓冲液的选择也是要使待分离的生物大分子与配体有较强的亲和力。另外样品缓冲液中一般有一定的离子强度，以减小基质、配体与样品其他组分之间的非特异性吸附。

生物分子间的亲和力是受温度影响的，通常亲和力随温度的升高而下降。所以在上样时可以选择适当较低的温度，使待分离的物质与配体有较大的亲和力，能够充分的结合；而在后面的洗脱过程可以选择适当较高的温度，使待分离的物质与配体的亲和力下降，以便于将待分离的物质从配体上洗脱下来。

上样后用平衡洗脱液洗去未吸附在亲和吸附剂上的杂质。平衡缓冲液的流速可以快一些，但如果待分离物质与配体结合较弱，平衡缓冲液的流速还是较慢为宜。如果存在较强的非特异性吸附，可以用适当较高离子强度的平衡缓冲液进行洗涤，但应注意平衡缓冲液不应对待分离物质与配体的结合有明显影响，以免将待分离物质同时洗下。

(二)洗脱

亲和层析的另一个重要的步骤就是要选择合适的条件使待分离物质与配体分开而被洗脱出来。亲和层析的洗脱方法可以分为两种：特异性洗脱和非特异性洗脱。

1.特异性洗脱

特异性洗脱是指利用洗脱液中的物质与待分离物质或与配体的亲和特性而将待分离物质从亲和吸附剂上洗脱下来。

特异性洗脱也可以分为两种:一种是选择与配体有亲和力的物质进行洗脱,另一种是选择与待分离物质有亲和力的物质进行洗脱。前者在洗脱时,选择一种和配体亲和力较强的物质加入洗脱液,这种物质与待分离物质竞争对配体的结合,在适当的条件下,如这种物质与配体的亲和力强或浓度较大,配体就会基本被这种物质占据,原来与配体结合的待分离物质被取代而脱离配体,从而被洗脱下来。例如用凝集素作为配体分离糖蛋白时,可以用适当的单糖洗脱,单糖与糖蛋白竞争对凝集素的结合,可以将糖蛋白从凝集素上置换下来。后一种方法洗脱时,选择一种与待分离物质有较强亲和力的物质加入洗脱液,这种物质与配体竞争对待分离物质的结合,在在适当的条件下,如这种物质与待分离物质的亲和力强或浓度较大,待分离物质就会基本被这种物质结合而脱离配体,从而被洗脱下来。例如用染料作为配体分离脱氢酶时,可以选择 NAD^+ 进行洗脱,NAD^+ 是脱氢酶的辅酶,它与脱氢酶的亲和力要强于染料,所以脱氢酶就会与 NAD^+ 结合而从配体上脱离。特异性洗脱方法的优点是特异性强,可以进一步消除非特异性吸附的影响,从而得到较高的分辨率。另外对于待分离物质与配体亲和力很强的情况,使用非特异性洗脱方法需要较强烈的洗脱条件,很可能使蛋白质等生物大分子变性,有时甚至只能使待分离的生物大分子变性才能够洗脱下来,使用特异性洗脱则可以避免这种情况。由于亲和吸附达到平衡比较慢,所以特异性洗脱往往需要较常的时间和较大的洗脱条件,可以通过适当的改变其他条件,如选择亲和力强的物质洗脱、加大洗脱液浓度等等,来缩小洗脱时间和洗脱体积。

2.非特异性洗脱

非特异性洗脱是指通过改变洗脱缓冲液 pH 值、离子强度、温度等条件,降低待分离物质与配体的亲和力而将待分离物质洗脱下来。

当待分离物质与配体亲和力较小时,一般通过连续大体积平衡缓冲液冲洗,就可以在杂质之后将待分离物质洗脱下来,这种洗脱方式简单、条件温和,不会影响待分离物质的活性。但洗脱体积一般比较大,得到的待分离物质浓度较低。当待分离物质和配体结合较强时,可以通过选择适当的 pH 值、离子强度等条件降低待分离物质与配体的亲和力,具体的条件需要在实验中摸索。可以选择梯度洗脱方式,这样可能将亲和力不同的物质分开。如果希望得到较高浓度的待分离物质,可以选择酸性或碱性洗脱液,或较高的离子强度一次快速洗脱,这样在较小的洗脱体积内就能将待分离物质洗脱出来。但选择洗脱液的 pH 值、离子强度时应注意尽量不影响待分离物质的活性,而且洗脱后应注意中和酸碱,透析去除离子,以免待分离物质丧失活性。对于待分离物质与配体结合非常牢固时,可以使用较强的酸、碱或在洗脱液中加入脲、胍等变性剂使蛋白质等待分离物质变性,而从配体上解离出来。然后再通过适当的方法使待分离物质恢复活性。

(三)亲和吸附剂的再生和保存

亲和吸附剂的再生就是指使用过的亲和吸附剂,通过适当的方法使去除吸附在其基质和配体(主要是配体)上结合的杂质,使亲和吸附剂恢复亲和吸附能力。一般情况下,使用过的亲和层析柱,用大量的洗脱液或较高浓度的盐溶液洗涤,再用平衡液重新平衡即可再次使用。但在一些情况下，尤其是当待分离样品组分比较复杂的时候，亲和吸附剂可能会产生较严重的不可逆吸附，使亲和吸附剂的吸附效率明显下降。这时需要使用一些比较强烈的处理手段，使用高浓度的盐溶液、尿素等变性剂或加入适当的非专一性蛋白酶。但如果配体是蛋白质等一些易于变性的物质，则应注意处理时不能改变配体的活性。表 5-2 列出一些亲和层析中采用的配基及洗脱条件。

表 5-2　亲和层析中配基的选择和洗脱条件(吴梧桐，生物制药工艺学，2001)

亲和对象	配　基	洗　脱　液
乙酰胆碱酯酶	对氨基苯-三甲基氯化铵	1 mol/L NaCl
醛缩酶	醛缩酶亚基	6 mol/L 尿素
羧肽酶 A	*L*-Tyr-*D*-Trp	0.1 mol/L 醋酸
核酸变位酶	*L*-Trp	0.001 mol/L-Trp
α-胰凝乳蛋白酶	*D*-色氨酸甲脂	0.1 mol/L 醋酸
胶原酶	胶原	1 mol/L NaCl，0.05 mol/L Tris-HCl
脱氧核糖核酸酶抑制剂	核糖核酸	0.7 mol/L 盐酸胍
二氢叶酸还原酶	2,4-二氢-10-甲基蝶酰-*L*-谷氨酸	5-甲酰四氢叶酸
3-磷酸甘油脱氢酶	3-磷酸甘油	0.5 mol/L 3-磷酸甘油
脂蛋白脂酶	肝素	0.16～1.5 mol/L。NaCl 梯度洗脱
木瓜蛋白酶	对氨基苯-醋酸汞	0.000 5 mol/L $MgCl_2$
胃蛋白酶，胃蛋白酶原	聚赖氨酸	0.15～1.0 mol/L。NaCl 梯度洗脱
蛋白酶	血红蛋白	0.1 mol/L 醋酸
血纤维蛋白溶酶原	*L*-Lys	0.2 mol/L 氨基己酸
核糖核酸酶-S-肽	核糖核酸酶-S-蛋白	50%醋酸
凝血酶	对氯苯胺	1 mol/L 苯胺-HCl
转氨酶	吡哆胺-5′-磷酸	0.25 mol/L 底物，1 mol/L 磷酸盐，pH4.5
酪氨酸羟化酶	3-吲哚酪氨酸	0.001 mol/L KOH
β-半乳糖苷酶	β-半乳糖苷酶	0.1 mol/LNaCl，0.05 mol/L，Tris-HCl，0.01 mol/L$MgCl_2$，pH7.4
DNP 蛋白质	DNP 卵清蛋白	0.1 mol/L 醋酸
绒毛膜促性腺激素(人)	绒毛膜促性腺激素(人)	6 mol/L 盐酸胍
免疫球蛋白 IgE	IgE	0.15 mol/L NaCl，0.1 mol/L，Gly-HCl，pH3.5
IgG	IgG	5 mol/L 盐酸胍
IgM	IgM	5 mol/L 盐酸胍
胰岛素	胰岛素	0.1 mol/L 醋酸，pH2.5

亲和吸附剂的保存一般是加入 0.01%的叠氮化钠，4℃下保存。也可以加入 0.5%的醋酸洗必泰或 0.05%的苯甲酸。应注意不要使亲和吸附剂冰冻。

第四节　亲和层析的应用

亲和层析技术由于具有简便、快速、专一和高效等特点，应用十分广泛，已普及到生命科学的各个领域，根据其原理其应用大致可归纳为：提取、分离、纯化、浓缩各类生物分子；分离纯化各种功能细胞、细胞器、膜片段和病毒颗粒；用于各种生化成分的分析检测；与亲和层析原理相关的特殊技术应用。

一、牛胰蛋白酶的纯化

利用胰蛋白酶对精氨酸的特殊亲和力，制备成C端是精氨酸的肽段作为配基。肽段的N端连接在载体上，这种末端带有精氨酸的吸附剂能用于纯化胰蛋白酶，也可从鲑精蛋白中制备精氨酸的肽段。制备时先用胰蛋白酶将它水解，在水解产物中就有许多C端是精氨酸的二肽或三肽，经AmberliteCG-50树脂分离，然后与琼脂糖偶联。也可将胰蛋白酶的水解液直接加到已活化的琼脂糖凝胶中，反应完成后测定固定化载体上已有一定量的精氨酸。商品胰蛋白酶的结晶在pH7.5被吸附，在pH2.5时解离。纯化后的胰蛋白酶其比活性比商品酶至少高20%。

二、溶菌酶的纯化

可用细菌细胞壁的水解物作配基。溶菌酶会水解一些细菌细胞壁的黏多糖，如作用于溶壁微球菌可分离出N-乙酰葡萄糖胺。溶壁微球菌经超声波处理，使细胞破裂后悬浮在缓冲液中加入溶菌酶，保温若干小时，停止反应后离心除去不溶物，上清液冷冻干燥，这就是细胞壁的水解产物。琼脂糖凝胶Sepharose 4B，在pH10反应。反应完后洗净，经测定每克凝胶（干重）可偶联68 mg配基。这样制备的吸附剂可分离白血病患者血液中的溶菌酶，纯化100～200倍，活力回收80%。西安交通大学李剑君[10]运用间歇式吸附与连续式脱附耦合亲和层析法分离纯化了溶菌酶，比较了间歇式吸附和连续式吸附在操作时间上的差异，蛋白质回收率和吸附剂利用率都有所提高。Yakup等[11,12]将染料配基(Blue-4和Red-120)偶联到凝胶上，制备出新型的亲和层析介质，分离纯化溶菌酶。通过对这种新型亲和染料-配基复合膜对溶菌酶的吸附及动力学特征进行研究，结果表明这种染料-配基复合膜与普通膜对溶菌酶的吸附能力别是121.5 mg/mL和8.3 mg/mL，提高了13.6倍。

三、固定的腺嘌呤核苷酸辅酶的应用

核苷酸及其衍生物如含维生素的辅酶和核糖核苷酸类是多种酶的底物、抑制剂或辅因子。因此，共价偶联的琼脂糖—核苷酸作为生物特异的吸附剂在包括激酶和脱氢酶在内的各种酶类的纯化中应具有广泛的用途。

用碳二亚胺促发的偶联反应制备的吡啶核苷酸-ω-氨基己酸-Sepharose吸附剂已成功地纯化了多种脱氢酶。例如在固定的NAD^+上用亲和层析使球红假单胞菌粗提物的D-3-羟丁酸脱氨酶活性提高了100倍；而以ω-氨基己酰-$NADP^+$-Sepharose层析细菌粗提物，酶比活并不增加，这可能由于层析柱不能滞留酶所致。故本法还存在不少固有的缺点，如吸附剂中残存一定量的未反应间隔分子，能与蛋白质非特异性地相互作用，使吸附剂的分辨率降低，而且多数核苷酸都具有几个能与功能化聚合物反应的功能基，从而形成许多不同化学性质的配基，使吸附剂呈非均一性。因此，为制备含有核苷酸的聚合物，可先合成具有间隔臂的适当类似物，再将其直接偶联到经溴化氰活化的琼脂糖上，这种方法虽然复杂、费时，但合成的吸附剂化学性质明确，基质性能有显著改善。

四、抗原和抗体[13]

利用抗原、抗体之间高特异的亲和力而进行分离的方法又称为免疫亲和层析。例如将抗原结合于亲和层析基质上,就可以从血清中分离其对应的抗体。在蛋白质工程菌发酵液中所需蛋白质的浓度通常较低,用离子交换、凝胶过滤等方法都难于进行分离,而亲和层析则是一种非常有效的方法。将所需蛋白质作为抗原,经动物免疫后制备抗体,将抗体与适当基质偶联形成亲和吸附剂,就可以对发酵液中的所需蛋白质进行分离纯化。抗原、抗体间亲和力一般比较强,其解离常数为 $10^{-8}\sim10^{-12}$ mol/L,所以洗脱时是比较困难的,通常需要较强烈的洗脱条件。可以采取适当的方法如改变抗原、抗体种类或使用类似物等来降低二者的亲和力,以便于洗脱。另外金黄色葡萄球菌蛋白 A(Protein A)能够与免疫球蛋白 G(IgG)结合,可以用于分离各种 IgG。

五、生物素和亲和素

生物素(biotion)和亲和素(avidin)之间具有很强而特异的亲和力,可以用于亲和层析。如用亲和素分离含有生物素的蛋白等。生物素和亲和素的亲和力很强,其解离常数为 10^{-15} mol/L,洗脱通常需要强类的变性条件,可以选择 biotion 的类似物,如:2-iminobiotin、diiminobiotin 等降低与 avidin 的亲和力,这样可以在较温和的条件下将其从 avidin 上洗脱下来。另外,可以利用生物素和亲和素间的高亲和力,将某种配体固定在基质上。例如将生物素酰化的胰岛素与以亲和素为配体的琼脂糖作用,通过生物素与亲和素的亲和力,胰岛素就被固定在琼脂糖上,可以用于亲和层析分离与胰岛素有亲和力的生物大分子物质。这种非共价的间接结合比直接将胰岛素共价结合与 CNBr 活化的琼脂糖上更稳定。很多种生物大分子可以用生物素标记试剂(如生物素与 NHS 生成的酯)作用结合上生物素,并且不改变其生物活性,这使得生物素和亲和素在亲和层析分离中有更广泛的用途。

六、激素和受体蛋白

激素的受体蛋白属于膜蛋白,利用去污剂溶解后的膜蛋白往往具有相似的物理性质,难于用通常的层析技术分离。但去污剂溶解通常不影响受体蛋白与其对应激素的结合。所以利用激素和受体蛋白间的高亲和力($10^{-6}\sim10^{-12}$ mol/L)而进行亲和层析是分离受体蛋白的重要方法。目前已经用亲和层析方法纯化出了大量的受体蛋白,如乙酰胆碱、肾上腺素、生长激素、吗啡、胰岛素等多种激素的受体。

七、凝集素和糖蛋白

凝集素是一类具有多种特性的糖蛋白,几乎都是从植物中提取。它们能识别特殊的糖,因此可以用于分离多糖、各种糖蛋白、免疫球蛋白、血清蛋白甚至完整的细胞。用凝集素作为配体的亲和层析是分离糖蛋白的主要方法。如伴刀豆球蛋白 A 能结合含 *α-D*-吡喃甘露糖苷或 *α-D*-吡喃葡萄糖苷的糖蛋白,麦胚凝集素可以特异的与 N-乙酰氨基葡萄糖或 N-乙酰神经氨酸结合,可以用于血型糖蛋白 A、红细胞膜凝集素受体等的分离。洗脱时只需用相应的单糖或类似物,就可以将待分离的糖蛋白洗脱下来。如洗脱伴刀豆球蛋白 A 吸附的蛋白可以用 *α-D*-甲基甘露糖苷或 *α-D*-甲基葡萄糖苷洗脱。同样,用适当的糖蛋白或单糖、多糖作为配体也可以分离各种凝集素。

八、辅酶

核苷酸及其许多衍生物、各种维生素等是多种酶的辅酶或辅助因子，利用它们与对应酶的亲和力可以对多种酶类进行分离纯化。例如固定的各种腺嘌呤核苷酸辅酶，包括 AMP、cAMP、ADP、ATP、CoA、NAD^+、$NADP^+$ 等应用很广泛，可以用于分离各种激酶和脱氢酶。

九、染料配体[13]

结合在蓝色葡聚糖中的蓝色染料 Cibacron Blue F3GA 是一种多芳香环的磺化物。由于它具有与 NAD^+ 相似的空间结构，所以它与各种激酶、脱氢酶、血清清蛋白、DNA 聚合酶等具有亲和力，可以用于亲和层析分离。另外较常用的还有 Procion Red HE3B 等。染料作为配体吸附容量高、可以多次重复使用，但它有一定的阳离子交换作用，使用时应适当提高缓冲液离子强度来减少非特异性吸附。

十、分离病毒、细胞

利用配体与病毒、细胞表面受体的相互作用，亲和层析也可以用于病毒和细胞的分离。利用凝集素、抗原、抗体等作为配体都可以用于细胞的分离。例如各种凝集素可以用于分离红细胞以及各种淋巴细胞，胰岛素可以用于分离脂肪细胞等。由于细胞体积大、非特异性吸附强，所以亲和层析时要注意选择合适的基质。目前已有特别的基质如 Pharmacia 公司生产的 Sepharose 6MB，颗粒大、非特异性吸附小，适合用于细胞亲和层析。

十一、共价色谱

共价色谱与常规的亲和色谱方法不同之处在于它是利用亲和吸附剂与待分离的蛋白质的共价结合而将其吸附，而后用适当的处理方法将共价键打开而将蛋白释放出来。例如活化的巯基-Sepharose、巯丙基-Sepharose 等活化基质可以直接与含巯基的蛋白质通过二硫键共价结合而将其吸附在基质上，通过适当的洗脱液如半胱氨酸，巯基乙醇等还原二硫键即可将蛋白质洗脱下来。共价色谱结合和洗脱条件一般都很温和，可以多次重复使用。

参考文献

[1] 赵水芳.生物化学技术原理及应用[M]北京：科学出版社，2002.

[2] 陈勇，应汉杰.亲和层析研究进展[J].离子交换与吸附.2001，17(3)：278-280.

[3] Hage D S. A survey of recent advances in analytical applications of immunoaffinity chromatography [J]. J Chromatography，1998，715：3-28.

[4] Hage D S. Affinity chromatography：a review of clinical applications [J]. Clinical Chemistry，1999，45(5)：93-615.

[5] Lopatin S，Varlamov V. New trends in immobilized metalaffinity chromatography of proteins [J]. Appl Biochem Microbiol.，1995，31：221-227.

[6] Porath J. Immobilized metal ion affinity chromatography [J]. Protein Expr Purif，1992，3：263-281.

[7] Kelley G B D,Booth J，TANNATT M. Isolation of a peptide ligand for affinity purification of factor VIII using phage display[J]. Chromatogr A，2004,1038(1-2):121-130.

[8] Hage D，KatzE，Eksteen R. Affinity chromatography. Handbook of HPLC[M]. New York:Marcel Dekker,1998,483-498.

[9] 吴梧桐. 生物制药工艺学. 北京:中国医药科技出版社[M]. 2001.

[10] 李剑君,杨伯伦. 间歇式吸附与连续式脱附耦合亲和层析法研究[J]. 化学工程,2003,31(5):40-47.

[11] Yakup A M. Purification of lysozyme from egg white by Reactive Blue 4 and Reactive Red 120 dye-ligands immobilized composite membranes [J]. Process Biochemistry，2005,40(3):1433-1443.

[12] Yakup A M. Affinity membrane chromatography:relationship of dye-ligand type to surface polarity and their effect on lysozyme separation and purification [J]. Journal of Chromatography 2004,805(2):315-324.

[13] 陈涛,刘耘,潘进权. 分离纯化新技术亲和层析[J]. 广州食品工业科技. 2003,2(19):101-103.

思考题

1. 试比较亲和色谱与亲和膜色谱分离生物大分子的特征及优缺点。

2. 亲和色谱分离基于哪些作用力,在什么场合下,亲和色谱剂需要手臂?

3. 免疫亲和层析在食品工业中有哪些应用?

4. 亲和色谱法如何分离、纯化溶菌酶?

第六章　结晶分离技术

第一节　概　　述

结晶过程是在多相、多成分系统中质量传递与热量传递并存的过程，是非稳定的热力学过程。公元3000多年前，我国就有从海水中得到食盐晶体的经验，结晶技术是一门传统的古老的工业分离技术，同时，它从理论和工艺设备等方面一直都有发展和进步，所以，它又是一门结合现代技术的分离技术。

溶液的结晶是从母液中分离出固相的一种分离操作，与其他分离操作相比，它是从由很多固体微粒组成的分散相中，形成符合一定特性的终产物，因此，结晶操作也可被看成是一种获得固体产物的手段。为满足对微粒特性日益增长的要求，比如，微粒粒度分布、晶形、凝聚程度、干燥性能和纯度等，我们需严格控制结晶过程。由于要求微粒易从母液中分离，这就还需要满足有关过滤性和可洗性等的更多要求。

由于固相具有坚硬的结构，固体微粒的形成大多是一个相当慢的过程，因此，为获得满意的产率，通常需要在大型容器中进行。另一方面，这种坚硬的结构阻止了杂质和溶剂分子的包融，使之只需一步分离操作就可得到纯净的固相产物。

结晶一般是蒸发结晶、冷却结晶、沉淀结晶和熔化结晶的统称，但是，这些结晶方法在处理方法和相应的设备方面存在很大的差异。在沉淀结晶中通过混合供入的两液流来析出固相，两液流可以是两种反应物或者是一种含溶质的溶剂和一种非溶剂。因此，操作过程的流体动力学行为在沉淀结晶中对目标产物的性质有决定作用。

在熔化结晶中，主要利用结晶操作的可能性来生产纯净产品。通过再度熔化固相获得终产物，这种技术主要应用于有机化合物的超提纯等方面。

超临界结晶技术，是主要利用冷凝的 CO_2 流体的新兴结晶技术。与有机溶剂相比，CO_2 流体具有温和的特性，CO_2 流体可用作溶剂或非溶剂，而且生产上为这种高压结晶技术特别采用了相应的工序和发明了相应的设备。

有时易分解的大分子物质需要精心设计其处理过程，因而，蛋白质结晶有其独特的方法。

制造工业和制药工业出售70%的结晶产品，像成批产品、中间产物、精细化学品、生物化学制品、食品添加剂和药物产品等大都是固体。因而，蒸馏后大规模的结晶分离操作确保了产品的纯度。

过去10多年来，已经出版了许多关于各种结晶的教材，这些教材含有丰富的资料，可以作为本章的补充读物。这些教材的作者分别是：Mersmann (1995)，Müllin (1993)，Randolph and Larsen (1987)，Myerson (1993)，Nyvlt (1992)，Tavare (1995) and Hurle (1993)，Söhnel and Garside (1992)，Arkenbout(1995)等。

本章主要讲述工业上蒸发结晶和冷却结晶的原理、过程与应用，以及结晶器的控制及动力学方面的内容。

第二节　结晶分离技术基本原理

一、晶体的几个基本概念

晶体是许多性质相同的粒子在三维空间中排列成有规则格子状的固态物质，是由晶面构成的具点阵结构的多面体。晶体具有晶面、晶核及晶角三要素。

晶体在几何形状上具有晶面、晶棱、晶胞3个概念，晶面是指围绕晶体的天然平面；晶棱是指晶面与晶面的交线；晶胞是指晶体中的每个格子。晶体又可分为7种晶系，即立方体、六方形、三角菱形、正方形、斜方形、三斜形及单斜形七晶系。每种晶系又可再细分为各晶族。晶体的几何形状多样，图6-1是几种物质的结晶。

玄武岩和辉长岩有相似的晶体结构，安山石和闪长岩有相似的晶体，流纹岩和花岗岩也有相似的晶体，这些晶体纹理存在明显的不同，主要是各自晶体成核速率和晶体生长速度不同而引起的。

二、过饱和度和结晶方法

(一)溶液的饱和度

饱和溶液：是指在热力学稳定状态下溶质在溶液中有最大浓度时的溶液。

过饱和溶液：指热力学上不稳定区的溶液，过饱和区包括亚稳区、过渡区和不稳区。亚稳区可在一段时间溶液维持不变(不结晶)，此区无新的晶核形成，但晶体可生长，因为含微小晶粒的溶液的自由能比过饱和溶液高。过渡区溶液中晶体可生长，可形成晶核，但晶核要诱导形成。不稳区的溶液可自发形成新晶核。

晶体的大小及其均匀度与溶质的饱和度相关，要获得良好的晶体，一般要控制溶质浓度在不饱和区以上、过饱和区下部的某一个区域中，这时晶体附近的溶液浓度处于近饱和状态，而远离晶体的溶液浓度则处于过饱和状态，此种浓度差有利于溶质向晶体周围扩散并定向地沉淀在晶体表面上，使晶体不断生长。晶体形成的浓度区域见图6-2所示。

(二)结晶方法

溶质结晶过程就是溶质质点从不规则排列状态到规则排列形成晶格的过程，只有过饱和度形成时才能发生结晶，而过饱和度是其推动力。影响结晶方法选择的主要因素是：化合物、溶剂的热力学性质和物理性质、产品要求达到的纯度。结晶方法不同，相图的表示方法也不同。在蒸发结晶和冷却结晶中，通常运用溶解度曲线。在此图中，化合物的溶解度是温度的函数。在沉淀结晶中，沉淀的溶解度一般很小，需要在可操作温度下控制可溶性产品。在非溶剂沉淀中，溶解度曲线主要取决于特定的三相系统。

结晶方法要视原料的性质和产品的要求来选择，生产高纯度产品或当溶剂的应用会引起环境或安全问题时常选用熔化结晶。熔化最适温度范围在0～100℃。在更高的温度下，许多有机化合物变得不稳定，而温度在0℃以下时，操作过程将变得很困难。熔化造成的高黏度会阻碍操作过程。尽管并非完全不可能，但当溶解度低于1%(质量分数)时，为获得较好的产

(A)玄武岩(basalt) (B)辉长岩(gabbro) (C)安山石(andesite)
(D)闪长岩(diorite) (E)流纹岩(rhyolite) (F)花岗岩(granite)

图 6-1 一些矿石晶体的显微照片

率，常采用沉淀结晶操作。反应物混合后产生的过饱和度常常会达到较高的值，在非溶剂结晶中，两种溶剂的混合引起溶质溶解度的降低，出现高的过饱和度。

最后，对易溶解物质来说，采用冷却结晶还是蒸发结晶取决于溶解度曲线。但是，过饱和度一般很低，尤其是在水溶液中。除用于极易溶解物质外，冷却结晶比蒸发结晶常用，因此，在可以运用蒸发结晶时，常采用多效快速蒸发来减小能量损耗。出来的二次蒸汽可以加热下一效结晶器或供入的液流。

在冷却结晶中，可以采用直接冷却、快速冷却或间接冷却。间接冷却时，必须把冷却表面形成的结壳层降至最低。快速冷却时，采用更复杂的设备可以大幅度地避免这个问题。直接冷却采用惰性冷却剂或把利冷剂以气泡方式直接混入溶液中，蒸发时就不存在大量结壳问题，但需对冷却剂反复压缩。

因此，在各种不同结晶方法中，冷却、蒸发溶剂、快速蒸发或快速冷却两者相结合以及混合两种反应物或溶剂都能产生过饱和现象。这些情况中，溶液真实浓度都比平衡浓度高，这就产生了结晶的推动力。

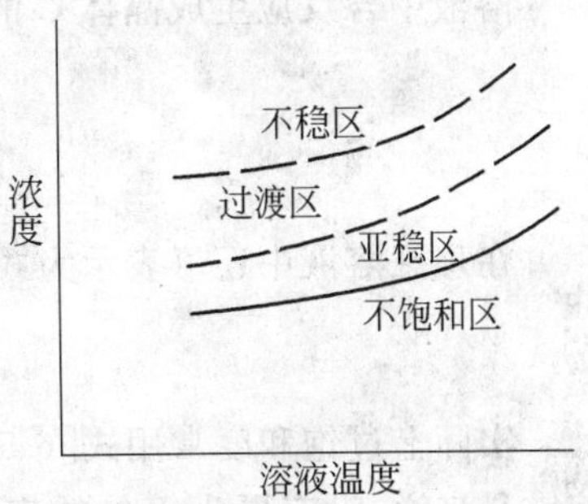

图 6-2　晶体形成的浓度区域图

从热力学的观点来看，在温度 T 时，这种推动力与溶质在溶液和固相中的化学势差异有关，如式[6-1]所示。

$$\Delta\mu=\mu_{\mathrm{L}}(T)-\mu_{\mathrm{S}}(T) \tag{6-1}$$

在熔化状态或溶液中的冷却结晶时，式[6-1]可改写为式[6-2]。

$$\Delta\mu=\frac{\Delta H_{\mathrm{eq}}}{T^{*}}\cdot\Delta T \tag{6-2}$$

在熔化加压结晶时则为式[6-3]所示。

$$\Delta\mu=\Delta V_{\mathrm{molar}}\Delta P=\frac{\Delta\rho}{\rho_{\mathrm{melt}}\rho_{\mathrm{solid}}}\cdot\Delta P \tag{6-3}$$

冷却结晶中实际情况下的过饱和度一般表示为式[6-4]。

$$\Delta T=T-T^{*} \tag{6-4}$$

通过溶解度曲线也可改写为浓度差的形式，如式[6-5]所示。

$$\Delta c=c-c^{*} \tag{6-5}$$

另外一些常用的量度公式有饱和系数，如式[6-6]所示。

$$S=\frac{c}{c^{*}} \tag{6-6}$$

或相对过饱和度，如式[6-7]所示。

$$\sigma=\frac{c-c^{*}}{c^{*}}=\frac{\Delta c}{c^{*}}=S-1 \tag{6-7}$$

这里 c 为溶质的浓度，单位可为 kg 溶质每千克或立方米溶剂或溶液，但在质量平衡（质量分数 W）中常用 kg 溶质每千克溶液表示。

蒸发结晶时等式[6-1]可改写为式[6-8]。

$$\Delta\mu=RT\ln\left(\frac{a}{a_{\mathrm{eq}}}\right)=RT\ln\left(\frac{\gamma c}{\gamma_{\mathrm{eq}}c^{*}}\right) \tag{6-8}$$

已知相对低过饱和度 σ（易溶物质常介于 0.001～0.1），等式[6-8]可简化为式[6-9]。

$$\Delta\mu=RT\frac{\Delta c}{c^{*}}=RT\sigma \tag{6-9}$$

溶液中含反应生成晶体C的A、B两种或多种离子时，方程式中的$\Delta\mu$变为式[6-10]所示。

$$\Delta \mu = RT\ln \frac{\prod_i a_i^{V_i}}{K_{sp}} \qquad [6\text{-}10]$$

在理想溶液中还可表示为式[6-11]。

$$\Delta\mu = RTV\ln S \approx RTV\sigma \qquad [6\text{-}11]$$

实际上过饱和度常用式[6-5]表示。快速冷却或蒸发结晶受推动力(ΔT,Δc)影响。对沉淀结晶来说，没有更为简单的表达式。因过饱和度很高($\sigma \gg 1$)，式[6-8]和式[6-10]都适用。非溶剂沉淀中，c的值与初始溶剂中溶质的真实浓度(像c^*)和非溶剂的稀释程度有关。

(三)晶体成核与晶体生长

我们可以分为两种不同的成核机理：一次成核和二次成核。

一次成核是从纯液体或纯溶液中形成新的相，它又可细分为均相成核和非均相成核。后一种情况下，当微不可见的杂质像灰尘或含杂微粒存在溶液中时，将出现成核现象，它是利用固态物质促进宏观晶体的长大，可不经过晶簇和晶胚步骤。均相成核中则无此类杂质，它是溶质分子通过布朗运动，形成分子簇，再聚结成晶胚，然后长大为晶核。

二次成核是通过溶液中已有的晶化剂结晶成晶体而产生晶核。这些通常是摩擦碎片，一般是晶体与结晶器金属部分摩擦而形成的，尤其是存在转子叶片和泵的叶片时。结晶器中固相密度很高时，大晶体间的互相摩擦会产生具有二次晶核作用的碎片。

一次成核发生于当蒸发结晶或冷却结晶的初相从较易溶变为极易溶的化合物时，晶体长到足够大后开始发生二次成核，且成为低过饱和度时的最重要的成核方式。一次成核在微溶化合物的沉淀过程中总体上起主导作用。理由有以下两个：一是过饱和度还仍高到可以产生一级晶核，尤其在供入液流的入口处；二是聚集的晶体仍然很小，且小到至不发生相互碰撞。

晶核生成速率　晶核生成速率受溶液的浓度及溶质的纯度等因素影响。可用式[6-12]表示。

$$\frac{dn}{dt} = k_n (c - c^*)^n \qquad [6\text{-}12]$$

式中：k_n——晶核生成速率常数，c——溶液中溶质的浓度，c^*——饱和溶液中溶质的浓度，n——成核过程的动力学指数。

晶体的长大　晶体长大的机理，一是溶质向晶体表面扩散传递，一是溶质进入晶面的表面反应作用。

溶质扩散速率可用式[6-13]表示。

$$\frac{dG}{dt} = \frac{DA}{\delta}(c - c_i) \qquad [6\text{-}13]$$

式中：G——结晶溶质质量，D——溶质扩散系数，δ——晶体表面液膜层的厚度，A——晶体表面面积，c——溶液主体溶质浓度，c_i——晶体液膜界面的溶液浓度。

令$k_1 = \dfrac{D}{\delta}$，则式[6-13]可表示为式[6-14]。

$$\frac{dG}{dt}=k_1A(c-c_i) \qquad [6\text{-}14]$$

溶质在晶体表面的反应速率可为式[6-15]表示。

$$\frac{dG}{dt}=k_2A(c_i-c^*) \qquad [6\text{-}15]$$

式中：k_2——溶质进入晶面的表面反应速度常数，c^*——溶液饱和浓度。

对稳定的结晶过程，扩散过程与表面反应过程速率应相等，由式[6-14]、式[6-15]消去 c_i，得到式[6-16]。

$$\frac{dG}{dt}=\frac{A}{(1/k_1+1/k_2)}(c-c^*) \qquad [6\text{-}16]$$

令 $k=\frac{1}{(1/k_1+1/k_2)}$，则式[6-16]可表示为式[6-17]所示。

$$\frac{dG}{dt}=kA(c-c^*) \qquad [6\text{-}17]$$

式中：k——结晶传质总系数，或者为晶体成长总系数。

三、质量与热量平衡

传统工业结晶器的设计只考虑质量和热量平衡。产率在很大程度上决定了结晶器的体积和能耗、操作方式、间隙式还是连续式、单级式还是多级式。下面将介绍蒸发和冷却结晶器平衡方程式。

(一)蒸发结晶器

假定结晶器为一个理想的溶液混合容器，产品流的组成应与结晶器中溶液保持一致。通常假定结晶器体积 V 在等式[6-18]至[6-25]中保持不变。通过使 V 和进料液与时间相关，就可考虑其动力学效应，同样，间歇操作也适用。质量平衡关系式如式[6-18]所示。

$$\frac{dM_{\text{total}}}{dt}=\phi_{V,\text{feed}}[\varepsilon_{\text{feed}}\rho_{\text{feed,liquid}}+(1-\varepsilon_{\text{feed}})\rho_{\text{crystal}}]-\phi_{V,\text{prod}}[\varepsilon\rho_{\text{liquid}}+(1-\varepsilon)\rho_{\text{crystal}}]-\phi_{V,\text{vapour}}\rho_{\text{vapour}} \qquad [6\text{-}18]$$

组分平衡式如式[6-19]所示。

$$\frac{dM_i}{dt}=\phi_{V,\text{feed}}[\varepsilon_{\text{feed}}\rho_{\text{feed}}w_{\text{feed,liquid},i}+(1-\varepsilon_{\text{feed}})\rho_{\text{crystal}}w_{\text{feed,cystal},i}]-\phi_{V,\text{prod}}[\varepsilon\rho_{\text{liquid}}w_{\text{liquid}}+(1-\varepsilon)\rho_{\text{crystal}}w_{\text{crystal},i}]$$

$$(i=1,N_{\text{comp}}) \qquad [6\text{-}19]$$

其中：

$$M_i=V[\varepsilon\rho_{\text{liquid}}w_{\text{liquid},i}+(1-\varepsilon)\rho_{\text{liquid}}w_{\text{crystal},i}] \qquad [6\text{-}20]$$

组分 $i=1$ 时为待结晶的主要化合物，而组分 $i=2,3,\cdots\cdots,N_{\text{comp}}$ 时为杂质成分。

分配系数把液相中杂质浓度和固相中杂质含量联系起来，如式[6-21]所示。

$$k_{\mathrm{distr},i}=\frac{w_{\mathrm{crystal},i}}{w_{\mathrm{liquid},i}} \qquad i=2,\cdots,N_{\mathrm{comp}} \tag{6-21}$$

用组分平衡式代替方程式[6-18]中提供的总质量平衡式，解决总体系中的质量平衡，能方便的联系溶剂质量平衡式与组分平衡式，如式[6-22]所示。

$$\frac{\mathrm{d}V\varepsilon\rho_{\mathrm{liquid}}w_{\mathrm{liquid,solvent}}}{\mathrm{d}t}=\phi_{V,\mathrm{feed}}(\varepsilon_{\mathrm{feed}}\rho_{\mathrm{feed,liquid}}w_{\mathrm{feed,solvent}})-\phi_{V,\mathrm{prod}}(\varepsilon\rho_{\mathrm{liquid}}w_{\mathrm{liquid,solvent}})-\phi_{V,\mathrm{vapour}}\rho_{\mathrm{vapour}} \tag{6-22}$$

最后，固相和液相中质量总和必需等于1。

$$w_{\mathrm{liquid,solvent}}+\sum_i w_{\mathrm{liquid},i}=1 \tag{6-23}$$

$$\sum_i w_{\mathrm{crystal},i}=1 \tag{6-24}$$

热函平衡与产率或产量 P 关系如下：

$$\frac{\mathrm{d}H}{\mathrm{d}t}=\phi_{H,\mathrm{feed}}-\phi_{H,\mathrm{prod}}-\phi_{H,\mathrm{vapour}}+Q_{\mathrm{heat}}+P\Delta H_{\mathrm{cr}} \tag{6-25}$$

总热函与流动相的热函关系为：

$$\begin{aligned}
H &= V[\varepsilon\rho_{\mathrm{liquid}}C_{P,\mathrm{liquid}}+(1-\varepsilon)\rho_{\mathrm{crystal}}C_{P,\mathrm{crystal}}]T\\
\phi_{H,\mathrm{feed}} &= \phi_{V,\mathrm{feed}}[\varepsilon_{\mathrm{feed}}\rho_{\mathrm{feed,liquid}}C_{P,\mathrm{liquid}}+(1-\varepsilon_{\mathrm{feed}})\rho_{\mathrm{crystal}}C_{P,\mathrm{crystal}}]T_{\mathrm{feed}}\\
\phi_{H,\mathrm{prod}} &= \phi_{V,\mathrm{prod}}[\varepsilon\rho_{\mathrm{liquid}}C_{P,\mathrm{liquid}}+(1-\varepsilon)\rho_{\mathrm{crystal}}C_{P,\mathrm{crystal}}]T\\
\phi_{H,\mathrm{vapour}} &= \phi_{V,\mathrm{vapour}}(\rho_{\mathrm{vapour}}C_{P,\mathrm{vapour}}T+\rho_{\mathrm{vapour}}\Delta H_{\mathrm{vapour}})
\end{aligned} \tag{6-26}$$

为减少结晶器容积，晶体自由体积分数应尽量低些。

溶液饱和浓度决定了主体组分液体质量分数 $w_{\mathrm{liquid},i}$ 或两者相互相近，尤其是低 σ 值的溶解性化合物。

根据作为设计参数的生产率 P，选定 ε，从下式可推出容积产品流率：

$$P=\phi_{V,\mathrm{prod}}(1-\varepsilon)\rho_{\mathrm{crystal}}=\phi_{V,\mathrm{prod}}M_T \tag{6-27}$$

根据长成足够大的晶体所需的平均滞留时间和要获得产品所需的产品流率，可从下式算出结晶器必需的悬浮液体积：

$$\phi_{V,\mathrm{prod}}=\frac{V}{\tau} \tag{6-28}$$

$$\tau=\frac{L_{\mathrm{mean}}}{4G_{\mathrm{mean}}} \tag{6-29}$$

这里，为获得理想的 L_{mean}，应合理选择与溶解度和平均生产率 G_{mean} 有关的值，这个值可以通过相关方法(Mersmann，1988；Kind 和 Mersmann，1990)或实验室实验获得[1,2]。

从结晶器中悬液体积 V、所需的蒸汽压、处理的液流和供热情况等方面考虑，就可以确定结晶器的设计尺寸，设计的约束条件为高度、直径比，约为 3∶2，蒸发区应有足够大的交接空间，以避免小液滴进入冷凝器中。有关热交换器设计详见文献 Sinnott(1998)。

(二)冷却结晶器

冷却结晶时,热供能体常被冷却至操作温度,除了无蒸汽流存在时,理论上讲,这组质量与热平衡方程同样适用。此外,由于操作温度受给定的生产率、结晶自由组分分数 ε、滞留时间 τ 和液体质量分数 $w_{\text{liquid},i}$ 的影响,故不能随意选择。后期主要组分中,液体质量分数与操作温度有关,故在 $w_{\text{liquid},i}$ 中应补充上与温度有关的方程。这样,结晶器设计的自由性受到进一步限制。

四、总体平衡

(一)与结晶长度有关的总体平衡方程

在结晶中,作为一种分离操作,从母液中把微粒分离出来是极其重要的,例如要通过过滤、洗涤和干燥等过程。这些操作的分离效率与固相中晶体大小分布(CSD)直接相关。一旦固相中晶体大小分布(CSD)成为产品的重要指标时,就应介绍总体平衡方程式(population balance equation, PBE)。PBE 描绘了各种动力学过程引起的各种微粒大小分布变化。Randolph 等[3]引进了 PBE 的概念。PBE 一般形式如式[6-30]所示。

$$\frac{\partial(n(L)V)}{\partial t}=-V\frac{\partial(G_L(L)n(L))}{\partial L}+B(L)V-D(L)V+\sum_{j=1}^{m}\phi_{V,\text{in},j}n_{\text{in},j}(L)-\sum_{k=1}^{n}\phi_{V,\text{out},k}b_{\text{out},k}(L)n(L) \quad [6\text{-}30]$$

这个式子中,晶体(或微粒)的数量与大小分别通过数量密度 $n(L)$(个/(m^{3}m))和晶体(微粒)长度 L(m)表示。

这个式子中的所有参数理论上都与时间有关,为使简单起见,这里都近似看作与时间无关。

在 PBE 另外一些表示式中,微粒数也可用体积密度 $V(L)$(m^3/(m^{3}m))或质量密度 $m(L)$(kg/(m^{3}m))来表示。在此式中,长度 L 表示微粒大小。

通过体积得到的微粒尺寸,对应的数量密度从 $n(L)$ 变为 $n(V)$,在等式[6-30]中,V 为结晶器中悬浮液体积,m 为进入结晶器的液流,n 为流出结晶器的液流,ϕ_V 为体积流量。$G_L(L)$ 为与尺寸有关的线性生长率(ms^{-1}),$B(L)$ 和 $D(L)$ 分别为微粒生长和溶解项,分子结块、早期凝聚微粒扰动、晶体破坏及晶核形成等都会引起溶解和生长现象。但正常操作条件下,晶体不会发生破坏。

函数 b(L)描述了结晶器中的 CSD 与出口液流中 CSD 之间的关系。

式[6-30]给出的 PBE 代表的是所有操作方法。间歇操作和连续操作的区别是溶液在进出流阶段对 PBE 等式的右边有不同反应。由于 PBE 是关于时间 t 和晶体长度 L 的偏微分方程,这就需要用两个边界条件来分析解决这个问题。

$$n(0,t)=\frac{B_0}{G_L(0)} \quad [6\text{-}31]$$

$$n(L,0)=\text{初始分布} \quad [6\text{-}32]$$

由于一次和二次成核一般引起细小晶体的产生,成核通常以初始体积下核仁生成的形式出现。若发生在大小范围为 $0 \leqslant 1 \leqslant y$ 的成核作用,这就要用到临界等式[6-31]中给出的生成速率 B_0。它们的关系为:

$$B_0 = \int_0^y B(L)\mathrm{d}L \qquad [6\text{-}33]$$

第二种临界条件下,晶种量或一次核仁长大形成的晶体量将被替换。

(二)平衡操作的总体平衡方程

假定以下条件成立:

①达到稳定状态;

②进料液中不含有晶体;

③只在初始体积时成核,晶核从 0 尺寸开始,符合给定的临界条件 $L=0$(等式[6-31]);

④晶体生长不受其大小限制,$G_L(L) = G_L$;

⑤结晶器体积不变;

⑥没有结块现象或晶体破坏。

连续结晶操作的 PBE 可简化为式[6-34]。

$$VG_L \frac{\partial n(L)}{\partial L} + \sum_{k=1}^{n} \phi_{V,\mathrm{out},k} b_{\mathrm{out},k}(L)n(L) = 0 \qquad [6\text{-}34]$$

若结晶器内物质混合均匀,且只有一个未分级的流出液流,即 $b(L)=1$,这个等式就变为式[6-35]。

$$VG_L \frac{\partial n(L)}{\partial L} + \phi_{V,\mathrm{out}} n(L) = 0 \qquad [6\text{-}35]$$

这种结晶器称为悬浮液和产物混合排出结晶器(mixed suspension mixed product removal, MSMPR),式[6-35]的积分式为式[6-36]。

$$n(L) = n(0)\exp\left(-\frac{L}{G_L \tau}\right) \qquad [6\text{-}36]$$

通过 $\ln(n(L))$ 对 L 作图,从直线的斜率可以得到动力学生长速率 G_L,从特定的 Y 轴交点可得到成核速率 B_0。

不同的结晶器,为改变 CSD,工艺参数的个数也不尽相同。尤其是在通常条件下,晶体平均大小很有限时,典型的工艺操作是细晶分离和产品分级。它们对 CSD 的影响可通过引入更多的分级流出液流来解决。这些流出液流将引起母液和结晶器中大、中、小晶体的滞留时间有差异。

(三)间歇操作总体平衡方程

间歇操作中,假定以下条件成立:

(1)进料液中不含有晶体;

(2)只有在初始体积下成核,晶核形成时体积为 0,符合临界条件 $L=0$(式[6-31]);

(3)晶体生长不受其大小限制;

(4)无结块及晶体破坏。

则 PBE(式[6-30])可简写为式[6-37]。

$$\frac{\partial n(L)V}{\partial t}=-VG_L\frac{\partial n(L)}{\partial L} \tag{6-37}$$

由于间隙操作内部稳定,需要一个微分转换才能解出 PBE 方程,其结果为式[6-38]。

$$\mathrm{d}\frac{\mathrm{d}(Vm_j)}{\mathrm{d}t}=jG_Lm_{j-1}V+V_0L_0^jV \tag{6-38}$$

这里核仁大小 L_0 为 0,解出常微分方程($j=0\sim3$)就可得到 CSD 的结块性质,利用 CSD 可选用一定的冷却或蒸发途径。

(四)与晶体体积有关的总体平衡方程

当一个结晶体系是一个依赖晶核形成与生长的工艺时,常用晶体大小与长度相关的 PBE 方程式。微粒聚合或分裂的动力学过程,像结块或晶体破坏,微粒体积和晶体尺寸一致时常用 PBE 来表示。其结果为式[6-39]。

$$\frac{\partial(n(V)V}{\partial t}=-V\frac{\partial(G_V(V)n(V))}{\partial v}+B(V)V-D(V)V+\sum_{j=1}^{m}\phi_{V,\mathrm{in},j}n_{\mathrm{in},j}(V)-\sum_{k=1}^{n}\phi_{V,\mathrm{out},k}b_{out,k}(V)n(V) \tag{6-39}$$

这样就要求一定的体积生成速率,根据与长度有关的速率可求得晶体生长速率。因此 $G(V)$可以用式[6-40]求出。

$$G_V(V)=\frac{\mathrm{d}V}{\mathrm{d}L}G_L=3k_VL^2G_L \tag{6-40}$$

这个表达式并不涉及初始体积作为临界条件,于是成核过程成为一定尺寸范围内晶体生长的模型。

不考虑临界条件范围是否通过体积长度表达,则一定晶体尺寸范围内微粒数必须相等。可表示为式[6-41]。

$$n(L)\mathrm{d}L=n(V)\mathrm{d}V \tag{6-41}$$

通过一些转换,可得到式[6-42]。

$$n(L)=3k_VL^2n(V)$$
$$n(V)=\frac{1}{3\sqrt[3]{k_VV^2}}n(L) \tag{6-42}$$

(五)结块和晶体破坏

求解结块和早期凝聚微粒破坏时的 PBE,我们应了解晶体生长和溶解过程。

结块速率 r 表示如式[6-43]所示。

$$r(V_1,V_2)=\beta(V_1,V_2,\sigma\varepsilon)n(V_1)n(V_2) \tag{6-43}$$

恒定速率β一般称为结块函数，取决于微粒尺寸V_1，V_2。过饱和度σ、紊流度（以输入的能量ε表示）、生长和溶解阶段与两微粒凝聚有关，导致生成一个新核消耗两个初核，表示为式[6-44]和式[6-45]。

$$B(V)=\frac{1}{2}\int_0^V\beta(u,V-u)n(V-u)\mathrm{d}u \quad [6\text{-}44]$$

$$D(V)=n(V)\int_0^\infty\beta(u,V)n(u)\mathrm{d}u \quad [6\text{-}45]$$

由于积分使之相互作用两次，系数1/2是用来避免重复计算的。为简化符号，此处忽略δ和ε对β的影响。

早期凝聚微粒的破坏与相互破碎率有关。这种早期凝聚的破坏过程可以用微粒破坏的附加溶解过程和新生微粒附加生成过程的PBE表示，如式[6-46]、式[6-47]所示。

$$D(V)=S(V,\varepsilon)\cdot n(V) \quad [6\text{-}46]$$

$$B(V)=\int_0^\infty b(V,u)S(u,\varepsilon)n(u)\mathrm{d}u \quad [6\text{-}47]$$

这里$S(V)$是用来表示微粒分解率的选择性函数，函数B是用来表示体积为u的微粒破坏而形成体积为V的微粒数的分解函数。

通常分解的结块形成凝聚核β，β即有效凝聚核。这样，等式[6-46]、式[6-47]在这种情况下不再适用，在PBE中只可用等式[6-44]、式[6-45]代替。这种对结块全过程的叙述的主要不足之处在于，由于β和σ是与ε分别相关的，预测不同流体动力学条件下不同几何外形和尺寸的结块行为就变的尤为困难。

结块和分解时的PBE很难被求解。按如下定义各因素，则可得到新的影响因素。

$$m_j=\int_0^\infty n(V)V^j\mathrm{d}V \quad [6\text{-}48]$$

这里，V表示晶体体积大小，V_0为微粒初始总数，但第一个因子表示的与体积有关的CSD就等于第二个因子表示的与长度有关的CSD。

当结晶器体积一定及结块、生长、无晶核作用时，用PBE（式[6-39]）替换上述方程式，改变下式的一个因子将只得到适用于一种无晶体的进料液流和未分级产物流。

$$\frac{\mathrm{d}m_j}{\mathrm{d}t}=-\frac{m_j}{\tau}+jG_Vm_{j-1}+\overline{B_{\mathrm{agg},j}}-\overline{D_{\mathrm{agg},j}} \quad [6\text{-}49]$$

这里引起结块的因素B、D定义如下：

$$\overline{B_{\mathrm{aggl},j}}=\int_0^\infty V^jB\mathrm{d}V \quad [6\text{-}50]$$

$$\overline{D_{\mathrm{aggl},j}}=\int_0^\infty V^jD\mathrm{d}V \quad [6\text{-}51]$$

溶液中只含与体积无关的凝聚核，间歇结块系统（无核生长）中，只可得到m_0与m_1（当与m_3尺寸一致时两者相等）。

$$\frac{dm_0}{dt}=-\frac{1}{2}\beta_0 m_0^2 \tag{6-52}$$

$$\frac{dm_1}{dt}=0 \tag{6-53}$$

当成核、生长与结块存在时，由于难以求得准确值，用总体平衡方程的近似解可以解决一些问题(尽管一般的近似解也不容易求)。为获得可靠的结果，转换总体平衡偏微分方程为一组常微分方程。我们有必要把晶轴划分合适的尺寸范围。Hounslow 等[4]指出与晶轴几何离散化有关的数值图中，上界和下界尺寸范围比 r 正好等于$\sqrt[3]{2}$。尽管可以在无晶体生长和成核时得到准确的结果，这种方法在有结晶现象存在时通常不准确，并且高估了一些因素。为解决成核、晶体长大和结块时稳定溶液中的总体平衡，我们可采用有限元方法。

五、动力学方程

为求出总体平衡方程，我们用动力学方程表示发生在结晶器中的物理过程，像成核、晶体长大和结块，这里将介绍其机理和相关方程。

(一)成核

1.均相一次成核

浓度局部波动将导致无数可再分裂晶簇的形成。晶簇的形成和分解在未饱和或刚饱和时的溶液中是平衡的，且是可逆过程。但在过饱和溶液中会生成临界体积大小的晶簇，既可能生长也可能分裂。根据 Becker 等[5]的经典成核理论，单一溶质的接触和分离会形成晶簇。尽管晶簇互碰使之长大，但其浓度比单一溶质形成的晶簇低很多，以致可以忽略这一晶体生长过程。

晶簇临界体积可用临界半径表示，如式[6-54]所示。

$$r^* = 2\gamma\frac{V_{molar}}{\Delta\mu} \tag{6-54}$$

且通过 $\Delta\mu$ 把界面张力 γ 与过饱和度联系起来了。

通过式[6-55]的一些简化，可求得均相成核率 J_{homo}(个/m^3)。

$$J_{homo} = AS\exp\left(\frac{16\pi\gamma^3 V_{molar}^2}{3k^3T^3(\ln S)^2}\right) \tag{6-55}$$

在这种 Arrhenius 型表达式中，比起指数式中过饱和率 S 的变化，幂函数前因子 AS 中过饱和率 S 的变化影响相对要小得多。许多学者对 A 用不同的表达式，这样求得的 J 值就存在明显的差异。

2.非均相一级成核

均相成核一般很少发生，实际上杂质成核一般会降低核障，对这种成核方式，可用相似的方程式表示，如式[6-56]所示。

$$J_{hetero} = A_{hetero}S\exp\left(\frac{16\pi\gamma^3 V_{molar}^2}{3k^3T^3(\ln S)^2}\right) \tag{6-56}$$

这里用更低的 γ_{eff} 代替界面张力 γ，虽然 γ_{eff} 比 A 小，但在指数式中，其影响占主要地位。在实践中也很少遇到。

3. 二次成核

悬浮液中晶体生长的二次成核率 B_0 的经典表达式主要是幂函数式的，与我们先前早被认为很重要的三个实测参数有关。

$$B_0 = k_N G^i N^h M_T^j \qquad [6\text{-}57]$$

由于生长率与过饱和度、能量供给、循环速度直接相关，此幂函数式也可写成如式[6-58]所示。

$$B_0 = k_N^1 \sigma^b \varepsilon^k M_T^j \qquad [6\text{-}58]$$

通常在稳态条件下测得的 b、k、j 值分别为：$1<b<3$，$0.6<k<0.7$ 和 $j=1$ 或 2，对转子摩擦为主要的成核方式时，$j=1$；晶体互磨为主要时，$j=2$。

结晶器中搅拌器或泵、转子数和生产规模也影响晶体摩擦率。假定这些作用包含于 k_N^1 的 K_N 中，k_N 只可在实验中测得。幂函数式中 4 个参数常与其他动力学参数联用(如与晶体生长有关的参数)，连续结晶过程中，幂函数式足以描绘稳态介质中晶体的大小。

但是，幂函数式不能描绘结晶过程动力学。比如结晶开始后，以中等尺寸的晶体对时间作图，从开始结晶到发生振荡现象，到最后达到稳定值。这种振荡行为可观察到碰撞产生的一定尺寸以上的晶种的二级晶核形成的晶体加以解释。第一种核由一级成核和其长大而形成，这种方式会引起过饱和度下降。当晶体平均尺寸达到第一个高峰时，大晶体从产物中分离出来比二级晶核能生长形成大晶体更容易。这种情况发生是由于结晶早期没有大晶体可作为晶种。

一些研究小组曾试图通过对表示晶体尺寸函数的幂函数式增加一个目标系数来说明这种现象。一位叫 Eek 的科学家[6]，曾用只能容许晶体大于一定尺寸的晶种来进行实验。尽管他们并没有完全成功，但这都改进了模拟实验。

根据 Mersmann 的方法，O'Meadhra 等[7]引进了晶体的碰撞函数。它把破碎的晶体体积分配到小晶体尺寸中。通过这种方式从体积磨损率中可计算出生成函数 $B(L)$，与幂函数相似，由于摩擦函数也必须在特定结晶器中实测，故这种模型的不足之处在于它没有预测值。

Gahn 等[8]最初从物理摩擦特性中推出二次成核与模型。这一模型包含三个连续步骤并可计算出叶轮的叶片与晶体碰撞的二次成核率。

(1)首先，Ploss 等提出的基于几何尺寸的简化流型，可用于计算影响速度和尺寸为 i 及转子摩擦为 j 的晶体生成几率。

(2)其次，体现锥形和晶体坚硬平面的晶棱在单一摩擦时，为计算形成的摩擦碎片的体积，我们常建立一个模型。这一模型利用相关力学特性，如维氏硬度、物质断裂阻力和切变模量，把晶体 i 和转子 j 的摩擦体积与晶体摩擦能量影响联系起来。这一模型假定同一晶棱发生下一次摩擦前有足够的循环时间去修复已破坏的晶棱。但这一假设对体积大于 100 L 的结晶器通常不适用。从这一假设中可得到引起断裂所需的最小影响能量。因此，已知速度分布的最小晶体更易于发生碰撞，同时，也给出了晶体 i 和转子部分 j 每次碰撞形成的最大、最小碎片的标准数量密度函数。总的来说，碎片的尺寸分布范围为 2～100 μm。

(3)第三步,二次成核率与碰撞碎片形成率有关。由于压力提高了其化学势,碎片中的残余压力量限制了长成大的晶体的数量。其真实饱和浓度 c^* 变为式[6-59]。

$$c^*_{\text{real}} = c^* \exp\left(\frac{\Gamma_k}{KTL_{\text{fragment}}}\right) \qquad [6\text{-}59]$$

碎片压力量与其长度直接相关,Γ_k 的值只能由实验测得,且实验中有独立的结晶器精度和允许晶体生长的结晶器方面的要求。

由各自的长度和压力、形成的尺寸为 L_{fragment} 的碎片重新分配,一部分将溶解,另一部分将以与体积相关的生长率长大成晶体。

这一模型并未说明在初始体积下成核或生长时,作为二级核分布的成核率 B_0。但可从碰撞次数、每次碰撞残余碎片及新生晶体数中求得。这一模型和 O'Meadhra 模型都可描述结晶过程的动力学行为。

(二)晶体长大

1. 生长率定义

一个晶体的不同晶面(b,k,l)的生长率存在明显的差异。晶面生长率决定晶体外形、生长机制和晶体表面结构。

特殊晶面(b,k,l)生长率通常用其线性生长率 R_{lin} (ms^{-1})来定义,线性生长率 R_{lin} (ms^{-1})关系到法向晶面生长率。所有各晶面(b,k,l)平均所得的总线性生长率$\overline{R_{\text{lin}}}$有多种定义。其中一种常用的定义式把$\overline{R_{\text{lin}}}$和在单位时间内晶体质量的增大联系起来,如式[6-60]所示。

$$\frac{1}{A}\frac{\mathrm{d}m}{\mathrm{d}t} = \frac{\rho k_V}{k_a L^2}\frac{\mathrm{d}L^3}{\mathrm{d}t} = 3\frac{k_V}{k_a}\rho G_L = 6\frac{k_V}{k_a}\rho\,\overline{R_{\text{lin}}} \qquad [6\text{-}60]$$

对球体或立方体(L 与等体积的球体直径有关的晶体),$k_a/k_V=6$,则有式[6-61]。

$$\frac{1}{A}\frac{\mathrm{d}m}{\mathrm{d}t} = \frac{1}{2}\rho G_L = \rho\,\overline{R_{\text{lin}}} \qquad [6\text{-}61]$$

注意:在总体平衡方程中,线性生长率方程用 $G=\mathrm{d}L/\mathrm{d}t=2\,\overline{R_{\text{lin}}}$代替。

2. 晶体生长机理

对溶液中的晶体生长来说,晶体生长过程大致可分为两步:

a. 生长单元向晶体溶液系界面扩散;

b. 接着,这些生长单元在晶体表面聚合。

图 6-3 描绘了浓度在晶体表面的垂直分布情况。图 6-3 中母液在晶体-溶液界面浓度和晶体生长区平衡浓度分别用 c_b,c_i 和 c^* 表示。

对极易溶化合物来说,生长率只受界面处 c_b-c^* 作为扩散推动力,向厚度为 δ 的停滞层扩散,晶体生长快慢受到停滞层的厚度 δ 的限制。对难溶化合物来说,表面聚集(结合)步骤成为晶体生长的限制步骤。其聚合动力等于 c_b-c^*。但是对大多数化合物来说,这两个步骤都必须加以考虑。熔化结晶生长时,结晶时热量传递成为第三个速率限制步骤,对极高浓度的溶液来说,也有这种情况。以下将主要介绍表面聚集和体积扩散生长机理,相关生长率方程以及两个步骤的联合生长率方程,这里将不介绍传热控制生长速率方程和传热传质联合方程。

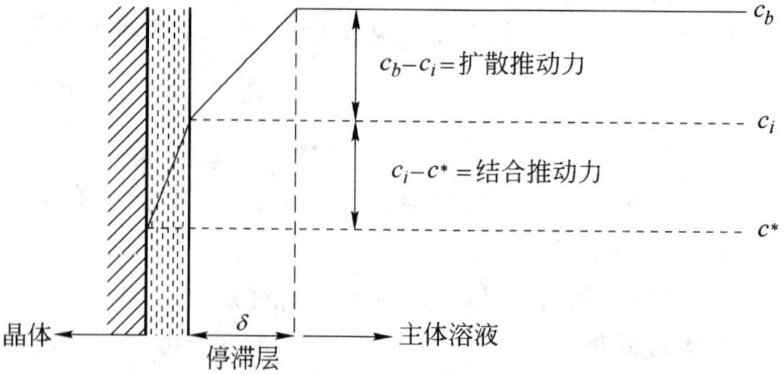

图 6-3 浓度对结晶体结晶的影响

(1)表面聚合控制的晶体生长:此种生长又可分为粗糙表面和光滑表面的晶体生长。

①粗糙表面:分子水平的生长表面结构受到下列因素影响:晶体表面层原子、离子或分子的结合能,溶剂、温度,推动力也有重要影响。这些因素会使表面变粗糙。对于一个给定的化合物和选定的溶剂来说,将发生热力学或动力学以引起的糙化现象。

每种晶体都有一个临界结晶温度,在其临界温度以上结晶时,晶体表面将变粗糙。离子化合物的临界温度很高,且通常高于正常操作条件。但对有机化合物来说,其糙化温度甚至可以接近室温,比如,正己烷生成石蜡晶体。自然生长时,晶面趋于圆滑化,尤其是在晶面边缘,将不再形成有晶棱的晶体。

生长时过饱和度过大会引起动力学糙化,离子型化合物也会发生这种情况。由于杂质、溶剂分子更易被夹带,粗糙现象对晶体质量特别是晶体纯度有负面影响。

因为所有表面位置均可成为生长点,速率系数 K_r 与化合物溶解能力呈正比,故自然生长时,晶体各方向上的线性生长速率通常与过饱和度成线性关系。溶解能力可能影响与晶体表面接触的生长单元数,从而影响其生长。线性生长率可用式[6-62]表示。

$$R_{\text{lin}} = k_r\sigma \tag{6-62}$$

②光滑表面:光滑晶面上的晶体生长,在合适条件下常发生连续有序沉积。这可从晶体表面的生长步骤看出(图 6-4)。首先是晶体生长单元从主体液中向晶体-溶液界面扩散,然后晶

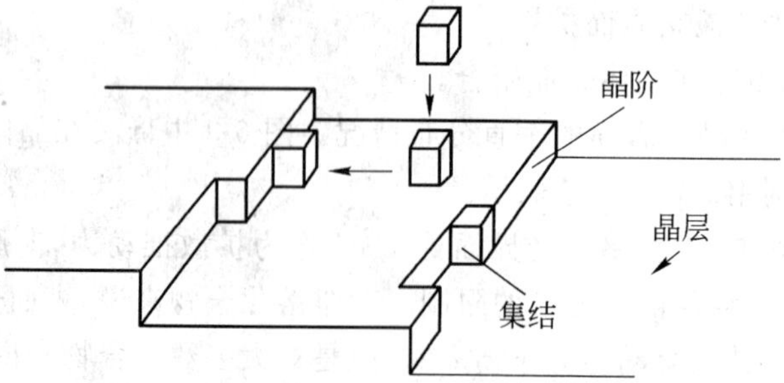

图 6-4 晶体生长单元向晶体表面的扩散和聚合

体生长单元在晶体表面上聚合。各生成步骤可以区分这两种成因。根据这两种成因可解释这两种表面晶体生长机理:生长与扩散或二维凝聚成核(2D)生长模型或螺旋生长模型。

生长和扩散模型中,可通过沿晶体表面横向扩散长成晶簇的晶体表面上的2D核的形成来确定工艺。新核既可在初始表面上形成,也可在紧接着刚形成的晶簇上形成。若过饱和度足够高,可以克服2D成核障碍时,能形成2D核。其线性生长率可用式[6-63]表示。

$$R_{\text{lin}} = k_r(S-1)^{2/3}S^{1/3}\exp\left(-\frac{B_{2\text{D}}}{3\ln S}\right) \qquad [6\text{-}63]$$

这里 $S=\sigma+1$。

低过饱和溶液中,此时还未形成2D核。选择工艺条件的因素是晶体中存在的晶格缺陷和暴露于晶体表面的螺旋位错。这种工艺会使暴露的缺陷点被包埋而形成异常螺旋晶体而析出。

光滑表面的线性生长率,通常可符合抛物线生长定理,如式[6-64]所示。

$$R_{\text{lin}} = k_r\sigma^2 \qquad [6\text{-}64]$$

在式[6-63]和式[6-64]中,k_r 直接正比于化合物的溶解度。这种依靠关系可从 Mersmann 发现的生长速度和许多盐的平均晶体体积对过饱和度作图得到的曲线中看出[9],如图6-5所示。因此,低过饱和溶液中,蒸发或冷却结晶时,通常表面凝聚生长步骤服从抛物线定律。高过饱和度时,2D成核与生长占主要地位,晶体生长速率呈指数型生长。极高过饱和度时,若2D核尺寸达到生长单元尺寸,晶体生长速率呈线性型生长。

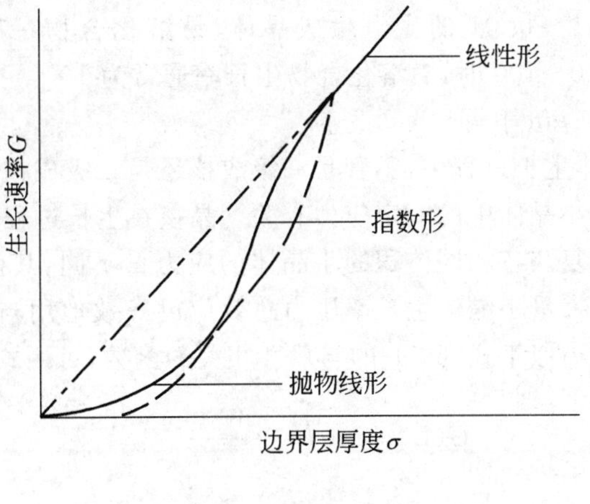

图6-5 晶体生长速率的几种方式

(2)体积扩散控制的晶体生长:由于通过晶体表面边界层的扩散是速率限制步骤,这类生长模型也称扩散层模型。即使在高浓度溶液中,简化了的 Fick's 法则仍可用,故晶体中增加的质量可用式[6-65]表示。

$$\frac{\mathrm{d}m}{\mathrm{d}t} = \frac{D}{\delta}A(c_b - c^*) = k_d A(c_b - c^*) \qquad [6\text{-}65]$$

质量转换系数 k_d 服从最简式 $Sb=k_dL/D$,有关 Sb 可查阅相关参考文献中的相关内容。

Sb 值一般介于 2～10 间，浓缩溶液中可用 Maxwell-Stephen 方程表示，如式[6-66]所示。

$$\frac{dm}{dt}=\frac{k_d}{(1-w)}A(c_b-c^*) \tag{6-66}$$

其中 w 为溶质质量分数，因此，线性生长率常写成式[6-67]所示。

$$\overline{R_{lin}}=\frac{k_a k_d}{6k_V\rho}c^*\sigma \tag{6-67}$$

$\overline{R_{lin}}$ 与 σ 为一阶关系，$\overline{R_{lin}}$ 与溶解度直接相关。通过图 6-5 可以看出，可通过给定一个过饱和度来控制溶液中晶体生长的最大生长率。

(3)体积扩散和表面聚合控制晶体生长速率：当体积扩散与晶体自然生长成为晶体生长速率的决定步骤时，晶体生长过程可用式[6-68]描述。

$$\frac{1}{A}\frac{dm}{dt}=\frac{k_d k_r}{k_d+k_r}(c_b-c^*) \tag{6-68}$$

而体积扩散与螺旋生长表面聚合耦合生长率变为式[6-69]所示。

$$\frac{1}{A}\frac{dm}{dt}=k_d(c_b-c^*)+\frac{k_d^2}{2k_r}-\left[\frac{k_d^4}{4k_r^2}+\frac{k_d^3(c_b-c^*)}{k_r}\right]^{\frac{1}{2}} \tag{6-69}$$

联立式[6-60]即可求得$\overline{R_{lin}}$或 σ。

与温度有关的 k_r 和 k_d 可由 Arrhenius 方程给定，在晶体表面聚合时，相关的 Arrhenius 活化能范围一般为 40～60 kJ・mol・L^{-1}，而在体积扩散步骤中为 10～20 kJ・mol・L^{-1}。

为得到 σ 值为 0.001～0.01 的光滑生成晶体，易溶化合物一般允许其线性生长率为 10^{-7} ms^{-1}，而在 σ 值为 10～100 时，微溶化合物生长率通常为 10^{-8}～10^{-9} ms^{-1}。它们相关的平均尺寸分别从 10～600 μm 不等。

(4)生长率差移：晶体生长过程中，不管是一级成核还是二级成核生成的小晶体，其比母晶体生长得慢，这种现象与小晶体中的一定应力有关。晶核在生长过程中，晶体外层会失去一些应力，此过程称为应力修复。各相同体积的小晶体的应力量不同，其生长率会不同，出现一种叫做生长率差移的现象，大量小晶体生长率压力总效应可等效地用与体积相关的生长函数表示，这样平衡浓度就变成类似于式[6-59]的与尺寸相关的函数，可用式[6-70]表示。

$$G(L)=kg\left(\sigma-\frac{W_i(L)}{kT}\right)^g \tag{6-70}$$

这里，体积扩散生长为主时，$W_i=\Gamma_k/L_{mean}$，且 $g=1$，螺旋生长时 g 为 2。像前面提及的，Γ_k 值必须从实验中测得合适的参数。

(5)晶体溶解：在一个极低的未饱和溶液中或像 $BaSO_4$ 这样极难溶的化合物，会发生溶解现象，使晶体外层消失，这样可得到表面光滑的晶体。一般表面裂解只发生在晶体边缘和蚀痕处，这样，表面易糙化。因此，只在晶体结晶过程中，体积扩散为主时，溶解率可用式[6-71]表示。

$$-\frac{1}{A}\frac{dm}{dt}=k_d(c^*-c_b) \tag{6-71}$$

也可用等式[6-68]给出的体积扩散和表面裂解平衡联立式表示，甚至也可用较少用的等式[6-69]表示，但此时 A 随质量减少而升高。

(6)凝聚(agglomeration)：微粒碰撞和传递、接触微粒的胶合或破碎引起的微粒吸附形成了凝聚过程。胶合微粒即凝聚体，若过饱和度为 0，则不发生胶合，且松散的凝聚体重新分散。由于实践中只能看到破碎和胶合引发的凝聚作用，于是定义了一个有效凝聚率。

发生微粒碰撞的主要机理是布朗运动、层流或湍流或相关微粒沉降。根据不同流况下微粒的尺寸和科氏长度值(Kolmogorov length scale)，我们可划分不同的碰撞机理。

同向移动碰撞时，有效凝聚速率系数或凝聚函数可用产物碰撞速率系数和有效因子表示，如式[6-72]所示。

$$\beta = \Psi(\varepsilon,\sigma)\beta_{\text{coll}} \qquad [6\text{-}72]$$

β_{coll} 随断裂率 γ 线性升高，在搅拌器中等于 $\sqrt{\varepsilon/v}$，有效因子 Ψ 在断裂区随 γ 急剧下降。在低断裂值时，β 升高至最高值后也会下降。尽管 β 是与尺寸相关的，实验测得的凝聚数据通常[illegible]赖尺寸的晶核一致。Hounslow 及其同事[10]发现 β_{coll} 与平均微粒尺寸有关。微粒胶[illegible]因子包括相关过饱和度，大结晶器中若两次相邻转子碰撞有足够长的循环时间[illegible]过饱和溶液有关的凝聚可解释为什么会发生大量凝聚。而在小规模的结晶器中，很难看到任何凝聚现象。

必须注意凝聚是基于碰撞时局部湍流度和能量输入系数(ε)的动力学过程，因此，对 β 的计算，平均能量输入系数(ε)可能会导致对凝聚程度的错误估算。

为应用结晶作为相应的分离操作，固相应满足一定的要求。作为一种好的分离手段，晶体尺寸和晶体外形应满足产物有较高的可滤性和可洗性的要求。由于粗糙表面引起摩擦且摩擦碎片可能阻碍下流操作，故晶体表面粗糙度也可能有重要影响。

应在合适操作条件下生成晶体，以减少晶种吸入杂质或母液包融杂质，这种情况可能在(局部)过饱和度过高时会发生，因局部湍流度会引起尤其是晶角或晶面的摩擦，故应避免局部湍流度过高。尽管会发生晶体修复，尤其在高过饱和区，但修复过程并不完美且通常会引起溶剂的夹带。这种晶体在与湍流度有关的一定尺寸下更易于发生摩擦。

由于一级凝聚微粒的液体夹带不可避免，像在沉淀操作中经常会发生，故通常需防止其凝聚。只有一级微粒过小而难以过滤时，才需设法促进其凝聚。那样的话，母液溶质浓度将极低，固相中溶质的夹带几乎不影响操作过程。

第三节　工业结晶器

理论上，工业结晶器是按照生产的规格进行操作生产的，要求晶体原料供应方便，有利可图。但实际生产中可能会遇到许多问题，以至于影响结晶器的生产力。最常见的问题有：

- 结晶体在结晶器内沉淀。通常被叫做晶体垢，晶体垢会减少热交换的热传递或导致生产线堵塞，甚至改变流动模式最终导致结晶器紊乱。
- 供给成分的交替变换。过饱和水平的变化会导致晶核破裂或二次成核的损耗，严重影响晶核的动力学过程。
- 结晶器内热交换器受干扰。这会导致产量和晶体浓度的变化，进而影响能量消耗和晶核的动力学过程。

- 不合理的撒晶种过程。在批量生产结晶过程中，这种问题经常出现，尤其是当晶种的数量和大小分布不合理或撒种时间不合理时，这将导致结晶体大小不符合规格。
- 结晶器内的温度变化。结晶器内的温度变化会导致结晶器局部细晶融化，从而大大影响结晶体的动力学过程。
- 在生产、回收和再循环过程中形成堵塞物后的漂洗过程中的水分注射。这也会造成过饱和度的暂时降低，引起晶体内部破裂。

另外，晶体大小分布(CSD)的轻幅摆动也经常被观察到，这种轻微变动是由于晶体生成过程中内部反馈机制和周期性地产生过量晶核粒而引起的。

为了避免以上这些操作上的问题，在设计生产工序时，一切与结晶过程有关的影响因素都必须控制在规定的可接受水平内。并不是所有影响因素都需要被动态地控制，有些直接通过设计来控制，还有些是直接伴随其他因素一起被控制。有些必须主动控制以加强正确的生产条件，比如，在批量冷却过程中的温度变化情况。还有些必须巧妙地加以控制以弥补干扰因素造成的负面影响。表 6-1 列出了在连续生产和分批生产过程中的主要影响因素。在各种[illegible]中广泛讨论了各个因素的影响强弱及它们在结晶器如何得以控制。

表 6-1 工业结晶法中需要控制的因素

连续操作	间歇操作
加工温度	加工温度的变化速率
热量	热量的变化
晶体停滞时间	批量处理时间
体积	体积
原料特性： 浓度 温度 流速 污染程度	
灰浆浓度	灰浆浓度
清洗流	
搅拌器和泵的转速	搅拌器和泵的转速
晶体大小分布(CSD)	晶体大小分布(CSD)

在结晶过程中，主要工艺参数是：溶液的过饱和度，能量散耗，晶体大小分布以及这些参数在结晶器上的分布情况。这些参数在很大程度上决定了结晶体的动力学过程(如晶核的生成和聚结)，从而决定了结晶体的生成。它们以复杂的形式相互作用。洁净生成过程中参数的相互作用和内部反馈机制的出现限制了简单反馈控制计划的进行，而有助于模基多参数控制器的应用，这能加速参数间的相互作用。不过目前对于多参数控制技术在工业结晶中的研究还很少，而且缺乏实验证实。

基于结晶器的类型和规格的不同，其内的溶液将不会均匀分布，像温度、浓度及微粒浓度，在结晶器中的不同区域会有些不同，尤其在热交换器、挡板和沸点区附近时。目前，可证明这种情形会大大影响结晶器的工作。通常，只要工艺参数在这些区域内保持在可接受限度内，这些不均匀性是可以接受的，并且可保持长时间的稳定。但是，在这方面的主要问题是，通常的用来控制设计的工艺模式并没有考虑到这些因素。各种局部模型方法，已用来提高工业结晶器的设计质量，这些方法也应该应用于生产工艺的控制设计。

一、工业结晶器模型

想要开发先进的控制系统，一套可以精确地描绘其生产进程的动力学模型是必不可少的。推导出这样一套模型意味着搞清模型的结构，运用实验数据评估其参数，并且证实这模型。由于参数评估超出了本书的讨论范围，这里就不做讨论了。

工业结晶器模型主要利用了总体平衡方程(PBE)，总体平衡用来描述在结晶器内 CSD 的情况。总体平衡提供了一种被广泛接受的了解分散体系的模型方法，并允许考虑到晶体大小分布的产品质量规格化。等式[6-73]表示了总体平衡方程式(PBE)的一般形式：

$$\frac{\partial(n(L)V)}{\partial t}=-V\frac{\partial(G_L(L)n(L))}{\partial L}+B(L)-D(L)V+\sum_{j=1}^{m}\phi_{V,\mathrm{in},j}n_{\mathrm{in},j}(L)-\sum_{k=1}^{n}\phi_{V,\mathrm{out},k}b_{\mathrm{out},k}(L)n(L) \qquad [6\text{-}73]$$

等式[6-73]用密度 $n(L)$ 和晶长 L 分别表示了晶体(或晶粒)的数量和大小。V 是结晶器内悬浮液体积，以体积流速 ϕ_V 来表示流量，流入为 m，流出为 n。$G_L(L)$ 是与晶体大小相关的线性生长速率，$B(L)$ 和 $D(L)$ 分别是结晶生长速率和溶解速率。结晶的生成和溶解可分别由凝聚作用和晶核的生成引起。$b(L)$ 表示晶体大小分布情况在结晶器内和产品流出液中的关系。

由于 PBE 是一个以时间 t 和晶体长 L 为函数的偏微分方程式，所以要解此方程，需要下面的两个边界条件。

$$n(0,t)=\frac{B_0}{G_L(0)}$$

$$n(L,0)=\text{初始分布}$$

由于一次成核晶核与二次成核晶核通常都包括小晶核的生成，所以成核过程通常在初始大小晶核生成时出现。在结晶生成方面，PBE 利用了边界条件方程给出的 B_0 而没用定义域为 $0\leqslant L\leqslant y$ 的 $B(L)$。这两者之间存在着式[6-74]的关系：

$$B_0=\int_0^y B(L)\mathrm{d}L \qquad [6\text{-}74]$$

二、结晶器的构造

在市场上可买到不同类型的结晶器，结晶器的选择取决于被结晶物、结晶方法、产品特性，尤其是晶体尺寸分布和设计的灵活性，比如，要求在同一设备中结晶出不同粗糙度(L_{50})的产品。

对于工业生产中的结晶过程，目前已经开发了几种结晶器，并已使用于不同设备中，下面列出了几种最常用的结晶器：

1. 强制循环结晶器(见图 6-6 A)

强制循环结晶器是最常用的结晶器，通常认为是一类性能优异的结晶器，尽管有研究表明，在此结晶器内还存在过饱和度的过大变化。结晶体生长被局限于结晶器的局部（沸点区附近），并且依赖于外部热交换器的温度升高，甚至在此区域可能会发生细晶融化的现象。控制晶体大小分布的制动器被限制，尽管结晶器内安装有选择性迁移的淘析器。控制蒸发速率可影响过饱和度，而通过外部热交换器调节循环流速可影响结晶体形状。总之，这种结晶器的主要操作问题在于沸腾区或热交换器。

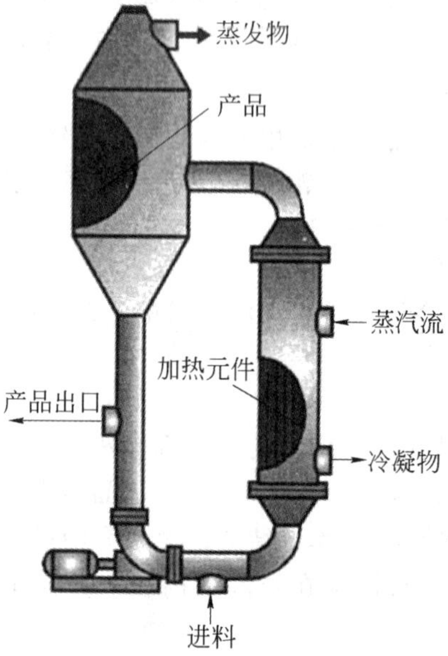

(A) 强制循环结晶器

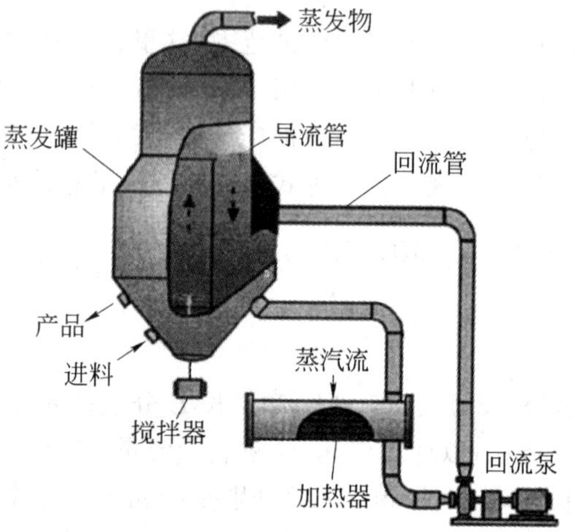

(B) 导流阻板结晶器

图 6-6 结晶器

2. 导流阻板（draft tube baffle, DTB）结晶器（见图 6-6 B）

这种带隔板的导管式结晶器是外部换热的，热源和结晶器主体分开。安装活动隔板引起的微小错位会产生沉降区或环流区。这样，导管中的流体必须向上流，尽管要得到各种不同平均大小的晶体有限，这种方式的粉末流可用作传动器用于控制晶体平均尺寸。在结晶器底部增加净化柱或另一种筛分器都可使产物流分级，因而，以传动器方式影响产物的晶体大小分布。显然，导流阻板（DTB）结晶器的不同区有不同的功能，尤其是大型结晶器可得到不同的过饱和度和湍流值。这种结晶器可利用细晶转移环得到更大的子结晶体。做法是：安装一个挡板以产生一个稳定的或环状区域。在推动器（大多数的碎片都是由推动器产生）的作用下，导流管内流体必须往上流。细晶流液能被稀释或加热至部分或全部溶解。细晶转移流速的增加不仅增加了从结晶器内转移出来的细晶数量，而且增大了细晶的截面积。这样，细晶转移环作为一个制动装置用于控制晶体的平均大小，尽管晶体平均大小的变动很小。当使用淘析器时，其首先是作为一个清洗装置用于去除晶体中的杂质，其次才是用作产品分级机。由于可观察到的振动较小，导流阻板（DTB）结晶器是研究最彻底的结晶器，其他操作问题一般出在沸腾区和挡板区上。

3. 流化床结晶器（见图 6-7 A）

这种结晶器专为生产大量而大小统一的晶体而设计的。晶体在机床顶端被固定，而且只有细晶才能随着母液流出，与供料流混合后环流至热交换器，热循环液流入蒸发器顶部，从而使溶剂被闪蒸，过饱和溶液流经下导管而离开蒸发器，然后进入结晶器底部紧密排列的流化床内。在此过程中，过饱和现象消失，从而在结晶器底部沉积一层粗晶体，粗产品通过结晶器底部离开结晶器。要控制的问题在于固定流化床和使过饱和度保持在循环圈内，特别是在沸腾区和排水管内，在一定限制内抑制自然(初)结晶作用。此结晶器还会发生低级循环，不过此现象还远没有导流阻板结晶器研究的透彻。虽然在循环圈内已发生细晶融化现象，但可通过安装一个独立的细晶转移环以控制结晶器内晶体大小分布。有时可用一个溢流管来控制流化器内浆液的浓度。

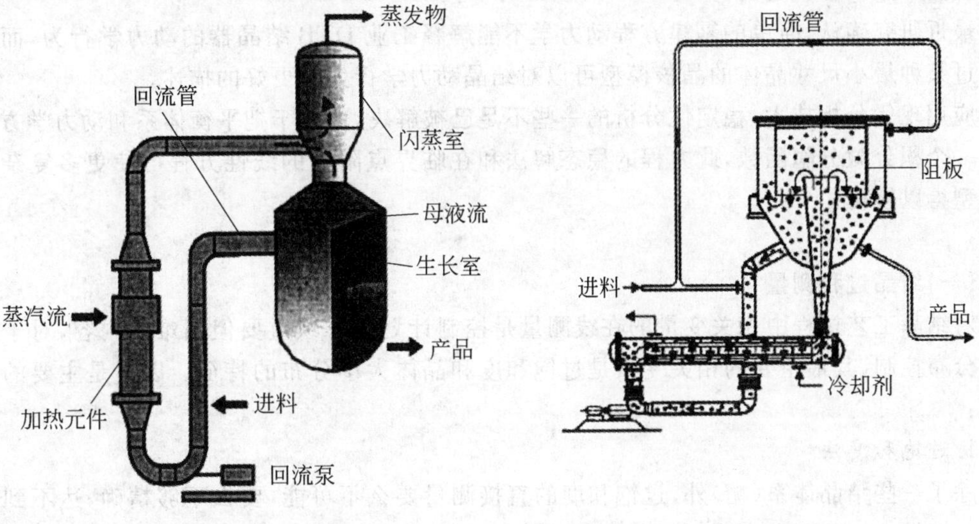

(A) 流化床结晶器　　(B) 冷却结晶器

图 6-7　结晶器

4. 冷却结晶器(见图 6-7 B)

此结晶器中，浆液需环流至一热交换器内。浆液被抽取流经导管和热交换器，导管和交换器壁的温度差 ΔT 为 5～10℃，必须严格控制热交换器的温度下降。

从以上叙述可看出，能够很好的控制结晶器内晶体大小分布的加工工艺并不多。制动器用于控制细晶转移流速，尽管工业结晶器对它里面的流体还不能自由操控，它在低速时受输入系统的热量和细晶流所升高的最高温度所限制。利用外部产品分选机，如湿筛分选机或水力旋流器，可选择性去除一些不合格产品，是一个很有吸引力的附属加工法，这样，就可以忽略结晶器本身的缺陷。

三、结晶过程测量与控制

连续结晶过程的操作难题会导致工业结晶器内动力学的混乱。另外，还可能出现晶体大小分布(CSD)的缓慢振动，这不是由混乱引起的，而是某些工艺构造的本质特性引起的，并且与出现在晶体生成过程中的内部反馈机制有关。所谓的缓慢循环行为只见于 DTB 和流化床结晶器内，这两种结晶器内会出现细晶熔融和(或)分级产品的转移。

以一个 1 000 L 蒸发型 DTB 结晶器的缓慢循环行为为例，在一个限制循环中，中等大小的晶体能达到更高的细晶移除速率，一个 5～6 h 的循环过程中，晶体尺寸大小可达到 240～1 040 μm。

环路连续结晶器的稳定性已成为许多研究的主题。应用的技术涉及到总体平衡方程(PBE)的拉普斯线性转换或用其他方法将其转变为一系列的普通微分方程，尽管这些方法对模型的解决方面存在一些不足。

在稳定性分析方面，定义了两种不稳定行为，分别被命名为低位循环和高位循环。高位循环由晶核动力学幂律方程中的高阶引起，这不同于大多数结晶体系。而另一方面，低位循环是由非主要产品转移引起的。

最近研究确认，简单的幂律方程动力学不能解释工业 DTB 结晶器的动力学行为，而只考虑超过某种最小尺寸晶体的晶核模型可以对结晶动力学行为有更好的描述。

应用现代分析技术，稳定性分析的一些不足已被解决，这基于把平衡体系和动力学方程简化为一个积分微分隐函数，此方程的稳态解法和在临界点附近的线性方程可使更多复杂的结晶模型得以解析。

(一)结晶过程测量

对结晶工艺过程中相关变量的在线测量是控制计划中一项重要但困难的内容，对于晶体大小分布控制，其最主要的相关变量是过饱和度和晶体大小分布的特征。以下是主要的测量技术：

1. 过饱和度法

除了一些结晶体系(糖)外，过饱和度的直接测量要么不可能，要么不够精确，达不到控制目的。但最近一些研究表明利用衰减全反射(ATR)探针结合傅立叶(傅氏)变换红外线(FT-IR)技术设备，有可能在线测量结晶器内的过饱和度。另外，有报道说利用密度测量法也可成功测量过饱和度。

2. 在线晶体大小分布测量法

现今许多商用仪器具有决定结晶灰浆中晶体大小分布的功能。其中激光衍射仪被证明在测量稀释悬浊液时很可靠(晶粒浓度小于 1%)。用这些商用仪器的一个缺陷是还另需一套在线稀释系统以稀释结晶悬浊液。最近更先进的方法是测量平面超声波的损耗，因为当悬浊液体积浓度上升到 30%时不用稀释就可被直接测定。

3. 嵌入式晶体大小分布测量法

用一个嵌入式传感器测定激光反射并分析背散射峰或图像，能分析结晶器内晶体大小分布的一些特性，这对结晶器的控制是很有价值的。利用这种方法的主要问题在于弄清传感器收到的信息和与工艺控制有关的变量的关系。

4. 阴影测量法

阴影可理解为在流通池中有晶体存在时，光线会被阻挡而变暗。因为存在激光衍射现象，此方法只有当漫散射可被避免时才有效，即在低晶粒浓度时有效。阴影测量法已被用于测定出现于细晶转移环内的细晶数目。

5. 晶粒计数器

光学晶粒计数器通过计算由探光器测得的通过一段激光束的晶粒脉冲数而简单地测定结

晶器内预先规定大小窗口内的晶粒数。此窗口是具有分级功能，可作为排除工作液的管道，检测器的检测阈值可调节。晶粒计数器目前已成功应用于半工业试验规模的中试工厂的 DTB 结晶器的控制，很有希望代替昂贵的 CSD 检测装置。

(二)结晶过程控制

1. 反馈控制

实验室和实验室规模的结晶器的反馈控制方法的实验研究，是通过操控细晶转移液流，以测定细晶转移流的悬浮液密度为基础的。这种方法的主要缺点是操控细晶流不仅会影响细晶流中晶体的数量，而且会影响挡板区的截面大小。因此，控制重点是从系统中排除的细晶浓度而非结晶器内的细晶浓度。

嵌入式拉逊蒂克探针已被用于控制 1 000 L 的 DTB 结晶器生产 KCl，它是以细晶转移流作为制动器。如何确认来自传感器的最佳信号和影响测量晶体大小分布的工艺等因素，都降低了这种控制器的工作效率。

2. 多变量控制

只有少部分多变量控制研究是可行的，且只有一个被实验测定。状态空间模型对于多变量控制设计是必需的基本条件：

$$\begin{aligned} x &= A(t)x(t) + B(t)u(t) \\ y &= C(t)x(t) + D(t)u(t) \end{aligned} \qquad [6\text{-}75]$$

x 为状态参数矢量。因此，结晶器模型必须转化为状态空间表达式，通过矢量转化法就可以实现，但只有对具有简单结晶动力学的结晶器中有悬浮液和产品混合的转移液流时才有效。应用线性法也可以得到模型的状态空间表达式。

设计多变量控制器的一个重要问题是选择输入-输出对。以一个 1 m^3 的 KCl 结晶器来实验，建议以控制体系中的细晶、产品和供料流速为工艺输入；以平均晶体大小、固体重量百分数和过饱和度为工艺输出。以可控制分析为基础，中等大小的晶体由于停滞时间长而不作为输出变量。

控制器以一个线性原则为基础，利用线性法把此模型转变成状态空间表达式。控制器显示出良好的稳定性、抗干扰性和设定值的跟踪性。这些优点是与考虑多变量模型预测控制器和控制器的优良可控操作的相互作用分不开的。

3. 间歇结晶器的控制

间歇结晶器广泛用于结晶生产中，它们容量小，用途多，并经常当作结晶过程中的多功能反应器使用。因此，间歇操作过程的控制与连续操作的控制颇有不同。此外，虽然间歇结晶器可通过与连续操作结晶器相似的模型描述出来，由于其固有的非固定的工艺条件和在产品质量工艺条件等方面起主导作用的初始相，必须采取一套完全不同的控制方法。

关于间歇结晶过程控制的科技文献，多半是直接探究冷却或过饱和度模式(一种与过饱和度相反的时间轨迹)以优化晶体模式的产品质量。

产品与悬浮液混合流出的结晶模型作一些额外的简化就可直接确定冷却模式了。另外一些研究则利用仿真计算冷却模式，获得一个稳定的过饱和度或与最终产品的目标函数有关的最优控制理论。这些研究方式的通病是它们都局限在结晶器的特定结构和简单的动力学模式内。另外,它们不能控制生产过程的工艺参数。

对于间歇结晶器的最佳操作来说,只确定最优冷却模式是不够的。初始相的不确定性和结晶过程模型使在线测量和相关的反馈控制有必要。由于依赖于初始相的重现性,在线最优化方法是这种工艺最优化所渴望的。

总之,控制连续和间歇结晶器都是可行的,并且都能大大提高结晶生产工艺效率。甚至用简单的反馈控制能得到令人印象深刻的结果。特别是在抑制生产过程混乱和生产稳定性时。这使在不久的将来应用CSD控制于工业生产成为可能。这项技术的进步是基于对结晶生成过程的广泛分析研究(包括推导可靠的工艺模型)、可用的测量技术和加工过程制动器。另一方面,由于结晶生成过程的制动器和内部转移环的局限性,产品规格(例如晶体平均大小)的变动非常有限,尤其在连续结晶过程中。只有设计出性能更优异的结晶器才能改善这种情况。

据报道,有些工艺模型可合理地描绘结晶过程。这些模型很自然化,并且遵循输入-输出模型的原则。但缺乏对基本现象的基本描述,而这种描述对预测结晶体系的规模、几何形貌、物化特性是必需的。只有广泛研究才能设计出更好的结晶器及其控制体系。

另外,对基本结晶过程现象的充分了解也是改善多变量控制的关键。有研究表明,没有必要做多变量控制器,因为简单的反馈控制器就可轻易地得到可比性的结果。

简要的讲,好的蒸发或冷却结晶操作设计应考虑传热、传质与总体平衡、微粒成核、晶体生长与凝聚的动力学过程及一定几何外形与规模的结晶器的流体动力学。然而,由于在结晶器中主要的操作条件并不均匀分布,结晶现象的局部描述需要计算工艺条件中的局部参数、它们的对工艺操作的作用和预测它们对一定几何外形、规模的结晶器的相关性。现已发现,利用一种把各种平衡和工艺都结合起来加以考虑的局部模拟手段,就可以较正确地预测分离操作的效率、结晶产品的质量和操作过程。

第四节 结晶分离技术进展

溶液结晶在物质分离纯化过程中有着重要的作用,随着工业的发展,高效低耗的结晶分离技术在石油、化工、生物技术及环境保护等领域的应用越来越广泛,工业结晶技术及其相关理论的研究亦被推向新的阶段,国内外新型结晶技术及新型结晶器的开发设计工作取得了较大进展。

一、结晶理论的发展

结晶分离过程为一同时进行的多相非均相传热与传质的复杂过程。多年来,众多研究者在结晶热力学、结晶成核、晶体生长动力学、结晶习性、晶体形态及杂质对结晶过程的影响等方面进行了大量基础性研究并提出了描述结晶过程的理论[11],例如,粒数衡算理论及其相关理论、评价熔融结晶过程以及熔化过程的一些关系式的提出等;Kirwan 和 Pigford 基于活化状态模型发展了熔融液中晶体生长的界面动力学绝对速度理论[12],将计算流体力学的方法与粒数衡算理论相结合,通过模拟的方法揭示沉析动力学和流体力学之间的相互作用等。

结晶是一个重要的化工过程,溶质从溶液中结晶出来要经历两个步骤:晶核生成和晶体生长。晶核生成是在过饱和溶液中生成一定数量的晶核;而在晶核的基础上成长为晶体,则为晶体生长。影响整个结晶过程的因素很多,如溶液的过饱和度、杂质的存在、搅拌速度以及各种物理场等。例如声场对结晶动力学的影响，张喜梅等[13]就系统地研究了声场对溶液成核、溶液稳定性及晶体生长的影响，并深入探讨了其影响机理，为创造一种靠外力场强化工业结晶过程新单元操作提供了理论依据，将促进溶液结晶理论的发展。在过饱和溶液中附加声场，会产生空化气泡，气泡的非线性振动以及气泡破灭时产生的压力，使体系各点的能量发生变化。体系的能量起伏很大，使分子间作用力减弱，溶液黏度下降，增加了溶质分子间的碰撞机会而易于成核，且气泡破灭时除产生的压力外，会产生云雾状气泡，这有助于降低界面能，使具有新生表面的晶核质点变得较为稳定，得以继续长大为晶核。这些都丰富了结晶理论，为结晶理论的进一步发展开辟了新领域。

结晶过程所形成的组织结构主要由结晶过程固液界面的形态、晶体生长特征所决定。近年来，国际上越来越多的研究者认识到，开展对结晶过程晶体形貌结构特征的研究，对控制晶体的微观结构并获得所期望的材料性能具有重要意义。

二、结晶分离技术的研究进展

结晶分离技术近年来发展很快，传统结晶法进一步得到发展与完善，新型结晶技术也正在工业上得到应用或推广。随着国际化工市场的竞争日趋激烈，要求化工产品的质量不断提高而成本则不断降低，因此，人们在研究开发新的结晶技术过程中更加重视结晶方法的选择、新型结晶器的开发及结晶工艺的设计[11]。

（一）结晶分离方法

1.冷却剂直接接触冷却结晶法

直接接触冷却结晶概念的构想早在20世纪70年代就有人提出，但因为选择冷却剂的困难使该技术一直难以获得工业应用。由于直接冷却结晶具有节能、无需设置换热面、不会引起结疤、不会导致晶体破碎等特点，因而近年来这一构想再次引起工业界的兴趣。齐涛等[14]究了冷却剂酒精在高黏度高浓度的蔗糖水溶液中直接接触汽化传热过程，探讨了酒精汽化冷却法制取蔗糖的结晶成核过程。目前，直接接触冷却结晶技术还处在研究开发过程中。

2.反应结晶法

反应结晶法作为传统结晶方法之一，一直受到人们的重视。工业结晶方法一般可分为溶液结晶、熔融结晶、升华、沉淀等四类。反应结晶或反应沉淀是沉淀的主要类型之一，大多数情况下是借助于化学反应产生难溶或不溶固相物质的过程。反应结晶（沉淀）过程是一个复杂的传热、传质过程，在不同的物理（流体力学等）化学（组分组成等）环境下，结晶过程的控制步骤可能改变，反映出不同的结晶行为。

随着人们对反应结晶（沉淀）过程研究逐步深入，目前已取得了一些突破性进展，但对它们的作用机理还不够清楚。陆杰等[15]论述了国内外反应结晶（沉淀）过程研究的现状，着重阐述了该过程中老化、聚结-破裂等二次过程的最新研究成果，以及最新的混合反应结晶（沉淀）研究动态，对反应结晶（沉淀）过程作了系统、全面的描述，并提出未来的研究方向。

纵观近几年来国内外对反应结晶（沉淀）研究的现状，可以得出以下启发：应加强反应结晶（沉淀）过程机理研究，进一步探索各过程相互作用机制；系统地研究操作参数对晶体产品的定性、定量关系，并提出合理、通用的工业放大设计方法，以指导工业生产，适应反应结晶（沉淀）应用范围迅速扩大的趋势。

3.蒸馏-结晶耦合法

蒸馏是一种常用的化工分离方法。一些易结晶物质的沸点相近，但它们之间的熔点却相差很大。如果仅利用蒸馏过程进行分离，沸点相近使得分离的难度加大，熔点高造成的易结晶现象又会使操作控制比较困难。但利用它们熔点差较大的特性，开发一些新的分离方法是很有意义的，这一方面可以解决操作过程的困难，另一方面利用熔点差大的特点可以加强分离效果，可以把蒸馏和熔融结晶这两种分离方法有机地结合在一起，取长补短，用来分离易结晶物质。潘筱菁等[16]针对从生产乙烯的裂解渣油中提取工业萘的体系，研究了蒸馏-结晶耦合法的可行性。实验结果表明，蒸馏-结晶耦合法不仅能够有效地解决易结晶物质在分离过程中晶体析出而堵塞装置系统的问题，而且可以提高产品的纯度，加大传质推动力，强化蒸馏过程。

4.氧化还原-结晶液膜法

液膜分离技术是利用模拟生物膜的选择透过性特点来实现分离作用的，具有快速、专一且条件温和等优点，特别适合于低浓度物质的富集和回收。利用此项技术，已成功地实现了多种金属的分离和纯化，这种将分离、纯化、反应、结晶等数个工序一体化的方法，不仅可以大大缩短提取流程，达到节能降耗的目的，而且可以克服乳液溶胀导致富集倍数降低的缺点，显然这是一种极具实用前景的湿法冶金新技术。汤兵等[17]建立了一个氧化还原-结晶液膜体系提取金属铟，即在液膜内水相中加入还原剂，利用膜相的选择性迁移和还原剂的选择性还原实现湿法炼锌系统中微量铟的分离与还原，可在液膜内水相中结晶直接得到金属单质铟。氧化还原-结晶液膜法提取单质铟的新方法，能进一步提高分离的选择性，并可避免乳液溶胀的缺点，整个过程简便，能直接得到纯度较高的单质铟，且生产周期比传统的萃取锌粉置换法大为缩短。

5.萃取结晶法

萃取结晶技术作为分离沸点、挥发度等物性相近组分的有效方法及无机盐生产过程中节能的方法，愈来愈受到广大化工研究者的重视，经过30多年的探索研究，萃取结晶技术在很多体系的分离中得到应用。赵君民等[18]对萃取结晶技术的设计和工艺作了探索，提出在工业生产应用中的关键设计参数，认为萃取结晶与其他过程联合，可形成一种连续化完整的分离流程。

6.磁处理结晶法

磁化技术(根据磁性差)是将物质进行磁场处理的一种技术，该技术的应用已经渗透到各个领域。磁化分离是利用元素或组分磁敏感性的差异，借助外磁场将物质进行磁场处理，从而达到强化分离过程的一种新兴技术。随着强磁场、高梯度磁分离技术的问世，磁分离技术的应用已经从分离强磁性大颗粒发展到去除弱磁性及反磁性的细小颗粒，从最初的矿物分选、煤脱硫发展到工业水处理，从磁性与非磁性元素的分离发展到抗磁性流体均相混合物组分间的分离。作为洁净、节能的新兴技术，磁化分离将显示出诱人的开发前景[19]。

磁场处理可以对溶液的结晶动力学产生影响，随着磁化条件的变化，能够显著地改变晶核生成速率和晶体生长速率。具有相变趋势的工业水和原料，当受到磁场作用时相变过程提前发生，在磁场作用下可形成大量弥散于流体中的微晶。当流体温度发生变化时，水中的碳酸盐和原油中的硫化物以微晶为晶种而析出晶体，减少在管壁上的沉积：另外，每个微晶长大过程中，形成由无数个分子组成的疏松的大分子团，这些大分子团即使沉积到管壁上，也容易被流动的流体带走，从而可起到防垢除垢、防蜡除蜡的效果。

7. 其他结晶方法

近年来，研究者们除进一步完善传统结晶方法外，仍在不断探索新的结晶方法，如将冲击喷射结晶法应用到药粒制备工艺中[20]，物理场辅助结晶法的研究[21]等。另外，还有人研究了在结晶釜中加入结晶调节剂等添加剂以改善晶体性能、提高产品纯度的结晶方法。

(二)结晶分离装置及工艺

结晶器是结晶分离的关键设备，合理设计结晶器及结晶工艺是实现结晶分离工业化的可靠保证。多年来结晶分离技术的研究重点集中在结晶器的结构设计及结晶工艺流程的设计。目前工业结晶装置种类多，例如，溶液结晶装置有 MSMPR 型结晶器、DTB 型结晶器、Standard Messo 湍动结晶器和带有机械搅拌的蒸发结晶器等;工业熔融结晶装置则主要有 Brodie 提纯器、KCP 结晶装置、Phillips 结晶装置、MWB 结晶装置及 CCCC 结晶系统等[11]。随着结晶分离技术研究的深入，新型结晶设备正被不断地开发出来。

1. 降膜结晶装置与工艺

降膜结晶是一种新型高效的分离提纯技术，广泛应用于沸点接近的有机物的同系物、同分异构体的精制以及大量热敏物系的分离提纯，以制备高纯及超高纯度产品。降膜结晶分离过程主要经过降膜结晶、部分熔融(发汗)和熔化三个步骤完成，装置主要由制冷分离器、结晶器、冷凝器和蒸发器等组成。

张建文等[22]采用萘-硫茚物系对新型高效降膜结晶技术的分离提纯机制进行了实验研究，考察了管外降膜结晶过程中结晶时间、料液流量、冷却水初始进口温度、冷却水降温速率及原料浓度对分离提纯效果的影响，实验发现降膜结晶过程中晶层生长并不完全是光滑界面的生长，而在某些条件下表现为粗糙界面的生长，即生长过程在某些条件下表现为两相区界面的生长，进一步对辅助提纯-发汗过程的工艺参数(发汗时间、发汗初始浓度)的影响进行了实验研究，实验结果可用于降膜结晶传热传质机理的数值模拟。

2. Bremband 结晶装置与工艺

1997 年 H. C. Bulau 开发了实验室规模的 Bremband 结晶工艺[23]，主要设备为一倾斜向上运动的受冷却滚动钢带。待处理物料由钢带上方喷撒分布于钢带上表面，在钢带下方设置了多个温度水平不同的控温区域对钢带进行冷却，使钢带自上而下在不同位置处具有高低不同的温度。随着钢带不断移动，物料在钢带的不同位置处发生结晶而获得不同纯度的晶体，未结晶母液则沿钢带自上而下流动进入钢带下方的母液收集器。钢带上得到的晶层可由刮刀刮除，得到晶体产品。该分离提纯流程安排类似于多级精馏，其一个分离级比传统的结晶釜的提纯效果要好。

3. 板式结晶器

结晶过程中，待提纯物料均匀分布在结晶板一侧并沿结晶板向下流动，另一侧板壁上通冷却剂，物料与冷却剂通过间壁换热进行结晶。设备构造上每两块结晶板成对设置，装置特点是结构简单，便于形成规模化生产且加工方便。

三、结晶分离过程的模拟优化

数学建模与计算机模拟是结晶分离过程研究的重要方法之一，运用数值模拟技术进行工艺模拟与优化研究，能节约时间和成本，具有传统试验方法不可比拟的优势。

近年来，采用各种最优化算法，利用计算机仿真技术模拟晶体的生长过程，已经取得了较大的进展。

B. D. Prater 等[24]用单纯运算法则建立一个独立的数学模型，优化了溶解酵素和去铁铁蛋白结晶的大小、数量和晶形等。P. A. Marone 等[25]通过蛋白去垢剂颗粒相互关系和晶体颗粒间相互作用建立模型，研究了去垢剂烷基链长度对去垢溶解膜蛋白的结晶效果。J . B. Rawlings 等[26]综述了溶液结晶过程的建模，数学模型中用到了有限元的排列和 Galerkin 方法，对晶体质量(大小、形状和纯度)的模型进行优化，对连续结晶和分批结晶都评论了其过程的模拟。庄银凤等[27]采用加权最小二乘法，对尼龙 1010 非等温结晶动力学过程进行模拟，编制了模拟非等温结晶动力学过程的软件，该软件可用于精确处理结晶动力学参数。陈伟元等[28]以晶体生长动力学为基础，建立晶粒生长模型，分析了晶粒生长过程的计算机模拟理论和方法，以 Monte Carlo 方法为基础，提出快速 Q-state potts 算法，简化计算量，在 PC 机上编程实现了正常晶粒生长过程的计算机模拟。李琳等[29]通过对蔗糖溶液的连续结晶设备进行计算机静态仿真计算，为合理设计连续结晶设备提供了结构参数。

国内外的研究者从传热、传质间的类比出发，应用工业上已得到广泛应用的传热、传质计算公式分析结晶过程的传热传质过程。亦有研究者采用质量、热量的总体衡算，结合试验测定的一些参数，对结晶过程进行数学描述。随着计算机技术的进步及数值模拟方法尤其是近年来计算流体力学(CFD)方法的飞速发展，国内外研究者开始应用 CFD 方法来探究降膜结晶过程传热传质的机制。李琳等[30]对溶液中晶体生长的流体力学问题进行研究，提出了相关的数学模型，并对结晶表面的变化情况进行了机理探讨。

综上所述，近年来人们虽在结晶机理、结晶分离方法及结晶分离设备等方面的研究取得了较大进展，但今后仍需深入进行新型结晶分离装置与工艺、工艺的工业化、结晶过程传热传质机理方面的研究。

参考文献

[1] Mersmann A. Design of crystallisers[J]. Chemical Engineering Process, 1988, 23:213-228.

[2] Kind M, Mersmann A. On supersaturation during mass crystallization form solution[J]. Chemical Engineering Technology,1990,13:50-62.

[3] Randolph A D, Larson M A. Theory of Particulate processes[M], 2nd ed. New York: Academic Press,1998.

[4] Hounslow M J. The population balance as a tool for understanding particle rate processes [J]. KONA. 1998,16:179-193.

[5] Becker R, Göring W. Kinetische Behandlung der Keimbildung übersöttigten Dömpfen [J]. Ann physic, 1985,24:719-752.

[6] Eek RA, Pouw H A A, Bosgra OH. Design and experimental evaluation of stabilizing feedback controllers for continuous crystallizers[J]. Powder Technology, 1995,82(1): 21-35.

[7] O Meadhra R S, Kramer H J M, van Rosmalen GM. A model for secondary nucleation in a suspension crystallizer[J]. American Institute of Chemical Engineers Journal,1995,42

(4):973-982.

[8] Gahn C and Mersmann A. Brittle fracture in crystallisation processes. Part A. Attrition and abrasion of brittle solids[J]. AIChE Journal, 1999,54:1273-1282.

[9] Mersmann A. Crystallisation Technology Handbook[M]. New York: Marcel Dekker. 1995

[10] Hounslow M J, Mumtaz HS ,Collier AP, et al. Aggregation during precipitation-putting the pieces of the puzzle together[A]. Proceedings of the 14th International Symposium on Industrial Crystallization. 1999.

[11] 朱洪涛. 工业结晶分离技术研究新进展[J]. 石油化工,1999,28(7):493-498.

[12] Mullin I W. 结晶过程[M]. 大连:大连理工大学出版社,1991,43.

[13] 张喜梅,丘泰球,李月花. 声场对溶液结晶过程动力学影响的研究[J]. 化学通报,1997,(1):44-46.

[14] 齐涛,刘春祥,沈自求. 酒精液滴在蔗糖溶液中汽化冷却传热及其结晶过程[J]. 高校化学工程学报,1997,11(3):37-43.

[15] 陆杰,王静康. 反应结晶(沉淀)研究进展[J]. 化学工程,1999,27(4):24-27.

[16] 潘筱菁,周荣琪. 蒸馏-结晶耦合法的初步研究[J]. 现代化工,1998,18 (5):25-27.

[17] 汤兵,石太宏,万印华,等. 氧化还原-结晶液膜法直接提取金属单质铟[J]. 稀有金属,2000,24(1):6-12.

[18] 赵君民,刘荣杰,李慧. 萃取结晶过程的分析与设计[J]. 化工设计,1997, (2):12-15.

[19] 柴诚敬,贾绍义,李宗堂,等. 磁化技术在化工分离领域中的应用[J]. 化学工业与工程,1999, 16(4):245-249.

[20] Tung H H, Epstein A, Sowa M, et al. Impinge Jet Crystallization of Pharmaceuticals [A]. Proceedings of International Symposium on Industrial Crystallization[C] . Beijing: Academic Press,1998. 138-141.

[21] Li Lin,Chen Shugong. A Study on the Role of Physical Fields in Sucrose Crystallization [J]. J South China University of Technology (Natural Science),1994,22(3):50-59.

[22] 张建文,张政,秦霁光. 降膜结晶分离技术实验研究[J]. 化工冶金,1999,20(1):17-25.

[23] Bulau H C. A Research on Bremband Crystallization Process[J]. Chem Tech, 1997,64 (9):842.

[24] Prater B D,Tuller S C,Wilson L J. Simple Optimization of Protein Crystallization Conditions[J]. Journal of Crystal Growth,1999,196 (2-4):674-684.

[25] Marone P A, Thiyagarajan P, Wagner A M, et al. Effect of Detergent Alkyl Chain Length on Crystallization of a Detergent2Solubilized Membrane Protein[J]. Journal of Crystal Growth, 1999, 207(3):214-225.

[26] Rawlings J B, Miller S M, Witkowski WR. Model Identification and Control of Solution Crystallization Processes: A Review [J]. Industrial and Engineering Chemistry Research,1993,32(7):1275-1296.

[27] 庄银凤,朱仲祺,朱诚身,等. 尼龙 1010 非等温结晶动力学过程的计算机模拟[J]. 化学研究, 2000,11(1):23-25.

[28] 陈伟元，钟晓征，谭锐，等. 多晶材料晶粒生长的计算机模拟研究[J]. 原子与分子物理学报，2000，17(2)：297-302.

[29] 李琳，郭祀远，陈树功. 黏稠物系连续结晶设备的计算机辅助设计[J]. 华南理工大学学报(自然科学版)，1994，22(2)：97-105.

[30] Li Lin, Guo Siyuan, Li Bing. Study on the Hydrodynamic Problems in the Crystal Growth from Solution[J]. J South China University of Technology(Natural Sciencc), 1996, 24(6): 25-29 .

[31] Rohani S. Control of crystallizers. In: Mersmann A(ed.), Crystallisation Technology Handbook[M]. New York: Marcel Dekker, Inc. 1995.

[32] Kashchiev D. Nucleation: Theory and Application[M]. Oxford: Butterworth Heinemann. 2000.

思考题

1. 晶体成核的机理是什么？
2. 结晶过程的动力学表示方法的基本原理与思路是什么？
3. 常见的工业结晶器有哪几种？各自有什么特点？
4. 工业结晶过程的控制方法有哪些？
5. 简述结晶分离过程的传热传质机理及其计算机模拟方法进展。

第七章 离子交换分离技术

第一节 概 述

对离子交换的认识，是从 1814 年英国 Thompson 和 Way 发现铵离子与土壤中钙离子的交换现象开始的[1]，1870 年 Lemberg 的实验又证明离子交换过程的可逆性和当量关系。利用离子交换技术法软化水始于 20 世纪初期，德国化学家 Gens 应用天然和合成的沸石软化水及处理蔗糖浆以除去钙离子。1935 年 Adams 和 Holmes 合成了酚醛型离子交换树脂以来，经过 60 多年的发展，各种类型的离子交换树脂相继出现，其应用技术不断改善、应用范围日益扩大等，这些显示出离子交换树脂具有优越性和发展潜力。目前，离子交换树脂已由最初的水处理工业发展到当前的化工、电力、电子、环境科学、湿法冶金、分析化学、食品加工、医疗药物等领域中，已形成一个独特的化工单元操作[2]。

离子交换法通过带电的溶质分子与离子交换剂中可交换的离子进行交换而分离纯化。其主要依赖电荷间的相互作用，利用带电分子中电荷的微小差异进行分离。在食品和制药工业中，很多原料和产品是极性的，在一定条件下可以使其带电，带电后则可用离子交换法进行分离和纯化。

离子交换剂是由基质、荷电基团和反离子构成，在水中呈不溶解状态，能释放出反离子。同时它与溶液中的其他离子或离子化合物相互结合，结合后不改变本身和被结合离子或离子化合物的理化性质。一般地，离子交换基质是一类表面带有可交换离子的功能高分子材料，如树脂、纤维素、葡聚糖、琼脂糖等，不溶于水也不溶于电解质溶液。在高分子材料基质表面结合了大量功能基团，功能基团由固定在骨架上的荷电基团和可交换的离子两部分组成，二者所带电荷相反，以静电力结合。可进行交换的离子称为反离子或抗衡离子，这种反离子可与溶液中带同种电荷的离子进行交换反应（图 7-1）。

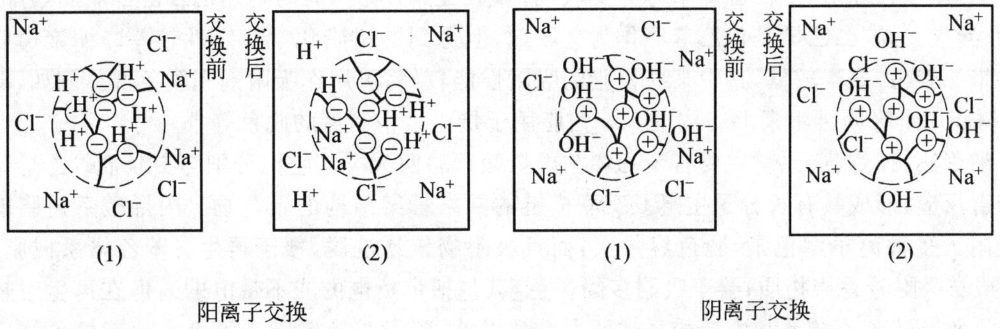

图 7-1 离子交换示意图[新编生物工艺学(下册),2003]

离子交换反应是可逆的，是平衡反应，在层析柱上进行时，由于连续添加新的交换溶液，平衡不断按正方向进行，直至完全。当一定量的溶液通过交换柱时，由于溶液中的离子不断被交换而浓度逐步减少，因此也可以全部被交换并吸附在树脂上。

离子交换过程有两个阶段——吸附和解吸附。吸附时选择一定的条件使一些溶质分子变成离子态，通过静电作用结合到离子交换剂上，而另一些物质不能被交换，则这两类物质即可被分离。洗脱时，改变洗脱液的条件，比如 pH 值、离子强度等，使被吸附物失去电荷而达到解离，但很多时候是通过增加离子强度，使加入的离子与蛋白质竞争离子交换剂上的电荷位置，使吸附的蛋白质与离子交换剂解开。不同蛋白质与离子交换剂之间形成电键数目不同，即亲和力大小有差异，因此只要选择适当的洗脱条件便可将混合物中的组分逐个洗脱下来，达到分离纯化的目的。

在一定条件下被交换的离子可以解吸使离子交换剂又恢复到原来的离子形式，因此离子交换树脂可通过再生重复使用。

第二节 离子交换剂

一、离子交换剂基质

离子交换剂基质是一类不溶于水和电解质溶液的大分子物质，目前使用的离子交换剂基质主要有以下两大类。

（一）通用型聚合树脂类

较早出现的离子交换剂是离子交换树脂，是以一种以聚合树脂作为基质（基体，matrix）的离子交换剂。

聚合树脂的制造方法可以分成两类。一类称为缩聚法，在反应过程中有低分子产物（通常是水）产生；另一类称为加聚法，反应过程中没有水产生。缩聚法制得的树脂一般稳定性较差，多半为无定形（也可制成球状），以甲醛等作为交联剂，树脂的交联度不易控制，反应复杂，结构不十分确定，大多为多功能团的。加聚法制造的树脂，一般结构确定，常为单功能团的，树脂一般性能好，多为球形，以二乙烯苯等为交联剂。除二乙烯苯外，有时也用乙二醇二脂肪酸酯，丁二烯、异戊二烯、二乙烯基代乙苯等作为交联剂，但得到的树脂化学稳定性较差。缩聚树脂的原料来源容易，成本较低，其中某些树脂的吸附性能较好，可用作吸附剂和脱色剂。例如，弱酸 122 树脂用于吸附维生素 B_{12}，弱酸 125 树脂用于抗生素精制液的脱色等[3]。

加聚法树脂制造原料主要有苯乙烯和丙烯酸（酯）两大类。它们分别与交联剂二乙烯苯产生聚合反应，形成具有长分子主链及交联横链的网络骨架结构的聚合物。丙烯酸系树脂能交换吸附大多数离子型色素，脱色容量大，而且吸附物较易洗脱，便于再生。苯乙烯系树脂（表 7-1）擅长吸附芳香族物质，善于吸附多酚类色素（包括带负电的或不带电的），但在再生时较难洗脱。除上述苯乙烯系和丙烯酸系这两大系列以外，离子交换树脂还可由其他有机单体聚合制成。如酚醛系（FP）、环氧系（EPA）、乙烯吡啶系（VP）、脲醛系（UA）等。

表 7-1　苯乙烯系树脂交联度与排阻极限的关系(新编生物工艺学,2003)

交联度/%	水分含量/%	排阻极限	树脂类型
2	80	2 700～2 000	凝胶型
3	70	1 400～1 500	
8	55	1 000	
12	45	700	
16	40	600	
20	56	12 000	大孔型
	70～80	75 000	

注:交联度指单体中含有交联剂的百分比。

树脂基体聚合时所用二乙烯苯的百分数,对树脂的性质有很大影响。二乙烯苯百分数高,则交联度高,树脂聚合得比较紧密,坚牢而耐用,密度较高,内部空隙较少,对离子的选择性较强,这种树脂称为凝胶型树脂;而交联度低的树脂孔隙较大,脱色能力较强,反应速度较快,但在工作时的膨胀性较大,机械强度稍低,比较脆而易碎,这类树脂由于孔隙较大称为大孔型树脂。工业应用的离子树脂的交联度一般不低于 4%;用于脱色的树脂的交联度一般不高于 8%;单纯用于吸附无机离子的树脂,其交联度可较高。

大孔或大网格树脂和通常凝胶树脂不同,孔隙大,树脂内部表面积大,因此适宜于吸附大分子和用做催化剂。因为空隙大,可以让有机离子自由通过,因此当树脂为有机物污染后,容易再生,用在水处理中,这种树脂抗有机物污染的能力较强。另外,大网格树脂的孔隙大,可用于一些大分子的分离和纯化。

离子交换树脂的命名,在国外主要是以公司来命名,国内则根据石油化学工业部 1977 年制定的《离子交换树脂产品分类、命名及型号》部颁标准,根据离子交换树脂功能性质不同将其分为强酸、强碱、弱酸、弱碱、螯合、两性、氧化还原 7 类(表 7-2)。

表 7-2　离子交换树脂产品的分类代号(新编生物工艺学,2003)

代号	分类名称	代号	分类名称
0	强酸性	4	螯合性
1	弱酸性	5	两性
2	强碱性	6	氧化还原
3	弱碱性		

对其命名规定:离子交换树脂的全名由分类名称,骨架(或基团)名称(表 7-3),基本名称排列组成;为区别离子交换树脂产品中同一类中的不同品种,在全名前必须有符号。

表 7-3　离子交换树脂骨架分类代号(新编生物工艺学,2003)

代号	骨架分类	代号	骨架分类
0	苯乙烯系	4	乙烯吡啶系
1	丙烯酸系	5	脲醛系
2	酚醛系	6	氯乙烯系
3	环氧系		

对大孔型离子交换树脂,在型号的前面加“D”表示,凝胶型离子交换树脂在型号的后面用

“×”接阿拉伯数字，表示交联度。如 001×7 表示交联度为 7%的苯乙烯系凝胶型强酸性阳离子交换树脂，D315 表示大孔型丙烯酸系弱碱性阴离子交换树脂(图 7-2)。

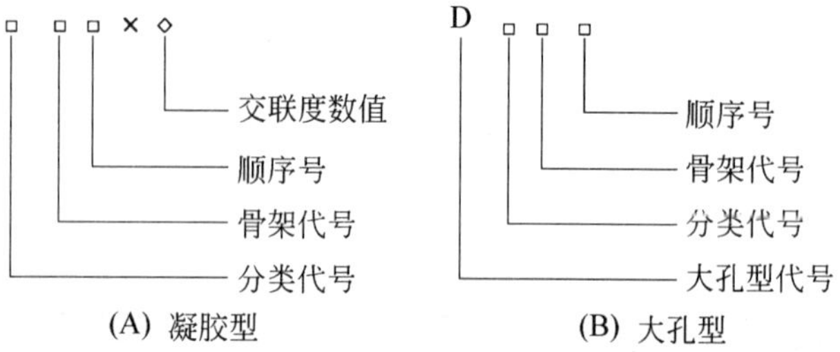

图 7-2　离子交换树脂的命名(新编生物工艺学,2003)

(二)多糖类基质

另一类是多糖为基质的离子交换剂，以多糖材料为基体，通过接枝引入交换基团而制成的离子交换材料，目前主要的基质材料有纤维素、葡聚糖、琼脂糖。此类离子交换剂有开放性支持骨架，大分子可以自由进入和迅速扩散，因而交换空间大；亲水性强，吸附力弱，洗脱时不需要剧烈的条件，对生物大分子物质变性作用小，目前已广泛用于生物大分子如酶、核酸、多糖及具有生物活性的小分子(如寡糖等)的分离和纯化。

以纤维素为基质的离子交换剂，根据活性基团的性质可分为阳离子交换纤维素和阴离子交换纤维素两类。具有很大的比表面积和均一的孔结构，其特殊的纤维状物理形态使其与被吸附物质具有较大的接触面积和对流体具有较小的阻力，因而显示出快的吸附或脱附速度和一定的选择性；具有丰富的表面官能团，交换容量大，一般吸附力较弱、分辨力高，适合于生物大分子的分离和纯化；具有一定的机械强度，耐酸碱、耐热，可制成束、纸、布、毡、颗粒等多种形式，满足各种工艺对强度、充填密度、形态尺寸的不同要求。常用的离子交换纤维素有甲基磺酸纤维素、羧甲基纤维素(CMC)、二乙基氨基乙基(DEAE)纤维素。表 7-4 是一些离子交换纤维素的牌号与性能表。

表 7-4　离子交换纤维素的主要牌号和性能[生物工程下游技术(第 2 版),2003]

牌号	生产厂	外观	溶胀体积/(mL·g^{-1})(干)	全交换容量/(mmol·g^{-1})	有效容量蛋白/(mg·g^{-1})	备注
DE22	Whatman	纤维状	7.5～7.8	1.0±0.1	450	①在 0.05 mol/L, pH 7.5 磷酸缓冲溶液中平衡 ②在 0.05 mol/L, pH 8.5 磷酸缓冲溶液中牛血清蛋白吸附值
DE23		纤维状	9.1	1.0±0.1	450	
DE32		微粒	6.3	1.0±0.1	650	
DE52		微粒	6.3	1.0±0.1	650	
DEAE 纤维素	Merck	微粒	—	—	—	
Cellex D	Bio Rad	纤维状	8	0.7±0.1	—	

续表 7-4

牌号	生产厂	外观	溶胀体积/($mL \cdot g^{-1}$)(干)	全交换容量/($mmol \cdot g^{-1}$)	有效容量蛋白/($mg \cdot g^{-1}$)	备注
CM33	Whatman	纤维状	7.7	0.6±0.06	150	③在 0.05 mol/L,乙酸缓冲溶液中,pH 5
CM23		纤维状	9.1	0.6±0.06	150	
CM32		微粒	6.8	1.0±0.1	400	④在 0.08 mol/L,pH3.5 硼酸缓冲溶液中对 γ 球蛋白吸附量
CM52		微粒	6.8	1.0±0.1	400	
Cellex CM	Bio Rad	纤维状	7.0	0.7±0.1		
Cellex E	Bio Rad	纤维状	3.5	0.3±0.05		混胺基团 pK7.5
Cellex P	Bio Rad	纤维状	4.5	0.85±0.1		含磷酸基
DEAE Sephacel	Pharmacia	珠状			150 mg/mL	核糖核酸酶

以葡聚糖凝胶为基质的离子交换剂为葡聚糖凝胶，目前主要以 Pharmacia 公司生产的 Sephadex 系列产品为基质，而其中又以 Sephadex G25 和 Sephadex G50 最多[4]。在葡聚糖凝胶介质上引入功能基团后，根据功能基团的不同，产生阳离子交换和阴离子交换凝胶。此类离子交换剂具有纤维素离子交换剂的一些优点，如对生物分子的活性保留方面具有很大的优势。此外，其最大的特点在于：除了具有离子交换功能以外，兼有分子筛的功能，因而分辨力进一步提高，在生物大分子的分离中提高了分离的效率。不同的凝胶母体生产出来的葡聚糖离子交换凝胶的孔度不同，因此也适合于不同分子量大小范围的物质的分离。G50 凝胶孔径大于 G25，因此可用于相同分子质量稍大的物质的分离，一般 G25 衍生来的离子交换凝胶可用于分子量小于 30 000 物质的分离，而 G50 衍生来的离子交换凝胶可用于相同分子质量 100 000 以下物质的分离。同理，在琼脂糖凝胶(sepharose)介质上引入功能基团也可得到多种离子交换剂，详见表 7-5，表 7-6。此类离子交换凝胶的命名方法一般为交换活性基团＋骨架＋原骨架编号，如 CM-sephadex C-25、DEAE-sephadex A-25 等，其中骨架编号中的英文字头 A 表示阴离子交换剂用，英文字头 C 表示阳离子交换剂，而后面的数字表示 Sephadex 型号，数字大表明其孔隙率较高。

Sephadex 和 Sepharose 母体不溶于水及各种溶剂，但糖苷键在强酸下易水解，因此此类离子交换剂应避免用于过酸的环境，一般不适合于 pH＜2 的环境下使用。目前，市场上占主流的此类凝胶主要以国外几个大公司生产的产品为主，国内已有此类产品，但性能上与国外还存在一定的差距，使用亦不如国外大公司产品广泛。此类交换剂由于价格较高，在实验室用得较多以及一些高附加值生化产品的分离纯化，比如某些抗体蛋白的纯化。在大批量普通产品的生产中应用还有待价格下降。

表 7-5 Sephadex 离子交换剂的性能[生物工程下游技术(第 2 版),2003]

牌号	功能基性能①	粒径(干)/μm	稳定性工作 pH 值	最快流速/(cm·h^{-1})	耐压/MPa	应用情况
QAE Sephadex A-25	SB	40～120	2～10	475	0.11	低分子量蛋白多肽，核苷酸及巨大分子
QAE Sephadex A-50	SB	40～120	2～11	45	0.01	中等大小的生物分子(30～200 ku)
SP Sephadex C-25	SA	40～120	2～10	475	0.13	小蛋白及巨大分子
QAE Sephadex C-50	SA	40～120	2～10	45	0.01	中等大小的生物分子
DEAE Sephadex A-25	WB	40～120	2～9	475	0.11	小蛋白及巨大分子
DEAE Sephadex A-25	WB	40～120	2～9	45	0.01	中等大小的生物分子
CM Sephadex C-25	WA	40～120	6～13	475	0.13	小蛋白及巨大分子
CM Sephadex C-50	WA	40～120	6～10	45	0.01	中等大小的生物分子

①SB 强碱性;SA 强酸性;WB 弱碱性;WA 弱酸性。

表 7-6 琼脂糖系离子交换剂[生物工程下游技术(第 2 版),2003)]

牌号	功能基性能①	粒径(干)/μm	稳定工作 pH 值	最快流速/(cm·h^{-1})	耐压/MPa	应用情况
Bio Gel A-CM	WA	80～150	3～12	15～20	/	
Bio Gel A-DEAE	WB	80～150	3～12	15～20	/	
DEAE Sepharose CL-6B	WA	45～165	3～12	150	0.015	传统的离子交换剂，渐被 BioProcess 取代，容量高，WB 对 HAS 为 170 mg/mL；WA 对核糖核酸 mg/mL
CM Sepharose CL-6B	WB	45～165	3～12	150	0.015	
Q Sepharose F. F.	SB	45～165	2～12	700	0.3	(1)BioProcess 系列，高流速，高载量，高化学物理稳定性，可就地清洗，重复使用 (2)各容量 Q:120 mg/mL HSA SP:120 mg/mL BSA DEAE:110 mg/mL HSA CM:50 mg/mL 核糖核酸酶
SP Sepharose F. F.	SA	45～165	4～13	700	0.3	
DEAE Sepharose F.	WB	45～165	2～9	600	0.3	
CM Sepharose F. F.	WA	45～165	4～13	600	0.3	

续表 7-6

牌号	功能基性能①	粒径(干)/μm	稳定工作pH值	最快流速/(cm·h⁻¹)	耐压/MPa	应用情况
Q Sepharose H. P.	SB	24～44	2～12	150	0.5	BioProcess 系琼脂糖离子交换剂中粒径最小，分辨率最高，Q 70 mg/mL BSA；SP55 mg/mL 核糖核酸酶
SP Sepharose H. P.	SA	24～44	3～12	150	0.5	
Q Sepharose XL	SB	45～165	2～10	300～500	0.1	BioProcess 系，是最新的超高载量介质，Q 250 mg/mL BSA；SP 160 mg/mL 溶菌酶
SP Sepharose XL	SA	45～165	3～13	200～400	0.1	
Q Sepharose Big Beads	SB	100～300	2～12	2 500	0.3	BioProcess 系，高物理稳定性的大颗粒介质，能快速浓缩初步纯化大量产品，120 mg/mL HSA；SP 120 mg/mL BSA
SP Sepharose Big Beads	SA	100～300	4～12	2 500	0.3	

二、离子交换基团

离子交换剂根据可交换离子的种类分为两大类，即阳离子交换剂和阴离子交换剂。各类交换剂根据其解离性大小，还可分为强、弱两种(表 7-7)。

表 7-7　离子交换树脂功能团的电离常数[新编生物工艺学(下册)，2003]

阳离子交换树脂		阴离子交换树脂	
功能团	p*K*	功能团	p*K*
$—SO_3H$	<1	$—N(CH_3)OH$	>13
$—PO(OH)_2$	pK_1　2～3	$—N(C_2H_4OH)(CH_3)_2OH$	12～13
	pK_2　7～8	$—(C_5H_5N)OH$	11～12
$—COOH$	4～6	$—NHR$, $—NR_2$	9～11
$—C_6H_4OH$	9～10	$—NH_2$	7～9
		$—C_6H_4NH_2$	5～6

(一)阳离子交换剂

属于阳离子交换剂的可解离基团主要有磺酸($—SO_3H$)、磷酸($—PO_3H_2$)、羧酸($—COOH$)和酚羟基($—OH$)等酸性基团。

某些交换剂在交换时反应如下：

强酸性：$R—SO_3—H^+ + Na^+ \longrightarrow R—SO_3—Na^+ + H^+$

弱酸性：$R—COOH + Na^+ \longrightarrow R—COONa + H^+$

如国产树脂中上海树脂 732 型阳离子交换树脂即属于强酸型阳离子交换剂，而像 CM-纤维素则属于弱酸型交换剂。

(二)阴离子交换剂

阴离子交换剂中的可解离基团主要有伯胺(—NH_2)、仲胺(—$NHCH_3$)、叔胺[N—$(CH_3)_2$]和季胺[—$N(CH_3)_3$]、DEAE等碱性基团。某些交换反应如下:

强碱性:$R—N^+(CH_3)_3OH^- + Cl^- \longrightarrow R—N^+(CH_3)_2Cl^- + OH^-$

弱碱性:$R—NH(CH_3)OH + Cl^- \longrightarrow R—NH(CH_3)Cl + OH^-$

如国产树脂201和国外Dowex1、Dowex2、ZerolitFF等都属于强碱型阴离子交换剂。如DEAE-Sephadex则属于弱碱性阴离子交换剂。

三、其他类型的树脂[3]

有的树脂也可能含有一种以上的活性基团,例如同时含羧基和酚羟基的树脂有国产的强酸42、弱酸122树脂等。还有一种既含有酸性基团,又含有碱性基团的两性树脂(表7-8),其酸碱基团可相互作用形成内盐,因此其交换机理较一般树脂复杂。例如两性树脂HD-1型,对金霉素具有良好选择吸附性能。所谓蛇笼树脂,也是一种两性树脂,它适宜于从有机物质(如甘油)水溶液中吸附盐类,再生时用水洗,就可将吸着离子洗下来。

表7-8 离子交换介质功能基种类[新编生物工艺学(下册),2003]

序号		符号	功能基	分类
1	阳离子	S-;SM-;SE-;SP-;SB-	—SO_3^-;—$CH_2SO_3^-$;—$(CH_2)_2SO_3^-$;$(CH_2)_3SO_3^-$	强酸性
2	阳离子	P-	—PO_3^{2-}	中酸性
3	阳离子	C-;CM-	—COO^-;—CH_2COO^-	弱酸性
4	阴离子	TMAM-;TEAE-	—$CH_2N^+(CH_3)_3$;—$(CH_2)_2N^+(C_2H_5)_3$	强碱性
5	阴离子	HEDMAM-	—$CH_2N^+(CH_3)_2C_2H_4OH$	
6	阴离子	QAE-	—$CH_2N^+(C_2H_5)_3$—$CH_2CH(OH)CH_3$	
7	阴离子	GE-	—$C_2H_4(NH_2)$—N^+H_2	
8	阴离子	MP-	—$C_5H_5NCH_3$	
9	阴离子	DEAE-	—$(CH_2)_2N^+(C_2H_5)_2$	中碱性
10	阴离子	DEAHP-	—$CH_2CH(OH)CH_2NH(C_2H_5)_2$	
11	阴离子	AE-	—$C_2H_4N^+H_3$	
12	阴离子	PEI-	$(C_2H_4NH)_nC_2H_4N^+H_3$	
13	阴离子	BD-	—苯基及DEAE共存	中碱疏水
14	阴离子	PAB-	—CH_2—$C_6H_4NH_3$	弱碱性
15	螯合性	BA-	=$N^+H(CH_2)_2COO^-$	两性
16	螯合性	CAI-	—$N^+H_2(CH_2)_nCOO^-$	
17	螯合性	A-	=$N^+CH_2COO^-$	两性,中碱
18	螯合性	SAHP-	—$OCH_2CH(OH)CH_2N^+H_2C_6H_4SO_3^-$	两性,中碱

四、离子交换树脂的理化性能及其测定方法[3]

1. 含水量

通常树脂是亲水性的,因此常含有很多水分。将树脂在105~110℃干燥至恒重就可测定其含水量。将树脂放在一定的离心力场下(通常为400 g),在一定的时间内(30 min)所失去的水分称为溶胀水。

2. 颗粒度

树脂颗粒大小和粒径分布可用各种方法测定，如机械筛分、沉降和显微镜观察等，但最常用的为机械筛分。筛分可分为干筛和湿筛，从实际应用角度看，对充分溶胀的树脂进行湿筛较有意义。粒径分布通常成正态分布。颗粒度一般以有效粒径和匀度系数来表示。有效粒径指保留90%样品质量的筛子孔径；而匀度系数的定义为：保留40%样品质量的筛孔径与保留90%样品质量的筛孔径之比。其值愈小表示粒度分布愈均匀。

3. 膨胀度

取10～15 mL烘干树脂放入量筒中，加入欲试验的试剂，通常是水，不时摇动，24 h后，测定树脂体积。前后体积之比，称为膨胀系数，以$K_{膨胀}$表示。膨胀系数与树脂的交联度有关。

4. 湿真密度

取处理成所需形式的湿树脂，在布氏漏斗中抽干。迅速称取W_2（一般2～5 g）抽干树脂，放入比重瓶中加水至刻度称重W_3。湿真密度按下式计算（比重瓶充满水时重W_1）。

$$\gamma(\text{湿真密度})=W_2/(W_1-W_3)$$

5. 滴定曲线

和无机酸、碱一样，离子交换树脂也有滴定曲线。其测定方法如下：分别在几个大试管中各放入1 g树脂（氢型或羟型），其中一个试管中放入50 mL 0.1 mol/L NaCl溶液，其他试管中也放入同样体积的溶液但含有不同量的0.1 mol/L NaOH或0.1 mol/L HCl，静置一昼夜（强酸或强碱树脂）或7昼夜（弱酸或弱碱树脂），令其达到平衡。测定平衡时的pH值，以每克干树脂所加入的NaOH或HCl的量（毫摩尔）为横坐标，以平衡pH值为纵坐标，就得到滴定曲线（图7-3，图7-4）。

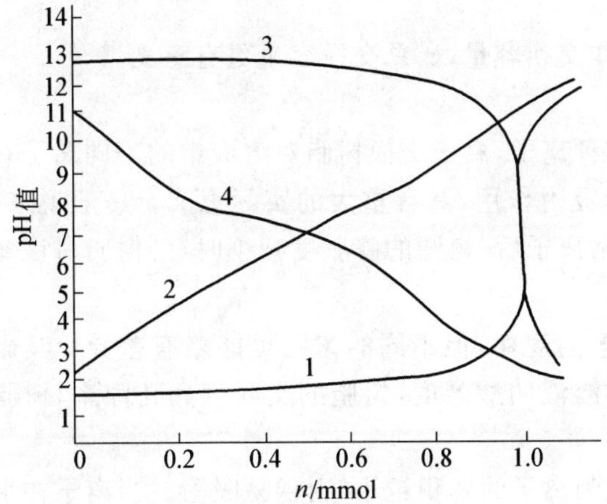

1. 强酸树脂 Amberlite IR-120　2. 弱酸树脂 Amberlite IRC-84

3. 强碱树脂 Amberlite IRA-40　4. 弱碱树脂 Amberlite IR-45

n-单位树脂交换剂加入的盐酸或氢氧化钾的量(mmol)

图7-3 各种离子交换树脂的滴定曲线

（新编生物工艺学，2003）

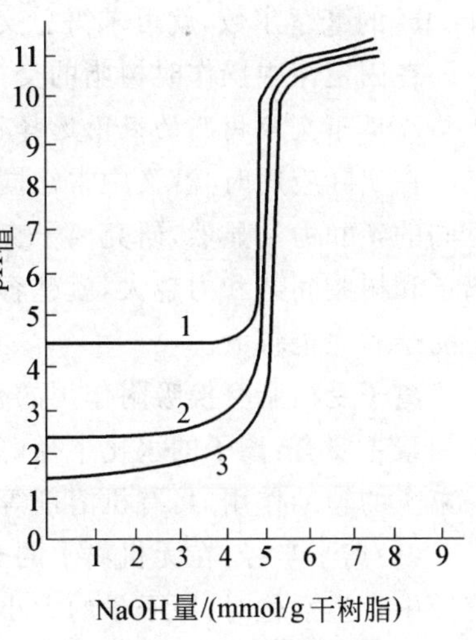

1. 无盐水　2. 0.01 mol/L NaCl

3. 1 mol/L NaCl

图7-4 国产1×12阳离子交换树脂的滴定曲线（新编生物工艺学，2003）

6. 离子交换容量

离子交换树脂进行离子交换反应的性能，表现在它的“离子交换容量”，即每克干树脂或每毫升湿树脂所能交换的离子的毫克当量数，meq/g(干)或 meq/mL(湿)；当离子为一价时，毫克当量数即是毫克分子数(对二价或多价离子，前者为后者乘离子价数)。它又有“总交换容量”、“工作交换容量”和“再生交换容量”等三种表示方式。

(1)总交换容量：表示每单位数量(重量或体积)树脂能进行离子交换反应的化学基团的总量。

(2)工作交换容量：表示树脂在某一定条件下的离子交换能力，它与树脂种类和总交换容量，以及具体工作条件(如溶液的组成、流速、温度等因素)有关。

(3)再生交换容量：表示在一定的再生剂量条件下所取得的再生树脂的交换容量，表明树脂中原有化学基团再生复原的程度。

通常，再生交换容量为总交换容量的 50%～90%(一般控制 70%～80%)，而工作交换容量为再生交换容量的 30%～90%(对再生树脂而言)，后一比率亦称为树脂的利用率。

在实际使用中，离子交换树脂的交换容量包括了吸附容量，但后者所占的比例因树脂结构不同而异，现仍未能分别进行计算，在具体设计中，需凭经验数据进行修正，并在实际运行时复核之。

离子树脂交换容量的测定一般以无机离子进行。这些离子尺寸较小，能自由扩散到树脂体内，与它内部的全部交换基团起反应。而在实际应用时，溶液中常含有高分子有机物，它们的尺寸较大，难以进入树脂的显微孔中，因而实际的交换容量会低于用无机离子测出的数值。这种情况与树脂的类型、孔的结构尺寸及所处理的物质有关。

测定方法：可先将树脂处理成氢型。称几克树脂，测其含水量，同时称取若干克树脂，加入一定量的标准 NaOH 溶液静置一昼夜(强酸性树脂)或数昼夜(弱酸性树脂)后，测定剩余 NaOH 的毫摩尔数，就可求得总交换容量。

在固定床中操作时树脂的交换容量称为工作交换容量，比总交换容量更有意义。

7. 离子交换树脂的吸附选择性

在实际应用时，溶液中常常同时存在着很多种离子，离子交换树脂对溶液中的不同离子有不同的亲和力。显然，研究离子交换树脂的选择吸附作用，具有重大的实际意义。一般说来，离子和树脂间亲和力越大，就越容易吸附；当吸附离子后，树脂的膨胀度减小时，则树脂对该离子的亲和力也较大。

离子受树脂交换吸附作用的强弱程度有一般的规律，但不同的树脂可能略有差异。其影响因素主要有：离子的水化半径，离子的化合价，溶液的酸碱度，树脂的交联度和孔隙率，树脂与离子的辅助作用力，有机溶剂等。

(1)离子半径：在无机离子的交换中，可以认为离子的体积越小，则越易吸附。当离子在水溶液中发生水化时，原子量的大小并不能表征离子在水溶液中的体积，而离子在水溶液中的大小用水化半径来表征，因此水化半径较小的离子较易吸附，较大时就较难吸附。

对于一价阳离子 $Li^+ < Na^+ \approx NH_4^+ < Rb^+ < Cs^+ < Ag^+ < Ti^+$

对于二价阳离子 $Mg^{2+} \approx Zn^{2+} < Cu^{2+} \approx Ni^{2+} < Co^{2+} < Ca^{2+} < Cs^{2+} < Pb^{2+} < Ba^{2+}$

对于一价阴离子 $F^- < HCO_3^- < Cl^- < HSO_3^- < Br^- < NO_3^- < I^- < ClO_4^-$

(2)离子的化合价：对阳离子的吸附，高价离子通常被优先吸附，而低价离子的吸附较弱。

同一种树脂对应同一工作液中的多种离子，优先吸附化合价高的离子，比如在净化水时，树脂能优先吸附硬水中的钙、镁离子；在电镀厂的废液中树脂优先吸附低浓度的铜离子等；在蛋白质、抗生素分离纯化时，优先吸附带电量大的蛋白质和抗生素。

(3)溶液的酸碱度：溶液的pH值对各种树脂的影响是不同的。对于弱酸性树脂，在酸性和中性下，它的电离度很小，氢离子不易游离出来，因此交换容量很低，只有在碱性的情况下，才能起交换作用；而对强酸性树脂，一般在所有的pH值范围内能起交换作用。同样对于弱碱性树脂，只能在酸性的情况下才能起作用，而对强碱性树脂，则pH值范围没有限制。

(4)树脂的交联度、膨胀度和分子筛：交联度对于无机离子和有机大分子吸附选择性的影响是不相同的，一般交联度大、膨胀度小的树脂选择性比较好。如果交联度较低的某树脂，对离子有较大的选择性，则交联度较大的同种树脂对离子的选择性也增大。

但是对于大离子的吸附，情况要复杂些。首先树脂必须要有一定的膨胀度，允许如蛋白质、抗生素等大分子能够进入到树脂内部，否则树脂就不能吸附大分子；树脂的膨胀度对吸附抗生素的影响非常显著。这里有互相矛盾着的两个因素在起作用：一个因素是选择性的影响，即膨胀度增大时，促使树脂吸附量降低；另一个因素是空间大小的影响，即膨胀度增大，促使树脂吸附量增加，这是矛盾的两个方面。

当膨胀系数的值很小时，第二个因素即空间效应占主要地位，交换容量随膨胀系数而增加。当膨胀系数增大到一定值时，树脂内部为大分子所达到的程度变化就不大，此时第一个因素即选择性的影响占主要地位，因此交换容量随膨胀系数的增加而降低。若增大树脂的交联度，有机大分子便不能进入树脂内部，但无机离子不受阻碍(或者认为两者在树脂内扩散速度不等)，利用这一原理将大分子和无机离子分开的方法，称为分子筛方法。

(5)树脂和交换离子间的辅助力：一般认为，离子交换过程主要是借助于离子间的库仑力来进行。对于小分子的无机离子，一般以库仑力为主。但对于一些生物大分子来说，除带电产生的库仑力外，还可能产生各种作用力，如氢键、范德华力等。有时辅助力的作用超过库仑力，如酚-磺酸树脂对一价季铵盐类阳离子的亲和力随离子的水化半径增大而增大，这和交换无机离子的情况刚好相反，是由于吸附大分子时起主要作用的是范德华力，而库仑力居次要地位。

(6)有机溶剂的影响：当有机溶剂存在时，常常会使对有机离子的选择性降低，而容易吸附无机离子。其原因是：一方面是由于有机溶剂的存在，使离子溶剂化程度降低，而无机离子(它很容易水化)的降低程度要比有机离子大；另一方面是内于有机溶剂会影响离子的电离度，使它减小，尤其是有机离子，影响更显著。基于这个性质，因此常利用有机溶剂从树脂上洗脱难洗脱的有机物质。

第三节 离子交换原理

一、离子交换平衡[5]

离子交换剂与水溶液中离子或离子化合物所进行的离子交换反应是可逆的。假定以RU代表离子交换剂，其中R是通过某种较强的作用力如化学键连接在基质上的荷电基团，U是

面。同时必有 1 mol 的 B^+ 以相反方向从颗粒表面扩散到液体中。同样步骤②和④同时发生，方向相反，速度相等。因此实际上只有三个步骤：外部扩散（经过液膜的扩散）、内部扩散（在颗粒内部的扩散）和化学交换反应。一般说来离子间的交换反应，速度是很快的，有时甚至快到难以测定，所以除极个别的场合外，化学反应不是控制步骤，而扩散是控制步骤。

至于究竟内部扩散还是外部扩散是控制步骤，要随操作条件而变。一般说来，液相速度越快或搅拌越激烈，浓度越浓，颗粒越大，吸附越弱，越是趋向于内部扩散控制；相反液体流速慢，浓度稀，颗粒细，吸附强，越是趋向于外部扩散控制。当树脂吸附抗生素等分子时，由于在树脂内扩散速度慢，常常为内部扩散控制。

（二）影响交换速度的因素

1. 颗粒大小

颗粒减小无论对内部扩散控制或外部扩散控制的场合，都有利于交换速度的提高，但对内扩散的场合，影响更为显著。

由表 7-9 和图 7-6 中的直线 3 和直线 4 可看出颗粒大小的影响。交联度相同时，其内扩散系数变化不大，但由于颗粒半径的差异，其饱和时间相差较大。颗粒小的饱和时间短，意味着离子交换速度大。

表 7-9 在磺酸基聚苯乙烯树脂上，交换过程 $HR+Na^+ \rightarrow NaR+H^+$ 的数据［新编生物工艺学（下册），2003］

图 7-6 中的编号	DVB/%	r_0/cm	温度/℃	B	$D_i \times 10^6$	平均饱和时间/s
1	5	0.027 2	25	0.082	6.1	3.7
2	17	0.027 3	50	0.029	2.2	10.4
3	17	0.027 3	25	0.014 3	1.08	21.0
4	17	0.044 6	25	0.001 6	1.23	49

注：DVB 为树脂交联度，r_0 为颗粒半径，B 为直线的斜率，D_i 为内扩散系数。

2. 交联度

交联度越低树脂越易膨胀，其内部孔隙率越高，离子在树脂内部扩散就较容易。所以，当内扩散控制时，降低树脂交联度，能提高其内扩散系数，离子交换速度显著增大。例如，比较图 7-6 中的直线 1 和 3，可见 5%DVB 的树脂交换速度较快。其内扩散系数 D_i 约为 17%DVB 树脂的 6 倍（参照表 7-9）。

3. 温度

温度越高，离子运动越剧烈，互相碰撞和交换的几率增大。比较图 7-6 中直线 2 和 3，当温度从 25℃升至 50℃，其内扩散系数 D_i 增大 1 倍，因而交换速度也因此增加 1 倍（参照表 7-9）。

4. 离子的化合价

离子在树脂中扩散时，与树脂骨架（和扩散离子的电荷相反）间存在库仑引力；离子的化合价越大，这种引力越大，因此，扩散速度就愈小。原子价增加 1 价，内扩散系数的值就要减少一个数量级。例如，在某种阳离子交换树脂上，钠离子的扩散系数等于 2.76×10^{-7} cm^2/s，而锌离子则仅为 2.89×10^{-8} cm^2/s。

5. 离子的大小

小离子的交换速度比较快。主要是因为大分子会和树脂骨架碰撞，因而在树脂中的扩散

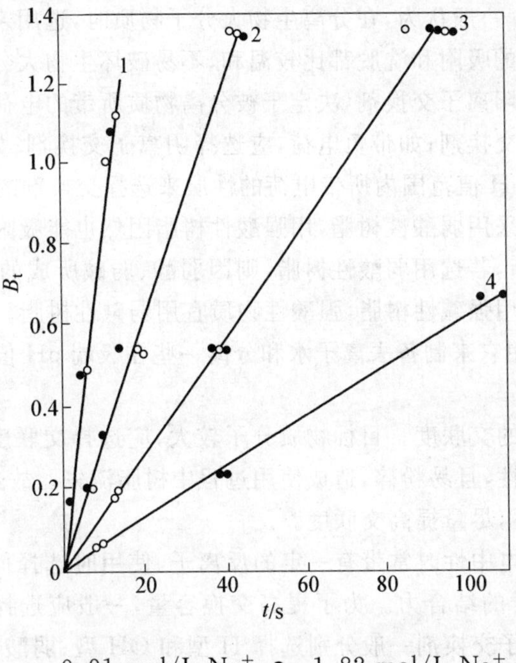

○—0.91 mol/L Na^+；●—1.82 mol/L Na^+；

B_t 表示与扩散速度成正比的常数

图 7-6　在聚苯乙烯磺酸基树脂上，H^+ 和 Na^+ 的交换

［新编生物工艺学（下册），2003］

速度慢，有时甚至使骨架变形。有时可利用大分子和小分子在某种树脂上的交换速度不同，从而达到分离的目的，这种树脂称为分子筛。

6. 搅拌速度

当液膜控制时，增加搅拌速度会使交换速度增加，但增大到一定程度后再继续增加转速，影响就比较小。

7. 溶液浓度

当溶液浓度为 0.001 mol/L 时，一般为外扩散控制。当浓度增加时，交换速度也按比例增加。当浓度达到 0.01 mol/L 左右时，浓度再增加，交换速度就增加得较慢。此时内扩散和外扩散同时起作用。当浓度再继续增加，交换速度达到极限值后就不再增大，此时已转变为内扩散控制。

第四节　离子交换过程与设备

一、树脂的选择

选择合适的树脂是应用离子交换法的关键，选用树脂首先决定于目标物质的性质。如果目标物质是非离子型的，那就不能用离子交换法来进行分离；反之，如能在水中离解，就可考虑用离子交换法来分离提取。选择离子交换剂的一般原则有下列几点。

(1)交换剂的基质是疏水性还是亲水性,与被分离物质的相互作用,对被分离物质的稳定性和分离效果均有影响。一般认为,在分离生物大分子物质时,选用亲水性基质的交换剂较为合适,它们对被分离物质的吸附和洗脱都比较温和,不易破坏生物大分子的活性。

(2)选择阴离子抑或阳离子交换剂,决定于被分离物质所带的电荷性质。如果被分离物质带正电荷,应选择阳离子交换剂;如带负电荷,应选择阴离子交换剂;如被分离物为两性离子,则一般应根据其在稳定 pH 值范围内所带电荷的性质来选择交换剂的种类。

(3)对强碱性物质宜采用弱酸性树脂,用强酸性树脂固然也能吸附,但解吸较困难;对弱碱性物质宜选用强酸性树脂,若选用弱酸性树脂,则因弱酸、弱碱所成的盐易水解,故不易吸附。同样道理,弱酸性物质宜用强碱性树脂,强酸性物质宜用弱碱性树脂。强型离子交换剂使用的 pH 值范围很广,所以常用它来制备去离子水和分离一些在极端 pH 值溶液中解离且较稳定的物质。

(4)树脂还应有一定的交联度。目标物质分子较大,应选择交联度较低的树脂,但交联度过小,会影响树脂的选择性,且易粉碎,造成使用过程中树脂流失。故选择交联度的原则是:在不影响交换容量的条件下,尽量提高交联度。

(5)离子交换剂处于电中性时常带有一定的反离子,使用时选择何种离子交换剂形式,取决于交换剂对各种反离子的结合力。为了提高交换容量,一般应选择结合力较小的反离子。据此,强酸型和强碱型离子交换剂一般分别选择 H 型和 OH 型;弱酸型和弱碱型交换剂应分别选择 Na 型和 Cl 型。但如果目标物质在酸性、碱性下易破坏,则不宜采用氢型或羟型树脂。对偶极离子,应采用氢型树脂吸附。

二、离子交换过程

在食品和药品工业中,采用离子交换剂进行分离纯化主要有两种形式:

一种称为"正吸附",即选择适当的条件使目的产物离子化,被交换到介质上,杂质不被交换而从柱流出,然后采用洗脱液将被吸附物质洗脱的方法。如图 7-7(A)所示,其中 B 是目的物质,在通过离子交换柱时被吸附,而不带电的 C 和带负电的 D^- 杂质则不被吸附而流出;洗脱时,在另一个 pH 值环境下,B 物质的电荷性质发生改变从而静电吸引力不再存在,即随洗脱液流走而收获。

另一种称为"负吸附",即在选择的条件下,目的物质不带电或带上与离子交换剂上可交换离子相反的电荷(即与骨架所带电荷相同),而一些杂质溶质(即不需要的物质)带上与可交换离子相同电荷,则上柱操作时目的物质随溶液流出,杂质被吸附。如图 7-7(B)所示,其中,B 是目的物质,在选定的环境下不带电荷,而让杂质 C 和 D 带上正电,则在通过离子交换柱时杂质 C 和 D 被吸附,而 B 流出,可收获。

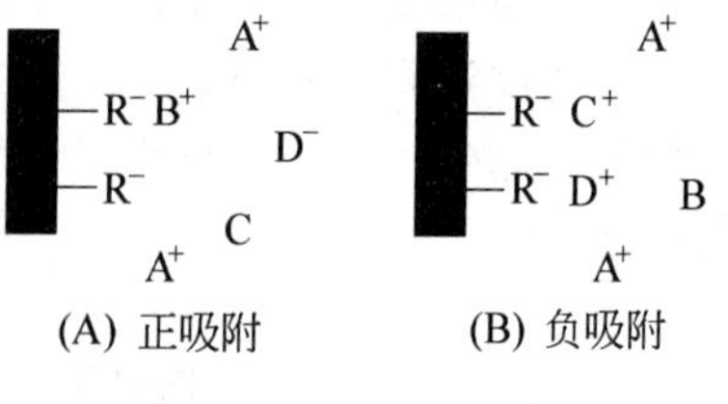

图 7-7 离子交换吸附示意图

正吸附方法可得到高纯度目的产物,且控制条件适当的话可达到浓缩的目的,适合于处理产物浓度低且工作液量大的溶液。而负吸附法一般可去除 50%~70%的杂质,在收获的产物中还将残留相当部分的杂质,产物纯度不高,适用于目的产物浓度高的工作液。在蛋白质、酶等物质的纯化处理中,采用正吸附较多。

离子交换法按操作方法可分为间歇式分批操作及柱式操作两种。间歇操作又叫静态处理，将离子交换剂浸泡于工作液中达到平衡后滤出交换剂进行洗脱。柱式操作又称动态法，交换、洗脱、再生等步骤均在柱内进行，因此又称为离子交换色谱法(ion exchange chromatography)。后面将以柱式操作为例讲述其具体操作过程和方法。

(一)离子交换树脂的前(预)处理

新出厂的树脂是干树脂，要用水浸透使之充分吸水膨胀。因其含有一些杂质，如单体、各种添加剂及低聚物等，还含有 Fe、Cu、Pb 等无机杂质，在使用之前要用盐、酸、碱溶液进行预处理，除去树脂中的可溶性杂质，以免影响水质。具体有如下几种处理方法。

1. 食盐水处理

将树脂装入容器中，用约 2 倍树脂体积的 10%(质量分数)NaCl 溶液浸泡 18～20 h 或以上，然后放掉食盐水，用清水漂洗，直至洗水不呈黄色为止。

2. 稀盐酸处理

用约 2 倍于树脂体积的 5%(质量分数)HCl 溶液浸泡 2～4 h(或以小流量清洗)，放尽酸液后，冲洗树脂至排出水接近中性为止，可去除铁、铝、钙、镁的盐类等无机杂质。

3. 稀氢氧化钠溶液处理

用约 2 倍于树脂体积的 2%～4%(质量分数)的 NaOH 溶液浸泡 2～4 h(或以小流量清洗)，放尽碱液后，用清水冲洗树脂至排出水接近中性为止，可去除有机物和硅等。

4. 转型

将树脂带上所希望的某种离子的操作称为转型。如希望阳离子交换树脂带 Na^+，则用 4 倍量 NaOH 搅拌浸泡 2 h 以上；如希望树脂带 H^+，可用 HCl 处理。阴离子交换树脂转型也同样，若希望带 Cl^- 则用 HCl，希望带 OH^- 则用 NaOH。对于阴离子型树脂，经上述处理已变成 OH 型，可直接应用；对于阳离子型树脂，经上述处理后变成 Na 型，用于水的化学除盐时，需用 5%(质量分数)HCl 处理，将树脂转变成 H 型。对于制备纯水用的新树脂，应采用三酸三碱处理，即以树脂体积 1～2 倍(质量分数)盐酸溶液浸泡 2～4 h 后用纯水冲洗至中性，然后以同样体积的 4%(质量分数)NaOH 溶液浸泡 2～4 h 用纯水冲洗到中性，如此反复三次(阳离子交换树脂还需转型)。

(二)上柱吸附和洗脱过程

在上柱吸附和洗脱过程中，最重要的操作条件是交换和洗脱时的 pH 值。上柱条件总的选择原则是：尽量使溶液中目标离子的浓度降低，而使目标离子尽可能结合到树脂上。合适的 pH 值需满足三个条件：①在被吸附物稳定的范围内；②使被吸附物能离子化；③使树脂能离子化。如赤霉素为一弱酸，pK3.8，可用强碱性树脂进行提取，在 pH 值为 7 时，pH>pK，因而赤霉素成负离子，而能吸附在强碱树脂上。

交换方式可以采用顺流进行(正上柱)，即原液自上向下流过树脂层，或逆流进行(倒上柱)，即原液自下向上流过树脂层，通常为顺流进行。当含离子溶液不断输入时，被交换离子 B 在离子交换柱中的分布情况如下：树脂上的活性离子 A 逐渐被取代，在柱的上端形成了饱和层(已交换层)，此层中的 A^+ 浓度为 0，B^+ 浓度为饱和浓度 c_s。柱下的树脂层中 B^+ 浓度逐渐降为 0，而 A^+ 浓度上升为 c_s，这一区域称为交换带。饱和层不再发生交换反应，而

A^+浓度为 c_s 的区域尚未发生交换反应，称为非交换带。随着含离子溶液不断流入，交换带逐渐向下移动，最后达到底部，使 B^+ 漏出，这点称为漏出点（或称为穿透点），一般以出口处的溶质浓度达到入口处浓度 5%～10% 为准，如图 7-8 所示。

交换带的宽度一般为 0.2～1 m。它与多种因素有关，B^+ 浓度高、操作温度低、料液流速高、树脂老化等都会使交换带加宽；反之，则使之变窄。实际应用中要求交换带宽度越窄越好，这样树脂的有效交换容量大，柱的利用率高，但上述影响因素的控制都是有限的，降低料液流速则降低生产能力，提高温度又受到 B 性质等因素的限制。生产中可以在开始上柱交换时加快流速，提高生产能力，而最后降低流速，减小交换带宽度，提高柱的利用率。交换至漏出点时，此时继续进料不仅对吸附量增加效果不大，而且由于出口溶质浓度急剧增大，造成溶质（目标产物）的损失，应停止交换，转入吸附质洗脱或吸附剂再生操作。

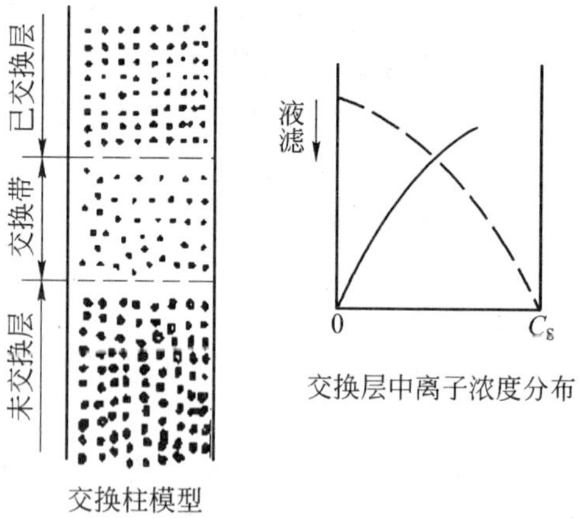

实线为 A 浓度分布，虚线为 B 浓度分布

图 7-8 树脂层中的离子分布（分离过程与技术，2001）

（三）洗脱

洗脱前，树脂的洗涤工作相当重要，很多杂质可以在洗涤时除去，洗涤可以用水、稀酸和盐类溶液（如铵盐）等。

根据化学平衡原则，洗脱条件总的选择原则是：尽量使溶液中被洗脱离子的浓度降低，以使得树脂上的被洗脱离子容易解吸。显然洗脱条件一般和吸附条件相反。如吸附在酸性下进行，解吸应在碱性下进行；如吸附在碱件下进行，解吸应在酸性下进行。为使在解吸过程中 pH 值不致变化过大，有时宜选用缓冲液作为洗脱剂。对洗脱液的组成一般有如下基本要求：

①对试样的溶解度要足够大；

②不与试样和吸附剂发生化学反应；

③黏度小，易流动。如目标物质在碱性下易破坏，可以采用氨水等较缓和的碱性洗脱剂；如单靠 pH 值变化洗不下来时，可以试用有机溶剂，选择有机溶剂的原则是能和水混合，且对目标物质溶解度较大。

洗脱的实质就是用亲和力更强的同性离子取代树脂上吸附的目的产物。如离子交换法提取谷氨酸，使用亲和力比谷氨酸阳离子强的 Na^+ 或 NH_4^+ 溶液，洗脱阳离子交换树脂吸附的谷氨酸离子。

（四）再生

离子交换树脂在工作过程中会逐渐吸附被处理液中的杂质且在洗脱时也不解离，经过一段时间后就接近"饱和"状态，离子交换能力降低，需要进行再生处理，再生反应是交换吸附的逆反应。树脂使用失效之后，要先用清水洗涤，然后用再生剂再生，最后用清水洗至所需 pH

值，再生剂的种类应根据树脂的离子类型来选择。

例如：钠型强酸性树脂用 NaCl 溶液再生；氢型强酸性树脂用强酸再生，氯型强碱性阴离子树脂主要用 NaCl 溶液再生，羟型强碱性阴树脂用 NaOH 溶液再生。在实际工作中，为了减少再生费用，要适当控制再生剂的用量，使树脂的性能恢复到符合经济要求的再生水平，通常控制恢复程度为 70%～80%。再要提高，再生剂耗量大大增加，很不经济。离子交换树脂在使用一段时间后，它的性能就逐渐下降，直到不符合要求，此时就需要更新[6]。

(五)应用举例

柠檬酸的离子交换法提取条件和过程：

柠檬酸的提取，国内大多采用钙盐沉淀法。发酵液过滤除去菌丝体，加碳酸钙于滤液中形成钙盐沉淀，钙盐加硫酸酸解形成柠檬酸和硫酸钙，酸解液中尚含杂质硫酸根离子 2 000～4 000 mg/L 和 Cl^- 100 mg/L 左右，通过弱碱性阴离子交换树脂除去这些杂质离子(它们的存在会影响成品质量，特别是 Cl^- 的存在会腐蚀不锈钢浓缩设备)，然后经脱色、浓缩结晶得成品。去除这些杂质离子时，可使用弱碱阴离子交换树脂进行负吸附除杂，使用的弱碱树脂预先处理成羧型，通入酸解液，其 $pH<2.5$。柠檬酸的 pK 值为：pK_1 13.14，pK_2 4.77，pK_3 6.39，因而在 $pH<2.5$ 时，柠檬酸不离解，也不会发生离子交换，但可与羟型弱碱树脂形成盐或认为可能形成氢键而吸附在树脂上。当继续流入酸解液时，由于其中存在少量的 HCl 和 H_2SO_4(强酸)，能将柠檬酸洗脱下来。如果树脂有合适的碱度和较高的交换容量，则不仅柠檬酸的损失少，而且能处理较高倍数的酸解液。如华东理工大学 D315 大孔弱碱树脂能较好地满足上述要求，单位体积的树脂能处理 42 倍体积的酸解液，而柠檬酸的损失率仅为 0.6%[7]。

由于上述钙盐沉淀法操作步骤多，成本高，并产生大量的副产物硫酸钙，很难处理，影响环境。故近年来研究以正吸附法离子交换法直接从发酵液中提取柠檬酸。研究表明，弱碱树脂的吸附量远超过强碱树脂，而且超过树脂的总交换量。这种超当量吸附现象在有机酸吸附中是常见的，例如弱碱 335 树脂对柠檬酸的吸附量达到 6.15 mmol/g(干树脂)，为其总交换量的 2.48 倍。这种现象可能是由于形成了氢键的缘故。然后以氨水洗脱，活性炭脱色。强酸树脂脱氨，浓缩，结晶得到合格产品，收率 80%左右[8]。

三、离子交换设备

离子交换法按操作方式可分为间歇式分批操作及柱式操作两种，工业生产中一般采用柱式操作。

离子交换柱一种是圆柱形容器，是离子交换的主要装置。离子交换柱有开放式(即敞口式)和密闭式两种。开放式便于树脂的装入、吸出，只能在常压下操作，柱的反洗和清除树脂层表面的污垢容易，但由于敞口，易混入外界杂质。密闭式上下全封，能克服开放式的缺点，但清污和装柱较麻烦。

离子交换柱内装有液体分布器、支持树脂用的支座。大型离子交换柱壳体上配有视镜、树脂出入口、溢流排污门等管路，能承受一定的工作压力。通常中小型离子交换柱用有机玻璃或硬质聚氯乙烯制成，大型离子交换柱用钢板焊接制成，内壁涂衬上耐酸、碱的防腐蚀物，如图 7-9 所示。

一般发酵工业用的离子交换柱中装载树脂层的高度通常为 1～1.5 m，柱体总高度约为树脂层的2倍。如果树脂的粒度较大，对通过液体的阻力较小，树脂层可较高，而相应缩小柱体的直径；如果树脂粒度较细，对液体的阻力较大，则树脂层不宜太高，否则会影响液体的流量，降低生产能力。一级树脂层的最大高度，不宜超过1.8 m，柱的有效高度与直径之比以(4～5)∶1为好。树脂层高度为柱有效高度的1/2～2/3为好。一般正上柱有效树脂体积约为层高的70%，倒上柱约为60%，以备反冲树脂扩展之用。

离子交换柱分单床(只装一种树脂)和复床(两种以上树脂分层装在同一柱内)及移动床(树脂的使用、再生和清洗不在同一柱内)等几种。

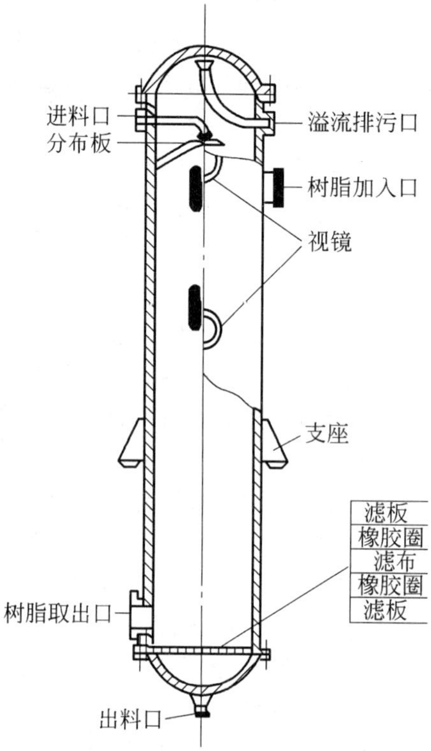

图7-9　离子交换柱示意图(生物工业下游技术，1999)

四、离子交换操作工艺

离子交换分离过程一般包括三步：

①料液与离了交换剂进行交换反应；

②目标物质的洗脱；

③离子交换剂的再生及清洗。在设计离子交换过程和选择树脂时，既要考虑交换反应过程，也要考虑再生过程。

离子交换过程为液、固相间的传质过程，离子交换过程所用设备搅拌槽、流化床、固定床、移动床等形式。操作方法有间歇式、半连续和连续式三种。

(一)搅拌槽

搅拌槽是带有多孔支持板的筒形容器，离子交换树脂置于支撑板上，间歇操作。操作过程分为三步：

①交换。将液体放入槽中，通气搅拌，使溶液与树脂均匀混合，进行交换反应。

②待过程接近平衡时，停止搅拌，将溶液排出；再生：将再生液放入，通气搅拌，进行再生反应。待再生完全，将再生液排出。

③清洗。通入清水，搅拌，洗去树脂中存留的再生液，然后进行下一个循环操作。

这种设备结构简单，操作方便，反应后的排出液与反应终了时饱和了欲分离反离子的树脂接触，分离效果较差、收率低。用于小规模、分离要求不高的场合。

(二)固定床

固定床是广泛应用的一类离子交换设备，它的构造如图7-10所示。

固体床离子交换器是装有颗粒状吸附剂的塔式设备，由两个主要阶段组成固定床循环操作。在吸附阶段，物料不断地通过吸附塔，被吸附的组分留在床中，其余组分从塔中流出，吸附过程可持续到吸附剂饱和为止。然后是解吸(再生)阶段，用升温、减压或置换等方法将被吸附的组分解吸下来，使吸附剂再生，并重复吸附操作。

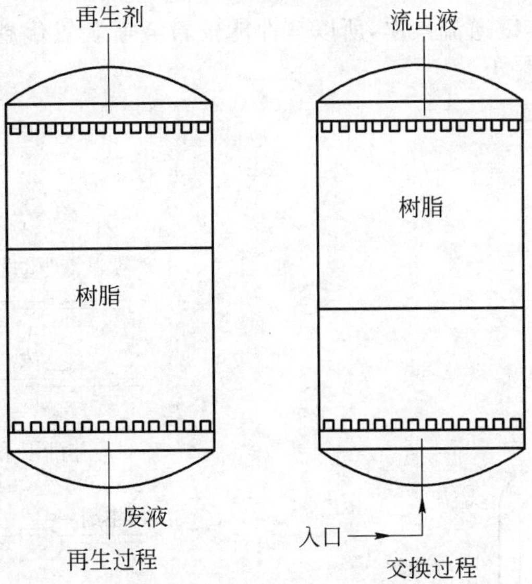

图 7-10　活塞式固定床(分离过程与技术,2001)

固定床离子交换设备的主要缺点是树脂的利用率低。因为一般固定床中有效的交换传质区只占整个床高的一部分,在任一时刻床中的饱和区与未用区中的树脂都闲置无用。正是出于树脂利用率低,导致再生时洗涤液用量较大等缺点,采用连续操作的移动床可以克服这些缺点。

(三)移动床

这种设备的具体型式很多,这里介绍几个例子。

1. 希金斯(Higgins)连续离子交换器[9]

希金斯连续离子交换装置如图 7-11 所示,由交换区、返洗区、脉动区、再生区、清洗区组成的循环系统构成。这些区彼此间以自动控制阀 A、B、C、D 分开,操作分两个阶段进行,液体流动阶段(作用阶段)和树脂移动阶段,在液体流动阶段,各控制阀关闭,树脂在各区内处于固定床状态,分别通入原水、返洗水、再生液和清洗水。同时进行交换、交换后树脂的清洗、树脂再生和再生树脂的清洗等过程,这个过程通常经历几分钟。然后转到树脂移动阶段,此时停止溶液进入,打开控制阀 A、B、C 和 D。依靠在脉动柱中脉动阀通入液体的作用使树脂按反时针方向沿系统移动一段,即将交换区中已饱和的一部分树脂送入返洗区,返洗区已清洗的部分树脂送入再生区,再生区内已再生好的部分树脂送入清洗区,清洗区内已清洗好的部分树脂重新送入交换区。这个过程一般经历几秒钟、接着又为液体流动阶段,如此循环操作。从操作特点看,这种装置为半连续操作,是逆流操作,树脂利用率高,用量少,结构紧凑,占地少。

2. Avco 连续移动床离子交换装置[9]

此离子交换装置结构如图 7-12 所示。它的主体由反应区(交换与再生)、清洗区和驱动区构成。树脂连续地从上而下移动。在再生区、清洗区、交换区分别与再生液、清洗水和原水逆流接触。树脂的连续移动由两个驱动器来实现,在初级驱动区内,依靠驱动泵送处理后的水的作用驱使树脂向下移动；而在二级驱动区，则用泵送原水驱使树脂移动，循环进入上端，这种装置的特点是实现真正的连续逆流操作，所以其性能较希金斯装置优越，树脂利用率高，再生效率也高，但技术上的难度较大。

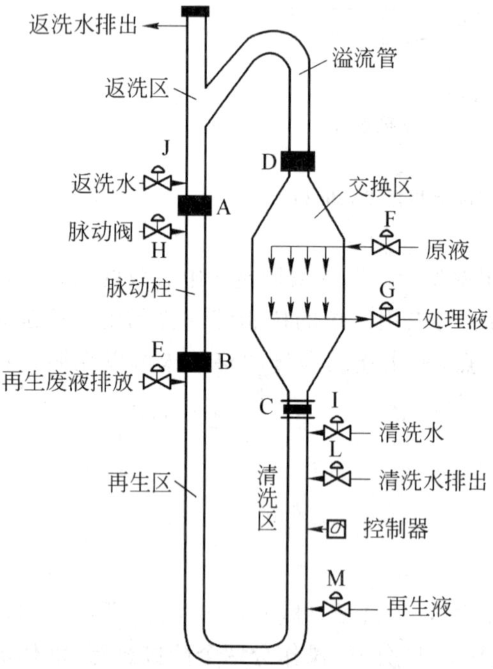

图 7-11 希金斯连续离子交换器
(分离过程与技术,2001)

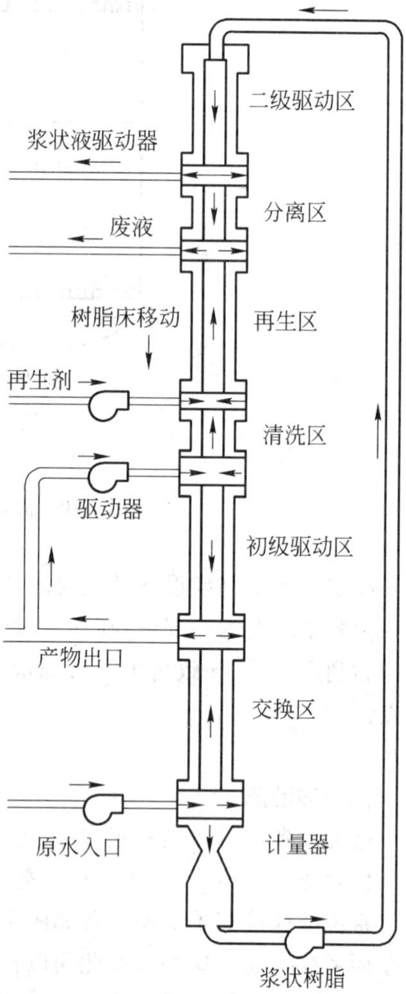

图 7-12 Avco 连续移动床离子交换器
(分离过程与技术,2001)

(四)连续离子交换技术

连续离子交换技术是一种在传统的固定床(xixed bed)、模拟移动床(simulated moving Bed)基础上发展而来的一种新工艺。

连续离子交换系统(图 7-13)由一个带有多个树脂柱(可多达 20～30 根柱)的圆盘，和一个多孔分配阀组成。通过圆盘的转动和阀口的转换，使分离柱在一个工艺循环中完成了吸附、水洗、解吸、再生的全部工艺过程，且在连续离交系统中，离子分离的所有工艺步骤在同时进行。相比而言，连续离子交换系统是在一种间歇式的工艺中一步一段时间地进行所有步骤的操作。

这种新发展起来的离子交换技术结合了传统的固定床树脂吸附和离子交换工艺的技术优

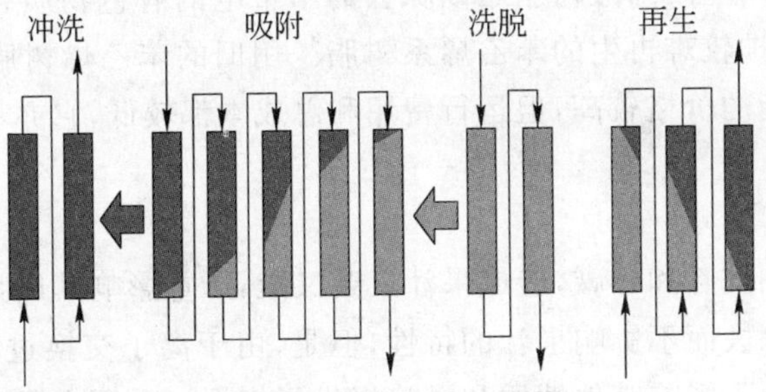

图 7-13 连续离子交换技术工艺流程

势，树脂利用率高，节水，洗脱剂、再生剂等药品消耗减少，但采用多柱系统变换，对设备的制造工艺要求较高。

第五节 在食品工业中的应用

离子交换法具有分离速度快、容量大、分辨率高等优点，已广泛应用于食品、药品的生产和分析中。

一、脱色除杂

在食品生产中，一些杂质的存在严重影响食品品质和感官质量，如砂糖中的色素，果汁中的苦涩味等。这些色素、杂质的去除对提高食品品质有着重要意义。较早出现的脱色除杂方法主要有吸附、絮凝、气浮等方法，但这些方法一般对色素的脱除不够彻底，残留较多。随着离子交换树脂制造技术的进步，离子交换树脂越来越广泛地运用到食品工业中，其操作方式多为“负吸附”。

(一)蔗糖工业

离子交换树脂很善于除去糖液中的各种杂质，特别是有色物质和灰分。为制造高质量的精糖，使用离子交换树脂除去各种色素与杂质是效果最好也是现今最通用的方法。国外精炼糖厂从 20 世纪 50 年代已开始使用离子交换树脂对糖液进行高度脱色，初时是在经过骨炭或活性炭脱色之后再通过树脂脱色，之后不少炼糖厂以树脂脱色为主。

通常将树脂装于圆筒形的树脂柱中，糖液连续地通过。树脂柱内装载树脂的体积称为床容积(bed volume)，简写为 BV。例如溶液通过树脂柱的流量速度为 2～4 BV/h，即每小时通过溶液的体积为树脂床容积的 2～4 倍。树脂的处理能力亦常以 BV 为单位计算。工业用的树脂柱的床容积通常由 1～10 m^3，也有较小或较大的。

在精炼糖厂早期使用的是苯乙烯系阴离子树脂。可先用活性炭处理后，用树脂处理脱色；或几柱串联。20 世纪 80 年代后不少精炼糖厂用丙烯酸系阴离子树脂(如 Amberlite IRA-958)作前级脱色，糖浆通过它以后再进入苯乙烯系树脂柱。两者均使用大孔强碱性树脂。丙烯酸树脂的脱色能力强，容量大，较耐污染，并较易再生，使用盐水即可将它所吸附的杂质完全洗脱。将它用于第一柱，先除去大部分有机色素(作为粗脱色)；第二柱的苯乙烯树脂则善于除去芳香族有机物，包括一些丙烯酸树脂难以除去的不带电的有色物质。这种组合方式的脱色作用比较彻底，并可保护较难再生的苯乙烯系树脂。用旧的苯乙烯树脂亦可移往第一柱继续使用。虽然丙烯酸树脂的价格较高，但运行费用和总成本都较低，它亦易于管理。

（二）果汁脱苦

某些果汁中含有柚皮苷和柠碱，造成果汁又苦又酸，严重影响其风味和食用品质。用化学方法很难将这些物质除去而不影响果汁的特性，但是，由于离子交换过程的高选择性，这就为除去果汁中苦味成分而不影响其他性质和风味提供了依据。采用离子交换树脂吸附柚皮苷和柠碱，去除率最高可达分别为 70%[10] 和 85%[11]，可滴定酸度下降 55%；吸附树脂在果汁的脱苦方面非常有效，能大大改善果汁的味质。

（三）金属离子的去除[12]

油脂中存在微量的铜、铁、锰、锌等离子，会加速油脂变质，然而，从离子交换的作用机理可知，选用适当的树脂（如 Amberlyst15、WofatitY15 配合 WofatitEA-60 等）很容易去除上述离子，从而提高油脂的稳定性。豆油、花生油、玉米油、菜籽油等食用油中所含有机酸，可用大孔强碱离子树脂吸附处理去除。棉籽油中存在酚类及其衍生物，食用时有苦味感，用大孔吸附树脂脱苦味效果好，成本低。将催化剂负载于亲油吸附树脂上，可顺利完成油脂的氢化；吸附树脂还可应用于油脂的环氧化。

二、食品成分的分离提纯

（一）味精

味精是谷氨酸钠盐，为理想的调味品。味精的提取分离是应用离子交换树脂较早的行业之一。最初提取味精是采用磺酸型强酸性强离子交换树脂，在 pH＝5 的条件下进行的，谷氨酸回收率为 80%～90%，明显高于其他方法。但这种树脂使用寿命短，10 多个周期后有流失现象，影响产品质量，随着大孔吸附树脂的问世，成功的解决了此问题，可使用 200 多个周期，而且洗脱峰也集中，更有效地分离了味精成分。

（二）糖醇

除在甜菜、甘蔗糖厂采用离子交换树脂进行脱色外，目前在一些寡糖、单糖、糖醇的生产中也采用离子交换树脂。如含多聚戊糖的植物原料（如甘蔗渣）经水解、净化、分离获得结晶木糖醇。但其中仍含有 5%～10%的杂醇。采用重结晶法能将部分四碳醇及六碳醇除去，但阿拉伯醇性质与木糖醇十分接近，用重结晶不能除去，产品仍达不到联合国世界卫生组织规定的标准。吴继标等已成功地采用钙型离子交换树脂对多元醇进行分离，并制备了纯木糖醇样品[13]。

用于分离纯化糖类化合物的另一类离子交换树脂法是将磺化聚苯乙烯型阴离子交换树脂转化为钙型，用作层析固定相，分离葡萄糖和果糖、木糖醇、山梨醇、*D*-果糖等，取得令人满意的结果[14]。

(三)有机酸

食品、医药等工业所用的乳酸主要用发酵法生产,Ca 盐沉淀后酸化处理的方法,流程复杂,成本高,且生成 $CaSO_4$ 还会影响乳酸质量。如果采用离子交换法直接从发酵液中提取乳酸则一方面可提高效率,另一方面可以提高产品质量。如采用 4-乙烯吡啶(即 PVP)树脂直接从发酵液中吸附乳酸,用热水解吸,并在发酵结束后进行酸化处理以回收乳酸。显然,随着离子交换技术的发展,可使乳酸生产缩短流程,减少设备,提高回收率。

(四)食用香料

香味成分是食品制造中的重要原料,天然香料一般含量较低,且具有挥发性,这就给香料的提取、分离、浓缩带来相当难度。而离子交换树脂的高选择吸附性则给香料的分离、富集提供新的方法。据报道,用 Amberlite XAD-2、XAD-4 大孔吸附树脂从橘子皮中提取了食用橘香成分(乙醇洗脱时,100%脱附)[15]、可可香料,比用活性炭法效率高。

三、生物大分子物质提取、分离和纯化

(一)酶制剂[16]

酶是生物体活细胞产生的具有专一催化能力的蛋白质,它的很多性能是合成催化剂所不能比拟的。它的应用正在日益发展,因此酶的分离、提取纯化也就日益显得重要。

目前工业上从发酵液中分离纯化 α-淀粉酶的方法很多,主要有二种:一种是硫酸铵沉淀法;另一种是采用絮凝-超滤-乙醇沉淀法。第一种方法的产品,食品工业不能使用,第二种方法要求发酵液澄清度好,否则超滤膜易于阻塞。而且超滤法浓缩酶液是有限度的,沉淀酶仍需耗用大量的乙醇。若采用 402 离子交换树脂,能专一吸附 α-淀粉酶,然后用 40%乙醇洗脱,所得酶粉的活性约为 60 000 μ/g,产率为 64.22%,均远高于传统方法生产的 α-淀粉酶。用 110 离子交换树脂从发酵液中提取葡萄糖氧化酶,在实验室条件下,提取率可达 30%,洗脱液的最高酶活性可达 2 000 000 μ/mL。目前提纯尿激酶、胰朊酶、胰凝乳朊酶和胃蛋白酶原都用离子交换技术。因为离子交换达到的纯化倍数为 10 左右(根据比活力判断),酶的活性和回收率都较高,所以在目前酶的纯化工作中,离子交换技术得到广泛的应用。

(二)活性多糖提取

自然界中存在着许多黏多糖,即含有糖醛基的多糖类化合物。肝素是一种黏多糖,广泛存在于哺乳动物的肠黏膜、十二指肠、肺、肝、心脏、胎盘、血液等组织中,为优良的抗凝血剂。由于肝素在体内与蛋白质组成复合物,因此肝素的提取分离工艺一般包括碱性盐液提取、酶或盐分解其蛋白质复合物。一般用大孔阴离子交换树脂从除去蛋白质后的溶液中富集分离肝素,经进一步纯化得到精品肝素。从软骨组织中提取分离硫酸软骨素 A,可先制成硫酸软骨素钙盐粗品,在以 001×7# 强酸性阴离子交换树脂(Na^+ 型)使之纯化并转化为硫酸软骨素 A 钠盐。

四、水处理

水是工业生产的第一需要,不但用水量相当大,而且对水质也有一定的要求,包括锅炉给

水，食品生产产品用水等。迄今为止，离子交换法仍然是最主要和最经济的水处理技术。同时水处理也是离子交换树脂应用的最大领域之一，目前在离子交换材料的所有应用领域中，约有一半以上的材料用于水处理。

当要求不高时，比如锅炉用水，去除离子只是为了降低硬度防止结垢，则采用钠盐阳离子交换树脂进行处理即可。

$$2RSO_3Na + Ca^{2+} \longrightarrow (RSO_3)_2Ca + 2Na^+$$

$$2RSO_3Na + Mg^{2+} \longrightarrow (RSO_3)_2Mg + 2Na^+$$

当对水要求较高，如饮料生产用水，则需要利用氢型阳离子交换树脂和羟型阴离子交换树脂的组合除去水中所有的离子，反应式如下：

$$RSO_3H + MX \longleftrightarrow RSO_3M + HX$$

$$ROH + HX \longleftrightarrow RX + H_2O$$

式中：M 为金属离子；X 为阴离子。

阳离子交换树脂一般用强酸性树脂(氢型弱酸性树脂在水中不起交换作用)，阴离子交换树脂可以用强碱或弱碱树脂：弱碱树脂再生剂用量少，交换容量也高于强碱树脂，但弱碱树脂不能除去弱酸性阴离子，如硅酸、碳酸等。在实际应用时，可根据原水质量和供水要求等具体情况，采取不同的组合。如一般用强酸—弱碱或强酸—强碱树脂。当对水质要求高时，经过一次组合脱盐，还达不到要求，可采用两次组合，如：强酸—弱碱强酸—强碱；或强酸强碱—强酸—强碱混合床。

五、香味料的催化合成

离子交换树脂是目前研究较多的一类固体酸催化剂，由交联的高分子共聚物引入不同性质的离子交换基团而成的。离子交换树脂有两种方式应用于催化，一种是利用离子交换树脂本身作为催化剂；另一种是将常用酸催化剂负载于树脂上，以此作为合成催化剂。后一种情况中离子交换树脂其实是作为催化剂载体使用。树脂催化剂与传统催化剂相比，具有与反应物容易分离、反应完成后产物不必中和及水洗、腐蚀性小、选择性高、无副反应发生、无废液排放等优点。

肉桂酸酯又称 3-苯基丙烯酸酯，是重要的香料，广泛用于食品、烟草、化妆品的调香中。韩宝成等[17]利用自己合成的肉桂酸为原料，与甲醇、乙醇、正丙醇、正丁醇在树脂催化下反应，合成了一系列肉桂酸酯，酯收率为 90%以上。采用 D72 和 D61 两种大孔阳离子交换树脂催化此酯化反应，结果表明反应时间比相应的无机酸要长一些，但反应条件温和，产品的颜色和气味均优于无机酸催化剂。树脂循环使用 10 次，催化活性无明显下降。以 732 阳离子交换树脂为催化剂，由肉桂酸和甲醇合成了肉桂酸甲酯[18]，催化乙酸乙酯的合成反应[19]均取得良好的效果，且树脂经多次循环后催化能力无明显下降。

第六节 展　望

离子交换树脂在食品、药品工业中有广泛的应用，对食品生产中工艺技术的改进和新产品的开发起着积极的推动作用。然而,目前使用的离子交换法也还存在着一定的问题,如反应速度慢、再生麻烦、选择性不高、部分材料价格高等问题。因此,离子交换分离技术将在以下几个方面继续发展。

1.新型材料的开发

随着技术发展,对分离材料提出了新的要求:吸附量要大、吸附洗脱速度要快、选择性好、稳定性好、便宜,最好还拥有其他功能(如氧化还原功能)以达到高效分离纯化、提高产品质量与收率。在已有的单一聚合物品种的基础上,可考虑两种或更多组分的混合、复合,在加工成型中对组分的形成结构和组分间的相互作用加以控制,以获得相关材料的预期综合性能。在材料的形式上,可以跳出传统颗粒制剂的思维,制备阻力更小、交换速度更快、强度更高的交换剂形式,如新型离子交换纤维的研制成功和广泛应用将对离子交换技术产生重要影响。

2.新型设备的研制

目前,最常用的工业化规模的离子交换过程主要采用固定床,离子交换剂的利用率低、再生费用大,滤速增高时,压力降增加也快,间歇式操作。若采用连续式移动床,虽然可提高树脂利用率,降低树脂的投资,减少再生剂的消耗量,实现高效率的全连续化操作但对设计和操作条件要求高,树脂磨耗量较大。如何在设备上获得突破,以提高分离效率、降低成本、过程自动化将是离子分离设备研究人员要考虑的问题,已经有部分公司正在或已经开发出可连续操作的设备。

3.与其他方法结合使用

由于单一的方法总存在这样或那样的不足,现代的分离方法更倾向于将多种分离方式进行组合。如针对小颗粒离子交换剂压降大、易损耗而大颗粒交换速度慢的缺点,在磁性颗粒的表面采用化学法或包埋法覆盖一层离子交换树脂,制备磁性颗粒离子交换剂。由于磁性的存在,颗粒间磨损大大减少,甚至可以直接泵送;同时,由于颗粒表面离子交换树脂层薄度小,扩散速度快,因而离子交换速度大大提高。此法把粉状树脂交换速度快和颗粒树脂处理方便的优点有机地结合起来[20]。

此外,离子交换技术与膜技术结合起来使用,也已经为工业上所采用(如电渗析技术其实就是结合离子交换技术和膜技术的一个典型例子)[21]。

参考文献

[1] Adams B A, Holmes E L. Ion Exchange[J]. J. Soc. Chem. Ind. ,(London),1935,54:1-6.
[2] 何炳林,黄文强.离子交换与吸附树脂[M].上海:上海科技教育出版社,1995.
[3] 俞俊棠.新编生物工艺学(下册)[M].北京:化学工业出版社,2003.
[4] 刘国诠.生物工程下游技术.2版[M].北京:化学工业出版社,2003.
[5] 孙彦.生物分离工程[M].北京:化学工业出版社,1998.
[6] 毛忠贵.生物工业下游技术[M].北京:中国轻工出版社,2002.
[7] 江邦和,徐建刚.弱碱性离子交换树脂在柠檬酸提炼中的应用[J].离子交换与吸附,1996,12(3):254-258.
[8] Liu zuozhen, Wang xiangyang, Jiang Hanghe, et al. Chinese Journal of Reactive Polymers. 1998,7(2):87-94.
[9] 刘家棋.分离过程与技术[M].北京:化学工业出版社,2001.

[10] Chandler B V. Proc. Int. Soc. Citric, 1981,2:885.
[11] Johnson R L, Chandler B V. Absorptive removal of bitter principles and titrable acid from citrus juices[J]. Food Tech. 1988,45:130.
[12] 汪青. 离子交换树脂在食品工业中的应用[J]. 食品研究与开发,2005,26(4):161-163.
[13] 吴继标,代建伟,赵彩芳,等. 离子交换树脂层析分离制备纯木糖醇[J]. 离子交换与吸附,1991,7(3):206.
[14] 李春香,董占能,张召术. 离子交换树脂在天然产物提取分离中的应用[J]. 云南化工,2001, 10(5):26-28.
[15] Bryan William L. Adsorption of Flavor Components from Aqueous Orange Peel Aroma Solutions[J]. Ind. Eng. Chem. ,1977,16(3):257-261.
[16] 吴雪辉,李琳,郭祀远,等. 离子交换树脂在食品工业中的应用现状及其发展方向[J]. 食品与发酵工业,1998,24(2):68-72.
[17] 韩宝成,魏荣宝,梁娅,等. 离子交换树脂催化合成肉桂酸酯[J]. 云南化工,1995(2):41-43.
[18] 赵银,李俊梅. 磺酸型阳离子交换树脂催化合成肉桂酸甲酯[J]. 离子交换与吸附,1995,11(5):445-448.
[19] 王民强,王旭东,孙晓冬,等. 阳离子交换树脂催化酯化反应的研究[J]. 新疆师范大学学报(自然科学版),1998,17(1):34-36.
[20] 周绍箕. 离子交换纤维制备和应用的研究进展[J]. 北京服装学院学报,2004,24(4):9-16.
[21] 王津. 离子交换膜技术的应用[J]. 福建化工,2002(2):23-24.

思考题

1. 离子交换分离技术的原理是什么?
2. 常用的离子交换树脂类型有哪些?
3. 影响离子交换速度的因素有哪些?
4. 影响离子交换树脂选择性的因素有哪些?
5. 离子交换法分离的分哪几个步骤? 各步骤操作要点是什么?

第八章　双水相萃取技术

第一节　概　述

随着基因工程、蛋白质工程、细胞培养工程、代谢工程等高新技术研究工作的广泛开展，各种高附加值的食品生化新产品不断涌现，对食品、生化等分离技术提出了越来越高的要求。包括精馏、吸收、萃取、蒸发、结晶在内传统的分离技术有三大特点：分离过程伴随有相的变化；筛分过程不能实现分子级别的分离；精制过程成本极高，这些特征对于节约能源、生物分离、环境保护、资源开发、替代能源、高纯材料等当代化学工程与科学技术发展不相适应。围绕以上几个问题的讨论就构成了分离技术研究与发展的主流，即新型分离技术产生的背景。

双水相萃取技术又称水溶液两相分配技术(partition of two aqueous phase system)是近年来出现的、引人注目的、极有前途的新型分离技术。早在1896年，荷兰微生物学家Beijerinck[1]发现，把明胶与琼脂或明胶与可溶性淀粉溶液混合时，得到一种不透明的混合溶液，静置后分为两相，上相含有大部分水，下相含有大部分琼脂(或淀粉)，而两相的主要成分都是水，人们把这种现象成为聚合物的不相容性，由此产生了双水相萃取。1955年，瑞典伦德大学的Albertsson[2]首次利用双水相技术从单细胞藻类中分离淀粉核，从此开创了双水相分配技术。1979年德国GBF的Kula和Kroner等[3]人将双水相体系用于提取酶和蛋白质，使胞内酶的提取过程大为改善。几十年来，国内外的研究者们已经就双水相分配技术的各个方面展开了系统的研究，包括新型双水相体统的开发、成相机理的研究、系统物性的测定、热力学性质和模型的开发、传质性能的研究、生物大分子及小分子活性物质的分配、萃取工艺流程的设计、工业化大生产中的应用以及聚合物的回收等等，并取得很大进展，目前已广泛应用于蛋白质、酶、核酸、病毒、细胞、细胞器等生物产品的分离和纯化，并逐步向工业化迈进，展现了在食品工业、生物学研究和生物工程方面的巨大应用前景，将有力推动生物技术的发展。

一、基本概念及分类

某些亲水性高分子聚合物的水溶液超过一定浓度后可形成两相，并且在两相中水分均占很大比例，即形成双水相系统(aqueous two-phase system，ATPS)。常用的双水相系统主要有两大类，即聚合物-聚合物-水系统和聚合物-无机盐-水系统。双水相体系的主要成因是聚合物之间的不相容性，即聚合物分子的空间阻碍作用使相互间无法渗透，从而在一定条件下分为两相。一般认为，只要两种聚合物水溶液的水溶性有所差异，混合时就可发生相分离，并且水溶性差别越大，相分离倾向也就越大。此外，某些聚合物的溶液在与某些无机盐等低分子质量化合物的溶液相混时，只要浓度达到一定值，也会产生两相。这就是聚合物-低相对分子质量化合物双水相体系。

可形成双水相的双聚合物体系很多，如聚乙二醇(polyethylene glycol，略作PEG)/葡聚糖(dextran，略作Dx)，聚丙二醇(polypropylene glycol)/聚乙二醇和甲基纤维素(methylcellulose)/葡聚糖等。双水相萃取中常采用的双聚合物系统为 PEG/Dx，该双水相的上相富含 PEG，下相富含 Dx。除双聚合物系统外，聚合物和无机盐的混合溶液也能形成双水相，例如，PEG/磷酸钾(略作 KPi)、PEG/磷酸铵、PEG/硫酸钠等常用于双水相萃取。PEG/无机盐系统上相富含 PEG，下相富含盐。通常认为，其形成机理是由于盐析作用。

常见的双水相系统如表 8-1 所示[4]。

表 8-1　部分各种类型的双水相体系(张珩等，2001)

类型	形成上相的聚合物	形成下相的聚合物
非离子型聚合物/非离子型聚合物	聚乙二醇	聚乙烯醇、葡聚糖、聚蔗糖、聚乙烯吡咯烷酮
	聚丙二醇	聚乙二醇、聚乙烯醇、葡聚糖、甲基聚丙二醇、羟丙基葡聚糖、聚乙烯吡咯烷酮
	羟丙基葡聚糖	葡聚糖
	聚蔗糖	葡聚糖
	乙基羟基纤维素	葡聚糖
	甲基纤维素	羟丙基葡聚糖、葡聚糖
高分子电解质/非离子型聚合物	羧甲基葡聚糖钠盐	聚乙二醇
高分子电解质/高分子电解质	葡聚糖硫酸钠	羧甲基纤维素钠
	羧甲基葡聚糖钠盐	羧甲基纤维素钠
非离子型聚合物/低分子量化合物	葡聚糖	丙醇
非离子型聚合物/无机盐	聚乙二醇	磷酸钾、硫酸铵、硫酸镁、硫酸钠、酒石酸钾钠、甲酸钠

与一般的水-有机溶剂体系相比较，双水相体系中两相的性质差别(如密度和折射率等)较小。由于折射率的差别甚小，有时甚至都难以发现它们的相界面。两相间的界面张力也很小，仅为 10^{-5}～10^{-4} N/m(一般体系为 10^{-3}～2×10^{-2} N/m)。

二、双水相萃取技术的实际应用

(一)分离和提纯各种蛋白质(酶)

用 PEG/$(NH_4)_2SO_4$ 双水相体系，经一次萃取从 α-淀粉酶发酵液中分离提取 α-淀粉酶和蛋白酶，萃取最适宜条件为 PEG100(15%)/$(NH_4)_2SO_4$(20%)，pH＝8，α-淀粉酶收率为 90%，分配系数为 19.6，蛋白酶的分离系数高达 15.1。比活率为原发酵液的 1.5 倍，蛋白酶在水中的收率高于 60%。通过向萃取相(上相)中加入适当浓度的$(NH_4)_2SO_4$ 可达到反萃取。实验结果[5]表明，随着$(NH_4)_2SO_4$ 浓度的增加，双水相两相间固体物质析出量也增加。固体沉淀物即可干燥后生产工业级酶制剂，也可将固体物加水溶解后用有机溶剂沉淀法制造食品级酶制剂。Harris[6]用双水相体系从牛奶中纯化蛋白，研究了羊血清蛋白(OSA)、牛酪蛋白、β-乳球蛋白在 PEG/磷酸盐体系中的分配以及 PEG 相对分子质量、pH 值和盐的加入对三种蛋白分配的影响。实验结果表明，增加 NaCl 浓度，可提高分配系数，最佳 pH 值为 5。对 OSA 和牛酪蛋白，可得到更大的分配系数。在含有疏水基葡聚糖中，蛋白质和类囊体薄膜泡囊的分配研究表明，苯甲酰基葡聚糖和戊酰基葡聚糖具有疏水性。

(二)提取抗生素和分离生物粒子

用双水相技术直接从发酵液中将丙酰螺旋霉素与菌体分离后进行提取，可实现全发酵液萃取操作[7]。采用 PEG/Na_2HPO_4 体系，最佳萃取条件时 pH 8.0～8.5、PEG2000(14%)/Na_2HPO_4(18%)，小试收率达 69.2%，对照的乙酸丁酯萃取工艺的收率为 53.4%，相对分子质量不同的 PEG 有利于减小高聚物分子间的排斥作用，并能降低体系黏度，有利于抗生素分离。采用双水相技术，可直接处理发酵液，且基本消除乳化现象，在一定程度上提高了萃取收率，加快了实验进程，但引起纯度下降，需要进一步研究和改进。

(三)天然植物药用有效成分的分离与提取

中草药是我国的国宝，已有几千年的应用历史，但是由于天然植物中所含的化合物众多，特别是中草药有效成分的确定和提取技术在国内发展一直比较缓慢，这无疑限制了中药药理学的发展、深化以及中药现代化。进几年来，有关双水相萃取技术提取中草药有效成分的文献开始报道[8-9]，尽管数量不多，但是已有的实例充分表明其有良好的应用前景。

利用双水相萃取中草药有效成分具有代表性的工作是对黄芩苷和黄芩素的分离。黄芩苷是中草药中具有代表性的一类药物，它是黄芩中具有药用价值的主要有效成分，有抗血小板凝集、抗肿瘤、降血脂、降压利尿和清除自由基等作用。由于黄芩苷和黄芩素都有一定的增水性，在 $PEG6000/K_2HPO_4$ 系统中主要分配在富含 PFG 的上相，且两种物质分配系数为 30 和 35。同时，分配系数随温度升高而降低，且黄芩苷的降幅比黄芩素大，通过一定手段去掉溶液中的 PFG，浓缩结晶可得到黄芩苷和黄芩素产品。以乙醇(EtOH)-磷酸氢二甲(K_2HPO_4)-水双水相体系萃取甘草有效成分，在最佳条件下，分配系数(K)达到 12.80，收率(Y)高达 98.3%。用双水相萃取体系富集分离银杏叶浸取的研究，也表现良好的分配系数和分离效果。

(四)稀有金属/贵金属分离

传统的稀有金属/贵金属溶剂萃取方法存在着溶剂污染环境，对人体有害，运行成本高，工艺复杂等缺点。双水相萃取技术引入到该领域，无疑是金属分离的一种新技术[10～11]。在 PEG2000-硫酸铵-偶氮胂(Ⅱ)双水相体系中，可以实现 Ti(Ⅳ)与 Zr(Ⅳ)的分离；在 PEG2000-硫酸钠-硫氰酸钾双水相体系中，实现了 Co(Ⅱ)、Ni(Ⅱ)、Mo(Ⅵ)等金属离子的定量分离；在 PEG/硫酸钠双水相体系中，能从碱性氰化液中萃取分离金[12]。

双水相系统形成的两相均是水溶液，双水相萃取技术特别适用于生物大分子和细胞粒子的提取，如动植物细胞、微生物细胞、病毒、叶绿体、线粒体、细胞膜、蛋白质及核酸等。双水相萃取技术可应用于蛋白质、酶、核酸、人生长激素、干扰素等的分离纯化，它将传统的离心、沉淀等液-固分离工艺转化为液-液分离工艺，工业化的高效液-液分离设备为这种转化奠定了基础。双水相系统平衡时间短，含水量高，界面张力低，为生物活性药物成分提供了温和的分离环境。双水相萃取工艺操作相对简便、成本较低、工艺加工周期短、便于放大。有资料报道，双水相萃取工艺系统可从实验室模型直接放大到工厂生产规模，各种试验工艺参数均可按比例放大，而产物收率基本保持不变。这种易于放大的优点对于新药研制中生产工艺的开发极为有利。

三、双水相萃取技术的基本特点

双水相萃取体系由两种高聚物或一种高聚物与无机盐水溶液组成，由于聚合物之间或聚合物与盐之间的不相容性，当聚合物或无机盐浓度达到一定值时，就会分成不互溶的两个水相，与传统的分离方法相比主要具有如下基本特点：

(一)条件温和,体系具有生物亲和性

两相中的水分所占比例在85%~95%范围,体系所用的高聚物(PFG、dextran等)或无机盐(磷酸盐、硫酸盐等)对待分离的生物活性物质(如蛋白质、酶、核酸等)无毒害,有些还可起稳定保护作用,其界面张力较传统的水-有机溶剂系统的液-液界面张力要小的多,有助于相际间的质量传递,为亲水性很强的生物活性物质的溶解和萃取提供了适宜的环境,且均不设计有机溶剂,解决可生物活性物质的失活和变性问题,也无需考虑劳动保护和三废处理。若体系选择合适,可使菌体、细胞碎片、多糖、酯、核酸等杂质与酶迅速分开。

(二)所需溶液少,操作方便

与传统的提取酶等生物活性物质常用的亲和层析方法相比,双水相萃取能够在较少的溶液量和较短的操作时间内获得较高产量的产品。另外,由于双水相体系的分配系数仅与分离体积有关,操作能够容易、精确地按比例放大,非常适合大规模应用,可进行连续生产。而亲和层析由于操作难以放大,应用受到限制。

(三)分离迅速,步骤简便

双水相系统(特别使聚合物/无机盐系统)分相时间短,传质过程和平衡过程速度均很快,因此相对于某些分离过程来说,能耗较低,而且可以实现快速分离。而且大量液体杂质能够与所有固体物质同时除去,与其他常用的固-液分离方法相比,双水相分配技术可以省去1~2个分离步骤,使整个分离过程更为经济。

(四)操作易于控制

聚合物的浓度和分子质量、无机盐的种类和浓度、pH值以及温度等均能影响被分配物质在两相间的分配,所以操作容易进行控制,进而达到目的产物的最佳萃取条件。

(五)可简化分离步骤

可与细胞破碎相结合,即细胞悬浮液中加入PEG和无机盐后再通入珠磨机进行破碎,然后用离心机分相。既节省了萃取设备和时间,又避免了胞内酶的损失。同时,体系所需设备简单,仅需可使粗提取液与两相体系充分混合及放置的贮罐和离心力不高的普通离心机或使两相迅速分离的分离器。这些设备可是其他两相体系如水-有机溶剂体系所通用的设备,如混合器-沉淀器系统以及离心分离机。离心机一般为管式离心机,碟片式离心机(澄清型离心机和分离型离心机)。其操作能够容易、精确地运用化学工程中地萃取原理,各种试验参数按比例高倍数放大(10^5倍),这种易于放大的优点在工程中是罕见的,因此,非常适合连续化生产,它可将过滤、离心、盐析等合为一步,省去1~2个分离步骤,使整个分离过程更为经济。有的还实现了计算机控制,保证得到高活性和质量均一的产品具有重要意义,而且也标志着双水相萃取技术在工业生产中的应用正日趋成熟和完美。

(六)能进行萃取性的生物转化

在一些双水相体系中可将发酵生产过程中的生物转化与下游处理的第一步相结合,即生

物反应在其中一相中进行，同时生成的反应产物被连续萃取到另一相中。不仅解决了产物反馈抑制作用造成的产量低的问题，而且酶在高聚物溶液中比在缓冲液中更稳定，活性更大。因为生物反应和生物产物的提取同时进行，尤其适用于连续生产。在双水相体系中进行酶催化的生物转化过程有苄青霉素的脱酰化、青霉素 G 转化为 6-氨基青霉烷酸等。在双水相体系中进行萃取发酵的有：枯草芽孢杆菌、淀粉液化芽孢杆菌制 α-淀粉酶，地衣形芽孢杆菌制碱性蛋白酶等。这些制备生产能力与分离效率均优于单一水相中间歇操作方法。

(七)亲和萃取(亲和分配)可大大提高分配系数和萃取专一性

由于目标蛋白质与其他杂质蛋白的理化性质相近，造成其萃取专一性不高。亲和萃取就是将一种和目标蛋白质有很强亲和力的配基与一种成相聚合物偶联，该成相聚合物与另一种高聚物或无机盐形成双水相体系进行萃取时，目标蛋白质可专一性的进入结合有配基的那种成相聚合物中，其他杂质蛋白则进入另一相中。配基主要有基团亲和配基、染料亲和配基、生物亲和配基型、还有金属螯合亲和配基、免疫性亲和配基以及单克隆抗体等。用磷酸酯 PEG/磷酸盐萃取 β-干抗素就是这一技术的应用。

(八)易于工艺的连续化生产

任何两相体系，都不要求特殊的处理就可与后续纯化工艺相衔接。因此，应加大过程技术集成化的力度，如将亲和配体与可逆地可溶-不可溶的聚合物相偶联，萃取中与目标蛋白质进行转移结合，改变 pH 值、温度和盐地浓度等参数，可产生沉淀，导致配体、亲和络合物等与其他不络合的组分分离。此法将双水相萃取和亲和沉淀两个单元操作集合为一个过程，既能去除细胞碎片，也能使目标蛋白质分配在上相，经沉淀后，又可使目标物质与原来的双水相成相组成分离，这一过程显示出高效和节能的优势。双水相萃取还能与凝集过滤、离子交换层析、膜分离、电泳、温度诱导等技术集成结合。

第二节　双水相分配原理及其理论基础

一、双水相系统分配原理

双水相系统萃取分离技术的原理与水一有机相萃取的原理相似，都是生物物质在双水相体系中的选择性分配，但萃取体系的性质不同。上、下相的组成取决于两种聚合物(如 PEG/Dx)的加入量以及其分子质量的大小。当物质进入双水相体系后，由于表面性质、电荷作用和各种作用力(如憎水键、氢键和离子键等)的存在和环境的影响，使其在上、下相中的浓度不同。分配系数 K 等于物质在两相的浓度比，各种物质的 K 不同，因而双水相体系对生物物质的分配具有很大的选择性。

两种聚合物溶液或一种聚合物与一种小分子物质互相混合时，是否会形成双水相，取决于混合熵增和分子间作用力两个因素。混合是自发的熵增过程，而分子间相互作用力则随分子量的变大而增强。两种物质混合时熵的增加与所涉及的分子数目有关，以摩尔计算，小分子间与大分子间的混合，熵增相同，而分子间作用力可看作分子中各基团间相互作用力之和，分子越大，作用力也越大。因此，一般认为，当两种高分子聚合物之间互不相溶时，由于相对分子质量较大，分子间的相互排斥作用与混合过程的熵增加相比占主导地位，一种聚合物分子的周围将聚集同种分子而排斥异种分子，当达到平衡时，即形成富含两种不同聚合物的两相，而当两种聚合物所带电荷相反时，两种聚合物之间混合均匀不分相。这种含有不同聚合物分子的溶液发生分相的现象称为聚合物的不相容性。

双水相形成条件和定量关系可用相图表示，由两种聚合物和水以及聚合物和盐溶液组成的体系，其相图如图 8-1、图 8-2 所示[13]。

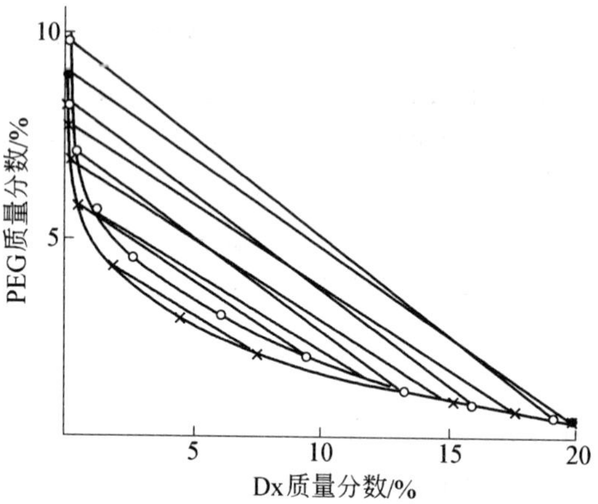

图 8-1 聚合物-聚合物-水系统的相图(生物分离工程,2005)

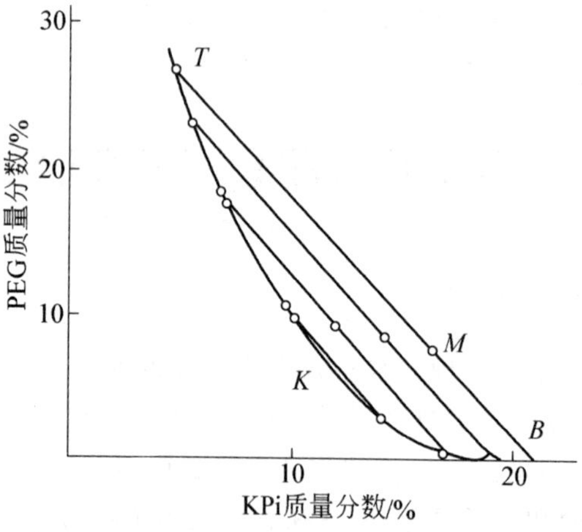

图 8-2 聚合物-盐-水系统相图(生物分离工程,2005)

图 8-2 中聚合物 PEG 的浓度以纵坐标表示，盐溶液 KPi 的浓度以横坐标表示，当体系的总浓度在图中所示的曲线以下时，体系为单一的均相，只有当达到一定浓度时才会形成两相。图中曲线把均匀区域和两相区域分隔开来，称为双结点线(binodal，binodal curve)，双结点线以下的区域为均相区，以上的区域为两相区。连接双结点线上两点的直线称为系线(tie line)。

当上下两相间密度差小时,两相的体积近似服从杠杆规则,即以 V_T、V_B 分别代表上相和下相体积,则点 M 在系线上之间的距离有式[8-1]的关系:

$$\frac{V_T}{V_B}=\frac{\overline{BM}}{\overline{MT}} \qquad [8\text{-}1]$$

在同一条系线上的各点分成的两相具有相同的组成,但体积比不同。系线的长度是衡量两相间相对差别的尺度,系线越长,两相间的差别越大;反之则越小,当系线长度趋向于零时,即在图中的 K 点,两相差别消失,任何溶质在两相中的分配系数均为 1,因此 K 点称为临界点(critical point),在此浓度下体系为单一的均相。当体系的总浓度在双结点曲线的上方时,体系分为两相。

二、双水相中的分配平衡

与溶剂萃取相同,溶质在双水相中的分配系数也用 $K=c_2/c_1$ 表示。为简便起见,用 c_1 和 c_2 分别表示平衡状态下下相和上相中溶质的总浓度。在系线上各点处系统的总浓度不同,但均分成组成相同而体积不同的两相,在同一条系线上的不同点,物质的分配系数相同。大多数情况下,分配系数随系线长度的缩短而降低,例如,用越高浓度的两种聚合物组成的双水相体系,物质在下相的浓度就越高,则其分配系数就越高。

有关双水相系统中溶质分配平衡的理论已有很多研究报道。但是,由于影响双水相系统中溶质分配平衡的因素非常复杂,很难建立完整的热力学理论体系。从双水相萃取过程设计的角度出发,确定影响分配系数的主要因素是非常重要的。已有的大量研究表明,生物分子的分配系数取决于溶质与双水相系统间的各种相互作用,其中主要有静电作用、疏水作用和生物亲和作用等。因此,分配系数是各种相互作用的和,如式[8-2]所示。

$$\ln K_P=\ln K_E+\ln K_S+\ln K_A \qquad [8\text{-}2]$$

式中:K_P 为总分配系数;$\ln K_E$、$\ln K_S$、$\ln K_A$ 分别为静电作用、疏水作用、亲和作用对溶质分配系数的贡献。

(一)静电作用

实际的双水相系统中通常含有缓冲液和无机盐等电解质,当这些离子在两相中分配浓度不同时(即分配系数≠1),将在两相间产生电位差,此时,荷电解质的分配平衡将受相间电位的影响,从相平衡热力学理论推导溶质的分配系数 K 表达式为式[8-3]所示。

$$\ln K=\ln K_0+\Delta\varphi FZ/RT \qquad [8\text{-}3]$$

式中:K_0 为溶质静电荷为零时的分配系数;F 为法拉第常数;Z 为溶质的静电荷数;$\Delta\varphi$ 为相间电位差。

因此,荷电解质的分配系数的对数与溶质的净电荷数成正比,由于同一双水相系统中添加不同的盐产生的相间电位不同,故分配系数与静电荷数的关系因无机盐而异。带负电荷的蛋白质在双水相种的分配系数 K 将随着下列阳离子的排列顺序而逐渐增加。

$$K^+<Na^+<NH_4^+<Li^+<(C_4H_9)_4N^+$$

分配系数 K 将随着下列阴离子的排列顺序而增加。

$$ClO_4^- < SCN^- < I^- < Br^- < Cl^- < CH_3CO_2^- < F^- < H_2PO_4^- < HPO_4^{2-}$$

带负电荷蛋白质的最高 K 值可通过使用磷酸氢盐得到，而其最低 K 值可通过使用高氯酸钾来得到。不带电荷的蛋白质(在等电点处)的分配系数不受盐的影响，而带正电荷的蛋白质的分配系数受盐的影响和上述规律正好相反。蛋白质的分配系数的对数值与其所带静电荷呈近似直线关系。

(二)疏水作用

一般情况下，蛋白质的表面均存在疏水区，疏水区所占比表面越大，其疏水性越强。因此，对不同的蛋白质，其疏水性不同。在双水相体系中，不同组分由于其表面疏水性的差异使得其各自在上下相中产生相应的分配平衡。同时，疏水性一定的蛋白质的分配系数受双水相系统疏水性的影响。因此，有必要讨论一下双水相系统的疏水性对物质分配系数的影响。

在 PEG/Dx 和 PEG/无机盐等双水相体系中，上相(PEG 相)疏水性较大。在 pH 值为等电点的双水相体系中，氨基酸的分配系数可用式[8-4]计算。

$$\ln Ks = HF(RH+B) \qquad [8\text{-}4]$$

式中：HF 为相间的疏水性差，也称疏水性因子；RH 为氨基酸的相对疏水性；B 为比例常数。设疏水性最小的甘氨酸的 $RH=0$，则比例常数 B 可用式[8-5]计算。

$$B = \ln K_{Gly}/HF \qquad [8\text{-}5]$$

式中：K_{Gly} 为甘氨酸的分配系数。所以当 pH＝pI 时氨基酸在双水相系统中的分配系数与其 RH 值呈线性关系，直线的斜率就是对应的双水相体系的 HF 值。如图 8-3[14] 所示。

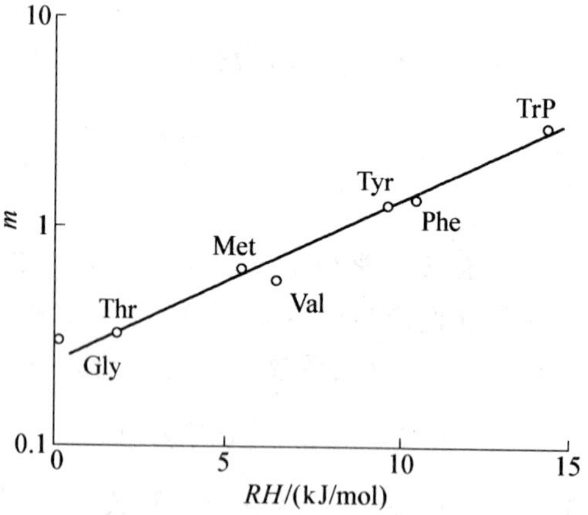

14% PEG4000/14% KPi，pH≈pI

图 8-3 双水相系统中影响各种氨基酸的相对疏水性与分配系数的关系

双水相系统的疏水性 HF 与成相聚合物的种类、相对分子质量、浓度，添加盐的种类、浓度以及 pH 值有关，一般随聚合物的相对分子质量、浓度以及盐析盐浓度的增大而增大。

利用式[8-4]可确定不同双水相系统的 HF 值。如果在 pH 值为等电点的双水相中蛋白质的分配系数(K_0)与 HF 值之间呈线性关系，则直线的斜率定义为该蛋白质的表面疏水性，用 HFS(hydrophobic factor of solutes)表示。

$$\ln K_0 = HF \times HFS \tag{8-6}$$

图 8-4 为血红蛋白的 K_0 与 HF 的实测关系图[13]。从图上可以看出，蛋白质的表面疏水性 HFS 随添加 NaCl 浓度的增大而增大。

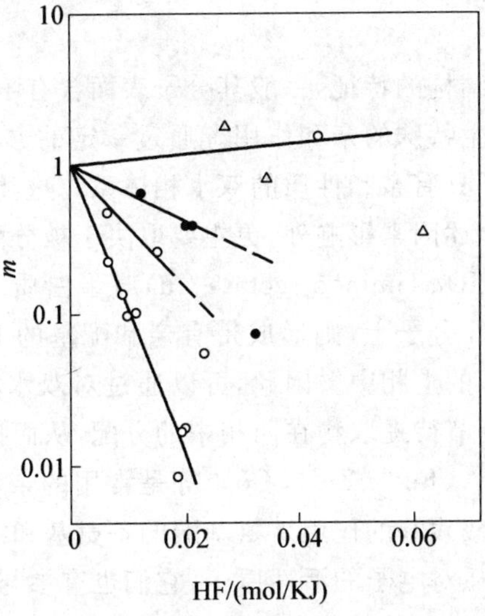

PEG/Dx，pH＝pI；NaCl(mol/kg)：

(○)0；(□)0.6；(△)2

图 8-4　盐浓度对血红蛋白分配系数的关系

将盐对蛋白质疏水性的影响引入式[8-6]，则有式[8-7]。

$$\ln K_0 = HF(HFS + \Delta HFS) \tag{8-7}$$

其中 ΔHFS 为盐浓度增加引起的 HFS 值增量。因此，式[8-3]可表示为式[8-8]所示的一般形式。

$$\ln K = HF(HFS + \Delta HFS) + \Delta\varphi FZ/RT \tag{8-8}$$

式[8-8]描述了双水相系统的疏水性和相间电位、蛋白质的疏水性和净电荷数对分配系数的影响，同时也间接地通过盐对蛋白质表面疏水性和相间电位的影响表现了盐对蛋白质分配系数的作用。

(三)界面张力作用

若将非电解质型溶质作为微小的球体粒子，如细胞之类的固体颗粒，忽略重力作用，那么，溶质在液体中的界面张力的存在使它呈不均匀分布，并聚集在双水相体系中具有较低能量的一相中。因此,可以认为,非电解质型溶质的分配系数与相间表面自由能差及溶质的分子量有关,其表达式可表示为式[8-9]。

$$\ln K_P = -\Delta E/kT = M\Delta\gamma/RT \qquad [8\text{-}9]$$

式中:M 为溶质的相对分子质量;$\Delta\gamma=\gamma_1-\gamma_2$ 为相间溶质表面自由能差,J/mol。

溶质的分配系数的对数与其分子量呈线性关系,在同一个双水相体系中,若 $\Delta\gamma>0$,不同溶质的分配系数随其分子量的增大而减小;同一溶质的分配系数随双水相系统的不同而改变,$\Delta\gamma$ 随双水相系统而异。

(四)亲和作用

蛋白质和酶分子由于其结构的特征,一般其分子表面含有不同的氨基酸结构,这些氨基酸能与很多种类的配基之间产生特殊的亲和作用。通过一定的方法,将这类配基连接在双水相的成相物质分子上,就构成了具有亲和性质的双水相体系。这类双水相体系中,被分离组分在两相中的分配系数,除了受上述因素影响外,更主要取决于被分配物质分子表面结构与成相物质间的这种亲和作用。例如 IDA(iminodiacetate-Cu)对蛋白质表面的酪氨酸(histidine)有特殊的亲和作用,将其接在 PEG 分子上,则形成带有亲和配基的 PEG,具有较多表面酪氨酸的蛋白质趋向分配在富含 PEG 的上相中。因此,可以通过对双水相中聚合物组分的修饰,形成对被分配物质的亲和作用,调节待提取物在两相中的分配,从而提高其分离效果。

过渡金属离子 Cu^{2+}、Ni^{2+}、Fe^{2+}、Zn^{2+}、Co^{2+} 等是常用的亲和配基,金属离子与蛋白质的作用是其与蛋白质表面氨基酸残基的作用。氨基酸的 α-氨基和羧基,都能参与螯合反应,有些氨基酸的侧链基团上含有带孤对电子的活性原子,它们也有参与螯合物的形成,与 α-氨基及羧基竞争金属离子和配位点。一般来说,固定在基质上的金属螯合物与生物分子的作用机理主要是配位键力、π-键及静电作用力的作用,使得氨基酸固定在金属螯合基质上。

三、影响物质分配平衡的因素

除了静电作用、疏水作用及界面张力等各种相互作用因素外,影响物质在双水相系统中分配的因素主要还有双水相系统的聚合物组成(包括聚合物类型、平均分子量),盐类(包括离子的类型和浓度、离子强度、pH 值),溶质的物理化学性质(包括分子量、等电点)以及体系的温度等。然而,这些参数并不是独立地起作用。所以要预测溶质在双水相系统间的分配系数是困难的。这些系统复杂性表现在如下的一些例子中:在一相中引入疏水性基团会影响离子的分配和电位,在大分子(亲水聚合物或蛋白质溶质)结构中构象的变化,能使另一些原子暴露在微环境中。这些事实导致只能用实验的方法来确定满足分配要求的操作条件。

(一)双水相中聚合物组成

双水相系统作为一种成功的萃取方法,很大程度上取决于使用的聚合物类型,当两种不同浓度的聚合物与聚合物或者聚合物与无机盐以不同的浓度混合时,可能存在三种情况:完全混溶性(匀相溶液);物理的不相溶性(相分离);复杂的凝聚(相分离,聚合物聚集在同一相中,纯溶剂-水聚集在另一相中)。离子和非离子聚合物都可以使用在双水相系统的构成上,但是,当这两种聚合物是离子化合物并带有相反电荷时,它们互相吸引并发生复杂的凝聚。而且不同聚合物的水相系统显示出不同的疏水性，水溶液中聚合物的疏水性按下列次序递增：葡萄糖硫酸盐＜甲基葡萄糖＜葡萄糖＜羟丙级葡萄糖＜甲基纤维素＜聚乙烯醇＜聚乙二醇＜聚丙三醇。这种疏水性的差异对目的产物与相的相互作用是重要的。

(二)成相聚合物分子量

成相聚合物的分子量和浓度是影响分配平衡的重要因素。Albertsson 发现了一个具有普遍化的规律：对于 PEG/Dextran 所形成的双水相体系中，若降低 PEG 相对分子质量，则生物分子分配于富含 PEG 的上相中，使分配系数增大；而降低 Dextran 相对分子质量，则分配系数减小。任何成相的聚合物系统和被分配的生物大分子溶质都服从这一规律。对于同种聚合物而言，其疏水性随相对分子质量增加而增加，其大小的选择依赖于萃取过程的目的和方向，若想在上相获得较高的蛋白质收率，对于 PEG 聚合物，应降低它的平均相对分子质量；相反，若想在下相获得较高的蛋白质收率，则应增加其平均相对分子质量。

(三)成相聚合物的浓度

聚合物分相的最低浓度为临界点，系线的长度为零，此时分配系数为 1，即组分均匀的分配于上下相；而随着成相聚合物的总浓度或聚合物/盐混合物的总浓度增大，系线的长度增加，系统远离临界点，成相聚合物两相性质的差别也增大，组分在两相中的分配系数改变。成相物质的总浓度越高，系线越长，生物分子越容易分配于其中的某一相。

Persson 等研究了双水相体系中 β-葡萄糖苷酶的发酵，在 9.5% PEG(1550)/7.5% DEX(T2000)中，β-葡萄糖苷酶的分配系数可达到 1.8；而在 5% PEG(8000)/7% DEX(T500)中，β-葡萄糖苷酶的分配系数只有 0.4。研究结果表明，当双水相体系中 PEG 的分子量增加，DEX 分子量减小时，酶的分配系数增加，酶分子趋向于分配到上相，而细胞则趋向于分配到下相。具体影响到分配系数的因素有下列一些。

1. 分配物质的分子量

分配物质的分子量对其分配系数的影响可用式[8-10]来计算，式中的 $\Delta\omega$ 为与系统性质有关的参数，可用式[8-10]表示。

$$\Delta\omega = -(\omega p_1 - \omega p_2) \qquad [8\text{-}10]$$

式中：ωp_1、ωp_2 分别为物质在系统两相中的表面张力。

若一种待分离的混合物，其中一个组分具有 $\omega p_1 > \omega p_2$，则分配系数 $K<1$，而另一组分具有 $\omega p_1 < \omega p_2$，则 $K>1$，那么随着混合物分子量 M 的增大，前者的 K 值变大，而后者的 K 值变小，从而使两种物质分离。图 8-5[13] 为双水相中溶质的分配系数与相对分子质量的关系。

2. 盐的种类和浓度

盐的种类和浓度对分配系数的影响主要反映在对相间电位和蛋白质疏水性的影响。在双聚合物系统中，无机离子具有各自的分配系数，不同电解质的正负离子的分配系数不同，当双水相系统中含有这些电解质时，由于两相均应各自保持电中性，从而产生不同的相间电位。因此，盐的种类影响蛋白质、核酸等生物大分子的分配系数。

盐浓度不仅影响蛋白质的表面疏水性，而且扰乱双水相系统，改变各相中成相物质的组成和相体积比。例如，PEG/磷酸盐体系中上下相的 PEG 和磷酸盐浓度及 Cl^- 在上下相中的分

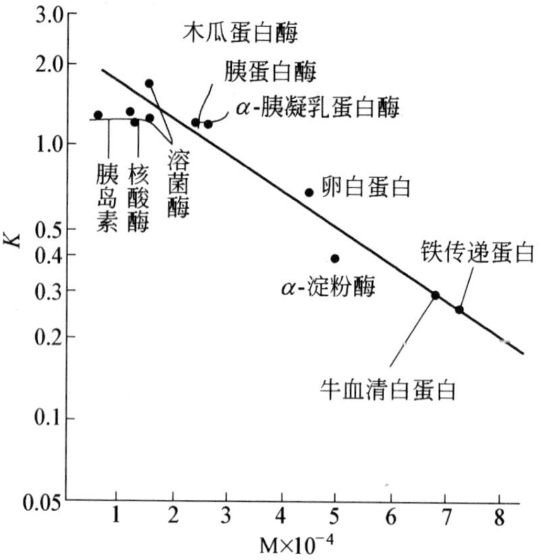

4.4% PEG8000/7% DxT500，20

图 8-5　双水相中几种蛋白质的相对分子质量与其分配系数的关系(孙彦等,2005)

配平衡随添加 NaCl 浓度的增大而改变，这种相组成即相性质的改变直接影响蛋白质的分配系数，图 8-6 为双水相中磷酸盐浓度变化对 BSA 分配特性的影响[15]。离子强度对不同蛋白质的影响程度不同，利用这一特点，通过调节双水相系统的盐浓度，可有效地萃取分离不同的蛋白质。

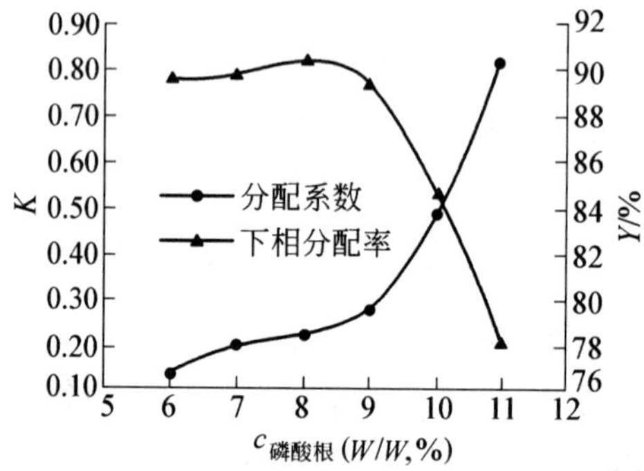

图 8-6　PO_4^{3-} 浓度变化对 BSA 分配特性的影响(胡松青等,2002)

3. pH 值影响

生物颗粒和生物分子一般带有许多极性集团，在不同的 pH 值溶液中带电状况不同，因而在双水相体系中的分配系数和催化活性也不同。调节双水相体系的 pH 值可以使蛋白质表面可解离基团的解离，使其表面电荷数发生改变，从而影响其在两相中的分配系数。对于某些对 pH 值较敏感的蛋白质，pH 值的微小变化可以使其分配系数发生 2～3 数量级的改变；另外，

pH 值的改变也会影响双水相体系中盐的解离，如对于 PEG/磷酸盐缓冲液双水相系统，改变 pH 值可以改变 H_2PO^- 和 HPO_4^{2-} 的比例，使两相间电位发生改变，导致分配系数改变。Lahore 等研究了 PEG/DEX 双水相体系中 pH 值对 *Mucor bacilliformis* 酸性蛋白酶分配系数的影响。在分配系数 K 随 pH 值变化曲线图中，pH 5.0 处存在一个波谷，酶的分配系数很小，K 值仅为 1.4；pH 5.8 处分别存在两个波峰（K 值分别为 40 和 14）。

不同种类的盐其相间电位 $\Delta\varphi$ 有差异，使分配系数与 pH 值的函数关系也不一样。在蛋白质的等电点处，由于溶质的净电荷数为零，则分配系数应相同，即两条 pH-K 关系曲线交于一点。因此，可以通过测定两种不同盐类下的 pH 值与分配系数关联曲线的交点，来测得蛋白质、细胞器的等电点，这种方法称为交叉分配法。

在相间电位为零的双水相中，原则上蛋白质的分配系数不受 pH 值的影响。但对不少蛋白质，当相间电位为零时，分配系数中的 K_0 随 pH 值的变化有所增减。这是由于蛋白质自身结构和性质随 pH 值的变化所致，如疏水性、带电性的变化，形成二聚体或二聚体的解离，与其他共存蛋白质或小分子形成复合物等。尤其当体系的 pH 值与蛋白质的等电点相差愈大时，更会导致蛋白质自身结构和性质的改变。因此，对于酶蛋白，体系应控制在酶稳定的 pH 值范围内。根据 K_0 随 pH 值的变化情况可判断 pH 值对蛋白质结构和形态的影响。

4. 温度的影响

在双水相生物转化体系中，温度的变化不仅影响生物催化剂的活性，而且影响溶质分子的溶解度和两相体系的组成。在两种高聚物水溶液组成的双水相体系中，温度升高时，溶液的黏度会降低，双结点曲线会向上漂移，但在高聚物/盐体系中却相反。温度的变化对分配系数的影响不大，这是由于成相聚合物对蛋白质有稳定化作用，所以室温操作其活性收率依然很高，而且室温时比低温下黏度低，有助于相的分离并节省了能源开支。Sylviea[16] 等研究了 PEG(1450)磷酸钾双水相体系中温度对体系相图的影响，当温度由 20℃ 升高到 31℃ 时，双结点曲线会向上低浓度的方向漂移，临界点的位置也随之下移。

5. 通气和搅拌的影响

供氧是影响好氧发酵的一个关键性因素，在双水相生物转化体系中也同样重要。双水相体系中含有一定浓度的高聚物，因而培养基的黏度较高，溶氧系数较小，氧传递速率较低。Van[17] 等报道了在含有 10%（质量分数）的 DEX(22000)/DEX(50000) 培养基中，氧传递速率比在参照培养基中下降了 4 倍。

影响双水相体系生物转化的因素较多，因而从某种意义上来说可以采取多种手段来提高反应的选择性和收率，以降低成本，缩短其产业化的时间。

第三节　双水相萃取操作及设备

一、双水相系统的选择

成功地利用双水相萃取技术分离提取目标蛋白质的第一步是选择合适地双水相系统，使目标蛋白质的收率和纯化程度均达到较高的水平，并且成相系统易于利用静置沉降或离心沉降法进行相分离。如果以胞内蛋白质为萃取对象，应使破碎的细胞碎片分配于下相中，从而增大两相间地密度差，满足两相的快速分离、沉降操作成本和操作时间的产业化要求。

PEG/Dx 和 PEG/盐是经常使用的两种不同类型的双水相系统，由于 PEG/Dx 体系具有易分相、盐浓度低产物不易失活等优点，多年的研究绝大多数集中在 PEG/Dx 系统，但是由于成相聚合物 Dxtran 价格昂贵，在工业化大规模生产时，从经济上丧失了该体系技术上的优势。高聚物/盐体系具有黏度小、成本低的优点，是具有很大应用前景的双水相体系，其不足之处在于不利于对盐敏感的生物物质的分离。

根据待分离蛋白质和共存杂质的表面疏水性、分子量、等电点和表面电荷等性质上的差别，来选择双水相系统，并确定成相聚合物的分子量及浓度、盐的浓度、pH 值等因素以确定最佳的萃取系统。对于组分差异明显的待分离体系，可以通过以下方法选择及调节合理的双水相系统。

对于目标蛋白质与杂蛋白的等电点不同的体系，添加适当的盐，并通过调节系统的 pH 值使相间电位差变大，而达到目标产物与杂蛋白的分离。

对于目标蛋白与杂蛋白的表面疏水性相差较大的体系，可利用盐析等作用原理，通过提高成相系统的浓度，增大双水相系统的疏水性，达到目标蛋白与杂蛋白的分离。

另外，可采用较高分子量的 PEG 组成双水性系统，以提高目标蛋白质的选择性，使萃取到上相 PEG 中的总蛋白质量减少。此外，也可在磷酸盐存在下，通过调节 pH 值在较佳范围内来提高目标蛋白的萃取选择性。

在上述理论和经验分析的基础上，设计合理的试差实验，可确定最佳萃取系统。双水相萃取过程的放大比较容易：一般 10 mL 离心管内的实验结果即可直接放大到产业化规模。因此，常利用多组 10 mL 刻度离心管，进行分配平衡实验。具体实验步骤如下。

(1)配制高浓度的聚合物和盐的备用溶液，利用其配制一系列不同浓度、pH 值及离子强度的双水相，每个双水相改变一个参数。其中 pH 值通常用磷酸盐缓冲液或甘氨酸调节。由于备用溶液黏度很高，为减小误差，备用溶液的加入量一般不用体积，而用质量测定。

(2)加入料液后，再加入备用溶液使整个系统质量达到 5～10 g。离心管封口后充分混合(反复倒置 5～10 min，每分钟 6～10 次；或用涡旋混合器处理 20～60 s)。

(3)在 1 800～2 000 *g* 离心 3～5 min，使两相完全分离。

(4)小心地用吸管或移液管将上相和下相分别吸出，测定上、下相中目标产物的浓度或生物活性，计算分配系数。上、下两相中目标产物的总量应与加入量对比，以检验是否存在沉淀或界面吸附现象，并可确认浓度或活性测定中产生的系统误差。此外，需注意选择适当的蛋白质测定方法，以免造成分析上的失败。例如，Folin-酚试剂易使 PEG 沉淀，因此，用 Folin-酚试剂测定前需先用三氯乙酸沉淀蛋白质，回收并溶解沉淀后再进行分析。另外，也可将溶液稀释后采用其他灵敏度更高的分析方法，如利用考马斯亮蓝 G-250(Coomassie brilliant blue G-250)为染色剂的 Bradford 法。

随着双水相技术研究的不断深入，新的双水相体系表面活性剂-表面活性剂-水体系、双水相胶束体系等体系相继被发现。研究表明，这些双水相体系各有优势，表面活性剂双水相体系与高聚物双水相体系相比，有更高的含水量，因而条件更为温和，表面活性剂的增溶作用，不仅可以用于可溶性蛋白质分离，而且可以用于水不溶性蛋白质的分离；普通有机物型双水相体系的最大的优点是价格便宜，分离后续工作处理简单。

二、双水相萃取工艺设计

应用双水相系统提取生物物质，其必须满足以下条件：

①待分离物质与原料液中的杂质应分配在不同的相中；

②待分离物质在双水相体系中的某一相中的分配系数应相对较大，使得经过一次萃取后就能得到高的提取率；

③双水相系统的上下相应易于分离。

双水相萃取技术的工艺流程一般分为三部分：目的产物的萃取；PEG 的循环；无机盐的循环。其原则流程见图 8-7[18]。

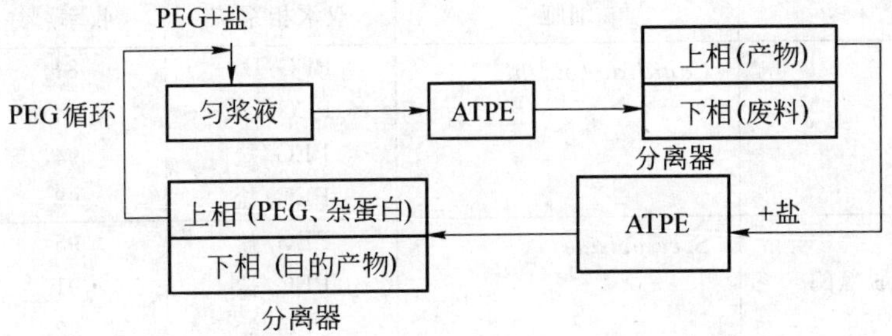

图 8-7　双水相萃取原则流程图(杨善升等，2004)

(一)目的产物的萃取

(1)如果目标产物在上相中的分配系数足够大，则细胞匀浆液中的目标产物可采用一步或两步双水相萃取工艺获得较高的纯化倍数。图 8-8 为 PEG/盐双水相体系一步或两步萃取流程示意图。

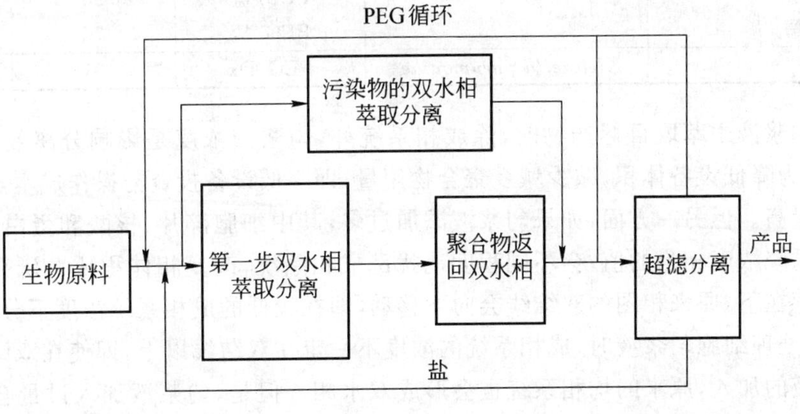

图 8-8　PEG/盐双水相体系一步或两步萃取流程示意图

一步双水相萃取是把生物材料悬浮液和双水相系统混合后，分离上下相，其中下相含有大多数杂质，而上相再通过超滤操作进行进一步的提纯目标产物，同时高聚物一相可以得到回收。在两步萃取操作中，把一步萃取体系中的上相分离出来后，再加入盐使其形成新的双水相体系，则富含 PEG 的上相得到回收，同时，含有目标产物的盐相通过超滤等操作得到分离目标，而且可以通过浓缩可以进行回收再利用。

(2)细胞内蛋白质的萃取　双水相萃取法可选择性地使细胞碎片分配于双水相系统的下相，而目标产物分配于上相，同时实现目标产物的部分纯化和细胞碎片的除去，从而节省利用离心法或膜分离法除碎片的操作过程。因此，双水相萃取应用于胞内蛋白质的分离纯化是非常有利的。表 8-2 利用双水相萃取技术纯化胞内酶的部分研究结果[13]。

表 8-2　从细胞匀浆中双水相萃取胞内酶的部分研究结果(生物分离工程,2005)

酶	细胞	双水相系统	收率/%	纯化倍数
过氧化氢酶	*Canidida boidinii*	PEG/Dx	81	—
甲醛脱氢酶		PEG/Dx	94	—
甲酸脱氢酶		PEG/盐	94	1.5
异丙醇脱氢酶		PEG/盐	98	2.6
α-葡萄糖苷酶	*S. cerevisiae*	PEG/盐	95	3.2
葡萄糖-6-磷酸脱氢酶		PEG/盐	91	1.8
己糖激酶		PEG/盐	92	1.6
葡萄糖异构酶	*Streptomyces* species	PEG/盐	86	2.5
亮氨酸脱氢酶	*Bacillus* species	PEG/盐	98	1.3
丙氨酸脱氢酶		PEG/盐	98	2.6
葡萄糖脱氢酶		PEG/盐	95	2.3
β-葡萄糖苷酶	*Lactobacillus* species	PEG/盐	98	2.4
D-乳糖脱氢酶		PEG/盐	95	1.5
延胡索酸酶	*Brevibacterium* species	PEG/盐	83	7.5
苯丙氨酸脱氢酶		PEG/盐	99	1.5
天冬氨酸酶	*E. coli*	PEG/盐	96	6.6
青霉素酰化酶		PEG/盐	90	8.2
β-半乳糖苷酶		PEG/盐	75	12.0
支链淀粉酶	*Klebsiella pneumoniae*	PEG/Dx	91	2.0

从细胞匀浆液中萃取目标产物时，除成相系统外，匀浆液浓度是影响分离效率的重要因素。一方面，为降低设备体积，减少城乡聚合物用量，即降低设备投资与操作成本，添加的匀浆液浓度应尽量高。但另一方面，如果匀浆液添加过多，其中细胞碎片、核酸和蛋白质的浓度将达到与成相系统浓度相当的值，会不同程度地扰乱成相系统，改变相体积比。研究发现，再大量匀浆液地存在下，原来相图的双结线会向下移动，即在较低的成相系统浓度下分层形成双水相。因此，在处理细胞匀浆液时，成相系统的浓度不一定在双结线以上，即使在双结线以下，随着细胞匀浆液的加入，原来的均相系统也会形成双水相。但是，匀浆液加入过量会降低上、下相的体积比和目标产物的分配系数，从整体上降低单级萃取的收率。此外，匀浆液加入过量会使萃取系统黏度过高，给相分离带来困难。因此，一般来说，根据细胞种类与目标产物的不同，每千克系统的处理量上限为 200～400 g 湿细胞，即质量分数为 20%～40%。

(3)如果细胞匀浆液中的目标产物的分配系数较小，则可采用多步双水相萃取工艺以获得较高的纯化倍数。图 8-9 为三步萃取流程示意图[14]。

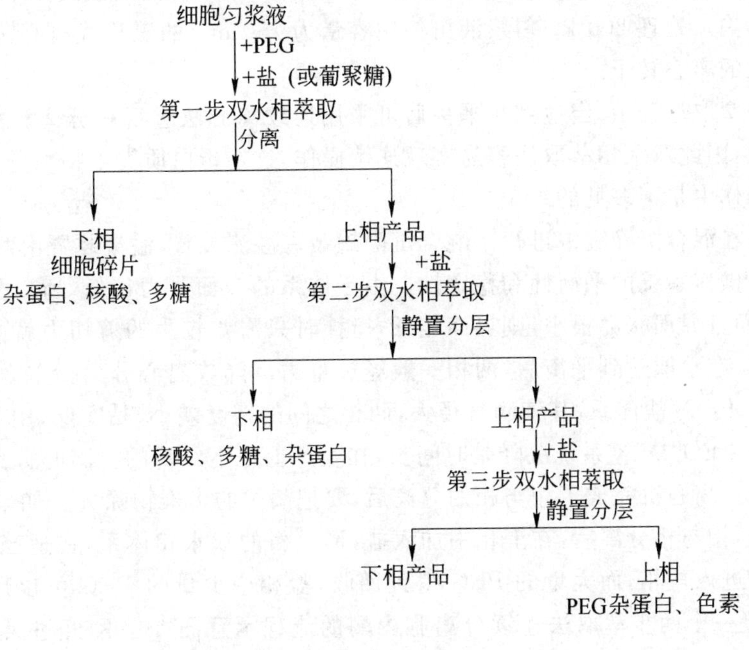

图 8-9 三步双水相萃取酶的流程示意图(新型分离技术,2005)

第一步萃取使细胞碎片、大部分杂蛋白和亲水性核酸、多糖等进入下相,而目标产物分配在上相;如目标产物尚有杂质时,可在上相中加入适量的盐使其重新形成双水相,进行第二步萃取,除去大部分多糖与核酸;为便于目标产物与 PEG 分离和 PEG 的重复利用,在第三步萃取中,使目标产物分配于盐相。如第一步选择性足够大,目标产物的纯度已达到要求,则可直接进入第三步,将目标产物分配于盐相,再用超滤法去除残余的 PEG,以提高产品的纯度。

(二)PEG 循环

在大规模双水相萃取过程中,成相材料的回收和循环使用,不仅可以减少废水处理的费用,还可以节约化学试剂,降低成本。PEG 的回收有两种方法:

①加入盐使目标产物转入富盐相来回收 PEG;

②将 PEG 相通过离子交换树脂,用洗脱剂先洗去 PEG,再洗出蛋白质。

(三)无机盐的循环

一种方法使将含磷酸钠的盐相冷却到 6℃,使盐结晶析出,然后用离心机分离收集;另一种方法是用电渗析法、膜分离法回收盐类或除去 PEG 相的盐。

三、大规模双水相萃取及其简单设备

如前所述,双水相萃取系统的相混合能耗很低,达到相平衡所需时间很短。因此,双水相萃取的规模方法非常容易。时间证明,10 mL 刻度离心管内的实验结果可准确地放大到处理

200 kg 细胞匀浆液地规模，其间溶质的分配系数和相体积比保持不变，溶质浓度随匀浆液的加入量线性增大，并且初始料液性质改变很大时(例如目标产物比活改变 50%)对萃取操作参数也无太大影响。处理 200 kg 匀浆液可使用容量为 250 mL 的碟片式离心转子，更大的处理量可采用更大的离心转子。

在双水相萃取过程中，当达到相平衡后可采用连续离心法进行相分离。由于达到相平衡所需时间较短，因此双水相萃取法容易实现连续操作，这在蛋白质类生物大分子的下游加工过程各种单元操作中是不多见的。

萃取一般在混合沉降罐中进行。混合沉降罐装有溢流装置，溢流装置由两相密度差决定，它关系到整个操作系统的平衡性和稳定性。由于体系的表面张力很低，所以分配能在几分钟内达到平衡，而且界面张力很小，则界面能低，搅拌时只需要较小的剪切力就能得到很高的悬浮液，能耗小。在萃取达到平衡后，两相一般经过重力沉降或离心分离。重力沉降能耗小，易于控制。对于 PEG/盐体系，其液滴直径大，两相之间的密度差小，黏度低，用重力沉降分离效果好。但对于 PEG/DEX 系统沉降是时间长，在生产上是不经济的。离心分离常用的一般是碟片式离心机。离心机完成了相与相的分离后，要把酶中的多聚物除去。如果酶分配在 PEG 富集的上相中，相与相分离后，在上相中加入盐，形成新的双水相体系，在适当的条件下，蛋白质重新被萃取进入盐相，而大量的 PEG 得到回收，盐相中少量的 PEG 可以用超滤或透析除去。图 8-10 是一个两步萃取法连续分离胞内酶的流程示意图[20]。酶经过第一步萃取后，再次加入盐而使得酶得以分离。

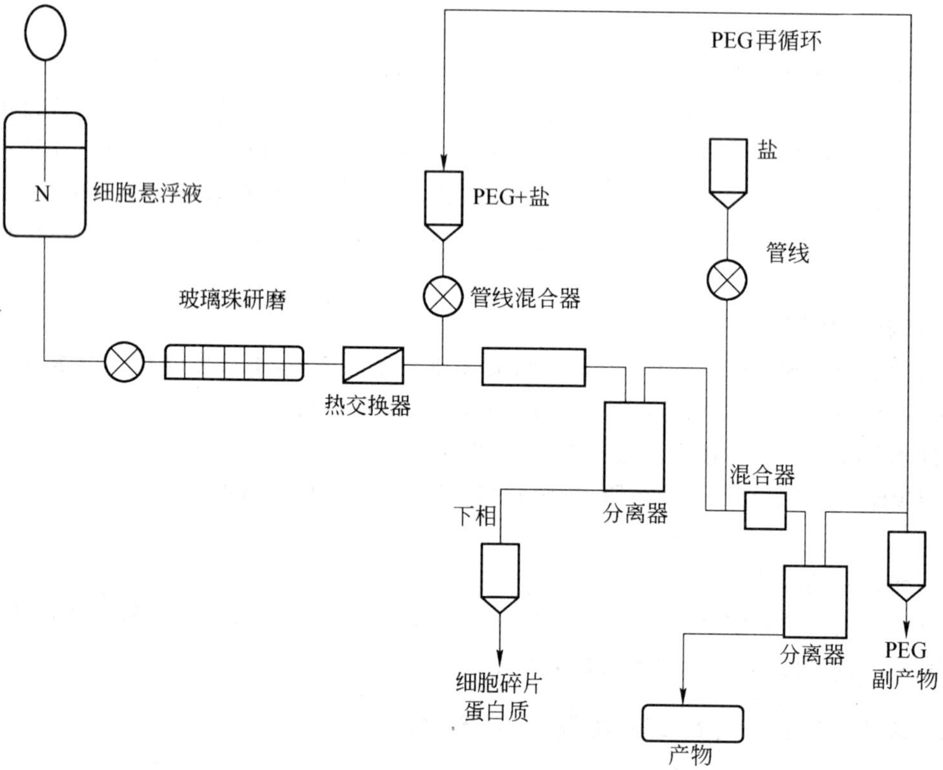

图 8-10 两步萃取法连续分离胞内酶的流程示意图(吕斌等,2001)

多级分离过程是化工单元操作常用的一种手段，对于同为萃取类的单元操作，在原理上类似，设计方面可参照。原则上溶剂萃取工艺中的多级逆(错)流接触萃取、微分萃取也可用于双水相萃取工艺。当然，由于双水相萃取系统的表面张力低、黏度高、密度差小，影响分配平衡的因素更为复杂，必须在工艺过程设计中引起足够重视。

第四节　双水相萃取技术在生物、食品工业中的应用

双水相萃取在生物和食品工业等领域的研究和应用发展较快。到目前为止，双水相萃取应用及研究主要集中在以下几个方面：

(1)提取酶和蛋白质。这是双水相体系研究和应用最多的方面。对发酵液、细胞培养液、植物、动物组织中细胞内、外的酶和蛋白质均可提取(表 8-3)[20]。工业上已有几种双水相体系用于从发酵液中分离提取蛋白质和酶。绝大多数是用 PEG 作上相成相聚合物，葡聚糖、盐溶液和羟甲基淀粉的其中一种作下相成相物质。

表 8-3　双水相体系提取酶和蛋白质的实例(吕斌，2001)

来源	酶或蛋白质	菌种/动物组织/植物	双水相体系	回收率*(%)
发酵液	天门冬氨酸酶	大肠杆菌	PEG/无机盐	82(3)
	淀粉 1,4-α-葡糖苷酶	黑曲霉 CFTRI1105	PEG/磷酸盐	
	丙酮酸激酶	酿酒酵母 PEG/dextran	PEG/磷酸盐	95
	甲酸脱氢酶	博伊丁假丝酵母	PEG/粗葡聚糖	78(3)
细胞培养液	生长素	人体细胞	PEG/磷酸盐	81(3)
	β-干扰素	人体纤维细胞或重组的老鼠细胞中	PEG/磷酸盐	75
植物	过氧化酶	*Ipomoea palmetta* 叶	PEG/$(NH_4)_2SO_4$	91.5
	过氧化酶	褐藻	PEG/K_2CO_3	
动物组织	β-半乳糖苷酶	牛肝	PEG/磷酸盐	79
	超氧化物歧化酶(SOD)	猪肾	PEG/磷酸盐	60

* 括号内的数字表示萃取级数。

(2)进行萃取性生物转化。应用实例有：利用葡萄糖和淀粉生产乙醇、利用葡萄糖生产丙酮丁醇、利用淀粉和纤维素水解生产葡萄糖、水解酪蛋白、发酵生产乳酸、将青霉素 G 转化为 6-氨基青霉烷酸等。

(3)食品工业中用来从酸水解产物中提取二肽、氨基酸、核苷酸等风味物质。在生物技术方面，可用来提取 DNA。

(4)萃取细胞、细胞器、膜等粒子，主要目的有：

①分离提纯；

②分级分离；

③探测体内反应或体外处理时颗粒表面的变化；

④研究颗粒表面结构与生物学功能的相互关系；

⑤研究细胞与细胞或细胞与生物大分子间相互作用；

⑥探测种属关系十分接近的细胞表而细微的差别。大多数都是用亲和萃取方法来达到目的的。

(5)应用于液—液分配层析(LLPC)。将一种聚合物连接在固体颗粒(支持物)上,另一种聚合物的溶液作为流动相。这种柱层析技术可分离蛋白质、核酸以及细胞混合物。

第五节 双水相萃取分离技术的发展方向

随着基因工程、蛋白质工程、细胞培养工程、代谢工程等高新生物技术研究工作的广泛展开,各种高附加值的生化新产品不断涌现,对生化分离技术也提出了越来越高的要求。双水相分配技术以其分离条件温和、易操作、可调节因素多并可借助传统溶剂萃取的成功经验而被认为将是一种生物下游工程的初分离单元操作。双水相分配技术作为一个很有发展前景的生化分离单元,除了具有上述独特的优势外,也有一些不足之处,如易乳化、相分离时间较长、成相聚合物的成本较高、分离效率不高等,一定程度上限制了双水相分配技术的工业化推广和应用。如何克服这些困难,成为国内学者关注的焦点,其中较多的是致力于新型双水相系统的开发。

一、开发廉价的新型双水相体系

成相聚合物价格昂贵是阻碍该技术应用于工业生产的主要因素,磷酸盐会带来环境问题,体系盐浓度高,无法实现亲和分配,并会破坏某些生物物质的活性,使其应用范围受到一定的限制。因此开发廉价的聚合物是该技术应用急需解决的问题。

新型双水相体系主要有两类:廉价高聚物/高聚物体系及新型功能双水相体系。廉价双水相的开发目前主要集中在寻找一些廉价的高聚物取代现用昂贵的高聚物。如用粗 dextran、变性淀粉 PPT、Reppa/PES 的淀粉衍生物、Pulluan 的微生物多糖、麦芽糊精、糊精、乙基羟乙基纤维素和阿拉伯树胶等取代葡聚糖(dextran),用羟丙基纤维素、聚乙烯醇和聚乙烯吡咯烷酮等取代 PEG,另外,磷酸盐已被硫酸钠、硫酸镁、碳酸钾等盐取代。这样可大大降低成本,利于工业放大。

新型功能双水相体系是指高聚物易于回收或操作简便的双水相体系。新的双水相体系表面活性剂—表面活性剂—水体系、双水相胶束体系等相继被发现,这些双水相体系各有优势,表面活性剂双水相体系与高聚物双水相体系相比,有更高的含水量,因而条件更加温和,表面活性剂的增溶作用,不仅可以用于可溶性蛋白质分离,而且可用于水不溶性蛋白质的分离;普通有机物型双水相体系最大的优点时价格便宜,分离后续工作处理简单。只有一种成相聚合物的双水相体系(如 EOPO 即环氧乙烷(EO)和环氧丙烷(PO)的构成的水溶性热分离高聚物),上相几乎 100%是水,聚合物位于下相。这些体系不仅操作成本低,萃取效果好,还为活性物质提供了更温和良好的环境。图 8-11 是 EOPO/PES 分离异亮氨酸和缬氨酸的流程示意图[21]。

二、双水相分配与相关技术的集成化

集成化概念引入化工分离领域,形成了过程集成化新概念是化工过程技术概念上的革命。过程集成化是指不同的分离技术上的相互渗透,实现优势互补,从而达到整体优化的目的。双水相分配技术与温度诱导相分离、电泳、层析和亲和技术可以实现集成化,具体表现在 3 个方面:

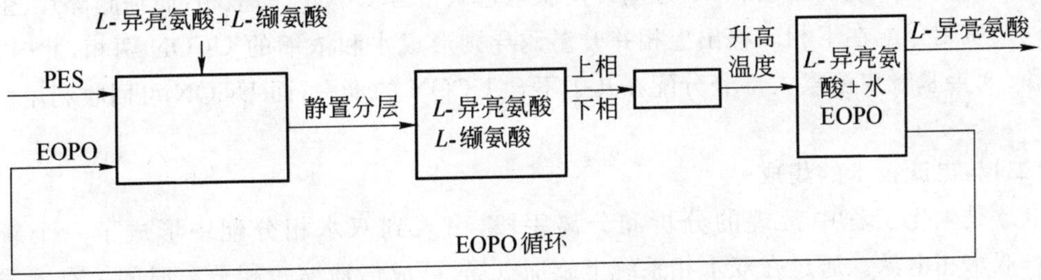

图 8-11　EOPO/PES 分离异亮氨酸和缬氨酸的流程示意图(林东强,2000)

①与常规技术结合来解决双水相萃取本身的难点问题；

②引进其他分离技术进行融合以提高分离效率,简化分离过程；

③为已有的技术提供新的思路。

图 8-12 是双水相技术与相关技术集成化示意图[21]。

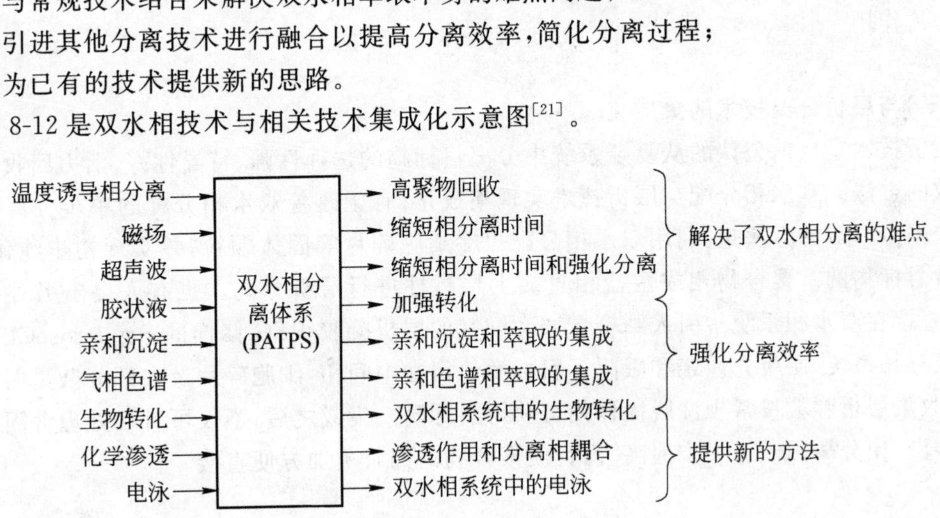

图 8-12　双水相技术与相关技术集成化示意图(林东强,2000)

(一)与温度诱导相分离的集成

采用乙烯基氧(ethylene oxide)与丙烯基氧(propylene oxide)的共聚物(商品名 UCON)和 PEG 可形成温敏性双水性体系。常温下,PEG、UCON 和水混合后为均相体系,当加热到 40℃时,形成两相体系,上相为 PEG 和 UCON,下相主要为水。采用 UCON 作为亲和配基载体,常温下将目标酶专一性萃入 PEG 相中,加热后形成新的双水相体系,此时酶转入水相,从而可以循环 PEG 和 UCON。另外,有人开发了一种表面活性剂(triton)和水形成的温敏性双水相体系。当温度高于体系浑浊点(cloud point)时,表面活性剂和水形成双水相体系,上相为表面活性剂相,下相为水。表面疏水性强的蛋白易于分配在表面活性剂相中,而菌体和亲水性蛋白主要分配在水相中。利用表面活性剂双水相纯化胆固醇氧化酶,酶收率达 90%。

蜕皮甾族化合物的提取是简便、快捷、便宜的温度诱导双水相萃取技术应用的成功例子。蜕皮激素和 20-羟基蜕皮激素是某些疾病的诊断指示剂,亦为杀虫剂,其提取是用新型的 UCON50-HB-5100(即 50%环氧乙烷和 50%环氧丙烷的无规共聚物)/羟丙基淀粉温度诱导双水相系统，提取中，蜕皮激素和20-羟基蜕皮激素进入富含UCON的上相，而细胞碎片、蛋白质和其他杂质则分配在下相。移出上相并升温诱导则形成水和浓缩的UCON两相，此时，蜕皮激素和20-羟基蜕皮激素大部分分配在几乎不含UCON的水中，而UCON可回收利用。

（二）与电泳技术的集成

电泳是生化工程中常规的分析和分离手段，引入到双水相分配中形成了一个新的概念——双水相电泳。通过在双水相系统上施加电场，可成倍地缩短相分离时间。有人采用U形管电泳装置研究了双水相系统中血红蛋白的迁移率，观测到界面有阻滞作用以及在柱形电泳装置中进行了双水相萃取牛血清白蛋白和牛血清红蛋白的实验，证明了电泳可大大改善蛋白质在两相间的分配，改变电场方向可实现相间的任意迁移，且双水相液液界面起到了很好的抗热对流作用。

（三）与层析分离技术的集成化

层析技术是目前公认的从复杂系统中分离目标物的选择性强、特异性好、活力回收高且经济有效的方法。双水相分配与层析技术实现集成化，有望改善双水相分配的单步分离效率较低的缺陷。一般的方法是：利用双水相分配去除细胞碎片等固体颗粒，并实现初步纯化后，将包含有目标物的富聚合物相或富盐相直接上层析柱进行层析分离。也有人提出另外一个思路，即直接在双水相系统中引入结合有亲和配基的层析凝胶-PEG修饰的SepharoseCL-2B，从而形成三相系统，层析介质亲和吸附了目标酶停留在中间相，细胞碎片及大部分杂蛋白分配在下相，收集层析颗粒按常规洗脱操作便可获得目标酶。集成之后，不仅可直接处理含固体杂质的稀溶液，使分离因子进一步提高，而且使聚合物的回收更加方便直接。

（四）与亲和沉淀的集成

双水相分配具有易于直接处理含细胞碎片等固体颗粒的优点，亲和沉淀则由于引入特异性的亲和作用使得分离效率明显提高，二者相互结合实现集成化，可充分发挥双方的优势，实现优势互补，一方面使亲和沉淀技术能直接处理含固体颗粒物料，另一方面又提高了双水相分配的单步分离因子，同时解决了亲和配基与目标物和成相组分的分离问题。将亲和沉淀与双水相分配技术相结合来纯化蛋白质，亲和沉淀载体主要分配在上相，故蛋白质与载体-配基复合物络合而萃入上相，分出上相，用洗脱液洗脱可得蛋白质，同时上相及载体-配基复合物多数可循环使用。已有人用这一技术从肌肉匀浆液中提取LDH。过程集成之后，既能发挥双水相分配去除细胞碎片的优点，并促使目标蛋白质分配在上相，经亲和沉淀后又可使目标物能与原系统中的成相组分分离，这一新的分离过程更显示出高效和节能的优势。

参考文献

[1] 郭黎平，傅冬梅，张卓勇，等. 双水相萃取技术的研究进展[J]. 东北师范大学学报，自然科学版，2000，32(3)：34-38.

[2] Albertsson P A. Partition of Cell Particles and Macromolecules[M]，3 rd，New York：Wiley and Son，1986.

[3] Kula M R, Krone K H, Hustedt. Advances in Biochemical Engineering[M]. New York. 1982.
[4] 张珩,张奇,杨艺虹,等.双水相萃取技术在医药工业中的展望[J].医药工程设计杂志,2001,22(5):22-26.
[5] 焦庆才,刘茜,陈耀祖.双水相萃取法从发酵液中分离提取 α-淀粉酶和蛋白质的研究[J].高等学校化学学报,1998(3):391-394.
[6] Harris P, Wright G, Andrew A T. The application of aqueous two-phase portioning to the purification of protein from transgenic sheep milk[J]. Prog Biotechnol,1994,9:381-384.
[7] 潘杰,秦德华.全发酵液萃取丙酰螺旋霉素德研究[J].中国医药工业,1998,29(12):534-537.
[8] 霍清,林强,赵玉娥.利用双水相聚乙二醇-磷酸氢二钾体系萃取甘草有效成分的研究[J].精细化工,2002,19(2):65-67.
[9] 张春秀,胡小玲,卢锦花,等.双水相萃取法富集分离银杏叶浸取液的探讨[J].化学研究与应用,2001,22(6):686-688.
[10] 邓凡政,石影,张广军.聚乙二醇-硫酸钠-硫氰酸钾体系中 Co(Ⅱ)、Ni(Ⅱ)、Mo(Ⅵ)的萃取分离研究[J].稀有金属,1998,22(3):188-190.
[11] 邓凡政,石影,江玉波,等.双水相体系中钛、锆的分离[J].稀有金属,2001,25(6):471-473.
[12] 张天喜,李文钧,吴瑾光,等.双水相体系从碱液氰化液中萃取分离金[J].化工学报,2000, S1:97-100.
[13] 孙彦.生物分离工程[M].北京:化学工业出版社,2005.
[14] 陈欢林.新型分离技术[M].北京:化学工业出版社,2005.
[15] 胡松青.PEG/磷酸盐双水相系统及 BSA 在其中的分配特性[J].广西大学学报(自然科学版),2002,27(1):30-34.
[16] Sylviea de Belval, Le Breton, Benedictea, et al. Influence of temperature upon protein partitioning in poly(ethylene glycol)-salt aqueous two-phase systems close to the critical point with some observations relevant to the partitioning of particles[J]. Journal of Chromatography (B), 1998,711:19-29.
[17] Van der Polla, Paijens I, Tramper J. Dextran as protectant against damage caused by spring by hybridom a cell in a bubble column[J]. Biotechnol,1995,43:103-110.
[18] 杨善升,陆文聪,包伯荣.双水相萃取技术及其应用[J].化学工程师,2004,4:37-39.
[19] 邓静,吴华昌,赵树进.双水相在酶分离纯化中的应用[J].氨基酸和生物资源,2004,26(1):72-75.
[20] 吕斌,陈有容,陈舜胜.双水相萃取技术及其在生物、食品工业中的应用[J].食品与发酵工业,2001,27(6):70-74.
[21] 林东强,等.生化分离过程的新探索-双水相分配与相关技术的集成化[J].化工学报,

2000,51(1):1-5.

思考题

1. 名词解释:聚合物的不相容性;相图。
2. 双水相体系的是怎样形成的? 其组成是什么?
3. 影响双水相萃取的因素有哪些?
4. 双水相萃取技术有什么优越性?

第九章　超临界流体萃取技术

第一节　概　　述

一、超临界流体技术发展历史

近40年来，基于超临界流体(supercritical fluid，简称SCF或SF)的优良特性发展起来的SCF技术取得迅速发展。其中发展最早、研究最多并已有工业化产品的技术当属超临界流体萃取(supercritical fluid extraction，简称SFE)，其在化工、能源。燃料、医药、食品、香料、环境保护、海洋化工、生物化工、分析化学等诸多领域引起世人广泛兴趣[1]，尤其近年来，在我国食品工业蓬勃发展的进程中，超临界流体萃取技术被列为食品高效提取分离新型技术。

早在1822年，Cagniard首次报道了物质的临界现象。1850年英国女王学院Andrew博士对CO_2的超临界现象进行了研究，并于1869年在英国皇家学术会议上发表了超临界实验装置和超临界实验现象观察的文章。1879年10月，英国科学家Hannay和Hogarth发现，SCF具有极强的溶解性能。继Hannay之后，人们又发现许多超临界溶剂，如N_2O、SO_2、N_2、低链烃等。1978年1月在德国埃森举行了关于SCF技术的首次研讨会，可称为是现代SCF技术开发的里程碑，这次会议不仅对该技术的推广应用产生巨大影响，也促进了对更多相关问题开展研究。这主要包括：SCF分离过程基本原理及相平衡理论、测试手段、基础数据及其应用范围、设备结构和设计方法等。1988年在法国尼斯召开了第一届“国际超临界流体技术会议”以后，国际上每三年召开一次会议，进行国际间的学术交流。1996年10月，我国召开“第一届全国超临界流体技术学术及应用研讨会”。作为新一代化工分离技术，SFE-CO_2萃取列入了“八五”国家科技攻关计划。

自德国Zosel博士[2]首先成功地应用超临界流体萃取技术脱除咖啡豆中咖啡因及使之工业化以来，SFE作为新型分离技术受到世人瞩目。超临界流体萃取分离技术在解决许多复杂分离问题，尤其是从天然动植物中提取一些有价值的生物活性物质，如β-胡萝卜素、甘油酯、生物碱、不饱和脂肪酸等，已显示出了巨大的优势。近年来，超临界流体萃取技术的开发研究吸引了国内外大批的学者，发表了大量的研究报告，应用领域涉及食品工业、医药工业、化学工业等。尤其是超临界二氧化碳萃取在食品及医药工业中的应用得到了特别的关注。并且，随着超临界流体萃取技术的深入研究，一些中小规模的生产厂家开始建成；现在，日本、美国、意大利等国家也陆续建立一些中小规模的超临界流体萃取技术生产厂家[3](表9-1)。

表 9-1 超临界流体萃取工业化进展(超临界流体萃取,2002)

投产年份	厂名	国家	萃取对象	萃取釜容积/L
1978	HAG Co.	德国	咖啡	
1982	SKW/Trostberg	德国	啤酒花	6 500×3
1984	Barth Co.	德国	啤酒花、咖啡	500×1
	Natural Cane		啤酒花、红辣椒	1 000×2
	SKW/Trostberg	德国	茶、咖啡	
	富士香料	日本	香料	200×1
1985	Pflzer	美国	啤酒花	
1986	SKW/Trostberg	德国		200×2
	富士香料	日本	香料、色素	300×1
1987	Barth Co.	德国	啤酒花	4 000×4
	Messer Grelshelm			200×1
	Yasuma	日本	香料	100×1
1988	SKW/Trostberg	德国	茶叶	
	武田药品	日本	药品脱溶剂	1 200×1
	Maxwell(GF)	美国	咖啡	25 kt/a
	CAL Pflzer		香料	100×4
1989	长谷川香料	日本	香料、精油	300×2
	HAG Co.			3 000×3
	茂利制油	日本	色素	500×1
	Ensco Inc.		固体废料	2 000×1
	Phllip Morris	美国	烟草	7 000×8
	高砂香料	日本	香料	420×1
1990	Jacob suchard		咖啡	360×14
	HAG Co.	德国	咖啡	50 kt/a
	SKW/Trostberg	德国	香料	200×2
	Barth Co.	德国	咖啡	220×1
	Raps Co.		香料	1 000×2
	Johns Mass. Inc.	美国	啤酒花	4 000×2
	Pltt-Des Co.	美国	啤酒花	500×3
1991	富士香料	日本		300×1
	SKW/Trostberg	意大利	咖啡	20 kt/a
	Barth Co.	德国		4 000×2
	Texa Co.		炼油废料	2 000×3
1993	长谷川香料	日本	香料	500×2
	Agrisana		药物	300×3
1994	Barth Co.			200×2
		印度	香料	300×1
	南方面粉厂	中国	食品	300×2

1988 年国际上专门的超临界学术期刊《超临界流体学报》(Journal of Supercritical Fluids)出版,同时众多刊物也重点报道关于超临界流体方面的研究内容。我国的科技人员自 20 世纪 80 年代初就开始了对超临界流体技术的开发与研究,发表了大量有关超临界流体基础理论研究及应用文章。自 1996 年起中国的研究者们也开始每两年召开一次全国性的超临界流体技术会议,交流研究与应用成果。据不完全统计,目前我国中试、小试装置已达百余套,已建成 100 L 以上的工业规模的超临界装置 10 多台套,最大达到 500 L;生产产品有沙棘籽油、小麦胚芽油、蛋黄磷脂、辣椒红色素、青蒿素等[4,5]。

二、SCF 技术简介[6]

众所周知,纯物质在临界状态下有其固有的临界温度(T_c)和临界压力(P_c),当温度大于临界温度且压力大于临界压力时,便处于超临界状态,SCF 就是指处于超过物质本身的临界温度和临界压力状态时的流体。SCF 兼具液体和气体的优点,密度接近液体,黏度只是气体的几倍,远小于液体;扩散系数比液体大 100 倍左右,因而更有利于传质;此外,SCF 具有非常低的表面张力,较易透过微孔介质材料。SCF 具有选择性溶解物质的能力,而且这种能力随超临界条件(温度、压力)而变化,因此,在超临界状态下,SCF 可从混合物中有选择性地溶解其中的某些组分,然后通过减压升温或吸附将其分离析出,这种化工分离手段称为 SFE 技术。由于 SCF 的传质性能好,因此 SFE 与通常的液体萃取相比达到平衡的时间短,分离效率高,产品质量好。用一般的蒸馏方法分离含热敏性成分时,容易引起热敏性成分热的分解或聚合,而采用 SFE 技术,通过选择合适的溶剂便可在较低的温度下操作,适合于分离含热敏性成分的原料,这对于食品工业具有十分重要的意义。传统溶剂萃取工艺必须回收溶剂,消耗大量热能,而 SCF 与萃取物分离后,只要重新压缩就可循环利用,能耗大大降低。在食品工业中,要求分离出的产品纯度高,不含有毒有害物质,而一般的蒸馏和萃取技术往往不能满足这些要求,SFE 则可实现产品中无溶剂残留。目前用于天然产物的 SFE 技术主要基于固定床,其基本的工艺流程为:原料经除杂粉碎等一系列预处理后装入萃取器中,系统充入 SCF 并加压,物料在 SCF 作用下,可溶成分进入 SCF 相,流出萃取器的 SCF 相经减压调温或吸附作用,可选择性地从 SCF 相分离出萃取物的各组分,SCF 再经调温和压缩回到萃取器循环使用。目前应用最多的是超临界 CO_2 流体萃取,用于亲脂性且相对分子质量较小的药物的萃取,而对于极性大、相对分子质量大的天然产物,则需加夹带剂或较高的压力。

三、超临界 CO_2 流体萃取技术的特点

超临界 CO_2 流体萃取与化学法萃取相比,有以下突出的优点。

①分离过程有可能在接近室温(35～40℃)下完成,特别适用于热敏性天然产物,在萃取物中保持着药用植物的全部成分,而且能把高沸点、低挥发度、易热解的物质在其沸点温度以下萃取出来。

②使用 SFE 是最干净的提取方法,由于全过程不用有机溶剂,因此萃取物绝无残留溶媒,同时也防止了提取过程对人体的毒害和对环境的污染,是 100%的纯天然。

③萃取和分离合二为一,当饱含溶解物的超临界 CO_2 流经分离器时,由于压力下降使得 CO_2 与萃取物迅速成为两相(气液分离)而立即分开,不仅萃取效率高而且能耗较少,节约成本。

④CO_2 是一种不活泼的气体，萃取过程不发生化学反应，且属于不燃性气体，无味、无臭、无毒，故安全性好。

⑤CO_2 价格便宜，纯度高，容易取得，且在生产过程中循环使用，从而降低成本。

⑥压力和温度都可以成为调节萃取过程的参数。通过改变温度或压力达到萃取目的。压力固定，改变温度可将物质分离；反之温度固定，降低压力使萃取物分离，因此工艺简单易掌握，而且萃取速度快。

第二节 超临界流体萃取技术原理

一、超临界流体的基本概念

超临界流体萃取（supercritical fluid extraction，SFE）是利用超临界条件下的流体作为萃取剂，从流体或固体中萃取出特定成分，以达到某种分离目的的一种化工新技术。在超临界流体萃取过程中，作为萃取剂的气体必须处于高压或高密度下，以具有足够大的萃取能力。超临界流体萃取实际上是介于精馏和液体萃取之间的一种分离过程，在大气压附近精馏时，把常压下的气相当作萃取剂；当压力增加时，气相的密度也随之增加，当气相变成冷凝液体时，分离过程即成为液液萃取。在这个物理条件连续变化的过程中，超临界流体萃取结合了蒸馏和萃取过程的特点[7]。

物质有三种状态，气态、液态和固态。当物质所处的温度、压力发生变化时，这三种状态就会相互转化。但是，事实上除了上述三种常见的状态外，物质还有另外一些状态，如等离子状态、超临界状态等。当稳定的纯物质达到超临界状态时，都有固定的临界点：临界温度（T_c）、临界压力（p_c）。当物质的温度和压力处于它的临界温度和临界压力以上的状态时，成为即非气体也非液体的流体，称为超临界流体。图 9-1 为纯流体的典型压力-温度图，图中线 AT 表示气-固平衡的升华曲线，线 CT 表示气-液平衡的饱和液体蒸汽压曲线，点 T 是气-液-固三相共存的三相点。按照规律，当纯物质的气-液-固三相共存时，确实系统状态的自由度为零，即每个纯物质都有它自己确定的三相点。将纯物质沿气-液饱和线升温，当达到图中 C 点时，气-液的分界面消失，体系的性质变得均一，不再分为气体和液体，C 点称为临界点。与该点相对应的温度和压力分别称为临界温度（T_c）、临界压力（p_c）。图 9-1 中高于临界温度和临界压力的有阴影线的区域称为超临界区。如果流体被加热或被压缩至高于临界点时，则该流体即称为超临界流体（supercritical fluid，简称 SCF）。超临界点时的流体密度称为超临界密度（ρ_c）。其倒数称为超临界比容（V_c）[6]。

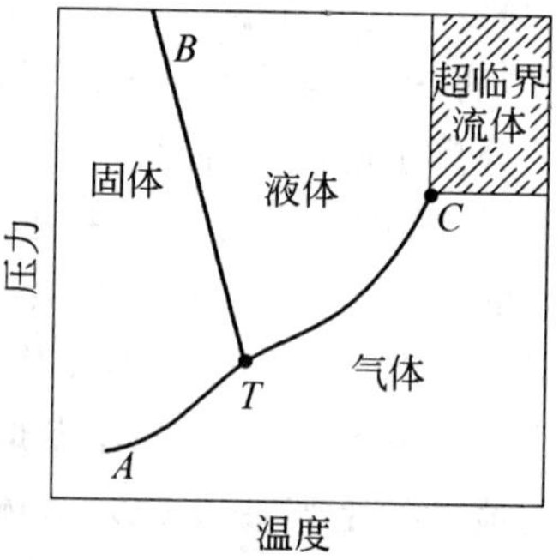

图 9-1 纯流体的典型压力-温度图（曹文军，1998）

二、超临界流体的种类

表 9-2 列出了一些可供使用的超临界流体的临界性质。超临界流体萃取剂分为非极性和极性两类，它们适用的范围也有区别。

表 9-2　部分超临界流体溶剂的临界数据(超临界流体萃取,2000)

物质	沸点/℃	临界点数据		
		临界温度 T_c/℃	临界压力 p_c/MPa	临界密度 ρ_c/(g/cm^3)
二氧化碳	−78.5	31.06	7.39	0.448
甲烷	−164.0	−83.0	4.6	0.16
乙烷	−88.0	32.4	4.89	0.203
乙烯	−103.7	9.5	5.07	0.20
丙烷	−44.6	97	4.26	0.22
丙烯	−47.7	92	4.67	0.23
正丁烷	−0.5	152.0	3.80	0.228
正戊烷	36.5	196.6	3.37	0.232
正己烷	69.0	234.2	2.97	0.234
甲醇	64.7	240.5	7.99	0.272
乙醇	78.2	243.4	6.38	0.276
异丙醇	82.5	235.3	4.76	0.27
苯	80.1	288.9	4.89	0.302
甲苯	110.6	318	4.11	0.29
氨	−33.4	132.3	11.28	0.24
水	100	374.2	22.0	0.344

在表 9-2 列出了的超临界萃取剂中,非极性的二氧化碳是最广泛使用的萃取剂,迄今为止,约 90%以上的超临界萃取应用研究均使用二氧化碳作为萃取剂。

三、超临界流体的性质

(一)超临界流体具有传递性质

表 9-3 列出了超临界流体的传递性质,并与气体、液体做了比较。从表 9-3 的数据中可以看出,超临界流体的密度比气体的密度要大数百倍,具体数值与液体相当;其黏度仍接近气体,但与液体相比要小两个数量级;扩散系数介于气体和液体之间,大约是气体的 1/100,比液体的要大数百倍。很明显,超临界流体的传递性能优于正常的液体,因此,与液体萃取相比,超临界流体萃取可以更快地完成传质,达到平衡,促进高效分离过程的实现。

表 9-3　超临界流体与其他流体的传递性质(超临界流体萃取,2000)

性质	气体	超临界流体		液体
	101.325 kPa,15～30℃	T_c,p_c	T_c,$4p_c$	15～30℃
密度/(g/cm^3)	$(0.6\sim2)\times10^{-9}$	0.2～0.5	0.4～0.9	0.6～1.6
黏度/g/(cm·s)$^{-1}$	$(1\sim3)\times10^{-4}$	$(1\sim3)\times10^{-4}$	$(3\sim9)\times10^{-4}$	$(0.2\sim3)\times10^{-2}$
扩散系数/(cm^2/s)	0.1～0.4	0.2×10^{-3}	0.2×10^{-3}	$(0.2\sim3)\times10^{-5}$

(二)超临界流体对固体或液体具有溶解能力

超临界流体的传递性质导致物质在其中的溶解度远远大于常态下的数值，一般可达几个数量级，而在某些条件下甚至可达到按蒸气压计算的 10^{10} 倍。超临界流体的溶解能力与密度有很大关系，物质在超临界流体中的溶解度 c 与超临界流体密度 ρ 之间的关系可表示为式[9-1]所示。

$$\ln c = m\ln\rho + K \qquad [9\text{-}1]$$

式中：c 为物质在超临界流体中的溶解度；ρ 为超临界流体密度；m 为系数，为正值；K 为常数，与萃取剂、溶质的化学性质有关。

特别应注意的是，在临界区附近，操作压力和温度的微小变化，会引起流体密度的大幅度变化，因而也将影响其溶解能力。物质在超临界流体中的溶解度随着操作压力的增加而增加，随着温度的升高而降低。因此，可利用压力、温度的变化来实现萃取和分离的过程。

四、超临界 CO_2 流体的性质

(一)超临界 CO_2 流体的基本性质

二氧化碳临界温度是(T_c=31.06℃)是文献上介绍过的超临界溶剂临界点最接近室温的，其临界压力(p_c=7.39 MPa)也比较适中。特别应指出，CO_2 的临界密度 ρ(0.448 g/cm^3)是常用超临界溶剂中最高的(合成氟化物除外)。已知超临界流体的溶解能力一般随流体密度增加而增加，可见 CO_2 具有最适合作为超临界溶剂的临界点数据。

1. 超临界 CO_2 流体的传递性质

在物质的分离和精制过程中，既需要知道分离过程的可能性和进行程度，还要了解过程进行的速率，即过程实际能进行的程度。超临界 CO_2 流体萃取也一样，在萃取工业装置的设计和放大过程中，需要溶剂的溶解度和分配系数等热力学数据，也需要扩散系数、传递速率等动力学数据。由于超临界溶剂的溶解性能关系到萃取过程进行的可能性等重大问题，因此在萃取过程中，可用相际平衡的知识，包括溶解度和分配系数等热力学数据，来决定萃取过程进行的可能性和进行的程度，并由此确定萃取剂的最小剂量，根据最终确定萃取剂的实际用量计算所需的理论级数，并估算所需的理论能耗。

从超临界流体的一般特性可知，超临界流体的密度接近液体的密度，而黏度却近似气体的数值，扩散系数比液体大数百倍。这也表明超临界 CO_2 流体中溶质的传递性能介于气相与液相之间，明显优于液相过程。

纯 CO_2 在40℃下的密度 ρ、黏度 η、自扩散系数×密度($D_{11}\times\rho$)值与压力 p 的关系见图 9-2。该图表明，当压力小于 8 MPa 时，黏度 η 与 $D_{11}\times\rho$ 值基本恒定；随着压力的增大，η 和 ρ 明显增加，而 $D_{11}\times\rho$ 之值下降；压力超过 16 MPa 以后各参数的变化又渐趋缓慢。因此超临界 CO_2 流体萃取将得益于气相时相对较低的黏度以及扩散系数较液体的值为高的性能。

图 9-3 表示 CO_2 的自扩散系数 D_{11}(图中实线表示)(42℃)和苯在 CO_2 中的扩散系数 D_{12}(41℃)(图中用“×”表示)与 CO_2 的密度 ρ 和压力 p 的关系，图中还给出气相和液相扩散系数的一般取值范围(阴影部分)。如图 9-5 所示，苯在超临界 CO_2 中的扩散系数值虽然比气相系

数值小 2～3 个数量级，但比正常液相的扩散系数值仍大得多。这些性能说明超临界 CO_2 流体的传递性能优于液体。

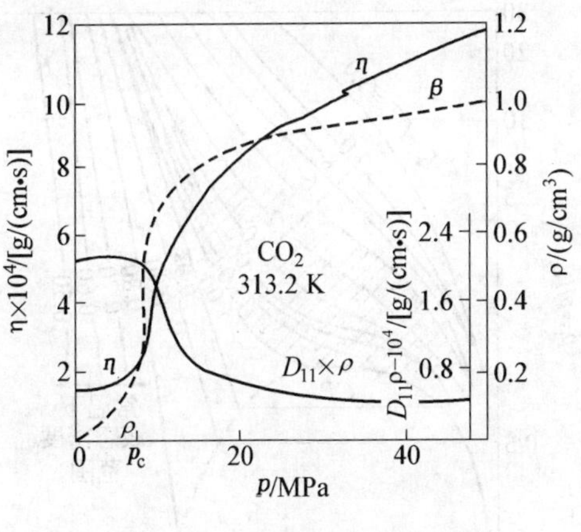

图 9-2　CO_2 密度 ρ、黏度 η、自扩散系数×密度(D_{11}×ρ)值与压力 p 的关系(40℃)(超临界流体萃取,2000)

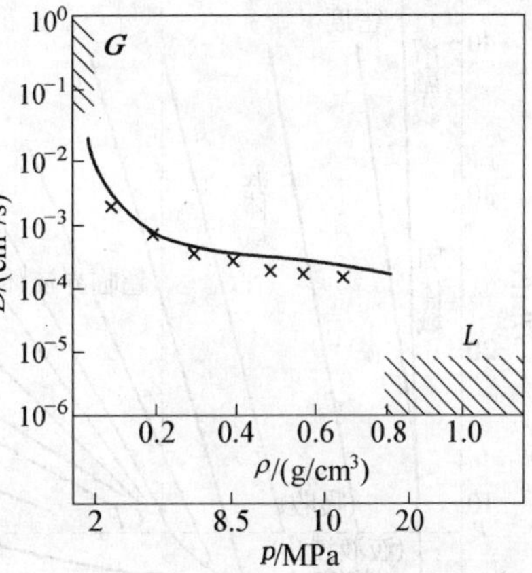

图 9-3　CO_2 的自扩散系数 D_{11} 和苯在 CO_2 中的扩散系数 D_{12} 与 CO_2 密度 ρ 与压力 p 的关系(超临界流体萃取,2000)

2. 超临界 CO_2 流体的 p、V、T 关系

图 9-4 为 CO_2 的相平衡图，图中表示有气相、固相与液相的相对位置，以及各种分离方法的温度和压力的大致范围。Tp 为气液固三重点（$p=0.525$ MPa，$T=-56.7$℃），Cp 为气液的临界点（$p_c=7.39$ MPa，$T_c=31.06$℃）。气-液平衡曲线以三重点 Tp 为始点，以临界点为终点。固-液平衡曲线以三重点为始点，它随着温度的上升而急速升高[$(dp/dT)=4.655$ MPa/K]在 40℃时，压力约达 70.0 MPa。蒸馏操作通常在液-气平衡线附近，液体萃取限于液相范围之内，超临界流体萃取限于临界温度与临界压力以上的范围。

图 9-5 表示 CO_2 在超临界区域及其附近的压力(p)－密度(ρ)－温度(T)间的关系，纵坐标为压力比 $p_r(=p/p_c)$，横坐标为密度比 $\rho_r(=\rho/\rho_c)$，以温度比 $T_r(=T/T_c[K])$ 为参变量。阴影线所围部分 $T_r=1\sim1.2$（31～92℃），$p_r=0.8\sim4$（5.8～30.0 MPa），$\rho_r=0.5\sim2$（0.24～0.94 g/cm³），为常用的超临界 CO_2 流体萃取区域。

它们之间关系还可以用状态方程式来推导与计算。

$$p=\frac{RT}{(V-b)}-\frac{a(T)}{V(V+b)} \qquad [9\text{-}2]$$

式[9-2]是由 Van der Waals 方程式推导而得，称为 SRK 式(Soave-Redlich-Kwong)，其中 V 为摩尔容积，a、b 为物质本身的参数，可由临界值算得。由式[9-2]算得的值与试验测定的结果十分相近。

超临界 CO_2 流体密度变化规律是 CO_2 作为溶剂最受关注的参数。研究表明，CO_2 流体密度是压力和温度的函数，其变化规律有如下两个特点：①在超临界区域，CO_2 流体密度可以在很宽的范围内变化（从 0.15 g/cm³ 增加到 0.9 g/cm³），也就是说，适当控制流体压力和温度可以使溶剂密度变化达到 3 倍以上；②在临界点附近，压力或温度微小变化，可以大幅度改变流体的密度。由于CO_2溶剂的溶解能力取决于流体密度，使得上述两个特点成为CO_2流体萃取最基本的关系，也是萃取过程参数选择的重要依据。

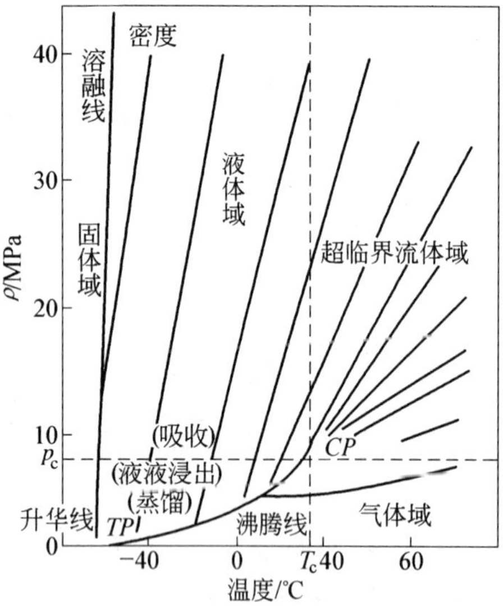

CP—临界点；TP—三重点；p_c—临界压力（7.39 MPa）；T_c—临界温度（31.06℃）

图 9-4　CO_2相平衡图（新型分离技术，2005）

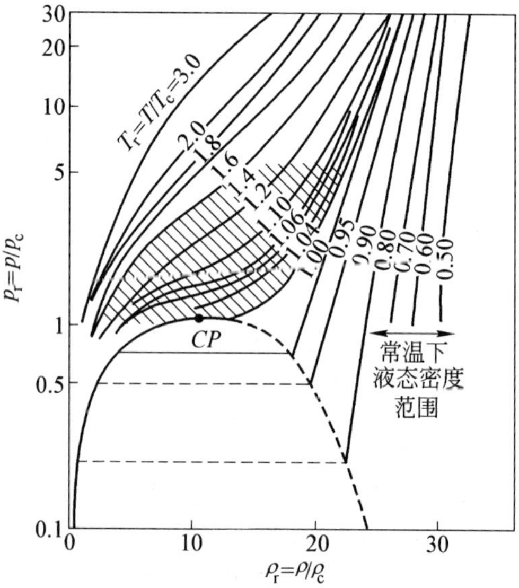

（T_c=304 K，p_c=7.39 MPa，ρ_c=0.448 g/cm³）

图 9-5　CO_2的压力和密度、温度间的关系（新型分离技术，2005）

（二）超临界CO_2流体的溶解性能

超临界CO_2流体的溶解能力将受到溶质性质、溶剂性质、流体压力和温度等因素的影响。

通过改变超临界CO_2流体的压力或温度，可使它的密度随之大幅度地改变。由于超临界CO_2流体的溶解度与密度密切相关，所以可以很方便地改变超临界CO_2流体的溶解度，这一性质在实际应用中有如下两个方面的重大意义。一是可作为使用方便、溶解性能良好的溶剂。可以很方便地通过改变萃取器中CO_2的温度、压力，使其达到对原料中溶质有很大溶解度的超临界状态，以将溶质迅速转移到超临界CO_2流体中去。然后将这种在萃取器中溶解有溶质的高压、常温、“稠密”的CO_2放入低压、常温的分离器中，此时CO_2就处于普通的气体状态，密度较低，对溶质的溶解能力也甚低，原先被溶解的溶质处于过饱和状态，于是从CO_2气体中分离出来，沉降在分离器底部。这个过程与普通溶剂提取时蒸发溶剂而留下溶质相似，只不过普通溶剂的蒸发是靠加热来完成（加热过程可能会破坏某些热敏性物质），而CO_2的蒸发是靠降低压力来完成。二是可作为能调节溶解能力的多用途溶剂。由于能很方便地改变溶解度，可以仅用超临界CO_2来提取不同的物质或对混合物中的某些成分进行选择性的提取，而不需要使用多种具有不同溶解性能的有机试剂。

纯物质在超临界CO_2流体中的溶解度是超临界CO_2流体萃取过程的基础数据，实验测定方法有静态法、流动法，其中以流动态测量法应用最为广泛（流动法也可以与毛细管色谱、测量介电常数或光谱性质等技术联用，构成溶解度测定）。流动态测量法测定溶解度是基于在某一CO_2流体与被测溶质达到动态平衡条件下，测定每单位质量的超临界CO_2流体中所溶解的溶质质量以表示溶解度的，其结果能直接反映在选定压力、温度条件下，CO_2 流体对溶质的平衡溶解度，并以溶解度等温线或等压线的形式表示，有很好的实用价值。但该法需要使用纯物质，且高压下测定溶解度的实验技术有一定的难度，加之溶质与溶质之间的相互作用对溶解度存在某些影响等因素，使得文献中的溶解度数据较为缺乏，在工作开发过程中往往需要研究者自行测定。面对着大量超临界 CO_2 流体萃取工艺研究工作，人们需要对萃取分离过程能否进行以及过程的经济性作出估算，因而发展出一种能定性表示超临界 CO_2 流体溶解能力的经验方法——“物质可被萃取的初始压力”（简称萃取初压）的定性方法。

为了定性地测定超临界 CO_2 流体的溶解性能，Stahl 等[8] 提出测定“溶质初始被萃取压力”的方法，将样品放在微型高压釜中，将萃取物通过毛细管直接喷到薄层色谱板上，并用薄层色谱法鉴定被萃取的化合物。实验在 40℃下，压力 0～40 MPa 范围内测定了一系列化合物被萃取的初压，结果见表 9-4。

表 9-4　40℃下超临界 CO_2 流体萃取若干纯物质的结果（超临界流体萃取，2000）

物 质	相对分子质量	碳原子数	官能团	熔点/℃	沸点/℃	被萃取初压/MPa
1. 稠环化合物						
萘	128	10		80	218	7.0(强)
菲	178	14		101	340	8.0
芘	202	16		156	393	9.0
并四苯	228	18		357	升华	30(弱)
2. 酚类						
苯酚	94	6	1-OH	43	181	7.0(强)
邻苯二酚	110	6	2-OH(1,2)	105	245	8.0
苯三酚	126	6	3-OH(1,2,3)	133	309	8.5
对苯二酚	110	6	4-OH(1,4)	173	285	10.0
间苯三酚	126	6	3-OH(1,3,5)	218	升华	12(弱)
3. 芳香族羧酸						
苯甲酸	122	7	l-羧	122	249	8,0
水杨酸	138	7	1-羧，1-羟	159	升华	8.5
对羟基苯酸	138	7	1-羧，l-羟	215		12.0
龙胆酸	154	7	1-羧，2-羟	205		12.0
五倍子酸	170	7	1-羧，3-羟	255		不能萃取
4. 吡喃酮						
香豆素	146	9	1-酮	71	301	7.0(强)
7-羟基香豆素	162	9	1-羟，1-酮	230	升华	10.0
6,7-二羟基香豆素	178	9	2-羟，1-酮	276	升华	不能萃取
5. 类脂化合物						
十四烷醇	214	14	1-羟	39	263	7.0
胆固醇	386	27	l-羟	148	360	8.5
甘油三油酸酯	885	57	3-COOR		235	9.0

通过实验可总结出如下超临界 CO_2 流体溶解度的经验规律。

①极性较低的碳氢化合物和类脂有机化合物，如酯、醚、内酯类、环氧化合物等可在 7～10 MPa 较低压力范围内被萃取出来。

②引入极性基团（如—OH，—COOH）将使萃取过程变得困难。对苯的衍生物，具有三个酚羟基或一个羧基和两个羟基的化合物仍然可以被萃取，但具有一个羧基和三个以上羟基的化合物是不可能被萃取的。

③更强的极性物质，如糖类、氨基酸类，则在 40 MPa 压力以下是不可能被萃取出来的。

④化合物的相对分子质量越高，越难萃取。相对分子质量在 200～400 范围内的组分容易萃取，有些低相对分子质量、易挥发成分甚至可直接用 CO_2 液体提取；高相对分子质量物质（如蛋白质、树胶和蜡等）则很难萃取。

⑤当混合物中组分间的相对挥发度较大或极性（介电常数）有较大差别时，可以在不同的压力下使混合物得到分馏。在 CO_2 的密度和介电常数有剧变的条件下，这种组分间的分馏作用变得更为显著。

从以上数据可以看出，应用有机化合物被萃取初压可以定性判别超临界 CO_2 流体应用于某一物质的可能性以及化合物极性大小对 CO_2 流体溶解能力的影响。

应该指出，应用化合物可被萃取初压粗略判断它们在超临界 CO_2 流体中溶解度的方法是非常粗略的，它既不能提供溶质在超临界 CO_2 流体中溶解度的数据，也无法了解溶解度的变化规律。有些结果会带来某一类化合物可能被萃取的错觉。因此，化合物可被萃取初压只能作为粗略判断某一物质能否应用于超临界 CO_2 流体萃取的参考。在实际工艺研究中，考察溶质在超临界 CO_2 流体中溶解度的影响因素和不同溶质在超临界 CO_2 流体中溶解性能的变化规律，将是必不可少的研究内容。

五、超临界 CO_2 流体萃取技术基本原理

（一）超临界 CO_2 流体萃取基本过程

超临界 CO_2 流体萃取的工艺过程见图 9-6 所示。被萃取原料装入萃取釜，采用超临界 CO_2 流体作为溶剂。CO_2 气体经过经热交换器冷凝成液体，用加压泵把压力提升到工艺过程所需的压力（应高于 CO_2 的临界压力），同时调节温度，使其成为超临界 CO_2 流体。CO_2 流体作为溶剂从萃取釜底部进入，与被萃取物料充分接触，选择性溶解出所需的化学成分。含溶解萃取物的高压 CO_2 流体经节流阀降压到低于 CO_2 临界压力以下，进入分离釜（又称解析釜）。由于 CO_2 溶解度急剧下降而析出溶质，自动分离成溶质和 CO_2 气体两部分。前者为过程产品，定期从分离釜底部放出，后者为循环 CO_2 气体，经热交换器冷凝成 CO_2 液体再循环使用。整个分离过程是利用 CO_2 流体在超临界状态下对有机物有特殊增加的溶解度，而低于临界状态下对有机物基本不溶解的特性，

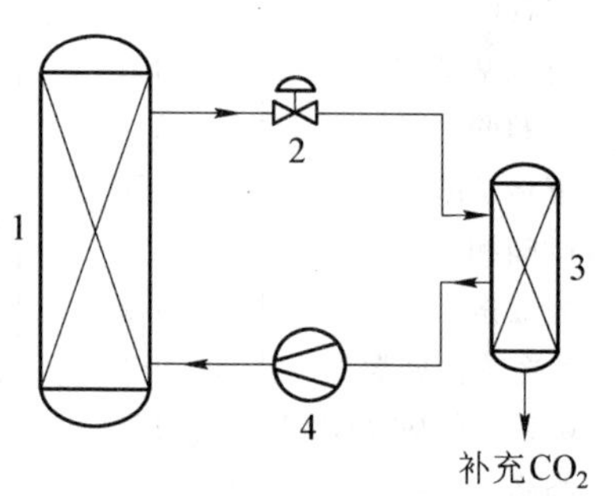

1. 萃取釜　2. 减压阀
3. 分离釜　4. 加压泵

图 9-6　超临界 CO_2 流体萃取基本过程（超临界流体萃取，2000）

将 CO_2 流体不断在萃取釜和分离釜间循环，从而有效地将需要分离提取的组分从原料中分离出来。

(二)超临界 CO_2 流体萃取的特点

CO_2 是用于萃取最理想的超临界流体，它有如下的优点。

①超临界 CO_2 流体的萃取能力取决于流体的密度，可以容易地改变操作条件(压力和温度)而改变它的溶解度并实现选择性提取，渗透力强，提取时间大大低于使用有机溶剂。

②CO_2 无味、无臭、无毒、不燃、不腐蚀、价格便宜、易于精制、易于回收等优点。因而，超临界 CO_2 流体萃取无溶剂残留问题，属于环境无害工艺。故超临界 CO_2 流体萃取技术被广泛用于对食品、药物等天然产品的提取和纯化研究方面。

③操作温度接近室温，特别适合遇热分解的热敏性物料。在萃取天然物时，能取得风味逼真的萃取物，这是其他方法所不能解决的。

④超临界 CO_2 流体还具有抗氧化灭菌作用，有利于保证和提高天然物产品的质量。

⑤超临界 CO_2 流体萃取集萃取、分离于一体，大大缩短了工艺流程，操作简便。

⑥检测、分离分析方便，能与 GC、IR、MS、GC/MS 等现代分析手段结合起来，能高效、快速地进行药物、化学或环境分析。

(三)影响超临界 CO_2 流体萃取的因素

超临界 CO_2 流体萃取过程受很多因素的影响，包括被萃取物质的性质和超临界 CO_2 流体所处的状态等。在实际萃取过程中，被萃取物多种多样，其性质千差万别，不同的物质在萃取过程中都有不同的表现，而萃取系统中 CO_2 所处的状态对萃取过程也有很大的影响。这些影响(如 CO_2 的温度、压力、流量、夹带剂，样品的物理形态、粒度、黏度等)交织在一起，使萃取过程变得较为复杂。

1.物质性质的影响

有机化合物相对分子质量大小和分子极性强弱是影响超临界 CO_2 流体溶解能力的关键因素，遗憾的是与大量的工艺研究相比，溶解度数据显得非常缺乏。

Dandge[9] 测定了一系列有机化合物在超临界 CO_2 流体中的溶解度数据(实验条件：25℃，$\rho=0.895$ g/mL 和 32℃，$\rho=0.86$ g/mL 下，溶解度用超临界 CO_2 流体溶质的质量百分数表示)，并结合前人的工作，提出溶质分子结构与 CO_2 流体中溶解度的经验规律。

(1)烃类：碳原子数在 12 以下的正构烷烃类，能在超临界 CO_2 流体中全部互溶，超过 12 个碳原子，溶解度将锐减。与正构烷烃相比，异构烷烃有更大的溶解度。

(2)醇类：6 个碳以下的正构醇能在超临界 CO_2 流体中互溶，进一步增加碳数溶解度将明显下降。在正构醇中增加侧链与烷烃一样可适当增加溶解度。

(3)酚类：苯酚溶解度为 3%，当甲基取代苯酚时能增加溶解度。醚化的酚羟基将显著增加溶解度。如苯甲醚与 CO_2 流体能互溶。

(4)羧酸：9 个碳以下的脂肪族羧酸能在超临界 CO_2 流体中互溶，而十二烷酸(月桂酸)仅仅有 1%的溶解度。卤素、羟基和芳香基的存在将降低脂肪族羧酸的溶解度。

(5)醛类：简单的脂肪族醛，如乙醛、戊醛和庚醛在超临界 CO_2 流体中互溶，脂肪族醛不饱和结构对其溶解度没有明显的影响，然而，苯基取代将降低不饱和醛在超临界 CO_2 流体中的溶解度。

(6)酯类:酯化将明显增加化合物在超临界 CO_2 流体中的溶解度。

(7)萜类:萜类化合物在植物精油中占有重要地位,是各种天然香料的关键成分。在超临界 CO_2 流体萃取香料、食品等天然产物的工艺研究中,萜类化合物在超临界 CO_2 流体中的溶解性能影响规律有极为重要的实用价值。萜类化合物相对分子质量对溶解度有一定的影响,从单萜蒎烯到倍半萜长叶烯和双萜烯松四烯,萜烯类化合物在超临界 CO_2 流体的溶解度逐步降低,萜烯分子每增加 5 个碳原子,溶解度就下降 5 倍左右。造成这种差别的原因可能是随着相对分子质量的增大,化合物的挥发性降低之故。

与相对分子质量的影响相比,化合物极性对其在超临界 CO_2 流体中的溶解度有更大的影响。单萜化合物如樟脑、柠檬醛、香茅醇和 1,9-萜二醇有不同的取代基和极性,尽管相对分子质量差异不大,但溶解度差别很大。结果充分说明,溶质分子结构对其在超临界 CO_2 流体中的溶解度是关键的影响因素。

2. 萃取压力的影响

压力大小是影响 CO_2 流体溶解能力关键因素之一。不同化合物在不同超临界 CO_2 流体压力下的溶解度曲线表明,尽管不同化合物在超临界 CO_2 流体中的溶解度存在着差异,但随着超临界 CO_2 流体压力的增加,化合物在超临界 CO_2 流体中的溶解度一般都呈现急剧上升的现象[10]。特别是在 CO_2 流体的临界压力(7.0～10.0 MPa)附近,各化合物在超临界 CO_2 流体溶解度参数的增加值可达到 2 个数量级以上,这种溶解度与压力的关系构成超临界 CO_2 流体过程的基础。

人们还发现超临界 CO_2 流体的溶解能力与其压力的关系,可用超临界 CO_2 流体的密度来表示。超临界 CO_2 流体的溶解能力一般随密度的增加而增加,Stahl 等指出当超临界 CO_2 流体压力在 80～200 MPa 之间时,压缩流体中溶解物质的浓度与超临界 CO_2 流体的密度成比例关系。至于超临界 CO_2 流体的密度则取决于压力和温度。一般在临界点附近,压力对密度的影响特别明显,40℃时 CO_2 流体的密度与压力关系见图 9-7。图 9-7 中曲线表明,在 7.0～20.0 MPa 区域内压力对密度增加的影响非常明显,超过此范围,压力对密度增加的影响较小。增加压力将提高超临界 CO_2 流体的密度,因而具有增加其溶解能力的效应,并以 CO_2 流体临界点附近其效果最为明显。超过这一范围 CO_2 流体压力对密度增加的影响变缓,相应溶解度增加效应也变为缓慢。

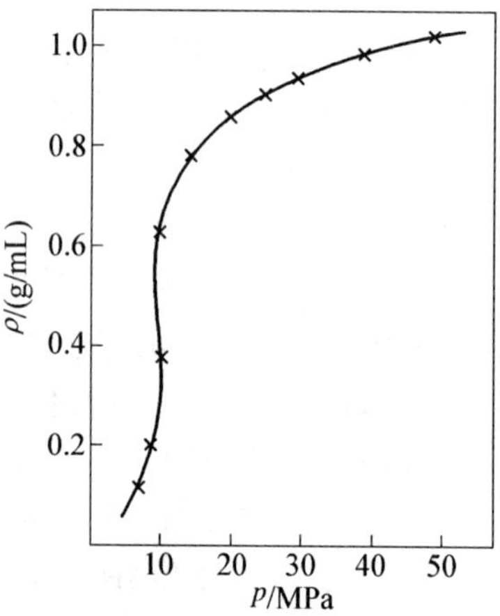

图 9-7 CO_2 密度与压力关系/40℃
(超临界流体萃取,2000)

3. 萃取温度的影响

与萃取压力相比,萃取温度对 CO_2 流体中溶质溶解度的影响要复杂得多。一般温度增加,物质在 CO_2 流体中溶解度变化往往出现最低值。具体影响规律可用植物精油中常见萜类化合物溶解性能变化来说明。萜类化合物苧烯和香芹酮在 8.0 MPa CO_2 流体中溶解度等压线如图 9-8 所示[10]。从 35℃开始,随着温度增加,相应 CO_2 流体密度下降,两个化合物的溶解度也下降,在 50～60℃都出现一个溶解度最低值,然后随着温度的增加,相应溶解度也增加。

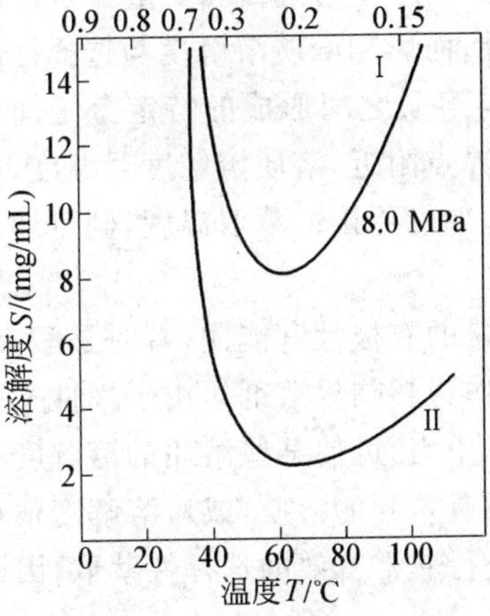

Ⅰ. 苧烯　Ⅱ. 香芹酮

图 9-8　苧烯、香芹酮在超临界 CO_2 流体中溶解度、等压线与温度、密度关系(超临界流体萃取,2000)

由此可见,温度对物质在 CO_2 流体中的溶解度有两个方面的影响:一是温度对 CO_2 流体密度的影响,随温度的升高,CO_2 流体密度降低,导致 CO_2 流体的溶剂化效应下降,使物质在其中的溶解度下降;二是温度对物质蒸气压的影响,随温度升高,物质的蒸气压增大,使物质在 CO_2 流体中的溶解度增大。这两种相反的影响导致在一定压力下,溶解度等压线出现最低点,在最低点温度以下,前者占主导地位,导致溶解度曲线呈下降趋势,在最低点温度以上,后者占主导地位,溶解度曲线呈上升趋势。

4. 萃取时间的影响

长期以来,对萃取时间的考察比较简单,文献中往往只提供有关萃取完全的时间方面的信息。事实上,对于萃取时间影响的重视有时可以收到意想不到的良好效果。已有许多研究结果表明,增加萃取强度,用尽量短的时间,更有利于整个萃取效率的提高,这种情况可能与组分之间存在的"溶解互助"效应有关。天然产物成分复杂,其中性质相近的组分之间可互为夹带剂,因此,设法让多组分"同时出来"比分步出来将更加容易。其实,天然产物各组分之间的互助效应是普遍存在的,这在萃取实验研究中经常被观察到。了解这一点,对于实际生产中的最佳工艺设计具有重要的指导意义。

5. CO_2 流量的影响

CO_2 流量的变化对超临界 CO_2 流体萃取过程的影响较复杂。当加大 CO_2 流量时,会产生有利和不利两方面的影响。有利的方面是:增加了溶剂对原料的萃取次数,可缩短萃取时间;流速提高,可以更好地"翻动"被萃取原料,使萃取器中各点的原料都得到均匀地萃取;强化萃取过程的传质效果,迅速地将被溶解的溶质从原料表面带走,缩短萃取时间。而不利的方面是:由于萃取器内的 CO_2 流速加快,CO_2 停留时间变短,与被萃取物接触时间减少,CO_2 流体中溶质的含量降低,当流量增加超过一定限度时,CO_2 中溶质的含量还会急剧下降。在实际应用中,应根据成本和效率的原则来确定某一萃取过程的流量。

6. 夹带剂的影响

(1)夹带剂的作用:单一组分的超临界溶剂对溶质的溶解度和选择性常有较大局限性,例如,非极性的 CO_2 只能有效萃取分子量较低的非极性的亲脂性物质,且选择性不高,萃取物常常是混合物。尤其在用 CO_2 萃取带有极性溶质时,溶解度太小,一次萃取量最低。因此,为提高单一组分的超临界溶剂对溶质的萃取能力,依待萃取溶质的不同,适量加入适当的非极性或极性溶剂做共同试剂,即夹带剂(entrainer,又称改性剂,modifier)是拓宽 SFE 技术应用范围的有效途径[11~16]。

夹带剂在超临界流体萃取中的作用主要有两点:一是可大大增加被分离组分在超临界流体中的溶解度;二是在加入与溶质起特定作用的适宜夹带剂时,可使该溶质的选择性(或分离因子)大大提高。

夹带剂分为两类,一类是非极性夹带剂;另一类是极性夹带剂。夹带剂的种类不同,所起作用的机制也各不相同。一般来说,夹带剂可从两个方面影响溶质在超临界流体中的溶解度和选择性：一是溶剂的密度；二是溶剂与夹带剂分子间的相互作用。一般来说，少量夹带剂的加入对溶剂的密度影响不大，甚至还会使超临界溶剂密度降低；而影响溶质溶解度与选择性的决定因素，是夹带剂与溶质分子间的范德华作用力或夹带剂与溶质之间形成的特定分子间作用，如形成氢键及其他各种化学作用力等。另外，在溶剂的临界点附近，溶质溶解度对温度、压力的变化最为敏感，加入夹带剂，混合溶剂的临界点相应改变，如能更接近萃取温度，则可增加溶解度对温度、压力的敏感程度。

(2)极性夹带剂：极性夹带剂是指在超临界溶剂中加入少量的有极性官能团(有时是酸、碱功能团)的物质。这些物质由于临界温度很高，本身不能单独作为超临界溶剂。由于极性夹带剂与极性溶质分子间的极性力、形成氢键或其他特定的化学作用力，可使某些溶质的溶解度和选择性都有很大改善。例如，对两种蒸气压相似但分子功能团有差异的溶质，或对溶解度很小的溶质(如氨基酸、糖、甾醇等)，选用适当的极性夹带剂都可进行非常有效的选择性萃取，因此极性夹带剂的理论与应用是现在主要的研究课题。

(3)非极性夹带剂

①非极性夹带剂与非极性溶质：非极性夹带剂与溶质的分子间作用力主要是色散力，它与分子的极化率有关。极化率越大，色散力越大。纯气体溶剂极化率一般很小，如 CO_2 的极化率是除甲烷之外所有碳氢化合物中最小的。为增加对溶质的溶解度，可加入极化率高的非极性夹带剂。Dobos 的研究表明，非极性夹带剂可使溶质溶解度大大提高，但其选择性却几乎没有改善，这正是色散力为分子间主要作用力的典型结果。

②非极性夹带剂与极性溶质：由于非极性夹带剂与极性溶质也没有特定的分子间作用力(如形成氢键)，它使溶质溶解度的增加也只能依靠分子间吸引力的增加，对选择性不会有大的改善。

(4)参与反应的夹带剂：夹带剂也可用作反应物，以提高萃取得率和选择性。在混合物中提纯某溶质时，如果夹带剂与所需产物有特定的作用(包括化学作用力或其他分子间作用力)，或者当溶质间存在着化学平衡，而夹带剂参与化学反应，则产品的得率与纯度都会大幅度提高。例如，发酵生产药品 Mevinolin 时，用超临界 CO_2 流体为萃取剂，甲醇、乙酸、叔丁胺为夹带剂萃取脱水后的发酵产物。当用乙酸作夹带剂时，萃取物中 Mevinolin 含量猛增至 74.0%，萃余物中 Mevinolin 也从 1.85%增至 10%，因此乙酸作夹带剂参与化学反应，使产品 Mevinolin 的纯度与得率都有极大地增加。而碱性夹带剂叔丁胺由于促使反应向反方向进行，使萃取物中 Mevinolin 含量由 1.85%降至 1.24%，萃余物中 Mevinolin 含量甚至降至零。

(5)夹带剂的选择：适当的夹带剂可大大增加被分离组分在超临界 CO_2 流体相中的溶解度和溶质的选择性，增加溶质溶解度对温度、压力的敏感程度，使被分离组分在操作压力不变的情况下，适当升温就可使溶解度大大降低，从循环气体中分离出来，以避免气体再次压缩的高能耗。

夹带剂的选择是一个比较复杂的过程，归纳起来可概括为以下几个方面。

①充分了解被萃取物的性质及所处环境：被萃取物的性质包括分子结构、分子极性、相对分子质量、分子体积和化学活性等。了解被萃取物所处环境也是非常必要的，它可以指导夹带剂的选择。例如，藻类中的 EPA 和 DHA 分布于低极性的甘油酯、中极性的半乳糖酯和极性很大的磷脂中，且主要存在于极性脂质中，所以要提取其中的 EPA 和 DHA，必须提取出各种极性的脂质成分，进而可确定合适的夹带剂。

②综合夹带剂的性质(分子极性、分子结构、相对分子质量、分子体积)和被萃取物性质及所处环境进行夹带剂的预选:对酸、醇、酚、酯等被萃取物,可以选用含—OH、C═O基团的夹带剂;对极性较大的被萃取物,可选用极性较大的夹带剂。

③在食品、医药工业中应用还应考虑夹带剂的毒性等问题。

④实验验证:确定因素有夹带剂的夹带增大效应(以纯 CO_2 萃取为参照)和夹带剂的选择性,统称为夹带剂的夹带效应。例如,以水为夹带剂,对辣椒素萃取的夹带剂效应显著;以丙酮为夹带剂,对红色素萃取的夹带剂效应显著,有利于色素的萃取。而且采用夹带剂时萃取可在19～20 MPa操作,比纯 CO_2 流体萃取所需压力低,而且经济,操作也方便。

表 9-5　部分 SFE 夹带剂应用实例

被萃取物	超临界流体	夹带剂
丹参(丹参酮)	CO_2	乙醇
厚朴(厚朴酚)	CO_2	甲醇
雪灵芝(总皂甙及多糖)	CO_2	乙醇
紫草	CO_2	乙醇
甘草	CO_2	乙醇
留行籽	CO_2	乙醇
香豆素	CO_2	乙醇、水
胡萝卜素	CO_2	乙醇、丙醇、己烷
罗汉果甙	CO_2	乙醇
EPA	CO_2、N_2O	尿素
DHA	CO_2、N_2O	尿素
沙丁鱼(油脂)	CO_2	甲醇、乙醇、丙酮
大豆(油脂)	CO_2	乙醇、己烷
菜籽(油脂)	CO_2	丙烷(混合流体)
γ-亚油酸	CO_2	乙醇、己烷
棕榈油	CO_2	乙醇

夹带剂的应用可大大拓宽超临界 CO_2 流体萃取的应用范围,特别是当被萃取组分在超临界 CO_2 流体中的溶解度很小或需要高选择性萃取时,夹带剂的应用是非常有效的。但夹带剂的应用会使已经复杂的高压相平衡理论更加复杂化,对于整个工艺来说增加了夹带剂分离和回收过程,而且对超临界 CO_2 流体萃取没有残留溶剂这一大优点有所影响。因此是否需要夹带剂应权衡利弊而定。

7. 物质状态的影响

样品的物理形态、粒度、黏度等也对超临界 CO_2 流体萃取过程产生影响。被萃取的原料可能是固体、液体或气体,其中固体原料被研究得最多。气体原料一般要用固体吸附剂吸附后再进行萃取。由于液体与 CO_2 流体混溶,只有少数液体原料能直接进行超临界 CO_2 流体萃取,大多数需首先用固体吸附剂吸附。

一般来讲,原料颗粒愈小,溶质从原料向超临界 CO_2 流体传质的路径愈短,与超临界 CO_2

流体的接触表面积愈大，萃取进行得愈快、愈完全。一般情况下，萃取效率随着原料粒度的减小而增加，但如果原料中溶质的含量很高，整个传质过程中固体表面的对流传质过程起着主导作用，则原料的粒度对萃取过程的影响并不明显。另一个方面，当原料的粒度过小时，会形成高密度的床层，使 CO_2 流体流动通道阻塞，影响流体在固体床中的传质效率并增加物料的预处理成本，因此一般以粒度 1～5 mm 为宜。采用超临界 CO_2 流体萃取固态物料时，超临界 CO_2 流体在流过萃取物料堆层时，可能沿阻力较小的路径穿过物料层时即发生“沟流”现象，使萃取过程不均匀，严重时会使萃取器内大部分物料无法与超临界 CO_2 流体接触，从而大大降低传质效率。从理论上讲，为了提高萃取器的传质效率，可改变装料方式降低萃取原料的自然堆放密度，增加其通透性，可有效避免超临界 CO_2 流体“沟流”现象的发生，从而提高过程的传质效率。

8. 传质性能的强化

尽管超临界 CO_2 流体具有较好的传质性能，但在超临界 CO_2 流体萃取天然产物的实际过程中，常采用必要的强化措施包括微波强化、超声波强化、电场强化、磁场强化、搅拌等，以减少溶质的阻力，从而强化超临界 CO_2 流体萃取的传质效果。通过对超临界 CO_2 流体萃取进行强化，可有效提高超临界 CO_2 流体萃取的能力和得率，降低操作压力，缩短萃取时间，改善操作条件，降低能耗等，是一种很有前途的技术。

第三节 超临界 CO_2 流体萃取的工艺流程及设备

一、超临界 CO_2 流体萃取的工艺流程

超临界 CO_2 流体萃取的工艺流程是根据不同的萃取对象和为完成不同的工作任务而设置的。从理论上讲，某物质能否被萃取、分离取决于该目标组分（即溶质）在萃取段和分离段两个不同的状态下是否存在一定的溶解度差，即在萃取段要求有较大的溶解度以使溶质被溶解于 CO_2 流体中，而在分离段则要求溶质在 CO_2 流体中的溶解度较小，以使溶质从 CO_2 流体中分离出来。

超临界 CO_2 流体萃取的基本流程的主要部分是：萃取段（溶质由原料转移至 CO_2 流体）和分离段（溶质和 CO_2 流体分离及不同溶质间的分离），工艺流程的变化也主要体现在这两个工序。

由于被萃取物质的固有性质（热敏性、挥发性等）及其在 CO_2 流体中的溶解度受温度、压力变化而改变的敏感程度均有很大的差别，因此在实际萃取过程中需要针对这些差异采用不同的萃取工艺流程。其目的是使溶质在萃取段和分离段呈现较大的溶解度差，以达到萃取分离的经济合理性。为此，可对超临界 CO_2 流体萃取流程作如下的分类：按萃取过程的特殊性可分为常规萃取、夹带剂萃取、喷射萃取等；按分离方式的不同可分为等温法、等压法、吸附法、多级分离法；还有萃取与分离同在一起的超临界 CO_2 流体精馏。

1. 常规萃取流程

常规的超临界 CO_2 流体萃取流程见图 9-9，这是该技术应用最早和最普遍的流程，该流程是一个等温法的流程。这种流程适合于萃取所得的混合成分产物不需分离的情况，如啤酒花、姜油、天然香料等。

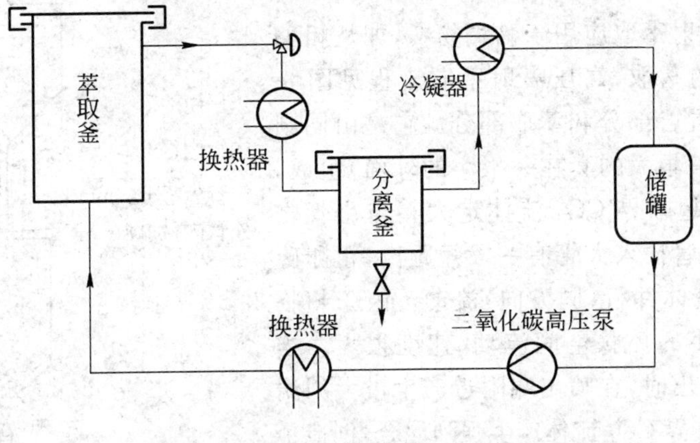

图 9-9　常规的超临界 CO_2 流体萃取流程

(食品超临界 CO_2 流体加工技术,2005)

2. 含夹带剂萃取流程

超临界 CO_2 流体是非极性溶剂,在许多方面类似于己烷。根据相似相溶原理,它对非极性的油溶性物质有较好的溶解能力,而对有一定极性的物质(如内酯、黄酮、生物碱等)的溶解度就较差。通过添加极性不同的夹带剂,可以调节超临界 CO_2 流体的极性,以提高被萃取物质在 CO_2 中的溶解度,使原来不能用超临界 CO_2 流体萃取的物料变为可能。

含夹带剂的超临界 CO_2 流体萃取流程见图 9-10,夹带剂是从 CO_2 泵的出口端泵入系统的。实际应用中也可将夹带剂由 CO_2 泵的入口端(即低压端)泵入,对夹带剂的要求较低,操作容易实现,但夹带剂会占去一部分 CO_2 泵的输送能力,在夹带剂用量较大时不宜从低压端泵入夹带剂。

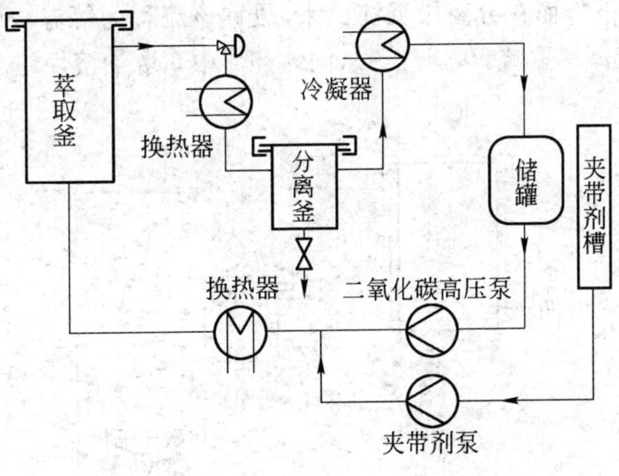

图 9-10　含夹带剂的超临界 CO_2 流体萃取流程

(食品超临界 CO_2 流体加工技术,2005)

3.喷射萃取流程

超临界高压喷射萃取应用于黏稠物料，如从粗卵磷脂除去中性油的萃取，高压喷射萃取流程见图 9-11，其核心部分是混合部分和萃取部分。它是由同圆心的大小两根管(一根大的套在一根小的外面)组成，粗卵磷脂走内管，超临界 CO_2 流体走大管与小管之间的环状空间。小管插入大管有一段短距离，粗卵磷脂与超临界 CO_2 流体并行(同方向)流动。由于超临界 CO_2 流体在窄小的环状空间流动，速度很大。当黏性液体从小管喷出时，在喷出端附近产生极大的湍流，粗卵磷脂与超临界 CO_2 流体产生强烈混合，创造了最适合萃取中性油的条件。故离粗卵磷脂喷出不远的地方，油已被完全萃取干净，得到细粒的卵磷脂固体产品沉淀于釜(Ⅰ)内，溶解了油的超临界 CO_2 流体继续进入分离釜(Ⅱ)中，这里经过减压，油沉淀于分离釜(Ⅱ)中，CO_2 经冷凝、压缩后循环再用。

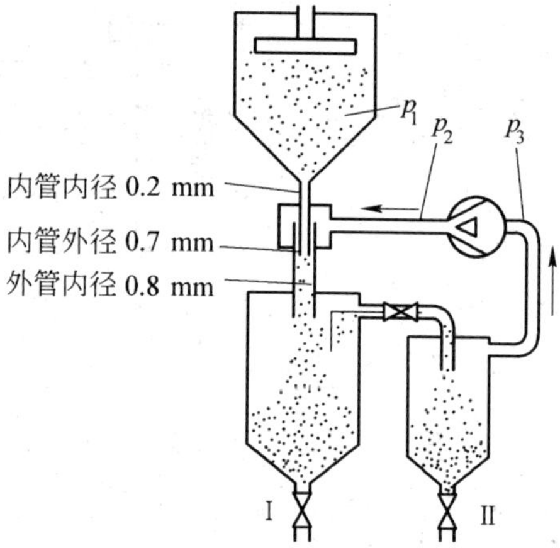

图 9-11 超临界 CO_2 流体喷射萃取流程(食品超临界 CO_2 流体加工技术,2005)

这种方法增大接触表面的原因是：首先，黏性流体在压力下通过毛细管，如内径(毛细管直径)为 0.2 mm 时，则喷出 1 kg 粗磷脂长度可达 32 km，表面积已达 20 m^2。其次，由于强烈的湍流作用，在高速流动的气流中喷出的细丝产生变形和破碎，又进一步增大接触表面积，从而促进传质的加速。

4.等温法流程

由于 CO_2 流体在降压过程中节流膨胀使温度降低，因此在分离段需加温以使其温度与萃取段保持大致相同。该流程是在萃取段和分离段 CO_2 的温度基本相同的情况下，利用其压力降低而造成对溶质的溶解度下降而在分离段沉淀出来，故称该流程为等温法(图 9-12)。该流程是最为普遍的超临界 CO_2 流体萃取流程，适应于从固体物质中萃取油溶性组分、热不稳定成分。

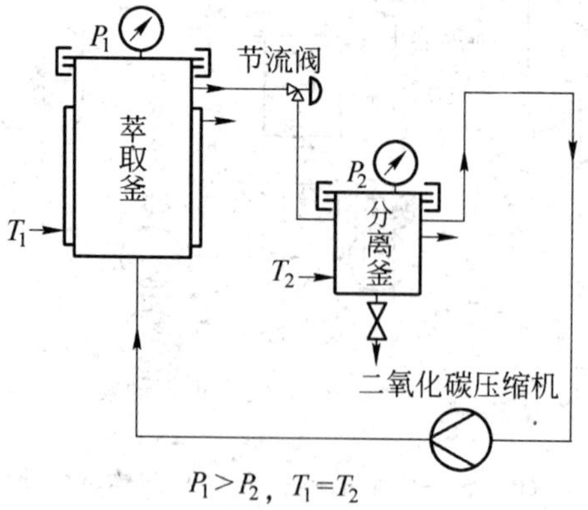

图 9-12 等温法流程(食品超临界 CO_2 流体加工技术,2005)

5.等压法流程

该流程在萃取段和分离段的压力基本相同，利用温度改变造成的溶解度下降而实现物质的分离，故称该流程为等压法（图9-13）。该流程具有设备简单、造价低廉、操作简便、运行费用较低等优点，适应于那些在CO_2中的溶解度对温度变化较为敏感且不易热分解的物质。该流程适应性不强，在实际科研和生产过程中较少应用。

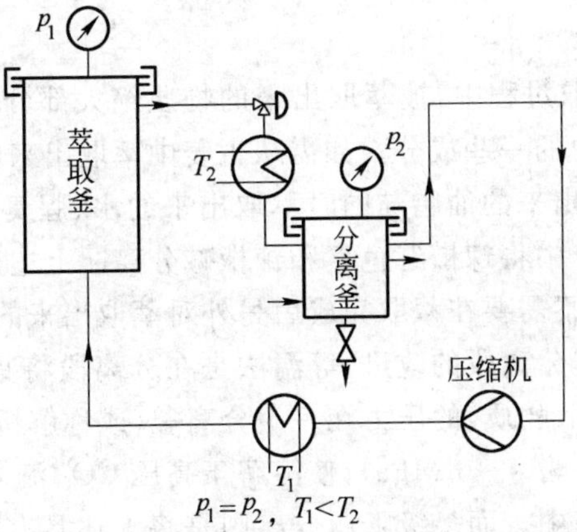

图9-13　等压法流程（食品超临界CO_2流体加工技术，2005）

6.吸附法流程[17]

吸附法大致是一个等温和等压的过程。将萃取段溶解了溶质的CO_2流体在分离段通过吸附剂将溶质吸附，从而使溶质与CO_2流体分离。吸附剂可以是液体（如水、有机溶剂等），也可以是固体（如活性炭）。流程见图9-14。该流程比等压法、等温法更简单，但必须选择廉价的、易于再生的吸附剂。

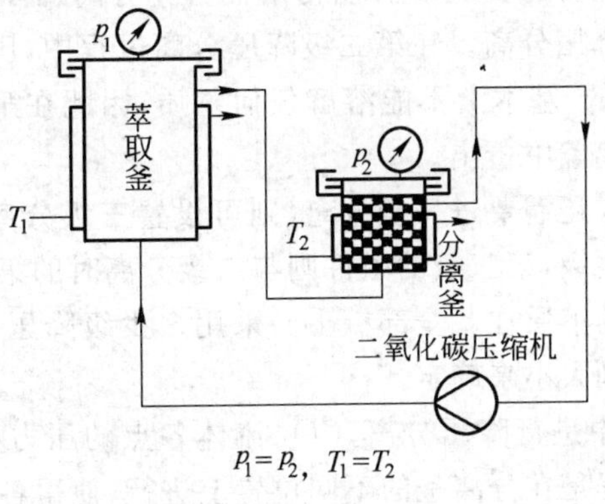

图9-14　吸附法流程（食品超临界CO_2流体加工技术，2005）

吸附法又分在分离釜中吸附和直接在萃取釜中吸附两种。例如，用超临界CO_2流体萃取咖啡因的工艺是先将咖啡因从咖啡豆中萃取出来，送入吸收塔底部并向上流动，与塔顶流下的水进行质量交换，咖啡因大部分被水吸收，脱咖啡因后的 CO_2 经压缩后重新进入萃取塔进行萃取，而吸收塔底含有咖啡因的高压水减压后进入脱气室脱气并在蒸发器中蒸发结晶得到咖啡因，水蒸气经冷凝后重新泵入吸收塔顶。也可以直接在萃取釜中吸附咖啡因，即将活性炭与咖啡豆同置于萃取釜中，充以超临界 CO_2(19 MPa，80℃)流体并静置 15 h，咖啡豆中的咖啡因被超临界 CO_2 流体萃取并被活性炭吸附，含量由 1%下降到 0.02%，经筛分可将脱咖啡因的咖啡豆与活性炭分离。

7. 多级降压分离流程

在超临界 CO_2 流体萃取过程中，被萃取出来的物质绝大部分是混合成分，有时需要对其进一步分离精制以富集其中的一些成分。如需从生姜中萃取出来的混合成分中将姜辣素和精油分离，从植物种子中萃取出来的油脂与同时萃取出来的水、腥臭成分和游离脂肪酸分离，从辣椒中萃取出来的混合成分中将辣椒红色素和辣椒碱分离。上述这些情况均可利用多级降压分离工艺一次达到目的，而不需要在萃取完成后另外对萃取出来的混合物再次进行分离。

该流程是对等温法流程分离段的改进，等温法是在分离段将具有很大溶解度的高压 CO_2 流体(其中溶解了各种被萃取物质)的压力在一个分离釜(或称解析釜)中一步降到几乎没有溶解能力的、很低的压力(一般为 4～6 MPa)，使溶解于高压 CO_2 流体中具有不同溶解度的组分在分离段全部析出在分离釜中。而多级降压分离则是将上述具有很大溶解度的、溶解了各种被萃取物质的高压 CO_2 流体在流经串联着的几个分离釜中逐步降压分离，逐步地降低 CO_2 流体的溶解度，使在萃取段中处于溶解状态的各种组分在逐步降压过程中依次在不同的分离釜中分离出来。

在萃取段，溶解度越大的成分越优先溶解于 CO_2 流体中而被萃取，而在分离段，溶解度越大的组分越后从 CO_2 流体中分离。多级降压分离过程正是利用这一特性来对各组分进行分离。

以二级降压分离(目的是将 CO_2 流体在萃取段所萃取的各种组分按溶解度大小大致分为溶解度小的和溶解度大的两部分)为例，经第一级降压分离，CO_2 流体的溶解能力有所降低，溶解度小的组分便不能被此时的 CO_2 流体所溶解而首先分离，而溶解度大的组分依然溶解在 CO_2 流体中而进入第二级降压分离。在第二级降压分离过程中，压力被降低到 5～6 MPa，此时的 CO_2 流体溶解能力很低，基本上不能溶解任何物质，因此在第一级分离过程中处于溶解状态的物质就在第二级分离釜中析出。

若两级分离所得的产物还需要进一步分离，则可设置三级分离。三级分离是将二级分离中的第一级分离再分开为两级，第三级的条件则与二级分离时的第二级(最后一级)相同，其目的是使以前所有还未析出的溶质在此全部析出。采用多少级降压分离，应根据产品分离的要求和各组分间溶解度的差别大小来确定。

在普通形状的分离釜中进行降压分离，CO_2 流体各点的压力相同，但由于其降压节流膨胀吸热过程和加热调温过程是在分离釜的不同位置上进行，使得各点的温度有较大的不同，导致 CO_2 在这些点上的溶解度也不相同，出现了在分离釜中某点的溶解度较大使本该析出的物质却依旧被溶解，而另一点的溶解度较小使本该溶解的物质却被析出的现象，因此分离效果较差。

为改善分离效果，应改变除最后一级分离釜(因其中的各种组分不需分离，只是需要全部析出)外的其他分离釜中 CO_2 温度的混乱状态，使之变得较为有序从而使各点的溶解度分布也变得较有规律，以达到分离的目的。以两级分离(图 9-15)为例，将第一级分离釜改为长柱形(解析柱)，并对该柱分级加热升温，CO_2 在柱底节流膨胀吸热使此处的温度较低，当 CO_2 上升时被夹套中温度逐渐升高的水所加热，温度不断上升，达到柱顶时 CO_2 的温度升至最高，形成了一个从柱底到柱顶温度上升的梯度。我们知道，在解析柱(或称分离柱)通常的压力条件下(8～20 MPa)，CO_2 的溶解能力与其密度的变化趋势相同，温度低密度大，溶解度就大，温度高密度小，溶解度就小，因此在解析柱里从下到上形成了溶解度逐渐减小的溶解度。

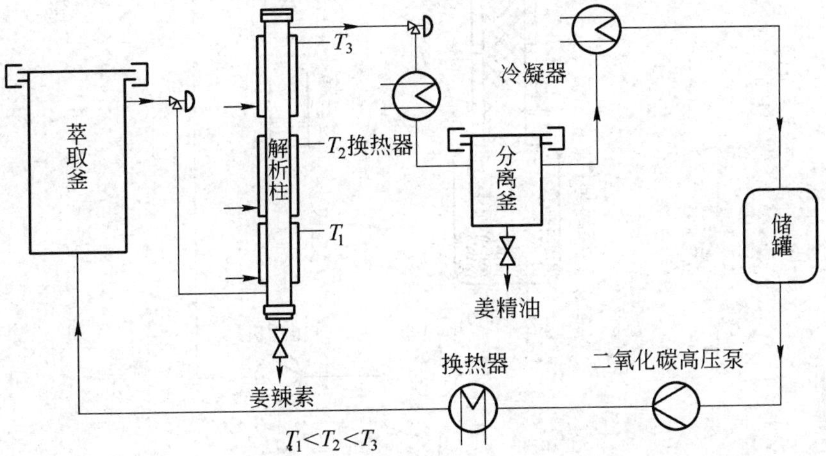

图 9-15　超临界 CO_2 流体萃取分离姜油二级分离流程(张德权等，1999)

当超临界 CO_2 流体在萃取釜中溶解了大量的混合物后经第一次降压节流膨胀，由于压力降低溶解度也随之有所下降，溶解度最小的那些组分不再被溶解而析出在解析柱的底部。同时，这些组分的一些雾末和溶解度大的组分继续随 CO_2 流体在柱中上升并被逐渐加热，温度逐渐升高溶解度逐渐下降，溶质(包括当初夹带的雾末)在 CO_2 的上升过程中不断析出形成液滴往下滴(即形成内回流)。液滴在下降过程中的每一个层面上都不断遭遇上升的、有一定溶解能力的、含有溶质的 CO_2 流体，并与流体中的溶质进行比较和交换，液滴和流体中溶解度相对较小的溶质形成新的液滴往下滴，而液滴和流体中溶解度相对较大的组分则溶解在流体中(组成流体中的新组分)往上升。整体来看，液滴下降过程中不断地被更新为溶解度小的组分越来越多的新液滴，直到在柱子的底部；上升的 CO_2 流体中的溶质不断被更新为溶解度越来越大的组分，直到随 CO_2 流体一同进入第二级分离釜，从而实现了对具有不同溶解度物质的分离。

需要说明的是，在一般的技术条件下，采用解析柱的多级降压分离的分离能力不是很强，不能期望能将溶解度差别很小的组分分离。

8. 超临界 CO_2 流体精馏流程

超临界 CO_2 流体萃取一般用于对固体物料的萃取，但对一些脂溶性的液体，可采用超临界 CO_2 流体精馏的工艺流程对其进行分离，与常规的精馏相比，其优点在于精馏过程可在不太高的温度下进行(一般小于 80℃)，适合对热敏性物质的分离。超临界 CO_2 流体精馏流程的示意图见图 9-16，其原理与多级降压分离过程中的解析柱原理基本相同，也是依据溶解度下降而形成内回流或强制回流来进行精馏分离。

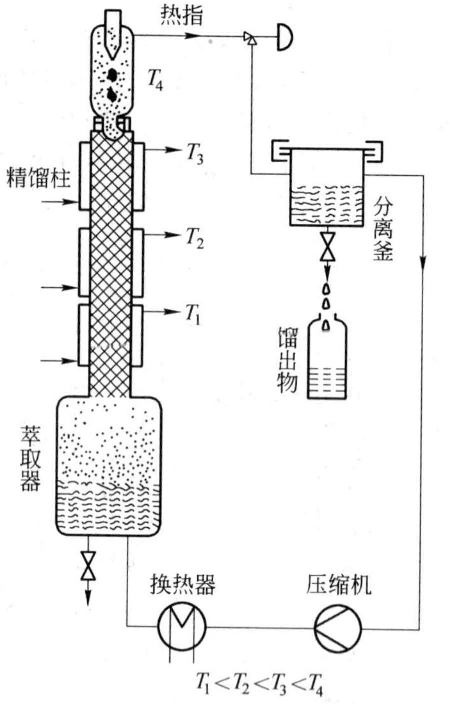

图 9-16 超临界 CO_2 流体精馏流程(食品超临界 CO_2 流体加工技术,2005)

二、固体物料的超临界 CO_2 流体萃取系统

超临界 CO_2 流体萃取系统主要包括 CO_2 加压、萃取、分离、温度及压力控制四部分,主要设备有压缩机、高压泵、阀门、换热设备、萃取釜、分离釜、加料器、储罐等。在超临界 CO_2 流体萃取研究中面临的大部分萃取对象是固体物料,而且多数用容器型萃取器,进行间歇式提取。

(一)萃取系统构成

1. 普通的间歇式萃取系统

固体物料最常用的萃取系统。这种系统结构简单,一般由一只萃取釜、一只或两只分离釜构成,有时还有一支精馏柱。最基本的几种结构如图 9-17 所示。

2. 半连续式萃取系统

半连续式萃取系统指采用多个萃取釜串联的萃取流程。目前,在萃取条件下向高压釜输入和送入固体原料,完成连续萃取是非常困难的。相反,若将萃取体积方便地分解到几个高压釜中,从而批处理就变得类似于一个地道的逆流萃取。这样的流程如图 9-18 所示。4 个萃取釜依次相连(粗线)。当萃取釜 1 萃取完后,通过阀的开关将它脱离循环,其压力被释放,重新装料,再次进入循环,这样则又成为系列中最后一只萃取釜被气体穿过(虚线)。在该程序中,各阀必须同时操作。这可以依靠气动简单地完成操作控制。

另外一种半连续萃取流程如图 9-19 所示。该流程的特点是依靠从压缩机出来的压缩气

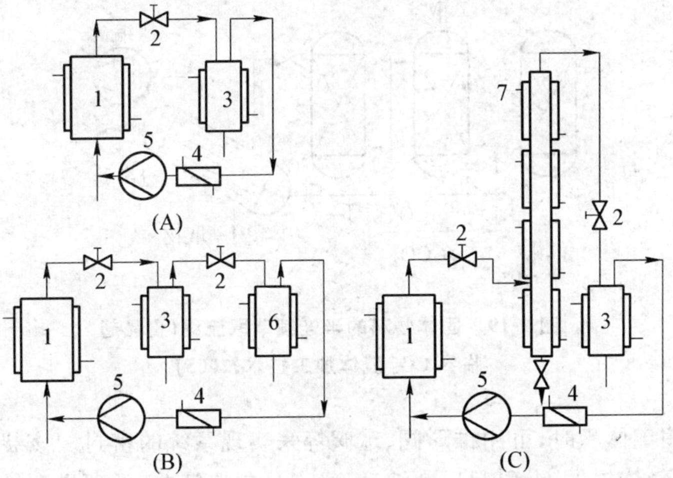

图 9-17　几种典型的间歇式萃取系统(食品超临界 CO_2 流体加工技术,2005)

体过剩的热量,来加热从萃取釜出来携带有萃取物的 CO_2 流体,使 CO_2 流体释放出萃取物,进入下一个循环。

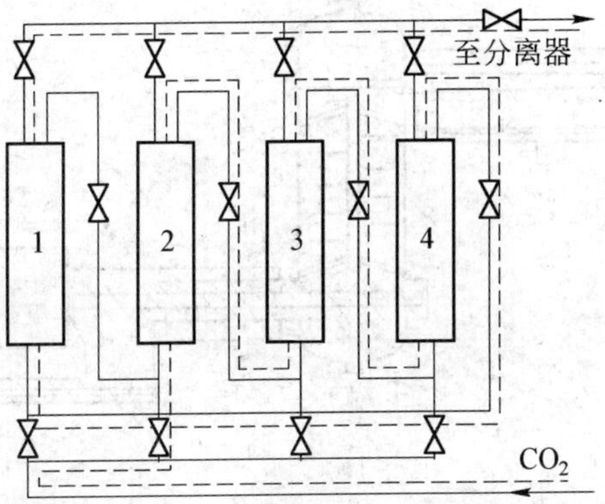

图 9-18　多釜逆流萃取流程(食品超临界 CO_2 流体加工技术,2005)

3. 连续式萃取系统

在采用超临界 CO_2 流体萃取固体物料时,使用连续进料的操作很少,不过就方便而言,还是希望有固体连续进料装置。在设计高压萃取系统的固体连续进料装置时,应考虑如下两个方面的因素:①设备的性能价值比;②固体受压后性质的变化。

目前已应用的固体连续进料装置基本上采用固体通过不同压力室的半连续加料以及螺旋挤出方式,这种气锁式或挤出式加料系统按固体在其中的性质可分为以下 3 类。

(1)原料形状不发生变化的固体连续加料系统:如咖啡豆脱除咖啡因时,要求保持咖啡豆颗粒的完整性。可采用处于不同压力条件下的移动式或固定式压力室进行批式装料。当气锁

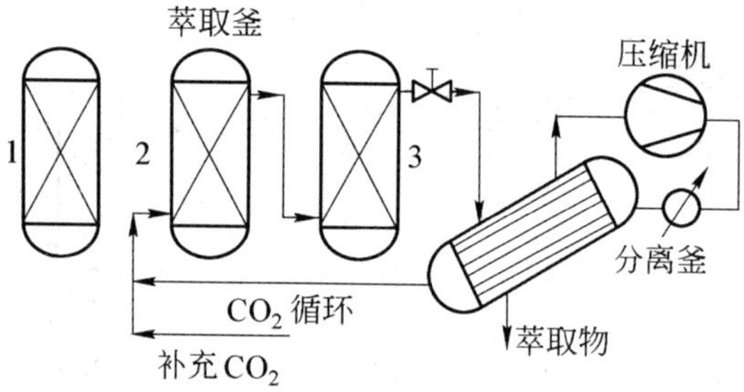

图 9-19 固体物料的半连续萃取流程(食品超临界 CO_2 流体加工技术,2005)

室是固体式且有固定体积时,可用锥形阀、球阀等来实现系统的密封。该装置的缺点是半连续操作、气锁系统有气体损失、会引起压力波动,优点是制造简单、处理量大。

(2)原料形状发生变化的固体连续加料系统:如油籽脱油和啤酒花提取浸膏等。因为固体物料在压力作用下会发生变形,其自身起到了密封的作用。当物料受压通过一筛板形成小颗粒密封时效果更佳。与轴向压缩进料不同的另一种连续进料设备是螺旋挤出机(图 9-20)。在油籽萃取中,该设备不仅起到预脱油的作用,而且密封和输送效果都比较好。

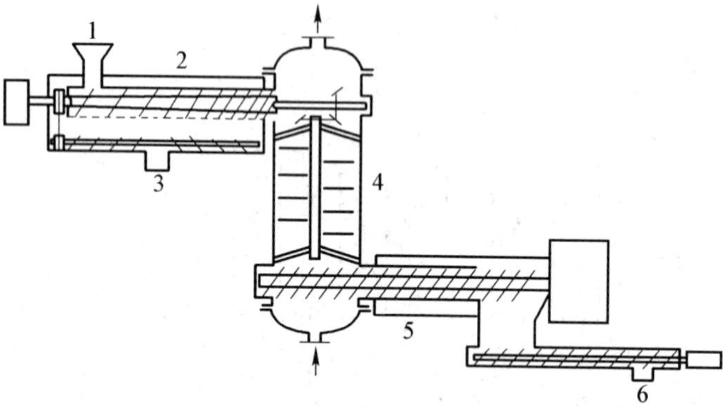

1. 油料进口 2. 螺旋加料器 3. 挤出油出口
4. 夹套式萃取器 5. 螺旋卸料器 6. 油饼出口

图 9-20 固体连续加料装置(食品超临界 CO_2 流体加工技术,2005)

(3)悬浮液加料系统:可考虑使用机械位移泵,如柱塞泵或隔膜泵等适合于悬浮液输送的设备。由于摩擦和密封问题的存在,用流体置换代替机械置换是可选的方法之一。

(二)固料萃取釜

1. 萃取釜的要求

萃取釜是超临界 CO_2 流体萃取技术发展的关键之一,它需要解决过程处于高压(一般在 8～35 MPa 或更高)下所产生的机械、热交换、流体输送和安全保证等问题。由于高压下连续进出固体物料技术还达不到工业化的要求,为适应固体物料频繁装卸料的需要,国际上普遍使用全镗快开盖式高压釜加原料筐以满足萃取生产的需要。其密封结构和密封材料必须适应超临界 CO_2 流体的强溶解性能和很高的渗透能力。对萃取釜的要求具体包括以下几个方面。

(1)具有快速开关盖装置。间歇操作的超临界 CO_2 流体萃取釜需要经常进行物料更换操作,开关容器顶盖所需的时间很多。因此,采用快速开关盖装置可以减少操作时间,提高生产效率。

(2)抗疲劳性能好。受压容器承受交变载荷时,在像接管根部等出现塑性应变的高应变区容易发生疲劳破坏,因此要求萃取釜具有良好的抗疲劳性能。

(3)温度控制容易。操作温度对超临界 CO_2 流体的溶解度影响较大,而在萃取过程中又常发生吸热或放热现象,破坏萃取釜中的温度平衡,因此在超临界 CO_2 流体萃取中要求温度控制得好。目前,多数情况下采用在夹套中通入循环水的方式来保证萃取釜内的温度恒定,这种方法简单易行但效果不好;也有在多层容器的内筒外表面开槽,再通循环冷却水的方式,采用这种方法可降低传热阻力、提高萃取釜内温度控制效果,但结构复杂、易阻塞且循环水的流量受到限制;还可以采用在萃取釜内放置盘管如蛇管等来达到控制温度的目的,但它受操作工艺的限制,较多的场合都不能采用这种方式。

(4)结构紧凑、成本低。设计萃取釜时,应在满足强度的前提下,尽量使容器结构紧凑、制造方便、生产成本低。

2. 萃取釜的规模

实验室用的超临界 CO_2 流体萃取设备,其萃取釜容积一般在 500 mL 以下,结构简单,无 CO_2 循环设备,承压能力可达 70 MPa,适合于实验室探索性工作。近年来发展了一种萃取器容积为 2 mL 左右的萃取仪,可与分析仪器直接联用,主要用于制备分析样品的超临界 CO_2 流体萃取器。

中试设备的萃取釜容积一般为 1～20 L,其配套性好,CO_2 可循环使用,适用于工艺研究和小批量样品生产,国际上发达国家都有生产,我国也有专门生产厂家。

工业化生产装置的萃取釜容积一般为 50 L 至数立方米,国外主要采用德国 UHDE 和 KRUPP 公司的设备,我国目前能自制 500～1 000 L 的工业化萃取装置。

3. 萃取釜的快开装置

根据文献资料和国内外使用实践,快开装置主要集中在以下几种形式。

(1)单螺栓式结构:这种结构的特点是整个釜盖作为一个大螺栓旋入封口中,螺纹为承受轴向力构件。其优点是结构简单,加工方便,不需要单独加工法兰,与釜盖相配合的螺纹可以在筒身上直接车出,减少焊缝。但萃取釜容积增大,则旋紧釜盖时劳动强度很大,故这种结构仅适用于 20 L 以下的萃取釜。国际上瑞士 NOVA 公司多使用此结构,我国生产的中小型装置也全部采用这种结构。

(2)多层螺旋卡口锁结构:该结构是上述结构的改进型,分别在釜盖和筒体的大螺纹上开三道锁口,釜盖可以通过锁口直接放入筒体螺纹开口处,螺旋釜盖 30°,即可锁紧釜盖,避免单螺纹结构需要旋多圈螺纹的情况,可应用于大型设备。

(3)卡箍式结构:这是一种比较通用的结构,其釜盖和筒体上都有凸缘,当釜盖放入筒体后,用两个半圆形的卡箍将釜盖和釜体卡紧,达到承压的目的。这种结构装卸更加方便,并可采用液压装置机械化地开、闭釜盖,适用于大型萃取装置。世界著名的超临界装置制造厂家 UHDE 公司就是采用这种结构。我国自行建造的工业化萃取装置也有采用这种结构的。

(4)楔块式结构:这种结构是将釜盖上承受轴向力的整体受力构件分解成若干可移动的楔形块,这些楔件通过液压或气动插入筒体的凹槽或从凹槽中抽出,完成开、闭动作。这种结构的优点是锁紧和提升均在釜盖构件上,不需要与其他固定物发生力的关系,所以易实现机械化,但结构比较复杂,适合于大型装置。也有例外,美国 MarcSim 公司在 10 L 萃取釜上采用这种结构,设计得很巧妙。

4. 萃取釜的密封结构和密封材料

(1)密封结构:按密封原理,即密封元件的受力情况,可将密封结构分为强制型密封、自紧式密封和半自紧式密封。强制型密封完全靠外力(如螺栓)对密封元件施加载荷实现;自紧式密封主要是利用介质的压力对密封元件施加载荷;上述两种方法兼而有之的即称为半自紧式密封。以密封力的方向来看,一般分为径向式、轴向式和复合式。径向式密封力沿容器直径方向,这种密封的旋紧力全靠加工部件的间隙配合来保证,虽然加工要求较高,但一旦加工完成后,装卸时不受人为因素的影响,密封质量能得到保证。轴向式密封力与容器中轴线平行,密封力靠人为旋紧力保证,因此会受到操作者人为因素的影响,虽然也有靠加工精度保证的(卡箍式)。这两种密封结构都需在外力作用下完成,因此均属于强制密封。工业化萃取釜宜采用径向式自紧密封结构,既能起到较好的密封效果,而且装拆方便,使用寿命也较长,但需考虑 CO_2 流体的特殊渗透性能和操作参数。

(2)密封材料:由于超临界 CO_2 流体在常温下操作,虽然橡胶材料价廉物美,但实际上,由于超临界 CO_2 流体具有较强的溶解能力和渗透能力,普通橡胶材料无法达到要求,一只橡胶密封圈只能使用一次,有时由于橡胶密封圈的溶胀还会影响釜盖的装卸。瑞士 NOVA 公司小型装置的橡胶圈可以重复使用很多次,至于大口径工业化萃取釜、分离釜,德国 UHDE 公司使用一种特殊塑料密封材料,可连续使用近一年的时间,但国内至今还不能解决橡胶密封材料多次使用的问题。根据对各种橡胶制品各种性能的综合比较,发现选用丁腈橡胶 O 形圈作为密封元件较为适合,因为它具有优良的不透气性能,并以优异的耐油性能著称,和有机试剂长期接触后仍能保持其原有的强度和良好的物理性能,同时也具有良好的耐热性、耐水性。

(三)分离器(不分固体原料和液体原料)

从萃取器出来的溶解有溶质的超临界 CO_2 流体,经减压阀(一般为针形阀)减压后,在阀门出口管中流体呈两相流状态,即存在气体相和液体相(或固体),若为液体相,其中包括萃取物和溶剂,以小液滴形式分散在气相中,然后经第二步溶剂蒸发,进行气液分离,分离出萃取物。当产物是一种混合物时,常常出现其中的轻组分被溶剂夹带,从而影响产物的得率。

一般使用的分离器有如下一些形式。

1. 轴向进气分离器

轴向进气是最常用的一种分离器形式如图 9-21(A)所示,其采用夹套式加热。它的结构简单,使用及清洗方便。但存在的问题是进气的流速较大时会将未及时放出的萃取物吹起,进而形成的液滴会被 CO_2 夹带出分离器,从而导致萃取收率偏低,严重时会堵塞下游管道。

2. 旋流式分离器

为了解决轴向进气分离器的不足,出现了旋流式分离器,如图 9-21(B)所示,它由旋流室和收集室两部分组成。当萃取物是液体时,在旋流室底部可用接受器收集低溶剂含量的萃取物,当萃取物比较黏稠或呈膏状不易流动时,可设计成活动的底部接受器将萃取物取出,这种

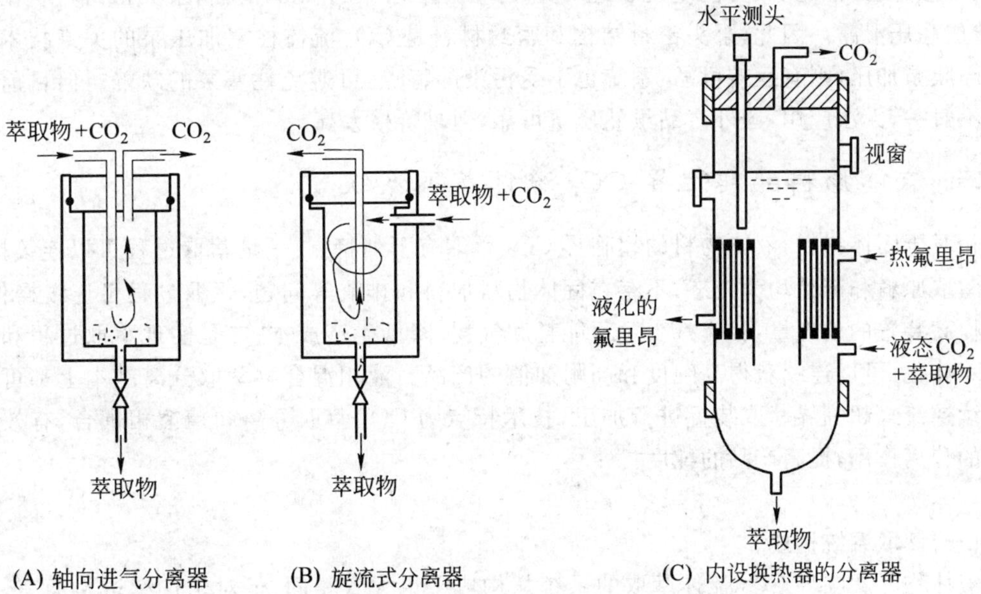

图 9-21　分离器的结构(食品超临界 CO_2 流体加工技术,2005)

分离器不仅能破坏雾点,而且能供给足够的热量使溶剂蒸发。即使不经减压,这种分离器也有很好的分离效果。

3. 内设换热器的分离器

这是一种高效分离器,如图 9-21(C)所示。其主要特点是在分离器的内部设有垂直式或倾斜式的壳管式换热器,利用自然对流和强制对流与超临界 CO_2 流体进行热交换。在进行这种分离器设计时,须考虑萃取物是否沉积于换热器表面,对温度是否敏感,产物和其他组分的回收价值。例如,在啤酒花的萃取分离过程中,可能有大量的萃取物附着在热交换表面,使传热效果变差,引起萃取物的热敏性变质。

(四)CO_2 加压设备(不分固体原料和液体原料)

超临界 CO_2 流体萃取装置在高压下操作,所以 CO_2 加压装置是核心部件,其选型、质量和配套决定整套萃取设备的质量。

1. CO_2 压缩机

应用压缩机可以使超临界 CO_2 流体萃取装置工艺流程简化,不必进行冷凝液化和加热汽化等多个相变过程,有利于回收低压 CO_2 气体。但压缩机流量较小(特别是压缩比较大更明显),能耗较大,工作效率较低,噪声也较大,所以国外工业装置都不采用压缩机。由于小型设备不必计较经济效率,故尚有采用,如 NOVA 公司小型萃取设备都采用压缩机升压。

2. CO_2 高压泵

高压泵具有流量大,效率高,噪声低等优点。只是 CO_2 必须液化,因而流程常配备多个冷冻凝缩和热交换设备。国外大型工业化装置均使用高压泵来加压。国内大、中、小型超临界 CO_2 流体萃取设备都采用高压泵升压。目前使用的加压泵主要是柱塞泵,其价格较低,结构简单，维修容易，性能稳定，但应用于超临界 CO_2 流体时，由于无润滑油，泵头密封材料极易磨损，造成高压泄露。因此，泵头密封结构和密封材料是 CO_2 流体柱塞加压泵的关键技术。若使用隔膜泵加压，则有运转可靠、系统也不受污染的特点，可避免柱塞泵的缺陷。但目前国内产品不过关，无法应用，国外产品虽然质量可靠，但是价格太高。

三、液体物料的超临界 CO_2 流体萃取系统

相对于固体物料，液体物料的超临界 CO_2 萃取有下列特点：一是萃取过程可以连续操作，由于萃取原料和产品均为液态，不存在固体物料加料和排渣等问题，萃取过程可连续操作，大幅度提高装置的处理量，相应减少过程能耗和气耗，降低生产成本；二是实现萃取过程和精馏过程一体化，可以连续获得高纯度和高附加值的产品。液相混合物萃取分离基本上都可以采用连续逆流式超临界萃取装置进行加工，技术特点为 CO_2 萃取分离和精馏相耦合，有效发挥二者的分离作用，提高产品的纯度。

（一）萃取系统构成

液体物料超临界 CO_2 流体萃取的系统从构成上讲大致相同，但对于连续进料而言，在溶剂和溶质的流向、操作参数、内部结构等方面有不同之处。

1.按溶剂和溶质的流向分类

按照溶剂和溶质的流向不同，液体物料的超临界 CO_2 流体萃取流程可分为逆流萃取、顺流萃取和混流萃取。一般情况下，溶剂都是从柱式萃取釜的底部进料。那么，逆流萃取是指液体物料从萃取釜的顶部进入，顺流萃取是指从底部进入，混流萃取是指从中部进入。

2.按操作参数的不同分类

由于温度对溶质在超临界 CO_2 流体中的溶解度有较大影响，在这种情况下，可在柱式萃取釜的轴向设置温度梯度。所以按照操作参数的不同可分为等温柱和非等温柱操作。不过为了实现精确分离，许多情况下萃取釜的后面装设精馏柱，精馏柱也设有轴向温度梯度，不过精馏柱相对后面的分离器就是一只柱式萃取釜。

3.按柱式萃取釜内部结构的不同分类

为了使液体物料与溶剂充分接触，一般需在柱式萃取釜中装入填料，这时称之为填料柱。有时不装填料，而使用塔板（盘），则构成塔板（盘）柱。在目前已有的液体物料的超临界 CO_2 流体萃取流程中，大部分使用的是填料柱。在填料柱中填料的种类是影响分离效果的重要因素。

图 9-22 是吉卡特·帕特等发明的一种用于液体原料超临界 CO_2 流体逆流萃取的柱式萃取器（中国发明专利 CNl052057A）。萃取器内装有一组多孔塔盘，从塔顶部供给较重的待萃取的液体混合物，在逆向流动状态下进行萃取。多孔盘依靠薄壁管状的间隔元件使其位置保持不变，这种间隔元件的外径比构成萃取塔的管内径稍小。所有的塔盘都是相同的，并且是交替旋转 180°安装。塔顶的电容传感器用于液面位置的控制。萃取时，液料沿着降液管连续向下流动，分散相通过塔盘孔自上而下地流动。在这种条件下，分散相分割液料成为气泡并在相邻塔盘下的区域内再次形成连续相。为了保持超临界 CO_2 流体的鼓泡效应，孔下液柱的高度应该保持一定值。超临界 CO_2 流体经历多次液料接触，大大强化了传质过程。

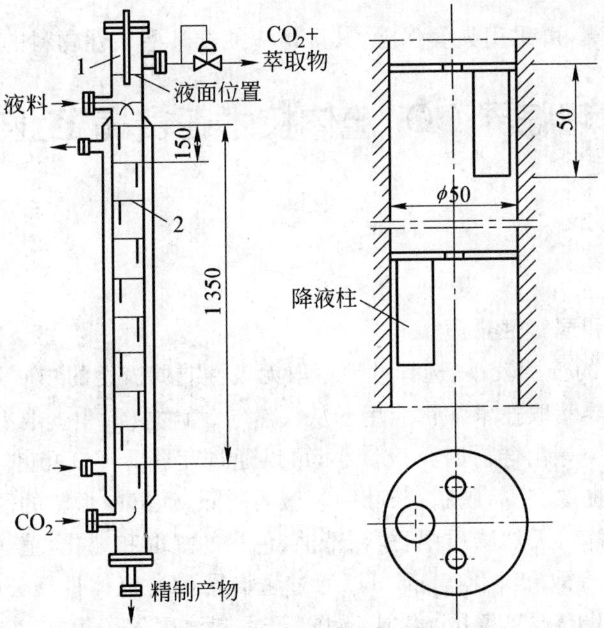

1. 电容传感器　2. 塔盘

图 9-22　装有多孔塔盘的液相原料萃取系统及塔盘结构

(食品超临界 CO_2 流体加工技术,2005)

(二)液料萃取釜

一般的柱式萃取釜高度在 3～7 m 之间。萃取柱常由多段构成,按其作用可分为 4 段。

1. 分离段

在分离段,物料与超临界 CO_2 流体进行传质。分离段外部用夹套保温或沿柱高形成温度梯度,以便选择性分离某些组分。

2. 连接段

用于连接两个分离段,并在其中设置支撑填料。一般情况下,连接段的长度为 0.25 m 左右。每个连接段具有多个开口,分别用于进料、测温与取样等,其与分离段的连接方式有两种,见图 9-23。通过连接段和分离段的有效组合,以及进料位置的变化,可以满足不同体系萃取的分离要求。

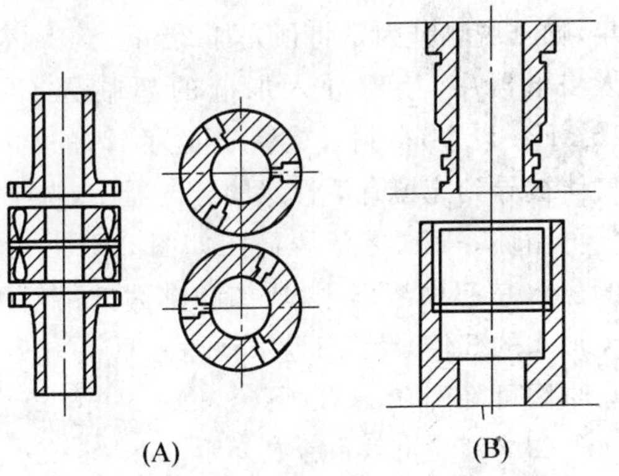

图 9-23　连接段与分离段的连接方式

(食品超临界 CO_2 流体加工技术,2005)

3. 柱头

它的设计要考虑萃取剂与溶质的分离,最好设有扩大段,并用夹套保温。

4.柱底

用于萃余物的收集，可采用夹套保温，其设计应便于某些黏性物料的放出和清洗。

第四节　超临界 CO_2 流体技术在食品工业中的应用

一、超临界萃取

(一)萃取无极性和弱极性物质

超临界 CO_2 体系的极性较小，选择性地萃取无极性或弱极性的物质是超临界 CO_2 体系的重要分离方法。超临界萃取技术常常应用于从天然动、植物资源中提取有效成分。纯酯类、生物碱类、胡萝卜素、萜类等化合物因其极性小，可以通过超临界 CO_2 流体技术得到有效提取。啤酒花中酒花浸膏的提取，食品脱脂，茶叶中茶碱的脱除，烟草中烟碱的脱除，牛肉中胆固醇的脱除，皮革中油脂的脱除，天然物质中香料、精油、色素的提取和纯化，植物籽中籽油的萃取，鱼油中 DHA 和 EPA 的提取和纯化等，都可以通过超临界 CO_2 流体进行分离。在超临界流体技术的应用方面，国外起步较早，德国、美国、英国、日本和法国等国家在 20 世纪 80 年代已建立了超临界萃取的工业装置，主要用于生产天然香料、调味品、咖啡因、酒花浸膏、天然色素和植物籽油等，对植物原料的年处理能力大约 5 000 t 的工厂至少有 5 家。我国在超临界的工业化应用较晚，现有工业装置十多套，萃取器的大小在 500 L 以内，生产的产品有沙棘油、小麦胚芽油、酒花浸膏、青蒿素和香精香料等。

1.脱咖啡因[18]

生产无咖啡因的咖啡，常规法是用有机溶剂和水脱咖啡因。随着超临界流体技术的出现，德国的 HAG 公司从 1978 年开始用超临界 CO_2 脱咖啡因，其处理量为 20 万 t/年，咖啡脱咖啡因是将预先加 20%～50%水的咖啡青豆装入浸出器中，接着导入加湿的超临界 CO_2 流体(60℃、16 MPa 以上)得到含重量浓度为 1%的咖啡因提取气，该气体被导到充填有活性炭的分离器中，咖啡因被分离，CO_2 气再循环。其工艺流程简图如图 9-24 所示。提取工艺中的加水是起助溶作用，增加咖啡因的溶解度(浓度可达到无加水的 3 倍)经该工艺处理后，原料中 1%～3%含量的咖啡因可降到 0.1%以下。

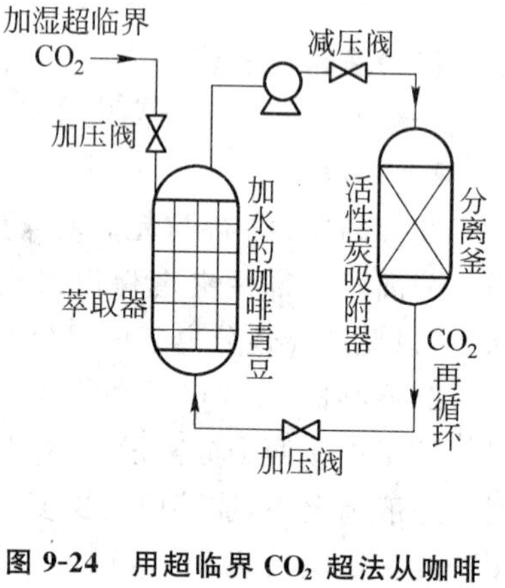

图 9-24　用超临界 CO_2 超法从咖啡青豆中脱出咖啡因(超临界流体技术原理及应用,2000)

2.啤酒花有效成分的萃取

啤酒花也称律草花或蛇麻，是雌性啤酒花成熟时在叶和枝之间生成的籽粒。啤酒花中对酿酒有用的部分是挥发性油和软树脂中的律草酮。挥发油赋予啤酒特有的香气，而律草酮是造成啤酒苦味的重要物质。早期采用啤酒花直接酿酒，存在于啤酒花中的律草酮只能利用 25%，后来改进为二氯甲烷或甲酸等有机溶剂萃取法，可使其利用率提高到 60%～80%，但萃取物还需进一步精制。采用超临界 CO_2 流体萃取技术，律草酮的萃取率可达 95%以上，并能得到安全的高品质、富含啤酒花风味物质的浸膏，因而成为最早实现工业化生产的超临界萃取技术之一。采用超临界 CO_2 流体萃取法生产啤酒花浸膏时，首先把啤酒花磨成粉末状，使之更易与 CO_2 流体接触，然后装入萃取器，密封后通入超临界 CO_2 流体进行萃取。达到萃取要求后，经节流降压，萃出物随 CO_2 流体一起被送至分离釜，得到黄绿色产品。实践证明，采用超临界 CO_2 流体萃取得到的浸膏生产啤酒，其主要组分的含量、色泽、味道都与用全酒花生产的啤酒相似。我国也盛产啤酒花，目前中国学者在研究开发用超临界 CO_2 来萃取中国的啤酒花方面采用了国产化设备并已达到工业化规模[19]。

3. 植物油脂的萃取

超临界 CO_2 流体萃取对植物油脂的应用比较广泛、成熟。大量研究表明，超临界 CO_2 流体萃取得到的油品，油收率高，杂质含量低，色泽浅，并且可省去后续的减压蒸馏和脱臭等精制工序。与传统方法相比，萃取油脂后的残粕仍保留了原样，可以很方便地用于提取蛋白质、掺入食品或用作饲料。因此，超临界 CO_2 流体萃取技术广泛用于开发那些具有高附加值的保健用油品上，如米糠油、小麦胚芽油、沙棘油、葡萄籽油等，并取得了工业应用成果。

小麦胚芽含有大量的亚油酸等人体必需的不饱和脂肪酸、天然复合维生素 E、蛋白质等，其中包括八种人体必需的氮基酸，是具有很高食用价值和保健作用的食物。小麦胚芽中提取胚芽通常采用压榨法和有机溶剂萃取法。压榨法出油率低，而有机溶剂存在溶剂残留和溶剂易燃等问题，这两种方法生产的小麦胚芽油不但破坏了胚芽的品位，胚渣只能作为饲料，胚芽中丰富的蛋白质不能得到充分利用；而且工艺复杂，要经过脱胶、脱色、脱酸、脱臭等精制步骤。张镜澄[20]等人率先在国内研究超临界 CO_2 萃取及精制小麦胚芽油技术，该技术用超临界或液体 CO_2 萃取出小麦胚芽后，在一系列排列的分离器中分步降低 CO_2 的压力并调节降压后的温度，使胚芽油中不同性质的组分分别在不同的分离器中析出，于是脱酸、脱胶、脱色、脱臭过程同步完成。

沙棘油含有丰富的营养成分和 100 多种对人体非常珍贵的生物活性物质。我国一般用有机溶剂，也有用压榨法提取。这类生产方法过程复杂，油收率低，或者有溶剂残留，或者纯度偏低，使其应用受到影响。武练增[21]等人提出用 SC-CO_2 萃取沙棘油的专利技术，成功地克服了现有提取方法存在的问题，得到品质高、收率高的沙棘油，其工艺过程：SC-CO_2 从萃取器底部进入，通过已粉碎的沙棘籽(果皮)层，带出有效成分等溶解物，依次进入 3 个分离器，利用不同的温度和压力，在 3 个分离器分别得到沙棘油和水。这个过程可使 CO_2 与沙棘油、水得到较好的分离，其油收率达到 90%以上，油的酸值为 5.58，碘值为 152.3，皂化值 190.5，不饱和脂肪酸总量为 87.6%。

4. 从鱼油中分离提取高度不饱和脂肪酸

高度不饱和脂肪酸-二十碳五烯酸(EPA)和二十碳六烯酸(DHA)的医疗保健性能的发现在 20 世纪 80 年代末 90 年代初引起轰动。EPA 和 DHA 具有降血脂、防血栓、保护血管和增强血液流动的功能，被视为新一代心脑血管疾病药物。天然的 EPA 和 DHA 主要存在于海洋动物和海洋浮游植物中，目前唯一的商业来源是海鱼及其油。由于高度不饱和脂肪酸分子结构的特点，EPA 和 DHA 极易被氧化，易受光热破坏，传统的分离方法很难解决高浓度的 EPA、DHA 提取问题，因此用超临界 CO_2 流体，分离 EPA 和 DHA 日益受到人们的重视，并取得了良好的进展。EPA 和 DHA 在鱼油中主要是以甘油三酯的形式存在，并与其他脂肪酸一起结合在甘油分子上。超临界 CO_2 流体对鱼油直接萃取，由于鱼油的溶解度很低，更难将 EPA 和 DHA 从甘油分子上解离下来得以分离，而只能萃取出鱼油中的色素、臭味物质，如醛类、酮类以及其中部分游离脂肪酸，因此，直接萃取鱼油实际上只能起到精制鱼油的作用。当然，直接萃取方法简单、成本低而且保留了鱼油原来的化学状态，也许更适合人体的吸收作用，现在越来越多的人倾向于服用这种鱼油及其制品。要制取高浓度的EPA和DHA，首先要解决两个问题：一是萃取前对鱼油进行处理，把甘油酯变成脂肪酸甲酯或乙酯，目的是把EPA和DHA从甘油三酯上解离下来，使之成为游离脂肪酸的形式。二是对萃取中同时溶解在超临界CO_2流体中的EPA和DHA以及其他相对分子质量接近的饱和或低度不饱和脂肪酸进行处理，去除非目的产物实现浓缩的目的。要实现这一想法，一般把超临界萃取技术与其他分离技术如尿素包合技术、精馏技术、银树脂层析技术等结合起来使用。

5. 天然色素的提取

随着合成色素的不安全性日益受到人们的重视，世界各国使用合成色素的种类日益减少。天然色素不仅使用安全，而且具有一定的营养价值，深受消费者喜爱。超临界CO_2流体萃取技术可以分离天然色素，如辣椒红色素、番茄红素、可可色素和β-胡萝卜素等。

辣椒红色素是从成熟的辣椒果皮中提取出来的一种天然红色素，由于它色调鲜艳、热稳定性较好、对人体安全无毒，可广泛用于食品、医药和化妆品的着色，是一种很有前途的着色剂[22]。辣椒中呈辣味的物质是辣味素，不仅能促进食欲，帮助消化，而且还有溶解脂肪、减肥的作用，更可用为医药原料。由于辣椒色素与辣味素的理化性质相近，因此它们的分离难度很大。除辣不仅关系到辣椒红色素的质量和使用范围，而且还可得到高附加值的辣味素产品。用超临界CO_2流体直接对红辣椒中的红色素进行提取，所得的产品质量好，提取率为4.9%，比溶剂法的高0.2%[23]。洪海龙等[24]用超临界CO_2流体萃取辣椒红色素时，发现除了产率明显比有机溶剂提取法高之外，产品的色价最高达到289.3，比有机溶剂提取法高3倍多。采用超临界CO_2流体可除去树脂中的臭味、残余溶剂，同时将辣椒色素分成红、黄2种色素的目的，色素损失较少，与传统的脱辣工艺相比，具有明显的优势。

6. 磷脂的分离、提纯

磷脂普遍存在于动植物的细胞中，是细胞膜、神经细胞及脑细胞的重要组成部分，也是生命的基础物质之一。磷脂中含有高度不饱和脂肪酸，具有极高的医用价值。同时由于其具有优良的乳化性能，在化工、轻工和食品工业中也具有广泛的应用。磷脂主要有卵黄磷脂和大豆磷脂。天然卵磷脂富含于蛋黄中。为了去除蛋黄中较多的甘油三酯、胆固醇，传统的方法有溶剂法和高温煎煮法。溶剂法不仅会给卵磷脂和蛋白质带来难以除尽的有机溶剂，而且会造成环境污染；高温法易使卵磷脂分离，颜色加深，酸值升高。卵磷脂由甘油、脂肪酸、磷酸胆碱组成，通常不溶于超临界CO_2流体中。利用这一特性，采用超临界CO_2流体去除蛋黄粉中的非目的产物——蛋黄油，然后用一定比例的乙醇溶解出萃余物中的卵磷脂，经低温干燥得到产品。

吴卫泽[25]等采用超临界萃取方法，以CO_2为溶剂，在较温和的实验条件下，从蛋黄粉中萃取蛋黄油，实验条件为：温度35～75℃，压力为25～36 MPa，CO_2流量约为7.0 kg/h；实验得到最佳的萃取条件为：55℃、28～36 MPa；气相色谱分析结果表明：在不同的萃取阶段蛋黄油的组成类似，并且得到了不同实验条件下蛋黄油在超临界CO_2中的溶解度。

(二)萃取极性物质

超临界CO_2流体对极性物质的萃取时，可通过在流体中添加适当的改性剂对流体进行改性，使得超临界CO_2体系可以对极性物质进行萃取，拓宽超临界CO_2流体的应用范围。在萃取相对分子质量较小的极性物质时，通过加入乙醇、丙酮和水等极性物质来改善萃取效果。甘草是一种分布广泛的中草药，在甘草中甘草素、甘草查耳酮A和甘草查耳酮B的提取过程中，常常添加乙醇和水作为夹带剂。辣椒红色素是天然色素，广泛用于食品和化妆品中，因分子中含有杂原子，故有一定的极性，在红尖辣椒中辣椒红色素的提取过程中，添加少量极性溶剂乙醇，可以达到理想的萃取效果。在蛋黄粉中的卵磷脂提取时，研究者发现无论如何改变温度和压力，卵磷脂在超临界 CO_2 流体中的溶解度都较小，若加入少量的极性夹带剂乙醇、丙酮或水，可大大提高其萃取效果。

1. 萃取黄酮

黄酮类化合物的传统提取方法中较常用的有醇提取、碱水或碱醇提取、热水提取等。其粗产物的分离主要是根据其极性差异、酸性强弱、分子大小和特殊结构等性质而采用适宜的分离方法，如系统溶剂法、pH值梯度萃取法、硼酸络合法、铅盐沉淀法等[26]。这些传统的提取方法都存在明显的排污量大、有效成分损失多、提取率低、成本高等一系列缺点。超临界 CO_2 萃取对于黄酮类化合物是一种非常有效的提取方法，与传统的溶剂法相比，其流程短、萃取分离一步完成，黄酮类化合物的得率和含量高，操作时间比传统方法大大缩短，且提取条件温和，保护了黄酮类化合物的活性成分不发生变化，并无有机溶剂残留，具有环境友好的特点。

2. 萃取茶多酚

茶多酚具有显著的抗氧化性和积极的清除自由基的能力，在食品和医药工业中有着广泛的应用前景。目前工业化提取茶多酚及儿茶素的方法多采用溶剂萃取法和离子沉淀法，溶剂萃取法工艺成熟稳定，提取率也较高，但生产时使用多种有机溶剂，且用量大，有些甚至是有毒溶剂（如氯仿），今后很难为食品和医药等行业所接受。李军等首次尝试用超临界 CO_2 流体来萃取茶叶中的茶多酚，在流动法测定装置中测定了茶多酚样品在超临界 CO_2 中的溶解度；然后在较适宜的条件下，测定茶叶中茶多酚萃取量与 CO_2 的关系，最后将提取物简单分离，得到相对纯度为95.45%的茶多酚；另外，还在实验中发现，加入乙醇水溶液作夹带剂后茶多酚的萃取量可提高10倍左右[27]。

二、超临界色谱

将超临界流体运用于色谱技术中便发展形成了超临界色谱（supercritical fluid chromatography，简称SFC）。在超临界色谱分析中，使用的流动相有 CO_2、氨气、乙烷等，研究得较多的是 CO_2 超临界色谱。超临界色谱法糅合了气相色谱（GC）的高速度、高效和高效液相色谱（HPLC）的选择性强、分离效能高等特点，为分析有机化合物开辟了新的途径，成为适合于分析难挥发、易热解高分子物质的有效快速方法。超临界色谱可应用于检测食品的有效成分和农药残留。例如，对天然产物鱼油中的固醇类物质、天然抗氧化剂、维生素E、牛肉中挥发性成分的浓缩和测定，生化制品三磷酸肌醇酯以及一些不稳定样品如律草烯、含硫化合物、香味成分的分离分析等。

三、超临界微粉体技术

所谓超临界微粉体技术，就是利用细胞在临界高压的状态下有变"软"的特征，在惰性气体的保护下，用快速膨胀超临界溶液和超临界萃取剂两种方法原理，对有机（生化）材料进行超微细化，形成超微粉体的过程。超微粉体就是指粒径在1～100 nm之间的纳米级颗粒。通过超临界微粉体技术，粉粒体从过去的毫米体（mm）进入微米体（μm）甚至纳米体（nm），物质的性质会发生奇妙的变化，表面效应、体积效应、量子效应和宏观隧道效应开始影响到物质的性质和结构。超微粉体不仅因为其本身是一种功能材料，而且它为新功能材料的复合与开发展现了广阔的应用前景，因此，超微粉体的研制已成为当今高新技术中的一个热门研究领域。物质经过超细化处理后比表面积大大增加，表面性质发生变化，并显示出一些特殊的物理化学性质。例如，与大粒子相比，药物微粒的溶解速率更快，饱和溶解度更高，附着性更强，胃肠道壁面对其的吸收率也更高，并且会以更快的速率分散到血液里，能够更好地到达预期的目标组织，超细微粒的这些特性对于开发功能食品具有重要意义。

第五节 超临界流体技术的展望

一、超临界 CO_2 流体技术发展趋势

与传统的提取技术相比，尽管超临界 CO_2 流体萃取技术具有无可比拟的优势，但它也存在着自身不可克服的问题，主要表现在：

①对极性大，相对分子质量超过 500 的物质萃取效果较差，需要添加夹带剂或在很高的压力下萃取，这就要选择合适的夹带剂或增加高压设备；

②对于成分复杂的原料，单独采用超临界 CO_2 流体往往满足不了纯度的要求，需要与其他的分离手段联用；

③超临界 CO_2 流体的临界压力偏高，增大了设备的固定投资，有人建议采用丙烷代替 CO_2。正是基于上述原因，目前超临界 CO_2 流体技术具有以下几个发展趋势：超临界染色技术、超临界沉淀技术、超临界反应、超临界色谱、超临界挤压等新型超临界技术的发展迅速；选择合适的改性剂和寻求适宜的超临界流体势在必行；超临界流体技术与其他高新技术联用。

（一）SFE-精馏分离技术

为了提高超临界 CO_2 流体的分离效果，可将超临界 CO_2 流体萃取装置与分子蒸馏、精馏柱、层析柱联用，最大限度地发挥超临界 CO_2 流体的萃取分离效果。如在提取维生素 E 上，采用超临界 CO_2 流体萃取-精馏技术比单纯的超临界 CO_2 流体萃取技术效果更好，SFE-精馏技术能更好地脱除色素及胶质，提高维生素 E 的纯度。

（二）SFE-SFC（GC、HPLC）检测技术

SFE 与其他分析方法的联用有离线和在线两种。离线方式较简单，但在线联用因自动化程度高、定量准确快速、回收率高和灵敏度高等特点而备受青睐。

1. SFE-SFC 联用

SFE-SFC 直接联用在大分子分析中较具优势，在食品中农药残留的分析方面具有很大发展前途。如采用用 N_2 干燥的 C_{18} 前置柱可以从食品中萃取有机磷杀虫剂。

2. SFE-GC 联用

这是 SFE 与色谱技术联用最成功的一种模式。大多通过一根毛细管限流器对 SFE 进行降压，然后低温捕集萃取物，再快速升温切换进样而实现的。接口方法有：

①柱头进样式 SFE-GC。它具有不需改进仪器、不需中间处理样品、灵敏度高、峰形好等优点。适用于痕量不稳定化合物的检测。

②分流式 SFE-GC。SFE 流体减压后通过使用从萃取池到 GC 进样器的热导线进入常规分流/无分流进样器。它克服了柱头进样式的缺点，可用于大样品量（<15 g）、含水分和脂肪的样品。

③使用外接 GC 的积蓄器。所有气态流出物均引入毛细管中，增加了萃取时间和共萃取效应。

3. SFE-HPLC 联用

SFE-HPLC 具有高选择性、高灵敏度、自动化程度高等特点，它操作简单、快速，可完成动态分析过程。采用 SFE-HPLC，以 CO_2 和 N_2O 作流动相可分离、提取、在线分析咖啡因、辣椒红色素、维生素和生物碱等，但在我国尚无这方面的研究报道。

（三）SFE-SFR（SFF）萃取分离技术

有研究证明，采用超临界萃取（SFE）与超临界反应（supercritical fluid reaction，简称 SFR）或超临界分馏（supercritical fluid fraction，简称 SFF）联用技术，萃取分离效果明显好于 SFE 或 SFR、SFF 单一技术的效果。如在 SFE 脱咖啡因的工艺中，若采用 SFE-SFR 联用技术，脱除效率明显提高。通常 SFF 和 SFR 均在 SFE 提取后应用。该种联用技术目前已成功地应用到油脂精炼脱胶过程，脱胶效果良好，与传统的脱胶方式相比，无溶剂残留，脱胶彻底，脱胶后的精炼油品质良好。

二、展望

经过近 40 年的不懈努力，人们对于超临界 CO_2 流体技术已有了深刻的认识，出现了许多新兴的而且是十分诱人的应用领域，目前对于超临界 CO_2 流体萃取技术的研究和开发工作可谓方兴未艾。究其原因，有以下几点。

①巨大的潜在市场需求。随着人们生活水平的提高和对健康的重视，人们越来越崇尚“回归自然”，对食品需求增多的同时，对其质量要求也越来越高，如在美国超临界 CO_2 流体萃取的保健品供不应求，以至于美国国内现有的生产能力无法满足市场的需求，要到欧洲去订货，超临界 CO_2 流体被广泛应用于北美棕榈果、卡发根、小连翘属植物、银杏等的萃取。

②对于精确可靠的模拟、设计技术的需求以及相平衡数据的进一步充实，为超临界 CO_2 流体技术的应用奠定了基础。

③超临界 CO_2 流体萃取作为一种新兴的分离技术，尽管在应用过程中面临设备一次性投资较大的问题，在操作成本上比传统的水汽蒸馏法和有机溶剂萃取法都高，但因其具有纯净、安全、保持生物活性，不易受热分解、稳定性强，色味纯正及提取率高等优点，而成为食品工业中一种具有相当发展潜力的高新提取分离方法。

上面诸多实例已向人们展示，超临界萃取技术是一种符合当代绿色潮流的洁净高效提取技术，超临界萃取技术在食品行业具有诱人的应用前景。

参考文献

[1] McHugh M A，Krukonis V J. Supercritical Fluid Extraction：Principles and Practice[M]，

Butterworth, Bosten,1993.
[2] Zosel K. DBP 20005293,1970.
[3] 齐藤正三郎.超临界流体の科学と技术.1996:306.
[4] 元英进,刘明言,董岸杰.中药现代化生产技术[M].北京:化学工业出版社,2002.
[5] 沈忠耀,杨基础.全国超临界流体技术学术及应用研讨论文集[A].1996.
[6] 张德权,胡晓丹.食品超临界 CO_2 流体加工技术[M].北京:化学工业出版社,2005.
[7] 陈欢林.新型分离技术[M].北京:化学工业出版社,2005.
[8] Stahl E,Schilz W. A. ngew. Chem. I. nt. Ed. Engl. 1978,17:713.
[9] DandgeD K. Inf. Eng. Chem. Prod. Res. Dev. 1985,24(1):162.
[10] Stahl E, Gerard D. Perfumer& Flavorist. 1985,10(April/May):29.
[11] Walsh J M,Ikonomou G D,Donohue M D. Fluid phase Equil,1987,33:295.
[12] Zhuse T P. Petroleum (London),1960,23:298.
[13] 徐海军,邓碧玉,蔡云升,等.超临界 CO_2 流体萃取短叶红豆杉树皮中紫杉醇的研究[J].化学工程,1991,19(2):58.
[14] Dobbs J M, Wong J M, Lahiere R J,Johnston K P Ind Chem Res,1987,26(1):57.
[15] Li S,Hartland S. J Supercritical Fluids,1992,5:7-12.
[16] Li S, Hartland S. JAOCS, 1996,73:423-429.
[17] 范培军,张镜澄.超临界 CO_2 流体萃取在天然香料中的应用进展[J].化工进展,1995(1):29.
[18] 朱自强.超临界流体技术原理及应用[M].北京:化学工业出版社,2000.
[19] 刘玉梅,刘奎钫,白钰等.啤酒花中香花油提取分离工艺的研究[J].新疆大学学报,2000,3(17):38.
[20] 张镜澄.超临界流体萃取[M].高新技术科普丛书,2002,10.
[21] 武练增.中国科学院山西煤炭化学研究所 CN1031108A.1989.
[22] 江英,武占省,田丽萍.辣椒红色素提取与检测方法的研究进展[J].食品研究与开发,2005,26(3):27-29.
[23] 赖巧云.超临界萃取技术及其在热带作物香辛料、色素研究中的应用[J].云南热作科技,1999,22(3):29-32.
[24] 洪海龙,贺文智,索全伶.红辣椒中辣椒红色素的提取工艺研究[J].中国食品添加剂,2004,14(6):19-21.
[25] 吴卫泽.超临界二氧化碳萃取蛋黄油的研究[J].日用化学工业,1999(2).
[26] 陆蕴如.中药化学[M].北京:学苑出版社,1995.
[27] 李军,冯耀声.超临界二氧化碳萃取茶多酚的研究[J].天然产物研究与开发,1996,8(3):42-47.

思考题

1.超临界流体用作萃取剂有哪些优缺点?

2.将超临界流体与萃取质分离可采用哪些方法,各有何优缺点?在选用时应考虑哪些因素?

3.用超临界流体从某种植物或果实内萃取一种化疗物质，其在 CO_2 中的溶解度常为超临界流体相密度的函数，假定为0.07%。如果植物或果实中化疗物质的含量为1.2%，在逆流接触器生物质的流量为100 g/min，CO_2 超临界流体为5 L/h，现假定提取90%的化疗物质，需要几级才能实现？

4.超临界 CO_2 流体技术在食品工业中有何应用？

第十章　超声波辅助萃取技术

第一节　概　　述

声音是与人类生活紧密相连的一种自然现象。众所周知，人耳听到的声音来源于物体的振动，然而物体振动所发出的声波，人耳并不一定都能听到。通常人耳只能感受频率高于16 Hz，而低于两万赫兹的弹性振动，即所谓声波。人耳听不到的两万赫兹以上的弹性振动称为超声波，而将低于16 Hz的弹性振动称为次声波。因此，如果说超声波与声波有些不同的话，只是它的振动频率极高而已。当声音的频率高到超过人耳听觉的频率极限（约20 000 Hz）时，人们就觉察不出声音的存在，因而称这种高频率的声音为"超"声。超声振动在介质中的传播过程叫做超声波。超声波的实质乃是弹性介质的机械振动，它以波动形式在介质内部传播，与声波并无本质上的差异。因而介质的存在便成为其能够传播的主要条件。超声波是声波的一种，其频率超过两万赫兹，即超过人耳听觉的上限的声波。所以，超声波是一种频率介于20 kHz至1 MHz之间，必须在介质中才能传播的弹性机械振动波，它与能在真空中传播的电磁波（包括无线电波、红外线、可见光或紫外光线、X射线和γ射线等）有着本质上的不同，它必须在介质中才能传播，弹性介质之所以能够传播乃是因为相邻介质质点的弹性作用。弹性所产生的恢复力，使物质中每个由于外力作用而离开其平衡位置的质点重返回它原来的位置，这就引起了一次振动。超声波穿过介质时，形成包括膨胀和压缩的一个振动全过程[1]。

一、超声波的特点[1]

（1）辐射特性：由于超声波的波长短，超声波射线可以和光线一样，能够反射、折射，也能聚焦，而且遵守几何光学上的定律。即超声波射线从一种物质表面反射时，入射角等于反射角，当射线透过一种物质进入另一种密度不同的物质时就会产生折射，也就是要改变它的传播方向，两种物质的密度差别越大，则折射也越大。

（2）吸收特性：声波在各种物质中传播时，随着传播距离的增加，强度会渐进减弱，这是因为物质要吸收掉它的能量。对于同一物质，声波的频率越高，吸收越强。对于一个频率一定的声波，在气体中传播时吸收最强，在液体中传播时吸收比较弱，在固体中传播时吸收最小。

（3）超声波的能量传递特性：超声波之所以在各个工业领域中有广泛的应用，在于它具有比一般声波强大得多的功率。这是因为当声波到达某一物质中时，声波的作用使物质中的分子也跟着振动，振动的频率和声波的频率一样。物质分子因振动获得的能量除了与分子的质量有关外，还与分子振动速度的平方有关，若声波的频率越高，物质分子获得的能量越高，而超声波的频率比声波可以高很多，所以它可以使物质分子获得很大的能量；也就是说，超声波本身可以供给物质足够大的功率。

（4）超声波的声压特性：当声波通入某物体时，由于声波振动使物质分子产生压缩和稀疏的作用，将使物质所受的压力产生变化。由于声波振动而引起的附加压力现象叫声压作用。

由于超声波所具有的能量很大，就有可能使物质分子产生显著的声压作用。例如，当水中通过一般强度的超声波时，产生的附加压力可以达到好几个大气压力。当超声波振动使液体分子压缩时，好像分子受到来自四面八方的压力；当超声波振动使液体分子稀疏时，好像受到向外散开的拉力，如图 10-1 所示。

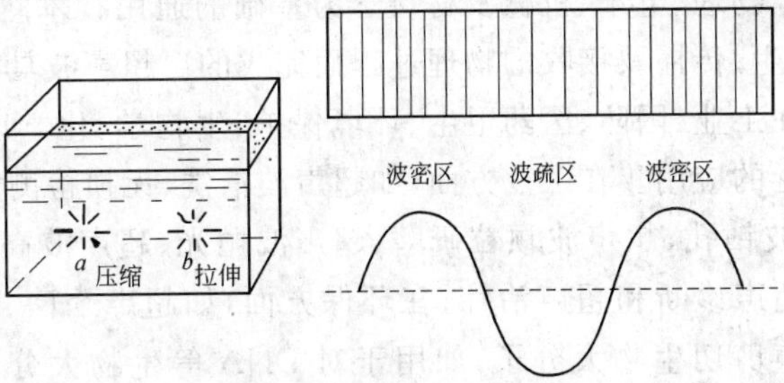

图 10-1　超声波的声压特性

声压是与时间有关的一个正弦波，可用式[10-1]表示。

$$P_a = P_A \sin(2\pi f t) \quad [10\text{-}1]$$

式中：P_a 为声压；P_A 为声波的振幅；f 为声波的频率。如图 10-1 所示，当声波在其竖线互相靠近的地方时，声压高于正常值，称为波密区；当声波在其竖线相互远离时，声压会比正常值低，称为波疏区。

声波的强度可定义为单位时间内通过传播介质单位面积的能量，可用式[10-2]表示。

$$I = \frac{P_A^2}{2\rho c} \quad [10\text{-}2]$$

式中：c 为声音在传播介质中的速度；ρ 为介质的密度。

超声波的强度会随着其在传播介质中的深入而衰减，因为声波引起的分子振动导致声波强度的损失，声强衰减程度可用式[10-3]表示。

$$I = I_0 e^{-2\alpha d} \quad [10\text{-}3]$$

式中：I 为在距声源为 d 处的声强；I_0 为声源处的声强；α 为介质声强吸收系数。

超声波的频率由超声波换能器控制，波长、传播速度及其衰减强度受到传播介质的影响。

二、超声波的应用特点

(1)超声波具有较好的指向性。超声波的指向性随其频率的增高而增强。这在诸如探伤和水下通讯等应用场合是主要的考虑因素。

(2)超声波频率高时，相应地波长将变短，因而波长可与传播超声波的试样材料的尺寸相比拟，甚至波长可远小于试样材料的尺寸。这在厚度尺寸很小的测量应用中以及在高分辨率的探伤应用中是非常重要的。

(3)超声波用起来很安静，人们听不到它，在高强度工作场合尤为重要。但高强度工作用的可闻频率的声波工作时所产生的噪声令人难以忍受，有时甚至是对人体有害的。

三、超声技术的应用

(一)超声技术在物理学领域的应用

超声技术是一门以物理、电子、机械及材料学为基础的通用技术之一,最早用于物理学领域,它是通过超声波产生、传播及接收的物理过程而完成的。超声波具有聚束、定向及反射、透射等特性。超声技术在工业、国防、医药卫生、环境保护、生物学、化学以及农产品和食品品质检测等方面得到了广泛的应用。在工业方面,如超声波清洗、无损检测、超声波测厚、超声波雾化、超声波焊接、超声波钻孔、超声波颗粒研磨、超声波抛光、超声波高速腐蚀、超声波有机合成[1];在医学方面,如超声诊断和超声治疗;在环保方面,如超声杀菌、超声化学处理、超声除尘[2];在生物方面,超声剪切生物大分子,如用于对 DNA 等生物大分子的剪切、超声破坏细胞,如破坏细胞壁并释放出细胞内含物,又不使内含物受到破坏(细胞内的蛋白质与核酸等大分子)、超声处理种子,如谷物、蔬菜、树木及药材等(超声处理云南白药、丹参等中草药种子);在化学方面,金属表面参与的化学反应,如在反应过程中超声辐照还会随时清除反应中间物或产物,保持金属表面的清洁,以利于反应的连续进行;粉状物质参与的反应,如在采用超声处理直径小于 10 μm 的固体粒子分散在液体中,比传统的搅拌和扰动大大地加速混合;均相反应:超声辐照可以产生光发射、可以产生自由基、可以打开烷链、可以导致碘化钠水溶液的碘释放及加速溶剂分解反应等;在农产品和食品品质检测方面,如超声波技术检测鳄梨品质、超声波技术检测马铃薯空心、超声波技术检测食用油的质量[3,4]、超声波技术测定果蔬的保鲜度或成熟度、超声波技术测定脂肪和巧克力的产品质量、超声波技术检测肉类质量[5]、超声波技术检测食品中的异物等[6]。

(二)超声技术在食品加工方面的应用

在食品加工方面,早在 20 世纪 50 年代,人们就把超声技术用于提取花生油和啤酒花中的苦味素、鱼组织中的鱼油等。目前超声技术在食品方面的应用更加广泛。超声乳化是超声波最早用于食品加工的技术之一,超声乳化可使一些不相溶的液体变成非常好的乳状液,在食品工业中用于生产番茄酱、蛋黄酱、巧克力及其他的此类混合食品。采用超声乳化法,在某些声场条件下,O/W(水包油)和 W/O(油包水)型乳液都可制备。然而用机械乳化法是无法实现的。如传统的高压式均质机已发展到极限,即不可能再靠提高压力的方法来取得进一步细化物料的效果,而且对纤维结构和脂肪球的破碎效果不理想,目前美国已成功研制出新一代聚能式超声波均质机,能使果汁饮料中的固形物尺寸细化到 0.1～0.5 μm 或以下,而且不会像高压均质机那样因升温而改变物料的特性;超声技术在酒类酿造中的应用在国外是近年来发展起来的,尤其日本在这方面做了不少的工作,酒体内经过超声波的振动,酯类加速与乙醇和水的结合,经短时间放置,酒味醇厚,甘润柔和;超声过滤解决了膜过滤中膜滤器经常被堵塞的难题,超声处理会使微细颗粒凝聚(使过滤速度更快),产生足够的振动能量,使颗粒部分悬浮于液体中从而为溶解成分留出更多的通道(防堵塞),将这一技术用于水果提取物和饮料时,可提高效率,具有非常高的商业价值;超声干燥的应用,可减少对产品的氧化和降解作用。如超声波辅助萃取配合冻干干燥工艺制得的美国库拉索芦荟(Aloe Veral)凝胶制剂,其过氧化物酶、蛋白质、有机酸高于常规工艺，并保留了芦荟凝胶中的大部分活性成分。这种工艺仅使过氧化物酶活性下降 17.2%，有机酸破坏率为 18.8%，蛋白质破坏率为 13.1%。超声干燥也不像高速气流干燥那样把物料吹得四处飞溅或给物料带来破坏作用；超声技术可用在肉类产品的嫩化加工中，传统的肉类嫩化方法要将肉机械捣碎，这常使肉质本来就不好的肉产品更加老化，但经超声波处理过的肉，因肉的肌原纤维被破坏并释放出黏稠的渗出液，肉纤维得以相互粘贴，从而改良产品的强度。Roberts 等在室温下用 40 kHz，2 W/cm^2 的超声波处理肉产品 2 h，可以清楚地看到结缔组织的减少；超声波对结晶和冷冻有强化作用，它对晶种的形成，晶体的生长，以及防止晶体在冷冻条件下结壳，从而确保连续有效的传热作用，具有明显的效果。在食品工业中，与结晶有关的一个重要领域是冷食品加工中的冰晶的形成。所以经过冷藏后的食品，其质量、质地都不太令人满意。但是在超声波的作用下，原料温度下降更快，晶种形成更快，导致"肿胀时间"更短。此外，由于存在大量的晶种，冰晶的最终大小和细胞的损害程度都大大下降。如对超声影响冰冻糖果制造的研究结果表明，超声辐照所产生的冰晶体的粒度明显减少，在固体中分布更均匀，这就使冰冻糖果比常规产品更坚硬，增加了产品在消费者中受欢迎的程度，并且使冰冻糖果与木质手柄结合得更牢固。在乳制品方面，超声波技术可以用于乳品的杀菌、乳化、均质、成分分析和品质检测、乳制品加工器具的清洗以及乳品加工过程中的除沫等。

第二节　超声波辅助萃取技术的原理及特点

萃取是现代食品分离的一种方法，也是样品预处理常用手段之一。多年来人们一直在探索速度快、消耗少、效率高且重复性好的萃取方法。传统的萃取方法如液-液萃取、索氏(Soxhlet)萃取等，不仅萃取剂用量大，耗时长，而且分析人员劳动强度大，回收率及精度不够好。超临界流体萃取(SFE)和加速溶剂萃取(ASE)等新技术，因技术本身限制或设备投资大、运行成本高等原因，其应用仍受到一定限制。

虽然超声技术在食品工业上应用比较早，但作为超声波辅助萃取技术(ultrasound-assisted extraction，UAE)是近年来应用到天然植物成分和中草药有效成分萃取分离的一种最新的较为成熟的手段。超声波对固体样品的预处理很有利，它促进和加速了萃取过程，如分散、均化、雾化、洗涤和衍生过程，而且还可避免高温对目标成分的破坏，方法操作简单，副产品少，目标物易分离，能达到比常规萃取更理想的结果，对天然产物和生物活性成分的萃取尤具优势。在某些情况下，甚至比超临界流体萃取和微波辅助萃取还好。目前，超声波辅助萃取技术已广泛用于药物、中草药、食品、农业、环境、工业原材料等样品中有机组分或无机组分的萃取中。

一、超声波辅助萃取技术的基本原理

超声波辅助萃取(UAE)的基本原理主要是通过压电换能器产生快速机械振动波-超声波，并利用超声波辐射压强产生的强烈空化效应、机械振动、扰动效应、高的加速度、乳化、扩散、击碎和搅拌作用等多级效应，减少目标萃取物与样品基体之间的作用力，增大物质分子运动频率和速度，增加溶剂穿透力，从而加速目标成分进入溶剂，促进萃取的进行。

超声波在介质中传播时可在物质介质中形成介质粒子的机械振动，这种含有能量的超声振动引起的与媒质的相互作用，可以归纳为热作用、机械作用和空化作用。

(1)热作用：超声波在媒质内传播过程中，其振动能量不断地被媒质吸收转变为热能而使其自身温度升高，声能被吸收可引起媒质中的整体加热、边界外的局部加热和空化形成激波时波前处的局部加热。而加热能增强物质在溶剂中溶解能力。

(2)机械作用：超声波甚至是低强度的超声波作用都可使介质的质点交替压缩伸张，产生线形或非线形交变振动，引起相互作用的柏努利力、粘滞力等，从而增强介质的质点运动，加速质量传递作用。如高于 20 kHz 声波频率的超声波在连续介质(例如水)中传播时，根据惠更斯波动原理，在其传播的波阵面上将引起介质质点(包括目标成分的质点)的运动，使介质质点运动获得巨大的加速度和动能。由于介质质点将超声波能量作用丁目标成分质点上而使之获得巨大的加速度和动能，目标成分能迅速逸出基体而游离于水中。

(3)空化作用：当超声波穿过介质时，形成包括膨胀和压缩的全过程。超声波能产生并传递强大的能量，给予介质如固体小颗粒极大的加速度。这种能量作用于液体里，振动处于稀疏状态时，声波在某些样品如植物组织细胞里比电磁波穿透更深，时间更长。在液体中，膨胀过程形成负压，如果超声波能量足够强，膨胀过程就会在液体中生成气泡或将液体撕裂成很小的空穴。这些空穴瞬间即闭合，闭合时产生高达 3 000 MPa 的瞬间压力，称为空化作用或“空化效应”[1]。如图 10-2 所示，整个过程在 400 μs 内完成。“空化效应”不断产生无数内部压力达到上千个大气压的微气穴并不断“爆破”，产生微观上的强大冲击波作用在天然植物和中药材上，使其中的目标成分物质被“轰击”逸出，并使得原材料基体被不断剥蚀，其中不属于植物结构的目标成分不断被分离出来，加速植物有效成分的浸出萃取[7]。除了空化作用外，超声波的许多次级效应也都利于目标成分的转移和萃取[8]。

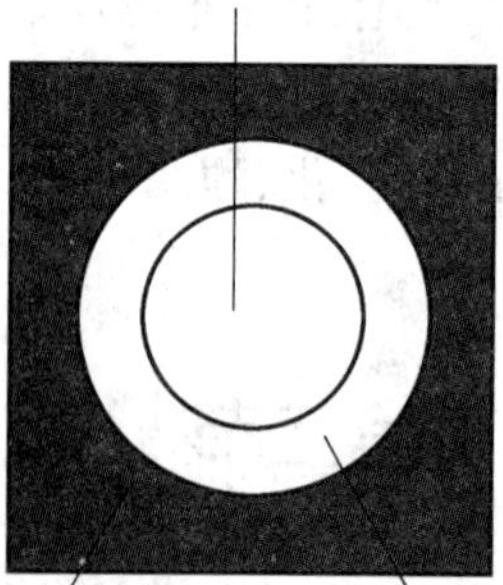

图 10-2 超声波的空化现象

1894 年，Thornycroft 等首次描述了成穴现象。空穴形成如图 10-3 所示，成穴现象的重要意义不在于气泡是怎样形成的，而在于气泡破裂时所发生的一切。在某些点位，气泡不再有效吸收超声波能量，于是产生内爆。气泡或空穴里的气体和蒸汽快速绝热压缩产生极高的温度和压力。Suslick 等[9]估计热点的温度高达 5 000℃，压强约 100 MPa。由于气泡体积相对液体总体积来说极微，因此产生的热量瞬间散失，对环境条件不会产生明显影响；空穴气泡破裂后的冷却速度估计约为 10℃/s。超声空穴提供能量和物质间独特的相互作用，产生的高温高压能导致游离基和其他组分的形成。据此原理，超声处理纯水会使其热解成氢原子和羟基，两者通过重组生成过氧化氢[10]；当空穴在紧靠固体表面的液体中发生时，空穴破裂的动力学明显发生改变。在纯液体中，空穴破裂时，由于它周围条件相同，因此总保持球形；然而紧靠固体边界处，空穴的破裂是非均匀的，从而产生高速液体喷流，使膨胀气泡的势能转化成液体喷流的动能，在气泡中运动并穿透气泡壁。已观察到液体喷流朝固体表面的喷射速度为 400 km/h。这种强大的冲击流能够有效地减小、消除溶剂与水相之间的阻滞层，从而加大了传质速率。同时，冲击流对动植物细胞组织产生一种物理剪切力，使之变形、破裂，并释放出内含物，这大大加速了萃取过程。

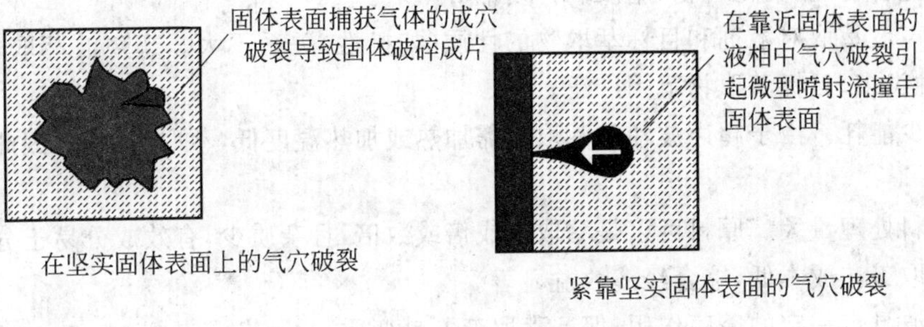

图 10-3　在固、液介质中的成穴效应

由于超声波的以上作用，可以产生以下效应：

①力学效应。如搅拌作用、分散效应、破碎作用、除气作用、成雾作用、凝聚作用、定向作用。

②热学效应。如媒质吸收热引起的整体加热、边界处的局部高温高压等。

③光学效应。如引起光的衍射、折射、声致发光。

④电学效应。如超声电镀、压电。

⑤化学效应。如加速化学反应，产生新的化学反应物。利用超声波的上述效应，从不同类型的样品中提取各种目标成分是非常有效的。施加超声波，在有机溶剂（或水）和固体基质接触面上产生的高温（增大溶解度和扩散系数）高压（提高渗透率和传输率），加之超声波分解产生的游离基的氧化能等，从而提供了高的萃取能。将超声波的“空化效应”、“热效应”、“机械效应”和“化学效应”，运用于传统天然物如生物碱、萜类化合物、甾体类化合物、黄酮化合物、糖类化合物、脂质和挥发油等提取生产中，可使萃取技术有一个突破性的发展[11]。

二、超声波辅助萃取技术的特点

与常规萃取技术相比，超声波辅助萃取快速、价廉、高效。与其他的萃取技术相比，它在很多方面都显示出极大的优越性，在某些情况下，甚至比超临界流体萃取和微波辅助萃取还好。超声波辅助萃取技术主要有以下特点。

(1)无需高温。特别适应热敏性，易水解、易氧化的有效成分的萃取，同时又节约能耗，超声波辅助萃取的最佳温度在常温至 60℃之间。

(2)常压萃取。安全性好，操作简单易行，维护保养方便。

(3)萃取效率高。超声波强化萃取 20～40 min 即可获最佳提取率，萃取时间仅为水煮醇沉法的 1/3 或更少。萃取充分，萃取量是传统方法的二倍以上。据统计，超声波在 65～70 ℃工作效率非常高。而温度在 65℃内中草药植物的有效成分基本没有受到破坏。加入超声波后（在 65℃条件下），植物有效成分提取时间约 40 min。而蒸煮法的蒸煮时间往往需要 2～3 h，是超声波提取时间的 3 倍以上时间。每罐萃取 3 次，基本上可提取有效成分的

90%以上。

(4)具有广谱性。适用性广,在食品成分萃取、化工、中药材成分萃取等均可应用。超声波辅助萃取适用于多种天然植物(含中药材)有效成分的萃取,如生物碱、萜类化合物、甾体类化合物、黄酮化合物、糖类化合物、脂质和挥发油等萃取。

(5)超声波萃取对溶剂和目标萃取物的性质(如极性)关系不大。超声波萃取可供选择的萃取溶剂种类多、目标萃取物范围广泛。

(6)减少能耗。由于超声波辅助萃取无需加热或加热温度低,萃取时间短,因此,大大降低能耗。

(7)原料处理量大。原料可以是萃取剂成倍或数倍,且杂质少,有效成分易于分离、净化。

(8)萃取工艺成本低,综合经济效益显著。

(9)声波具有一定的杀菌作用,保证萃取液不易变质。

(10)萃取得率高。比传统萃取方法要提高20%~50%,节约原料资源,同时所使用的溶剂量少,节约了溶媒。

通过对超声波辅助萃取技术的大量研究表明,利用超声波产生的强烈振动和空化效应作用能够提高萃取效率、改善萃取物的品质并提高得率、节约原料资源,并免除了高温萃取工艺带来的对部分热敏成分的不利影响。这对于天然植物有效成分和中药成分的萃取具有十分重要的意义。传统的水煮法或醇提法在对不同成分的提取过程中,不同程度地存在着浸出时间长、温度高、有效成分受热过程长、杂质浸出多、能源消耗大、原料利用率低等问题。利用超声波辅助萃取技术能够克服上述缺陷,具有较高的经济效益。

当然,与所有声波一样,超声波在不均匀介质中传播也会发生散射衰减而影响萃取效果。样品量越大,到达样品内部的超声波能量衰减越严重,萃取效果越差。另外样品用量越多,堆积厚度增大,试剂对样品内部的浸提作用就不充分,同样影响萃取效果。样品粒度对超声波辅助萃取效率有较大影响。在较大颗粒的内部,溶剂的浸提作用会明显降低。相反,颗粒细小,浸提作用增强。另一方面,超声波不仅在两种介质的界面处发生反射和折射,而且在较粗糙的界面上还发生散射,引起能量的衰减。有资料表明,当颗粒直径与超声波长的比值为1%或更小时,这种散射可以忽略不计。但当比值增大时,散射也增大,造成超声波能量大幅衰减。对于超声萃取来说,萃取前样品的浸泡时间、超声波强度、超声波频率及萃取时间等也是影响目标成分萃取率的重要因素。而且,超声辅助萃取对萃取瓶放置的位置和萃取罐壁的厚度要求较高,这两个因素也直接影响萃取效果。

第三节 超声波辅助萃取工艺及设备

超声波辅助萃取是利用超声波在液体中产生的空化效应、机械效应、激流效应、湍流效应使被萃取物如中草药及其他的天然物在溶液中产生"湍动"效应,使萃取物边界层减薄,增大传质速率,强化微孔扩散,增大传质面积,产生聚能效应活化了分离物质。经超声处理的植物细胞壁被击破,而形成空洞;在超声波的空化、粉碎等特殊作用下,使细胞在溶媒中瞬时产生的空化泡崩溃而破裂,便于溶媒渗透到细胞内部,从而使细胞中的成分溶于溶剂之中,以加速相互渗透、溶解。细胞的破裂为成分向溶媒扩散提供了条件,因而在超声振动的作用下,促进了成分向溶媒中溶解，以提高有效成分的提出率，从而达到萃取有效成分的目的。由于超声波技术对萃取物的参数具有重现性，提取得率高，时间短，能低温提取。故广泛用于中药、饮料、保健品、生物工程、农副产品深加工领域，是一种常温、节能、高效、新颖、先进的“绿色”萃取工艺。

一、超声波辅助萃取的基本流程

超声波辅助萃取的流程往往根据具体的萃取对象的不同而设计，超声波辅助萃取最基本的流程如图 10-4 所示。

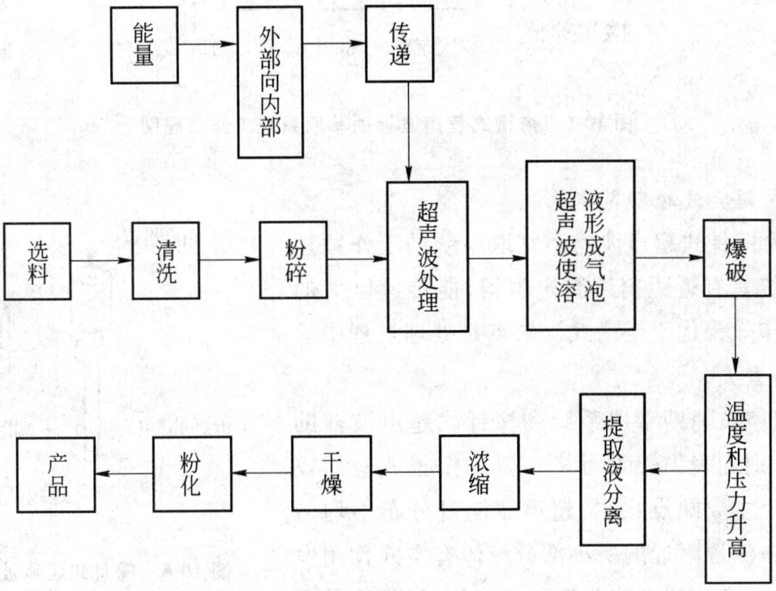

图 10-4　超声波辅助萃取流程图

原料经过前处理后，用粉碎机粉碎到一定的细度，至于萃取容器并加入萃取溶剂，然后在萃取罐中用超声波处理，瞬间破碎生物体及细胞壁，将有效成分萃取出来，最后经过分离、浓缩、干燥后得到所需的目的产品。

二、超声波辅助萃取技术的分类

（一）按萃取设备结构的不同分

超声波辅助萃取的装置主要有两种。

1. 浴槽式超声波辅助萃取系统

图 10-5 为浴槽式超声波辅助萃取系统工作原理图，在此系统中，换能器（具有使电能转换为机械能的作用）被固定在不锈钢水槽下面，不锈钢水槽是超声波的源头，一些水槽上经常还配有温度调节装置来调节加热器，超声波能量被水槽传递，水槽所传递的能量可以使安装在水槽内部的萃取容器内产生空化效应。该系统工作效果的好坏与水槽内萃取容器的位置有很大

的有关系。由于一个水槽只有一个换能器位于底部，水槽内的萃取容器必须被固定在正好位于换能器上方的位置才能达到最佳的萃取效果。

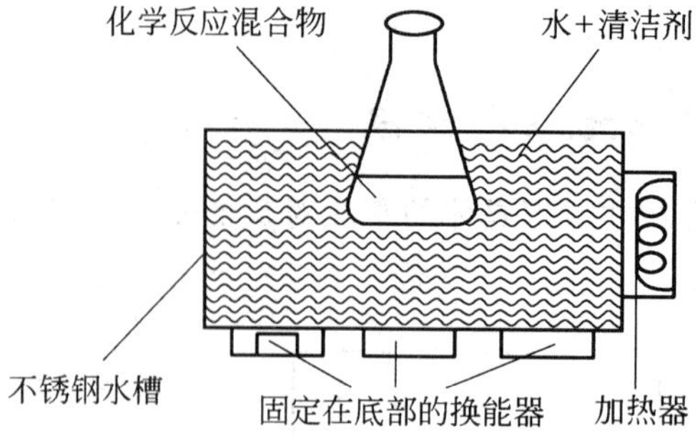

图 10-5 浴槽式超声波辅助萃取系统工作原理图

2. 探针式超声波辅助萃取系统

图 10-6 为探针式超声波辅助萃取系统的工作原理图，探针式系统具有近距离声波定位器，能传递巨大的能量，所以工作效果优于浴槽式。缺点是处理过程中易挥发成分容易丢失。

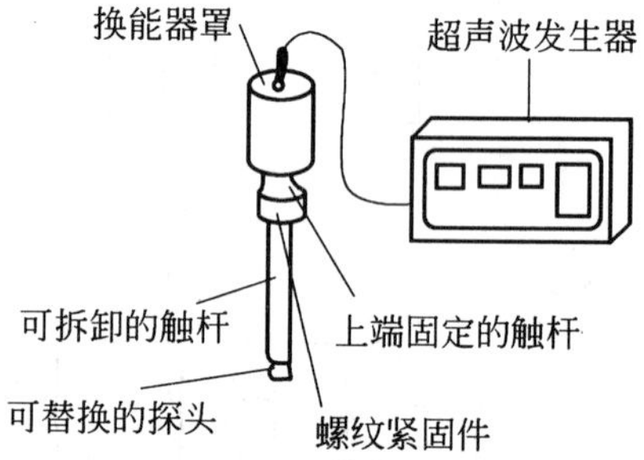

图 10-6 探针式超声波辅助萃取系统工作原理图

浴槽式超声波辅助萃取系统和探针式超声波辅助萃取系统的区别如表 10-1 所示[7]。其中浴槽式应用较广，但存在两个主要缺点：一是超声波能量分布不均匀（只有紧靠超声波源附近的一小部分液体有空穴作用发生）；二是随时间变化超声波能量要衰减；所以降低了实验的重现性和再现性。而探针式可将能量集中在样品某一范围，因而在液体中能提供有效的空穴作用。

表 10-1 探针式和浴槽式超声波辅助萃取系统的比较

项　目	超声波辅助萃取系统	
	探针式	浴槽式
处理时间/min	＜5	＞30
恒温箱	无	有
能量/(W/cm^2)	50～100	1～5
振幅	可变	恒定
固液萃取产率	高	低
对有机金属化合物破坏程度	高	低
样品处理量	低	高

(二)按操作方式的不同分

按操作方式的不同超声波辅助萃取系统可分为间歇式和连续式。超声波辅助萃取目前主要是间歇操作,较少用于连续系统。连续超声辅助萃取的主要优点是样品和试剂耗量少。在连续超声辅助萃取中,萃取剂连续流过样品有两种模式,即:

(1)敞开系统。新鲜的萃取剂连续流过样品,因此传质平衡转变为分析物进入液相的溶解平衡。这种模式的缺点是萃取物被稀释。若萃取与其他分析步骤(固相萃取)联用,可克服萃取剂稀释的影响,但目前尚无实际应用。

(2)密闭系统。一定体积的萃取剂连续循环使用。萃取载流的方向在萃取过程中保持一致,或者通过驱动系统的预设程序在一定的时间段进行变换。密闭系统的好处是萃取剂很少被稀释,萃取完成后,或者通过阀的转动把萃取物收集到容器中;或者把它输送到连续管路中用于在线预浓缩、衍生或检测[12],实现全自动化。连续超声萃取已用于测定植物中的铁、土壤中的硼和六价铬以及空气滤膜中的有机磷酸酯[11]等。测定铁和1,10-邻菲咯啉的络合物,用超声波辐射,萃取时间从40 min减少到5 min。

三、超声波辅助萃取系统及设备

超声波辅助萃取的萃取对象一般为固体物料,而且多数采用容器萃取器,进行间歇式萃取。

(一)实验室用间歇式超声波辅助萃取系统

目前实验室广泛使用的超声波辅助萃取系统是超声波萃取仪,该系统是将超声波换能器产生的超声波通过介质(通常是水)传递并作用于样品,这是一种间接的作用方式,声振效率较低,若想提高萃取效率必须通过增加超声波发生器功率(>300 W)来达到目的。

一种结构简单的实验室用的超声波萃取仪,具有破碎组织、细菌、病毒、孢子及其他细胞结构,匀质、乳化、混合、脱气、崩解和分散、浸出和萃取、加速反应、小孔清洗等功能;该装置目前广泛应用于生物、生物制品、制药、化学、食品、化妆品、环保等实验室研究及企业生产。

一台型号为FS-250的实验室用的超声波萃取仪的主要特点是:

(1)自动谐振点和功率控制,无需经常手动调节能量;

(2)60 min过程控制定时器控制总工作时间;从1～60 min;

(3)剩余时间显示呈倒计时状态;

(4)独立开/关脉冲定时器确保高强度处理温度敏感样品,开和关循环均可从1 s、4 s、8 s,连续选择设定;

(5)自动振幅补偿确保在超声过程中探头振幅不因承载变化而变化;

(6)操作简便,菜单操作,直接键入。目前该装置主要应用于中药提取,细胞,细菌,病毒组织的破碎(如细胞内含物的萃取);物质颗粒的分散、匀质化,以及产品的乳化(例如纳米材料的分散);加速溶解,加速化学反应(例如用于化学合成)。

(二)中试型超声波多功能萃取系统

中试型智能控制连续化超声波多功能萃取机组集超声、渗滤、回流等多种提取方法于一体;可实现低温、常温、高温萃取;萃取溶媒和萃取药液连续不断进出,形成循环回流萃取;配备搅拌器,保证原料和萃取溶媒的均匀混合;全密封防爆,可使用水、乙醇、石油醚等萃取溶媒,满足各种有效成分萃取的需要。该机组采用超声双频(26 kHz、70 kHz),强、弱双挡超声功率输出;萃取量、温度、流量等工艺参数可调、可监、可控;萃取、过滤一次完成;机组配备先进的电气操作控制和 CIP 系统,方便整套机组各个部件的清洗清理。

(三)工业化超声波辅助萃取系统

1. 连续化管道式多功能超声波萃取机组

连续化管道式多功能超声波萃取机组集超声、搅拌渗滤、逆流等多种提取方法于一体;能实现低温、常温、高温萃取,可监、可调、可控;全密封防爆,可使用水、乙醇、石油醚等萃取溶媒,满足各种天然有效成分和药物成分萃取的需要;整套萃取管段采用滚轮式支撑装置,易于安装拆卸,便于清洗清理、维修维护;与常规萃取设备相比,萃取时间大幅缩短(30～60 min),得率显著提高,处理量大,可连续化作业,工序少,劳动强度低,过程损失少,成本低而且该装置采用了先进的电气控制和保护技术,保障了设备长时间安全运行的性能;该装置主要用于各种植物药材和天然植物成分的萃取。

2. 连续化釜罐式多功能超声波加工处理机组

连续化釜罐式多功能超声波加工处理机组,目前主要用于生化制药(动物脏器萃取)。其特点是时间大幅缩短(是传统萃取方法的 1/50～1/100);萃取得率提高 30%左右、均一性好;连续化作业,达到规模化工业生产要求;工序简单、操作人员少、劳动强度和成本显著降低。

3. XZS 系列超声波辅助萃取装置及超声波辅助萃取生产线

从整个传统中药提取制药工艺来看,普遍存在着物料多次转工序易引起交叉污染、不能连续生产、能源消耗大以及效率低的缺点,难以与现代化制药工业要求相吻合,使我国中药生产还停留在中低速水平,也难以使中药生产走向高速化、大规模化的道路。温州市制药机械设备厂与相关中药科研机构联合,研制了国内首条 XZS 系列现代中药连续生产线,该生产线适应中成药提取制药的加工,同时也可用于生化药物和食品工业领域。该生产线改变了传统提取制药的模式,相应提高了生产效率,也降低了成本。

图 10-7 为 XZS 系列超声波辅助萃取装置工作原理图。该装置由超声波电源(发生器)和浸入式振合、高频电缆线、减速机动态转位装置四部分组成,并配有连接法兰(活接卡环)、密封垫片,可实现远距离遥控操作,并能防爆、防湿,适用于多种溶媒的工作条件。

XZS 系列现代中药连续生产线的流程如图 10-8 所示。由湿法粉碎机、超声波连续萃取装置、固液储罐、浓浆泵、固液分离机、配制罐、药液泵、喷雾干燥机及洁净区收粉成品 9 个部分组成。从组合该线的各自设备原理和特点可以看出该生产线的经济性、合理性、连续性和高效性。

图 10-9 为 XZS 连续生产线设备流程图,该系统可以在 40～50℃的温度下对样品进行连续的萃取。其工作原理是:由超声波发生器发出的高频振荡信号,通过浸入式振合转换成高频机械振荡而传播到介质-萃取液中,超声波在萃取液中疏密相间地向前辐射,使液体振荡而产

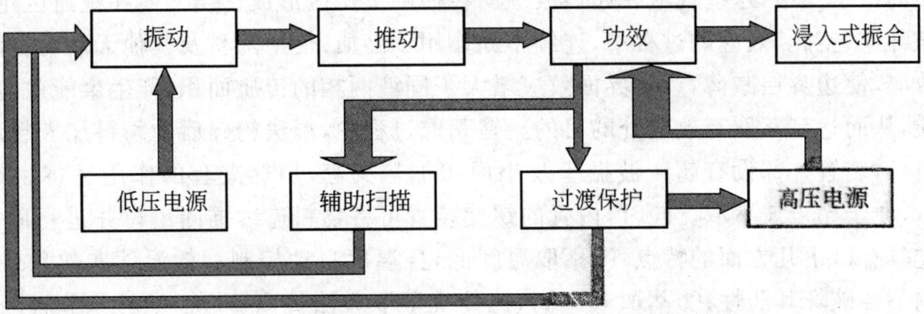

图 10-7　XZS 系列超声波辅助萃取装置工作原理图

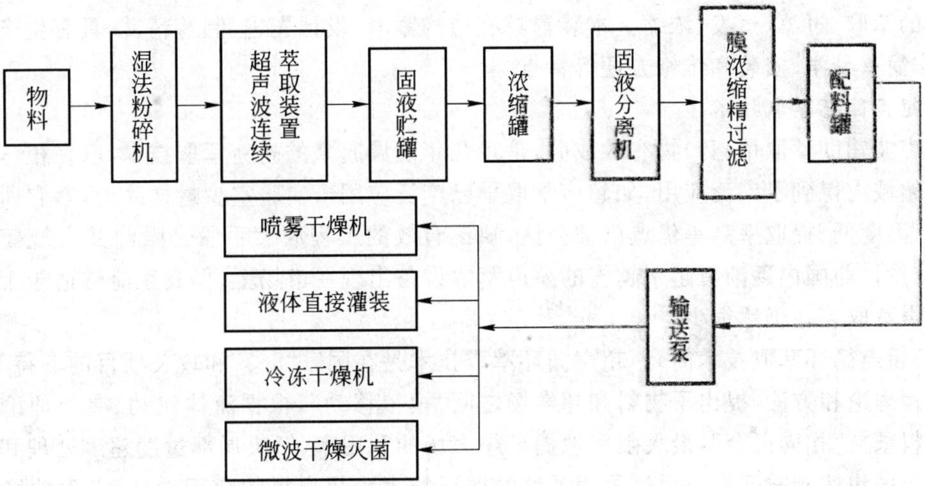

图 10-8　现代中药连续生产线的流程图

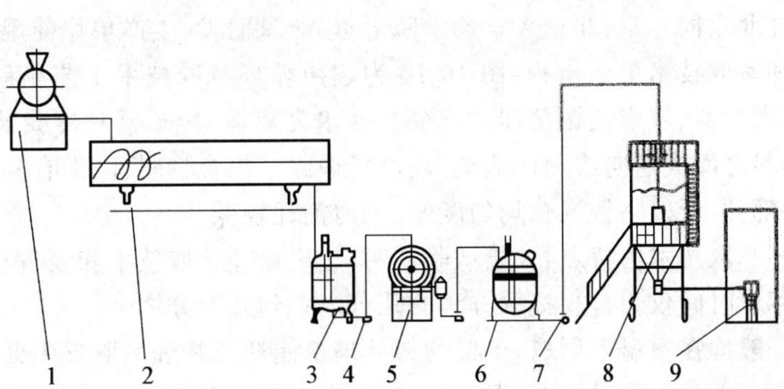

1. 湿法粉碎机　2. 超声波连续萃取装置　3. 固液贮罐　4. 浓浆泵
5. 固液分离机　6. 配制罐　7. 药液泵　8. 喷雾干燥机　9. 洁净区收粉成品

图 10-9　现代中药超声波连续萃取生产线设备流程图

生放许多的微小气泡，这些气泡在超声波纵向传播的负压区形成、生长，而在正压区迅速闭合。在这种被称作"空化"效应的过程中，连续不断作用于溶质，使中药材及其他天然物在溶液中产生湍动效应，使边界层减薄，产生界面效应增大了固液两相的传质面积，产生聚能效应，活化了分离物质，从而达到萃取有效成分的目的。在萃取过程中，湿法粉碎后的物料加入超声波萃取装置进料口，装置外部设有超声波振子及小面积加热夹套，加热夹套的作用是将物料加热至40～50℃，便于超声波萃取。同时，内置的螺旋装置可将物料连续推向出口并进行固-液分离。该生产先具有以下几方面的特点：①萃取温度低，且温度自动控制。低温萃取效果最佳，对热敏性药物不会破坏其药性；②萃取效率高，比传统萃取方法提高20%～50%，节省药材资源；③萃取时间缩短（每批约60 min），萃取充分（每批提两次），提高了生产速度，节约能源，增加了产量，减少了厂房面积；④提取液固液分离多级化，提高了提取液的质量，有利于原料药纯化。目前该生产线适用于中药材、生化药物和农副产品深加工，精细化工、保健品饮料及其他天然品的萃取、过滤、蒸发、浓缩。本装置具有结构紧凑、设计先进、制造精良，具有生产安全可靠、操作简单易学、安装和维修方便等特点。

4. *超声循环萃取技术*

超声波辅助萃取植（药）物有效成分，是近几年发展起来的高新萃取技术，已在植（药）物萃取实验领域内得到了广泛应用，如超声萃取早已广泛应用于实验室少量样品处理，它所具有的时间短、温度低、提取率高等优点已被公认，缺乏有效的工程放大手段是限制其大规模应用的瓶颈；虽然目前国内逐渐有越来越多的超声萃取设备出现在市场上，但真正能够适于工业大生产的超声萃取装备仍然很少。

（1）超声循环萃取技术简介：超声循环萃取技术是在国家"863"和攻关项目的支持下，根据生化工程理论和方法，提出了物料和超声场之间"模拟移动"，根据流体流动、混合理论和给予每个物料颗粒"相同机会"，最大限度地提高超声场的利用率，解决局部过度超声处理和超声波在介质中的快速衰减问题。通过采用独特的循环技术和超声场的合理设计，极大地增加了超声场的物料处理能力，小功率超声场即可处理大量物料，从而解决了超声提取的工程放大难题。目前已形成了从0.5～8 000 L有效容积的实验室SY、中试HF、生产SC三大系列产品，数十个品种，已在北京同仁堂、北京大学药学院等近30家研发、生产单位使用。

（2）超声循环萃取技术工艺流程：图10-10为超声循环萃取技术工艺流程图，循环超声萃取系统由超声波发生器、超声波振荡器、提取罐、油水分离器、冷却器和冷凝器组成，萃取过程中循环超声与物料之间成逆向或顺向流动，超声场中除了混合物料外，没有其他任何影响流动和超声波作用的部件，所以物料混合均匀度好，动力消耗较低。

（3）超声循环萃取技术的特点：大量试验证明，超声循环萃取技术和设备具有如下特点：

①效率高：萃取时间仅为常规提取方法的几分之一到几十分之一。

②能耗低：一般均在室温下萃取，单位物料处理量能耗较常规萃取方法可降低50%。

③产品质量高：由于萃取时间短、温度低，产品中杂组分含量减少，提高了萃取产品品质。

④萃取率高：有效成分得以充分释出，甚至有些用常规方法难以提出的组分亦能快速萃取出来。

④适用范围广：不受溶剂性质、提取物分量大小、极性等限制，还可以用于萃取-纯化的耦合、超声分散、乳液制备、缓释药物超微胶囊和纳米胶囊制备等。

⑥操作简便：可进行间歇萃取或多级连续萃取，有顺流和逆流两种方式可供选择、易于实

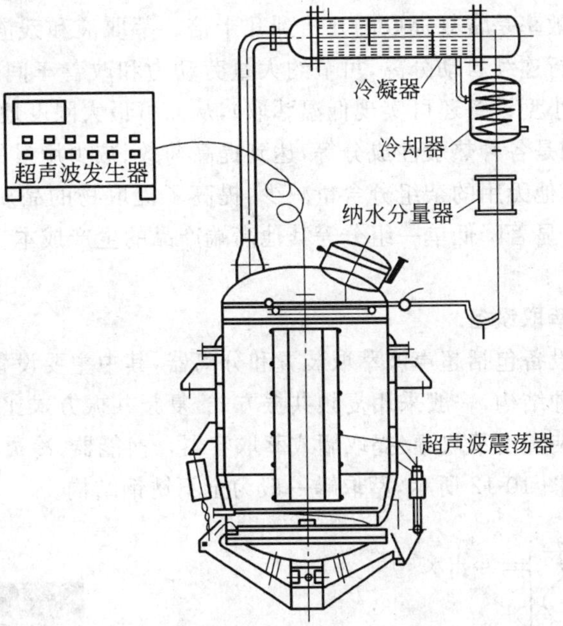

图 10-10　超声循环萃取工艺流程图

现自动化，符合 GMP 要求。

⑦产品性/价比高：价格大大低于超临界萃取和进口设备，设备占地面积小，但需要加强成套生产线的集成和自动控制的集成等方面。

(4)循环超声萃取技术的优越性及应用：循环超声萃取技术的应用，可使物料颗粒"萃取机会相同"，从而大幅度提高超声场的利用率，解决局部过度超声处理和超声波在介质中的快速衰减问题，使萃取时间更短、萃取率更高。同时，该技术解决了静止物料超声萃取作用范围有限、萃取原料有限的问题。通过采用循环技术和对超声场的合理设计，可显著增加超声场的物料处理能力，使小功率超声场能够处理大量物料。在保证物料循环流动的前提下，可使超声场处理的物料量不受限制，解决了超声萃取的工艺放大难题，从而大大拓宽了超声萃取的应用范围。研究表明，循环超声萃取设备不但适用于陆地、海洋多种天然产物的萃取，而且还可以用于超声分散、乳液制备、缓释药物、超微胶囊和纳米胶囊等的制备，应用范围涉及药品、保健品、化妆品、食品及农产品深加工等多个领域。循环超声萃取技术和装置目前已经成功地用于数十种中药材原料的萃取，获得了较理想的萃取效果。如青蒿素的传统萃取方法是在 50℃以下采用有机溶剂冷浸或搅拌萃取，萃取率仅为 60%左右，萃取时间需要 24～48 h；改用 HF-2B 型循环超声萃取设备萃取青蒿素，青蒿素萃取率达到 90%以上，萃取时间缩短为 20 min，有机溶剂回收率达到 90%，较常规萃取方法有显著提高。银杏黄酮的常规萃取方法为水煮 4 h，萃取率为 56.5%；而在室温下，用 HF-2B 型设备萃取 10 min，萃取率达到 82.6%，萃取 30 min，萃取率提高到 88.3%；在 40℃下，用 HF-50G 型设备萃取 30 min，萃取率可达 91.6%；从蜂胶中萃取黄酮时，常规浸提 48 h，萃取率达 36%；而用 HF-2B 型设备于室温下萃取 30 min，萃取率达 41.8%；等等。在循环超声萃取技术基础上研发出的高效循环超声萃取装置，可同时进行间歇萃取和多级连续萃取。萃取时间、萃取温度、超声功率、循环速度等主要参数均可设定和自动控制。其萃取效率是常规提取的几倍到几十倍。萃取液和残渣被连续排出，由连接立式自动刮刀离心机进行连续自动分离，可节约大量劳动力和改善车间生产环境。萃取温度由100℃可降低到室温（小型设备还可实现低温萃取），从而可最大限度地保持物料中原有的各种有效成分的活性，特别是各种热敏性成分等，达到提高药效、减少用量的目的。同时，由于萃取时间短，萃取产品中其他无用的杂组分含量减少，提高了提取物的品质，为后续分离纯化过程奠定了良好的基础，可显著降低单一组分等其他高端产品的生产成本。

（四）超声波辅助萃取设备

超声波辅助萃取设备包括超声波萃取装置和分离器，其中主要设备是超声波萃取装置，分为浸入式和外壁式两种结构，一般采用复频共振方式，复频共振方式比单一频率提取效率大大地提高。超声波萃取装置由萃取罐（提取罐或萃取容器）、换能器、冷凝器和超声波信号发生器等组成，如图 10-11 和图 10-12 所示，萃取罐一般为全不锈钢结构。

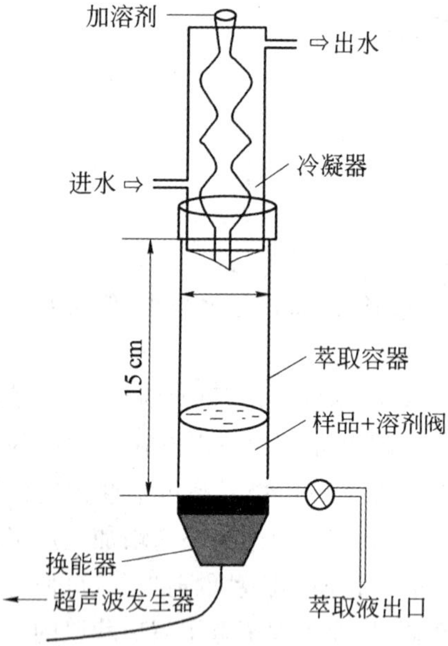

图 10-11　直接超声波萃取装置简图（李慧敏等，2003）

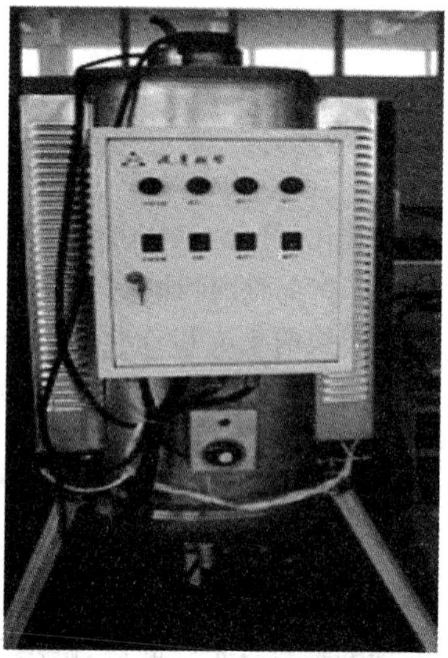

图 10-12　超声波萃取装置

第四节　超声波辅助萃取技术在食品工业中的应用

一、食品工业中的超声波辅助萃取技术

超声波技术在食品工业中主要应用于以下三方面：一是对食品进行无损检测，其频率一般介于 0.1～0.2 MHz，能量低于 100 mW/m^2，波长为 0.001 5～0.15 cm；二是利用超声波辅助

萃取，超声波清洗（食品原料、餐具的清洗），超声波促进食品加工，如超声波促进生物化学反应历程等；三是利用超声波破坏处理对象的组织和结构，如体系的均匀化，杀菌、灭酶等处理过程，所用超声波频率一般为 20～100 kHz，能量可达到 104 kW/m^2，波长为 3.0～7.5 cm。无损检测和超声波清洗已是应用较成熟的技术，而在食品工业中，萃取技术是一项非常重要的技术，比如动物、植物、微生物中活性物质或其他有用物质的提取，一些化学成分的分析等都离不开萃取技术。如何有效地以尽可能短的时间提取出所需的目的物，是很多科研人员和生产单位关心的问题；应用超声技术来强化萃取过程，可有效提高萃取效率、缩短萃取时间、节约成本、甚至还可以提高产品的质量和产量。

二、超声波辅助萃取技术在食品中工业的应用

（一）油脂的萃取

超声场强化萃取油脂可使萃取效率显著提高，还可以改善油脂品质，节约原料，增加油的萃取量。如苦杏仁油的萃取，传统方法采用压榨法和有机溶剂浸取法，若将超声波应用于苦杏仁油的萃取，与传统方法相比，超声波辅助萃取方法简便，出油率高，生产周期短，不用加热，有效成分不被破坏，油味清新纯正，色泽清亮，操作时间缩短至不用超声的几十分之一。

郭孝武[13]对植物油分的提取工艺进行了研究，结果发现在提取过程中引入超声波的物理作用后，加速了植物中的油分进入溶剂的进程，提高了萃取率，缩短了萃取时间。而且对于植物中的其他热敏性成分可以在相对低温下实施萃取，以避免高温对这些有效成分的不利影响。毕红卫对比了匀浆法和超声波辅助萃取法萃取 γ-亚麻酸，结果表明，超声波法得到的油量多，比匀浆法增加 12.8%，并节省人力。从花生中萃取花生油，若用频率为 400 kHz、强度为6.5～62 W/cm^2 的超声波处理，可使花生油的产量增加 2.76 倍。Gorodenrd P. G 等人用超声技术萃取葵花籽中的油脂，使产量提高 27%～28%。用乙醇萃取棉籽油，若使用强度为 1.39 W/cm^{2}的超声处理，在 1 h 内萃取的油量，在种子相同时，比不用超声时提高了 8.3 倍。超声波辅助萃取技术也可用于动物油的加工提取中。如鳕鱼肝油的提取，传统方法出油率低，而且高温对油脂性质有不良影响，还会破坏油内部的维生素。苏联学者分别用 300 kHz、600 kHz、800 kHz、1 500 kHz 的超声波提取鳕鱼肝油，取得了十分满意的效果，在 2～5 min 内能使组织内所有油脂几乎全部地提取出来，所含维生素未遭破坏，且油脂品质优于传统方法。

目前超声波辅助萃取技术在提取油脂方面的研究与应用十分活跃，已展开的实验和应用涉及到八角油、扁桃油、丁香油、紫苏油、月见草油等的萃取中。

（二）蛋白质萃取

超声波辅助萃取蛋白质方面也有显著效果，有人研究了从脱脂大豆中提取蛋白过程中超声的作用，20 kHz、50 W 的声场辐照能改善豆浆连续萃取工艺，它超越了以往任何一种可行性技术，获得了高效提取，并且该技术已扩大到实验工厂。如用常规搅拌法从经过变压或热处理过的脱脂大豆料胚中萃取大豆蛋白质，很少能达到蛋白质总含量 30%，又难提取热不稳定的 7 S 蛋白成分，但用超声波既能将上述料胚在水中将其蛋白质粉碎，也可将 80%的蛋白质液化，且又可提取热不稳定的 7S 蛋白成分。

梁汉华等通过对不同浓度大豆浆体、磨前经热处理大豆浆体及其分离出的豆渣进行超声处理等一系列实验，结果表明：经超声波处理过的大豆浆体，与不经处理的比较，其豆奶中蛋白质含量均有显著的提高，提高的幅度在12%～20%之间，这说明超声处理确实有提高蛋白质萃取率的作用。超声处理还可提高浆体的分离温度，降低浆体黏度，可用于直接生产高浓度（高蛋白）的豆奶产品。张秋荣等对玉米蛋白粉中醇溶蛋白超声萃取的工艺进行了研究，结果表明采用超声波技术和有机溶剂萃取法结合可优化提取工艺，提高产率[14]。李鑫也对玉米渣提取玉米醇溶蛋白的工艺进行了研究，结果发现，超声辅助萃取不但提高了产率，萃取时间也由原来的3～4 h缩短到1 h，增大了生产能力，且不需加热溶剂，节约了生产成本，产品质量也优于普通方法[15]。朱建华等采用超声仪对大豆分离蛋白溶液进行超声处理，结果发现超声处理能有效地提高大豆分离蛋白的浸提率，而且经过超声处理后的大豆分离蛋白的溶解性、起泡性、乳化性和凝胶性都有明显的提高[16]。

（三）多糖的萃取

多糖是由多个单糖或其衍生物聚合而成的大分子活性化合物，在自然界高等植物、藻类、细菌类动物体内均有存在，分布极广。多糖是一切有生命的有机体必不可少的成分，同维持生物机能密切相关。多糖是非特异性的免疫调节剂，具有抗肿瘤，抗炎、抗凝血、抗病毒、抗辐射、降血糖、降血脂等生物学活性。多糖的提取分离的方法有着不同的报道。

黄海云等以白芨块茎为原料萃取白芨粗多糖，比较多种萃取方法表明，室温下超声处理为较理想的萃取方法。对金针菇子实体多糖的萃取，用超声波强化，可使多糖提取率提高76.22%。靳胜英等探讨了银耳子实体多糖的提取方法，复水完全的子实体经机械粉碎、超声波处理后热水浸提的提取方法，能显著提高银耳多糖的浸提率，缩短浸提时间，浸提率比酶法浸提得率的16.3%高出4.693%。于淑娟等对超声波催化酶法萃取灵芝多糖的机理、最优化方案及降解产品的组分和结构进行了系统的研究，并对虫草多糖、香菇多糖、猴头多糖的提取进行了研究，与传统工艺相比，超声波强化萃取操作简单，萃取率高，反应过程无物料损失和无副反应发生，是一种可望实用推广的新工艺。从茯苓中萃取水溶性多糖，以冷浸12 h和热浸1 h作对比，超声提取1 h，其萃取率比对照的两种方法高30%。赵兵等对循环气升式超声破碎鼠尾藻萃取海藻多糖研究发现，超声波在室温下作用20 min，即可达到100℃搅拌4 h的多糖萃取率，明显高于80℃搅拌4 h的多糖萃取率。由此可见，超声波强化萃取海藻多糖是缩短时间，降低萃取温度的有效途径，而且萃取率亦较高。Zdena Hromád ková 等用超声波强化萃取玉米芯中的木聚糖，同不用超声波的萃取结果对比，超声处理可明显缩短提取时间，降低萃取剂的浓度和萃取温度，两种方法萃取的糖组分和结构无显著差别。张佳等研究了利用超声波萃取枸杞多糖的萃取工艺，结果表明比传统法的结果要高30%左右[17]。樊黎生等研究了超声法萃取黑木耳多糖发现，超声波萃取黑木耳多糖所需的时间大大缩短，操作中无需加热（约21℃），得率接近于微波辅助提取法，而且设备简单，工序少[18]。

（四）超声强化酶的萃取

酶是动植物细胞内的一种活性蛋白，在体外极易失活，因此酶液的提取必须在较温和的条件下进行。运用超声波来强化酶的萃取的研究由来已久，并取得了一些积极的成果。如从哺乳动物的胃中萃取高血压胃蛋白酶的研究中发现，应用19.2 kHz、3.34 W/cm^2 超声作用

45 min 成功地提高了提取产量，不加超声时 150 g 牛胃只能萃取 30.60 g 胃蛋白酶，而超声萃取可达 47.81 g，并且超声萃取法与普通方法相比，蛋白酶的活性略有提高。值得注意的是，使用的超声功率不同，会带来完全相反的结果。Zetelaki 用 100 W 的超声波破碎机提取细胞内葡萄糖氧化酶，结果发现酶全部失活。而 Yashio 等用频率 20 kHz、声功率 15 W 的超声波处理，葡萄糖氧化酶并未失活，并且酶产率得到了提高。林影等人的研究也得到了相似的结果。他们用 20 kHz 的超声波作用于脆壁克鲁弗氏酵母生产菊糖酶时发现，如果声功率小于 10 W，则酶活力随功率增大而增大，当声功率大于 10 W 时，酶活力下降。由此可见超声萃取酶的主要机理是机械作用和稳态空化作用加强了传质过程。而较大功率下产生的稳态空化及瞬时热效应能破坏细胞，使蛋白质变性，在酶液的萃取中这是不适宜的[19]。

(五)天然动植物色素的萃取

天然食用色素相对于人工合成色素而言，安全无毒，而且许多天然色素本身还具有一定的营养和药用价值，所以它是国际食品工业竞相开发的重点。从发展状况看，天然色素的提取技术主要经历了直接破碎原料、溶剂浸提、物理技术辅助浸提及现代仪器提取分离等几个阶段。传统方法一般采用溶剂浸提法，但对溶解度较低的色素成分则常常效率偏低。因此，现在的色素提取多在溶剂萃取的同时加上各种辅助提取技术，以改善和增强浸提效果。目前，微波辅助浸提、超声波辅助萃取和大孔树脂吸附提取已成为常见的辅助浸提方式。而微波辅助浸提和大孔树脂吸附提取操作上比较麻烦。超声波辅助萃取目前已在某些天然成分的收集上获得成功。采用各种超声波发生器在适宜的参数条件下，可比单纯的溶剂提取法增加粗产物提取率，同时明显增加所需产品的含量，减少大分子杂质的干扰。

姜黄素是重要的天然色素之一，广泛用作糕点、糖果、饮料和色酒等食品的着色剂，是逐步取代人工合成黄色素的天然制品之一。对比 Soxhlet 法、循环浸取法、加热浸取法、机械搅拌浸取法及超声场浸取法对姜黄素的提取进行研究发现，超声场介入下浸取可明显加快传质速率，缩短浸取时间，提高姜黄素的浸出率，在天然物有效成分萃取中，只要控制适量的能量输入就可以保证达到强化分离过程且不破坏提取物结构的目的。

郑尚珍等研究了超声强化萃取茶叶中的茶多酚，结果发现采用超声法萃取茶叶中茶多酚与常规溶剂抽提法相比，不仅能显著提高萃取率，而且还能显著改善品质。常规溶剂提取法，提取率为 35%～40%，粗产品呈墨绿色，经纯化精制后产品呈淡黄色；而用超声波辐射技术时产品收率明显提高，达到 50%～52%，粗产品为淡绿色粉末状固体，经纯化后可得白色粉末状茶多酚。如用频率为 20 kHz 的超声波萃取茶多酚，萃取 10 min，比水萃取 30 min 的得率提高 40%上，具有省时、节能、避免茶多酚高温氧化之特点[20]。超声波用于破碎海藻萃取海洋生物活性物质亦取得了较好的结果。路德明将超声波用于盐藻破碎提取胡萝卜素，在 20℃条件下分别采用超声波为 30 kHz、150 V，46 kHz、105 V，46.4 kHz、107 V，48.2 kHz、109 V 对盐藻进行破碎。通过显微镜观察，盐藻的完全破碎可达 87%，使 β-胡萝卜素能够快速、高效地进入水溶液等萃取介质，同时避免了因采用化学粉碎方法造成被提取物结构性质等变化而失去活性等。

陈正等研究了利用超声波振荡萃取菠菜叶中的叶绿素，结果见表 10-2，从表中可知，与常用的有机溶剂提取法相比，超声波萃取法不仅萃取率高、速度快、效率好，而且是室温萃取，无需加热，节约能源[21]。

表 10-2 萃取方法对吸光度的影响

工艺	溶剂	温度/℃	时间/h	吸光度
传统工艺	乙醇	70	4	0.964
超声波法	混合液	室温	1	1.109

Sethurama 用超声强化超临界流体萃取(SSFE)辣椒中的辣椒素,取得了很好的效果。萃取率及萃取容器的负载量都明显提高。方瑞斌等对 SSFE 紫杉醇(Taxol)研究表明,超临界流体完全萃取红豆杉树皮中的 Taxol,所耗时间和 CO_2 用量是 SSFE 的近 3 倍。在对 1.1% Taxol 浸膏样的萃取实验中,发现高含量样品,SSFE 很快达到 100%萃取,而单纯的 SFE 在 3 倍时间及用量条件下只能达到 41%的萃取率,充分显示了 SSFE 的优越性。由树皮到萃出物的 SSFE 过程,Taxol 的浓度一次高效、快速、无毒地浓缩了 67 倍左右,与常规溶剂法相比,时间及物、能耗都极大降低,萃取的选择性也有所提高,在 Taxol 工业生产中应用前景很大。

顾红梅等将超声波、冻结-融解两种细胞壁破碎技术用于紫薯中花色甙的提取,并研究了超声波辅助提取花色甙的工艺,结果见表 10-3。实验结果表明:超声波辅助萃取法优于常规提取方法,用配比为 40∶60 的 0.1 mol/L HCl 和 95%乙醇混合液做萃取剂,在−4℃下冻结 2 h,再在 60℃下水浴超声波萃取 30 min,萃取效果最好。用示差法对紫薯中花色甙的总量进行测定,每 100 g 紫薯花粉中含有 253.38 mg 的紫薯花色甙。在确定的最优工艺条件下,单次萃取率达 89.2%[22]。

表 10-3 超声波法与冻结-融解法相结合实验及结果

项 目	实验方法				
	超声波法	超声波发与冻结-融解法相结合			
冻结时间/min	0	60	120	180	240
超声提取时间/min	30	30	30	30	30
物料比	1∶40	1∶40	1∶40	1∶40	1∶40
提取温度/℃	60	60	60	60	60
0.1 mol/L HCl/95%乙醇	40∶60	40∶60	40∶60	40∶60	40∶60
吸光度 *A*	1.848	1.883	1.947	1.879	1.873

第五节 超声波辅助萃取技术的应用前景

在功率超声波应用技术方面,近些年一个活跃的分支是超声辅助萃取——强化溶剂萃取技术。在此方面,已开展的研究与应用包括:超声波用于萃取特色植物中的植物油、色素和香料、中草药中的有效成分、啤酒花中的苦味素、动物组织中的油、毒素和残留农药等。目前国内已在中草药成分萃取,甜菜中蔗糖的萃取,脱脂大豆中蛋白质萃取及茶叶中固形物的萃取、植物中色素的萃取等领域发挥了作用。

一、超声波辅助萃取技术的应用现状

(一)在天然植物成分和药物活性成分萃取中的应用

超声波辅助萃取技术的萃取速度和萃取产物的质量使得该技术成为天然产物和生物活性成分萃取的有力工具。特别是生物活性成分的萃取已涉及几大类天然化合物(生物碱、皂苷、苷类、糖类、萜类及挥发油等),例如动物组织浆液的毒质,饲料[23]中的维生素A、维生素D和维生素E,紫杉叶组织中的紫杉醇,头发样品中的鸦片制剂,迷迭香[24]中的抗氧化剂、大豆中异黄酮、从罂粟中提取吗啡、从槐米中萃取芳香甙,从天麻中提取天麻素和天麻苷元、利用超声波强化萃取松香、咖啡、茶叶及银杏叶中的内含成分如黄酮、茶多酚等,无论与冷浸泡法、乙醇溶液回流法(索氏提取法)还是水作溶剂的加热蒸煮法、热碱提取-酸沉淀法相比,超声波辅助萃取的萃取率可大为提高,且工艺简单,速度快。

郭孝武考察了超声萃取时间和超声频率分别对从黄芩中萃取黄芩苷提出率的影响,结果表明用20 kHz以上的超声频率萃取10 min以上,其黄芩苷提出率都比煎煮法萃取3 h时的提出率高,且两种方法所提取的黄芩苷结构是一致的[25]。

Mason T J,Zhao Y研究了超声强化萃取茶叶中内含成分,结果表明用20 kHz的超声波处理,大部分物质在前10 min即被萃取,且萃取率提高20%,如果超声处理后再升温至100℃浸提30 s,提出量可提高40%[26]。

林翠英等用超声波辅助萃取技术萃取白头翁总皂苷,既简化了操作程序、缩短了萃取时间又提高了产量和纯度。郭孝武等采用超声波辅助萃取技术从益母草中萃取益母草总碱,并与回流提取法作比较,结果表明超声波辅助萃取法工艺简单,无需加热,只用110 kHz超声波辅助萃取40 min,其萃取率比回流法提取2 h所得提出率约高1倍。

李美琴等比较了超声法与浸渍法对排毒养颜胶囊内容物提出率的影响,结果用超声波辅助萃取法萃取10 min比浸渍法提2 h的提出率还高,并且超声波对浸出物的成分无影响。

大豆异黄酮是一类重要的生理活性物质,但自然界中异黄酮的资源十分有限,在含量最高的大豆中异黄酮也仅为0.1%～0.5%。因此,如何提高大豆异黄酮的提取率非常重要。目前常用的提取方法是采用乙醇加热回流。为克服该法加热时间长、杂质溶出物多的缺点,谢明杰等[27]利用超声波从脱脂豆粕中萃取大豆异黄酮,发现效果比乙醇加热回流法好。郭国瑞等将超声波用于萃取银杏叶中的黄酮苷,萃取效率约为常规水萃取效率的3倍。通过水浴和超声分别对竹叶黄酮类物质的萃取方法研究表明,水浴法需15倍原料重的75%丙酮水溶液在80℃浸提1 h,而超声法只需20倍原料重的75%丙酮水溶液、30 min浸提即可达到较好效果,超声法优于水浴法。刘迪等[28]研究了超声波辅助萃取法提取桃叶中总黄酮的工艺,结果表明,用料液比为1∶20(原料质量与溶剂体积比)的70%乙醇溶液,在60℃、超声波功率为225 W的条件下萃取40 min,可以使总黄酮得率达到7.51%。在采用不同方法提取苦丁茶中总黄铜的研究中发现,超声辅助蒸馏萃取法萃取苦丁茶香气成分效果较好,而且超声波法和微波法萃取总黄酮含量最高,但微波法难以工业化。

超声波辅助萃取技术在萃取有机酸方面也显示出很好的效果。如潘学军等[29,30]研究了甘草中提取甘草酸不同提取方法,结果表明用超声波辅助萃取可以取得较好的萃取效果,而且实验操作简单，实验时间少。超声波辅助萃取技术在萃取芳香植物中的天然香料方面有特别的作用，即能够保持提取物的特定风味，最大限度地抑止这些物质在萃取过程中的挥发。所以超声波辅助萃取技术作为萃取的一种手段有着广阔的应用前景。

(二)在环境样品有机污染物萃取中的应用

超声波辅助萃取技术用于环境样品预处理主要集中在土壤、沉积物及污泥等样品中有机污染物的萃取分离上。如有机氯农药、多环芳烃(PAHs)、多氯联苯(PCBs)、苯、硝基苯、有机锡化合物、除草剂、杀虫剂等。有机污染物严重影响着人类健康，因此，对其测定一直是人们努力研究的课题。在环境样品有机污染物提取中常用索氏提取法，而索氏提取法耗时长，试剂耗量大，有些污染物(PAHs)若采用超声萃取气相色谱-质谱联用(GC-MS)进行测定，减轻了样品制备的工作量，并提高了定性及定量的准确性[31]。

孙福生[32]采用超声波辅助萃取技术萃取土壤中16种多环芳烃，反相高效液相色谱分离测定，色谱分离周期41 min，效果好于索氏萃取法。目前，测定空气中苯并(a)芘的经典方法是索氏提取高效液相色谱法。此法试剂用量大，回流时间长，操作繁琐，很难适应环境应急监测及专项污染调查的需要。李相力等[33]在经典高效液相色谱分析的基础上，采用超声萃取高效液相色谱法测定，选择性好，灵敏度高，操作简便，节约时间。熊双喜等[34]在超声波浴槽系统中提取土样中的苯；钟爱国等[35]采用超声波辅助萃取技术萃取了土壤和沉积物中的酚；都获得了满意的结果。杨丽莉等[36]采用超声萃取替代传统的索氏提取，用毛细管柱气相色谱法测定土壤中的六六六和滴滴涕的残留量，能满足环境监测的要求。超声萃取也可用于从土壤样品中萃取硝基苯、杀虫剂和软体动物组织如双壳类组织中萃取有机锡。由此可见利用超声萃取环境样品中的有机污染物是一种有效可行的方法。

(三)在食品分析及化工产品分析中的应用

超声波辅助萃取也用于食品样品的预处理。测定午餐肉脂肪含量的国家标准(GB5009.6)酸水解法，样品消化需70～80℃水浴加热40～50 min，然后手摇提取脂肪，操作费时繁琐，人为因素影响较大，不易掌握。而利用超声法萃取样品无需加热，缩短了样品消化时间，并可对大批量样品的脂肪含量同时测定[37]。

胡小钟等[38]利用超声法萃取芝麻油含量，萃取时间从10 h缩短至0.5 h。白艳玲等利用超声波萃取食品中的甜蜜素，一次可以处理几十份样品，操作简便，精密度及准确度符合要求。

芦荟含有70多种天然生物活性成分，其提取物已广泛用于医药、美容、保健食品之中。有文献比较了传统有机溶剂萃取法和超声波破碎浸提法在提取芦荟苦素方面的差异。超声波辅助萃取由于萃取温度低，避免了芦荟凝胶中的活性物质(酶、蛋白质以及有机酸等)因受热分解、变质，失去活性而丧失功能，而且萃取时间短，萃取率高，所以优于溶剂萃取。王振宇等[39]分别探讨了超声波真空冻干萃取工艺和常规萃取工艺，并对两种工艺萃取的美国库拉索芦荟(Aloe Veral)中所含的活性物质进行了分析比较。超声波辅助萃取配合冻干干燥工艺制得的芦荟凝胶制剂纯度高、活性强，经测定，其过氧化物酶、蛋白质、有机酸高于常规工艺，保留了芦荟凝胶中的大部分活性成分。采用常规方法萃取的芦荟凝胶浓缩制剂活性物质的破坏最为严重，其凝胶制剂中过氧化物酶的活性基本丧失，有机酸破坏率为82.3%，蛋白质破坏率为

39.4%。超声波冻干工艺方法仅使过氧化物酶活性下降17.2%，有机酸破坏率为18.8%，蛋白质破坏率为13.1%。

凌建亚等[40]采用超声波破碎法制备样品，高效毛细管电泳的区带电泳模式分离，测定了野生和人工九州虫草子座及菌丝体的虫草素含量，并与人工蛹虫草和冬虫夏草子座样品进行了比较，获得满意的结果。

李美琴等[41]比较了超声波辅助萃取法与浸渍法对排毒养颜胶囊内容物提出率的影响，超声提取10 min比浸渍法提取2 h的提取率还高，并且超声波对浸出成分无影响。

超声波辅助萃取在化工产品分析中的应用相对较少。从聚烯烃中萃取、连续分离并定量测定聚合物添加剂对分析工作者具有一定的挑战性。在合理的时间内萃取并回收90%以上的聚烯烃添加剂非常困难。其中主要的问题是加热引起的降解。温度升高会导致聚合物在玻璃转化温度从玻璃状转变成橡胶状[42]。增塑剂被广泛应用于塑料工业等领域，容慧等[43]利用超声萃取气相色谱法同时测定PVC中的五种增塑剂，方法简单快速，结果满意。

应用超声波辅助萃取技术萃取的活性物质还包括：千金子脂肪油[44]，元宝枫叶总黄酮[45]，紫薯中的花青素色素[46]，苦楝中的苦楝醇、苦楝酮和苦楝二醇等[47]，杜仲叶中的有效成分[48]密蒙花黄色素[49]、苦杏仁油、豚草茎中的绿原酸等。

(四)在中草药有效成分萃取中的应用

超声波辅助萃取技术已用于中药化学成分的萃取，并展示出良好的应用前景。中草药所含成分复杂，既有有效成分，又有无效成分和有毒成分，为了提高其疗效，就要尽最大限度提取有效成分，去除无效成分及有毒成分。超声波能破坏植物药材的细胞，使溶媒能渗透到药材细胞中，从而加速药材中的有效成分溶解于溶媒中，以提高有效成分的提出率。超声波萃取不会改变有效成分的结构，并且缩短了萃取时间，提高了提出率，从而为中草药成分的提取提供了一种快速、高产的新方法。

超声对中草药有效成分萃取的应用主要在以下三个方面[19,25]：①萃取植物中的生物碱；②萃取植物中的苷类；③其他药用成分的提取。从植物中用常规法提取生物碱一般费时、费工、效率低，而借助于超声技术却可收到显著的效果。如印度、美国、前苏联等国已对曼陀罗属植物萝芙吐根、耶仆兰、胡椒叶、金鸡纳等药用植物进行了超声萃取的研究，并取得了良好效果；应用超声波萃取植物中的苷类，也可以解决时间和效率的问题；超声在萃取新鲜的生物活性物质如酵素、荷尔蒙、维生素等方面也取得很好的效果。

近年来，国内在这方面的工作取得了显著的进展。郭孝武等[50]应用频率20 KHz的超声波发生器超声萃取槐米中芦丁及黄连中黄连素，与传统热碱沸提取法比较，提取率由12%～14%增至16%～22%，成分稳定且成分结构不被破坏。用不同频率的超声波萃取黄芩中黄芩甙，无需加热，20 kHz超声波处理40 min，与常规煎煮法比较，提出率提高53%。李颖等利用超声波技术用甲醇、乙醚、已烷混合溶剂冰浴萃取银州柴胡全草、根、茎及叶及中挥发性活性成分，并进行高分辨GC-MS分析，鉴定出116种成分[51]。陈艳莉应用超声波提取了绞股蓝皂苷。郭孝武[52]考察了不同萃取时间和不同频率的超声波对益母草总碱萃取率的影响。长期来，在人参总苷的测定中，总皂苷的萃取一直是决定方法快慢的关键步骤。常用的索氏法萃取较彻底，但萃取时间长，操作繁琐，约需2个工作日。而超声波辅助萃取只需约1个工作日。

许汉英等[53]采用甲醇作提取剂，研究了超声波辅助萃取的各种影响因素，建立了人参中总皂苷的半微量快速萃取方法，将单一样品的分析时间进一步缩短为约1 h，节省大量试剂，综合萃取效率提高数十倍。利用超声技术萃取芦荟中的芦荟苦素，不但萃取时间短，萃取率高，而且芦荟凝胶中的活性物质活性损失较少。大量的研究表明，超声波辅助萃取技术在中草药有效成分的萃取中显示出良好的优势。

有效成分如皂苷类、生物碱、蒽醌类、有机酸类等的萃取，采用超声技术取得了明显的强化效果，省时、提取率高，而且又不破坏有效成分的结构。这些报道较多地见于医药方面的文献，大多是以中草药为原料进行超声萃取的。这进一步证明了超声波辅助萃取技术的先进性、科学性，可用于多种有效物质的提取，为食品工业应用超声萃取技术提供了有益的借鉴。

二、存在的问题及研究方向

超声波辅助萃取技术能避免高温高压对有效成分的破坏，有着广阔的应用前景。但该技术在应用中还有许多有待解决的问题。

(1)关于超声波辅助萃取的强化机理，尽管有一些学者进行了探讨，但基本上是立足于超声的空化作用，而且只是进行了一些定性的解释，实际上除了超声的空化作用外，超声的热作用、超声的机械作用都会对超声的强化作用产生一定的贡献，有时甚至起主要作用。因此，对超声强化萃取的机理进行深入的研究是非常有必要的。

(2)超声波辅助萃取技术在食品工业中的应用虽已进行了一些研究，并且已经显示出其优势，但都是仅在实验室的小规模上，针对某些具体萃取对象进行简单的工艺条件实验，离大规模工业化应用还有一定的距离。

(3)超声波辅助萃取对容器壁的厚薄及容器放置位置要求较高，否则会影响浸出效果，同时会造成萃取结果不稳定的现象发生；另外超声萃取在不均匀介质中传播会发生散射衰减而影响萃取效果，而且每次物料处理量较小。

(4)超声波在萃取过程中会产生很强的噪声，并且大型应用于天然产物提取的超声波设备也不多见，其应用受到了一定的限制。

(5)超声波辅助萃取的效果受诸多因素的影响，如溶剂的粘滞系数、表面张力系数、蒸汽压、液体中含气的种类和数量以及超声的频率、声强、超声萃取的时间、温度、作用方式等都会对超声波辅助萃取产生一定的影响。另外，超声萃取还与萃取的对象密切相关。应用超声波辅助萃取技术时务必统筹考虑这些因素，否则不仅有可能发挥不了超声对萃取过程的强化作用，甚至还有可能导致提取物的结构与性质发生改变，使萃取率降低。

(6)萃取技术亟待改进和创新。在发达国家，天然植物或药物从投料开始，整个操作在连续封闭的环境下进行，自动化程度高，粉碎后的材料定时被投入萃取设备，萃取液连续从萃取罐中排出，萃取液和残渣均在封闭的管道中运行，保持了环境的清洁，提高了资源的利用率。由于自动出渣离心机分离效率高，整个生产过程采用计算机控制，避免了由于人为因素造成的产品质量不稳定的情况。然而，与国外的萃取技术水平相比，我国的萃取水平差距很大。虽然目前已有一些新的萃取技术应用于天然植物或药物的生产，但仍存在一定的局限性。例如，超临界流体萃取技术(一般常用超临界 CO_2 萃取技术)虽然具有一定的分离功能，可在接近室温下萃取，但只适用于亲脂性、分子量较小物质的萃取。对于极性大、分子量太大的物质(如苷类、多糖类)的提取,则需要使用夹带剂,并且要在很高的压力下进行,给工业化生产带来一定的难度。又如超声波辅助萃取技术,虽然其在实验室小量样品制备中效果很好并且已经得到广泛应用(特别是在分析样品的处理中),其快速、高效的特点已被广泛认同,但是,在一些大规模萃取中尚未得到推广,问题在于缺乏有效的工艺放大手段和方法。而且超声场的范围和强度限制了每次处理的物料量。

因此,为了更好地发挥超声波辅助萃取技术在食品工业上的作用,对超声波辅助萃取的机理进行深入的研究是非常有必要的。在超声波用于植物中活性天然有机物萃取的进一步研究中,应对其作用机理和动力学模型进行深入探讨,以便建立一套较为通用的模式,为萃取不同对象时操作条件的选择提供依据,为超声波辅助萃取技术在食品工业领域有更为广阔的应用奠定基础。在今后的工作中,有关超声波辅助萃取工程放大问题、超声波辅助萃取放大设备的研制、提取容器的设计、超声提取过程噪声的有效控制、超声波与物料间的相互作用以及超声波提取方法的标准制定和对有效成分的理化性质影响等方面都应是今后研究的方向。

三、超声波辅助萃取技术的发展趋势

(1)超声波辅助萃取突破“放大”瓶颈。近年来,针对超声波辅助萃取过程中存在的工艺放大的难题,研究人员进行了新型超声波辅助萃取设备的研究开发。科研人员研发的循环超声波辅助萃取技术是基于生化工程理论和方法,采用“模拟移动”理论,通过液-固体系的充分混合、流动设计等,使物料颗粒“提取机会相同”,从而大幅度提高超声场的利用率,解决了局部过度超声处理、超声波在介质中的快速衰减、静止物料超声萃取作用范围有限、提取原料有限等问题。

(2)优化部分萃取工艺。天然植物和中药有效成分种类较多,其提取方法各不相同,并且,相同设备在不同的工艺条件下,提取结果可能相差较大。因此,需要在不同的工艺条件下,针对不同的提取原料和提取物进行工艺优化。

(3)节能环保降本增效。普通超声波辅助萃取技术的换能器嵌在管壁、提取罐壁等部位,超声波需要通过器壁再传递到物料,超声场仅分布在管圆周的一定范围之内,超声波利用率低,有的物料无法接受超声波,而有的物料过度接受超声处理。开发节能环保降本增效的超声萃取设备是必然趋势。如在循环超声萃取技术基础上研发出的高效循环超声提取装置,可同时进行间歇萃取和多级连续萃取,而且循环速度等主要参数均可设定和自动控制。其萃取效率是常规提取的几倍到几十倍。据统计,同传统方法比较,采用这种设备可节省能耗50%以上,萃取成本可降低25%以上。循环超声萃取技术采用聚能式超声波,单个聚能式换能器功率达到900～1 800 W,最高可达2 800 W,能满足各种细胞破壁要求;普通超声萃取技术采用发散式超声波,单个换能器功率小,一般最多仅为几十瓦,难以满足各种细胞破壁要求在提取中,聚能式换能器直接与物料接触,超声波利用率接近100%。所有物料都处于超声场的有效范围,物料为拟均相,接受超声处理机会相等。

(4)研制出功率大、低噪声的超声波辅助萃取装置。对超声波辅助萃取而言,目前实验室广泛使用的超声波萃取仪是将超声波换能器产生的超声波通过介质(通常是水)传递并作用于样品,这是一种间接的作用方式,声振效率较低,若想提高萃取效率必须增加超声波发生器功率(>300 W)。然而,较大超声波功率会发出令人感觉不适的噪声。因此若能研制出功率大、低噪声的超声波萃取装置，超声波辅助萃取法将会得到更广泛的应用。

(5)超声提取工艺从间歇式向连续式发展。目前超声波辅助萃取工艺大多为间歇手工操作，较少使用连续系统。间歇操作虽然设备投资少，但劳动强度大，溶媒用量大、操作时间长、有效成分损失严重、能源消耗大，而且萃取效率低，产品的质量不高，已不适应现代工业的需要。而连续超声辅助萃取的主要优点是样品和试剂耗量少，连续超声萃取已用于测定植物中的铁、土壤中的硼和六价铬以及空气滤膜中的有机磷酸酯等[11]。国内研制了现代中药连续生产线，其适应中成药提取制药的加工。该生产线改变了传统提取制药的模式，相应提高了生产效率，也降低了成本。

(6)超声波辅助萃取技术的研究由单频率向复频或双频超声萃取发展。目前超声波辅助萃取技术的研究仅限于单频超声萃取技术，有关复频或双频超声萃取研究的报道很少，由于复频超声充分发挥不同频率超声波的特点，消除了主场波，使声场更均匀，而且复频超声除基频外还出现了倍频波及差频波[54]。研究发现复频超声化学作用优于单频超声[55]。曹雁平等[56]分别利用单频超声、双频组合超声和双频复合超声对绿茶茶多酚的浸提进行了研究，结果见表10-4，从研究结果和分析可知，双频复合超声浸提绿茶茶多酚，在茶多酚的浓度、浸取率和浸取速率三个方面都优于单频超声浸取和双频组合超声浸取。在中药有效成分的萃取中也发现，采用复频共振方式，比单一频率萃取效率大大提高。

表 10-4 超声浸取绿茶茶多酚最优指标、各个因素组合和实测值

提取方法		项目						
		温度/℃	固液比	强度/(W/cm²)	时间/min	频率/kHz	模拟值	实测值
单频超声	浓度/(mg/mL)	50	1∶12	0.1	13	28	3.199	3.184
	浸取率/%	50	1∶12	0.1	13	40	20.7	21.0
	浸取速度/(g/min)	75	1∶12	0.5	1	40	0.265	0.286
双频组合超声	浓度/(mg/mL)	85	1∶14	0.4	1—7	28—40	3.189	3.173
	浸取率/%	40	1∶14	0.4	4—4	28—40	25.9	26.3
	浸取速度/(g/min)	90	1∶14	0.35	1—1	28—40	0.144	0.168
双频复合超声	浓度/(mg/mL)	80	1∶10	0.6	3	28+40	3.210	3.180
	浸取率/%	80	1∶12	0.6	5	28+40	27.7	27.0
	浸取速度/(g/min)	50	1∶12	0.1	1	28+40	0.295	0.33

四、超声波辅助萃取技术与其他技术的联用

(一)超声波-微波协同萃取

与其他的萃取技术相比，超声波辅助萃取具有快速、价廉、高效等特点，但目前仅限于小规模上。微波辅助萃取虽然也具有诸多的优点，但微波辅助萃取过程一般是在高温高压的密闭式萃取罐中进行或者是在低温常压的开放式萃取釜中进行，这两种操作方式都存在不足之处。高温高压提取一方面对提取罐的要求较高，另一方面可能造成样品中某些有机组分结构的改变或破坏，而且在取出萃取液之前还需要较长的冷却降压时间，这在一定程度上间接地抵消了

其萃取速度快、效率高的优点；低温常压开放式萃取尽管可从一定程度上克服高压密闭式微波萃取的不足，样品用量也可大大增加，但受到微波穿透能力的限制，使样品萃取不均匀，萃取效率下降，萃取时间增加。超声-微波协同萃取克服了超声波萃取(Ultrasound Extraction，UE)和微波萃取(Microwave Assisted Extraction，MAE)方法之不足，保留了超声波辅助萃取或微波辅助萃取方法的优点，如振动匀化使样品介质内各点受到的作用一致、可供选择的萃取溶剂种类多、目标萃取物范围广泛、降低目标物与样品基体的结合力，加速目标物从固相进入溶剂相的过程、处理样品量大等等优点。

超声-微波协同萃取仪将直接超声振动与开放式微波两种作用方式相结合，充分利用了超声波振动的空化作用(同时具有萃取和机械搅拌作用)以及微波的高能作用。该装置的主要特点是：

(1)装置分别具有超声波、微波以及超声-微波协同萃取三种功能，可根据样品性质和分析要求任意选择，从而实现了一机多用功能。

(2)微波功率和辐照时间连续可调，超声振动、微波加热方式和程度可任意组合和设定，以取得最大的协同效率。

(3)更具不同样品处理目的和方式选择。如不同溶剂或溶剂组合、优化样品消解或有机组分的萃取条件等以便取得最优的协同效果。

(4)容器内的情况(样品温度及反应状况)可通过面板上的摄像机进行实时监视，操作更加安全可靠。

(5)低温常压环境可减小对样品中目标物，尤其是对有机物结构的破坏，使用安全。

(6)根据容器体积，样品量可高达 100 g 或以上，大大提高了分析灵敏度。

(7)无须加工或购置特殊材料的样品容器，使用成本低。

(二)超声辅助微波消解

将超声波(20 kHz)与微波电磁辐射(2.45 GHz)结合，不仅可增强消解的动力学因素，而且能产生某种新的效应[8]。如在超声波作用下，高能量的气泡空穴可诱导颗粒碎裂、分子激发；微波极化效应可诱导介电“体加热”和固体颗粒的选择性加热。图 10-13 所示是超声波辅助单模微波消解系统装置示意图。

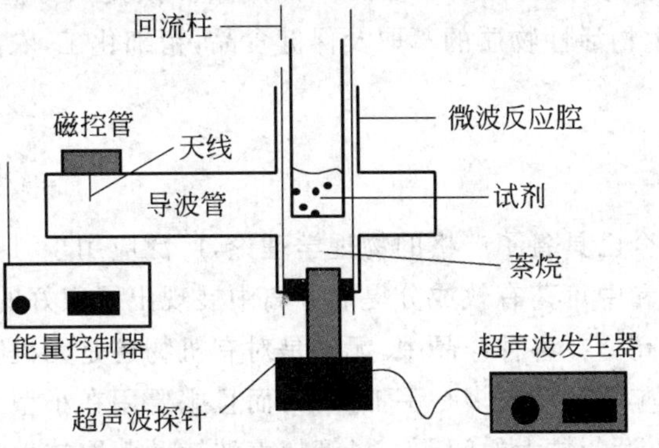

图 10-13 与超声波联用的单模微波消解系统示意图(谢振伟等，2005)

超声波辅助单模微波消解系统在常压下工作。微波能由程序器控制，即可一步也可分步操作，持续时间以秒计。反应器底部产生超声波，超声波探头(直径 18 mm)不与反应混合物直接接触，而是通过双套管(200 mL)中的萘烷传播，此液体黏度小，利于超声波传播，且不吸收微波。此系统已用于食用油中的铜和总氮的测定。表 10-5 比较了标准方法、微波消解法和超声辅助微波提取法测定食品及农产品中总氮的比较结果[8]。

表 10-5 标准法、微波消解法和超声辅助微波提取法测定食品及农产品中总氮的比较

样品	方法					
	标准法		微波消解法		超声辅助微波提取法	
	N/%	t/min	N/%	t/min	N/%	t/min
牛奶	0.5	180	0.48	30	0.45	10
水稻	1.04	180	1.18	30	1.1	10
玉米	1.12	180	1.09	30	1.19	10
面粉	1.57	180	1.72	30	1.62	10
牛肉	2.67	180	2.81	30	2.91	10
腌牛肉	3.69	180	3.61	30	3.53	10
奶粉	4.75	180	4.82	30	4.63	10

从表 10-5 的结果可知，采用超声微波辅助消解作用很短的时间可获得与标准法和微波消解法基本相同的提取率。

(三)超声波-超临界萃取联用

超声场不仅可以强化常规流体对物质的浸取过程，而且还可以强化超临界状态下物质的萃取过程。陈钧等对超声强化超临界 CO_2 流体萃取过程进行了试验研究，从麦芽胚中萃取麦胚油，超临界流体萃取附加超声场后，麦胚油的萃取率约可提高 10%，且未引起麦胚油的降解。

多频超声强化超临界流体萃取植物药有效成分的研究表明，采用多频超声强化超临界流体萃取技术，超声波辅助萃取的萃取率平均提高 20%以上，萃取时间平均缩短 25%以上，并且降低了萃取温度，萃取压力，同时减少了夹带剂的用量。该技术可应用于中药有效成分的萃取，也可以应用于海洋生物活性物质的萃取及保健食品，精细化工，农副产品深加工等领域，具有广阔的应用前景。

五、展望

超声波技术发展至今已具备了严格的物理学理论，广泛应用于科学技术的各领域，特别是近年来在天然植物成分和中草药有效成分提取分离中展现出了很好的发展前景。超声波辅助萃取快速、价廉、提取率高。在各种样品中，无论是对有机物还是无机物，超声波辅助萃取都有较广泛的应用。但这种应用目前还多是手工操作，而且主要用在小型实验室，要用于大规模的工业生产，尚需解决工业设备放大的问题。尽管超声波辅助萃取技术的应用时间不长，但已受到广大分析工作者的关注。超声波辅助萃取技术可以说是一项符合可持续发展对环境友好的“绿色技术”。随着人们对超声波辅助萃取技术的进一步了解；随着超声波辅助萃取过程机理的进一步研究、超声波辅助萃取工程放大问题的解决、放大设备的研制、萃取工艺的优化和创新以及噪声的有效控制，超声波辅助萃取技术将会得到更广泛的应用，其应用前景会更加诱人。

超声波辅助萃取技术在食品工业中的应用带来了方法学上的创新，对传统的技术形成了有益的补充。研究表明，超声波技术在提取、结晶、冷冻和过滤方面尤其有用。采用这些技术可以缩短加工时间，提高加工效率。目前的超声波技术的应用又分出了一些新领域，包括刺激活细胞和酶，改进肉类加工和谷类处理方法等。尽管有些技术目前还限于实验室内，应用于工业生产时会遇到实际困难，如大规模处理时难以找到合适的超声源。但如果超声源生产领域和食品加工领域的工作者加强合作，在超声源、超声测量及超声波在食品加工中的应用等方面进行深入的研究，无论是从经济角度还是从学术角度都是非常有意义的。

参考文献

[1] 超声波技术及其应用[J]. 国际光电与显示-洁净技术专栏，2002：11.
[2] 应义斌，韩东海. 农产品无损检测技术[M]. 北京：化学工业出版社，2005：175.
[3] 陈介余，宫里满，石黑悦雨. 利用声波响应特性检测农产品内部质量的研究[J]. 农业机械学会志[日本]，1993，55(3)：65-67.
[4] 应义斌，蔡东平. 农产品声学特性及其在品质无损检测中的应用[J]. 农业工程学报，1997，13(3)：208-212.
[5] 麻建国，周建军. 超声波技术在食品检测中的应用[J]. 食品与发酵工业，1998，24(5)：52-58.
[6] 张宏康. 食品中异物的检测方法[J]. 粮油食品科技，2001(5)：19.
[7] 葛飞. 超声波技术在食品工业中的应用[J]. 肉类工业，1999(9)：43-45.
[8] 谢振伟，但德忠，赵燕，等. 超声波辅助萃取技术在样品预处理中的应用[J]. 化学通报，2005(68)：56-58.
[9] Suslick K S. The Year Book of Science and Future，Encyclopedia Britannica[M]. Chicago，1994，138.
[10] Wakeford C A，Blackburn R，Lickiss P D. Effect of ionic strength on the acoustic generation of nitrite，nitrate and hydrogen peroxide[J]. Ultrasonics sonochemistry，1999，(6)：141-148.
[11] 胡爱军，郑捷. 食品工业中的超声提取技术[J]. 中国国家农产品加工信息网，2005.
[12] Luque-Garcia J L，Luque de Castro M D. Continuous ultrasound-assisted extraction of hexavalent chromium from soil with or without on-line preconcentration prior to photometric monitoring[J]. The Analyst，2002(127)8：1115-1120.
[13] 郭孝武. 一种提取中草药化学成分的方法-超声提取法[J]. 天然产物研究与开发，1999，11(3)：37-40.
[14] 张秋荣，吴春丽，单丽，等. 玉米蛋白粉中醇溶蛋白超声萃取工艺改进[J]. 郑州大学学报(医学版)，2005，40(5)：913-915.
[15] 李鑫. 玉米渣提取玉米醇溶蛋白工艺初探[J]. 重庆工商大学学报(自然科学版)，2004，21

(4):326.

[16] 朱建华,杨晓泉,邹文中,等. 超声处理对大豆分离蛋白功能特性的影响[J]. 食品科学,2004,25(7):56-58.

[17] 张桂,赵国群. 超声波萃取植物多糖的研究[J]. 食品科学,2005,26(9):302-304.

[18] 樊黎生,张声华,吴小刚. 微波辅助提取黑木耳多糖的研究[J]. 食品与发酵工业,2005,31(10):142-144.

[19] 朱国辉,丘泰球,黄卓烈. 超声波在萃取中的应用[J]. 声学技术,2001,20(4):188-190.

[20] 郑尚珍,孟军才,工定勇. 绿茶中茶多酚的提取工艺研究[J]. 西北师范大学学报(自然科学版),1996(3):40-42.

[21] 陈正,刘常坤. 超声波萃取菠菜叶中叶绿素的研究[J]. 化学与生物工程,2004,6:38-39.

[22] 顾红梅,张新申,蒋小萍. 超声波法和冻结-融解法相结合提取紫薯中花色苷[J]. 食品科学,2004,25(7):104-108.

[23] 陈翠莲,袁东星,陈猛. 预混合饲料中维生素 A,D,E 的微波萃取法[J]. 分析科学学报,1999, 15(1):36-38.

[24] Tena M T, Valcárcel M, Hidalgo P J. Supercritical fluid extraction of natural antioxidants from rosemary: comparison with liquid solvent sonication. Analytical Chemistry, 1997,69:521-526.

[25] 郭孝武. 一种提取中草药化学成分的方法-超声提取法[J]. 天然产物研究与开发,1999,11(3):37-40.

[26] Mason T J, Zhao Y. Enhanced extraction of ten-lids using ultrasound[J]. Ultrasonics, 1994, 32(5):375-377.

[27] 谢明杰,宋明,邹翠霞,等. 超声波提取大豆异黄酮[J]. 大豆科学, 2004,23(1):75-76.

[28] 刘迪,陈雪峰. 超声波辅助萃取法提取桃叶中总黄酮的工艺研究[J]. 现代食品科技,2006,22(2):141-143.

[29] 潘学军,刘会洲,等. 甘草中提取甘草酸不同提取方法[J]. 比较过程工程学报,2001,1:102-105.

[30] 王秀兰,常瑜,常艳红. 甘草酸提取工艺的研究[J]. 应用科技,2001,12(28):46-48.

[31] 魏恩棋. 超声波萃取-GC/MS 测定大气颗粒物中的多环芳烃[J]. 城市环境与城市生态,2002,15(4):44-45.

[32] 孙福生. 反相高效液相色谱测定土壤中多环芳烃[J]. 苏州城建环保学院学报, 2000, 13(3):25-30,79.

[33] 李相力,李晶. 超声波萃取-高效液相色谱法测定环境空气总悬浮颗粒物中的苯并(a)芘[J]. 环境保护科学, 1999,25(1):38-40.

[34] 熊双喜,钟爱国. 土壤中苯的超声波提取及其快速检测[J]. 湘潭大学自然科学学报,2002,24(4):52-53.

[35] 钟爱国. 土壤中酚的超声波提取[J]. 应用声学, 2003,22(3):17-18.

[36] 杨丽莉,邓延慧. 超声波提取-气相色谱法测定土壤中残留六六六和滴滴涕[J]. 环境监测

管理与技术，2002,14(3):33-34.
[37] 彭爱红. 超声波提取法测定午餐肉中脂肪含量[J]. 食品工业科技，2003,24(9):82，85.
[38] 胡小钟，孙保国，杨明健. 超声波提取法快速测定芝麻含油量[J]. 食品科学，1996，17(6):69-71.
[39] 王振宇，杨春瑜，金钟跃. 超声波提取芦荟凝胶的工艺[J]. 东北林业大学学报，2002，30(4):71-72.
[40] 凌建亚，孙迎节，吕鹏，等. 虫草属真菌中虫草素的超声波提取及其毛细管电泳测定[J]. 菌物系统，2002，21(3):394-399.
[41] 李美琴，张敏红. 超声对排毒养颜胶囊浸出物的影响[J]. 基层中药杂志，2000，14(1):26.
[42] Vandenburg H J, Clifford A, Bartle K D, et al. Determination of potential migrants present in nylon microwave and roasting bas and migration into olive oil[J]. Food Additives & Contaminants, 1997(14)3:309-318.
[43] 容慧，张思群，王志元. 超声波萃取-气相色谱法同时测定 PVC 中的五种增逆剂[J]. 中国卫生检验杂志，2000,10(5):562-563.
[44] 杨红. 小茴香挥发油提取方法比较[J]. 山西中医，2004(20)4:41.
[45] 刘祥义. 超声波提取元宝枫叶总黄酮方法研究[J]. 云南化工，2003,30(1):27-28.
[46] 顾红梅，张新申，蒋小萍. 紫薯中花青素的超声波提取工艺[J]. 化学研究与应用，2004,16(3):404-405，408.
[47] 马玉翔，赵淑英，王梦媛，等. 苦楝的提取及其抑菌活性研究[J]. 山东科学，2004,17(1):32-35.
[48] 董娟娥，马柏林，刘丽，等. 超声波提取杜仲叶中有效成分工艺研究[J]. 西北林学院学报，2003,18(3):66-68.
[49] 刘晓轩，张小曼，马银海，等. 正交法超声波提取密蒙花黄色素[J]. 特产研究，2003,25(2):5-8.
[50] 郭孝武. 超声和热碱提取对芦丁成分影响的比较[J]. 中草药，1997,28(2):88-89.
[51] 李颖，彭建和，雷卫莉，等. 银州柴胡的化学成分研究[J]. 中国野生植物资源，1995(4):1-6.
[52] 郭孝武，杨锐. 不同频率超声提取对益母草总碱提出率的影响[J]. 中国医院药学杂志，1999,19(8):465-466.
[53] 许汉英，梁春，商明磊. 人参中总皂苷的超声波快速提取方法研究[J]. 理化检验(化学分册)，2002，38(12):625-627.
[54] 尚志远. 复频超声的声化学作用[J]. 陕西师范大学学报(自然科学版)，2000,28(2):31-33.
[55] 赵德明，史惠祥，汪大翚. 复频超声波氧化降解苯酚废水[J]. 化工学报，2003,54(4):571-574.
[56] 曹雁平，李建宇，朱桂清，等. 绿茶茶多酚的双频超声浸取研究[J]. 食品科学，2004，25(10):139-144.

思考题

1.超声波辅助萃取技术的工作机理是什么？与传统的萃取技术相比，超声波辅助萃取技术有什么特点？而与现代的萃取技术如微波辅助萃取、超临界萃取相比有哪些优势？

2.超声波辅助萃取技术目前在食品工业、医药工业主要有哪些应用？

3.为什么超声波辅助萃取技术目前只限于实验室小规模上？要想实现大规模工业化的应用还需要解决哪些问题？

4.超声波辅助萃取技术在实际应用中还存在哪些问题？其发展趋势如何？

5.浴槽式超声波辅助萃取装置和探针式超声波辅助萃取装置在结构上有什么不同？在使用中各有什么优缺点？

第十一章　微波辅助萃取

第一节　概　　述

微波是一种波长在 1～1 000 mm，频率为 $3\times10^{8}\sim3\times10^{11}$ Hz 之间的电磁波，可产生高频电磁场。微波技术自第二次世界大战中成功地应用于雷达以来，微波在工业上的应用价值引起了人们的广泛关注。在 20 世纪 50 年代，利用微波加热食品在美国取得了微波应用的第一个专利权，在 20 世纪 60 年代，人们利用微波辐射膨化烟叶，并且成功地应用到工业化生产。从此，相继微波辐射技术涉及的领域扩展到：冰冻食品解冻、食品杀菌、面粉食品干燥、干燥肉的温度和脂肪含量的测定、橡胶硬化处理、焦煤处理等等。20 世纪 70 年代，美国 CEM 公司成功地研制出了世界上第一台微波消解设备，由于微波消解可以将矿石等传统消解困难的样品快速消解，而且避免了易挥发物质的损失和环境污染。所以，微波消解很快在欧美、日本、韩国等地受到普遍欢迎[1～3]。

微波技术应用于有机化合物萃取的第一篇文献发表于 1986 年，Ganzler 等人将样品放置于普通家用微波炉里，通过选择功率挡、作用时间和溶剂类型，从食品萃取油脂和土壤中萃取农药，只需短短的几分钟，就可萃取传统加热需要几个小时甚至十几个小时的目标物质[4]。微波辐射技术应用研究的前景再次激发了人们探索的兴趣。20 世纪 90 年代初，由加拿大环境保护部和加拿大 CWT-TRAN 公司携手开发了微波萃取系统 MAP（microwave assisted extraction process）。MAP 最早的应用是 1991 年从植物产品中提取精油，现已广泛应用到香料、调味品、天然色素、中草药、化妆品和土壤分析等领域。并且于 1992 年开始陆续取得了美国、墨西哥、日本、西欧、韩国的专利许可。到 1995 年，国外已授权给两家中国公司开展工业规模的微波萃取技术的应用，授权给另外 3 家公司开发微波分离技术在食品分析领域、食品科学与工程方面的应用[5～6]。在我国，微波萃取技术已经用于上百种中草药的提取生产线，如葛根、三七、茶叶、银杏等。微波萃取已列为我国 21 世纪食品加工和中药制药现代化推广技术之一[7]。

第二节　微波辅助萃取的基本原理

一、微波加热原理

微波在食品工业中应用最广泛的是加热，微波干燥、杀菌、萃取，均和加热机制有关。加热机制主要包括两个方面：离子传导和偶极子转动。离子传导是在微波场作用下，离解物质产生的离子定向流动形成离子电流，并在流动过程中与周围的分子或离子发生高速摩擦和碰撞，使微波能转为热能。偶极子转动是极性分子存在一定的偶极矩，当它们处于一定的静电场中时，偶极分子就有呈方向性排列的趋势，即带正电的一端朝向负极，带负电的一端朝向正极。当电磁场方向变化时，偶极子的取向也随之改变，分子发生摆动。当微波的频率较高时，如2 450 MHz，即1 s内电场变化 2.45×10^9 次，极性分子也随之发生 2.45×10^9 次的摆动。由于分子的热运动和相邻分子间的相互作用，阻碍和干扰分子随电场的摆动，产生类似摩擦的作用，使分子获得能量并以热的形式表现出来。

微波在传输过程中依介质性质不同，会产生反射、吸收和穿透现象，这取决于材料本身的几个主要特性参数：介电常数、偶极矩、介电损耗因子和耗散因子 $\tan\delta$ 等。按介电常数的不同可以分为以下3类物质：第一类物质（如水、乙醇、某些酸、碱、盐类）可以将微波转化为热能，这类物质能吸收微波，提升自身及周围物质的温度；第二类物质（如烷烃、聚乙烯等非极性分子结构物质）在微波透过时很少吸收微波能量；第三类物质（金属类）可以反射微波。

但不同种类的物质对微波具有不同的吸收能力，物质的这种特性可以用耗散因子来描述，如式[11-1]所示[8]：

$$\tan\delta=\frac{\varepsilon''}{\varepsilon'} \qquad [11\text{-}1]$$

式中：ε''为介电损耗（表示微波能量转变为热能的效率）；ε'为物质的介电常数（表示电场下分子的极性）。

$\tan\delta$ 越大，表明该物质对此频率微波的吸收也越大。极性分子和离子溶液能强烈地吸收微波，而非极性的有机溶剂则不能被微波加热。表11-1是一些常用溶剂的物理常数包括介电常数和耗散因子。比较甲醇和水发现，甲醇的介电常数比水低，介电损耗比水高。因此，甲醇比水吸收微波转化成热能的能力更强。各种物质的微波吸收是由物质所含各种组分的微波吸收特性决定的。因此，通过控制微波辐射频率和功率改变 $\tan\delta$，使某种萃取组分的微波吸收达到最大，即可达到提高萃取速率和选择性萃取某种组分的目的。

表11-1 微波辅助萃取常用溶剂的物理常数和耗散因子[6]

溶剂	介电常数[a]，ε'	偶极矩[b]	耗散因子 $\tan\delta$（$\times10^{-4}$）	沸点[c]/℃
丙酮	20.7			56
乙腈	37.5			82
乙醇	24.3	1.96	2 500	78
己烷	1.89			69
甲醇	32.6	2.87	6 400	65
2-丙醇	19.9	1.66	6 700	82
水	78.3	2.3	1 570	100
己烷-丙酮(1∶1)				52

a 测定温度20℃。

b 测定温度25℃。

c 测定温度101.4 kPa。

二、微波辅助萃取原理

微波辅助萃取（microwave assisted extraction，MAE）的机理可从两方面考虑：一方面是微波射线自由透过透明的萃取介质，深入到生物材料的内部维管束和腺胞系统。由于吸收微波能，物料内部温度突然升高，在天然物料中的维管束和腺胞系统升温更快，保持此温度直至其内部压力超过细胞壁膨胀的能力，细胞破裂。位于细胞内的有效成分从细胞壁自由流出，传递到萃取溶剂里。另一方面是由于不同物质的 $\tan\delta$ 值不同，对微波能的吸收程度也不同，微波可以对体系中不同组分进行选择性加热，从而使被萃取物质从基体或体系中分离出来，进入到萃取溶剂中。

第三节　微波辅助萃取的工艺及设备

一、微波辅助萃取工艺流程

微波辅助萃取的一般工艺流程如图 11-1 所示[9]。MAE 过程是一个复杂的过程，该过程可以简化为以下五步：目标物从样品机体部位解吸；目标物扩散到整个样品机体；目标物在萃取溶剂中溶解；目标物在萃取溶剂中扩散；目标物收集。

原料预处理 → 萃取溶剂与样品混合 → 微波萃取 → 冷却 → 过滤 → 滤液 →
萃取溶剂与萃取组分分离 → 萃取组分

图 11-1　微波辅助萃取的一般工艺流程

二、微波辅助萃取工艺条件[4,7,9,10]

(一)原料预处理

与其他萃取方法一样，样品在 MAE 之前一般要粉碎，以增大萃取溶剂与样品的接触面积，提高萃取效率。但通常情况下传统提取不把物料破碎得太小，因为这样可能使杂质增加，增加提取物中的无效成分，也给后续过滤带来困难。同时，将近 100℃ 的提取温度，会使物料中的淀粉成分糊化，使提取液变得黏稠，这也增加了后续过滤的难度。在微波提取中，通常根据物料的特性将其破碎为 2～10 mm 的颗粒，粒径相对不是太细小，后面可以方便地过滤。同时提取温度比较低，没有达到淀粉的糊化温度，不会给过滤带来困难。

(二)萃取溶剂的选择

萃取溶剂的选择包括萃取溶剂的种类、组成和体积。由于不同物质具有不同的介电常数，所以萃取溶剂的选择在 MAE 中有非常重要的作用。对于萃取溶剂的选择应该考虑以下几个方面：溶剂必须对微波透明或半透明，但应具有一定的极性；溶剂对待分离成分有较强的溶解能力；溶剂对萃取成分的后续工作干扰较少。此外，还应考虑萃取溶剂的沸点。一般常用的萃取溶剂有正己烷、二氯甲烷、甲醇、乙醇等。萃取溶剂具有一定的极性，这是 MAE 所必需的。然而若萃取溶剂为甲苯、正己烷等这些非极性溶剂时，必须加入一种极性溶剂，以增加萃取溶剂体系的介电常数，目前已报道加入的溶剂有丙酮、水。因此，萃取溶剂可以为一元体系、二元体系，也可以是多元体系，具体到某一样品的萃取体系要根据样品的性质、萃取目标物的性质和预实验才能决定。

在萃取溶剂体积方面，在一些传统的萃取技术中，提高萃取溶剂的用量可以提高回收率；

但微波辅助萃取时，过高的萃取溶剂用量可能降低萃取效率。萃取剂用量可在较大范围内变动，以充分提取所希望的物质为度，萃取剂与物料之比(L/kg)在1∶(1～20)范围内选择。固液比是提取过程中的一个重要因素，主要表现在影响固相和液相之间的浓度差，即传质推动力。固液比的提高，必然会在较大程度上提高传质推动力，但萃取液体积太大，萃取时釜内压力过大，会超出承受能力，溶液溅失。

(三)微波辐射条件的选择

微波辐射条件包括微波辐射频率、功率和辐射时间，它们对萃取效率具有一定的影响。在微波辅助萃取过程中，所需的微波剂量的确定应以最有效地萃取出目标成分为原则。一般所选用的微波能功率在200～1 000 W，频率$2\times10^3\sim3\times10^5$ MHz，微波辐照时间不可过长。不同的萃取目的采用不同微波辐射条件，针对不同的萃取原料，研究三者对MAE萃取率的影响，以选择最佳的MAE工艺条件。例如，从迷迭香和薄荷叶中萃取精油时，在其他条件不变的情况下，微波辐射功率从200 W增加到640 W时，精油的萃取率相应增加，但不成正比关系。

(四)微波萃取温度的选择

在微波密闭容器中内部压力可达到十几个大气压，因此，溶剂沸点比常压下的溶剂沸点高，这样微波萃取可达到常压下同样的溶剂达不到的萃取温度。此外，随着温度的升高，溶剂的表面张力和黏性都会有所降低，从而使溶剂的渗透力和对样品的溶解力增加，以提高萃取效率，而又不至于分解待测萃取物。萃取回收率随温度升高的趋势仅表现在不太高的温度范围内，且各物质的最佳萃取回收温度不同。表11-2显示提高萃取温度，萃取目的物回收率也相应升高[9]。

表11-2 不同温度下的萃取目的物回收率 %

萃取目的物	温度		
	90℃	110℃	120℃
林丹	79	81	94
七氯	51	73	97
艾氏剂	62	74	93
狄氏剂	51	72	95
异狄氏剂	71	75	96
4,4′-DDT	86	82	98

(五)萃取时间

微波萃取时间与被测物样品量，溶剂体积和加热功率有关。与传统萃取方法相比，微波萃取的时间很短，一般情况下10～15 min就足够。研究表明，从食品中萃取氨基酸成分时，萃取效率并没有随萃取时间的延长而有所改善，但是连续的辐照也不会引起氨基酸的降解或破坏。在萃取过程中，一般加热1～2 min即可达到所要求的萃取温度。对于不同的物质，最佳萃取时间不同。连续辐照时间也不可太长，否则容易引起溶剂沸腾，不仅造成溶剂的极大浪费，还会带走目标产物,降低产率。

(六)食品水分含量的影响

水是介电常数较大的物质,可以有效地吸收微波能并转化为热能,所以植物物料中含水量的多少对萃取率的影响很大。另外含水量的多少对萃取时间也有很大影响,因为水能有效的吸收微波能,因而干的物料需要较长的辐照时间。生物物料的含水量对回收率影响很大,正因为动植物物料组织中含有水分,才能有效吸收微波能,进而产生温度差。若物料是经过干燥(不含水分)的,就要采取物料再湿的方法,使其具有足够的水分。也可选用部分吸收微波能的半透明萃取剂,用此萃取剂浸渍物料,置于微波场中进行辐射加热的同时发生萃取作用。国外有人以异辛烷为萃取剂从植物中微波萃取除去有机氯杀虫剂的农药残留,不仅能得到较高的去除率,而且没有化合物分解。当样品水分为15%时效率最高。

(七)冷却

由于微波具有热效应,萃取体系经辐射后温度较高,为了确保萃取目的物的质量,一般采用一段时间的冷却。在冷却过程中,溶剂萃取仍在进行,因此,每次微波辐射后应使萃取体系有足够的冷却时间,否则将导致萃取目的物质量和萃取率下降。

(八)萃取溶剂与萃取组分分离

一般采用常规方法如溶剂蒸发(常压蒸发、减压蒸发)、色谱等实现萃取溶剂与萃取组分的分离,回收溶剂可以循环利用。

三、微波萃取工艺的特点

传统热萃取是以热传导、热辐射等方式由外向里进行,而微波萃取是通过偶极子旋转和离子传导两种方式里外同时加热。如图 11-2 所示[11]。

微波萃取技术与其他现有的萃取技术相比有明显的优势。化学溶剂萃取法耗能大、耗材多、耗时长,提取效率低,工业污染大。超临界流体萃取(SFE)在提取效率上得到很大的提高,但其方法要求的装备复杂;溶剂选择范围窄,需要高压容器和高压泵等,投资成本高,建立大规模提取生产线有工程难度。微波辅助萃取与其他萃取方法的比较如表 11-3 所示[9]。

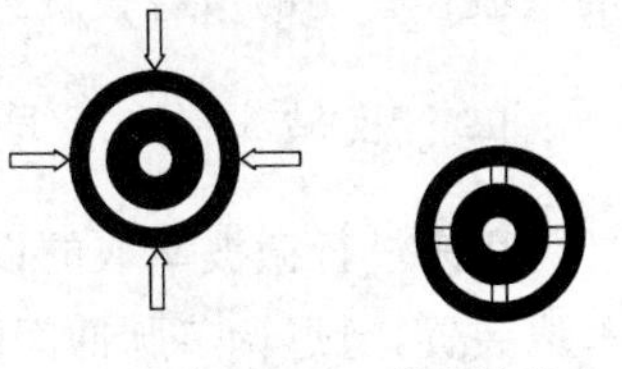

图 11-2　萃取的热传导图

与其他萃取相比,微波萃取具有以下技术特点。

1. 快速高效

样品及萃取溶剂中的极性分子在高频微波场中短时间内产生大量的热量,极性分子高速运动导致弱氢键的断裂、离子迁移,加速了萃取溶剂对样品的渗透,待分离成分很快溶剂化,使萃取时间显著缩短。

2. 加热均匀

微波加热是通过内加热进行的,形成独特的物料受热方式,整个样品被加热无温度梯度,具有加热均匀性的优点。

表 11-3 不同萃取方法的比较

项目	微波辅助萃取(MAE)	索氏提取(SE)	超声波萃取(UE)	超临界萃取(SFE)	加速溶剂萃取(ASE)
时间	4～20 min	24～48 h	30～60 min	30～60 min	15 min
预分离	过滤和溶剂蒸发	不过滤	过滤和溶剂蒸发	不过滤	不过滤
溶剂用量	小	大	大	小	大
费用	高	低	低	高	高
工作强度	低	大	大	低	低
污染程度	小	大	大	小	小

3. 选择性

在高频微波场中，对于介电常数小或介质损耗小的物质，微波入射可以说是“透明”的。由于不同化合物具有不同的介电常数，所以 MAE 具有选择性加热的特点。溶质和溶剂的极性越大，对微波能的吸收越大，升温越快，促进萃取速度；而对于非极性溶剂，微波几乎不起加热作用。

4. 生物效应(非热特性)

由于大多数生物体含有极性水分子，所以在微波场的作用下引起强烈的极性振荡，容易导致细胞分子间氢键断裂，细胞膜结构被电击穿破，促进基体的渗透和萃取成分的溶剂化。

5. 高效与其他萃取方法相比，MAE 能减少萃取试剂的消耗

例如，MAE 用于样品分析时，一般萃取试剂用量为 30～40 mL 可以多种样品在相同条件下同时萃取，目前一次最多可同时萃取 12 个样品。此外，由于微波直接对物料作用，对环境和设备不存在热损失，故额外的能量损耗小，热效率高，一般要比常规方法节电 30%～50%。微波设备即开即用，无预热，无余热，操作灵活方便，便于控制，易实现生产自动化和连续化，清洁无污染；又能减少传统锅炉、管道及配套设备包括锅炉间和能源贮存的投资与占地，同等规模的微波设备能够节省投资约 50%以上，能显著降低投资成本。

四、微波辅助萃取设备

用来进行微波萃取的设备，最早是直接使用普通家用微波炉或用家用微波炉改装的微波萃取装置，通过调节脉冲间断时间的长短来调节微波输出能量。这种微波炉造价低、体积小、适合于在实验室应用，但很难进行回流提取，反应容器只能采取封闭或敞口放置两种方法，而且由于缺乏控制设施，一般仅能大概了解微波对于成分萃取的作用，而无法得到准确的实验数据，更无法用来摸索生产工艺条件。现在已有专门的商品化微波辅助萃取设备，这些装置根据萃取罐的类型可分为两大类：密闭式微波辅助萃取装置和开罐式辅助萃取装置。

商品化密闭式微波辅助萃取装置，是由一个磁控管、一个炉腔、监视压力和温度的监视装置及一些电子器件所组成。图 11-3 显示了密闭式微波辅助萃取装置的示意图[12]。其中，在炉腔中有最多可容放 12 个密闭萃取罐(PTFE 材料)的旋转盘。该装置备有自动调节温度、压力的装置，可实现温-压可控萃取。当压力增大时，溶剂的沸点也相应增高，这样有利于将待分析成分从基体中萃取出来，且待分析成分不易损失。在密闭罐装置中，最大压力可达到 600～1 000 kPa。国外的商品化密闭式微波辅助萃取仪器主要有美国 CEM 公司的 MARS 系列、

MDS 系列、MES-1000。国内商品化密闭式微波辅助萃取仪器有上海新仪公司的 MDS 系列、北京美诚公司的 WR 系列和北京雷明公司的 MSP-100D[7,12]。

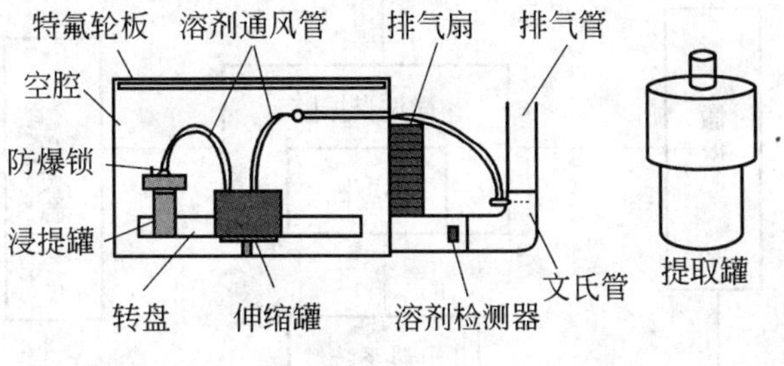

图 11-3　密闭式微波辅助萃取装置和萃取罐

商品化开罐式聚焦微波辅助萃取装置，图 11-4 与密闭微波辅助萃取装置基本相似，只是微波通过波导管聚焦在萃取系统(样品)上，又称为聚焦式微波辅助萃取(focused microwave-assisted extraction，FMAE)装置[12]。萃取罐与大气连通，只能实现温度控制。与密闭式微波辅助萃取装置相比，该装置有以下优点：常压下，尤其使用有机溶剂时操作安全；萃取罐可使用硼化玻璃，石英玻璃，PTFE 等多种材料；聚焦方式提高了微波能利用的有效性，节省能源。但 FMAE 装置一次不能萃取多个样品。

国外商品化的 FMAE 仪器主要有美国 CEM 公司的 STAR 系列以及意大利 Milestone 公司的 Ethos MOD 系列。国内有代表性的仪器有上海新仪公司的 MAS-Ⅰ、上海屹尧公司的 WF-4000C 和南京三乐公司的 WCD 系列等。上海新仪公司的 MAS-Ⅰ型常压微波辅助萃取仪腔体内部装有视频摄像装置，通过外部显示器可实时观察萃取过程，有利于监控萃取过程和优化萃取条件。目前，这些商品化微波辅助萃取装置已广泛应用于环境分析、食品分析、中药有效成分萃取等领域[7,12]。

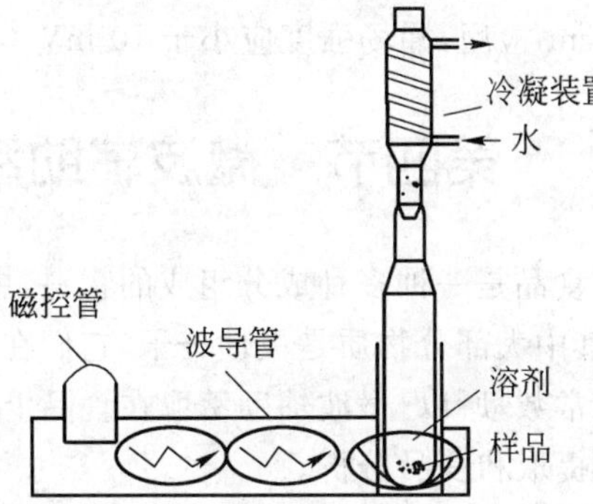

图 11-4　开罐聚焦式微波辅助萃取装置的示意图

利用微波特性制造工业生产用微波设备，并用于加热、干燥、消毒、化学反应和萃取等已越来越多。目前微波萃取的设备分两类：一类为微波萃取罐；另一类为连续微波萃取线。两者主要区别在于一个是分批处理物料，类似于多功能提取罐；另一个是以连续方式工作的萃取设备，具体参数一般由生产厂家根据使用厂家要求设计，使用的微波频率一般有两种：2 450 MHz 和 915 MHz。20 世纪 90 年代初，由加拿大环境保护部和加拿大 CWT-TRAN International 公司合作开发了微波萃取系统 MAP (Microwave Assisted Extraction Process)。该系统针对工业应用的不同需要，日处理能力为 1～500 t，只要设置不同的参数(微波功率、辐照时间、溶剂、流速等)，就可以选择提取目标成分。

微波萃取罐由下列部分组成：内萃取腔、进液口、回流口、搅拌装置、微波加热腔、排料装置、微波源、微波抑制器等。其结构原理如图 11-5 所示[13]。

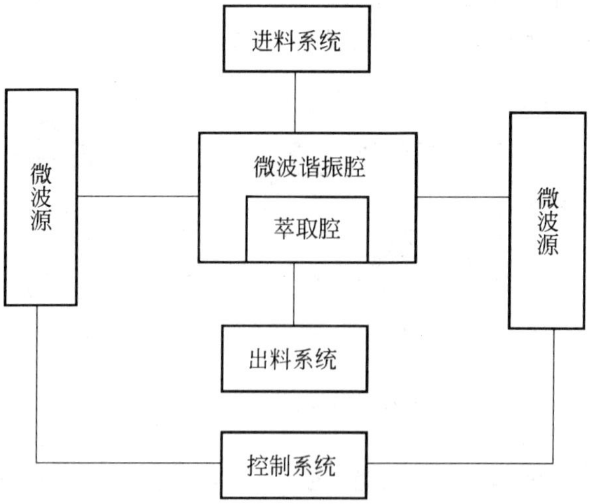

图 11-5 微波萃取罐结构图

一般来讲，工业微波设备必须满足下列条件：微波发生源有足够的功率和稳定的工作状态；结构合理，能够根据不同目的任意调整，而且便于拆卸和运输；一般要求有温控附件；能连续工作，操作简便；使用安全，微波泄漏符合要求，用大于 10 mW 量程的漏场仪距被测处 0.5 cm 检测，漏场强度应小于 10 mW/cm^2。

第四节 微波辅助萃取技术在食品工业中的应用

食品是一种多种成分组成的物料，主要包括水、碳水化合物、蛋白质、脂类、维生素、矿物质等，其中大部分物质是极性分子，它们在微波场中也能被加热、升温，由于不同物质具有不同的介电常数，所以，微波辅助萃取在食品上应用是可行的。目前，主要应用在植物组织中天然成分的提取和食品分析。

一、微波萃取天然食用色素

食用色素是食品的重要成分，近年来随着医学毒理学和生物学实验研究工作的不断深入，许多食品工业中大量使用的合成色素被认为对人体有害，有的甚至致癌，因而使用天然、安全的食用色素开始成为研究热点。其中，从植物中提取天然色素是天然食用色素的主要来源。

国内、外有不少研究者开展了微波辅助萃取番茄红素的研究，番茄红素不仅可作为食用色素，还具有一定的保健功能。番茄红素是脂溶性色素，脂溶性色素的提取特点是提取时间较长，采用微波辅助萃取技术可提高其提取率。王伟华等的研究表明微波辅助萃取番茄红素的最佳工艺条件是：以丙酮作为萃取溶剂，微波功率级数为 2，提取时间 40 s，液固比为 3∶1 (*V*/*W*)，提取级数（用有机溶剂提取的次数）为 3[14]。邓宇等人的研究表明，在微波功率 200 W 条件下，料液比为 1∶2 时，浸提 80 s，经过二次浸提，番茄红素的提取率达到 97.56%，故二次浸提便能得到十分满意的结果。而传统加热提取，不仅浸提时间长，溶剂用量多，而且产率低。由此可见微波法可大大加快浸提速度，缩短浸提时间，又可以减少溶剂的消耗量和后处理负荷量，同时也降低了能耗[15]。图 11-6 为番茄红素提取的工艺流程[16]。

番茄 → 捣碎 → 番茄糊→ 有机溶剂提取→ 离心→ 上清液→ 减压浓缩→ 真空干燥→ 色素

图 11-6　番茄红素提取工艺流程

李巧玲等[16]研究了微波辅助萃取提取柚皮色素，如表 11-4 所示，结果表明，利用微波浸取可以使固液浸取过程得到明显的强化，它的浸取效率要比传统方法的浸取效率高得多。当采用微波技术强化浸取柚皮-水体系时，仅需 4 min 便可以使整个浸取过程达到平衡，其 *OD* 值为 0.632；而传统方法则需要 120 min 左右才能达到浸取柚皮色素的最大量(其 *OD* 值为 0.571)，几乎为微波提取时间的 20 倍。并且利用微波浸取柚皮中的天然色素成分要比传统加热浸取方法所消耗的能量要小得多，即利用微波强化固液浸取过程不仅可以大大缩短浸取时间，而且还能大大节约能量，这在能源日益紧张的今天是非常具有实际意义的。

表 11-4　微波萃取柚皮色素与传统加热萃取的比较

	微波萃取(功率 495 W)	传统加热提取
溶剂	水	水
时间(1 次)	4 min	120 min
料液比	1∶2	1∶3
浸提次数	2	3
加热温度/℃	<70℃	70℃
耗电量(1 次)	2.57×10^5 J	5.4×10^5 J
产率	97.56%	93.48%

李安平等[17]研究了微波萃取橘黄色素最佳条件为：橘皮含水量为 35%，颗粒大小为 60 目，溶剂为 40 倍橘皮的乙酸乙酯，微波萃取作用时间为 10 min。

微波辅助萃取技术还能应用于从天然植物原料中提取其他一些色素如枸杞色素，栀子黄色素、辣椒色素、花生壳黄色素、紫甘薯色素的提取等都有报道。把 MAE 应用于天然色素的提取，既能降低生产时间、能源、溶剂的消耗以及废物的产生，也能提高生产率和萃取物的纯度，是一种良好发展前途的新工艺。

二、微波萃取多糖

Liu Zhongdong 等[18]人采用扫描电镜和原子力显微镜研究了微波辅助萃取的果胶和果皮。结果发现微波条件下，橘皮的温度急剧上升，细胞膨胀并最终破裂，使果胶和其他细胞内物质释放出来。萃取时间从传统的 1 h 左右减少到 5 min。

肖凯军等[19]人证实，在微波的高频电磁场作用下，橘皮细胞内的果胶等物质基本提取完全，纤维素等成分排列呈层状并收缩成为紧密的团状结构。用微波辅助法萃取果胶，工时缩短，能耗降低，工艺操作容易控制，劳动强度减小，果胶得率提高，质量有保证，在色泽、溶解性、粘度等方面更佳。

樊黎生等[20]研究利用微波辅助萃取技术提取黑木耳子实体中的黑木耳多糖的方法。以无菌过滤水为溶剂，以微波辐射处理为辅助条件，提取黑木耳子实体中的多糖，并与常规水提法(WE)、超临界萃取法(SFE)和超声波萃取法(USE)作了对比实验。确定的提取工艺条件为:微波功率为800 W,微波辐射时间为40 min,固液比为1∶32 (g:mL),水浴浸提时间为3 h,提取级数为二级。

三、微波萃取油脂

王平艳等[21]采用美国油葵和普通葵花籽为原料进行微波萃取,实验结果表明MAE的出油率压榨法的出油率高。郝金玉等[22]以西番莲籽为原料,从中提取油脂,与传统的索氏抽提(SE)相比,MAE萃取时间短,萃取溶剂用量少且回收率高。欧光南[23]研究了鳗骨油的微波萃取条件,探讨萃取溶剂、水分、微波辐射时间、样品颗粒度等因素对萃取效率的影响,实验结果表明样品中水分含量的影响极为显著,无水或水量过多均对鱼油萃取不利;微波辐射时间对萃取率影响也显著。邵海等[24]人用美国CEM公司Mars5微波萃取系统,对微波萃取山核桃仁油的影响因素,包括溶剂类型、提取温度、提取时间、萃取溶剂体积进行单因素的考察。实验结果表明,正己烷是萃取核桃仁油的较佳溶剂,在单因素的试验基础上通过正交实验设计得出优化的微波萃取核桃仁油的工艺条件:提取温度为60℃,提取时间为12 min,每克核桃仁用萃取溶剂7 mL。将萃取方法进行了比较。结果表明,微波萃取时间明显的缩短(是磁力搅拌法的1/12、索氏提取法的1/20),萃取温度也比传统方法下降5℃,微波萃取法所用溶剂体积较磁力搅拌法低,而且提油率也比传统方法高。利用气相色谱分析核桃油中的脂肪酸的组成,微波萃取法得到的核桃仁油与传统方法相比在脂肪酸组成上有了明显的变化,其中不饱和脂肪酸的质量分数由82.94%上升到90.25%,而亚油酸的质量分数由43.49%上升到48.23%。Sandra ElKhori等[25]人采用加拿大的MAP™系统从可可粉和可可豆的碎粒中萃取脂肪,比传统的索氏抽提快,节约溶剂,省时,节能,产率高。

四、微波辅助萃取植物精油

赵华等[26]研究了微波辅助萃取洋葱精油,结果表明,在以二氯甲烷为萃取溶剂,萃取温度25℃,萃取时间45 s,酶解时间1.5 h,料液比1∶5的条件下可得到最优工艺条件。与传统的溶剂浸提法、索氏提取法相比较,微波辅助提取具有提取时间短、效率高、节约能源、产品质量高、原料利用率高、无污染等优点,并且明显提高了洋葱油中二丙基二硫醚组分的含量。

回瑞华等[27]以苦杏仁为原料,通过微波辐射、蒸馏萃取法提取了苦杏仁挥发油,实验结果表明苦杏仁挥发油的萃取率是常规水蒸气蒸馏法的近4倍,所用萃取时间仅为其1/3。微波萃取技术可用于从莳萝籽、蒿、洋芫荽、茴香、甘牛至、龙蒿、牛膝草、薄荷、鼠尾草、百里香、丁香等香料中萃取植物精油,其质量和风味优于水蒸气蒸馏的同类产品。

五、微波辅助萃取应用于食品分析

样品的预处理是样品分析最为关键的步骤之一,尤其是分析复杂的样品时,样品的预处理是必不可少的。建立一个从食品复杂基体中萃取出有害物质的有效分析方法正成为全世界科学研究者们所面临的一个重要课题。传统的样品前处理的方法如索氏抽提、超声波萃取等不仅费时,而且溶剂的消耗量大。微波辅助萃取作为一种高效省时的样品前处理技术,在分析化学领域有着广泛的应用。微波技术开始主要是用于无机分析的样品预处理即微波消化,从1986年起微波能开始应用到有机分析中的样品预处理即微波辅助萃取。十几年来,MAE技术在有机分析中得到了广泛的应用。

杨云等[28]建立了 MAE-GC-MS 联用法测定了蔬菜种二嗪磷、对硫磷、水胺硫磷的分析方法,研究了四种萃取试剂的萃取效率,最后选用二氯甲烷为萃取溶剂,正交实验优化了萃取溶剂体积和萃取时间。与传统的机械振荡萃取法相比,MAE 不仅萃取效率高,而且还具有省时省溶剂的优点。此外,他们还采用该方法分析测定了蔬菜中的扑草净,正交实验对萃取溶剂体积、微波辐射时间、微波功率进行了优化。罗建波等[29]采用了 MAE-GC 联用技术测定了果蔬中农药残留量,包括有机氯和有机磷残留量,选用石油醚为萃取溶剂,实验结果表明整个分析过程仅需要 20 min 的提取时间,萃取溶剂消耗量为 15 mL,回收率为 85%～90%,比国标法回收率高(80%)。Pedersen 等[30]采用开罐式微波萃取鱼组织中的酚类物质,其检出限可达 0.1 mg/L 一种在线微波萃取方法用于测定食品中维生素也有报道。表 11-5 是开罐聚焦式微波辅助萃取装置在食品领域的一些应用实例[12]。

表 11-5　开罐聚焦式微波辅助萃取装置在食品领域的应用

被分析物	基质	仪器	萃取条件	回收率
甘油三酸酯、甘油二酸酯、脂肪酸、氧化甘油三酸酯单体	植物种子	A301(Prolabo,法国)	正己烷,25～90 W,30～90 min	—
脂肪酸甲酯、聚合物、非极性甘油酯	牛奶	A301(Prolabo,法国)	正己烷,200 W,50 min	—
草萘胺等杀虫剂	草莓	Soxwave Map (Prolabo)	水,30 W,7 min	—
黄酮	甘草	WP800 家用微波炉(格兰仕,广东)	38%乙醇,288 W,1 min	提取率是水提法的 2 倍多
印楝素	印楝种仁	改装的家用微波炉(松下,日本)	甲醇,280 W,100 s	与索式提取、室温浸提相比,快速高效
黄酮	山楂	NN-K580MFS 家用微波炉(松下,日本)	乙醇,800 W,10 min	提取率是索氏提取的 1.5 倍,是回流提取的 1.8 倍
肉桂醛、肉桂酸	肉桂	961(VIC,澳大利亚)	乙醇、水,<7 min	—

六、其他有效成分的萃取

MAE 能广泛应用于从天然食品植物原料中提取有效成分。Young 采用微波萃取从真菌代谢物中成功地萃取了麦角甾醇,在萃取时间为 5 s 时,70%麦角甾醇被萃取,30～40 s 达到萃取的最高值。比传统索氏萃取和超临界萃取相比效率更高。姜绍通等[31]研究了小麦胚芽种维生素 E 微波萃取的较优条件:微波功率 468 W,小麦胚芽 5 g,液固比 6∶1(V/W),微波萃取时间 2 min 和乙醇浓度为 50%,此时微波萃取率为 16.65 mg/100 g。农绍庄等[32]采用微波法以茶叶末为原料制备速溶茶粉,提取茶叶末中水溶性物质并进行调配。结果表明,采用微波辅助萃取的最佳条件为功率为 640 W,时间为 120～150 s。料液比为 1∶15、乙醇浓度为 50%、浸提两次,提取率可达到 36%以上。采用 MAE 技术提取茶多酚和茶碱的研究也有报道。

第五节 微波萃取分离技术展望

目前，虽然国内外 MAE 技术的研究才刚刚起步，但是由于微波萃取技术具有其他传统萃取方法所不能比拟的优点，具有选择性高、操作时间短、溶剂消耗量少、有效成分得率高、不产生噪声、适合于热不稳定成分等优点，而且与超临界、超声提取法等新型提取方法相比也具有很大的优势，它设备简单、易于操作、投资小、适用面广等，因此微波萃取技术在保健功能因子的研究.食品有效成分提取以及食品分析中有良好的应用前景，已经成为当前和今后新型提取技术研究的热点之一。

今后，可利用微波加热的特点和微波萃取的优点，把萃取与后续处理结合起来，将简化样品处理的步骤。如对姜黄提取可以考虑同时进行对姜黄色素及挥发油的提取。这方面的研究对于进一步缩短样品处理时间，提高分析速度具有重大意义。在萃取机理方面，虽然提出了从植物组织中提取天然产物时微波的作用机理，但是鉴于不同的基体物质和萃取体系的特性不同，许多提取过程的参数如物理形状及尺寸，自由水或结合水的含量等对提取率的影响等方面还有待进一步深入研究。

目前，已有将微波萃取与液体样品顶空萃取结合的报道，也有文献报道了用微波萃取代替固液萃取中的溶剂洗脱的研究，提出了固相萃取-微波萃取联用技术。如果用类似联用仪器分析食品中的化学成分、有效成分，将大大简化样品成分提取的前处理过程，提高分析效率，扩大样品适用范围。微波萃取系统的缺点是不易自动化，缺乏与其他仪器在线联机的可能性，如果能在仪器设计方面取得突破，使微波萃取像超临界流体萃取那样与检测仪器实现在线联机，则该方法会获得更强大的生命力。

参考文献

[1] 金钦汉. 微波化学[M]. 北京：科学出版社，1999.

[2] 刘小平，等. 中药分离工程[M]. 北京：化学工业出版社，2005.

[3] 李核，李攻科，张展霞. 微波辅助萃取技术的进展[J]. 分析化学评述与进展，2003，31(10)：1261-1268.

[4] Ganzler K，Salgo A，Valko K. Microwave extraction：A novel sample preparation method for chromatography[J]. Journal of Chromatography A，1986，371：299-306.

[5] Pare J R J，Belanger J M R，Stafford S S. Microwave-assisted process (MAP™)：a new tool for the analytical laboratory[J]. TrAC Trends in Analytical Chemistry，1994，13(4)：176-184.

[6] 谢明勇，陈奕. 微波辅助萃取技术研究进展[J]. 食品与生物技术学报，2006，25(1)：105-113.

[7] Cecilia Sparr Eskilsson，Erland Bjorklund. Analytical-scale microwave-assisted extraction[J]. Journal of Chromatography A，2000(902)：227-250.

[8] 白雪莲，章华伟. 微波萃取技术及其在食品化学中的应用[J]. 食品工业科技，2005，26(11)：182-185.

[9] 张宏康.微波萃取技术在食品工业中的应用[J].粮油食品科技,1999,7(5):29-32.
[10] 段胜林,张耀林,徐京,等.微波萃取技术在食品工业上的应用[J].食品工业科技,1999,(增刊):73-75.
[11] 汪军霞,李攻科.微波辅助萃取装置的研究进展[J].化学通报. 2006,69 (10):1-9.
[12] 崔政伟.微波技术在食品工程中的新应用展望[J].包装与食品机械,2003,21(4):1-4.
[13] 王伟华,于国萍,张立冬,等.番茄红素微波萃取工艺条件的研究[J].东北农业大学学报. 2004, 35(10):564-567.
[14] 邓宇,张卫强.番茄红素提取方法的研究[J].现代化工, 2002, 22(2):25-28.
[15] 李巧玲.微波萃取技术在天然食用色素提取上的应用[J].中国食品添加剂,2003(4):105-107.
[16] 李安平,谢碧霞.橘黄色素微波萃取的研究[J].中国食品添加剂,2004(1):16-19.
[17] Liu Zhongdong, Wei Guohua, Guo Yunchang, et al. Image study of pectin extraction from orange skin assisted by microwave[J]. Carbohydrate Polymers, 2006(64):548-552.
[18] 肖凯军. 高频电磁场强化浸取果胶的研究[J]. 食品科学, 2001,22 (3):50-52.
[19] 樊黎生,张声华,吴小刚.微波辅助提取黑木耳多糖的研究[J].食品与发酵工业,2005(10):144-148.
[20] 王平艳,黄若华,郝金玉. 微波萃取葵花籽油的研究[J].中国油脂,2002,25(6):207-208.
[21] 郝金玉,黄若华,邓修,等.微波萃取西番莲籽的研究[J].华东理工大学学报, 2001, 6(3):210-213.
[22] 欧光南.微波萃取鳗骨油的研究[J].集美大学学报:自然科学版, 2001, 6(3):210-213.
[23] 邵海,李丽华,宫晓杰,等.微波萃取核桃油工艺[J].辽宁石油化工大学学报, 2005,25(2):13-16.
[24] Sandra ElKhori J, Jocelyn Pare R, Jacqueline M R, et al. The microwave-assisted process (MAP™): Extraction and determination of fat from cocoa powder and cocoa nibs[J]. Journal of Food Engineering, 2006:1-5.
[25] 赵华,张金生,李丽华.微波辅助萃取洋葱精油的研究[J].香料香精化妆品,2005 (3):1-4.
[26] 回瑞华,侯冬岩,李铁纯等.苦杏仁挥发油化学成分的微波-同时蒸馏萃取 GC-MS 分析[J]. 分析测试学报, 2003, 22 (1): 55-57.
[27] 杨云,栾伟,李攻科.微波辅助萃取气相色谱-质谱联用测定蔬菜中的扑草净[J].中国分析试验杂志,2002,20(5):75-78.
[28] 罗建波,黄伟雄.微波萃取气相色谱法测定果蔬中农药残留的研究[J].中国公共卫生,2002,18(3):336-337.
[29] Pedersen S N, Lindholst C. Quantification of the xenoestrogens 4-tert-octylphenol and bisphenol A in water and in fish tissue based on microwave assisted extraction, solid-phase extraction and liquid chromatography-mass spectrometry[J]. Journal of Chromatography A,1999,864(1):17-24.
[30] 姜绍通,邵平,赵妍嫣.小麦胚芽维生素 E 的微波萃取工艺和神经网络模型的研究[J].食

品科学，2005,25(2):25-28.
[31] 农绍庄,宁楠,伊霞,等.微波萃取法生产速溶茶粉的研究[J].大连大学学报,2005,25(2):58-62.

思考题

1.微波辅助萃取原理是什么?

2.简述微波辅助萃取的工艺过程。

3.微波辅助萃取有什么特点?

4.简述微波辅助萃取的主要设备。

5.简述微波辅助萃取在食品工业中的应用进展。

第十二章　食品分离单元的集成技术

随着科学技术的发展及人们生活水平的提高，食品工业对食品分离技术的要求越来越高，新型的分离技术不断向食品加工领域渗透，并在其中得到应用和提高。分离技术的发展与人类的生产实践密切相关，伴随着生产力的发展，科学技术的进步，分离的方法也从简到繁，从低级到高级，从一种工艺方法到多种方法的联用。本章主要介绍有关食品分离单元集成过程的种类、食品分离单元集成技术在食品工业中的应用、集成过程的模型化、集成过程的模拟设计等内容。

第一节　概　述

集成化的概念最初是在 20 世纪 70 年代随着控制和优化技术的发展而提出的，其后被引入化工领域形成过程集成（process integration）或集成过程（integrated process），其核心就在于从整体上实现过程的优化。20 世纪 90 年代以来，Lazarova 等[1]把这一概念引入生化分离领域，赋予了集成化新的内涵，其优越性已在一些实例中得到充分体现，如将双水相分配技术与亲和法结合而形成的效率更高、选择性更强的双水相亲和分配技术，又如具有离心的处理量、超滤的浓缩效能及层析的纯化效率的扩张床吸附技术（expanded bed adsorption）等。

随着现代工业大型化的趋势，分离设备往往变得十分庞大，而环保要求的提高和高附加值产品的开发，也对分离技术提出了更高要求。在这两者的共同作用下，近年来分离技术的发展呈现了新的特点。分离过程的强化受到高度重视，随着科技的发展，常用的分离技术不断地改进，新设备和新分离剂的应用大大提高了它们的效率。膜分离、超临界萃取等新分离技术也在迅速推广。从广义上说，分离过程的强化包括新装置和新工艺方法两个方面，任何能使设备小型化、能量高效化和有利于可持续发展的化工分离新技术均属于分离过程的强化之列，这是化工分离技术发展的重要趋势之一。

一、集成过程的定义及目的

集成过程的定义：将分离与分离或反应与分离等两种或两种以上的单元操作结合在一起，并用于工业分离的过程称为集成过程。

生化分离过程集成的概念：利用已有的和新近开发的生化分离技术将下游过程中的有关步骤进行有效组合（集成），或者把两种以上的分离技术合成为一种更有效的分离技术，以达到提高产品收率、降低过程能耗和增加生产效益的目标。

集成过程的目的：

①为实现物料与能量消耗的最小化、工艺过程效率的最大化。

②为达到清洁生产的目的。

③为实现混合物的最优分离和获得最佳的产物浓度。

二、食品分离单元的集成技术种类

(一)传质-传质的集成[2]

1. 流化床技术

流化床技术是利用固相吸附剂或复合吸附剂直接从料液中分离目标组分的操作。其特有的流体与吸附剂颗粒的接触方式可以集固液分离浓缩和层析为一体,直接从微生物发酵液或细胞培养液中捕获产品分子,提高了分离效率。根据操作过程中吸附剂颗粒的状态,流化床枝术可以分为填充床、膨胀床及流化床 3 种形式,其中膨胀床因其既能克服流化床中的液相返混现象,提高过程效率,又能处理带有颗粒的料液而且不引起堵塞,因而备受人们的关注。膨胀床现已成功地用于大肠菌匀浆、大肠菌培养液、酵母细胞匀浆、酵母细胞培养液及动植物产物的提取。

流化床技术存在的难点是对吸附剂性能要求比较苛刻,除了要具有快速吸附/解吸特性。高的选择性且吸附容量要大之外,吸附剂载体颗粒既要满足亲水但不溶于水、孔径大且有一定的机械强度、颗粒要耐磨、化学性质稳定等特性。

2. 双水相亲和分配技术

亲和法是生物分离中一种重要的方法,其优点是分离步骤少、专性高,但它的致命弱点是处理液要先经过过滤等一系列前处理。而双水相分配技术处理量大,可以直接处理液固混合物。但它的专一性较差,如将双水相分配技术与亲和法结合起来,即在组成相系统的聚合物聚乙二醇(PEG)或葡聚糖(dextran)上接一定的亲和配基就可形成处理量大、效率更高、选择性更强的双水相亲和分配组合技术,如 Kroner[3] 利用染料、PEG 和 dextran 组成的亲和双水相系统分离葡萄糖-6-磷酸脱氢酶,葡萄糖-6-磷酸脱氢酶的分配系数可由非亲和双水相系统中的 0.18~0.73 提高到 193。Ulrich[3] 利用磷酸酯-PEG/磷酸盐亲和双水相系统下萃取 β-干扰素,β-干扰素的分配系数可由非亲和双水相系统的 1 左右提高到 630。

3. 双水相分配与相关技术的集成化[4]

双水相分配技术与电泳、层析、温度诱导相分离、渗透释放和亲和技术等实现集成化后,在技术上互相渗透,实现优势互补,从而体现了集成化的优势,具体表现在 3 个方面:一是与常规技术结合来解决双水相萃取本身的难点问题;二是引进其他分离技术进行融合以提高分离效率,简化分离过程;三是为已有的技术提供新的思路。

①双水相分配与温度诱导相分离的集成:Modlin 等[4] 利用 UCON/ PES200 系统从菠菜中萃取蜕皮素,李勉等[6] 进行了 EOPO/PES 分离异亮氨酸(L-Ile)和缬氨酸(L-Val);他还使用了 EOPO/无机盐萃取结合变温反萃取从黄芩中药中分离黄芩黄酮类物质。

②双水相分配与磁场增强双水相分离:双聚合物双水相系统由于黏度大、相密度差小,相分离时间一般需要 10~30 min。Flygare 等[4] 通过在相系统中添加铁氧颗粒(即磁铁矿,直径约 1 μm,添加量 10~50 mg/mL),利用磁场作用来加速相分离。双水相系统中铁氧颗粒分配于下相,在磁场作用下铁氧颗粒定向移动,带动了包含有铁氧颗粒的下相小液滴聚集成相,从而缩短了相分离时间。对 PEG/PES 系统相分离时间可缩短到原所需时间的 1/100,对 PEG/磷酸盐系统也可缩短为 1/10,一般可在 1 min 内完成相分离,并可克服因细胞匀浆的加入引起的相分离时间的增大。实验表明,铁氧颗粒的加入并不影响酶的分配系数,并用3.3 cm×

30 cm 的分离柱进行了实验室规模的分离，从酵母细胞中亲和提取磷酸果糖激酶、乙醇脱氢酶等，结果表明磁场加强相分离是切实可行的。

③超声波加强的双水相分配：根据超声波对颗粒或小液滴具有富集作用的原理，Allman 等[4]利用固定波长的超声波来加速双水相系统的相分离。经超声波加速作用，相分离时间几乎与相比无关，上下相的相体积差别越大增强效果越明显。Allman 等考察了酵母和大肠杆菌的分配行为，表明超声波加速相分离在分离时间和分配率两方面均与离心相当，但其处理过程显然比离心方便，可在一个设备内完成混合、分配和分相等操作，这对改善常规双水相逆流分配(分配→离心→分相→再分配→再离心→再分相)的繁琐操作很有实用价值。

④双水相分配与层析分离的集成：层析技术是目前公认的从复杂系统中分离目标物的选择性强、特异性好、活力回收高且经济有效的方法。双水相分配与层析技术实现集成化，有望改善双水相分配的单步分离效率较低的缺陷。一般的方法是：利用双水相分配去除细胞碎片等固体颗粒，并实现初步纯化后，将包含有目标物的富聚合物相或富盐相直接上层析柱进行层析分离。Mattiasson 等[4]则提出了另外一个思路，他们直接在双水相系统中引入结合有亲和配基的层析凝胶——PEG 修饰的 Sepharose CL-2B，从而形成三相系统，层析介质亲和吸附了目标酶停留在中间相，细胞碎片及大部分杂蛋白分配在下相，收集层析颗粒按常规洗脱操作便可获得目标酶。集成之后，不仅可直接处理含固体杂质的稀溶液，使分离因子进一步提高，而且使聚合物的回收更加方便直接。

⑤双水相分配与生物转化的集成[4]：生物转化过程一般都存在着一定程度的产物抑制，且对于规模化生产还有细胞或酶的循环利用问题。目前主要采用膜分离和固定化技术，但对某些特殊底物(如木质纤维素)，如果采用固定化技术则底物的转化率很低，而膜分离技术又难以操作。将双水相分配与生物转化相结合，形成双水相生物转化，为解决这一问题提供了新的思路。双水相系统对菌体或酶通常没有毒性，选择适当的分离条件，可以使菌体细胞或酶分配在下相，而转化产物分配于上相，这样转化过程中由于产物被萃取入上相而消除了产物抑制作用，同时分布于下相的细胞或酶得以循环使用。很明显，将双水相分配与生物转化相结合，同时解决了产物抑制和生物催化剂回收利用两方面的问题，为生物转化赋予了新的内涵。Jerneld 等利用双水相生物转化，将木质纤维素经过酶水解生产乙醇，效果很好。Bartlett 等实现了在双水相系统中 α-甘露糖苷酶催化糖基转化合成低聚糖。Andersson 等研究了在 PEG/DEX 系统中利用枯草杆菌进行流化发酵生产 α-淀粉酶，比普通发酵的酶产率提高了 63%。他们还将这一技术应用到青霉素酰化酶的生产中。

⑥胞内释放和分离的集成：机械方法破碎得到的预处理液由于黏度很高，难以进行离心分离，且由于杂蛋白的大量释放，后续分离相当困难。化学渗透法则是通过加入甘氨酸及其衍生物或表面活性剂等，使细胞膜的透过性增大，导致胞内酶的选择性释放，这对减轻后续分离过程的负担很有益处。贺修等结合化学渗透释放和双水相分配技术，实现了大肠杆菌内的半乳糖苷酶的释放和分离的集成。采用 PEG6000/混合磷酸钾系统，甘氨酸分在下相，大肠杆菌也在下相，由于甘氨酸对菌体膜的作用，半乳糖苷酶得以游离释放并向上相转移，而细胞碎片及相当部分杂蛋白留在下相，从而纯化了半乳糖苷酶。循此途径，可使某些基因工程产品得到游离释放，并同时在一个设备内实现分离。

⑦双水相分配与电泳技术的集成：电泳是生化工程中常规的分析和分离手段，引入到双水相分配中形成了一个新的概念——双水相电泳。Raghava Rao 等通过在双水相系统上施加电

场，成倍地缩短了相分离时间。Levine 和 Bier 采用 U 形管电泳装置研究了双水相系统中血红蛋白的迁移率，观测到界面有阻滞作用。Stichlmair 等在制备形电泳的研究中提出了利用双水相的液液界面以阻止电泳分离中起破坏作用的热对流这一设想。Marando 等在柱形电泳装置中进行了双水相萃取牛血清白蛋白和牛血清红蛋白的实验。黎四芳等[5]改进了 Marando 等的装置，较好地实现了电泳和双水相萃取的结合，证明了电泳可大大改善蛋白质在两相间的分配，改变电场方向可实现相间的任意迁移，且双水相液液界面起到了很好的抗热对流作用。

4. 亲和膜分离技术

亲和膜分离技术是将亲和色谱与膜分离技术结合起来的一项新型分离技术。它把亲和配体结合在分离膜上，利用膜作基质对其进行改性，在膜的内外表面活化并集成上配基、再按吸附、清洗、洗脱、再生的步骤对生物产品进行分离，当目标蛋白质通过时。就留在膜上，而杂质则通过膜而离去，再用解离洗脱剂洗下目标蛋白质，然后把解离剂从膜上除去，得以使配基再生，重复进行再分离目标蛋白。目前亲和膜分离技术已用于单抗、多抗、胰蛋白酶抑制剂的分离以及抗原、抗体、重组蛋白、血清白蛋白、胰蛋白酶、胰凝乳蛋白酶、干扰素等的纯化。亲和色谱与膜分离技术结合的另一种形式是亲和层析与过滤设备间相集成分离酶及蛋白质的过程，该集成过程既充分利用了载体上的配基对目标组分的专一亲和吸附作用和超滤易于实现大规模生产的优点，又克服了超滤对分子量相近的大分子无法实现分离的缺点。

(二)分离-分离的集成

指两种或两种以上的分离单元相结合的分离技术。例如，膜分离技术与常规食品分离方法相结合，组成集成技术，膜分离分别与吸收、萃取、蒸馏等常规食品化工分离技术相结合，使得分离过程在适宜条件下进行；膜分离与化学反应相结合，能在反应的同时不断移去过程中的生成物，使反应不受平衡的限制，提高了反应转化率，从而比单独应用膜分离技术更经济、更有效。

1. 精馏-渗透汽化集成技术

渗透蒸发与精馏的集成起始于 20 世纪 60 年代末期，目前已得到较大的发展，广泛应用于共沸物、近沸点物和热敏性物质的分离，如醇/水物系、杂醇油、丙醇同系物、甲基叔丁基醚(MTBE)或乙基叔戊基醚(ETBE)反应产物的分离。渗透蒸馏的优点是可从含低相对分子质量溶质的溶液中高选择性地脱除水，获得高浓度浓缩液，但是成本较反渗透高。

同传统精馏过程相比，集成系统不但降低了能耗，而且过程没有引入其他有机物，减少了污染。渗透蒸发同精馏过程的集成主要有以下 3 种方式：①渗透蒸发过程用于处理精馏塔的侧线出料，以减少塔板数和热负荷；②渗透蒸发装置放置在精馏塔前，用于分离共沸物；③渗透蒸发装置位于塔顶或塔釜出料处，用于产品提纯。

2. 渗透汽化-萃取集成技术

从有机物水溶液中萃取有机物或污水中除去有机毒物，常用亲水和亲有机物渗透汽膜与萃取结合过程，如利用水-甲基乙基酮(MEK)体系溶解度特性：水溶液层(底部)含 23%(质量分数)MEK，富有机层(上层)含 89%(质量分数)MEK，从水溶液中回收 MEK，其纯度可达到 99%。

渗透汽化现象最早于 1917 年由 Kober 首次观察到，但直到 1956 年才由 Heisler 开展了实际研究[6]；20 世纪 60 年代，聚乙烯膜被成功用于分离有机混合液；10 年之后，在乙醇的纯化方面取得进展；然而，实际上真正引起人们对它极大关注的是在 20 世纪 80 年代，各种膜材料相继出现，但研究重点仍然在乙醇-水的分离；20 世纪 90 年代，研究趋势朝着多种混合物的分离方向发展。近 20 年，渗透汽化成为膜分离技术中最为活跃的研究领域之一。工业化方面，最早见报道的是 1982 年德国 GFT 公司建造在巴西的试验工厂，用于从乙醇发酵液中脱水；随后日本也建造了 5 套装置用于有机溶剂脱水；GFT 公司于 1988 年建成 150 m^3/d 的渗透汽化工业装置，用于乙醇脱水来精制乙醇。在国内，清华大学等也设计建成几套生产装置。总之，渗透汽化作为一项新兴的膜分离技术，尽管还有很多问题没有得到很好解决，但是，它是目前为止是较先进的液体混合物分离技术之一。

3. 错流过滤和蒸发集成技术

一般润滑油不能用于低温，因其中含蜡易固化，因此，石油炼制中常用溶剂来脱除原料中的蜡，再冷却，将沉淀的蜡滤去，除蜡后的溶剂用蒸馏法回收，其能耗很大，成为整个工艺过程中的最主要部分。1998 年 Mobil 炼油厂采用膜技术与蒸馏法结合，先用错流（cross-flow filtration）分离至少 50%的溶剂，然后用蒸馏法处理。提高润滑油产率 25%（体积分数），运行成本为常用技术的 1/3。

错流过滤发展至今，尚未在工业上很好地应用，原因一是受到材料科学发展的制约，耐腐蚀、强度高、韧性好的材料是动态过滤的重要保障；二是自动控制元器件水平的约束，使动态过滤的卸料控制受到影响，一直没有合适的手段来实现动态过滤苛刻的卸料控制要求。随着新材料、新技术的不断出现，特别是新型有机高分子材料的出现，动态过滤在材料方面将不再受到限制。随着计算机水平的发展，自动化程度不断提高，动态过滤技术会越来越受到人们的重视。企业和研究机构对动态过滤的重新重视，将会使动态过滤机械在工业中得到应用。

4. 膜渗透与变压吸附集成技术

变压吸附（PSA）是近 50 年发展起来的一项用于气体净化、分离与提纯的新技术，它较低温精馏法、薄膜渗透法、化学吸收法等其他工业空分制氧方法具有自动化程度高、投资少、能耗低、安全等许多优点。

商业上所选用的膜，其 O_2/N_2 分离系数在 3.5～5 之间，富氧浓度为 30%～45%，而氮浓度不高。若以氧富集为目的，在低流率、低浓度时，膜法有利；对于超纯氮的生产，以变压吸附（PSA）有利。以膜法和 PSA 结合的集成工艺在生产大规模高纯氮生产中具有较大的竞争力，特别对生产 35% O_2 和 95%以上的 N_2 时，比较经济[7]。

5. 膜分离过程之间的集成[8,9]

Bailey 等人采用 UF/OD 集成过程浓缩葡萄汁，经超滤后的料液黏度降低，使渗透蒸馏的通量增大，提高了浓缩效率。Johnson 等人采用 VP（渗透汽化）/MF（微滤）/OD（渗透蒸馏）集成过程浓缩苍白松果菊的乙醇/水萃取物，其中 VP 过程脱掉乙醇，MF 除掉因乙醇浓度降低而沉淀出的烷基酰胺，OD 将其浓缩为高浓度产品。Cassano 等人研究了 UF/RO/OD 集成对柠檬汁、胡萝卜汁、橙汁等的浓缩。其中超滤使果汁澄清，反渗透除掉部分水，渗透蒸馏进一步浓缩到最终产品，该过程得到的产品保持了原来的色泽和香味，果汁中原有的抗氧化活性物质也损失较少。Karode 采用 RO/OD 集成膜过程处理蔗糖水溶液，从 5 °Brix 可浓缩到 60 °Brix。

（三）反应-分离的集成

反应与分离的集成是反应过程与分离方法有机结合起来的操作过程，其主要目的是移去终产物打破固有的化学平衡提高转化率。或者是除去对催化剂有毒性作用的产物保持反应的高活性,或是先分离除去原料中的杂质,保持反应的高活性及简化后续工艺过程。有关此类集成的研究及应用主要集中干有机酸、乙醇、氨基酸及高果葡萄糖浆等的生产。

反应-分离集成的典型代表是膜反应器,具有反应分离一体化的功能。此类膜反应器包括膜生物反应器、催化膜反应器、渗透汽化膜反应器等几种。与普通反应器相比,膜反应器特色明显:在反应产物生成的同时不断地将其移走,使反应转化率不受反应平衡的限制,提高反应速度;对某些中间反应物为目标产物的连串反应,及时将目的产物分离,可提高选择性,缩短生产工艺路线,实现降低能耗与资源的合理利用。

Honda 等集成萃取过程对乳酸发酵进行了研究,发现萃取产物的在线移出可提高转化率和产率。Numura 等采用乳酸发酵与电渗析分离集成过程,在线移去发酵产物乳酸以消除产物抑制。他们的实验结果表明该法不但可避免添加中和剂,还有助于简化提取工艺,提高产品回收率。Illanes 等通过模拟移动床分离果糖与葡萄糖集成异构化反应,生产高果葡萄糖浆,显著地提高了葡萄糖转化率和果糖含量。吴金川等集成色谱分离对蔗糖酶促水解制果糖和葡萄糖进行了实验研究,表明该集成过程可有效减弱产物对反应的抑制作用,并可直接获得一定分离程度的产品[2]。

1. 催化反应-蒸馏集成技术

反应蒸馏是化学反应和蒸馏结合的新型分离技术,其过程可在同一个蒸馏设备内实现。与反应、蒸馏分别进行的传统方法相比,具有投资少、流程简单、节能、产品收率高等优点。反应蒸馏的一般性规律始于 20 世纪 60 年代末,后来扩大到非均相反应,特别是通过有关反应蒸馏的计算数学模拟研究,促进了反应蒸馏过程的开发。

在目前研究工作中,为了提高分离膜的综合性能,常采用在聚丙烯网状底膜上复合聚四氟乙烯膜制成的平板膜。Mansouri 等人[8]报道,采用渗透蒸馏处理含油(苧烯)的蔗糖水溶液时,在接触料液的疏水膜表面复合聚乙烯醇,构成复合膜,膜就不会被润湿,有效地提高了蒸馏通量。

2. 膜蒸馏与非膜过程集成

膜蒸馏过程与其他生产过程集成也能达到提高生产效率的目的,Cryta 等人[10]报道了称为"膜蒸馏生物反应器"的体系制备乙醇的研究,实际是膜蒸馏与发酵过程集成,料液中含有的 CO_2 减小了膜蒸馏的温度极化现象,提高了乙醇的透过通量,膜蒸馏过程不断将生成的乙醇脱除,使乙醇转化率从 50%提高到 95%。

3. 酯化反应-渗透汽化集成技术

渗透汽化与酯化反应相结合,可以利用渗透汽化亲水膜移去酯化反应过程中产生的水分,促使反应向酯化方向进行,提高转化率,节省能耗。主要应用于酯化反应和醚化反应过程,从反应器中不断脱除水分,以改变化学平衡,提高产品收率。

Waldburger 等把聚乙烯醇渗透汽化复合膜引入乙酸和乙醇的酯化反应中,从而反应能连续进行,在 80℃下,15 h 后,转化率为 98.7%。Krupiczka 等人在乙酸和乙醇的酯化反应中引入渗透汽化单元,加快了反应速率,测得反应速率 K_f 为 5.121 $kg^2/(mol^2 \cdot h)$。

三、食品分离单元集成技术的发展概况

任何一种技术都有它的局限性。也就是说它不是万能的、什么条件都适用的。某一条件

下它是一个经济、有效的分离方法，在另一种条件下它就变成不经济、低效的方法了。

在 20 世纪 80 年代 Linnhoff 成功地采用热力学夹点法设计化工工艺过程中的热交换器集成网络，使过程的热负荷减少 10%～40%。早期的集成过程主要指有热量交换存在的过程，而现在拓宽到一般的分离过程中。

由于基因工程、蛋白质工程、细胞培养工程、代谢工程等高新生物技术研究工作的广泛展开，各种高附加值的生化新产品不断涌现，对生化分离技术也提出了越来越高的要求。与上游过程相比，目前作为下游过程的生化分离和纯化手段往往步骤繁琐、处理时间长、收率低且重复性差，严重制约了生物技术的工业化发展。因而，有必要加强生化分离过程的专门研究，以提高单元分离操作的效率，同时缩短整个下游过程的流程，从而促进现代生物技术的整体优化。20 世纪 90 年代以来，食品分离单元集成技术不断引入生化分离领域，赋予了集成化新的内涵，其优越性已在一些实例中得到充分体现。这种只需一种或几种技术就能代替下游过程中几步或全部操作的方法，将会大大提高生化分离过程的效率，高度体现出集成化的优势。

食品及生物工程中的集成过程，就集成的尺度而言，集成过程可分为设备间的集成及设备内的集成，前者是采用两个独立的设备，通过具有一定性质的物流在两个设备间的循环流动来实现的集成过程[11]。在食品及生物工程领域中通常操作条件比较温和，因而研究和应用的集成过程主要有反成-反应，反应-传质及传质-传质等形式。反应包括微生物反应、酶催化及动植物细胞培养。分离过程除了传统的吸附、萃取、离子交换等方法外，还有超滤、电渗析、色谱技术、超临界萃取以及双水相萃取等技术。表 12-1 列举了集成技术的研究及应用情况。

表 12-1 集成技术研究与应用情况（周如金等，2002）

集成尺度	过程集成形式	研究或应用实例
设备间集成	发酵-萃取、膜蒸馏、电渗析、超滤、离子交换等	有机酸、肌苷发酵、赖氨酸、乙醇发酵生产、丙酮-乙醇发酵
	酶解-生物反应	纤维素制酒精
	亲和超滤	酶及蛋白质分离
	酶反应-模拟移动床	高果糖浆
	流化床技术	重组人白介素 8 的提纯
设备内集成	双水相萃取技术	β-干扰素、氨基酸
	亲和膜技术	单抗、胰蛋白酶抑制剂，纤维素生物转化制酒精
	酶解-生物反应	两菌双酶生产 L-苯丙氨酸
	反应-色谱分离	蔗糖酶促水解、酶促淀粉水解制麦芽糖和糊精等
	膜反应器	合成维生素 K

食品分离主要涉及到生物产品的分离，发展大规模生物产品分离技术不但要发挥多学科交叉优势，而且要在系统、过程和生物产品分子结构特性各个层次上，深入研究，发挥出其最大的作用。重点在以高附加值产品为对象，以高纯度、高收率、高产率为目标，以放大环节为重点，寻求集成化分离技术和反应与分离集成为重点的突破，并尽快转化为工业化应用。寻求过程强化的途径优化单元操作；新型分离材料开发必须紧密结合分离过程、特征，并弄清楚生物产品分子结构特征。使分离材料既专一又高效。

研制和发展食品生物分离过程的高效集成化技术是改进和优化生物下游处理过程的重要

手段之一，也是生物工程在21世纪得到高度发展的重要保证，这种集成化技术不仅会加强和改善发酵液和基因工程菌培养液的分离手段，而且对天然物质中高价值的有效物质提取和分离过程的改进也会有明显的指导意义和借鉴作用。分离过程高效集成化的现实作用相当重大，潜在的发展前景是十分美好的。

第二节 食品分离技术的集成过程

食品分离中集成技术的典型代表是集成膜技术与其他分离技术的结合。在解决某一具体分离目标时，往往需要综合几个膜过程(或与其他处理方法相结合)，使之各尽所长，这样能获得最佳的分离效果，取得最佳的经济效益。这种过程称之为集成膜过程(integrated membrane process)，它是近年来在膜分离技术的发展中出现的又一项新技术，具有反应分离一体化的功能。此类集成技术包括催化膜反应器、渗透汽化膜反应器、膜生物反应器及其他方法相结合的分离技术等几种。膜反应器的特色是：在反应产物生成的同时不断地将其移走，使反应转化率不受反应平衡的限制，提高反应速度。现主要介绍与食品工业相关的几种主要集成技术。

一、催化膜反应器的集成过程

膜催化反应器是利用膜的载体功能将催化剂固定在膜的表面或膜内。根据膜本身是否参与反应，将膜分为惰性膜和催化膜。惰性膜所用的膜本身不参与化学反应，只是将部分产品从反应过程中移出，达到分离的目的；催化膜本身载有催化剂，参与了化学反应，膜起到催化与分离的双重作用，膜具有催化活性但无选择性，可通过调节物料流速和压力来控制反应物或产物的渗透。

当反应物进入催化剂反应器后开始反应，并生成产物的同时，某些产物则透过膜而由载气带走。与惰性膜反应过程相比，催化膜反应器结构紧凑、过程简单，设备投资与操作费用均低于前者，特别是对于某些具有产物抑制作用的可逆反应，催化膜反应器的优越性是十分明显的。但在多数情况下，惰性膜的性能优于催化膜。

膜催化反应器通常指的是耐高温的无机膜反应器，在石化领域中的加氢、脱氢、氧化以及一些热分解等反应中具有潜在的应用前景。

膜与反应器结合，可以一边进行化学反应，一边进行分离，这种过程由于生成物的停留时间短，减少了副反应，因此提高了产品的回收率。对于平衡转化率低的可逆化学反应，由于生成物不断被送走，不断打破平衡，有利于所需生成物的形成。

Weyten比较了两种不同渗透性能的膜，CVI硅土膜和钯/银合金膜对丙烷脱氢的转化率的影响，发现膜性能对转化率有很大影响[12]。钯/银合金膜的氢气渗透率[87 mmol/(m^2·s)]是硅土膜[14 mmol/(m^2·s)]的6.2倍，从图12-1可以看出，不同操作条件下，C_3H_8在钯/银合金膜催化反应器中的转化率明显高于在CVI硅土膜中的转化率，已经达到工业生产中的需要。

二、渗透汽化的集成过程

渗透蒸馏是等温下的膜传质过程，具有常温、常压下操作及非挥发性组分透过率低的优

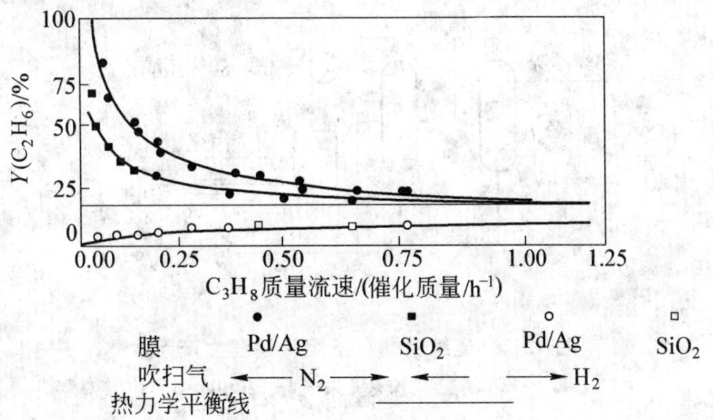

(T=500℃，p=0.1 MPa)

图 12-1　不同操作条件下 C_3H_8 脱氢转化速率的比较

点。但是由于过程传质推动力小，传质速率低，处理量受到一定限制。在工业应用中，通常需要与其他膜分离技术相配合，例如，食品饮料行业中，对果汁和葡萄酒的浓缩；近年来还开发了渗透蒸馏与精馏技术集成的新工艺，例如发酵液中醇的脱除。

渗透汽化(PV)过程的研究和应用，已从有机物中脱水发展到水中脱除有机杂质以及有机物与有机物的分离。但渗透汽化单独使用的经济性并不好，工业上应用于集成过程(integration process)，即与其他分离过程结合起来使用，可以发挥有关分离过程的优点，做到扬长避短，达到优化的目的。目前，集成过程研究最多、应用最成功的主要有两类，即 PV 与精馏过程集成和 PV 与反应过程集成。PV 与精馏集成：例如羟酸酯生产中分离羟酸酯/羟酸/醇恒沸物、二甲基碳酸酯生产中分离二甲基碳酸酯/甲醇恒沸物、无水乙醇生产中分离乙醇/水恒沸物、甲基叔丁基醚生产中分离醇/C_4恒沸物等。PV 与反应过程集成：促进酯化反应，如乙酸丁酯生产、油酸正丁酯的生产、二乙基油石酸的生产、二甲基脲的生产、戊酸乙酯的生产等。促进生化反应，如发酵法制乙醇及制乳酸中产物与底物的分离。

使用渗透汽化(PV)与精馏结合或 PV 与萃取结合，以及渗透汽化(PV)与化学反应结合，其中用于分离共沸组分及其脱水过程最为有效，经济性好。当前，基于渗透汽化(PV)的组合过程受到重视，正在进行更多的研究和开发利用。

(一)连续精馏与渗透汽化(PV)的集成过程

朱长乐等人[13]以图例形式介绍了连续精馏与渗透汽化(PV)膜集成过程系统，生产无水酒精，连续精馏与 PV 的集成系统，生产无水酒精的工艺流程见图 12-2。图 12-3 与传统工艺比较可以看出，精馏/PV 组合工艺代替了恒沸精馏，省去了恒沸精馏塔和溶剂回收塔。当料液浓度为 50%（wt)时，对不同的生产能力和产品醇的纯度要求，精馏/PV 组合过程比精馏/恒沸精馏工艺节省费用 10%～60%。

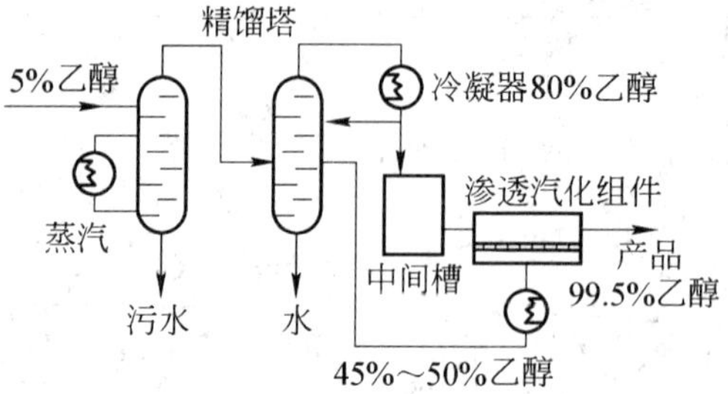

图 12-2 连续精馏/PV 组合过程生产无水酒精工艺流程(朱长乐,2000)

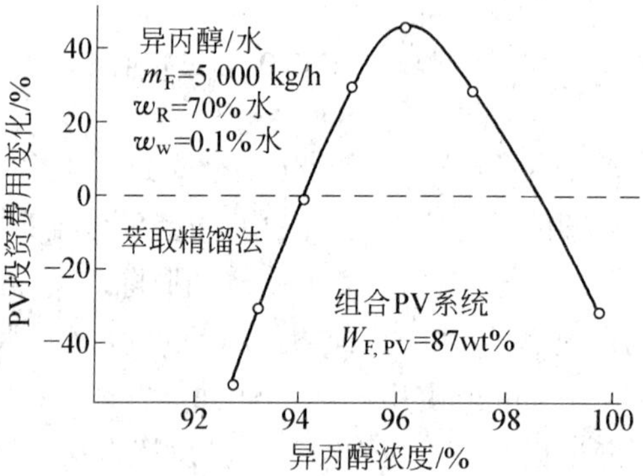

图 12-3 精馏/PV/精馏法组合过程与蒸馏-萃取精馏法的投资费用比较(朱长乐,2000)

(二)精馏/渗透汽化(PV)/精馏组合过程生产无水异丙醇(IPA)[14]

图 12-4 比较了组合 PV 过程(A)和蒸馏/萃取精馏(B)的工艺。无水异丙醇生产工艺组合了 PV 过程,省去了萃取精馏塔和溶剂回收塔。从图 12-3 可以看出,异丙醇浓度 87% (wt)、流量 5 000 kg/h 的料液,组合 PV 过程的产品 IPA 纯度在 94%～98.5% (wt)范围内,投资费用比萃取精馏法节省,当产品 IPA 纯度为 96%(wt)时,PV 法节省的费用高达近 50%。

(三)组合渗透汽化膜(PV)过程的分离系统

朱长乐,R W Baker,R P sanme 等人介绍了组合渗透汽化膜(PV)过程的分离系统回收甲基叔丁基醚(MTBE)生产中的甲醇。组合了亲水性膜的 PV 过程在脱丁烷塔前(图 12-5(A))或脱丁烷塔侧线上(图 12-5(B)),避免了甲基叔丁基醚(MTBE)-甲醇(MeOH)共沸物的生成,代替了传统的萃取法回收甲醇工艺,省去了水洗塔和后精馏脱水塔。目前工业上成功应用醋酸纤维素膜的 PV 分离工艺回收 MTBE 生产过程的甲醇。分离膜用等离子体处理后,PV 的渗透通量和分离率得到明显改善。图 12-6 显示了亲水性 PV 分离膜经等离子体处理后的特性。

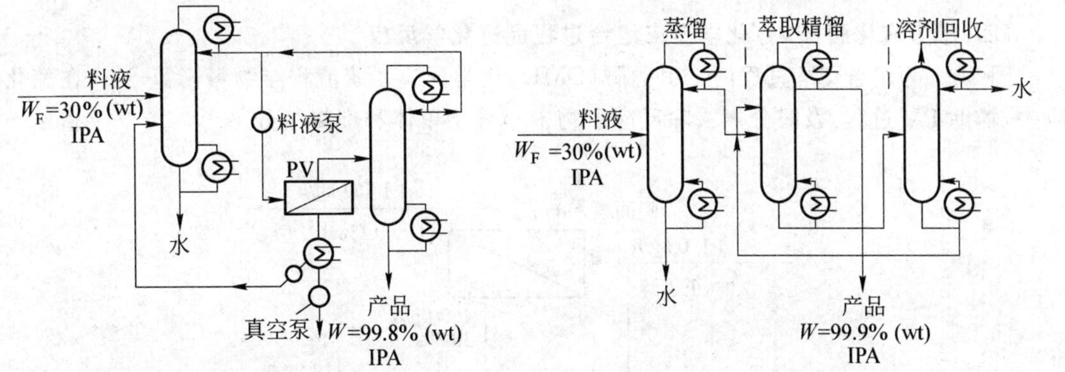

(A) 精馏/PV/精馏法工艺　(B) 蒸馏/萃取精馏法工艺

图 12-4　精馏与渗透汽化膜与精馏法(R Rautenbach. 1992)

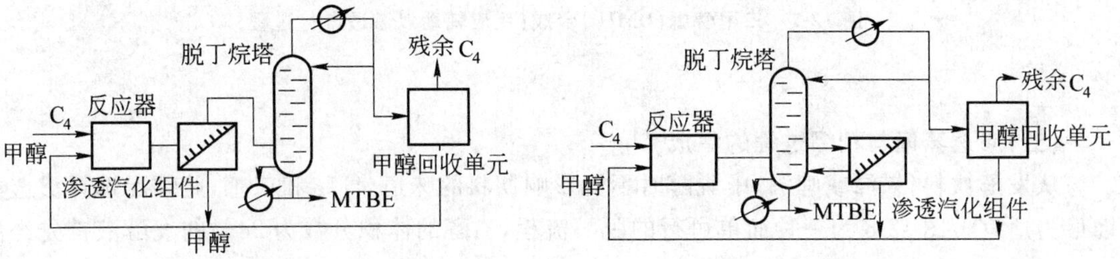

(A) 渗透汽化过程在脱丁烷塔前　(B) 渗透汽化过程在脱丁烷塔侧线上

图 12-5　MTBE 生产过程中回收甲醇的集成过程示意图

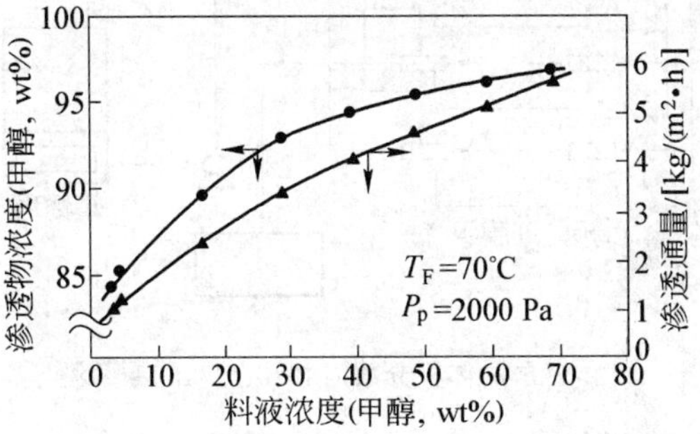

图 12-6　等离子体处理的渗透汽化膜的特性

对于渗透汽化膜(PV)组合过程的研究，还有许多工作要做。对涉及膜的性能、分离物系的特性，特别是条件变化、性能随之而变的数学模型需要确立，便于设计计算中使用。许多物系的汽-液平衡、液-液平衡，可借鉴 UNIFAC、NTRC、Wilson 等经验或半经验方程[29,30]，但在 PV 过程中的分离特性，需根据实验及其基础上的模拟，建立数学模型。

(四)渗透汽化膜(PV)/化学反应组合过程促进化学反应

图 12-7 为组合 PV 过程的二甲醇脲(DMU)化学反应系统流程与物料衡算[15]。在酯化反应中,辅助 PV 过程,及时分离去除反应产物中小分子单体和产物组分。

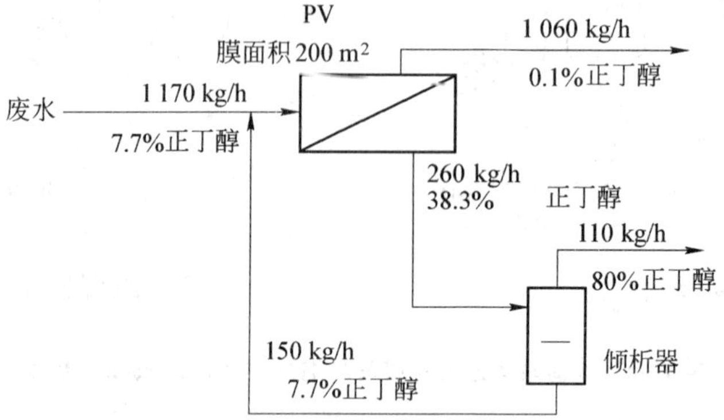

图 12-7　二甲醇脲(DMU)合成(反应辅助以渗透汽化过程)

(五)渗透蒸馏与精馏过程的集成[16]

从发酵饮料(果酒或啤酒)中脱醇时不能影响饮料的味道、气味和口感,此情况选择渗透蒸馏最为适宜。图 12-8 为一种简单可行的脱醇流程,乙醇的体积分数为 24%的发酵液首先经渗透蒸馏脱醇使乙醇和体积分数达到 10%～12%,膜另一侧是乙醇的体积分数为 4%～6%的溶液,用精馏塔进行回收,得到食品级乙醇,塔底水进入循环系统。渗透蒸馏用于脱醇比浓缩操作成本低得多,因为每单位体积的汽化量低得多;而且乙醇的渗透速率比水高得多,因此膜面积大大减少。此装置也可以用于制药工业中挥发性有机溶剂的部分回收,此时精馏塔抽出产品为高浓度的有机溶剂。

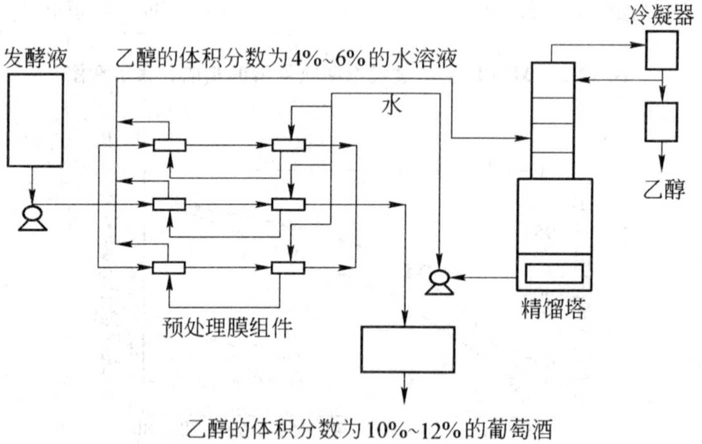

图 12-8　带有发酵蒸发预处理的脱醇工艺流程

的优化表明，预浓缩至最优的大分子浓度后再渗滤操作，可使总过程时间最小。对渗滤溶剂消耗量的优化表明，采用浓缩和渗滤组合、变容渗滤以及多级逆流渗滤3种操作可降低渗滤溶剂的消耗量。

采用膜技术进行分离纯化时，通常关注的是产品的纯度和回收率及处理时间与所需的膜面积等，实现产品的高纯度和高收率，经济合理地设计膜分离过程是非常重要的。姚红娟等介绍了膜分离的浓缩和渗滤两种操作模式及其组合操作的优化，以便实现总过程操作时间最短和渗滤操作所需溶剂消耗量最小。

Jaffrin 等[22]也采用该组合流程分离白蛋白-乙醇混合溶液，目的是浓缩白蛋白，除去乙醇，并对过程进行模拟和优化，通量表达式不是采用浓差极化模型，而是表示成乙醇浓度和白蛋白浓度的二次函数，以确定起始乙醇浓度和渗滤操作时白蛋白浓度，使过程时间最小。结果表明，最优的起始乙醇浓度与膜材料有关，渗滤时白蛋白浓度越高越好，即预浓缩至白蛋白安全的最大浓度。

Bowen 等[23]采用纳滤膜分离染料/NaCl 体系，得到相似的结果。最好采用预浓缩和渗滤两个阶段操作，在渗滤之前，染料被浓缩至最终要求的浓度，可使总过程时间最小。然而，实际操作中，由于浓度较高的大分子物质在膜上沉积等因素存在，在大分子物质浓度低于最大值时可达到最短的过程时间。

(六)多效精馏优化设计[24]

多效精馏过程是以多塔代替单塔，各塔的能位级别不同，能位较高塔排出的能量用于能位较低的塔，从而达到节能目的。按进料与操作压力梯度方向是否一致划分可归纳为多效平流、顺流和逆流流程。

Tyreus 和 Luyben 在 1975 年研究了多效精馏的节能情况，并在 1976 年探讨了其控制问题；Chiang 和 Luyben 在 1987 年研究了双效精馏的节能情况；Aelg 和 Palazoglu 在 1989 年建立了高纯度双效精馏塔的动态模型来研究环干扰以及多环 PI 控制器上模型错误的影响；Pohlmeier 和 Rix 在 1996 年提出了双效精馏塔设备和控制交互设计；同年 Myungwan Han 和 Sunwon park 提出了双效精馏结构的多变量控制；1999 年 Kumar Sanjeev 和 Tiwari 建立了一个理论模型用来预计双效精馏塔的日产量。由于能源紧张，目前国外在这方面的研究工作进行得非常活跃。

近年来，新的优化设计动态模型考虑了时间和控制对多效精馏系统的影响，动态模型主要优化设计方法有序贯和联立两种，用以识别系统操作瓶颈，得到节能效果更佳的多效精馏系统，经实例比较，联立法比序贯法的节能效果更佳。

数学最优化技术在精馏过程系统综合中起着重要作用。实现过程设计的自动化和最优化是过程系统综合的主要目标。安维中等[25]介绍了混合整数非线性规则(MINLP)和随机优化两类最优化方法在多组分精馏过程综合中的应用。首先对离散流程结构的表达方法、MINLP 模型的建立和求解方法以及各种方法的优缺点等方面进行了比较分析；随后提出了一种新的可包括复杂精馏结构的编码表达法及一个求解混合变量问题的随机优化策略。

(七)膜催化反应的数学模型[26]

由于膜催化反应器的应用涉及到反应器的结构参数(催化床层高度和膜面积)、催化剂性能(活性和选择性)、膜的物理特性(渗透通量和分离系数)、流动模式(对流和并流)以及操作条件等诸因素的影响,因而在有关膜催化反应的工程研究中,特别是在膜催化反应器的设计中,有必要进行数学模拟,从理论上进行定性和定量分析,以便指导实际操作和反应器设计。常见的数学模型有两种:一种是 Poiseuiue 流动模型;另一种是 Knudsen 流动模型。

Poiseuiue 流动模型:该流动模型基于传统的流体力学理论,认为气体分子在膜内传递是黏性流动。Knudsen 流动模型:该模型是应用更为广泛的模型之一,它考虑了气体分子的平均自由程和膜微孔直径的关系,认为当膜微孔直径小于气体分子的平均自由程时,膜内的传质阻力主要为气体分子和微孔壁面间的碰撞,因此,气体分子在膜微孔内的传递属于 Knudsen 流动。

将膜分离过程与催化反应相结合的思想从产生至今已有三四十年的时间了,这期间人们在对许多体系的研究中(如脱氢、加氢、氧化反应等)都成功地运用了这一技术,使人们对它的认识更加深刻,也积累了大量的有关反应器设计等方面的经验,但真正将这一技术更广泛地应用于工业化生产,还存在着许多亟待解决的问题。

(八)反应-分离集成过程的优化

伍联营等人[27]研究了反应过程和分离过程之间存在的耦合特性和匹配作用规律,指出在某种程度上,反应-分离集成实际上是在一定分离方案下的反应器网络综合问题。通过目标函数对反应物浓度的导数分析,指出了反应过程和分离过程存在集成的必要条件为:$\frac{\partial f}{\partial c_i}<0$,且 i 为产物。以 Van der Vusse 反应为例,在不同分离方案和不同进料条件下,分别讨论了反应-分离集成的可能性,结果表明:不同条件下所得到的反应-分离集成结构是不同的,运用导数分析的方法来判断并进行反应-分离集成是简洁、有效的。

第三节 食品分离过程集成的工艺

一、压缩空气脱湿和乙醇气相脱水的集成膜工艺

采用多种膜分离过程的合理组合构成集成膜过程来解决复杂的分离问题,是目前膜分离技术重要的发展方向之一。有机溶剂脱水,特别是无水乙醇的制备,多年来一直是膜分离研究的热点,渗透汽化(pervaporation)膜过程研究已有大量文献报道,其技术已达到工业化的水平。20 世纪 80 年代末一种称为蒸汽渗透(vapor permeation 或 evapormeation)的新型膜过程得到了迅速发展,这是一种不同于渗透汽化的气相脱水膜分离过程,在较高的温度下,进料的蒸汽与膜接触,在膜两侧分压差的驱动下,水蒸气优先透过膜,在膜的另一侧施加真空或引入吹扫气流除掉透过的水蒸气,脱水的料液蒸汽冷凝后得到无水溶剂,该技术目前已成功地用于无水乙醇的制备。

采用气流吹扫方式的最大优点是渗透蒸汽处于常压,无需液氯或其他深冷系统便可冷凝,这将大幅度减少设备投资和能耗. 为了提高脱水效率,要求作为吹扫气流的气体必须十分干燥,膜法压缩空气脱湿恰恰可作为吹扫气流的气源,所以压缩空气膜法脱湿和乙醇膜法气相脱水构成的集成[28]。

(六)渗透蒸馏与其他膜分离过程的集成

渗透蒸馏的优点是可从含低相对分子质量溶质的溶液中高选择性地脱除水,获得高浓度浓缩液,但是成本较反渗透高。而对低浓度料液的浓缩过程,反渗透的操作费用是最低的,尽管采用反渗透会导致挥发性和非挥发性芳香物系和其他微量物质的损失,但是这种损失可通过限制水的移出减至最小。

陈镇等人[16]用超滤机排除溶液中的悬浮物,然后采用反渗透将质量分数为18%的果汁预浓缩至果汁质量分数为30%,用渗透蒸馏进一步浓缩,得到果汁质量分数为68%的浓缩产品。过程中浓缩物质产品产量没有任何变化,与仅采用渗透蒸馏的产品相同,但是降低了操作费用。如图12-9所示。

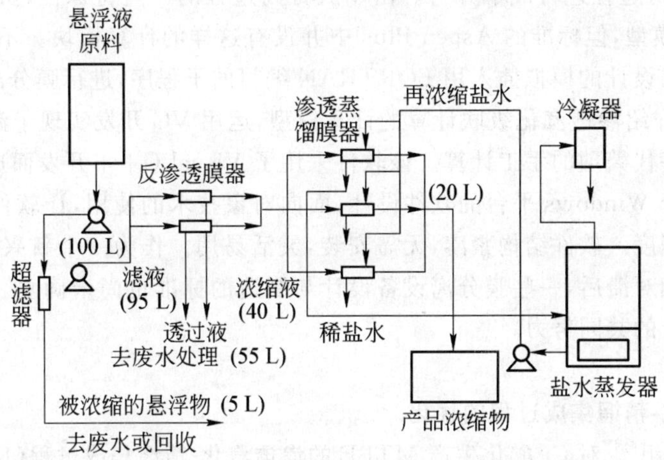

图12-9　果汁悬浮液浓缩的过程集成系统(陈镇等,2001)

三、集成过程的设计优化

对于一个集成过程,通常不是简单的两个操作单元的叠加,其中要包括一些物料的循环等,两个操作单元间的浓度变化和质量流量决定了过程的经济,同时这些参数还必须要有一定的变化范围,以便进行优化,所以对集成过程的设计和优化是一个复杂的过程。

(一)反应精馏集成设计优化

反应精馏是将化学反应与蒸馏分离结合在一起的一种高效节能的复合化工单元操作过程。该过程具有设备投资少、操作费用低、节能等优点。

反应精馏作为一种复合操作过程,最早是由Bacchaus提出,目前大量的研究工作集中在反应精馏过程的数学模拟。进料位置与操作参数(如温度、压力、回流比等)在生产操作中具有重要意义,对反应精馏都有较大的影响。反应精馏过程的最优操作参数比普通精馏过程更难确定,一般通过计算机模拟结合实验手段优化其操作参数。反应精馏过程的数学模拟大多采用平衡级模型,模型的求解一般采用Newton-Raphson法。

由于反应精馏特有的复杂性,在反应精馏过程的设计、放大、操作特性和控制方案的研究等方面均存在一定的难度，对反应精馏过程的数学模拟是目前研究较活跃的一个领域。反应精馏过程的模型分为平衡级模型和非平衡级模型。数学模拟可预测反应精馏过程的操作状况。平衡级模型由于简单，对它的研究起步较早、也较深入。非平衡级模型可以较精确地模拟板式塔及填料塔的反应精馏过程。应用平衡级模型对实际过程进行模拟计算时，需要给定塔板效率。由于反应精馏的复杂性，影响塔板效率的因素很多，难以准确估算塔板效率，使得平衡级模型存在一定的缺陷。非平衡级模型由于考虑了相间传质、传热阻力对过程的影响，避免了估算塔板效率的困难，但存在模型复杂、计算量大等缺点。

随着计算机技术的不断发展，一些用于化工过程流程模拟和优化的软件被不断地开发出来，目前 Aspen Plus 和 HYSIM 等软件被广泛应用于化工过程的模拟。

Aspen Plus 是一个通用的过程模拟系统，可用于计算稳态过程的物料平衡以及能力平衡和设备尺寸，并可对过程进行成本分析。由于膜分离过程的一些特殊性，虽然 Aspen Plus 有 50 多个通用操作模型，但标准的 Aspen Plus 中并没有这样的计算模块。不过 Aspen Plus 让用户可以利用自己设计的模拟插入用 FORTRAN 编写的子程序，进行膜分离过程的模拟。

黄元明等[17]介绍渗透汽化级联计算的计算模型，运用 VC 开发实现了渗透汽化级联计算软件该软件可以替代繁琐的手工计算。该软件采用了 Visual C++开发而成，计算速度快，结果比较准确。基于 Windows 平台的软件设计，面向对象技术的使用，让软件具有良好的交互性能和界面友好程度。软件结构紧凑，无需安装，灵活易用。作为一个新兴工业，膜工业的各类实用软件开发相对滞后，一些膜分离设备设计与制造的标准也尚未确立。这方面有许多工作值得业内外人士的共同努力。

(二)渗透汽化-精馏集成过程的优化

Rantenbch 小组[18]对 C_4 醚化生产 MTBE 的渗透汽化-精馏集成过程(反应产物在精馏塔精馏段侧线出料经渗透汽化单元后返回到塔内，如图 12-10 所示)用 Aspen Plus 软件进行了优化，并拟合出膜的分离性能与温度间关系。

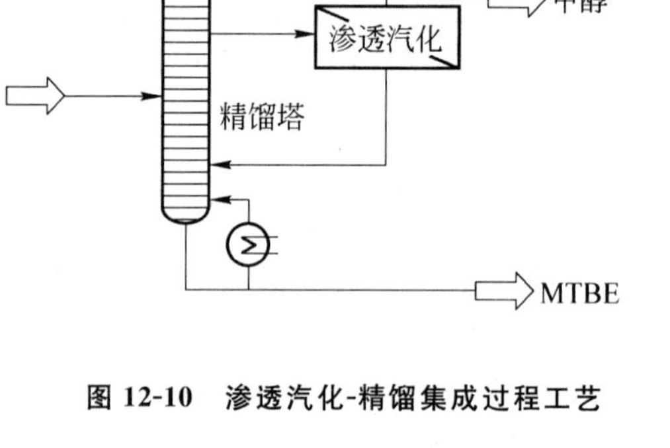

图 12-10 渗透汽化-精馏集成过程工艺

对上述的工艺用 Aspen Plus 模拟后得到侧线出料位置对甲醇在塔内浓度分布的影响(如图 12-11 所示)、侧线出料对 MTBE 产品纯度的影响等(图 12-12)。

从上述模拟结果可以看出，采用 Aspen Plus 可以很方便地实现集成过程的设计优化和操作模拟。

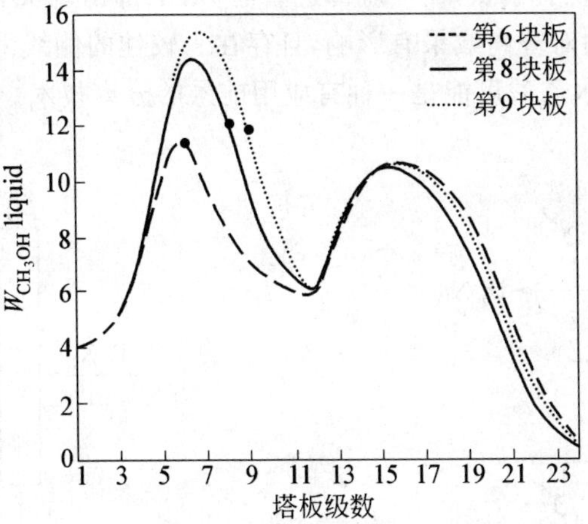

图 12-11 侧线出料位置对液相中浓度分布的影响

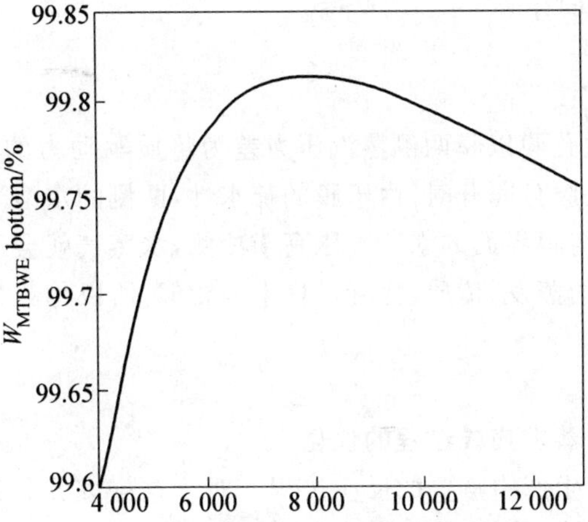

图 12-12 侧线出料量对产品纯度的影响

(三)精馏-膜集成过程的优化

高浓度的乙酸具有很强的腐蚀性,常规精馏分离塔设备塔体材料及附件不能用普通不锈钢制作,而必须采用特殊的材质,如钛、锆等制作,设备投资很高。目前,我国大型乙酸的生产装置大多是从国外引进。高浓度的乙酸进一步精制成 99.9%左右的精乙酸,所需理论级数激增,设备投资费用增加。所有这些都迫切要求对乙酸/水物系精馏过程进行深入研究,开发工业上可行的投资较少、能耗较低的塔内件及精馏和其他分离方法集成的新分离技术。

刘庆林等[19]采用平衡级模型模拟计算乙酸精馏脱水过程,精馏过程示意如图 12-13 所示。乙酸/水体系的相平衡热力学计算考虑了乙酸蒸气的二元缔合,用 UNIQUAC 方程计算相平衡常数,方程参数取自 Dechema Data Collection。精馏-膜集成过程示意如图 12-14。经模拟计算,考察了乙酸/水混合物精馏特性,比较精馏及精馏/膜集成分离过程的能耗特点。塔中部进料，进料级附近出现夹紧点，而塔底部进料时，塔上部出现夹紧点。不同位置的侧线采出通过膜分离后返回塔内对分离效果有影响，且存在一较佳的侧线采出塔级。计算表明，通过精馏-膜集成过程制备无水乙酸可能是一种有应用前景的分离技术。

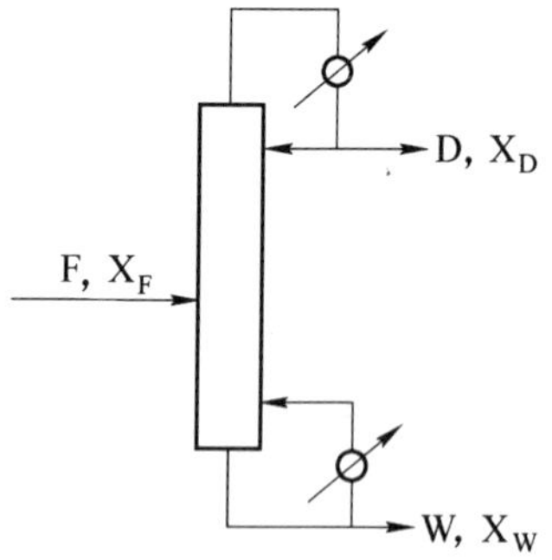

图 12-13 乙酸/水精馏过程
（刘庆林，2002）

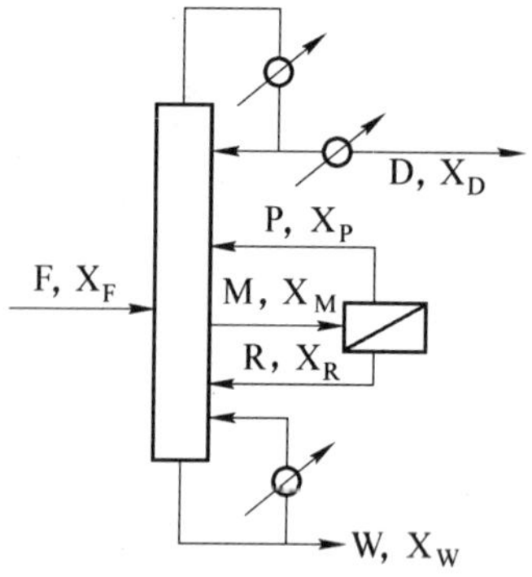

图 12-14 精馏-膜集成过程
（刘庆林，2002）

膜蒸馏是一种采用疏水微孔膜以膜两侧蒸汽压力差为传质驱动力的膜分离过程，例如当不同温度的水溶液被疏水微孔膜分隔开时，由于膜的疏水性，两侧的水溶液均不能透过膜孔进入另一侧，但由于暖侧水溶液与膜界面的水蒸气压高于冷侧，水蒸气就会透过膜孔从暖侧进入冷侧而冷凝，这与常规蒸馏中的蒸发、传质、冷凝过程十分相似，所以称其为膜蒸馏过程（membrane distillation，MD）。

（四）酯化反应和渗透蒸发集成过程的优化

酯化反应是有机化工生产中重要的反应过程。对于这样多元物系的渗透蒸发，由于各组分之间强烈的交互作用，其组分的渗透速率很难用现有的模型方程去描述。通常只能根据具体的物系，作某些假设去计算组分的渗透速率。

刘庆林等[20]以硫酸锆催化乙酸和丁醇的酯化反应为例对渗透蒸发和酯化反应耦合过程进行研究，考察了温度、反应物初始摩尔比、膜面积与反应液体积比和催化剂浓度对耦合过程的影响。

（五）压力驱动膜分离过程的操作模式及其优化[21]

膜分离过程以选择性透过膜为分离介质，当膜两侧存在某种驱动力（如压力差、蒸气分压差、浓度差、电位差等）时，原料侧组分选择性透过膜，以达到分离提纯的目的。以压力差为驱动力的液体膜分离过程包括有微滤（MF）、超滤（UF）、纳滤（NF）和反渗透（RO）等，以下简称为压力驱动膜过程。

膜分离过程用于间歇物料的分离纯化，即大分子物质与小分子物质的分离，有浓缩和渗滤两种操作模式可以选择。典型的操作过程由预浓缩、恒容渗滤和后浓缩 3 个阶段组成，对该过程从使总过程时间最小或渗滤操作时渗滤溶剂的消耗量最小两个方面进行优化。对过程时间

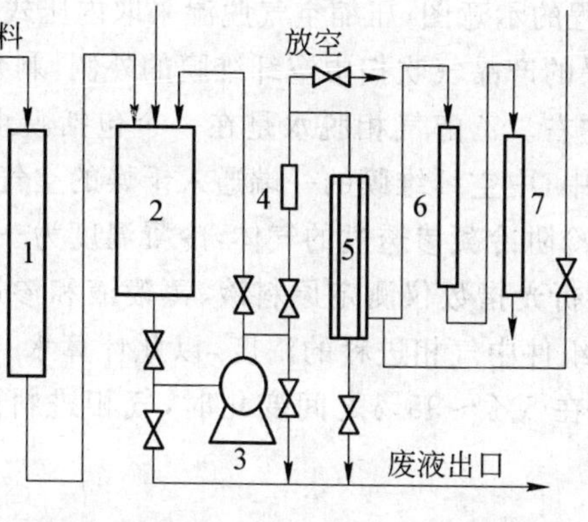

1. 大孔吸附树脂柱 2. 贮槽 3. 离心泵 4. 转子流量计
5. 膜组件 6. 氧离子交换柱 7. 阴离子交换柱

图 12-16 高纯过氧化氢生产的工艺流程图

三、渗透汽化膜反应器

(一)渗透汽化膜反应器分类[7]

在渗透汽化膜反应器中，渗透汽化的作用通常包括两种：一是移出目标产物(如污水处理或生物技术中)；二是移出一些不希望的带的副产物(如酯化反应中的水)。

根据进料方式和流动方式，理论上可以将渗透汽化膜反应器分成平推流渗透汽化膜反应器(PFPMR)、全混流渗透汽化膜反应器(CSPMR)、间歇式渗透汽化膜反应器(BPMR)、循环式平推流渗透汽化膜反应器(RPFPMR)、循环式全混流渗透汽化膜反应器(RCSPMR)和循环间歇式渗透汽化膜反应器(RBPMR)几种类型。各种类型渗透汽化膜反应器结构如图 12-17 所示。

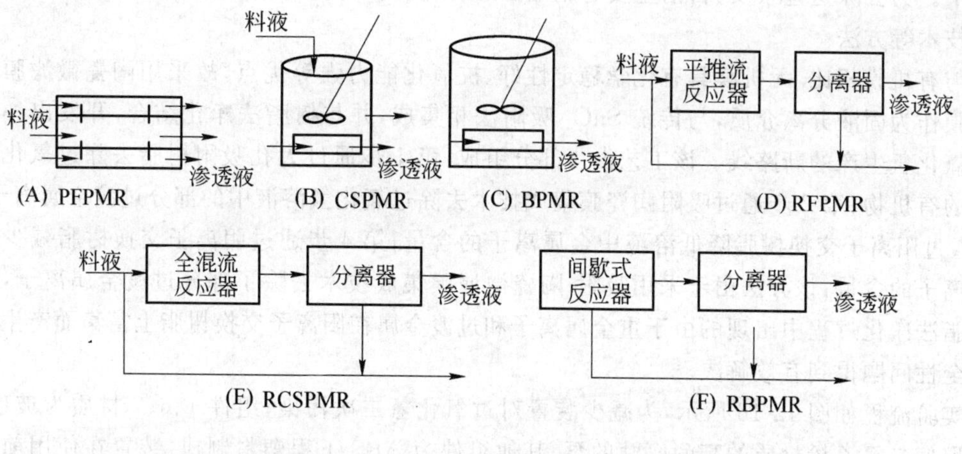

图 12-17 各类反应-渗透汽化系统(陈欢林，新型分离技术. 2005)

根据渗透汽化与反应器的耦合方式又可以将渗透汽化膜反应器分为渗透汽化单元外置式

图 12-15 为集成膜过程的示意图，压缩空气脱湿采取内压式操作：压缩空气流经中空纤维膜的内侧，分出一部分干燥的产品气吹扫中空纤维膜的外侧，剩余产品气作为乙醇气相脱水的吹扫气流，露点为－30℃左右。乙醇气相脱水是在一个包括膜组件系统中进行的：一束 U 形中空纤维膜填充在膜组件中，中空纤维膜的一端通入干燥的空气吹扫中空纤维的内侧，从另一端流出的气体进入半导体冷阱冷凝渗透过的气体，冷凝温度为－10℃，膜组件由温度控制系统保持温度在 80～100℃，用折光指数仪测定原料液、蒸馏液和渗透液的乙醇浓度，无吹扫气流时冷凝液的浓度即代表膜组件中气相进料的浓度，以此计算水/醇分离系数。在实验条件下，当原料液中乙醇质量分数在 5%～95%之间变化时，气相进料的乙醇质量分数在 51.5%～95%之间变化。

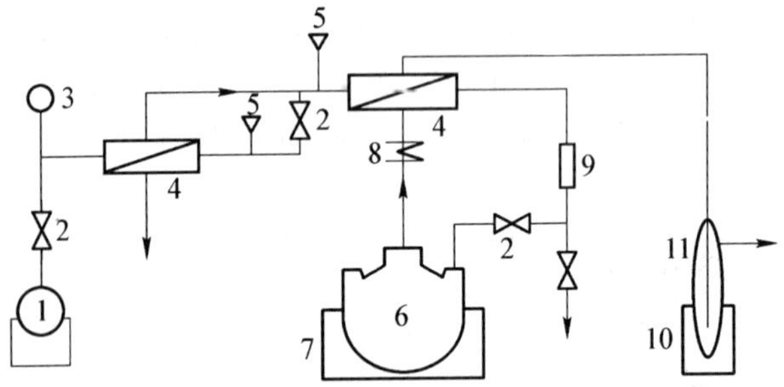

1.空压机 2.阀 3.压力表 4.膜组件 5.流量计 6.蒸馏瓶 7.加热系统
8.控温系统 9.冷凝器 10.半导体冷阱 11.透过组分收集器

图 12-15 集成膜过程的示意图

二、高纯过氧化氢生产中的吸附-陶瓷膜集成技术

工业级的过氧化氢，由于含有大量的有机杂质和阴阳离子而不能被直接用于电子工业的生产中。为去除这些杂质，目前主要有精馏法、吸附及离子交换技术、重结晶法、超临界萃取法和膜技术等方法。

与有机膜相比，无机膜具有化学稳定性好、抗氧化能力强等优点，故采用陶瓷微滤膜代替有机膜作为固液分离介质，与传统 SnO_2 吸附法相集成，并与树脂法净化结合，开发出一条高纯过氧化氢生产的新路线。该工艺由 4 部分组成：第 1 步通过大孔吸附树脂去除过氧化氢溶液中的有机物；第 2 步通过吸附陶瓷膜集成技术去除过氧化氢溶液中的部分过渡金属离子；第 3 步通过阳离子交换树脂降低溶液中金属离子的含量；第 4 步通过阴离子交换树脂减少溶液中阴离子的含量：该方法由于采用吸附 陶瓷微滤膜集成技术去除了部分过渡金属离子，使传统树脂法净化过程中出现的由于重金属离子和过渡金属在阳离子交换树脂上富集而产生的生产安全性问题得到有效解决。

实验流程如图 12-16 所示，为减少装置对过氧化氢二次污染，组件 1、6、7 材质为玻璃，泵选用聚偏二氟乙烯材质的高耐腐蚀的泵，其他组件为 ABS 工程塑料制成，装置在使用前需用清洗剂清洗。实验温度由玻璃冷凝盘管控制[29]。

和渗透汽化单元内置式两种。这两种装置各有其优缺点：外置式的各单元反应器所需的膜面积小，操作中更换溶液，但外部循环会带来很多操作上的不便，需额外的循环设备等；内置式的操作简单，不需要额外循环，但系统不灵活，膜易污染，膜组件大小受到限制等。

（二）渗透汽化-反应脱水系统[7]

1. 酯化反应脱水

渗透汽化与化学反应集成工艺在酯化过程中可及时去除过程生成的水，以改变化学反应的平衡，提高反应转化率，缩短反应时间和降低成本。图 12-18 给出了 3 种典型的渗透汽化膜反应器用于酯化反应的流程：渗透汽化单元采用亲水性渗透汽化膜。

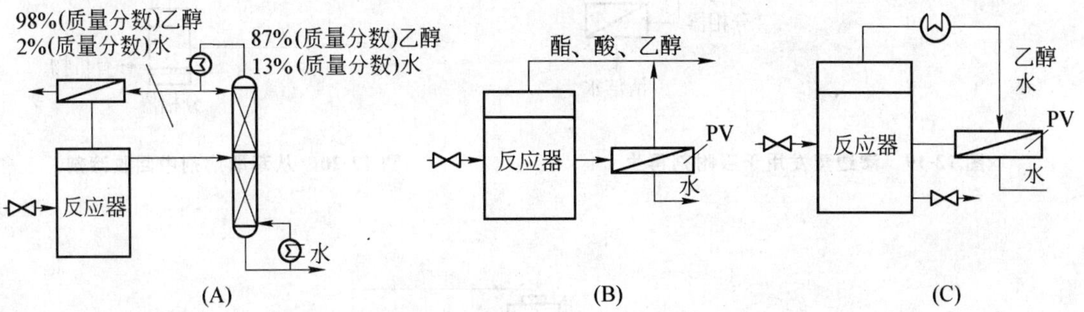

图 12-18　渗透汽化膜反应器在酯化反应中的应用(陈欢林，新型分离技术，2005)

第一种流程如图 12-18(A)所示，为由乙酸与乙醇反应生成乙酸乙酯和水的反应-渗透汽化-精馏的集成工艺。过程中，反应器的气相进入精馏塔，塔顶产物（乙醇 87%、水 13%）通过渗透汽化单元将乙醇含量浓缩达 98%后返回反应器。

图 12-18(B)为反应与渗透汽化集成的外置式渗透汽化膜反应器，其特点在于酯化过程中的液相反应混合物进行循环。这一过程的转化率高而能耗低，且不受乙醇/水共沸的影响。

图 12-18(C)所示的集成过程为反应器中的气相进入渗透汽化单元，可避免高浓度的酸与膜直接接触，同时进入渗透汽化单元的料液温度较高，降低了能耗。与传统的生产工艺相比，图 12-18 所示的三种流程节能分别达到 58%、93%和 78%。

2. 渗透蒸发与吸附过程的集成

渗透蒸发与吸附过程的集成系统如图 12-19 所示，吸附剂为水蒸气再生后的冷凝液，分相后油相用透水膜脱水，截留液为溶剂，可循环使用；水相用透有机物膜进一步回收溶剂，减少排放水中有机物的浓度，减轻污染。有机物脱水膜也可以与吸附过程配合使用，见图 12-20。含有机溶剂的空气送入吸收塔，用水洗涤和捕集有机物，再经过渗透蒸发过程使有机物浓缩，含微量有机物的水返回吸收塔。

3. 生化反应脱水

渗透汽化膜反应器不仅被用于化学反应，还被应用于生化反应中，如发酵法生产乙醇和酶催化反应脱水。图 12-21 所示为中空纤维渗透汽化膜生物反应器来实现酶催化癸酸和十二醇的酯化反应。在该反应中，渗透汽化脱除了大部分的水蒸气，使得酯化反应的转化率得到提高，酯化率可以高达 97%。

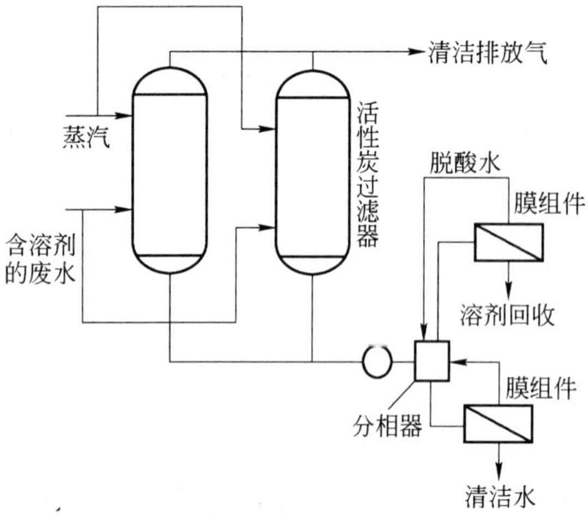

图 12-19 渗透蒸发用于吸附剂再生

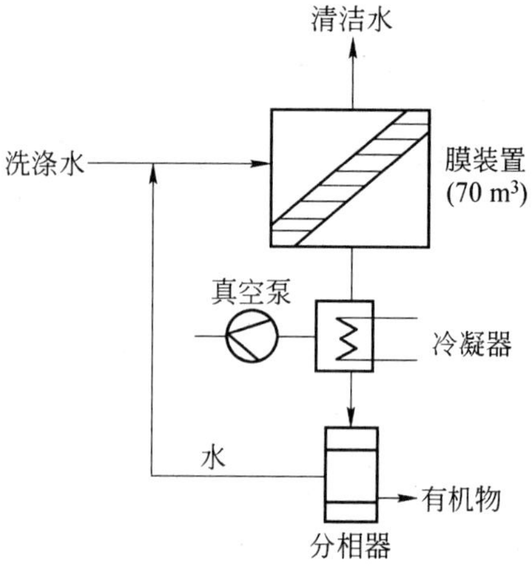

图 12-20 从萃取溶剂中回收溶剂

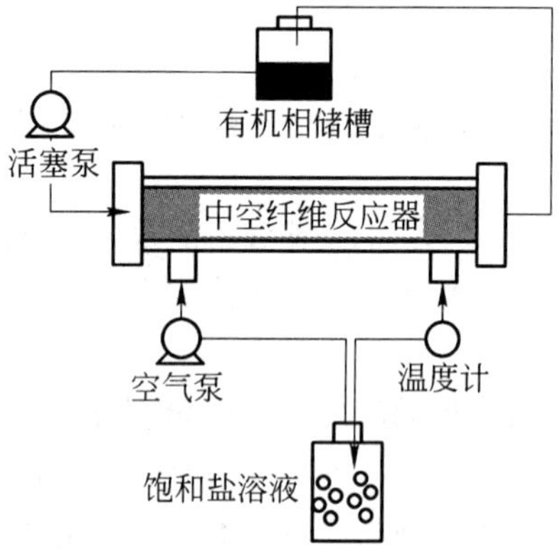

图 12-21 用于酶催化反应的中空纤维渗透汽化膜生物反应器

四、膜生物反应器[7,30]

膜生物反应器(membrane bioreactor,MBR)集合了膜技术和生物处理技术两者的优点,以酶、微生物或动植物细胞为催化剂进行化学反应或生物转化,以膜组件的分离功能取代一些传统的分离过程,将反应与分离集成。

膜生物反应器最早出现在酶制剂工业中。Blatt 等在 1965 年提出了用膜分离技术进行微生物浓缩。1968 年 Wang 等人成功地运用膜生物反应器制取酶制剂。进入 20 世纪 80 年代中后期,膜生物反应器的研究工作有了很快的发展,其涉及范围不断拓宽。自 1983—1987 年在日本已有 13 家公司使用好氧膜生物反应器处理大楼废水。Yamamoto 于 1989 年进行了中空纤维一体式膜生物反应器的研究,1991 年 Tonelli 等研制了处理汽车制造厂含油污水的膜生物反应器系统。Aya Hidenori 等人进行了厌氧膜生物反应器去除磷酸盐的研究。1992 年法国 Chang 等人开展了饮用水除氮的膜生物反应器研究。1993 年英国 P. R. Brookes 采用选择性高分子憎水硅橡胶膜制成萃取膜生物反应器，同年，Krautch(德国)等进行了有压活性污泥法反应器与超滤膜构成的膜生物反应器研究。Scott 研究了消除膜污染的方法。Winner 等人研究了膜生物反应器对大分子有机物的降解作用[31]。

国内有关膜生物反应器的研究工作起步较晚，清华大学邢传宏等人进行了平板超滤、管状膜与活性污泥结合的膜生物反应器处理生活污水和模拟废水的性能研究。随着水资源短缺及水污染的日趋严重，膜生物反应器作为一种水污染控制与水回收利用的高新技术将受到越来越多的重视。

膜生物反应器(MBR)是高效膜分离技术和传统活性污泥法的结合，几乎能将所有的微生物截留在生物反应器中，这使反应器中的生物污泥浓度提高，理论上污泥泥龄可以无限长，使出水的有机污染物含量降到最低，能有效地去除氨氮，对难降解的工业废水也非常有效。与传统生物处理工艺相比具有出水水质好，占地面积少，设备集中，模块化，并且具有升级改造的潜力，是一项很有发展前景的工艺。

1969 年，美国的 Smith 首次报道了美国 Dorr-Ofiver 公司把活性污泥法和超滤工艺结合处理城市污水的方法。1970 年，美国的 Dorr-Oliver 公司和日本的 SankiEngineering 有限责任公司达成协议，使得该工艺进入日本市场。目前在世界范围内，实际应用的 MBR 系统已经超过 500 套，同时许多工程在计划或者建设中。MBR 在日本的商业应用发展得很快，世界上约有 66%的工程在日本，其余的 MBR 工程主要在北美和欧洲[32]。

(一)膜生物反应器工艺特点

膜生物反应器工艺特点：

(1)较传统的沉淀法高效地进行固液分离，出水水质良好，可以直接回用。

(2)污染物去除效率高，不仅对悬浮物、有机物去除效率高，且可以去除细菌、病毒等，设备占地小。

(3)可使微生物完全截留在生物反应器内，实现水力停留时间和污泥龄的完全分离，运行灵活稳定，操作管理方便，易实现自动控制。

(4)生物反应器内的微生物浓度高，耐冲击负荷。

(5)利于增殖缓慢的微生物，如硝化细菌的截留和生长，提高了系统的硝化效率，同时可提高难降解有机物的降解效率。

(6)由于活性污泥浓度的增大和污泥中特效菌(特别是优势菌群)的出现，提高了生化反应速率。同时，经膜滤后，出水水质大大提高，系统几乎不必排剩余污泥，因此备受环保工业的重视和关注。

(二)膜生物反应器的分类

1. 根据膜生物反应器(MBR)工艺的发展分类

可为三种类型：

(1)用于固液分离与截留的膜生物反应器，即分离膜反应器。

(2)用于在反应器中进行无泡曝气的膜生物反应器，即曝气膜生物反应器(MABR)。

(3)用于从工业污水中萃取优先污染物的萃取膜生物反应器(EMBR)。分离膜反应器已经广泛应用于工程中,但 MABR 和 EMBR 还处于中试阶段。无气泡传质最早的报道之一是关于采用致密膜对污水进行冲氧的试验[32],而 EMBR 的概念则是从处理低 pH 值,高总溶解固体有害污水中的含氯有机化合物的过程中发展而来的。美国和欧洲的几所大学和相关的公司正在研究和开发此两种工艺。

(1)膜分离反应器:微生物膜分离反应器是 MBR 中最常见的一种形式,它是把悬浮生长反应器和膜过滤装置结合到一个单元工艺中。按照膜单元的放置不同又分为外置式(循环式),如图 12-22(A)所示,浸没式(一体式),如图 12-22(B)所示。按照是否需要氧可分为好氧和厌氧膜生物反应器。

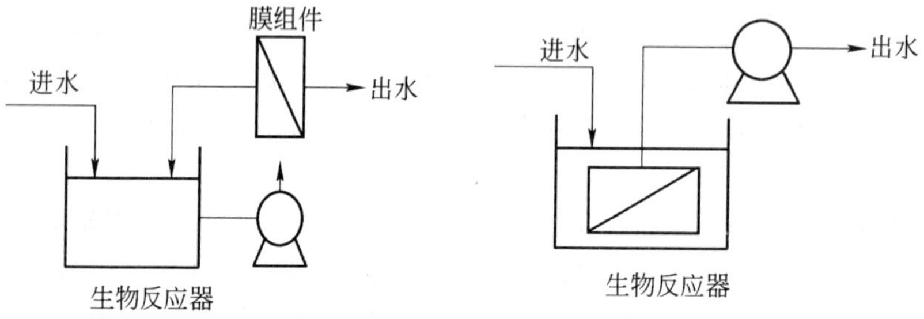

(A) 外置式膜生物反应器 (循环式)　　(B) 浸没式膜生物反应器 (一体式)

图 12-22 膜生物反应器(MBR)工艺示意图

在外置式膜生物反应器(RMBR)中,膜完全独立于反应器,进水进入含有微生物的生物反应器之中,混合液被泵送入环路中的膜单元,透过液被排走,截流液又回到反应池中,限制膜操作的膜驱动压力(TMP)和错流速率均由泵产生。其特点是膜组件自成体系,运行稳定可靠,膜通量较大,有易于清洗、更换及增设等优点。但泵的高速旋转产生的剪切力对某些微生物细菌体会产生失活现象,而且一般条件下为减少污染物在膜表面的沉积,由循环泵提供的水流流速都很高,为此动力消耗较大。

一体式膜生物反应器(SMBR)中膜组件直接浸泡于反应器中反应器下方有曝气装置,将空压机送来的空气形成上浮的微气泡,在曝气的同时,又使膜表面产生一剪切应力,利于膜表面除污,透过在抽吸泵的负压下流出膜组件。其特点是不使用循环泵,可避免微生物受到剪切力而失活。其最大的特点是运行费用低,但是膜通量相对较低,易发生膜污染。通常膜部分的拆洗、清洗较困难,不过中空纤维式膜组件由于体积较小、组装灵活,可分组设置成若干框架结构,便于从曝气池中拿出,克服了不易拆装的缺点。

目前 MBR 系统中 98%以上是膜分离技术与好氧生物反应器而非厌氧生物反应器相结合。Gander 等测定了 MBR 的能耗数据,试验表明一体式 MBR 的总能耗比外置式少 30 倍以上[33]。

(2)曝气式膜生物反应器(MABR):这种反应器利用了膜能分离两种不同相物质的特性,允许组分从一相迁移到另一相。同时提高了微生物降解废水中污染物的能力,优化了生物反应器中的运行条件。

MABR 工艺采用透气性致密膜(如硅橡胶膜)或微孔膜(如疏水性聚合膜),在保持气体分压低于泡点的情况下,可以不形成气泡而使氧气传递到生物膜反应器中起降解作用的细菌上,该膜通常还作为在膜/液界面上生物生长的支撑介质。也有采用附加的或者可以更换的非渗透支撑材料供生物膜生长。MABR 具有以下优点:

①由于传递的气体含在膜系统中,因此提高了接触时间,从而达到约 100%的传氧效率;

②由于气液两相被膜分开,因此有利于曝气工艺更好的控制;

③该工艺不受在传统的曝气系统中的气泡大小及其停留时间等因素的影响。

(3)萃取式膜生物反应器(EMBR):该种反应器利用了膜能分离两种不同相物质的特性,允许组分从一相迁移到另一相。同时提高了微生物降解废水中污染物的能力,优化了生物反应器中的运行条件。

EMBR 工艺中,有害工业废水中的可降解有机污染物通过一个致密的硅胶膜,进入营养物媒介层,然后进一步地被微生物降解,污水中的污染物通过膜传质到生物反应器中需要浓度梯度的驱动,浓度梯度是由营养物生物介质相中污染物的生物降解来获得的。已经验证 EMBR 可以萃取和生物降解有毒挥发性有机污染物,例如高含盐量和极高 pH 值的工业废水中的蜡醇、氯苯、氯苯胺和甲苯等物质。英国的 Andrew Livingston 等已成功采用 EMBR 工艺来萃取并降解有毒挥发性有机污染物。

2.根据膜生物反应器所用的生物催化剂分类

可以将其分为:酶膜生物反应器、膜发酵器(微生物)和膜动植物细胞培养三类。在膜生物反应器中,酶、细胞或微生物可以三种形态存在:溶解酶或悬浮细胞的游离态、膜表面或膜内酶蛋白凝胶以及膜截留细胞层的浓集态,以吸附、键合或包埋方式固定在膜表面或膜腔内的美或细胞呈固定化态;此外,在膜生物反应器中,无聊的迁移方式有两种:扩散和流动传递,且流动速率高于扩散传质。

按酶、细胞和微生物的三种存在形式和物料的两种迁移方式可构成如图 12-23 所示的 6 种膜生物反应器[7]。这 6 种型式的反应器各有其优缺点,如浓集态的酶或细胞的装填密度高,活性稳定,但酶或细胞的消除却存在一定的困难;固定化的酶或细胞难以从膜生物反应器中消除,不便于补充和更换,但用于生物催化具有较高的稳定性。

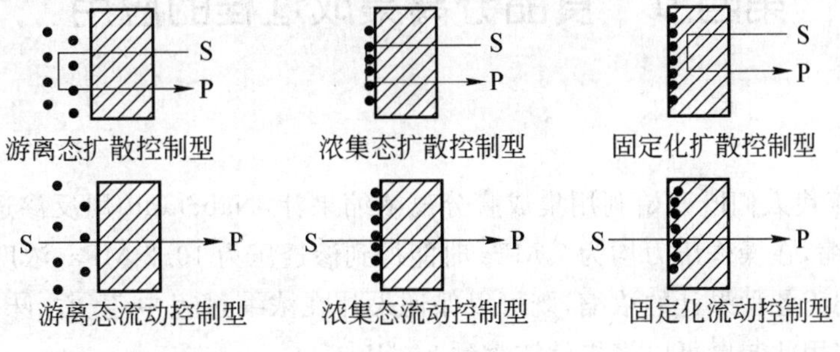

S:底物;P:产物

图 12-23　各种 MBR 型示意图

3.新型膜生物反应器

膜生物反应虽能有效地处理多种废水,但当某些废水中含有微量的不溶于水的有机物,这类废水的 pH 值呈现强酸、强碱性或高离子浓度等极端条件下。普通的膜生物反应器则无能为力。Livingston 提出了一种新型的萃取膜生物反应器概念，采用亲油性的致密膜将废水和含微生物的水相分开，废水中的有机物可透过膜，在另一侧的水相中被降解。其过程原理如图 12-24 所示。膜生物反应器不仅可以用于废水的处理，还可以用于废气处理，其原理如图 12-25 所示。

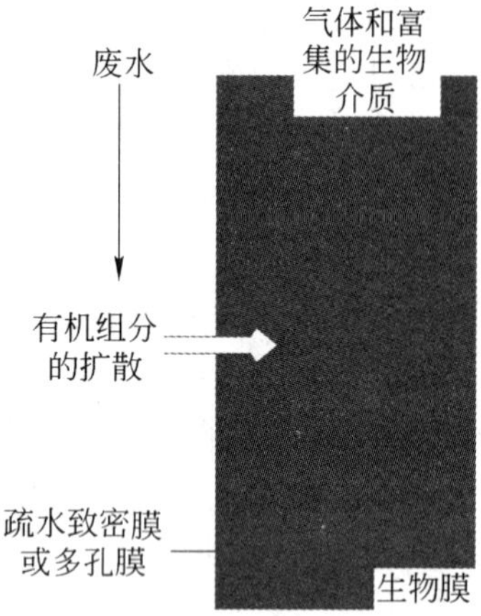

图 12-24　萃取膜生物反应器原理

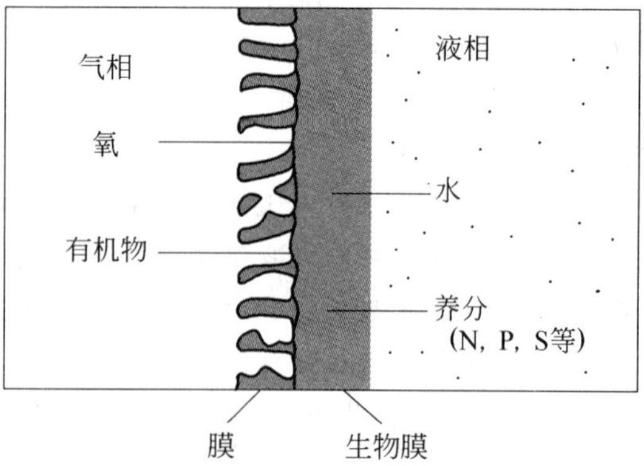

图 12-25　用于废水处理的膜生物反应器原理

尽管膜生物反应器的技术可行性早已被人们认可，但处理工艺的费用较高，在一定程度上限制了它的推广。膜工艺的费用主要来自膜价格、膜更换频率和能耗需求。

目前，膜生物反应器已有在大楼废水、生活污水回用、医院废水处理的工程范例，但应用工程数量还较少。国产的专用于膜生物反应器的膜材料、膜组件还十分有限，有待加快研究和开发，以利于我国膜生物反应器的反展，早日实现国产化、规模化、产业化，使其在我国污水和给水处理中发挥应用的作用。

第四节　食品分离集成过程的应用

一、引言

20 世纪 80 年代人们既开始利用集成膜分离浓缩果汁，Nabetanit 用反渗透与纳滤膜串联起来进行果汁浓缩，在操作压力均为 7 MPa 时能得到渗透压为 10.2 MPa，浓度为 40%的浓缩液，这个系统适用于各种果汁的浓缩，既可以保证果汁在浓缩过程中色、香、味不变，又可以节省大量的能源，利用此装置可以将果汁浓缩到 40 °Bx。

当某些膜分离过程发展到比较成熟的阶段，并在工业中有较广泛的应用之后，在解决一些复杂的分离问题时，为了获得最佳的效益，人们很自然地会想到，将几种膜分离过程组合起来，或许是最合理的工艺流程。开始，称几种膜分离过程联合起来为 Integrated(集成)；称膜分离技术与其他分离技术的组合为 Hybrid(杂化)。后来不那么严格区分了，一般都称为集成膜过程。

集成膜过程是近年来在膜分离技术的发展中出现的又一项新技术。例如,采用生物发酵制取无水乙醇要用膜反应器、膜蒸馏、反渗透及渗透蒸发;从蛋白质混合物中分离单个高纯蛋白质要用截留分子量不同的超滤加透析;微电子工业用超纯水要综合反渗透、离子交换和超滤等方法制取;从造纸的黑液中回收木质素磺酸钠要求用絮凝、超滤加反渗透;去除废水中的有毒物质需用膜萃取及反萃取将毒物浓缩,再放入膜生物反应器中净化等。

可以预计,随着集成膜分离技术的不断发展和完善,膜分离技术在工业生产领域中将发挥更大的作用。本节重点介绍集成膜过程在生产实践中的应用,涉及到食品饮料、水处理、医药卫生、环境保护等诸多领域。

二、集成技术在食品工业中的应用

(一)在饮用水处理中的应用

随着越来越严格的水法规的限制和可用淡水供应的不足,压力驱动膜过程在饮用水处理方面正在发挥越来越重要的作用。这包括脱盐、消毒、消毒副产物控制、澄清、脱色,除去各种有害的有机化合物和无机物。由于膜性能不断提高,技术日益先进,成本大幅度下降,所以应用越来越广,一些代表性过程示意如图 12-26[34] 所示。

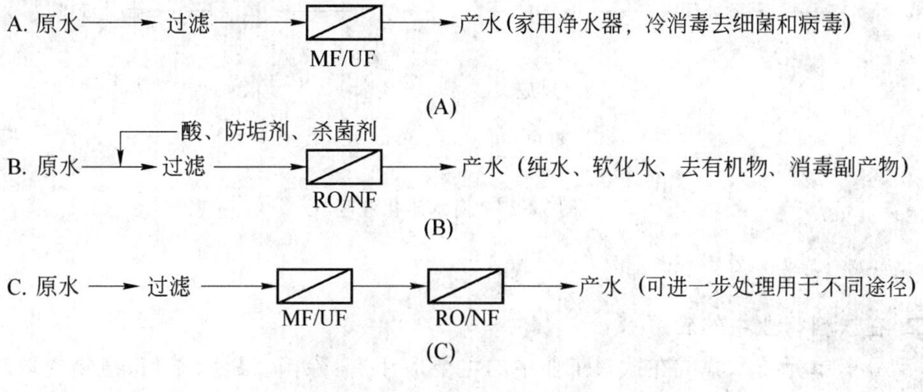

图 12-26 水处理代表性过程

1. 生饮水处理的几种工艺及特点[35]

在城市中,随着市民生活水平的不断提高,人们对饮用水的质量要求也越来越高,虽然我国城市自来水的质量近年来有了不少的改善提高,但由于水源地受各种污染的影响,水质有下降的趋势。利用集成技术能有效的处理饮用水污染问题,使饮用水指标符合或高于国家标准。

多年来,国内的饮用水膜处理技术得到了很大的发展,各种技术层出不穷,百家齐鸣,归纳起来大致有以下几种:

①砂滤+碳滤+微滤+消毒;

②砂滤+碳滤+微滤+超滤+消毒;

③砂滤+碳滤+微滤+纳滤+消毒;

④砂滤+碳滤+微滤+反渗透+消毒;

⑤砂滤+碳滤+微滤+超滤+纳滤+消毒。

微滤(MF)一般只能去除大肠菌、葡萄球菌和大颗粒物质,故单独使用时,出水质量仍较差。超滤(UF)能去除致病菌、原生虫病毒和热源等,但对有机指标 COD、TOC、氨氮基本不用去除,致突变试验呈阳性,出水质量不理想。反渗透膜(RO)有较强的去除率,但在去除有害物质的同时也去除了水中大量有益的无机离子,出水呈酸性,不符合人体需要,长期饮用影响人的健康。而纳滤膜(NF)分离技术在有效去除水中有害物质的同时,还保留了大多数人体必需的矿物质,致突变试验呈阴性,出水 pH 值变化不大。这种水处理方法对于我国目前的饮食结构而言,尤其是营养结构比较单一的人来说,更容易被接受,也更加合理。

2. 海水淡化

近几年来,随着纳滤(NF)技术的发展,国外成功地开发了海水淡化的 NF+反渗透(SWRO)+多级闪蒸(MSF)集成技术[36],其淡化流程如图 12-27 所示。海水经纳滤技术处理后,去除了 80%以上的硬度,水中总溶解性固体(TDS)下降了 40%左右,且脱除了所有的有机污染物,从而可提高 SWRO 的操作压力和回收率(回收率可达 60%左右),且能保证 SWRO 膜元件的安全、长期、稳定运行,提高了淡化效益。而 SWRO 过程的浓缩海水,由于其硬度低、不易结垢,可再经由 MSF 处理,获得淡水,进而可使 SWRO+MSF 过程的回收率进一步提高到 90%左右。该集成技术具有良好的应用前景。

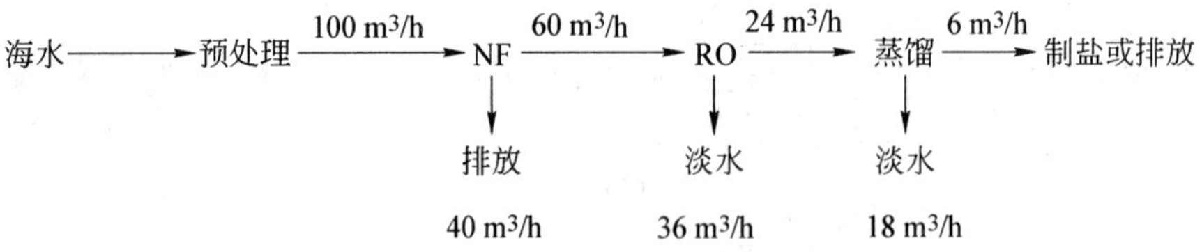

图 12-27 海水淡化流程

(二)在饮料行业中的应用

食品分离单元技术集成在饮料工业中的主要应用有:除菌、果汁、茶粉、植物提取液分离、提取、浓缩。利用微滤、超滤、纳滤膜技术制备山泉水及矿泉水,利用反渗透技术生产纯净水,利用微滤膜技术过滤酒以达到饮料澄清和除菌,利用超滤技术进行果汁、奶制品的浓缩个体分离等。在果蔬汁生产中,膜技术主要应用为:微滤、超滤技术用于澄清过滤;纳滤、反渗透技术用于分离和浓缩[37]。

1. 在果汁生产中的应用

自从 Heat herbell 等人成功运用超滤技术制得了稳定的苹果澄清汁之后,超滤技术在果汁澄清中的研究与应用发展很快。国外已采用超滤反渗透技术在菠萝汁、柑橘汁、葡萄汁、番茄汁、梨汁等果汁中澄清与浓缩,产品质量及经济效益较好[38]。

果汁加工采用超滤和反渗透以后,可以做到节能,质量好,芳香成分大部分保留,脂溶性成分保留多,因此浓缩果汁再生产后与鲜果汁无多大差别,保存期长。由于有除菌作用,以及滤液中无酶法处理所存在的未分解果胶,所以长期积存一般不会出现二次沉淀。

(1)山楂汁[39]:在山楂汁的生产中,以膜分离技术代替传统的加工方法时应先用超滤对果汁和果胶进行分离、提纯,然后用反渗透对果汁进行浓缩。超滤和反渗透技术处理山楂的工艺流程见图 12-28。超滤操作温度控制在 40～50℃较为适宜，由于山楂汁黏度较大，应采用超滤装置的最大流速 2.2 m/s，操作压力定为 0.4～0.5 MPa 较为适宜，平均通量为 30 L/(m^2 · h)。反渗透操作压力定为 4.5 MPa，将超滤透过液和洗滤液连续进入反渗透设备的料罐中进行浓缩，至 20 °Bx 时停止，其平均水通量为 33 L/(m^2 · h)。

该工艺生产的山楂果汁色泽鲜艳，果香浓郁，品质明显优于传统方法生产的山楂汁。

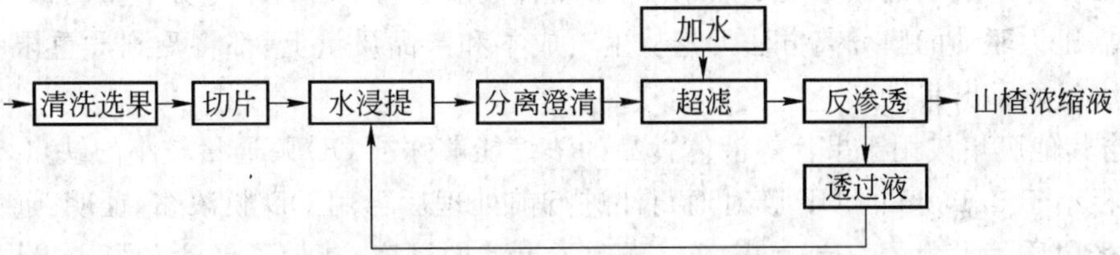

图 12-28　超滤和反渗透技术处理山楂的工艺流程

(2)茶饮料：在茶饮料的生产中，膜分离技术的应用在提高茶饮料的品质、节约能源、保护环境、茶叶有效成分萃取利用率等方面有明显优势，茶粉以及用于茶生产的浓缩液已经成为茶饮料的主要原料。

国内某公司率先开辟了集 MF＋UF(NF)＋RO 于一身的茶汁深加工工艺线路。该工艺线路的特点主要体现在，利用陶瓷微滤和超滤的集成技术实现对茶汁的澄清和净化，为后工序 RO 浓缩创造较好的工作环境，从而达到较高的浓缩效果，最大限度地保持了茶汁中原有的色香味品质和一些功能性茶叶成分(如茶多酚、咖啡碱等)[40]。

罗龙新等采用蒸发(EC)、超滤＋反渗透(UF＋RO)、超滤＋蒸发(UF＋EC)、反渗透(RO)浓缩工艺分别进行绿茶、红茶、乌龙茶汁的浓缩试验。并对各个样品的主要理化指标进行分析。结果表明；四种工艺对三种茶浓缩汁中主要的化学成分保留率及感官品质的影响明显不同。UF＋RO 和 RO 浓缩工艺保留了主要的化学成分，香味品质最佳；UF＋RO 和 UF＋EC 工艺从茶汁中去除蛋白质和果胶的效果及茶汁的澄清度最佳；因此 UF＋RO 浓缩工艺是四种浓缩工艺中的最佳工艺[41]。

2.膜蒸馏技术在果汁、液体食品的浓缩中的应用[9]

膜蒸馏过程可在相对比较低的温度下运行，并具有极高的脱水能力，特别是渗透蒸馏可以在室温下运行，对果汁、食品的浓缩是其他任何膜过程都无法比拟的。Petrotos 等介绍了膜蒸馏和渗透蒸馏技术浓缩液体食品的优点：节能、保持食品原有的风味(包括色、香、味等)，其中果汁浓缩的研究工作较多，如超滤与渗透蒸馏浓缩葡萄汁、减压膜蒸馏浓缩葡萄汁、渗透蒸馏浓缩葡萄汁和橘汁、直接接触式膜蒸馏浓缩苹果汁、集成膜过程浓缩柠檬汁和胡萝卜汁。这些工作有的仍处在实验室研究阶段，有的已经具有示范生产的规模，Vaillant 等人[42]报道了工业示范规模采用渗透蒸馏浓缩果汁的装置，在 30℃可以将果汁 TSS(总可溶固体)浓缩至 0.60 g/g，通量仍保持 0.5 kg/(m^2 · h)，连续 28 h 通量没有衰减，浓缩后果汁外观和维生素 C 含量基本保持原来水平。

3.渗透蒸馏(OD)与其他膜的集成在果汁浓缩中的应用[43]

渗透蒸馏(osmotic distiliation，OD)从诞生至今仅 20 多年的时间。现在也只有少数实验室和公司对 OD 法进行了工业应用尝试，主要是澳大利亚和法国。OD 法又称为等温膜蒸馏、渗透蒸馏、膜渗透浓缩，是基于渗透和蒸馏概念而开发的一种新型膜分离技术，是在两个水溶液之间进行浓缩的过程。依靠微孔疏水膜两侧溶液表观渗透压的不同，使两种溶液中的同一种可挥发性组分（如水蒸气）从表观渗透压高的溶液穿过膜孔进入表观渗透压低的溶液，从而使前者达到浓缩的目的。因此，渗透蒸馏过程非常缓慢，似乎不能够与那些压力驱动的膜分离法如MF、UF、RO相比，这些方法可获得10～200 L/(m^2·h))渗透通量。然而，当被浓缩物中含有对切变降解灵敏的微量溶质或水溶胶，或者被浓缩物中含有中等分子量的微量溶质（如单糖）时，靠压力驱动的膜分离方法无论从生产成本和产品质量上，都将受到严重限制，这时，采用OD法就显示出其优点。

OD与其他膜集成用于果汁等液体食品的浓缩能够弥补OD膜通量较小的缺点，Bailey等利用膜孔径小于0.1 μm的UF膜对葡萄汁进行前处理后再用OD膜浓缩，证明：通过UF将果汁中的蛋白质等大分子物质除去，不但降低了果汁的黏度，减少了果汁在膜边界层的厚度，而且显著提高了OD过程浓缩葡萄汁的水通量，不仅增加了果汁的表面张力，还降低了疏水膜的润湿的现象。Cassano等[44]利用UF、RO、OD集成过程浓缩柑橘汁和胡萝卜汁的研究得到了相同的结果，与传统的沉降法和酶解法相比，UF用于果汁的澄清，不仅减少了澄清时间、能量的消耗，节省了沉淀剂和酶的使用，减少了异味的产生，而且减少了果汁对RO、OD膜浓缩的污染，提高了RO、OD膜的通量。利用RO将果汁浓缩至20°Brix后用OD膜浓缩，不仅节约时间，而且能将果汁浓缩至高浓度。

（三）在淀粉糖化中的应用

淀粉糖是以淀粉为原料生产的各类糖品的总称。当今世界工业发达国家都很重视淀粉制糖工业。20世纪90年代，美国和日本的淀粉糖产量分别达到900万t/年和200万t/年，远远超过了甘蔗和甜菜的产糖量，成为重要的只糖工业。我国人口众多，至今仍存在糖产量不足、品种少的问题。

目前我国的淀粉糖产量估计为50万～60万t/年。同时，还具备发展淀粉糖工业的良好条件。我国原料丰富，玉米年产超过1亿t，仅次于美国；南方还有木薯、甘薯、马铃薯和蕉芋等，生产不受地点和季节限制，可全年开工；酶工程和淀粉制糖过程原料的综合利用技术的不断进步有力地推动了我国淀粉糖工业的加速发展。

淀粉糖的生产工艺大致为：淀粉→制浆→液化→糖化→分离→精制→蒸发→结晶。其中液化、糖化和分离是整个生产工艺的核心和关键。20世纪70、80年代，“酸法液化和糖化”占主导地位，随着酶工程技术的进步，“酶法液化和糖化”已替代“酸法液化和糖化”成为主流。目前，传统的淀粉糖生产工艺存在以下一些不足：糖化反应器以分批式操作为主，耗时较长；酶只能被利用一次，成本较高；糖化和分离分步进行，流程长，设备欠紧凑。

淀粉糖生产用酶膜反应器通常为中空纤维超滤酶膜反应器。超滤膜的截留作用可将大分子的淀粉和淀粉酶截留在超滤膜内，而糖化反应产物（低聚糖、单糖等）则能透过超滤膜而被分离出来。反应过程中淀粉酶积累在超滤膜表面，形成一层薄膜，超滤膜就成为淀粉酶的固定化载体，淀粉和淀粉酶在超滤膜周围和超滤膜内进行均质糖化反应。糖化反应及其产物的不断分离使淀粉酶得到不断再利用，为淀粉糖化反应的连续化和自动化创造了条件。酶膜反应器可较好地解决传统的淀粉糖生产工艺中存在的上述不足。

近年来，随着“酶法糖化”成为淀粉糖生产的主流工艺和膜的制造及应用技术的不断进步，酶膜反应器在淀粉糖生产中的应用研究又再度活跃起来。循环式中空纤维酶膜反应器分别用于麦芽糖、葡萄糖、麦芽四糖、麦芽糊精、果葡糖浆等的生产过程及参数的研究都有报道。

参考文献

[1] Lazarova Z, Tonova K. Integrated reversed mieellar extraction and stripping of α-amylase [J]. Biotechnol & Bioeng. 1999, 63: 583.
[2] 周如金，宁正祥，宋贤良. 食品及生物工程中的过程耦合技术[J]. 食品科学，2002，23(12)：125-128.
[3] 梅乐和，姚善泾，林东强，等. 生物分离过程研究的新趋势-高效集成化[J]. 化学工程，1999，7(5)：38-41.
[4] 林东强，朱自强，姚善泾，等. 生化分离过程的新探索综述与专论-双水相分配与相关技术的集成化[J]. 化工学报，2000，51(1)：1-51.
[5] 黎四芳，丁富新，袁乃驹. Proceedings of 6th National Conference on Biochemical Engineering (第六届全国生物化工学术会议论文集). Beijing: Chemical Industry Press, 1995, 321-324.
[6] 刘琨，童张法. 渗透汽化技术在液体分离中的研究新进展[J]. 现代化工，2005，25(7)：18-23.
[7] 陈欢林. 新型分离技术[M]. 北京：化学工业出版社，2005.
[8] Mansouri J, Fane A G. Osmotic distillation of oily feeds[J]. J Membr Sci, 1999, 153 (1): 103-120.
[9] 吴庸烈. 膜蒸馏技术及其应用进展[J]. 膜科学与技术，2003，23(4)：67-92.
[10] Gryta M. The fermentation process integrated with membrane distillation [J]. Sep Purif Technol, 2001, 24(1～2): 283-296.
[11] 黄水源，韩社教，梁五更，等. 反应工程中的过程耦合的研究及现状[J]. 石油炼制与加工，1995，26(11)：24-29.
[12] Weyten H, Keizer K, Kinoo A, et al. Dehydrogenation of propane using a packed-bed catalytic membrane reactor [J]. AIChE J, 1997, 43: 1819-1827.
[13] 朱长乐，蔡邦肖. 基于渗透汽化膜过程的集成过程[J]. 水处理技术，2000，26(4)：194-198.
[14] R Rautenbach. Proceedings of the 6th Conference on Pervaporation Processes in the Chemical Industry[C]. Ottawa Canada, 1992.
[15] W Hefner. Proceedings of the 4th Conference on Pervaporation Processes in the Chemical Industry[C]. FL Lauderdale, 1989.
[16] 陈镇，刘家祺，李俊台. 膜分离技术的集成化[J]. 石油化工，2001，Vol. 30，No5：410-413.
[17] 黄元明，贺世正. 渗透汽化级联计算模型及软件开发[J]. 现代机械，2006(1)：1-2.
[18] Rautenbach R, Knauf R, Struck A, et al. Simulation and design of membrane plants with AspenPlus [J]. Chem Eng., Tech, 1996, 19: 391-397.
[19] 刘庆林，苏玉忠，高浩其. 精馏及精馏-膜集成分离乙酸/水[J]. 计算机及应用化学，2002，

19(3):211-214.
[20] 刘庆林,张志炳,陈洪钫.乙酸与丁醇酯化反应和渗透蒸发耦合过程研究[J].化学工程,2000, 28(2):51-54.
[21] 姚红娟,王晓琳.压力驱动膜分离过程的操作模式及其优化[J].膜科学与技术,2003, 23(6):38-43.
[22] Jaffrin M Y, Charrier J P. Optimization of ultrafiltration and diafiltration processes for album in production[J]. J Membr Sci,1994,97:71-81.
[23] Bowen W R, Mohammad A W. Diafiltration by nanofiltration: Prediction and optimization[J]. AIChEJ,1998,44(8):1799-1812.
[24] 武昊宇,项曙光,韩方煜.多效精馏优化设计的研究进展[J].计算机与应用化学,2005, 22(7):491-494.
[25] 安维中,胡柳栋,袁希钢.最优化技术在精馏过程综合中的应用及研究进展[J].计算机与应用化学,2005, 22(5):333-338.
[26] 杜长海,吴树新,高伟民,秦永宁.膜催化技术的研究进展[J].长春工业大学学报, 2003, 24(1):19-23.
[27] 伍联营,胡仰栋.反应-分离集成的研究[J].计算机与应用化学,2005,22(9):723-726.
[28] 吴庸烈,彭曦,刘静芝,等.压缩空气脱湿和乙醇气相脱水的集成膜过程研究[J].膜科学与技术,2000,20(2):8-11.
[29] 景文珩, 汪朝晖.吸附-陶瓷膜集成技术在高纯过氧化氢生产中的应用研究[J].南京化工大学学报,2000,22(2):28-33.
[30] 赵世杰.膜生物反应器的工艺特点及应用[J].市政技术,2003, 21(1):53-55.
[31] 张明月,廖列文.新型膜分离技术及其在化工行业中的应用[J].广西化工, 2002,31(2):20-23.
[32] 熊丽芳,胡兆吉,王白杨,等.膜生物反应器及其发展展望[J].江西化工, 2005(1):45-48.
[33] Gander M A, Jeferson B, Judd S. Aerobic membrane bioreactors: a review of their performence and costs[J]. Purif. Technol. 2000,119-130.
[34] 王国峰.超滤+纳滤技术在生饮水处理工艺上的应用[J].城市给排水,2004(2):23-25.
[35] 高从堪.膜技术在饮用水处理中的应用[A].中华预防医学会饮水深度净化卫生研讨会学术报告文集[C].杭州,1999,1-11.
[36] Winston Ho W S, Kamalesh S K. Membrane reactor[A]. In: Membrane Handbook[M]. New York: Van Notrand Reinhold,1992,809-832.
[37] 农绍庄.膜分离技术在饮料工业中的应用[J].饮料专题.2005(5):34.
[38] Robert S T. Membrane Filtration Applications in the Food Industry [J]. Filtration and Separation,2000(4):28-301.
[39] 王熊.膜分离技术在山楂加工中的应用[J].膜科学与技术,1998,18(1):22-261.
[40] 王学松.现代膜技术及其应用指南[M].北京:化学工业出版社,2005.
[41] 罗龙新.尹军峰,钱晓军.茶汁膜浓缩工艺与蒸发浓缩工艺的比较研究[J].茶叶科学,2000,20 (1):30-35.
[42] Vaillant F, Jeanton E, Dornier M, et al. Concentration of passion fruit juice on a indus-

trial pilot scale using osmotic evaporation[J]. J Food Eng,2001,47(3):195-202.
[43] 王丽玲,焦必宁.渗透蒸馏在果汁浓缩中的应用[J].食品工业,2006(2):37-39.
[44] Cassano A,Drioli E,Galaverna G,et al. Clarification and concentration of citrus and carrot juices by integrated membrane processes[J]. J Food Eng,2003,57(2):153-163.

思考题

1. 集成过程的定义及目的是什么?
2. 食品分离单元的集成技术的种类有哪些?
3. 比较内置式和外置式渗透汽化膜反应器的优缺点。
4. 双水相分配与相关技术的集成化有哪些?它是怎样应用在食品与生物技术中的?
5. 了解各种集成过程的原理、工艺。
6. 简要说明现有的集成技术存在的优、缺点?
7. 怎样对集成过程进行优化设计?
8. 举例说明食品分离单元的集成技术在食品工业中的应用,与传统技术相比有何优缺点。

附录　实验部分

实验一　双水相萃取法分离木瓜蛋白酶

（一）实验目的

1. 掌握双水相体系的相图制作。
2. 掌握双水相体系萃取方法。

（二）原理

双水相系统萃取分离技术的原理是生物物质在双水相体系中的选择性分配，当物质进入双水相体系后，由于表面性质、电荷作用和各种作用力（如憎水键、氢键和离子键等）的存在和环境的影响，使其在上、下相中的浓度不同。分配系数 K 等于物质在两相的浓度比，各种物质的 K 不同，因而双水相体系对生物物质的分配具有很大的选择性。

本实验用聚合物 PEG 和 pH 7.0 的磷酸盐缓冲液形成双水相体系萃取木瓜蛋白酶，由于木瓜蛋白酶在上下相中的分配系数不同，富集于上相 PEG 中的木瓜蛋白酶通过紫外分光光度法可初步测得其含量。

（三）试剂

PEG 母液：用量筒量取等质量的 PEG 和水混合，即配成浓度为 50%（W/W）PEG 母液。

磷酸盐缓冲液：浓度分别为 0.2 mol/L 的 K_2HPO_4 和 KH_2PO_4 分别以 61 mL 和 39 mL 混合配成 0.1 mol/L pH 7.0 的磷酸盐缓冲液。

（四）测定步骤

1. 相图的制作：将 PEG600 的母液加入到三角瓶中，然后加入磷酸盐缓冲液混合，直至三角瓶出现浑浊为止，算出 PEG600 和磷酸盐在系统中的重量百分浓度，再加入适量水，使体系变澄清，计量加入的水，并继续加入磷酸盐，使体系再次变浑浊，如此反复操作，计算达到浑浊时 PEG600 和磷酸盐在系统中的重量百分含量，则可以得出 PEG600 和磷酸盐的双节线相图。

2. 样品制备：将带皮青木瓜打浆，取 50 g 浆液过滤备用。

3. 萃取：取相图双节线上方的任一点，根据其两相的质量分数，取一定质量的 PEG600 和磷酸盐缓冲液的母液混合，加入一定量的青木瓜过滤液充分混合，静置分层。

4. 蛋白质含量测定：取上相（富含 PEG600）溶液用紫外分光光度法在 280 nm 波长下测其相应的吸光值，以相同浓度的上下母液混合分层后的上相做对照。

实验二　亲和层析分离技术的应用实验

(一)实验目的

1. 掌握亲和层析的亲和载体的选择方法。
2. 掌握亲和层析分离技术的操作方法。

(二)原理

亲和层析是一种吸附层析，抗原(或抗体)和相应的抗体(或抗原)发生特异性结合，而这种结合在一定的条件下又是可逆的。所以将抗原(或抗体)固相化后，就可以使存在液相中的相应抗体(或抗原)选择性地结合在固相载体上，借以与液相中的其他蛋白质分开，达到分离提纯的目的。

(三)载体的基本要求和选择

理想的载体应具有下列基本条件：①不溶于水，但高度亲水；②惰性物质，非特异性吸附少；③具有相当量的化学基团可供活化；④理化性质稳定；⑤机械性能好，具有一定的颗粒形式以保持一定的流速；⑥通透性好，最好为多孔的网状结构，使大分子能自由通过；⑦能抵抗微生物和醇的作用。

可以作为固相载体的有皂土、玻璃微球、石英微球、羟磷酸钙、氧化铝、聚丙烯酰胺凝胶、淀粉凝胶、葡聚糖凝胶、纤维素和琼脂糖。在这些载体中，皂土、玻璃微球等吸附能力弱，且不能防止非特异性吸附。纤维素的非特异性吸附强。聚丙烯酰胺凝胶是目前的首选优良载体。

琼脂糖凝胶的优点是亲水性强，理化性质稳定，不受细菌和酶的作用，具有疏松的网状结构，在缓冲液离子浓度大于 0.05 mol/L 时，对蛋白质几乎没有非特异性吸附。琼脂糖凝胶极易被溴化氢活化，活化后性质稳定，能经受层析的各种条件，如 0.1 mol/L NaOH 或 1 mol/L HCl 处理 2～3 h 及蛋白质变性剂 7 mol/L 尿素或 6 mol/L 盐酸胍处理，不引起性质改变，故易于再生和反复使用。

琼脂糖凝胶微球的商品名为 Sepharose，含糖浓度为 2%、4%、6%时分别称为 2B、4B、6B。因为 Sepharose 4B 的结构比 6B 疏松，而吸附容量比 2B 大，所以 4B 应用最广。

(四)试剂与配制

1. Sepharose 4B。
2. CNBr(剧毒)。
3. 抗原或抗体。
4. 1 mol/L $NaHCO_3$ 取 $NaHCO_3$ 84.01 g 加水至 1 000 mL。
5. 0.1 mol/L $NaHCO_3$。
6. 2 mol/L NaOH。
7. 0.01 mol/L pH 7.4 PBS；
   0.2 mol/L Na_2HPO_4 38.0 mL；

0.2 mol/L Na_2HPO_4 162.0 mL；

NaCl 32.76 g；

加水至 4 000 mL。

8. 0.1 mol/L pH 2.8 甘氨酸即氨基乙酸-HCl 缓冲液，甘氨酸 15.01 g 加水至 1 000 mL，取此液，加 0.2 mol/L HCl 84 mL，加水 166 mL，共 500 mL。

9. 7 mol/L 尿素。

10. 0.2 mol/L $NaHCO_3$（含 0.1 mol/L NaCl）；

1 mol/L $NaHCO_3$ 100 mL；

NaCl 2.93 g；

加水至 500 mL。

（五）实验方法

1. 琼脂糖活化

（1）取 20 mL Sepharose 4B 放在布氏漏斗中抽干，加少量的 0.1 mol/L pH 9.0 $NaHCO_3$ 液洗涤，立即转入 100 mL 烧杯中，冰浴置于磁力搅拌器上。

（2）在通风橱内称取 2 g 溴化氰，加水 20 mL 溶解，然后倒入琼脂糖中，小心滴加 2 mol/L NaOH，使 pH 值保持在 11 左右，反应 10 min。在 1～2 min 迅速调整 pH 值为 8.0～11.0 维持 10 min。

（3）将活化的琼脂糖迅速倒入布氏漏斗中，以冰水抽洗成中性，再迅速以 250 mL 冷的 0.1 mol/L pH 9.0 $NaHCO_3$ 抽洗。

2. 偶联蛋白 20 mL 4B 液体相当于一半的固相载体

（1）事先将需偶联的抗原（或抗体）蛋白 200 mg 置于 0.1 mol/L pH 9.0 $NaHCO_3$ 液中透析数小时（一般偶联量为 10～30 mg/g 载体）。

（2）将活化的琼脂糖迅速倒入蛋白液中（在 1.5 min 内，从抽洗到偶联），4℃缓慢搅拌过夜，使蛋白与活化的琼脂结合。

3. 装柱

（1）选柱：不宜过大，一般以 1.5 cm×15 cm 的层析柱可装偶联蛋白的琼脂糖约 30 mL。

（2）装柱：将已与蛋白偶联的琼脂糖装入层析柱内，拧紧下口夹，让其下沉，数分钟后松开下口夹，使溶液约以 1 mL/min 的速度流出。

（3）洗柱：以 0.2 mol/L pH 9.0 $NaHCO_3$（含 0.1 mol/L NaCl）洗涤至洗出液的 $OD_{280\ nm}<0.02$ 为止。

收集全部的洗脱液，测得的 $OD_{280\ nm}$ 值×洗脱液的总毫升数即为未偶联蛋白的含量，由此可计算偶联率。

4. 吸附与解吸附

（1）按床体积 1/10 加样，浓度为 1%～2%，缓慢加入待纯化的抗体（或抗原），用 0.01 mol/L pH 7.4 PBS 液洗脱，流速为 1 mL/min，至洗出液 $OD_{280\ nm}<0.02$ 为止。

（2）加 0.1 mol/L pH 2.4 甘氨酸-HCl 缓冲液，流速 1 mL/min，收集解吸附下来的成分，立即以 1 mol/L $NaHCO_3$ 中和，以免蛋白变性。

5. 以 2 倍体积的 7 mol/L 尿素洗涤，再用 0.01 mol/L pH 7.4 PBS 液或生理盐水洗涤，平衡后，可继续使用。保存可加入 0.02 %NaN_3 于 4℃保存。防止冷冻和干裂。

6. 结果判定

(1)对解吸附下来的蛋白以圆盘电泳或双相琼脂糖电泳进行纯度鉴定。

(2)将纯度好的各管洗脱液合并，以生理盐水透析，然后浓缩或冻干保存。

名词英汉对照和缩写

2D	二维(Two Dimensional)
AC	亲和层析(Affinity Chromatography)
ACE	亲和毛细管电泳(Affinity Capillary Electrophoresis)
API	大气压电离源(Atmospheric Pressure Ionization)
ASE	加速溶剂萃取(Accelerated Solvent Extraction)
BSA	牛血清蛋白(Bovine Serum Albumin)
BV	床容积(Bed Volume)
CAE	毛细管阵列电泳(Capillary Array Electrophoresis)
CE	毛细管电泳(Capillary Electrophoresis)
CEC	毛细管电色谱(Capillary Electrophoresis Chromatography)
CFD	计算流体力学(Computational Fluid Dynamics)
CGE	毛细管凝胶电泳(Capillary Gel Electrophoresis)
CIE	毛细管离子电泳(Capillary Ion Electrophoresis)
CIEF	毛细管等电聚焦(Capillary Isoelectric Focusing)
CITP	毛细管等速电泳(Capillary Isotachophoresis)
CSD	晶体大小分布(Crystal Size Distribution)
CZE	毛细管区带电泳技术(Capillary Zone Electrophoresis)
DCC	环二己基碳二亚胺(N,N-Dicyclohexylcarbodiimide)
DEAE	二乙基氨基乙基(Diethyl Aminoehtyl)
DHA	二十二碳六烯酸(Docosahexaenoic Acid)
DMF	N,N-二甲基甲酰胺(N,N-Dimethylformamide)
DTB	导流阻板(Draft Tube Baffle)
Dx	葡聚糖(Dextran)
ECD	电化学检测器(Electrochemical Detection)
ED	电渗析(Electrodialysis)
EEDQ	N-乙氧羰基-2-乙氧基-1,2-二氢喹啉(N-Ethoxycarbonyl-2-Ethoxy-1,2-Dihydroquinoline)
EOF	电渗流(Electro Osmotic Flow)
EOPO	环氧乙烷环氧丙烷混合物(Ethylene Oxide-Propylene Oxide)
EPA	二十碳五烯酸(Eisosapaentaenoic Acid)
FAB	快原子轰击(Fast Atom Bombardment)
FMAE	聚焦式微波辅助萃取(Focused Microwave-Assisted Extraction)
HF	疏水因子(Hydrophobic Factor)
HFS	溶液疏水因子(Hydrophobic Factor Of Solutes)

HPLC 高效液相色谱(High Performance Liquid Chromatography)
HSCE 高速毛细管电泳(High-Speed Capillary Electrophoresis 或 Fast Capillary Electrophoresis)
IAC 免疫亲和层析(Immunoaffinity Chromatography)
ICEC 集成毛细管电泳芯片(Integrated Capillary Electrophoresis Chip)
ICP 等离子体发射光谱仪(Inductively Coupled Plasma)
IEC 离子交换色谱法(Ion Exchange Chromatography)
IMAC 金属离子亲和层析(Immobilized Metal Affinity Chromatography)
IUPAC 国际纯化学与应用化学联盟(International Union Of Pure And Applied Chemistry)
LIFD 激光致荧光检测器(Laser-Induced Fluorescence Detection)
MAE 微波辅助萃取(Microwave Assisted Extraction)
MAE 微波萃取(Microwave Assisted Extraction)
MAP 微波辅助萃取过程(Microwave-Assisted Extraction Process)
MBR 膜生物反应器(Membrane Bioreactor)
MD 分子蒸馏(Molecular Distillation)
MECC 胶束电动毛细管色谱(Micellar Electrokinetic Capillary Chromatography)
MEK 甲基乙基酮(Methyl Ethyl Ketone)
MF 微滤(Microfiltration)
MSF 多级闪蒸法(Multi Stage Flash)
MSMPR 悬浮液和产物混合排出结晶器(Mixed Suspension Mixed Product Removal)
NF 纳滤(Nanofiltration)
OD 渗透蒸馏(Osmotic Distiliation)
OSA 羊血清蛋白(Ovine Serum Albumin)
PBE 总体平衡方程式(Population Balance Equation)
PEG 聚乙二醇(Polyethylene Glycol)
PES 羟丙基淀粉(Hydroxypropyl Starch)
PTAPS 双水相分配系统(Partition Of Two Aqueous Phase System)
PV 渗透汽化(Pervaporation)
RFLP 限制片断长度多态性分析(Restriction Fragment Length Polymorphism)
RO 反渗透(Reverse Osmosis)
SCF 超临界流体(Supercritical Fluid)
SFC 超临界色谱(Supercritical Fluid Chromatography)
SFE 超临界流体萃取(Supercritical Fluid Extraction)
SFF 超临界分馏(Supercritical Fluid Fraction)
SFR 超临界反应(Supercritical Fluid Reaction)
SLM 支撑液膜(Supported Liquid Membrane)
SSCP 单链构象多态性分析(Single-Stranded Conformation Polymorphism)
SSFE 超声强化超临界流体萃取(Sonication Supercritical Fluid Extraction)

STR	短串联重复序列(Short Tandem Repeat)
SWRO	海水反渗透系统(Seawater Reverse Osmosis)
TDS	水中总溶解性固体(Total Dissolved Solids)
UAE	超声波辅助萃取技术(Ultrasound-Assisted Extraction)
UE	超声波萃取(Ultrasound Extraction)
UF	超滤(Ultrafiltration)
USEPA	美国环保局(United States Environmental Protection Agency)

图书在版编目(CIP)数据

现代食品分离技术/张海德主编. —北京:中国农业大学出版社,2007.6(2017.6重印)
ISBN 978-7-81117-222-5

Ⅰ. 现…　Ⅱ. 张…　Ⅲ. 分离法(化学)-应用-食品工业　Ⅳ. TS201

中国版本图书馆CIP数据核字(2007)第073733号

书　名　现代食品分离技术
作　者　张海德　主编

策划编辑　潘晓丽　司建新　　**责任编辑**　冯雪梅
封面设计　郑　川　　**责任校对**　陈　莹　王晓凤
出版发行　中国农业大学出版社
社　址　北京市海淀区圆明园西路2号　　**邮政编码**　100193
电　话　发行部 010-62731190,2620　　读者服务部 010-62732336
编辑部 010-62732617,2618　　出　版　部 010-62733440
网　址　http://www.cau.edu.cn/caup　　**e-mail** cbsszs @ cau.edu.cn
经　销　新华书店
印　刷　北京鑫丰华彩印有限公司
版　次　2007年6月第1版　2017年6月第6次印刷
规　格　787×1 092　16开本　23印张　569千字
定　价　39.00元